AS ÁREAS IMPORTANTES DE PLANTAS DE MOÇAMBIQUE

AS ÁREAS IMPORTANTES DE PLANTAS DE MOÇAMBIQUE

Compilado e editado por:

Iain Darbyshire, Sophie Richards, Jo Osborne, Hermenegildo Matimele, Clayton Langa, Castigo Datizua, Alice Massingue, Saba Rokni, Jenny Williams, Tereza Alves & Camila de Sousa

**Uma publicação do
Programa de Áreas Importantes de Plantas Tropicais**

Kew Publishing
Royal Botanic Gardens, Kew

© O Conselho de Administração do Royal Botanic Gardens, Kew 2024

Texto e imagens © O Conselho de Administração do Royal Botanic Gardens, Kew, salvo indicação em contrário

Os autores reivindicam o direito de serem identificados como os autores deste trabalho de acordo com a Lei dos Direitos de autor, Designs and Patents Act 1988.

Todos os direitos reservados. Nenhuma parte desta publicação pode ser reproduzida, armazenada em um sistema de recuperação ou transmitida, de qualquer forma ou por qualquer meio, electrónico, mecânico, fotocópia, gravação ou outro, sem permissão por escrito do editor, a menos que de acordo com as disposições dos Direitos de autor, segundo Designs and Patents Act 1988.

Tomou-se todo o cuidado para manter a precisão das informações contidas neste trabalho. No entanto, nem o editor nem os autores podem ser responsabilizados por quaisquer consequências decorrentes do uso das informações aqui contidas. As opiniões expressas neste trabalho são as dos autores e não refletem necessariamente as do editor ou do Conselho de Administração do Royal Botanic Gardens, Kew.

Publicado pela primeira vez em 2024 por
Royal Botanic Gardens, Kew,
Richmond, Surrey, TW9 3AB, UK
www.kew.org

Originalmente publicado em inglês como: The Important Plant Areas of Mozambique

ISBN 978 1 84246 803 6
eISBN 978 1 84246 804 3

Distribuído em nome do Royal Botanic Gardens, Kew na America do Norte pela Imprensa da Universidade de Chicago, 1427 East 60th Street, Chicago, IL 606037, USA

Catalogação da Biblioteca Britânica em Publicação de Dados.
Um registo do catálogo para este livro está disponível na Biblioteca Britânica.

Desenho: Nicola Thompson, Culver Design
Gerente de Produção: Georgie Hills
Revisão: Sharon Whitehead
Traduzido do inglês por Fernando Ribeiro, Tereza Alves e Camila de Sousa

Impresso na Grã-Bretanha por Halstan & Co Ltd

Para obter informações ou para comprar todos os títulos Kew, visite shop.kew.org/kewbooksonline ou email publishing@kew.org

A missão do Kew é entender e proteger as plantas e fungos, para o bem-estar das pessoas e o futuro de toda a vida na Terra.

Kew recebe aproximadamente um terço do seu financiamento do governo através do Departamento do Meio Ambiente, Alimentos e Assuntos Rurais (Defra). Todos os outros fundos necessários para apoiar o trabalho vital do Kew vêm de membros, fundações, doadores e atividades comerciais, incluindo vendas de livros.

Citações:
Darbyshire, I., Richards, S., Osborne, J., Matimele, H., Langa, C., Datizua, C., Massingue, A., Rokni, S., Williams, J., Alves, T. & Sousa, C. de (2023). *As Áreas Importantes de Plantas de Moçambique*. Royal Botanic Gardens, Kew.

Os autores das avaliações individuais da IPA estão listados no início da descrição do local; estes podem ser citados da seguinte forma (por exemplo):
Richards, S., Darbyshire, I., Matimele, H. & Datizua, C. (2023). Área Importante de Plantas de Bilene-Calanga. Pp. 342–347 em: Darbyshire, I., Richards, S., Osborne, J., Matimele, H., Langa, C., Datizua, C., Massingue, A., Rokni, S., Williams, J., Alves, T. & Sousa, C. de, *As Áreas Importantes de Plantas de Moçambique*. Royal Botanic Gardens, Kew.

Afiliação dos Autores:
Iain Darbyshire, Sophie Richards, Jo Osborne, Saba Rokni, Jenny Williams – Royal Botanic Gardens, Kew (Kew)

Hermenegildo Matimele – Instituto de Investigação Agrária de Moçambique (Agricultural Research Institute of Mozambique – IIAM) & Durrell Institute of Conservation and Ecology, University of Kent

Clayton Langa, Castigo Datizua, Tereza Alves, Camila de Sousa – Instituto de Investigação Agrária de Moçambique (Agricultural Research Institute of Mozambique – IIAM)

Alice Massingue – Universidade Eduardo Mondlane (Eduardo Mondlane University – UEM)

Autor para correspondência:
Iain Darbyshire, Royal Botanic Gardens, Kew, Richmond, Surrey TW9 3AE, United Kingdom +44 (0)20 8332 5407 i.darbyshire@kew.org

ÍNDICE

Prefácio	7
Sumário Executivo	11
Agradecimentos	12
Créditos Fotográficos	14
Lista de Acrónimos e Abreviaturas	15
Introdução	17
Identificação de Áreas Importantes de Plantas de Moçambique: Métodos & Recursos	23
As Plantas Ameaçadas de Moçambique	37
As Áreas Importantes de Plantas de Moçambique: Uma Visão Geral	43
Avaliação das Áreas Importantes de Plantas	57

PROVÍNCIA DE CABO DELGADO — 58
- Escarpas do Baixo Rovuma — 59
- Ilha de Vamizi — 67
- Planalto e Escarpas de Mueda — 71
- Quiterajo — 78
- Rio Muàgámula — 85
- Arquipélago das Quirimbas — 90
- Península de Lupangua — 95
- Inselbergues das Quirimbas — 99
- Pemba — 105
- Quedas de Água do Rio Lúrio, Chiúre — 110

PROVÍNCIA DO NIASSA — 113
- Montanhas de Txitonga — 114
- Planalto de Njesi — 119
- Monte Yao — 123
- Serra Mecula e Mbatamila — 129
- Monte Massangulo — 136

PROVÍNCIA DE NAMPULA — 139
- Eráti — 140
- Floresta de Matibane — 143
- Ilhas de Goa e Sena — 148
- Mogincual — 152
- Quinga — 154
- Floresta de Mulimone — 159
- Monte Inago e Serra Merripa — 163
- Ribáuè-M'paluwe — 171
- Monte Nállume — 178

PROVÍNCIA DA ZAMBÉZIA — 182
- Monte Namuli — 183
- Serra Tumbine — 193
- Monte Mabu — 197
- Monte Chiperone — 203
- Monte Morrumbala — 209
- Moebase — 214

PROVÍNCIA DE SOFALA — 218
- Catapú — 219
- Floresta de Inhamitanga — 225
- Serra da Gorongosa — 230
- Vale Urema e Floresta Sangrassa — 237
- Desfiladeiros de calcário de Cheringoma — 242

PROVÍNCIA DE MANICA — 248
- Monte Urueri e Monte Bossa — 249
- Serra Garuzo — 253
- Tsetserra — 257
- Monte Zembe — 264
- Serra Mocuta — 267
- Terras baixas de Chimanimani — 271
- Montanhas de Chimanimani — 278

PROVÍNCIA DE INHAMBANE — 288
- Temane — 289
- Inhassoro-Vilanculos — 294
- Arquipélago de Bazaruto — 301
- Península de São Sebastião — 306
- Mapinhane — 314
- Pomene — 317
- Panda-Manjacaze — 324
- Inharrime-Závora — 329

PROVÍNCIA DE GAZA — 335
- Chidenguele — 336
- Bilene-Calanga — 342

PROVÍNCIA DE MAPUTO — 348
- Bobole — 349
- Ilha da Inhaca — 353
- Namaacha — 360
- Goba — 367
- Floresta do Licuáti — 372

LOCAIS ADICIONAIS DE INTERESSE BOTÂNICO — 379

Bibliografia	383
Mapa de referência	397
Apêndice: Lista de taxa de plantas A(i) e B(ii) de Moçambique	399

PREFÁCIO

As plantas mudaram profundamente a história da vida neste planeta. Desempenham um papel preponderante nos ciclos de água e do dióxido de carbono, reciclando o oxigénio, e influenciam a química da atmosfera e a forma como as paisagens reflectem ou absorvem a luz do sol.

As plantas criaram as condições adequadas para muitas espécies crescerem, incluindo nós, humanos. É delas que as pessoas obtêm alimentos, medicamentos para tratar doenças e melhorar a saúde, madeira para a construção de abrigos, combustível, bem como de locais para cura espiritual.

A ciência e a pesquisa têm sido as forças motrizes de grande parte do conhecimento e compreensão do mundo das plantas. Desde as expedições para colectar, identificar e catalogar a imensa diversidade de plantas, até os estudos detalhados sobre suas propriedades e usos para melhorar o bem-estar humano. Até hoje, cientistas e pesquisadores continuam fazendo descobertas surpreendentes sobre as plantas. Como vivem, competem e cooperam, como transmitem mensagens umas às outras sobre ameaças e oportunidades em seu ambiente, imitam feromonas de insectos predadores, produzem energia a partir dos raios solares, extraem quantidades prodigiosas de água do solo e a enviam para a atmosfera. As plantas transformaram a vida neste planeta e, com isso, deram aos humanos a oportunidade de existir e prosperar.

Hoje, a população humana mundial já atingiu 8 bilhões de pessoas. As pressões sobre os recursos do nosso planeta e sobre os seus habitats tão diversos serão maiores do que nunca. Em Moçambique, a população mais do que triplicou desde a independência em 1975, atingindo mais de 30 milhões de pessoas. Esse crescimento acarreta uma maior demanda por terra, alimentos, energia e uma variedade de outras necessidades importantes. Os desafios são agravados num país que ainda tem que lidar com altos níveis de desnutrição e pobreza. A expansão das áreas para a agricultura tem sido um dos principais impulsionadores da actual conversão e perda de cerca de 267 000 hectares de floresta por ano. As projecções da nossa Estratégia Nacional de REDD+ prevêem um aumento para cerca de 500.000 hectares por ano a partir de 2030.

É um equilíbrio delicado encontrar o caminho para um desenvolvimento saudável e sustentável, para o qual os pesquisadores são um dos actores mais importantes. A produção de informação e conhecimento é fundamental para ajudar a orientar no desenho de intervenções que possam satisfazer as necessidades da população, sem colocar em risco os recursos fundamentais para salvaguardar a vida humana. Os pesquisadores estão ajudando a identificar e compreender as áreas críticas de relevância nacional e global devido à sua diversidade de espécies e habitats e aos serviços ecossistémicos que fornecem.

Esta publicação é uma realização notável de tal esforço. Compilando dados de quase todas as Províncias de Moçambique, identifica 57 áreas importantes de plantas descrevendo detalhadamente cada uma delas.

A informação inclui referências a algumas das espécies raras e ameaçadas que elas contêm, os problemas de conservação enfrentados por cada área, bem como os serviços ecossistémicos chaves. Regista e aumenta o nosso conhecimento sobre a diversidade de espécies de plantas do país e a nossa compreensão sobre os seus níveis actuais de ameaças e relevância global. Providencia uma base sólida para a tomada de decisões, para ajudar a orientar a regulamentação adequada e a promoção do uso da terra no país, bem como a priorização efectiva dos esforços de conservação.

Fruto de décadas de colaboração científica entre o Instituto de Investigação Agrária de Moçambique, o Royal Botanic Gardens, Kew, e a Universidade Eduardo Mondlane, esta publicação é uma referência e inspiração para a investigação actual e futura no país. É uma celebração da diversidade de espécies de plantas que Moçambique possui, e um reconhecimento do que é possível alcançar quando os humanos se unem para produzir conhecimento para melhorar o bem-estar humano.

Celso Ismael Correia
Ministro da Agricultura e Desenvolvimento Rural

PREFÁCIO

Os relatórios internacionais sobre o estado de conservação da natureza chamam atenção dos governos sobre a perda acelerada da biodiversidade a nível global, agravada pelas alterações climáticas e desastres naturais, que coloca em risco a sobrevivência de espécies e habitats naturais, nalguns casos mesmo antes de serem cientificamente identificados e os riscos percebidos pelos governos e comunidades locais que poderiam intervir para os preservar.

No 6° Relatório do CBD (Convenção da Diversidade Biológica) e na Estratégia e Plano de Acção para a Conservação da Diversidade Biológica em Moçambique 2015 – 2035, o País reconhece que tem fraco conhecimento sobre a diversidade de plantas, o que limita a capacidade para definir as acções a realizar para alcançar os alvos definidos nas convenções internacionais de que é signatário.

Neste contexto, os esforços de conservação têm sido orientados para as áreas de conservação, que são indicativas da riqueza biológica e cobrem 26% do território nacional, embora não haja ainda conhecimento suficiente sobre a sua eficácia na conservação da diversidade da flora e habitats em Moçambique.

As 57 IPAs (Áreas Importantes de Plantas) identificadas, demarcadas e descritas (das quais apenas 18 se encontram dentro das áreas de conservação) cobrem cerca de 3% da superfície terrestre de Moçambique e incorporam cerca de 82% das espécies de plantas ameaçadas em Moçambique. Por isso, devem ser protegidas e conservadas, para o que devem ser integradas nos planos de ordenamento territorial.

O conhecimento e disseminação da flora nacional e do seu estado de conservação apresentado neste trabalho vai permitir optimizar o seu uso sustentável e priorizar os esforços de pesquisa e conservação. Vai permitir a BIOFUND apresentar Moçambique como guardião de um valioso património natural.

Esta publicação insere-se na estratégia da BIOFUND de contribuir para a protecção e monitoria da biodiversidade conhecida, assim como apoiar a continuidade da pesquisa nos locais identificados como de interesse botânico. Falta ainda informação botânica necessária para validá-las como IPAS, de que são exemplo o Parque Nacional de Maputo, a Serra Choa e o Levasflor.

Professor Narciso Matos
Presidente do Conselho de Administração /
BIOFUND

SUMÁRIO EXECUTIVO

Esta publicação apresenta os resultados do projecto de cinco anos "Áreas Importantes de Plantas Tropicais: Moçambique", uma colaboração entre o Instituto de Investigação Agrária de Moçambique (IIAM), o Royal Botanic Gardens, Kew (Kew) e a Universidade Eduardo Mondlane (UEM). Com base em várias décadas de colaboração científica, este trabalho combinou pesquisa botânica e pesquisas de campo, colecta de dados existentes, desenvolvimento de capacidade no país e envolvimento com conservacionistas e planificadores de uso da terra, para documentar e promover a conservação de Áreas Importantes de Plantas (IPAs) em Moçambique.

As IPAs são um modelo reconhecido internacionalmente para identificar locais de importância nacional e global para preservar a diversidade de plantas e proteger as espécies e habitats de maior prioridade e os importantes serviços ecossistémicos que eles fornecem. As IPAs em Moçambique foram identificadas com base na presença de espécies de plantas globalmente ameaçadas (critério A da IPA), riqueza excepcional em espécies de alta importância para conservação (critério B(ii)) e habitats ameaçados e restritos a nível nacional (critério C(iii)). A avaliação da IPA é apoiada por uma revisão da Lista Vermelha de espécies globalmente ameaçadas da UICN em Moçambique. Esta levou à identificação de cerca de 670 taxa (espécies, sub-espécies e variedades) endémicas (únicas) e quase-endémicas, sendo que até à data 462 foram avaliadas nas categorias da Lista Vermelha da UICN, das quais 55% estão ameaçadas de extinção.

Como resultado deste trabalho a rede de IPAs compreende 57 locais totalizando uma área de 22.950 km^2, inferior a 3% da área total de Moçambique. Todos os 57 locais qualificam-se no critério A, com 83% do total de taxa ameaçados representados em uma ou mais IPAs e com 49 dos locais contendo taxa ameaçadas não representadas em nenhum dos outros locais da rede das IPAs. Doze locais também se qualificam no critério B(ii), possuindo uma riqueza excepcional em taxa de alta importância para conservação, enquanto 26 IPAs se qualificam no critério C(iii), representados por 12 habitats diferentes ameaçados ou com área restrita. De particular interesse são as oito IPAs que satisfazem os três critérios: Terras baixas de Chimanimani, Montanhas de Chimanimani, Escarpas do Baixo Rovuma, Serra da Gorongosa, Monte Namuli, Quiterajo, Ribáuè-M'paluwe e Tsetserra.

Todas as províncias de Moçambique estão representadas na rede IPA excepto Tete e Cidade de Maputo. No entanto, as espécies ameaçadas e endémicas estão particularmente concentradas nos quatro Centros de Endemismo de plantas (CoEs) transfronteiriços: Rovuma no nordeste e Maputaland (incluindo os sub-Centros de Inhambane e das Montanhas dos Libombos) no sudeste, ambos os CoEs constituídos em grande parte por planícies costeiras com algumas áreas montanhosas no interior; e os dois CoEs montanhosos de Chimanimani-Nyanga no oeste ao longo da fronteira com o Zimbábue, e Mulanje-Namuli-Ribáuè no norte de Moçambique e sul do Malawi. Com altos níveis de espécies ameaçadas e endémicas, as IPAs estão muito concentradas nesses CoEs.

Das 57 IPAs identificadas, neste momento apenas 18 estão totalmente dentro da rede de Áreas Protegidas (APs) de Moçambique, enquanto outras 10 se sobrepõem parcialmente às APs. Assim, até à data pouco mais de metade das IPAs não têm protecção formal. Nenhum dos locais está totalmente livre de ameaças, e alguns dos locais (incluindo vários que são protegidos por lei) estão enfrentando ameaças severas de uma série de factores, incluindo agricultura insustentável de corte e queima, e sobre-exploração de recursos naturais.

Há, portanto, muito trabalho a ser feito para proteger e gerir efectivamente as IPAs e as espécies raras e ameaçadas, os habitats e recursos que elas contêm. As IPAs são uma ferramenta importante para permitir a priorização efectiva desses esforços de conservação. Este trabalho ajudará a cumprir os importantes compromissos de Moçambique para a conservação do mundo natural no âmbito da *Estratégia Nacional e Plano de Acção da Diversidade Biológica de Moçambique 2015–2035*, do Ministério da Terra e Ambiente, e como signatário da Convenção sobre Diversidade Biológica. O IIAM, o Kew e a UEM estão empenhados em continuar a trabalhar em conjunto e em coordenação com decisores políticos, profissionais de conservação, planeadores do uso da terra e comunidades locais, para ajudar a proteger e gerir de forma sustentável as IPAs e a respectiva vida vegetal para o bem-estar das gerações futuras.

AGRADECIMENTOS

Este trabalho não poderia ter sido realizado sem o generoso apoio de uma ampla gama de contribuidores e colaboradores a quem estamos muito gratos. Em primeiro lugar, estamos profundamente gratos à Oppenheimer Generations Foundation e Stephen e Margaret Lansdown pelo seu generoso apoio financeiro que permitiu que o projecto TIPAs Moçambique acontecesse, e pelo contínuo encorajamento.

Agradecemos a Olga Faftine, Directora do Instituto de Investigação Agrária de Moçambique (IIAM) por apoiar este projecto e iniciativas relacionadas com a conservação da flora de Moçambique. Agradecemos ao Ministério da Terra e Ambiente (MTA) e à Administração Nacional das Áreas de Conservação (ANAC) pela gestão dos recursos naturais de Moçambique, e pelo seu envolvimento positivo neste projecto. Gostaríamos de agradecer particularmente a Cidália Mahumane (ANAC) por facilitar as licenças necessárias para realizar o trabalho de campo em áreas protegidas. Agradecemos a todos os botânicos, biólogos e profissionais de conservação moçambicanos que contribuíram para este trabalho com conhecimento das suas especialidades. Estes incluem Salomão Bandeira e Célia Macamo (Universidade Eduardo Mondlane), Marcelino Inácio Caravela (Universidade Lúrio, Pemba), Pita Sitoe (Universidade Pedagógica, Maputo) e João Massunde (ex- Fundação Micaia). Agradecemos aos funcionários do herbário LMA, IIAM, em particular Inês Chelene, Aurélio Banze e Josias Zandamela que contribuíram significativamente em termos de trabalho de campo e/ou pesquisa baseada no herbário. Agradecemos particularmente a Papin Mucaleque (IIAM Centro Zonal Nordeste) que, juntamente com o trabalho de campo, completou uma série de avaliações da Lista Vermelha da UICN e participou em seminários da Lista Vermelha e IPA que apoiaram a identificação de IPAs no nordeste de Moçambique. Também dos Centros Zonais do IIAM, gostaríamos de agradecer a Aristides Mamba (IIAM Centro Zonal Nordeste), Tomé Rachide (IIAM Centro Zonal Noroeste) e Valdemar Fijamo (IIAM Centro Zonal Centro) pelas contribuições para a pesquisa de campo. Agradecemos também a toda a equipe de apoio de campo e aos líderes e membros da comunidade local que acolheram e orientaram as visitas de campo.

Somos muito gratos à Fundação Micaia (particularmente Milagre Nuvunga e Andrew Kingman), Legado (Majka Burhardt), Nitidae (Jean-Baptiste Roelens), Parque Nacional da Gorongosa (Marc Stalmans) e Santuário Bravio de Vilanculos (Taryn Gilroy) que forneceram informações técnicas e apoio na identificação de IPAs específicas. À Biofund, Fundação para a Conservação da Biodiversidade em Moçambique, agradecemos o seu importante papel na promoção da biodiversidade e conservação a nível nacional. Agradecemos também à Biofund por nos dar a oportunidade de divulgar o nosso trabalho nas suas exposições, com um agradecimento especial à Alexandra Jorge pelo apoio a este projecto. Agradecemos à Wildlife Conservation Society (WCS) Moçambique, e em particular a Hugo Costa e Eleutério Duarte, pela partilha de conhecimento e rascunhos de publicações sobre a iniciativa Áreas-Chave de Biodiversidade em Moçambique.

Somos muito gratos aos especialistas internacionais que contribuíram com conhecimento botânico em todas as etapas deste trabalho, desde co-autores de locais até a revisão das avaliações e a participação nos seminários das TIPAs. Em particular, Jonathan Timberlake (botânico independente, ex-Kew), John e Sandie Burrows (anteriormente Buffelskloof Nature Reserve), Ton Rulkens (botânico independente), Bart Wursten (associado, Meise Botanic Garden), Warren McCleland (SLR Consulting, anteriormente ECOREX Consulting Ecologists) e Mervyn Lötter (Agência de Turismo e Parques de Mpumalanga) que têm sido extremamente generosos na partilha dos seus conhecimentos especializados sobre a flora moçambicana e locais de interesse. Agradecemos também a Petra Ballings, Obety Baptiste, Julian Bayliss, Frances Chase, Phil Clarke, Meg Coates Palgrave, Colin Congdon, Timothy Harris, Mark Hyde, Linda Loffler, Quentin Luke, David Roberts, Ernst Schmidt e Douglas Stone pelas úteis contribuições e vontade de compartilhar informações.

Do Kew, agradecemos aos seguintes botânicos pelas contribuições para a identificação de espécimes de plantas colectadas durante as expedições do projecto: Henk Beentje, Renata Borosova, Andrew Budden, Xander van der Burgt, Martin Cheek, Phil Cribb, Nina Davies, Aaron Davis, David Goyder, Aurélie Grall (agora Universidade de Basel), Nicholas Hind, Isabel Larridon, Gwil Lewis, Mike Lock, Alan Paton, Roger Polhill, Brian Schrire, Andre Schuiteman, Kaj Vollesen e Martin Xanthos. Um conjunto de dados espaciais para Moçambique foi compilado no ArcGIS por Julia Thorley, estagiária no Kew, a quem somos muito gratos. Agradecemos também a Tim Wilkinson pelo suporte adicional de GIS.

Agradecemos aos membros do Grupo de Especialistas de Plantas da África Austral da IUCN-SSC (SAPSG) pelas valiosas contribuições para a Lista Vermelha de plantas e esforços de conservação de espécies em Moçambique. Em particular, agradecemos a Domitilla Raimondo, do Instituto Nacional de Biodiversidade da África do Sul (SANBI), ex-presidente do SAPSG, que tem sido uma grande apoiante nas iniciativas de conservação em Moçambique, e uma grande defensora da capacitação no país em planeamento de conservação. Também agradecemos a Lize von Staden e Hlengiwe Mtshali do SANBI, antiga e actual Coordenadoras da Autoridade da Lista Vermelha para o SAPSG, respectivamente, e que desempenharam papéis fundamentais na revisão das avaliações moçambicanas e na formação de cientistas moçambicanos na Lista Vermelha. Quentin Luke, Roy Gereau e Kirsty Shaw da Autoridade da Lista Vermelha de Plantas da África Oriental da IUCN-SSC também agradecemos por partilharem actualizações de dados da Lista Vermelha relevantes para Moçambique, e agradecemos a Emily Beech do Botanic Gardens Conservation International por ajudar a coordenar os esforços da Lista Vermelha das árvores de Moçambique.

A captura de dados botânicos no Kew foi liderada pelos autores desta publicação juntamente com Jeneen Hadj-Hammou (estudante da University of Leeds; actualmente investigadora de doutoramento pela Lancaster University), Toral Shah (estagiária do projecto, actualmente investigadora de Ph.D. no Imperial College, Londres e Kew), Sarekha (Sonia) Dhanda (estagiária do projecto, actualmente "Scientific Officer – CITES" no Kew). Agradecemos aos curadores dos seguintes herbários por nos permitir o acesso às suas colecções: BM, BNRH, EA, K, NH, LISC, LISU, LMA, LMU, P, PRE e SRGH (os códigos dos herbários seguem Thiers [continuamente actualizados]). Em particular, agradecemos a Barbara Turpin do BNRH por gentilmente partilhar dados sempre que solicitados, e Maria Cristina Duarte e Maria Romeiras por receberem as visitas de pesquisa ao LISC.

O fundo GBIF Biodiversity Information for Development (BID) apoiou o projecto BID-AF-2017-0047-NAC (2017–2019): "Mobilizando dados primários de biodiversidade para espécies moçambicanas de interesse de conservação", que permitiu a compilação de dados sobre as espécies de plantas endémicas e quase-endémicas, mantidas nos herbários de Maputo. Reconhecemos também a importante contribuição para a captura e compilação de dados sobre a biodiversidade de Moçambique feita pelo projecto SECOSUD II "Conservação e uso equitativo da diversidade biológica na região da SADC", Rede de Biodiversidade de Moçambique (BioNoMo), uma parceria entre a UEM, a Agência Italiana de Cooperação para o Desenvolvimento, Universidade Sapienza e o MTA. Em particular, agradecemos a Luca Malatesta e Delcio Odorico por suas valiosas contribuições nos seminários das TIPAs.

Os projectos anteriores envolvendo o IIAM e o Kew que forneceram dados de campo significativos para este trabalho actual incluem: a Subvenção da Iniciativa Darwin 15/036 "Monitoramento e Gestão da Perda de Biodiversidade nos Ecossistemas Montanhos do Sudeste de África" concluído em 2009 e a Subvenção 2380: "Equilibrando Conservação e Meios de Subsistência na faixa Florestal de Chimanimani, Moçambique" concluído em 2017; o Fundo de Parceria para Ecossistemas Críticos, Fundo 63512 "Vindo do frio: fornecendo a base de conhecimento para a conservação abrangente da biodiversidade nas montanhas de Chimanimani, Moçambique; componente de pesquisa botânica" concluído em 2016; e o projecto "Florestas Costeiras de Moçambique" liderado pela Pro-Natura International, apoiado pela Fundação Príncipe Alberto II do Mónaco, a Fundação Stavros Niarchos e o Muséum National d'Histoire Naturelle em Paris, concluído em 2011. Também se agradece o fundo Bentham-Moxon por gentilmente disponibilizar um financiamento piloto para o projecto TIPAs: Moçambique. Também gostaríamos de agradecer à Plantlife International pelo seu apoio ao programa TIPAs, em particular Karen Inwood (Líder da Estratégia Internacional), Elizabeth Radford (Eden Rivers Trust, ex-Plantlife), Seona Anderson (ex-Plantlife) e Ben McCarthy (National Trust, anteriormente Plantlife) por aconselharem e compartilharem generosamente o conhecimento sobre identificação de IPA e esforços de conservação global.

Pela administração, apoio logístico e incentivo ao longo do projecto, agradecemos a Bridget Fury, Ashleigh Fynn-Munda, Kim Porteous e Ashleigh Williamson da Oppenheimer Generations, Fionnuala Carvill da Pula Ltd e Meredith Pierce Hunter, Jonathan Kuhles, Rosemary Sawyer, Joanna Ellams e Marta Lejkowski da Kew Foundation (passado e presente).

CRÉDITOS FOTOGRÁFICOS

Agradecemos a todos que disponibilizaram fotografias dos locais e das espécies apresentadas neste livro. Todas as imagens são creditadas com as iniciais dos fotógrafos, conforme lista de colaboradores a seguir:

AM	Alice Massingue
AMR	Andrew McRobb / RBG Kew
AR	Anne Robertson
BW	Bart Wursten
CS	Camila de Sousa
CD	Castigo Datizua
CL	Clayton Langa
CC	Colin Congdon
DN	Denise Nicolau/BIOFUND
FC	Frances Chase
HM	Hermenegildo Matimele
ID	Iain Darbyshire
JM	Jacinto Mafalacusser
JO	Jo Osborne
JEB	John Burrows
JT	Jonathan Timberlake
JB	Julian Bayliss
JP	Jose Paula
LL	Linda Loffler
MS	Marc Stalmans
MIC	Marcelino Inácio Caravela
MH	Mark Hyde
MC	Martin Cheek
OB	Obety Baptiste
PM	Papin Mucaleque
PC	Phil Clarke
PP	Phil Platts
QL	Quentin Luke
SB	Salomão Bandeira
SV	Santuario Bravio de Vilanculos
TH	Tim Harris
TB	Tomás Buruwate
TR	Ton Rulkens
TS	Toral Shah
TP	Tracey Parker
WM	Warren McCleland

LISTA DE ACRÓNIMOS E ABREVIATURAS

Acrónimos e abreviaturas gerais

ANAC	Administração Nacional das Áreas de Conservação
AOO	Área de Ocupação
AZE	Aliança para a Extinção Zero
BGCI	Botanic Gardens Conservation International
BID	Biodiversity Information for Development
BioNoMo	Biodiversity Network of Mozambique / Rede de Biodiversidade de Moçambique
CBD	Convenção sobre Diversidade Biológica
CEPF	Critical Ecosystems Partnership Fund
CoE	Centro de Endemismo
EAPRLA	IUCN SSC Eastern African Plant Red List Authority
EOO	Extensão de Ocorrência
FR	Reserva Florestal
F.T.E.A.	Flora Tropical da África Oriental
F.Z.	Flora Zambezíaca
GBIF	Global Biodiversity Information Facility
GIS	Sistema de Informação Geográfica
GSPC	Estratégia Global para Conservação de Plantas
HRE	Endémica Muito Restrita
IIAM	Instituto de Investigação Agrária de Moçambique
IBA	Área Importante de Aves
IPA	Área Importante de Plantas
IUCN	International Union for the Conservation of Nature
IUCN SSC	International Union for the Conservation of Nature Species Survival Commission
K	Herbario do Royal Botanic Gardens, Kew
Kew	Royal Botanic Gardens, Kew
KBA	Área Chave de Biodiversidade
LMA	Herbário Nacional de Moçambique, Instituto de Investigação Agrária de Moçambique
LMU	Herbário da Universidade Eduardo Mondlane
MAE	Ministério da Administração Estatal
MCP	Polígono Convexo Mínimo
MICOA	Ministério para a Coordenação da Acção Ambiental
MITADER	Ministério da Terra, Ambiente e Desenvolvimento Rural
MOZTIPA	Código da Áreas Importantes de Plantas de Moçambique
ms.	Manuscrito não publicado
MTA	Ministério da Terra e Ambiente
ODS	Objectivos de Desenvolvimento Sustentável
PA/AP	Área Protegida
Pers. comm.	Comunicação Pessoal
Pers. obs.	Observação Pessoal
Pop'n	População
POWO	Plantas do Mundo Online
RRE	Endémica de Distribuição Restrita
SABONET	Southern African Botanical Diversity Network
SANBI	South African National Biodiversity Institute
SAPSG	IUCN SSC Southern African Plant Specialist Group/Grupo de Especialistas de Plantas da África Austral da UICN
SBV	Santuário do Bravio de Vilanculos Lda.
SIS	Serviço de Informação de Espécies da UICN/ IUCN Species Information Service
TIPAs	Programa de Áreas Importantes de Plantas Tropicais
UEM	Universidade Eduardo Mondlane
UICN	União Internacional de Conservação da Natureza
UNEP	United Nations Environment Programme
UNESCO	United Nations Educational, Scientific and Cultural Organisation
WCS	Wildlife Conservation Society
WWF	World Wildlife Fund /Fundo Mundial para a Natureza

Categorias da Lista vermelha da UICN/IUCN

CR	Em Perigo Critico/Criticamente ameaçada
DD	Dados Insuficientes
EN	Em perigo/Ameaçada
LC	Menor Preocupação/Pouco preocupante
NE	Não Avaliada
NT	Quase Ameaçada
VU	Vulnerável

Abreviações Botânicas

Ined.	Ineditus; nome taxonómico que ainda não foi publicado
Sp.	Espécie (singular)
Sp. nov.	Species novum; Espécie nova
Spp.	Espécies (plural)
Subsp.	Sub-espécie
Var.	Variedade

INTRODUÇÃO

As plantas e os habitats baseados em plantas são vitais para a sobrevivência e prosperidade da vida na Terra. Além de sustentarem uma biodiversidade mais ampla, eles fornecem recursos essenciais, alimentos e medicamentos que apoiam a saúde humana e os meios de subsistência, e serviços ecossistémicos importantes como a regulação do clima, qualidade da água, e fertilidade do solo. Numa escala global, o sequestro de carbono em habitats baseados em plantas é crucial para atenuar o aumento da temperatura global abaixo de 2°C, no seguimento do Acordo Climático de Paris. Além disso, habitats naturais ricos e intactos fornecem inspiração e bem-estar para a humanidade global, enquanto muitas espécies de plantas e os locais que as sustentam têm um significado cultural e espiritual importante que deve ser trespassado, intacto, para as gerações futuras. Valorizar e proteger os nossos recursos de plantas, e usá-los de forma responsável e sustentável é, portanto, uma parte importante da nossa gestão do mundo natural.

A Rica Diversidade de Plantas de Moçambique

Moçambique ocupa uma área terrestre de aproximadamente 800.000 km² no sul da África tropical e subtropical, entre as latitudes 10° 28′ S e 26° 52′ S (-10,47° a -26,87°), e as longitudes 30° 13′ E e 40° 50′ E (30,22° a 40,84°). O país é limitado a norte pela Tanzânia, a noroeste pelo Malawi, a oeste pela Zâmbia e Zimbábue, a sudoeste e sul pela África do Sul e Eswatini, e a leste pelo Oceano Índico, com mais de 2.700 km de costa.

O nosso conhecimento da flora de Moçambique ainda é incompleto, mas as estimativas actuais indicam uma diversidade total de plantas vasculares de 6.284 espécies nativas ou naturalizadas (Hyde *et al.* 2021). No entanto, este número continua a crescer à medida que se realizam pesquisas botânicas direccionadas a áreas onde não se realizaram levantamentos botânicos anteriormente e a áreas de interesse botânico, adicionando novos registos e novas espécies para a ciência (Darbyshire *et al.* 2019a, 2020a). Tal destaca Moçambique como um dos países mais interessantes para pesquisas botânicas na África tropical, mas para muitos, mesmo entre a comunidade botânica, estes ricos recursos em plantas são ainda pouco conhecidos.

Esta variada vida vegetal advém, em parte, da geografia, geologia e de climas diversificados de Moçambique, que resultaram numa vasta gama de habitats e similaridades biogeográficas (Darbyshire *et al.* 2019a). O país suporta quatro biomas e treze ecorregiões terrestres (Burgess *et al.* 2004; https://ecoregions2017.appspot.com/), e uma avaliação recente dos ecossistemas regista a presença de mais de 150 ecossistemas a nível nacional (Lötter *et al.*, em prep.).

Embora a maior parte de Moçambique seja caracterizado por florestas de miombo e mopane do Centro de Endemismo Regional Zambeziaco (White 1983a), que é extensivamente distribuído pelo sul da África tropical, também apresenta quatro Centros de Endemismo (CoEs) transfronteiriços muito mais localizados, que suportam um grande número de espécies e habitats restritos (Darbyshire *et al.* 2019a; vêr o mapa no capítulo "As Áreas Importantes de Plantas de Moçambique: Uma Visão Geral"). Estes são em resumo:

(1) O Centro de Endemismo (CoE) do Rovuma, na zona nordeste de Moçambique e sudeste da Tanzânia, que se estende ao longo da costa e das planícies orientais nas províncias de Cabo Delgado, Nampula e Zambézia até ao sul de Quelimane (Burrows & Timberlake 2011);

(2) O Centro de Endemismo (CoE) de Maputaland, partilhado com a África do Sul e Eswatini, estende-se ao longo das planícies costeiras do sul de Moçambique. O Maputaland *sensu stricto* estende-se desde a província de KwaZulu-Natal na África do Sul até ao rio Limpopo em Moçambique (van Wyk 1996; van Wyk & Smith 2001), enquanto que o Maputaland *sensu lato*, que também inclui o proposto sub-Centro de Inhambane, estende-se mais a norte até ao Rio Save (Darbyshire *et al.* 2019a; A. Massingue, dados não publicados). As Montanhas dos Libombos , que se estendem pela fronteira dos três países, também podem ser considerados mais um sub-Centro de Maputaland (van Wyk e Smith 2001; Loffler e Loffler 2005);

(3) O Centro de Endemismo (CoE) de Chimanimani-Nyanga (ou terras altas de Manica), uma região montanhosa que ocorre ao longo da fronteira com o Zimbabué na província de Manica, estende-se para leste até ao maciço isolado da Serra da Gorongosa na província de Sofala;

(4) O Centro de Endemismo (CoE) de Mulanje-Namuli-Ribáuè, uma série de inselbergues e maciços que vão do

sul do Malawi até às províncias da Zambézia e Nampula do norte de Moçambique (Bayliss *et al.* 2014), dos quais os picos mais significativos são o Monte Mulanje e o Planalto de Zomba no Malawi, e os Montes Namuli, Mabu, Inago e Ribáuè-M'paluwe em Moçambique.

Uma lista actualizada de verificação anotada das plantas vasculares endémicas de Moçambique (Darbyshire *et al.* 2019a), a primeira revisão compreensiva do endemismo botânico no país, revelou 271 taxa estritamente endémicas (235 espécies), e 387 taxa quase-endémicas (337 espécies), constituindo em conjunto cerca de 10% da flora total. Este estudo também observou a presença de cinco géneros estritamente endémicos (*Baptorhachis*, *Emicocarpus*, *Gyrodoma*, *Icuria* e *Micklethwaitia*) e dois géneros quase endémicos (*Triceratella* e *Oligophyton*). A análise de taxa de endémicas e de distribuição restrita em Moçambique revelou que 69% poderiam ser atribuídos a um dos quatro CoEs transfronteiriços acima mencionados, realçando a sua alta importância botânica. Sendo uma das únicas, e em muitos casos a única nação a acolher estes taxa de plantas únicas, Moçambique é particularmente responsável pela gestão destas plantas e dos habitats que as suportam, pelo que é imperativo que os planos de conservação e as redes de áreas protegidas os considerem tanto em termos de delimitação quanto de gestão do local, para garantir a sua sobrevivência para as gerações futuras.

Protecção e Ameaças à Diversidade de Plantas em Moçambique

Moçambique tem 56 Áreas Protegidas (APs) formalmente declaradas, incluindo sítios Ramsar, com as APs terrestre cobrindo 233.249 km^2 ou 29,48% da superfície total de terra em Moçambique (UNEP-WCMC 2021). Estas APs são geridas pela Administração Nacional de Áreas de Conservação (ANAC) vinculada ao Ministério da Terra e Ambiente (MTA). No total são oito Parques Nacionais (Banhine, Arquipélago do Bazaruto, Chimanimani, Gorongosa, Quirimbas, Limpopo, Mágoè e Zinave), seis Reservas Nacionais, três Áreas de Conservação Comunitárias, a Área de Protecção Total de São Sebastião, a Área de Protecção Ambiental das Ilhas Primeiras e Segundas, uma série de Reservas de Caça/Áreas de Utilização de Fauna Bravia e Reservas Florestais, e dois sítios Ramsar. Vários destes locais são APs vastas e emblemáticas pelas quais Moçambique é internacionalmente famoso. A Reserva do Niassa sozinha tem 42.000 km^2 de área, ou quase 20% do total da área das APs terrestre do País (UNEP-WCMC 2021). A rede de APs em Moçambique continua a crescer, com o Parque Nacional das Quirimbas que foi estabelecido em 2002, e a AP de Chimanimani sendo elevada à categoria de Reserva Nacional para Parque Nacional em 2020 (Cabo 2020; UNEP-WCMC 2021). No final de 2021, foi obtida a aprovação ministerial da fusão da Reserva Especial de Maputo com a Reserva Marinha Parcial da Ponta d'Ouro para formar uma nova área protegida, o Parque Nacional de Maputo, elevando o número total de parques nacionais para nove.

No entanto, nenhuma avaliação foi feita até à data sobre a eficácia da actual rede de APs na conservação da diversidade de plantas de Moçambique e, em particular, da sua flora e habitats únicos e ameaçados. Muitas das APs foram estabelecidas principalmente para proteger a fauna e/ou paisagens selvagens que elas contêm. As plantas raramente têm destaque nas decisões de criação e gestão. Muitas das APs de Moçambique sofrem limitações financeiras e de recursos, e alguns dos principais locais para a diversidade de plantas dentro desta rede de APs não são de momento, geridas de forma eficaz. A mais notável é a rede de 13 Reservas Florestais que actualmente não são geridas pela sua biodiversidade, com a maioria enfrentando ameaças significativas de perda e degradação do habitat (Müller *et al.* 2005).

Fora das APs, muitos dos habitats de Moçambique e as espécies que os compõem, enfrentam ameaças significativas e crescentes devido à actividade humana. Práticas agrícolas insustentáveis, sendo dominante a agricultura de subsistência de corte e queima a curto prazo, resultam na destruição significativa da vegetação natural e redução da fertilidade do solo. Além disso, em 2020, Moçambique registou uma taxa de crescimento populacional de 2,9%, a 11ª taxa conjunta mais elevada a nível mundial (Banco Mundial 2021). Com uma população predominantemente rural, e muitos moçambicanos a depender fortemente dos recursos naturais para a sua subsistência, espera-se que as pressões sobre os habitats aumentem nos próximos anos. Outras ameaças, como a exploração excessiva de madeira para combustível, construção e venda comercial, desenvolvimento industrial e urbano e a disseminação de espécies invasoras estão contribuindo para a degradação ambiental. Dados do Global Forest Watch (World Resources Institute 2021) indicam que Moçambique perdeu 3,52 Mha de cobertura arbórea entre 2001 e 2020, equivalente a uma diminuição de 12% a nível nacional. Os dados de ganhos de cobertura arbórea estão disponíveis apenas para o período de 2001 a 2012, mas a estimativa de ganho de 145k ha nesse período indica que a perda de cobertura arbórea supera em muito os ganhos. Tal, por sua vez, contribuirá para os impactos de longo prazo das mudanças climáticas induzidas pelo homem, com as graves inundações e a resultante crise humanitária no centro de Moçambique provocada pelo ciclone Idai em Março de 2019 servindo como uma forte indicação dessa ameaça futura. Embora os ecossistemas intactos não possam proteger contra tais eventos no futuro, eles podem mitigar alguns dos piores impactos de tais eventos, por exemplo, diminuindo o fluxo e absorvendo as águas das inundações e prevenindo a erosão excessiva do solo.

Essas vastas actividades humanas estão a ter um impacto significativo na diversidade única de plantas de Moçambique. Darbyshire *et al.* (2019a) observou que, com base nos taxa avaliados até àquele momento, mais da metade da flora endémica e quase-endémica estava ameaçada de extinção; estes números são actualizados no capítulo "As Plantas Ameaçadas de Moçambique" deste trabalho. Há, portanto, uma necessidade urgente de priorizar efectivamente os esforços de conservação e mudar as práticas de uso da terra para gerir os recursos naturais de Moçambique de forma mais sustentável.

Motivação para o Presente Estudo: Conservação da Flora de Moçambique

O governo de Moçambique está empenhado em conservar e gerir de forma sustentável a biodiversidade sob a sua responsabilidade, e é signatário da Convenção sobre Diversidade Biológica (CDB). Impulsionada por estes compromissos, a Estratégia Nacional de Moçambique e o Plano de Acção da Diversidade Biológica de Moçambique 2015-2035 (MITADER 2015) estabelece uma série de metas nacionais detalhadas para documentar e conservar esta rica biodiversidade. A meta 6 desta estratégia visa "até 2025, ter pelo menos 30% dos habitats de espécies de flora e fauna endémicas e/ou ameaçadas com estratégias e planos de acção para a sua conservação implementados", com uma série de acções prioritárias relacionadas, incluindo:

- Acção 6.1 – Estabelecer e implementar programas coordenados de avaliação sistemática do estado de conservação de espécies endémicas e ameaçadas de extinção;
- Acção 6.2 – Identificar e descrever as Áreas Importantes de Plantas;
- Acção 6.3 – Divulgar a Lista Vermelha de fauna e flora nacional.

Para abordar estas metas e acções de forma a proteger eficazmente a diversidade de plantas de Moçambique para as gerações futuras, o Instituto de Investigação Agrária de Moçambique (IIAM) e o Jardim Botânico Real, Kew (Kew), em parceria com a Universidade Eduardo Mondlane (UEM), lançou o projecto **Tropical Important Plant Areas: Mozambique** (https://www.kew.org/science/projects/tropical-important-plant-areas-tipas-mozambique). Este projecto propôs-se a combinar os dados e o conhecimento existente com os dados de pesquisa de campo para identificar e documentar Áreas Importantes de Plantas em Moçambique, e promover a conservação e gestão sustentável dos locais críticos. Este trabalho baseia-se numa colaboração a longo prazo entre o Kew e as instituições botânicas moçambicanas, decorrente do programa "Flora Zambeziaca" (1960 – ao presente) e, mais recentemente, a série de pesquisas botânicas em locais de alto interesse da biodiversidade em Moçambique, conduzidos nos últimos 15 anos pelo IIAM, Kew e colaboradores. Este trabalho também se baseia no programa nacional da Lista Vermelha de plantas e no grupo de trabalho estabelecido em 2011 através do Grupo de Especialistas em Plantas da África Austral da IUCN-SSC.

O Conceito de Áreas Importantes de Plantas e o Programa de Áreas Importantes de Plantas Tropicais

As Áreas Importantes de Plantas (IPAs) são definidas como sendo os lugares mais importantes do mundo para a diversidade de plantas silvestres e fungos, que podem ser protegidos e geridos como locais específicos (Plantlife International 2004). O conceito foi desenvolvido pela Plantlife International no início dos anos 2000, para fornecer uma abordagem sistemática de identificação dos locais de alto valor botânico (Anderson 2002; Plantlife International 2004). O foco na diversidade de plantas é de particular importância, pois são conhecidos vários níveis de congruência entre as distribuições da diversidade faunística e botânica a nível nacional (Radford & Ode 2009; Byfield *et al.* 2010; Willis 2017). Ao depender apenas em taxa de fauna para identificar áreas de importância nacional para a conservação, portanto, arrisca-se a negligenciar locais-chave para a conservação de plantas, enquanto, mesmo onde a diversidade de plantas e animais ocorre concomitantemente, os locais identificados para os taxa de fauna raramente consideram a diversidade de plantas nos respectivos planos de maneio (Darbyshire *et al.* 2017). A identificação de IPAs oferece uma oportunidade de abordar a sub-representação de plantas na priorização da conservação e de concentrar efectivamente os esforços de conservação de plantas onde é mais urgente. Embora tenha-se registado grandes progressos na identificação de IPAs na Europa e na região Mediterrânica ao longo de uma década e meia desde o lançamento do programa IPA, nos trópicos os progressos foram muito limitados. O progresso foi dificultado por desafios com a identificação de IPAs em regiões tropicais, devido à combinação da alta diversidade de plantas e a limitada disponibilidade de dados. No entanto, devido às graves ameaças à rica biodiversidade em muitos países tropicais, há uma necessidade clara e urgente de acelerar a identificação e protecção das IPAs. Com isto em mente, o programa de Áreas Importantes de Plantas Tropicais (Tropical Important Plant Areas – TIPAs) foi lançado em 2015 (https://www.kew.org/science/our-science/projects/tropical-important-plant-areas). Ao mesmo tempo, Kew e Plantlife International realizaram uma consulta global sobre propostas de revisão dos critérios de IPA, que se basearam no conhecimento e experiências colectivas da última década e meia de identificação de IPAs, e também levaram em consideração alguns dos problemas e desafios enfrentados devido à diversidade de plantas em países tropicais. O consenso pós-consulta sobre os critérios revistos do conceito de IPA foi publicado por Darbyshire *et al.* (2017), com um guia do usuário elaborado por Plantlife (2018). Moçambique esteve entre os sete países/regiões seleccionados para a primeira fase do programa TIPAs. Até agora, duas avaliações nacionais do IPA foram concluídas no âmbito deste programa: as Ilhas Virgens Britânicas (Dani Sanchez *et al.* 2019) e a Guiné Equatorial (Couch *et al.* 2019). A rede de IPAs em Moçambique aqui apresentada é, portanto, apenas a segunda avaliação IPA a ser concluída na África tropical.

O Impacto das Redes de Áreas Importantes de Plantas

Embora as IPAs não sejam áreas de conservação legalmente declaradas, elas podem ser utilizadas para possibilitar o máximo impacto no planeamento ambiental a nível nacional, regional e internacional, estimulando e reforçando a protecção e gestão das áreas identificadas (Dani Sanchez *et al.* 2019). Elas podem fornecer uma avaliação da importância das áreas protegidas existentes para a conservação de plantas, destacar lacunas na rede nacional de áreas protegidas, e direccionar as iniciativas de conservação lideradas pela comunidade e pela ciência. As IPAs podem ser uma ferramenta importante na hierarquia de mitigação na indústria e no desenvolvimento, em particular nas etapas de "evitar" e "compensar". Ao fornecer evidências do valor da biodiversidade de um determinado local, as redes IPAs podem ser uma ferramenta importante para avaliações de impacto ambiental e social na fase de planeamento de grandes projectos de desenvolvimento.

As IPAs estão estreitamente alinhadas às metas estabelecidas pela CBD e a Estratégia Global para Conservação de Plantas (GSPC). Estas estão actualmente sendo revistas para o Quadro de Biodiversidade pós-2020, mas está claro que as IPAs fornecerão uma contribuição significativa para as metas que forem revistas. Em particular, a meta 3 do Quadro é redigida como:

Meta 3. Garantir que globalmente, pelo menos 30% das áreas terrestres e marítimas, especialmente áreas de particular importância para a biodiversidade e suas contribuições para as pessoas, sejam conservadas por meio de sistemas de áreas protegidas geridas de forma eficaz e equitativa, ecologicamente representativas e bem conectadas, e outras medidas efectivas de conservação baseadas na área, e integradas nas vastas paisagens terrestres e marinhas.

As IPAs também contribuem para o Objectivo 15 dos Objectivos de Desenvolvimento Sustentável (ODS) das Nações Unidas, parte da Agenda 2030 para estimular acções para as pessoas, o planeta e a prosperidade:

Objectivo 15: Proteger, restaurar e promover o uso sustentável dos ecossistemas terrestres, gerir de forma sustentável as florestas, combater a desertificação, e deter e reverter a degradação de terra e da perda de biodiversidade.

Objectivos do Projecto de Áreas Importantes de Plantas em Moçambique

Alguns objectivos principais foram alcançados através deste trabalho:

- Reunir num formato facilmente acessível todos os dados disponíveis sobre a diversidade de plantas de Moçambique, com enfoque particular nas espécies de plantas e habitats restritos, incluindo a biodiversidade endémica (única) para a qual Moçambique tem um papel particularmente crítico para garantir a sobrevivência a longo termo;

- Estabelecer quais as espécies de plantas em Moçambique que estão em maior risco de extinção, contribuindo para uma lista nacional de espécies globalmente ameaçadas usando os critérios internacionalmente reconhecidos da Lista Vermelha da UICN;
- Identificar e mapear uma rede de locais prioritários – IPAs – que em conjunto possam permitir a preservação da diversidade vegetal e das espécies de plantas e habitats prioritários de Moçambique;
- Fornecer mapas e dados prontamente acessíveis na rede IPA para apoiar a tomada de decisões informadas e positivas sobre o uso da terra, incluindo maior sustentabilidade, e evitar o desenvolvimento económico em áreas ricas em biodiversidade;
- Realçar lacunas significativas na rede de Áreas Protegidas existente em Moçambique;
- Ajudar Moçambique a cumprir os compromissos internacionais sobre biodiversidade no âmbito da CDB e dos Objetivos de Desenvolvimento Sustentável da ONU, e contribuir significativamente para a Estratégia Nacional de Moçambique e o Plano de Acção de Diversidade Biológica;
- Incentivar o orgulho nacional sobre o rico recurso natural de Moçambique, e apoiar a sua conservação para as futuras gerações de cidadãos moçambicanos;
- Chamar atenção para a rica biodiversidade de Moçambique a uma maior audiência, incluindo cientistas nacionais e internacionais, estudantes, formuladores de políticas, financiadores de acções de conservação, e turistas e visitantes de Moçambique;
- Aumentar a consciencialização sobre os serviços ecossistémicos críticos que os ecossistemas naturais saudáveis podem fornecer às comunidades locais em Moçambique, incluindo os principais recursos de plantas para materiais, alimentos e medicamentos, serviços ecossistémicos como a protecção de fontes de água doce, solos férteis e sequestro de carbono;
- Capacitar Moçambique na identificação de prioridades de conservação de plantas, e desenvolver uma série de outras habilidades que permitam aos cientistas moçambicanos liderar a pesquisa botânica no futuro, incluindo pesquisas de campo, colecta e análise de dados baseados em colecções, e disseminação de dados.

Ao longo deste processo, estivemos conscientes da necessidade de uma abordagem realista para direccionar os esforços de conservação de plantas com base no local, que possa efectivamente apoiar espécies e habitats de interesse de conservação, sem demandas excessivas de área de terra, dada a necessidade de equilibrar os esforços de conservação com as necessidades e o bem-estar da crescente população humana.

IDENTIFICAÇÃO DE ÁREAS IMPORTANTES DE PLANTAS DE MOÇAMBIQUE: MÉTODOS & RECURSOS

A identificação da rede de IPAs em Moçambique apresentada neste documento, é o resultado de um programa de cinco anos de herbário, pesquisa de campo e documental, consulta a vários parceiros e especialistas, capacitação no país nas habilidades necessárias para avaliação da IPA, e documentação e revisão dos resultados. Os métodos empregues e os recursos utilizados para realizar esta avaliação são apresentados a seguir, e é aconselhável que os usuários leiam esta secção antes de consultar o texto de resumo sobre espécies ameaçadas e a rede IPA, e as avaliações individuais dos locais que se seguem.

Compilação de Dados dos Táxon

A compilação de dados para este projecto teve enfoque especial nos taxa (espécies, sub-espécies e variedades) de plantas endémicas, quase-endémicas e globalmente ameaçadas de Moçambique. Os taxa ameaçados são aqueles avaliados como globalmente Vulneráveis, Ameaçados ou Criticamente Ameaçados na Lista Vermelha de Espécies Ameaçadas da UICN (IUCN 2012). Endémicas referem-se aos taxa que ocorrem apenas dentro das fronteiras políticas de Moçambique, enquanto taxa de quase-endémicas são como definido por Darbyshire et al. (2019a), e cumpram pelo menos um dos seguintes critérios:

(a) A maior parte da área de distribuição do táxon encontra-se dentro de Moçambique, e são escassas e/ou de distribuição muito restrita; e/ou

(b) A distribuição global do táxon é inferior a 10.000 km^2; e/ou

(c) O táxon é conhecido globalmente em cinco ou menos locais.

Muitos dos dados usados para produzir uma lista de taxa de endémica e quase-endémica (Darbyshire et al. 2019a), foram posteriormente usados para demarcar as IPAs de Moçambique. Uma revisão exaustiva da literatura florística e taxonómica de Moçambique e dos países vizinhos contribuíram para a elaboração desta lista. Uma das principais fontes foi a série "Flora Zambeziaca" (F.Z.; 1960 – presente). A Flora Zambeziaca é composta por 15 volumes e 49 partes publicadas até agora, estando mais de 90% completa. Tivemos igualmente acesso aos volumes completos e parcialmente completos de Commelinaceae, Asteraceae (Compositae) em parte, e Hyacinthaceae. A família Asteraceae endémica e quase endémica pode, no entanto, estar sub-representada nesta lista, visto ainda não ter sido concluída para a F.Z. Citações adicionais de espécimes e informações de habitat para Moçambique foram derivadas de indicações de espécies na série descontinuada "Flora de Moçambique". Outras fontes chaves da literatura sobre os taxa ameaçados e de distribuição restritas de Moçambique incluem a referência importante "Árvores e Arbustos Moçambique" (Burrows et al. 2018), e uma série de relatórios de pesquisas botânicas recentes e listas de locais-chave (ver Darbyshire et al. 2019a e na tabela abaixo uma lista completa do trabalho de campo realizado). A "Flora de Moçambique" online (Hyde et al. 2021), que é baseada na F.Z. mas com actualizações regulares e rica em informação útil adicional sobre a flora, locais e expedições botânicas de Moçambique, foi amplamente consultada. Outros recursos online importantes foram o "African Plants Database" (2021), "Plants of the World Online" (POWO 2021) e a "IUCN Red List of Threatened Species" (IUCN 2021). Juntamente com essas fontes de literatura, as colecções de herbários foram amplamente referenciadas e compiladas principalmente com aquelas alojadas no BM, BNRH, EA, K, LISC, LMA, LMU, NH, P, PRE e SRGH (os códigos de herbário seguem Thiers [continuamente actualizados]).

O banco de dados das colecções e registos visualizados de taxa de endémicas, quase-endémicas e ameaçadas, juntamente com as colecções de trabalho de campo realizadas durante o projecto TIPAs de Moçambique, foi introduzido no BRAHMS (Versão 7.9.15), com mais de 13.000 registos compilados até agora. O projecto GBIF Biodiversity Information for Development (BID) durante o período 2017-2019: *Mobilizando dados primários de biodiversidade para espécies moçambicanas de interesse de conservação*, apoiou a compilação de dados de herbários moçambicanos. Sempre que possível, cada registo foi georeferênciado, permitindo o mapeamento da extensão de ocorrência dos táxon. Por sua vez, estes dados de distribuição permitiram uma série de análises subsequentes, incluindo: avaliação de taxa de acordo aos critérios de endemismo acima estabelecidos, a identificação de potenciais Centros de Endemismo, a identificação de locais ricos em espécies com taxa raras e ameaçadas em Moçambique, e a realização das Avaliações da Lista Vermelha da UICN. Os dados para taxa de endémicas e quase-endémicas de Moçambique que foram avaliadas para a Lista Vermelha da UICN, são publicados no Global Biodiversity Information Facility (GBIF.org) pelo Instituto de Investigação Agrária de Moçambique (IIAM) (Matimele 2021). A nossa intenção é de libertar o banco de dados BRAHMS completo como um recurso da web BRAHMS Online, disponível gratuitamente no devido tempo, apesar de os dados para espécies sensíveis (por exemplo, alguns *Encephalartos* spp.) serão retidos. Os nomes aceites de espécies e taxa infra-específicos geralmente seguem o African Plants Database (2021) e/ou Plants of the World Online (POWO 2021), embora num pequeno número de casos sigamos fontes alternativas quando consideradas mais apropriadas, dado o nosso conhecimento dos taxa envolvidos. Taxa de endémicas e quase-endémicas seguem a nomenclatura de Darbyshire *et al.* (2019a), com um pequeno número de taxa adicionais que foram descritos ou descobertos desde esta publicação. Para abreviar, os autores dos nomes das plantas não estão incluídos nos relatórios da IPA. No entanto, no Apêndice 1, uma lista completa dos taxa ameaçados e de distribuição restrita (critérios IPA A(i) e B(ii)) de Moçambique inclui os autores.

Levantamentos de campo em áreas alvo

Além de colectar dados existentes, este trabalho foi fortemente suportado pelo trabalho botânico de campo recente numa ampla variedade de locais em Moçambique. Os locais foram especificamente visados, sejam como áreas que eram candidatas a IPAs, para as quais precisávamos de dados contemporâneos sobre espécies críticas, habitats, práticas de maneio e ameaças, ou como locais de potencial interesse botânico para os quais tínhamos poucos ou nenhum dado existente para apoiar uma avaliação IPA. Estes estão documentados na tabela abaixo, que inclui o trabalho de campo realizado no âmbito do programa TIPAs, juntamente com outros levantamentos importantes realizados recentemente (últimos 15 anos), por uma ou mais das instituições líderes na equipa de avaliação da IPA (Kew, IIAM e UEM), que contribuíram significativamente para este trabalho. Este trabalho também se beneficiou das extensas e recentes pesquisas de campo de muitos outros botânicos, que gentilmente compartilharam os seus conhecimentos sobre locais e espécies. O mais proeminente entre estes é o trabalho de John Burrows, Sandie Burrows, Mervyn Lötter e Ernst Schmidt, que viajaram extensivamente por Moçambique para estudar a flora lenhosa, em preparação para a publicação "Árvores e Arbustos Moçambique" (Burrows *et al.* 2018). Outras contribuições de campo importantes foram as de Ton Rulkens e Obety Baptiste, que visitaram muitos locais enquanto estudavam a flora suculenta de Moçambique; Bart Wursten, Petra Ballings, Mark Hyde e Meg Coates Palgrave que realizaram um extensivo trabalho botânico no centro de Moçambique, especificamente na região de Cheringoma-Gorongosa e nas montanhas e sopés de Chimanimani; e Quentin Luke que conduziu trabalho de campo na província de Cabo Delgado. O amplo conhecimento de campo de botânicos do país, como Salomão Bandeira da UEM, também foi de grande valia para este trabalho.

Castigo Datizua e Jo Osborne prensando espécimes de plantas durante trabalho de campo (ID)

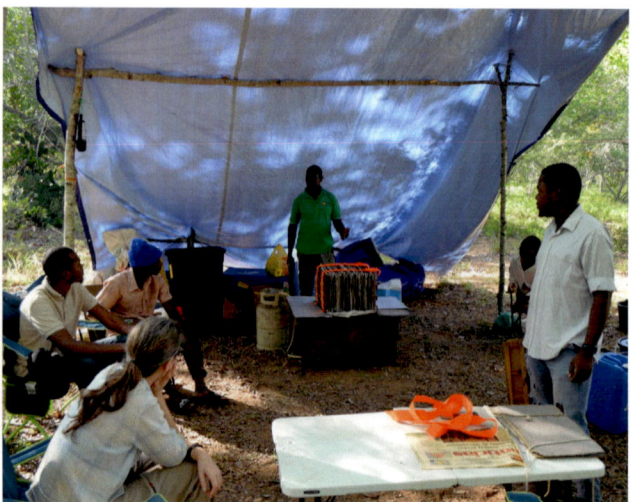

Acampamento botânico de campo perto de Panda, província de Inhambane (ID)

Província e Locais Visitados	Data	Projecto	Relatório / Publicação Resultante (caso disponível)
Zambézia: Monte Chiperone	Novembro/Dezembro 2006	Darwin Initiative Award 15/036: SE Africa Montane Ecosystems	Timberlake *et al.* (2007); Harris *et al.* (2011)
Zambézia: Monte Namuli	Maio & Novembro 2007	Darwin Initiative Award 15/036: SE Africa Montane Ecosystems	Timberlake *et al.* (2009); Harris *et al.* (2011); Timberlake (2021)
Zambézia: Monte Mabu	Outubro 2008	Darwin Initiative Award 15/036: SE Africa Montane Ecosystems	Harris *et al.* (2011); Timberlake *et al.* (2012); Bayliss *et al.* (2014)
Zambézia: Monte Inago	Maio 2009	Darwin Initiative Award 15/036: SE Africa Montane Ecosystems	Bayliss *et al.* (2010)
Cabo Delgado: Escarpas do Baixo Rovuma, Quiterajo, Península de Lupanga	Novembro – Dezembro 2008 & Novembro 2009	ProNatura Coastal Forests of Mozambique	Timberlake *et al.* (2010, 2011); Darbyshire *et al.* (2020a)
Gaza/Inhambane/Maputo: Habitats costeiros do sul de Moçambique	Novembro 2013 a Dezembro 2015	A. Massingue Ph.D. tese, Nelson Mandela University	Massingue (2019)
Manica: Montanhas de Chimanimani	Abril 2014, Setembro 2014, Abril/Maio 2016	CEPF Eastern Afromontane hotspot: Grant 63512, Chimanimani Mountains	Timberlake *et al.* (2016a); Wursten *et al.* (2017)
Gaza/Maputo: Habitats costeiros do sul de Moçambique	Janeiro & Outubro 2015	H. Matimele M.Sc. dissertação, University of Cape Town	Matimele (2016)
Manica: Terras baixas de Chimanimani	Junho/Julho 2015 & Novembro 2015	Darwin Initiative Award 2380: Conservation and Livelihoods in the Chimanimani Forest Belt	Timberlake *et al.* (2016b); Rokni *et al.* (2019)
Nampula: Ribáuè-M'paluwe e Monte Inago Zambézia: Monte Chiperone	Abril 2017	CEPF and the National Geographic Society: Hidden under the clouds: Species discovery in the unexplored montane forests of Mozambique to support new Key Biodiversity Areas (H. Matimele participated)	N/A
Nampula: Ribáuè-M'paluwe e Reserva Florestal de Matibane	Outubro 2017	Programa TIPAs	N/A
Nampula/Zambézia	Novembro 2017	A. Massingue & N. Ngqiyaza; survey of sites for *Icuria dunensis* for Kenmare Moma Mining Ltd	N/A
Maputo: Montes Libombos	Março 2018	Programa TIPAs	Osborne *et al.* (2018a)
Zambézia: Monte Lico e Pico Muli	Maio 2018	Expedição científica ao Monte Lico e montanhas adjacentes (organizada por J. Bayliss)	Osborne *et al.* (2018b)
Manica: Serra Choa, Serra Garuzo e Tsetserra	Junho 2018	Programa TIPAs	Osborne & Matimele (2018)
Inhambane: Panda, Mabote e Lagoa Poelela	Janeiro – Fevereiro 2019	Programa TIPAs	Osborne *et al.* (2019a)
Niassa: Montanha Txitonga e planalto de Njesi	Maio 2019	Programa TIPAs	Osborne *et al.* (2019b)
Maputo: Maputaland incluindo os Montes Libombos	Dezembro 2019 & Janeiro 2020	H. Matimele, Ph.D. estudos, University of Kent	N/A
Nampula: Ilhas de Goa e Sena	Setembro 2020	Programa TIPAs	Mucaleque (2020a)
Inhambane: Península de São Sebastião	Maio – Junho 2021; mais pesquisas a terem lugar em 2022	Programa TIPAs	(Massingue *et al.* 2021)

Resumo do trabalho de campo botânico realizado por uma ou mais instituições parceiras e autores que contribuíram significativamente para a avaliação das IPAs.

Avaliações da Lista Vermelha da UICN

Ao longo deste projecto TIPAs de Moçambique, 273 avaliações de risco de extinção global foram realizadas usando as categorias e critérios da Lista Vermelha da UICN (IUCN, 2012). As avaliações novamente concentraram-se principalmente em taxa de endémicas e quase-endémicas (vêr capítulo "As Plantas Ameaçadas de Moçambique"). Muitas destas avaliações foram realizadas em encontros, em Moçambique, com colaboradores do Grupo de Especialistas em Plantas da África Austral (SAPSG) da IUCN-SSC (Species Survival Commission). Especialistas nacionais e internacionais reuniram-se para avaliar um conjunto de espécies de regiões geográficas específicas ou grupos específicos de plantas, onde os participantes juntos chegaram a uma visão consensual sobre o estado de risco de extinção adequado para cada táxon. Estes encontros também serviram como oportunidade de treinamento na aplicação dos critérios da Lista Vermelha. Antes do início deste projecto, foram realizados encontros sobre as endémicas do Rovuma e do centro de Moçambique (2014), as endémicas de Maputaland (2016), ambas organizadas pelo SAPSG, e sobre as endémicas de Chimanimani-Nyanga organizadas no Kew, que também forneceram muita informação para a identificação das IPAs em Moçambique. Estes encontros estão listados na tabela da página seguinte. Além disso, uma vez totalmente treinados e experientes no processo de avaliação para a Lista Vermelha, membros da equipe de avaliação da IPA do Kew e do IIAM, individual ou colectivamente, avaliaram as espécies seleccionadas fora desses encontros, a fim de progredir na avaliação de taxa de plantas prioritárias de Moçambique.

A maioria destas avaliações foi baseada em dados de espécimes geo-referênciados compilados no banco de dados BRAHMS, mas também com as contribuições de

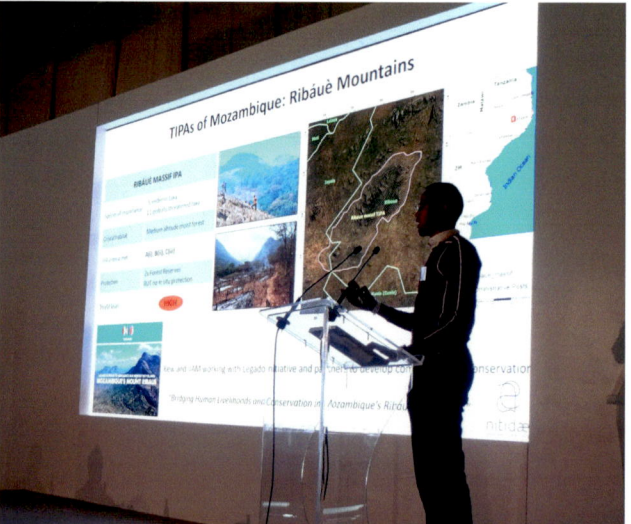

Iain Darbyshire e Clayton Langa apresentam o project IPAs de Moçambique na Conferência de Investigação de Oppenheimer, em Midrand, África do Sul, Outubro 2019 (CL/ID)

Reunião da Lista vermelha da IUCN, Maputo, Fevereiro de 2018 (ID)

Local	Data	Número de dias	Focus	Projecto e colaboradores
Reserva Natural de Buffelskloof	Julho 2014	5	Endémicas do Centro de endemismo do Rovuma; Endémicas da zona centro de Moçambique	SAPSG – Lançamento do programa da lista vermelha em Moçambique IIAM, UEM, SANBI, R.N. de Buffelskloof, Kew, Q. Luke, M. Hyde, M. Coates-Palgrave
Kew	Julho 2015; Março & Junho 2016	8	Endémicas do Centro de endemismo de Chimanimani-Nyanga	Projecto CEPF Chimanimani Kew, IIAM, Herbário Nacional do Zimbabué (SRGH)
Reserva Natural de Buffelskloof	Maio 2016	2	Endémicas do Centro de endemismo de Maputaland	Investigação do M.Sc. H. Matimele, IIAM, UEM, SANBI, Kew, R.N. de Buffelskloof
Maputo	Fevereiro 2017	3	Seminário de treinamento da Lista Vermelha [SANBI] Endémicas do Monte Namuli	Projecto TIPAs IIAM, UEM, Kew, SANBI, Universidade Pedagógica de Maputo, Legado
Maputo	Fevereiro-Março 2018	5	Endémicas do Monte Namuli, Monte Ribáuè Montanhas de Chimanimani, Maputaland	Projecto TIPAs IIAM, UEM, Kew, SANBI, Universidade Pedagógica de Maputo, T. Rulkens, J. Timberlake
Maputo	Janeiro 2019	4	Árvores endémicas de Maputaland, Endémicas de Inhambane, Endémicas de Cabo Delgado	Projecto TIPAs IIAM, UEM, Kew, SANBI, Universidade Pedagógica de Maputo, R.N. de Buffelskloof

Resumo da avaliação da Lista Vermelha da UICN e seminários de treinamento relevantes para o trabalho das IPAs em Moçambique.

especialistas e por observações fornecidas durante as reuniões. As ferramentas tais como GeoCAT (Bachman et al. 2011) e rCAT (Moat & Bachman 2020) foram usadas para calcular a área de ocupação (AOO) e extensão de ocorrência (EOO). Juntamente com as estimativas do número de locais para cada espécie, estas estatísticas foram usadas para avaliar as espécies principalmente sob os critérios B e D da Lista Vermelha da UICN (IUCN 2012). Os resultados dessas avaliações foram inseridos e submetidos através do Serviço de Informação sobre Espécies (SIS) da UICN. As avaliações foram revistas por colegas do SAPSG e/ou, quando relevante, pela Autoridade da Lista Vermelha de Plantas da África Oriental (EAPRLA), e foram compartilhadas com grupos de especialistas taxonómicos do IUCN-SSC, quando apropriado. Vários outros projectos geraram dados sobre o risco de extinção da flora de Moçambique, que têm sido úteis no trabalho actual. Em particular, (1) a Avaliação Global de Árvores (BGCI 2021) resultou num número significativo de avaliações da Lista Vermelha para as espécies de árvores de Moçambique, embora a maioria das espécies endémicas tenham sido avaliadas através do programa TIPAs; e (2) a EAPRLA contribuiu com muitas avaliações de espécies que ocorrem na África Oriental, e que se estendem até Moçambique, sendo de particular importância a avaliação de espécies dentro do *hotspot* das Florestas Costeiras da África Oriental.

A concepção destas avaliações da Lista Vermelha, e o uso de avaliações para espécies moçambicanas produzidas fora deste projecto foi de grande importância na identificação de IPAs sob o critério A. Juntamente com avaliações publicadas, taxa com avaliações na fase de publicação (ou seja, aqueles que passaram à fase de revisão), e aqueles que precisam de actualização (avaliados usando uma iteração anterior dos critérios da Lista Vermelha e/ou com mais de 10 anos), foram consideradas nas avaliações do local IPA. Em alguns casos, descobrimos que a distribuição de espécies citadas nas avaliações publicadas na Lista Vermelha de espécies não endémicas, e em particular a porção de Moçambique da área de distribuição, não representa totalmente a área de distribuição actualmente conhecida. As espécies em questão podem necessitar de serem reavaliadas, particularmente aquelas previamente consideradas ameaçadas pelo critério B ou D2 dos critérios da Lista Vermelha. Nesses casos, usámos a categoria da Lista Vermelha existente nas avaliações IPA no caso de existir apenas um ou poucos locais conhecidos além dos citados na avaliação. Onde locais adicionais claramente mudariam a categoria da Lista Vermelha de uma espécie para Menos Preocupante ou Quase Ameaçada e, portanto A(i) dos critérios IPA não seria aplicável, estas espécies não foram consideradas ao aplicar os critérios IPA.

Critérios IPA

As Áreas Importantes de Plantas (IPAs) fornecem uma abordagem sistemática para identificar locais de alto valor botânico (Plantlife International, 2004). Para ser identificado como IPA, um local deve satisfazer a pelo menos um dos três critérios baseados em A) espécies ameaçadas, B) riqueza botânica e C) habitats ameaçados. Para cada um desses critérios, há sub-critérios e limites associados que um local deve satisfazer ou exceder para aceder ao estatuto de IPA. Após o lançamento em 2015 do programa Áreas Importantes de Plantas Tropicais (TIPAs), pelo Kew em colaboração com seus parceiros no país e a Plantlife International, os critérios IPA foram revistos através de um processo de consulta global (Darbyshire et al. 2017) para tornar as IPAs mais facilmente aplicáveis globalmente, e para lidar com as dificuldades de identificar locais de alta importância botânica quando os dados são muito limitados. Os critérios e limites estão resumidos na tabela abaixo; também seguimos a orientação da Plantlife (2018) na aplicação dos critérios e delimitação dos locais.

Alice Massingue fazendo uma apresentação no Seminário de lançamento do projecto TIPAs: Moçambique, Maputo, 2017 (ID)

CRITÉRIOS E SUB-CRITÉRIO	LIMITE
A: ESPÉCIES AMEAÇADAS	
A(i). O local contém uma ou mais espécies **ameaçadas globalmente**	O local conhecido, pensado ou deduzido conter ≥**1%** da população global E/OU ≥5% da população nacional OU os 5 **"locais melhores"** para essa espécie a nível nacional, o que for mais adequado
A(ii). O local contém uma ou mais espécies **ameaçadas regionalmente**	O local conhecido, pensado ou deduzido conter ≥**5%** da população nacional, OU os 5 **"locais melhores"** para essa espécie a nível nacional, o que for mais adequado.
A(iii). O local contém uma ou mais espécies **endémicas muito restritas** que estão potencialmente ameaçadas	O local conhecido, pensado ou deduzido conter ≥**1%** da população global E/OU ≥5% da população nacional OU os 5 **"locais melhores"** para essa espécie a nível nacional, o que for mais adequado.
A(iv). O local contém uma ou mais espécies **endémicas de distribuição restrita** que estão potencialmente ameaçadas	O local conhecido, pensado ou deduzido conter ≥**1%** da população global E/OU ≥5% da população nacional OU os 5 **"locais melhores"** para essa espécie a nível nacional, o que for mais adequado.
B: RIQUEZA BOTÂNICA	
B(i). O local contém **um grande número de espécies** dentro de **habitats ou tipos de vegetação definidos**	Para cada Habitat ou tipo de vegetação: Até 10% do recurso nacional pode ser selecionado dentro de toda a Rede IPA nacional OU os 5 **"locais melhores"** a nível nacional, o que for mais adequado.
B(ii). O local contém um **número excepcional de espécies de alta importância para a conservação**	Local conhecido por conter ≥3% da lista nacional selecionada de espécies de importância para a conservação OU os **15 locais mais ricos** do país, o que for mais apropriado.
B(iii). O local contém um **número excepcional de espécies de valor social, económico ou cultural**	Local conhecido por conter ≥3% da lista nacional de espécies selecionadas de valor social, económico ou cultural OU os **15 locais mais ricos** a nível nacional, o que for mais apropriado.

C: HABITAT AMEAÇADO	
C(i). O local contém habitat/tipo de vegetação **ameaçado globalmente ou restrito**.	O local conhecido, pensado ou deduzido conter ≥**5%** do recurso nacional (área) do tipo de habitat ameaçado OU o local está entre os melhores exemplos de qualidade necessários para priorizar colectivamente **20-60%** do recurso nacional OU os **5 "locais melhores"** desse habitat a nível nacional, o que for mais apropriado.
C(ii). O local contém habitat/tipo de vegetação **ameaçado regionalmente ou restrito**.	O local conhecido, pensado ou deduzido conter ≥**5%** do recurso nacional (área) do tipo de habitat ameaçado OU o local está entre os melhores exemplos de qualidade necessários para priorizar colectivamente **20-60%** do recurso nacional OU os **5 "locais melhores"** desse habitat a nível nacional, o que for mais apropriado.
C(iii). O local contém habitat/tipo de vegetação **ameaçado a nível nacional ou restrito**, E/OU habitats que **diminuíram severamente em extensão** a nível nacional.	O local conhecido, pensado ou deduzido conter ≥**10%** do recurso nacional (área) do tipo de habitat ameaçado OU o local está entre os melhores exemplos de qualidade necessários para priorizar colectivamente **20%** do recurso nacional OU os **5 "locais melhores"** desse habitat a nível nacional, o que for mais apropriado.

Resumo dos critérios IPA (de Darbyshire *et al.* 2017).

Equipa de pesquisa botânica em Ribáuè-M'paluwe, Out. de 2017 (ID)

As definições abaixo seguem Darbyshire *et al.* (2017):

- **População** – o termo "população" refere-se ao número total de indivíduos de uma espécie dentro de uma unidade geográfica distinta
- **Distribuição** – a distribuição de uma espécie são os limites conhecidos ou deduzidos da sua ocorrência. A distribuição dos táxons foi calculada usando a abordagem de polígono convexo mínimo (MCP), alinhada com a extensão de ocorrência (EOO), conforme definido pela UICN. As poucas excepções são quando um táxon tem uma dispersão significativa na sua distribuição, que resulta numa EOO exagerada com base em MCP – nesses casos, a população dispersa é tratada separadamente no cálculo da distribuição. O exemplo mais notável destes casos são as espécies endémicas das terras altas de Chimanimani-Nyanga que também se estendem à Serra da Gorongosa a cerca de 120 km a leste da cordilheira principal.
- **Espécies endémicas muito restritas** – espécies com uma distribuição total de <100 km^2
- **Espécies endémicas de distribuição restritas** – espécies com distribuição total de <5.000 km^2, mas >100 km^2
- **Espécies de distribuição restrita** – espécies com área de distribuição total de <10.000 km^2.

Aplicação dos Critérios IPA e Dados Associados

Os dados botânicos para Moçambique são geralmente escassos e, apesar dos esforços contínuos para resolver este problema e preencher as lacunas do nosso conhecimento, uma proporção significativa dos espécimes datam da pré-independência (pré-1975), com vários locais não visitados por botânicos desde essa altura. A decisão tomada pela equipa de avaliação da IPA, foi portanto a de permitir o uso de dados históricos onde se concluiu que um táxon ainda era provável de existir nessa localização. Nesses casos, a presença contínua e a integridade do habitat adequado para as espécies despoletadoras, foram usadas para inferir a probabilidade da presença contínua.

A disponibilidade limitada de dados também levou à aplicação de apenas um sub-conjunto dos critérios IPA, a saber:

Critério A(i) – Este foi o sub-critério aplicado com mais frequência, pois dados extensivos sobre Taxa ameaçados foram obtidos por meio de avaliações da Lista Vermelha da UICN realizadas durante este e outros projectos (vêr capítulo "As Plantas Ameaçadas de Moçambique"). Taxa ameaçados ao nível de espécies, sub-espécies e variedades estão incluidas nas avaliações, mas nenhum local foi identificado com base em apenas taxa infra-específicos ameaçados.

Critérios A(iii) e A(iv) – Estes sub-critérios foram aplicados para um pequeno número de taxa que são conhecidos por serem muito restritos ou endémicos de distribuição restrita mas não foram avaliados para a Lista Vermelha, ou foram considerados como Dados insuficientes.

Critério B(ii) – Uma lista de taxa de alta importância para a conservação foi compilada, principalmente usando os dados de Darbyshire *et al.* (2019a). Esta lista inclui taxa com uma distribuição inferior a 10.000 km^2, juntamente com todos os taxa de endémicas restritas de Moçambique, que totalizam actualmente 507 taxa.

Grupos de discussão no seminário sobre IPA, Março de 2018 (CL)

Papin Mucaleque e Clayton Langa (IIAM) trabalhando na identificação de espécimes e organização dos dados no Kew (ID)

Assim, para se qualificar abaixo do limite de ≥3% da lista nacional selecionada de espécies de importância para a conservação, um local precisaria de conter 16 ou mais taxa despoletadores. Este sub-critério é mais aplicável a locais onde foi realizado um trabalho de inventário botânico razoavelmente completo e, com mais pesquisas botânicas no futuro, provavelmente haverá mais locais em Moçambique que irão satisfazer o limite do B(ii). No entanto, ao incluir locais entre os 15 principais para o total de espécies qualificadas em B(ii), permitimos que uma lista mais abrangente de locais fosse considerada sob este sub-critério. Como nove locais estavam empatados na 13ª posição nesta classificação, apenas os 12 primeiros foram selecionados para qualificação para o critério B(ii) (veja a Tabela de Resumo das IPAs no capítulo "As Áreas Importantes de Plantas de Moçambique: Uma visão Geral").

No que diz respeito ao critério **B(iii)** – riqueza em espécies de elevado valor social, económico ou cultural – começamos a recolher dados relevantes para este sub-critério e estamos a elaborar uma lista preliminar de espécies de importância socio-económica em Moçambique. A colecta de dados e a documentação para este sub-critério não foram, no entanto, exaustivas e, como tal, nenhum local foi avaliado sob este sub-critério na rede IPA actual, embora algumas das IPAs aqui identificadas provavelmente se qualifiquem. Pesquisas adicionais devem ser realizadas e as avaliações actualizadas de acordo. Para a avaliação actual, as espécies e habitats que fornecem importantes serviços ecossistémicos são anotados nessa secção dos relatórios da IPA.

Critério C(iii) – Os habitats nacionais prioritários (potencialmente ameaçados e/ou com distribuição restrita) foram revistos num seminário IPA realizado em Maputo em Março de 2018 (ver Identificação de IPAs), com a presença de vários participantes da investigação e educação sobre biodiversidade, conservação e sector de florestas. Os seguintes habitats foram acordados como prioridades para consideração no critério C(iii):

- MOZ-01. Floresta Húmida de Montanha (principalmente > 1600 m de altitude)
- MOZ-02. Floresta Húmida de Média Altitude (principalmente 900 – 1400 m de altitude)
- MOZ-03. Floresta Húmida de Baixa Altitude (principalmente < 600 m de altitude)
- MOZ-04. Floresta Arenosa de Inhamitanga (ou Cheringoma)
- MOZ-05. Floresta Seca Costeira de Maputaland
- MOZ-06. Floresta Anã sob rocha coralina
- MOZ-07. Brenha do Licuáti
- MOZ-08. Vegetação Arbustiva de Montanha
- MOZ-09. Pradaria de Montanha
- MOZ-10. Pradaria de inundação sazonal
- MOZ-11. Inselbergues Graníticos

Participantes no seminário de treinamento de IPA, Março 2018 (CL)

- MOZ-12. Floresta Seca Costeira do Rovuma

Na sequência deste seminário, três outros habitats prioritários foram acordados pela equipa de avaliação de IPA, dois dos quais são subdivisões distintas da Floresta Seca Costeira do Rovuma que são dominadas por géneros endémicos de Moçambique, e por isso são particularmente importantes para a conservação, sendo o outro o único com uma área considerável de habitat de floresta calcária em Moçambique:

- MOZ-12b. Floresta Seca Costeira de *Micklethwaitia* do Rovuma
- MOZ-12c. Floresta Seca Costeira de *Icuria* do Rovuma
- MOZ-13. Floresta de Calcário de Cheringoma

Estes habitats, a sua estrutura, e espécies características são descritos em maior detalhe nas avaliações individuais dos locais da IPA e, portanto, não são aqui resumidos.

Tentativas subsequentes de aplicar o critério C(iii) nas avaliações das IPAs provaram ser desafiadoras para alguns dos habitats acima indicados. Em particular: (1) A Floresta Seca Costeira de Maputaland MOZ-05 foi considerada demasiado extensa em escala, abrangendo uma gama de florestas de dunas e habitats de brenha e florestas arenosas que são colectivamente extensas mas que são dignas de subdivisão; (2) Moz-11 Inselbergues Graníticas, embora botanicamente rico, é um habitat frequente e generalizado em Moçambique com muitos locais de pequena e média dimensão, e por isso é difícil aplicar os limites para este habitat. Tendo em conta estes desafios, o Critério C(iii) não foi utilizado para os habitats MOZ-05 e MOZ-11 na actual rede de locais.

O critério C(iii) foi aplicado usando a extensão (área) calculada ou estimada do habitat prioritário em questão e sua integridade dentro de uma determinada IPA. Para auxiliar na aplicação do critério C(iii) às categorias de florestas húmidas (MOZ-01 – MOZ-03), a cobertura florestal de Moçambique foi extraída de uma série temporal de 13 anos (2005 – 2018), da estação seca (Junho-Setembro) com imagens de satélite do arquivo de imagens Landsat-7 e Landsat-8, de 30 m (cortesia do U.S. Geological Survey, Woodcock *et al.* 2008), usando o Google Earth Engine (Gorelick *et al.* 2017). O resultado da cobertura florestal foi refinado usando o conjunto de dados Global Forest Change 2000 – 2019 (Hansen *et al.* 2013), depois classificado e limpo no ERDAS Imagine (ERDAS 2018). As quadrículas sob a cobertura florestal foram depois agrupadas em tipos de floresta, usando limites altitudinais definidos pelo SRTM (NASA Shuttle Radar Topography Mission). A área florestal associada a cada agrupamento altitudinal foi calculada por polígono para os polígonos IPA, usando ArcGIS Pro (ESRI 2019). Alguns desafios foram encontrados em alguns locais na separação da floresta da mata fechada de miombo, principalmente nas do norte de Moçambique, como as Montanhas Txitonga, onde a cobertura das matas são particularmente densas. No entanto, em geral, esta análise GIS deu resultados comparáveis com estimativas previamente calculadas da cobertura florestal em locais seleccionados.

Como parte da iniciativa Áreas-Chave de Biodiversidade em Moçambique (WCS *et al.* 2021), um mapa de vegetação revisto para Moçambique está a ser preparado juntamente com uma avaliação nacional da Lista Vermelha de Ecossistemas (Lötter *et al.* em preparação). Este trabalho fornecerá uma classificação precisa da vegetação histórica (ou potencial) do país e propõe mais de 150 tipos de ecossistemas. A subdivisão dos ecossistemas está numa escala consideravelmente mais fina do que os mapas anteriores, e vários dos habitats do critério C(iii) mencionados acima serão subdivididos. Com isso em mente, a avaliação do Critério C(iii) da IPA aqui apresentada deve ser considerada preliminar e deve ser revista assim que o mapa de vegetação e a Lista Vermelha de Ecossistemas estiverem finalizados; de momento, nenhum local IPA foi identificado usando apenas o critério C.

Identificação de IPAs

O treinamento de parceiros na avaliação de IPAs e na identificação de potenciais locais de IPA, foi realizada num seminário organizado pelo IIAM em Maputo em Março de 2018. A rede preliminar de IPA foi definida através do conhecimento da distribuição de espécies endémicas, quase-endémicas e ameaçadas, e de habitats ameaçados e de distribuição restrita. O trabalho anterior para identificar possíveis IPAs em Moçambique foi realizado por uma parceria da Rede de Diversidade Botânica da África Austral (SABONET), IIAM e UICN-Moçambique num seminário de 2001 (Izidine & Cândido 2004; Smith 2005). Embora estas IPAs preliminares tenham sido identificadas de acordo com os critérios originais da IPA, elas ajudaram a informar quais os locais que podem ser de interesse. Além disso, as análises para identificar os Centros de Endemismo de plantas (CoE) de Moçambique, destacaram vários locais com altas concentrações de espécies endémicas e quase-endémicas, permitindo redefinir quais os locais que poderiam ser delineados como IPAs.

A delimitação dos locais foi realizada usando o Google Earth Pro (versão 7.3) e ArcGIS Pro (versão 2.8.3). Em cada IPA potencial, os dados de distribuição de taxa de interesse foram extraídos do BRAHMS, e mapeados juntamente com dados adicionais da Lista Vermelha da UICN e literatura relevante. Uma versão preliminar do mapa histórico de vegetação de Moçambique desenvolvido por Lötter *et al.* (em preparação; veja acima) foi-nos disponibilizado, permitindo-nos capturar habitats de interesse com maior precisão dentro dos limites da IPA. Também foi considerada a qualidade actual dos habitats; usando imagens do Google Earth, áreas de habitat degradado e convertido foram excluídas das IPAs sempre que possível. Além disso, os limites da IPA foram desenhados para seguir limites naturais (como rios e linha costeira) e limites antropogénicos (como estradas e limites de áreas protegidas), sempre que possível, para que os locais possam ser facilmente identificados no terreno. Em alguns casos, em particular em locais que foram muito pesquisados apenas ao longo de estradas de acesso, mas para os quais o habitat contíguo é aparentemente mais extenso, os limites das IPAs foram desenhados para abranger áreas que ainda não foram pesquisadas, mas provavelmente abrigam espécies semelhantes. No entanto, como esses limites são baseados na suposição de que as espécies de interesse ocorrem em outros lugares dentro das áreas aparentemente contíguas do habitat, de momento o delineamento não é exacto e exigiria mais informações de campo para validar; tais casos são destacados nos relatórios do local.

Os relatórios para acompanhar cada IPA foram compilados no banco de dados Tropical Important Plant Areas (https://tipas-data.kew.org), e uma versão de cada relatório está inclusa nesta publicação e no portal de dados TIPAs Explorer (https://tipas.kew.org).

Revisão da documentação do local IPA

Os relatórios gerados para cada avaliação da IPA foram revistos sempre que possível por especialistas nacionais e/ou internacionais, que tenham conhecimento do local e/ou da flora presente. Um seminário *online* de dois dias inteiros foi realizado em Agosto de 2021 entre parceiros do Kew, IIAM e UEM. Este seminário foi uma oportunidade para rever e editar os limites das IPAs, os nomes dos locais, os taxa/habitats que despoletam cada IPA e, como resultado, os critérios sob os quais cada IPA se qualificou.

A rede IPA aqui identificada representa um resumo do nosso conhecimento actual dos locais mais importantes a nível nacional para a preservação da diversidade de plantas de Moçambique, e a contribuição para a biodiversidade global. No entanto, este não deve ser considerado um trabalho final; em vez disso, o processo IPA é interactivo e deve ser revisto regularmente à luz de novas informações. Isto pode incluir, mas não se limita a, actualização de espécies despoletadoras e listas de habitats, critérios de qualificação, limites de locais e identificação de novos locais. Se um local se tornar irrevogavelmente degradado ou se informações adicionais invalidarem a designação IPA (uma espécie que despoleta é extinta ou é reduzida a sinonímia dentro de outro táxon que não satisfaz aos critérios IPA, etc.), a retirada de um local seria necessária para garantir os esforços de conservação com enfoque apenas nos locais de maior prioridade nacional.

Apresentação de dados – relatórios IPA

Os relatórios IPA incluídos nesta publicação e no portal TIPAs Explorer incluem as seguintes secções de texto:

- **Descrição do local** – uma breve visão geral do local, incluindo a localização geográfica (província, distrito e quaisquer cidades e vilas próximas), principais características da paisagem e outras informações de interesse geral sobre o local.

- **Importância botânica** – detalhe de elementos botânicos importantes dentro de cada local, incluindo taxa e habitats que são considerados de alto valor de conservação e/ou de importância cultural ou económica.

- **Habitat e geologia** – descrição da variedade de habitats encontrados no local, detalhando sempre que possível as espécies dominantes e representativas em cada um, bem como a geologia e solos subjacentes, e as médias de clima e precipitação.

- **Questões de conservação** – uma visão geral das medidas de conservação no local, incluindo iniciativas passadas e futuras, e se o local se enquadra em uma área protegida ou de outra designação de conservação (uma Área Chave de Biodiversidade (KBA) ou Área Importante para Aves (IBA), por exemplo). As comparações com a rede KBA são baseadas na avaliação revista de KBAs em Moçambique, identificadas usando os novos critérios KBA (ver WCS *et al.* 2021). Esta secção também descreve as ameaças apresentadas a cada local, passadas, presentes e futuras. Os taxa de fauna de interesse de conservação, particularmente aquelas que dependem fortemente dos habitats de uma IPA, também podem ser listadas nesta secção.

- **Serviços ecossistémicos chaves** – detalha o valor (capital natural) do local para a população local e além, principalmente realçando os recursos e serviços fornecidos ou apoiados pela vegetação dentro de cada IPA. Uma lista de serviços é apresentada na secção **"Categorias de Serviços Ecossistémicos"**; este utiliza a tipologia de serviços ecossistémicos proposta por The Economics of Ecosystems and Biodiversity (TEEB 2010).

- **Justificativa da avaliação da IPA** – um resumo de quais os critérios IPA que qualificam cada local, e os elementos botânicos que despoletam cada critério. Esta secção pretende ser um resumo independente do estatuto da IPA para cada local e, portanto, em alguns casos, isso repetirá (em resumo) algumas das informações apresentadas na secção *Importância botânica*.

Além das referências mencionadas no texto, cada relatório IPA é acompanhado por uma série de tabelas de dados:

- **Espécies prioritárias (Critérios A e B da IPA)** – lista as espécies que (potencialmente) despoletam os critérios A e B(ii). As espécies que potencialmente despoletam o critério A são pontuadas (✓ = satisfaz o limite) em relação aos três limites, ≥ 1% da população global, ≥ 5% da população nacional e/ou 1 dos 5 melhores locais nacionais. No entanto, as espécies que despoletam o critério A são listadas mesmo se o local não satisfaz a nenhum desses limites (nesse caso, todas as três colunas estão em branco), pois é útil estar ciente da presença de tais espécies num determinado local. Como essas colunas são relevantes apenas para o critério A, elas geralmente não são pontuadas para as espécies do critério B(ii). Outras colunas detalhando toda a população que ocorre num local, a importância sócio-económica e a abundância de cada taxa são incluídas apenas para informação (ou seja, essas colunas não denotam limites sob os critérios IPA); essas colunas são pontuadas para todos os taxa que despoletam os critérios A e B(ii). B(ii) as espécies qualificadas que ocorrem em cada local são incluídas na tabela de espécies prioritárias, mesmo quando o total cumulativo desses taxa no local não despoletam o Critério B, pois é novamente útil estar ciente da sua presença.

- **Habitats ameaçados (Critério C da IPA)** – C(iii) habitats que despoletam são pontuados em relação aos limites, ≥ 10% do recurso nacional ou 1 dos 5 melhores locais nacionais. O limite C(i) e C(ii) de ≥ 5% do recurso nacional está incluído para completar, no caso de futura Lista Vermelha de Ecossistemas que permita uma avaliação global ou regional do habitat, mas este limite não é assinalado se o valor ≥ 10% do limite de recursos nacionais é atingido. Tal como acontece com as espécies despoletadoras do critério A, os habitats despoletadores do critério C(iii) são incluídos nesta tabela, mesmo que os limites não sejam atendidos (nesse caso, as três colunas ficarão em branco). Uma estimativa da área actual do habitat C(iii) é registada quando disponível.
- **Áreas protegidas e outras designações de conservação** – lista quaisquer áreas formalmente protegidas no local (públicas ou privadas), bem como outras designações de conservação (como Áreas-Chave de Biodiversidade, sítios Ramsar e Áreas Importantes para Aves). Também registamos como estes se relacionam espacialmente com a IPA, ou seja, se a área protegida ou outra designação de conservação coincide, se sobrepõe, engloba ou é englobado pela IPA. Se o local não estiver formalmente protegido, então "Nenhuma protecção formal" é listada, mas o local ainda pode ter outras designações de conservação, como o estatuto KBA.
- **Ameaças** – lista todas as ameaças enfrentadas pela flora em cada local, usando a classificação de ameaças padronizada da UICN, aplicada na Lista Vermelha de Espécies Ameaçadas. Cada ameaça recebe uma classificação de gravidade (baixa, média, alta, desconhecida) e um tempo (passado-provável de retorno, passado-provável de retornar, contínuo-estável, contínuo-aumentando, contínuo-decrescente, contínuo-tendência desconhecida, actividade planeada no futuro, ameaça inferida no futuro).

Dentro desta publicação, cada relatório IPA é acompanhado por dois mapas do local:

- um mapa geral de referência do IPA e arredores para indicar a geografia local; e
- um mapa de imagens que apresenta dados de satélite da ESRI como uma apresentação visual dos habitats dentro de uma IPA.

A legenda para os mapas está incluída abaixo e as referências para as camadas do mapa são fornecidas na **Bibliografia**. Todos os mapas e análises foram realizados usando o sistema de coordenadas geográficas do World Geodetic System 1984 (WGS 84).

- Limites da IPA (Mapa de referência)
- Limites da IPA (Mapa da imagem)
- Localização principal
- Província
- Estradas
- Lagos, Rios, Oceano, Terras húmidas
- Reserva Botânica

Protected Areas

- Zona Tampão
- Área Protegida (Sobreposição)
- Área protegida

Todas as referências citadas no texto são fornecidas na **Bibliografia** no final do relatório. O **Apêndice** apresenta um resumo da distribuição dentro da rede IPA da actual Lista Vermelha da UICN de Moçambique de taxa globalmente ameaçados, e todos os taxa que se qualificam como de alta importância para conservação no critério B(ii).

AS PLANTAS AMEAÇADAS DE MOÇAMBIQUE

Para obter as evidências necessárias para identificar e avaliar potenciais IPAs com base no critério A(i), foi realizado um trabalho que resultou num aumento do número de taxa de Moçambique avaliadas para a Lista Vermelha da UICN. As avaliações para o projecto TIPAs tiveram enfoque nas espécies endémicas e quase-endémicas. Ao longo do projecto TIPAs de Moçambique, foram avaliadas 273 taxa no total, e 264 dessas avaliações submetidas à Lista Vermelha da UICN enquanto mais de 100 avaliações adicionais foram compiladas e publicadas em preparação para este projecto (vêr capítulo "Identificação de Áreas Importantes de Plantas de Moçambique: Métodos & Recursos" sobre os encontros relevantes), representando uma contribuição significativa para a Lista Vermelha nacional.

No geral, cerca de 30% da flora de Moçambique foi avaliada para a Lista Vermelha da UICN (incluindo avaliações que foram submetidas mas ainda não publicadas, e avaliações publicadas que necessitam de actualização). Das avaliadas até à data, 23% (335 taxa) foram consideradas ameaçadas.

Taxa de endémicas e quase-endémicas

Sessenta e nove porcento (69% – isto é 462 taxa) dos taxa de endémicas e quase-endémicas de Moçambique já foram avaliadas para a Lista Vermelha da UICN (incluindo avaliações que foram submetidas mas ainda não publicadas, e avaliações que requerem actualização por terem sido avaliadas em iterações anteriores aos critérios da Lista Vermelha da UICN e/ou à mais de 10 anos). Destes taxa de endémicas e quase-endémicas avaliadas, 55% estão ameaçadas de extinção, quase o dobro da proporção de taxa de ameaçadas de todas as espécies nativas moçambicanas avaliadas. O nível mais alto de ameaça observado nas espécies endémicas e quase-endémicas é provavelmente devido às suas áreas de distribuição serem mais restritas. O tamanho da área de distribuição é um elemento importante para prever o risco de extinção em taxa de plantas, pois a probabilidade de uma perturbação ambiental ou perturbação impactando toda a extensão de ocorrência dos taxon é maior para aqueles com menor distribuição (Gaston & Fuller 2009; Leão et al. 2014).

As espécies de Rubiaceae e Fabaceae representam 30% destas endémicas e quase-endémicas ameaçadas, sugerindo que estas são as duas famílias com mais espécies na flora endémica de Moçambique (Darbyshire et al. 2019a). Annonaceae, Melastomataceae, Acanthaceae, Zamiaceae e Gesneriaceae, todas apresentam percentagens mais altas de taxa de endémicas e quase-endémicas ameaçadas, em comparação à média de 55% para todas as famílias.

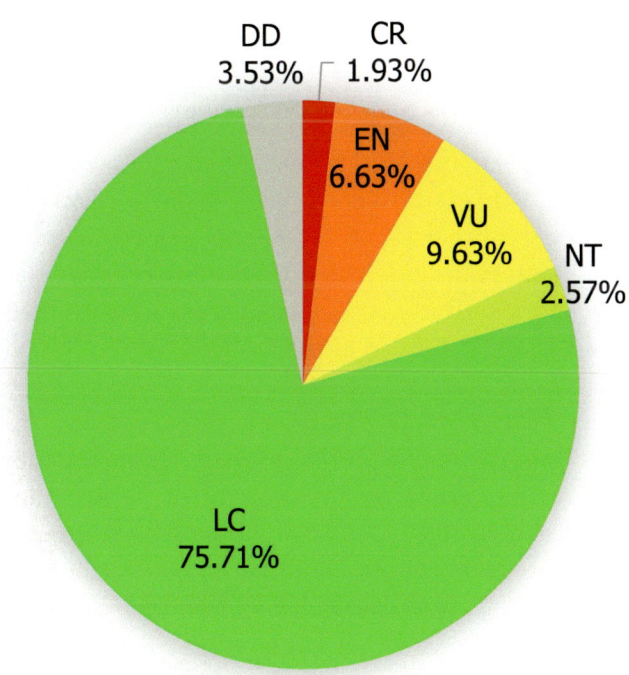

Lista vermelha da UICN com categorias para todos os taxa de plantas nativas avaliadas de Moçambique

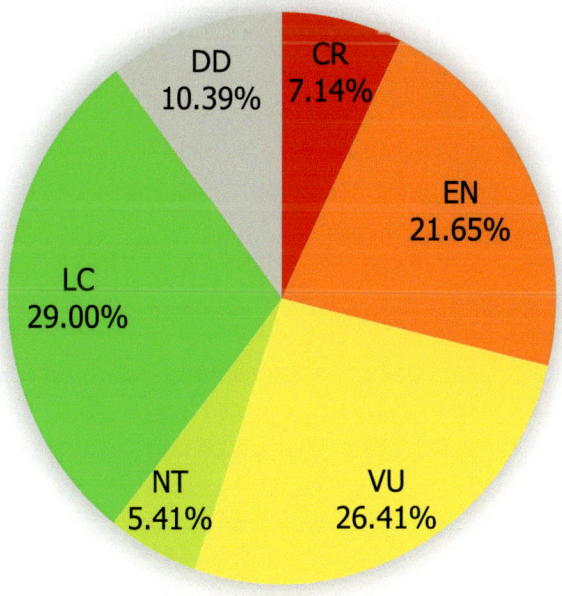

Categorias da Lista Vermelha da UICN para todos os taxa de plantas endémicas e quase endémicas de Moçambique

Familia	Total de taxa endémicas e quase-endémicas	Total de taxa endémicas e quase-endémicas avaliadas para a Lista Vermelha da UICN	% de taxa endémicas e quase-endémicas avaliadas como ameaçadas de extinção
Annonaceae	11	10	100% (10 taxa)
Melastomataceae	15	14	86% (12 taxa)
Acanthaceae	26	21	81% (17 taxa)
Zamiaceae	11	10	80% (10 taxa)
Gesneriaceae	11	9	78% (7 taxa)

Familia com níveis mais altos de sobre-representação dentro de taxa de ameaçadas, excluindo aquelas com menos de nove avaliações ou com menos da metade de sua taxa de endémicas e quase-endémicas avaliadas para a Lista Vermelha da UICN.

Embora seja possível que, para alguns taxa, a avaliação para a Lista Vermelha da UICN tenha sido priorizada aos considerados ameaçados de extinção, dada a boa cobertura das avaliações dentro das cinco famílias acima mencionadas, podemos concluir que esta sobre-representação é devido a níveis genuinamente mais altos de ameaça, em vez de influências na amostragem.

Os níveis mais altos de ameaça verificados para as espécies de Annonaceae e Melastomataceae podem estar relacionados aos habitats em que muitos dos taxa dessas famílias ocorrem. Taxa de endémicas e quase-endémicas dessas famílias ocorrem predominantemente em habitats florestais (10 Annonaceae; 11 Melastomataceae), particularmente em florestas costeiras secas (8 Annonaceae; 8 Melastomataceae). As florestas costeiras secas de Moçambique continuam a ter altos níveis de degradação e perda de habitat devido a ameaças como a expansão da agricultura e exploração para madeira e lenha (Timberlake et al. 2011), o que pode explicar a sobre-representação dessas famílias nas endémicas e quase endémicas ameaçadas.

Porém as espécies de Acanthaceae estão menos associadas a tipos de habitats específicos, ocorrendo numa diversidade ampla de ecossistemas, mas a família é conhecida por conter um elevado número de espécies de distribuição restrita e raras (Manzitto-Tripp et al. 2021) que podem, por sua vez, aumentar o risco das espécies se tornarem ameaçadas de extinção. De igual modo, muitas das Zamiaceae endémicas e quase-endémicas de Moçambique têm áreas de distribuição muito restritas, em muitos casos restritas a apenas uma montanha, como por exemplo *Encephalartos munchii* (CR) no Monte Zembe e *E. pterogonus* (CR) no Monte Muruwere, ou numa cordilheira montanhosa, como por exemplo o *Encephalartos aplanatus* (VU), *E. senticosus* (VU) e *E. umbeluziensis* (EN) nos Montes Libombos. As endémicas e quase-endémicas dentro da família Gesneriaceae também incluem muitos taxa com áreas de distribuição restrita como por exemplo a *Streptocarpus brachynema* (CR), encontrada apenas na Serra da Gorongosa, e *S. acicularis* (CR), *S. grandis* subsp. *septentrionalis* (NE), *S. hirticapsa* (VU) e *S. montis-bingae* (DD) que são todas restritas às Montanhas Chimanimani.

Em contraste, endémicas e quase-endémicas da família Asteraceae podem ser menos propensas a serem ameaçadas de extinção do que a média. Dos 15 taxa avaliados, 73% foram consideradas de menor preocupação (LC), em comparação com a média geral de 29% dos taxa de endémicas e quase-endémicas de menor preocupação. Contudo, 12 taxa de endémicas e quase-endémicas dentro desta família ainda não foram avaliadas e, portanto, são necessárias mais pesquisas para confirmar se as Asteraceae endémicas e quase-endémicas estão realmente em menor risco de extinção do que as outras famílias.

Distribuição de espécies ameaçadas

Ao longo do projecto TIPAs – Moçambique as análises da distribuição de taxa ameaçados foram realizadas no ArcGIS Pro (ESRI 2019), usando dados de ocorrência de espécies ameaçadas inseridos no banco de dados BRAHMS. O banco de dados está em grande parte completo, apesar de que as ocorrências de algumas espécies ameaçadas de distribuição extensa possam ser incompreensivas.

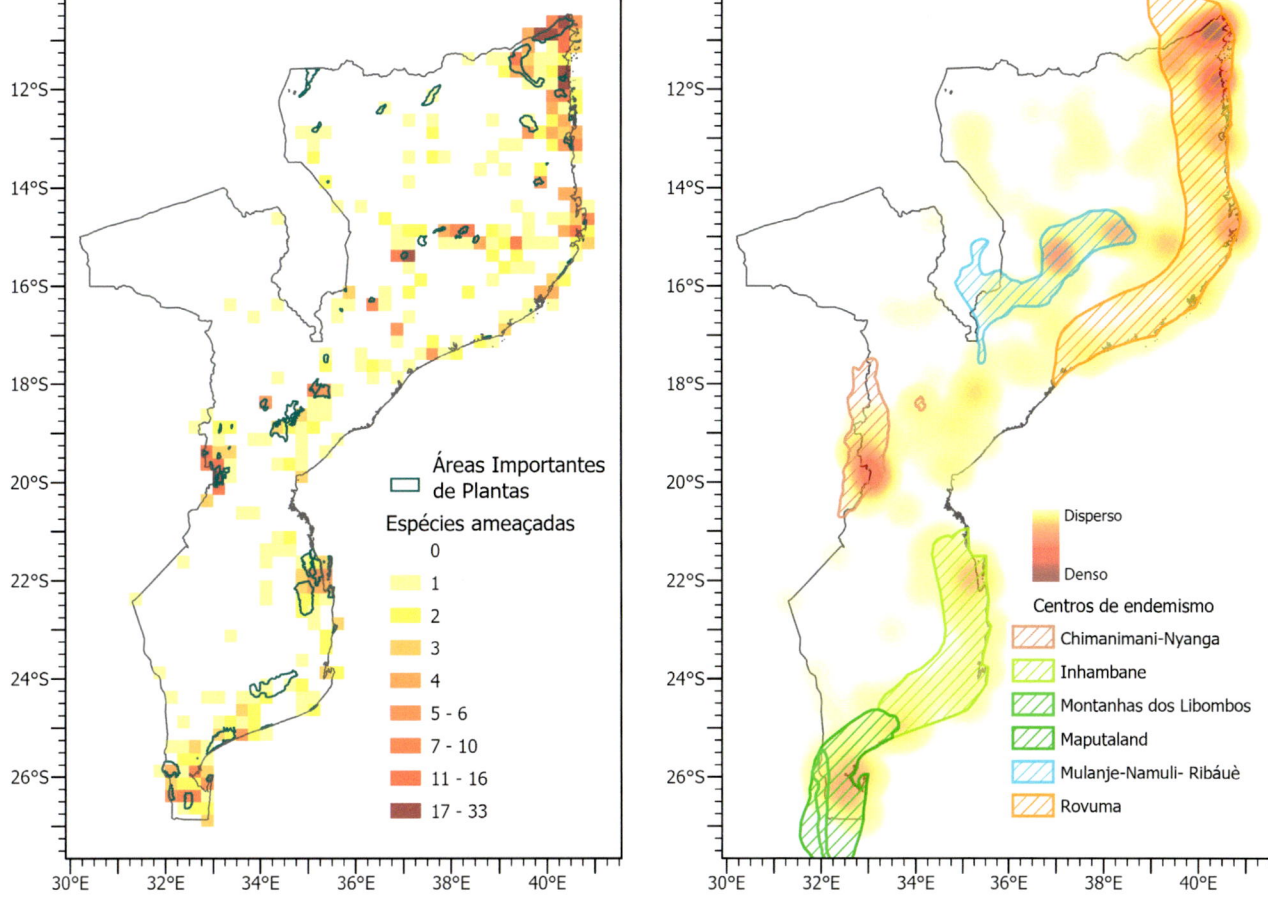

Mapa com o número de espécies de plantas ameaçadas em cada célula de um quarto de uma quadrícula de um grau quadrado de Moçambique ao lado de Áreas de Plantas Importantes.

Mapa de intensidade que mostra a densidade de ocorrências de espécies ameaçadas em Moçambique, ao lado dos Centros de Endemismo propostos, adaptados de Darbyshire *et al.* (2019a). Densidade aqui é uma medida do número de espécies ameaçadas que ocorrem num raio de 30 km de cada célula numa quadrícula de células de 1 km², de Moçambique.

Uma análise de um quarto de grau ao quadrado (QDS) das distribuições de taxa ameaçados foi realizada primeiro dividindo Moçambique numa grelha de células de 0,25° x 0,25°, depois calculando quantos taxa ameaçados ocorrem dentro de cada uma destas células. Por conveniência, algumas dessas células sobrepõem-se ao oceano ou a países vizinhos para garantir que todas as áreas de Moçambique fossem captadas, contudo, apenas os dados de ocorrência de Moçambique foram usados nestas análises. Um mapa de intensidade de ocorrências de taxa ameaçados também foi produzido para interpretar padrões espaciais numa escala mais ampla. Assim como na análise de um quarto de grau ao quadrado (QDS), ocorrências múltiplas do mesmo táxon ameaçado dentro de um QDS foram removidas na análise do número de taxa ameaçados numa área. A densidade foi então calculada como uma medida do número de taxa ameaçados que ocorrem num raio de 30 km de cada célula de 1 km² da grelha de Moçambique. Portanto, ao contrário da análise QDS, cada célula dentro do mapa de intensidade é influenciada pelo número de taxa ameaçados na área circundante.

Os dois mapas demonstram uma correlação entre as áreas de maior densidade de táxon ameaçados e os Centros de Endemismo de plantas (CoEs) propostos para Moçambique. Esta associação é provável porque as espécies endémicas moçambicanas são mais propensas a serem ameaçadas, como demonstrado anteriormente neste capítulo, e portanto com altos níveis de espécies endémicas concentradas nos Centros de Endemismo (CoEs), também podemos esperar uma maior densidade de espécies ameaçadas.

As florestas costeiras secas e brenhas do CoE do Rovuma têm algumas das densidades mais altas de espécies ameaçadas de todos os CoEs. Estes habitats são particularmente ameaçados pela rápida conversão para áreas de agricultura de subsistência, corte de árvores (muitas vezes como fonte de lenha) e queimadas descontroladas, se bem que a exploração de petróleo e gás possa acelerar o desmatamento das florestas costeiras dentro deste CoE (Timberlake *et al.* 2011). Juntamente a essas ameaças está o número excepcionalmente alto de taxa de endémicas e quase-endémicas neste CoE, com mais endémicas moçambicanas confinadas a este CoE (mais de 50 taxa) do que em qualquer outro CoE em Moçambique (Darbyshire *et al.* 2019a). A combinação de altos níveis de ameaça às florestas costeiras secas e brenhas com muitas espécies confinadas a esses habitats, é portanto responsável pela alta densidade de espécies ameaçadas no CoE do Rovuma.

A maior densidade de taxa ameaçada a nível nacional, com base na análise do QDS, ocorre no CoE do Rovuma, a sudoeste da vila de Quiterajo, cobrindo grande parte da Floresta de Namacubi, com 33 taxa ocorrendo dentro desta célula do QDS. A esta área segue-se a escarpa oriental do Rovuma e a área do vale, com a segunda célula QDS de maior valor (27 taxa) e várias outras células vizinhas de alta densidade.

Enquanto que Quiterajo e a escarpa inferior do Rovuma se enquadram no proposto CoE do Rovuma, a terceira célula QDS de maior valor (24 taxa) ocorre nas montanhas e terras baixas de Chimanimani, uma área chave no CoE de Chimanimani-Nyanga (terras altas de Manica), com a vizinha Tsetserra também com uma pontuação alta. À semelhança do CoE do Rovuma, existe um elevado número de espécies restritas a esta área, com mais de 150 espécies endémicas e quase-endémicas restritas ao CoE das Terras Altas de Manica. Embora as áreas das terras altas permaneçam praticamente intactas, excepto pelo impacto localizado da mineração artesanal de ouro e alguns aumentos na frequência de queimadas, as terras baixas de Chimanimani, ricas em espécies, estão sob ameaça de perda de habitat, principalmente devido à agricultura e queimadas frequentes (Timberlake *et al.* 2016a, 2016b; Wursten *et al.* 2017).

O CoE de Mulanje-Namuli-Ribáuè apresenta áreas de densidade de táxon ameaçados que são muito localizadas, o que é esperado pois a riqueza de espécies nessas áreas está associada aos maciços e arquipélagos de inselbergues. Isso é demonstrado no mapa de QDS, indicando células isoladas de alta densidade de ameaças, enquanto o mapa de intensidade peca em detectar áreas de alta densidade de espécies ameaçadas em partes deste CoE pois tem-se em consideração as áreas ao redor de cada montanha com poucas ou nenhuma espécie ameaçada presente. O Monte Namuli está entre as dez principais células QDS a nível nacional para taxa ameaçados (20 taxa), enquanto o Monte Mabu (7 taxa) e as montanhas Ribáuè e M'paluwe (12 taxa) também mostram níveis moderadamente altos de densidade de táxon ameaçados.

Apenas densidades moderadas de taxa ameaçados ocorrem dentro dos CoEs de Inhambane, Libombos e Maputaland (no sentido restrito). No entanto, as florestas costeiras e brenhas que cobrem grandes áreas dos CoEs de Inhambane e Maputaland, como os do CoE do Rovuma, estão sob grande pressão quanto à perda de habitat, particularmente pela agricultura de subsistência (Key Biodiversity Areas Partnership 2020). As menores concentrações de densidade de espécies ameaçadas nestes CoEs possivelmente reflectem a menor riqueza de taxa de endémicas e quase-endémicas (Darbyshire *et al.* 2019a), que são mais propensas a enquadrarem-se numa categoria de ameaça, em vez de níveis mais baixos de ameaça nesses CoEs.

Espécies ameaçadas na rede de IPA

Categoria de Ameaça	Cobertura na rede IPA
VU	82.86%
EN	83.06%
CR	77.14%

A rede IPA (vêr capítulo "As Áreas Importantes de Plantas: Uma Visão Geral) incorpora a grande maioria dos taxa de plantas ameaçadas de Moçambique, com 82% ocorrendo dentro de pelo menos uma IPA. A maioria dos taxa que não ocorrem dentro de nenhuma IPA são das famílias com mais espécies da flora moçambicana (Fabaceae – 17%, Euphorbiaceae – 12%, Acanthaceae – 9%, Rubiaceae – 7%).

Muitos dos taxa ameaçados que estão fora da rede IPA não são conhecidos por coexistir com outras características de importância para a conservação tais como outros taxa ameaçados, habitats ameaçados ou áreas ricas em taxa de endémicas. No entanto, pesquisas adicionais podem fortalecer a identificação dessas áreas como IPAs (consulte "Locais adicionais de interesse botânico" no final do capítulo "Avaliação das Áreas Importantes de Plantas"). Alternativamente, esses taxa podem ocorrer em áreas que já estão fortemente degradadas, onde a viabilidade para conservação ou restauração bem sucedida é baixa.

Aloe mossurilensis, por exemplo, é uma espécie criticamente ameaçada conhecida e confirmada apenas de um único local específico nas escarpas costeiras na área de Mossuril da província de Nampula (Darbyshire *et al.* 2019b). As áreas turísticas circundantes deixam a pequena área do habitat de *A. mossurilensis* isolada e imprópria para ser reconhecida dentro de uma IPA. Noutros lugares, *Emicocarpus fissifolius*, a única espécie conhecida do género endémico Emicocarpus, foi avaliada como Criticamente Ameaçada (Possivelmente Extinta), pois só é conhecida a partir de registos históricos na Cidade de Maputo, cujos locais foram fortemente transformados nas décadas seguintes à última colecta em 1966 (Matimele *et al.* 2016a). Pesquisas recentes em locais com habitat potencialmente apto não foram bem sucedidas e, portanto, não é possível incorporar esta espécie na rede IPA, a menos que populações viáveis existentes sejam encontradas no futuro.

Para espécies como *Aloe mossurilensis*, e quaisquer populações remanescentes de *Emicocarpus fissifolius* na Cidade de Maputo, outras acções de conservação, como a conservação *ex-situ*, podem ser mais adequadas para prevenir a extinção. No entanto, pesquisas futuras devem concentrar-se na identificação de locais onde residem espécies ameaçadas que actualmente não fazem parte da rede IPA. Os locais com oportunidades viáveis de conservação poderiam então ser incorporados numa futura iteração da rede IPA, com o objectivo final de incluir pelo menos uma população de cada espécie ameaçada dentro da rede IPA, sempre que possível.

A palmeira *Raphia australis* (globalmente VU) crescendo num canavial no IPA Chidenguele (HM)

AS ÁREAS IMPORTANTES DE PLANTAS DE MOÇAMBIQUE: UMA VISÃO GERAL

Distribuição, tamanho e complexidade da rede IPA

A rede de Áreas Importantes de Plantas (IPAs) de Moçambique compreende **57 locais**, bem distribuídos por todo o país, com todas as províncias representadas, excepto a Cidade de Maputo e Tete. A maioria dos locais é inteiramente terrestre, mas pequenas áreas de ambientes marinhos costeiros com comunidades de mangal ou ervas marinhas estão incluídas em seis IPAs costeiras. Os 57 locais juntos cobrem uma área de **22.990 km²**. Isto representa **menos de 3%** da área total terrestre de Moçambique, mas abrange populações importantes de 82% de taxa de plantas ameaçadas de Moçambique (vêr capítulo "As Plantas Ameaçadas de Moçambique"), juntamente com os habitats intactos que suportam estas espécies e os serviços ecossistémicos a eles associados. Assim sendo, a conservação e gestão sustentável desta área de terra relativamente pequena, traria enormes benefícios para a preservação da flora rara e endémica, e de importantes habitats sob a tutela de Moçambique. Os resultados da rede IPA estão resumidos nas tabelas e mapas apresentadas no final desta secção.

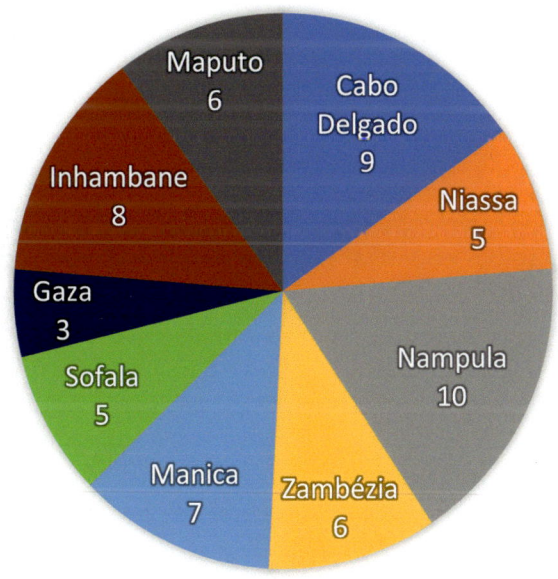

Distribuição das IPAs por província de Moçambique (as IPAs que atravessam os limites provinciais são contadas duas vezes).

As IPAs variam consideravelmente em tamanho e complexidade. A maioria dos locais são relativamente pequenos em área e amplamente definidos por habitats dominantes, discretos (por exemplo, floresta seca costeira, mata e brenha na IPA de Quiterajo), e/ou por características geográficas (por exemplo, muitos dos locais montanhosos como as IPAs do Monte Zembe e Ribáuè-M'paluwe). A maioria das IPAs (33 locais) têm menos de 200 km² de área, e mais de dois terços (39 locais) têm menos de 300 km², portanto, são de uma escala de fácil gestão como uma única unidade. Na extremidade mais baixa da escala, cinco locais têm menos de 10 km², incluindo Bobole (0,2 km²), que é designado IPA com base numa pequena mas importante população da palmeira *Raphia australis*, ao longo do Rio Bobole a norte de Maputo; as ilhas de Goa e Sena (0,7 km²) que compreende uma pequena área de brenha sob rocha coralina que suporta uma espécie endémica e duas espécies muito restritas e ameaçadas; e as Quedas de Água do Rio Lúrio, Chiúre (6,7 km²) que suporta toda a população global conhecida de *Aloe argentifolia*. No extremo mais alto da escala, três locais cobrem uma área de mais de 2.000 km²: Panda-Manjacaze (2.599 km²), Planalto e Escarpas de Mueda (2.200 km²) e Mapinhane (2.070 km²). Estes locais em escala de paisagem contêm um mosaico de habitats distintos, mas interconectados, que juntos sustentam uma rica diversidade de plantas. No entanto, as espécies e habitats que despoletam IPAs são normalmente conhecidos apenas em pequenas áreas dentro destes mosaicos, pelo que um trabalho de campo mais extenso em cada um pode ajudar a definir localizações críticas dentro dessas IPAs que podem ser mais adequadas para estratégias e medidas de conservação intensivas, enquanto o local da IPA como um todo pode ser mais adequado ao estatuto de "Paisagem Protegida" ou "Área Protegida com Uso Sustentável de Recursos Naturais" (Categorias V e VI da classificação de gestão de áreas protegidas da IUCN; Dudley 2013).

Critérios de Qualificação

Critério A: Espécies Ameaçadas

Todos os 57 locais da rede IPA qualificam-se sob o critério A e todos, excepto um, contêm pelo menos uma espécie globalmente ameaçada conforme avaliação da Lista Vermelha da UICN e, portanto, qualificam-se sob o critério A(i). A excepção são as Montanhas Txitonga que actualmente qualificam-se apenas no critério A(iii) devido à presença da *Hartliella txitongensis*.

Esta é uma espécie endémica muito restrita que foi descrita apenas recentemente (Osborne et. al. 2022), esta ainda não foi avaliada na Lista Vermelha da UICN, mas é muito provável que esteja ameaçada com base no conhecimento actual. Estas montanhas estão entre as áreas botanicamente menos exploradas de Moçambique, pelo que mais espécies do critério A são susceptíveis de serem encontradas após pesquisas adicionais, como é o caso de muitas das IPAs aqui documentadas. Em média, cada local contém populações de mais de sete taxa A(i) globalmente ameaçados, mas isso varia muito entre os locais. Catorze IPAs contêm populações de 10 ou mais taxa ameaçados, sendo os locais mais ricos em espécies ameaçadas a Escarpas do Baixo Rovuma (54), Quiterajo (38), Montanhas de Chimanimani (29) e Monte Namuli (22). No outro extremo da escala, sete locais contêm apenas um táxon (espécie) globalmente ameaçado.

Critério B: Riqueza Botânica
A riqueza botânica em Moçambique, medida usando o critério B(ii), é bastante variável em toda a rede IPA. Oito IPAs satisfazem o limite de conter >3% (≥16 taxa) da lista total de taxa despoletadores de prioridade de conservação (ou seja, taxa endémicos nacionais e/ou espécies com uma distribuição global inferior a 10.000 km^2). Outros quatro locais contêm >10 desses taxa (>2%) e despoletaram o critério B(ii) abaixo do limite dos "15 locais mais ricos". Dos locais que actualmente não satisfazem a este critério, oito são actualmente conhecidos por suportar 10 taxa despoletadores e alguns desses locais provavelmente se qualificarão no critério B(ii) após levantamentos botânicos mais exaustivos. De longe, o local mais rico registado no estudo actual são as Montanhas de Chimanimani, com 96 taxa despoletadores do B(ii), ou quase 20% da lista total de táxon B(ii). Três outros locais montanhosos, Monte Namuli (40 taxa), Tsetserra (36 taxa) e Ribáuè-M'paluwe (22 taxa) também são excepcionalmente ricos, enquanto os dois locais costeiros de Cabo Delgado com as maiores concentrações de espécies ameaçadas, a Escarpas do Baixo Rovuma e Quiterajo, também estão entre os locais mais ricos com 22 taxa despoletadores cada. A forte correlação positiva entre alta riqueza botânica e concentrações de espécies ameaçadas não é surpreendente, uma vez que a destribuição restrita é tipicamente um forte elemento de prever o risco de extinção (Gaston & Fuller 2009; Leão et al. 2014).

Critério C: Habitats Ameaçados
De acordo com a avaliação preliminar de habitats ameaçados a nível nacional e com distribuição restritas de Moçambique, 26 IPAs qualificam-se no critério C(iii) como exemplos de apoio nacionalmente importantes de um ou mais de 12 tipos de habitats diferentes. Nenhuma IPA é identificada com base apenas no Critério C (consulte Métodos para discussão sobre este ponto). Dado que ainda não temos números precisos para a extensão actual desses habitats críticos, na maioria dos casos eles são identificados como estando entre os "cinco melhores locais" para um determinado habitat. No entanto, para alguns habitats, como a Floresta Costeira seca de *Icuria* do Rovuma, temos informação disponível suficiente sobre a extensão total e a área dentro de cada local para calcular se o mesmo cumpre com o critério C(iii): "local conhecido, pensado ou deduzido conter ≥10% do recurso nacional (área) do tipo de habitat ameaçado". Em outros casos, sabe-se que os locais individuais estão bem acima desse limite de 10% e, portanto, são avaliados como tal, por exemplo, a IPA na extensa Floresta Húmida de Altitude Média no Monte Mabu, e a IPA da Floresta Húmida de Terras Baixas de Chimanimani, em que ambas são indiscutivelmente os maiores exemplos destes habitats em Moçambique. A Serra da Gorongosa é o único local que contém extensões nacionalmente importantes de três habitats C(iii): Floresta húmida de montanha, floresta húmida de média altitude, e pradaria de montanha. Seis outros locais cumprem o critério para dois habitats C(iii).

Conforme observado na secção de Métodos, o estado dos habitats dentro da rede IPA precisará de ser revisto assim que o mapa de vegetação revisto for concluído (Lötter *et al.* em preparação) e uma avaliação nacional de ameaças aos ecossistemas for realizada, usando as categorias e critérios da Lista Vermelha de Ecossistemas da UICN. Considera-se provável que (a) todos os habitats destacados na avaliação actual sejam avaliados como ameaçados; e (b) muitos locais IPA conterão habitats ameaçados adicionais além daqueles destacados neste documento. Em particular, é provável que a distribuição de florestas costeiras secas, brenhas e matas do sul de Moçambique sejam destacadas como ameaçadas, e as IPAs identificadas nesta região conterão extensões significativas a nível nacional desses tipos de habitat. Um bom exemplo é a Brenha Arenosa de Pande dentro das IPAs de Mapinhane e Temane, que é um tipo de habitat de distribuição restrito e muito ameaçado pela actividade agrícola (Lötter *et al.* em preparação) e a grande maioria deste habitat está localizado dentro dessas duas IPAs.

Locais que cumprem com todos os três critérios
De particular interesse são as oito IPAs que cumprem os

três critérios: Terras baixas de Chimanimani, Montanhas de Chimanimani, Escarpas do Baixo Rovuma, Serra da Gorongosa, Monte Namuli, Quiterajo, Ribáuè-M'paluwe e Tsetserra. Estes locais contêm populações importantes de múltiplas espécies ameaçadas (10 ou mais em todos os casos), riqueza botânica excepcional (15 ou mais espécies B(ii) despoletadoras em todos os casos, e 20 ou mais em todos, excepto um caso), e entre um e três habitats ameaçados. Embora todas as 57 IPAs identificadas na rede de Moçambique sejam de grande importância para a manutenção da diversidade vegetal nacional e global, pelo que nos abstivemos de tentar qualquer classificação de sua importância, estas oito IPAs são claramente de importância crítica para proteger a biodiversidade única de Moçambique. Como tal, elas deveriam receber alta prioridade em futuras estratégias de conservação, particularmente em locais onde as intervenções são urgentemente necessárias, tais como no Monte Namuli e em Quiterajo, ambos actualmente desprotegidos e enfrentando ameaças significativas.

Complementaridade e Representatividade na Rede IPA

Quarenta e nove (49) IPAs (85%) compreendem populações de taxa globalmente ameaçados que não se encontram em nenhum outro lugar dentro da rede IPA de Moçambique e, como acima mencionado, mais de 80% do total de taxa ameaçados de Moçambique estão representados. A rede de locais seleccionados, portanto, apresenta uma representação efectiva da flora ameaçada de Moçambique, evitando a repetição excessiva de unidades de biodiversidade semelhantes. Os locais com o maior número de taxa ameaçadas "únicas" (únicas aqui refere-se a espécies encontradas em apenas um local dentro da rede IPA), são semelhantes àqueles com o maior número de espécies ameaçadas: Escarpas do Baixo Rovuma (25), Montanhas de Chimanimani (21), Monte Namuli (16) e Quiterajo (12).

Da mesma forma para a riqueza botânica, 49 IPAs (85%) compreendem populações de taxa B(ii) despoletadoras que não são encontradas em nenhum outro lugar dentro da rede IPA, e 21 locais têm 3 ou mais taxa B(ii) "únicas". Isto indica que, mesmo que a complementaridade não tenha sido explicitamente incorporada aos critérios aplicados para medir a riqueza botânica, a rede, no entanto, tem uma boa representação da distribuição completa de taxa B(ii) – 73% dos taxa B(ii) despoletadores (370 taxa) representados na totalidade – com locais que se complementam em termos das espécies presentes.

Isto reflecte um esforço consciente da equipa de avaliação da IPA para identificar locais que suportam espécies e elementos de habitats que representam uma distribuição ampla de ecossistemas e unidades biogeográficas de Moçambique. Os locais mais ricos para taxa "únicas" que despoletam B(ii) dentro da rede IPA são novamente semelhantes àqueles com o maior número total de espécies de B(ii): Montanhas de Chimanimani (71), Monte Namuli (30), Tsetserra (18) e Escarpas do Baixo Rovuma (14).

Comparação com a Rede de IPA Provisória do SABONET 2005

A revisão preliminar de potenciais IPAs em Moçambique conduzida no âmbito do programa Southern African Botanical Diversity Network (SABONET) identificou 28 locais em todo o país (Smith 2005). Este exercício baseou-se num seminário de especialistas nacionais e regionais da flora moçambicana, e foram feitas tentativas para identificar quais os critérios que cada um dos locais identificados provavelmente cumpriria, referido em parte pela primeira tentativa de uma Lista Vermelha nacional de espécies ameaçadas para Moçambique (Izidine & Bandeira 2002). A avaliação actual da IPA inclui (no todo ou em parte) apenas 16 das 28 IPAs propostas em 2005. As omitidas não satisfazem aos critérios do estudo actual, ainda que várias sejam apontadas como locais de interesse no final das avaliações dos locais e podem se qualificar como IPAs no futuro, tais como a Serra Choa e o Zitundo. Para vários destes locais, existem actualmente dados botânicos insuficientes para apoiar uma avaliação da IPA – um bom exemplo é a extensa área de conservação comunitária de Tchuma Tchato na província de Tete (Filimão et al. 1999) que alberga uma fauna rica e habitats intactos, e que se qualifica como uma Área Chave de Biodiversidade (WCS et al. 2021), mas para a qual existem actualmente dados botânicos muito limitados.

Conexões Biogeográficas

São evidentes as fortes ligações entre a distribuição de IPAs em Moçambique e os Centros e sub-Centros de Endemismo de Plantas (CoEs), locais que foram propostos no país (van Wyk 1996; van Wyk & Smith 2001; Loffler & Loffler 2005; Burrows & Timberlake 2011; Bayliss et al. 2014 & em preparação; Darbyshire et al. 2019a, 2020a). Estes CoEs estão sujeitos a pesquisas contínuas para definir com mais precisão os limites da flora endémica, auxiliados por uma crescente compreensão das distribuições de plantas e habitats em Moçambique. Com base nas evidências actuais, 47 dos locais (>80%) são considerados dentro de um CoE local, conforme a tabela abaixo.

Dentro do CoE do Rovuma, uma região de planícies costeiras que suportam uma variedade de habitats de floresta seca, mata e brenha, a maioria dos locais situa-se na porção norte desta região fitogeográfica nas províncias de Cabo Delgado e norte de Nampula, ao sul da IPA Floresta de Matibane. Esta área pode ser definida como o "núcleo" da área do CoE do Rovuma, estendendo-se para norte até ao sudeste da Tanzânia, e é particularmente rica em espécies de distribuição restrita, com uma alta substituição na composição de espécies em alguns grupos de plantas. Um pequeno número de IPAs do Rovuma, associado principalmente à distribuição da árvore endémica da floresta de *Icuria dunensis*, estende-se ao sul das Províncias de Nampula e Zambézia.

A sul do rio Zambeze, e em particular a sul do rio Save, os habitats das planícies costeiras suportam uma flora endémica marcadamente diferente que pode ser amplamente definida como CoE de Maputaland. Esta região fitogeográfica foi anteriormente considerada como tendo uma distribuição muito menor, essencialmente a sul do Rio Limpopo e estendendo-se até ao norte da Província de KwaZulu Natal. No entanto, existem ligações fitogeográficas claras entre a região central de Maputaland e as áreas de planície mais a norte nas Províncias de Gaza e Inhambane, sugerindo que a delimitação de Maputaland deve ser alargada significativamente. Existem, no entanto, algumas diferenças notáveis nos elementos endémicos entre os limites norte e sul de Maputaland amplamente definida que dão suporte ao reconhecimento de um sub-Centro de Inhambane, mas o limite desta região ainda requer uma melhor definição. Por exemplo, um trabalho de campo recente na IPA Panda-Manjacaze, actualmente incluída no sub-Centro de Inhambane, revelou várias espécies (*Cola dorrii*, *Psydrax fragrantissima*, *Xylopia torrei*) que eram anteriormente consideradas endémicas de Maputaland s.s.

No interior do extremo sul de Moçambique, a região baixa montanhosa dos Montes Libombos, ao longo da fronteira com Eswatini e África do Sul, representada em Moçambique por duas IPAs (Goba e Namaacha), tem um pequeno mas notável conjunto de endémicas, e também contém habitats diferentes do resto de Maputaland, apoiando o seu reconhecimento como uma unidade fitogeográfica distinta.

A maioria das IPAs de montanha de Moçambique enquadra-se claramente tanto no CoE Mulanje-Namuli-Ribáuè proposto, ou no CoE Chimanimani-Nyanga. Ambas as regiões foram tratadas anteriormente dentro de um fitocório afromontano oriental mais amplo, mas, embora muitos habitats e até mesmo algumas das espécies localmente dominantes se sobreponham entre essas duas regiões fitogeográficas, há muito pouca sobreposição em termos das floras endémicas e de distribuição restritas, portanto, é mais apropriado o reconhecimento como dois CoEs distintos. As cinco IPAs na Província do Niassa (locais 11 – 15 no mapa) encontram-se actualmente fora de qualquer um dos CoE locais e, dado o inventário botânico incompleto nestes locais, as afinidades fitogeográficas ainda não são totalmente compreendidas. No entanto, estes cinco locais são montanhosos ou sub-montanhosos pelo que podem ser incluídos na ampla região Afromontana Oriental.

A única área de Moçambique em que existe uma concentração notável de IPAs fora dos CoEs locais propostos, é no Planalto de Cheringoma e a depressão de Urema adjacente (vale do rift) na Província de Sofala, onde quatro IPAs (locais 31-35 excluindo a Serra da Gorongosa) estão localizadas. Esta área tem uma flora endémica pequena mas notável, algumas das quais também se estendem a norte do Rio Zambeze, pelo que pode representar um outro mas ainda não reconhecido CoE local para Moçambique (J.E. Burrows, comunicação pessoal 2019).

(sub) Centros de Endemismo de Plantas	Número de IPAs	Locais no Mapa
Rovuma	17	1–10, 17–21, 30
Maputaland *sensu lato*	15	43–57
Maputaland *sensu stricto*	3	53, 54, 57
Inhambane	10	43–52
Montanhas dos Libombos	2	55, 56
Mulanje-Namuli-Ribáuè	8	22–29
Chimanimani-Nyanga	7	33, 36–42

IPAs em relação aos Centros e sub-Centros locais de Endemismo de Plantas em Moçambique.

Categorias de Conservação e Ameaça das IPAs

IPAs e protecção formal

Das 57 IPAs identificadas, apenas 18 estão

actualmente totalmente protegidas pela lei nacional moçambicana, enquanto outras 10 IPAs estão parcialmente protegidas. Assim, pouco mais da metade das IPAs não têm actualmente qualquer protecção formal. Além do mais, mesmo para muitos dos locais protegidos "no papel", há pouca ou nenhuma gestão eficaz e as ameaças são muitas vezes altas nessas áreas protegidas. Destaca-se a rede de Reservas Florestais, com a qual coincidem cinco IPAs. A maioria das Reservas Florestais (RFs) em Moçambique não são actualmente geridas pela sua biodiversidade, e algumas – como a RF de Maronga nas terras baixas de Chimanimani e as RFs Ribáuè e M'paluwe dentro da IPA Ribáuè-M'paluwe – não são cuidadosamente geridas no presente, sem qualquer controle quanto à invasão agrícola ou corte de madeira. Prevê-se por exemplo, que as florestas da IPA de Ribáuè-M'paluwe, estarão esgotadas nos próximos 35 anos a menos que sejam feitas intervenções urgentes (Montfort 2020). Portanto, há um grande desafio pela frente para proteger e gerir efectivamente as IPAs. Sem tais intervenções, vários destes locais podem perder o seu excelente valor botânico.

Ameaças enfrentadas pelas IPAs

Embora o estatuto de ameaça dos locais varie enormemente, nenhum local é considerado totalmente não ameaçado, com todos os locais actualmente sofrendo ou sendo potencialmente ameaçados por algum nível de destruição ou degradação do habitat. Dito isso, vários dos locais enfrentam apenas poucas ameaças ou ameaças de baixo nível. Por exemplo, a IPA de Catapú é gerida de forma eficaz como uma concessão florestal e ecoturística sustentável, e actualmente não está ameaçada, excepto por um risco moderado do aumento da frequência de queimadas em partes do local. Em outros lugares, as florestas do Monte Mabu, apesar de desprotegidas por meios oficiais, estão em grande parte intactas e protegidas pela importância espiritual do local para as comunidades locais, juntamente com o terreno acidentado e muitas vezes inacessível, e, portanto, actualmente enfrentam apenas ameaças de baixo nível. Por outro lado, vários locais estão severamente ameaçados e estão à beira de perder a importância botânica devido à destruição de habitats, por exemplo, o Planalto e Escarpas de Mueda, onde altos níveis

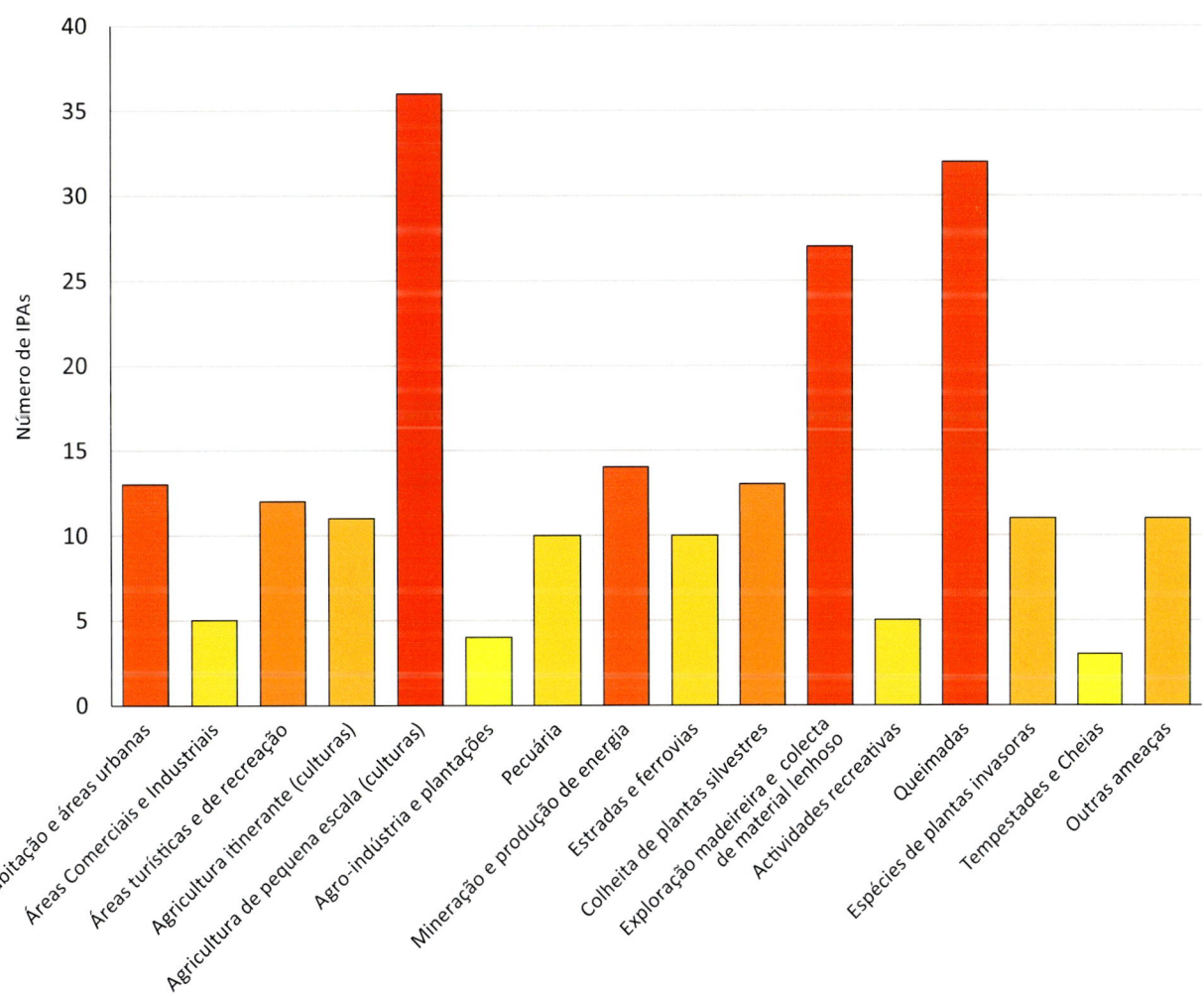

Resumo das ameaças enfrentadas na rede IPA de Moçambique.

Árvores florestais de grande porte sendo queimadas para abertura de áreas para agricultura dentro da IPA Ribáuè-M'paluwe (ID)

populacionais e assentamentos associados, agricultura de corte e queima e extracção de madeira resultaram em extensas perdas dos habitats de mata e floresta seca com a presença de espécies raras e ameaçadas.

A destruição e degradação do habitat em toda a rede IPA é o resultado de uma ampla variedade de ameaças, mas várias são predominantes. De particular preocupação são os métodos agrícolas insustentáveis, principalmente o uso de técnicas de corte e queima para a produção de culturas de curto prazo, sendo esta a maior ameaça às IPAs. Embora as queimadas desempenhem um papel natural em muitos dos habitats sazonalmente secos de Moçambique, as mudanças induzidas pelo homem no regime das queimadas, em particular, o aumento da frequência e intensidade das queimadas acima dos níveis naturais, é um factor importante na degradação do habitat. Isto é frequentemente associado às técnicas agrícolas acima mencionadas, mas a queimada é também usada, por exemplo, na limpeza de habitat para assentamento e para ajudar na caça de animais selvagens. O corte de árvores para a produção de carvão vegetal, lenha, construção local e exploração comercial de madeira também é uma grande ameaça para as espécies lenhosas e habitats em muitas IPAs, uma vez que é actualmente realizado a níveis insustentáveis, com algumas das árvores madeireiras mais comuns de Moçambique experimentando sérios declínios, como *Afzelia quanzensis*, *Bobgunnia madagascariensis* e *Pterocarpus angolensis* (Burrows *et al.* 2018; Hills *et al.* 2019). Outras ameaças generalizadas às IPAs incluem a expansão de assentamentos e áreas urbanas, práticas turísticas insustentáveis, particularmente em locais costeiros, e extracção insustentável de recursos vegetais silvestres que não sejam madeira. As espécies de plantas invasoras impactam actualmente um pequeno mas significativo número de locais (11 locais), com a rápida disseminação de *Vernonanthura polyanthes* sendo particularmente problemática em locais montanhosos de Manica e Nampula, (Timberlake *et al.* 2016a). A crescente ameaça das mudanças climáticas ainda não foi avaliada em relação à rede IPA de Moçambique, mas o risco de aumento de eventos climáticos extremos, como tempestades tropicais e inundações é apontado como um risco em três IPAs até ao momento, como por exemplo o coral das ilhas de Goa e Sena na Província de Nampula, e as Ilhas Quirimbas de Cabo Delgado. Temperaturas extremas na estação seca e eventos prolongados de seca, particularmente em áreas do interior do país, podem impactar as IPAs no futuro, resultando em perdas de população local e/ou mudança na dinâmica da vegetação.

O tipo de intervenção para superar estas ameaças e melhor beneficiar as IPAs variará consideravelmente entre os locais, dependendo de seu estado actual de protecção, tamanho da população humana, usos da terra e a percepção dos benefícios em apoiar a conservação da natureza. Pesquisas consideráveis foram realizadas em várias IPAs sobre práticas de maneio ideais, e mudanças no uso da terra para proteger a biodiversidade em benefício das comunidades locais, como por exemplo no Monte Mabu onde um plano de maneio foi elaborado e onde um consórcio está agora a trabalhar na criação de uma área de conservação comunitária (CEPF 2021; Biofund 2021). No entanto, na maioria das IPAs, essa pesquisa e planeamento ainda precisam de ser realizadas pois são necessárias para identificar a melhor forma de proteger a rede IPA no futuro.

IPAs e Áreas-Chave de Biodiversidade

As Áreas Chave de Biodiversidade (KBAs) são definidas como locais que contribuem significativamente para a persistência global da biodiversidade (IUCN 2016). Tal como acontece com as IPAs, é um sistema baseado em critérios, medido usando vários grupos de organismos (incluindo fauna e flora) em sistemas terrestres, de água doce, marinhos e subterrâneos. A recente avaliação KBA para Moçambique (WCS *et al.* 2021) identificou 29 KBAs no país, que ocupam colectivamente 139.947 km² incluindo áreas marinhas e terrestres. As KBAs foram despoletadas por 180 espécies das quais a maioria (57%) são plantas, sendo que 18 das 29 KBAs foram despoletadas parcial ou totalmente por espécies de plantas. Isto é consideravelmente maior do que a representação média da taxa de plantas em análises de KBA globalmente devido, em parte, aos esforços de colecta de dados botânicos para a Lista Vermelha do programa TIPAs, juntamente com outras iniciativas botânicas em Moçambique, com dados dessas iniciativas sendo disponibilizados via GBIF (Matimele 2021). Uma comparação das redes IPA e KBA revela que 23 IPAs estão totalmente incluídas na rede KBA e outras 11 estão parcialmente incluídas (juntas, compreendem quase 60% das IPAs). Em muitos casos, várias IPAs foram identificadas numa única KBA. Por exemplo, a vasta KBA do Complexo da Gorongosa e Marromeu engloba totalmente ou em grande parte cinco IPAs: Catapú, Florestas Calcárias de Cheringoma, Floresta de Inhamitanga, Serra da Gorongosa e Vale do Urema e Floresta Sangrassa, enquanto a KBA de Quiterajo inclui a IPA muito menor de Quiterajo e a IPA do Rio Muàgámula, e a parte norte da IPA do Arquipélago das Quirimbas. Tais diferenças de escala são motivadas parcialmente pela variedade diferente de organismos avaliados, com locais críticos para plantas muitas vezes sendo direcionados para uma área menor, pois as plantas são sedentárias e muito específicas no habitat, enquanto muitos taxa de fauna são mais móveis, migratórias ou dependentes de uma gama mais ampla de habitats.

Dado que todos os locais IPA são despoletados, pelo menos em parte, pela presença de populações importantes de espécies ameaçadas (e a grande maioria delas representa acima de 1% da população global dessas espécies despoletadoras), e dado que a grande maioria das IPAs identificadas também contêm uma ou mais espécies de plantas com uma distribuição restrita de <10.000 km^2, estamos confiantes de que a grande maioria das IPAs atenderá aos limites exigidos para o estatuto KBA. É importante que todos esses locais sejam incluídos na rede KBA na próxima iteração desse trabalho, para fortalecer a defesa desses locais e a sua biodiversidade única.

Serviços ecossistémicos

Embora o capital natural da rede IPA não tenha sido pesquisado detalhadamente até o momento, a avaliação inicial realizada neste estudo revela que os locais fornecem uma ampla gama de serviços ecossistémicos, desde o fornecimento de alimentos e recursos, até uma série de serviços regulatórios e serviços culturais, bem como fornecem serviços de apoio ecológico a uma biodiversidade mais ampla. Estes serviços ecossistémicos são muito importantes para as comunidades locais que vivem dentro e ao redor das IPAs, enquanto muitos dos serviços prestados também têm uma importância mais ampla, incluindo a geração de renda nacional, por meio da renda do (eco)turismo, por exemplo, ou serviços regulatórios regionais, como sequestro de carbono como meio de melhorar as mudança climáticas e os impactos negativos. Outros serviços ecossistémicos particularmente frequentes prestados pelas IPAs incluem o fornecimento e manutenção de fontes de água doce, a prevenção da erosão do solo e manutenção da fertilidade e o fornecimento de habitat crítico para a fauna, incluindo espécies de conservação e de interesse socio-económico.

Trabalho futuro nas IPAs

Além dos locais IPAs identificados, também registamos 12 localizações que no futuro poderão se qualificar como IPAs após um estudo mais aprofundado. Conforme observado na introdução, é muito provável que outros locais de alta importância botânica em Moçambique sejam descobertos no futuro após levantamentos botânicos mais exaustivos e, portanto, a rede aqui documentada deve ser considerada uma primeira iteração. No futuro, será importante rever e avaliar possíveis adições à rede IPA à medida que novos dados estiverem disponíveis, por exemplo, através de trabalho de campo botânico em áreas pouco exploradas do país.

É importante que a rede IPA e os seus locais sejam monitorados regularmente para acompanhar as mudanças, incluindo o progresso na conservação de espécies e protecção e restauração de habitats, juntamente com a monitorização de qualquer degradação dos locais. As alterações na condição da IPA devem entao ser consideradas em futuras rondas de avaliação da IPA em Moçambique (vêr "Revisão da documentação do local da IPA" no capítulo "Idendificação de Áreas Importantes de Plantas de Moçambique: Métodos & Recursos"). O envolvimento das partes interessadas também será importante para entender como as comunidades interagem com os locais, particularmente o valor social e económico dos habitats e das espécies. Tal permitirá uma avaliação futura e aprofundada dos taxa de importância sócio-económica sob B(iii) dos critérios IPA, e documentação adicional dos serviços ecossistémicos fornecidos pelos locais. O envolvimento das comunidades locais também será fundamental para o desenvolvimento de quaisquer planos futuros de gestão de conservação dentro das IPAs, de forma a garantir que os meios de subsistência da população local sejam considerados, e que as comunidades se sintam envolvidas e emponderadas na gestão do local, aumentando assim a sustentabilidade a longo prazo dos esforços de conservação.

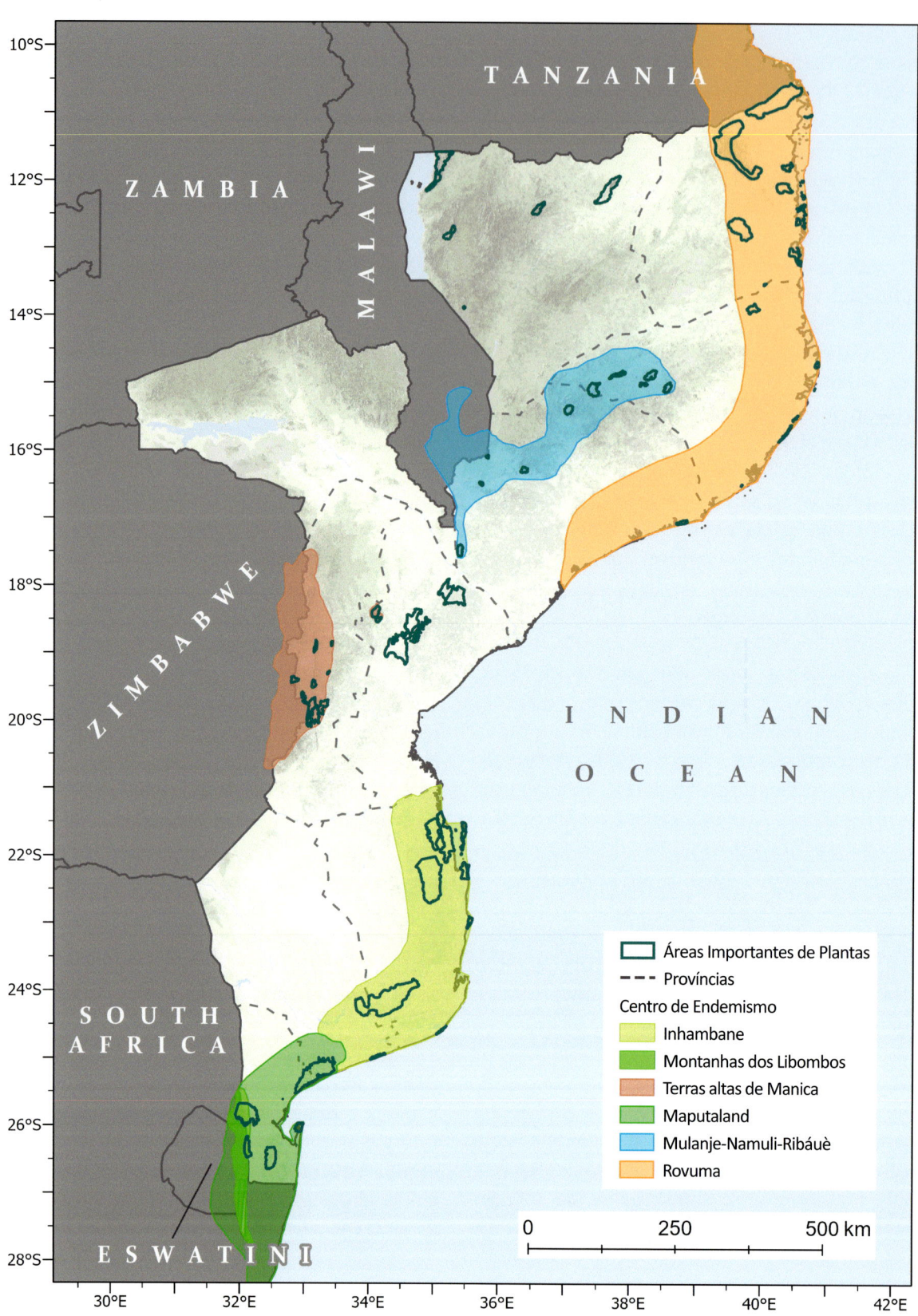

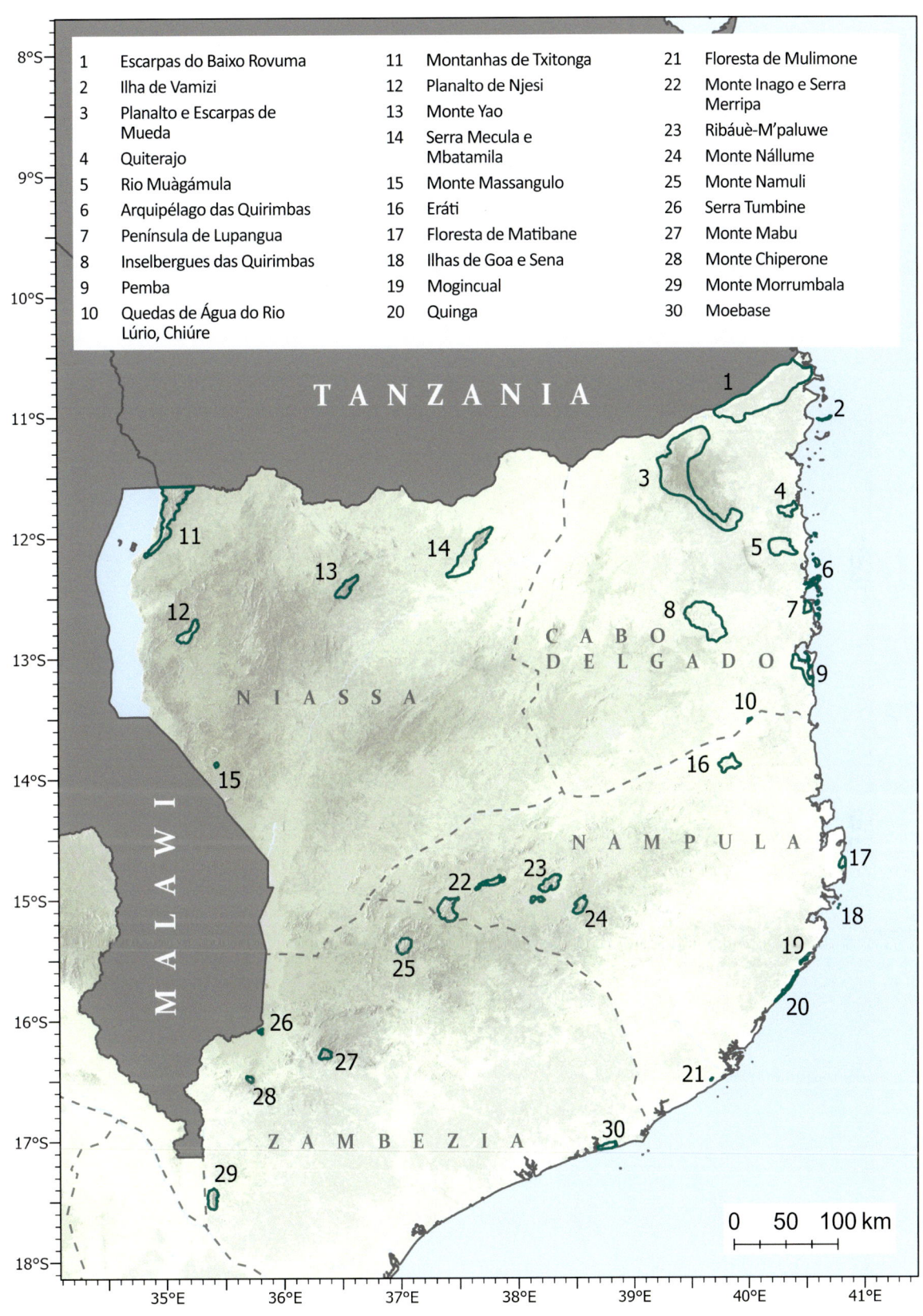

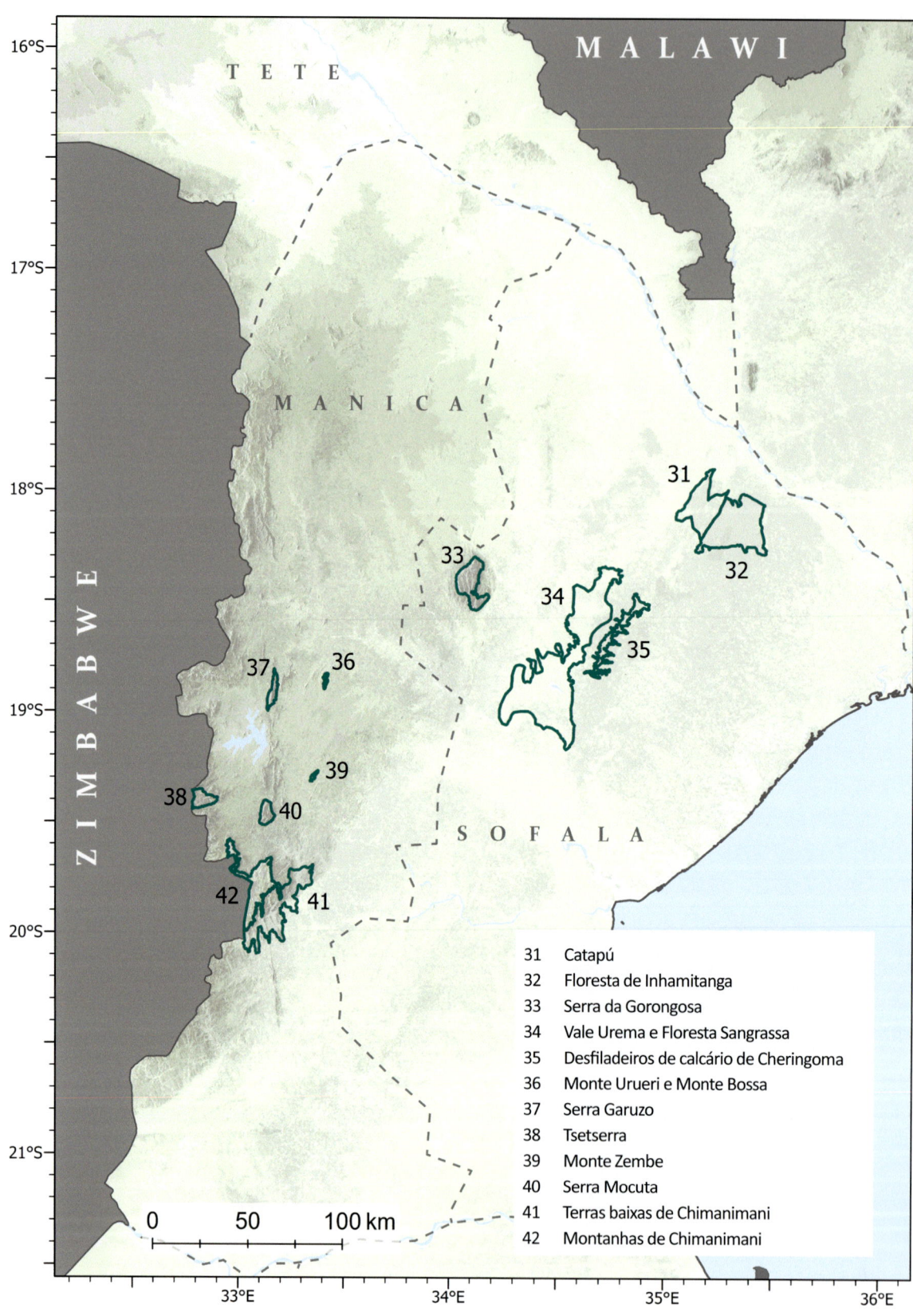

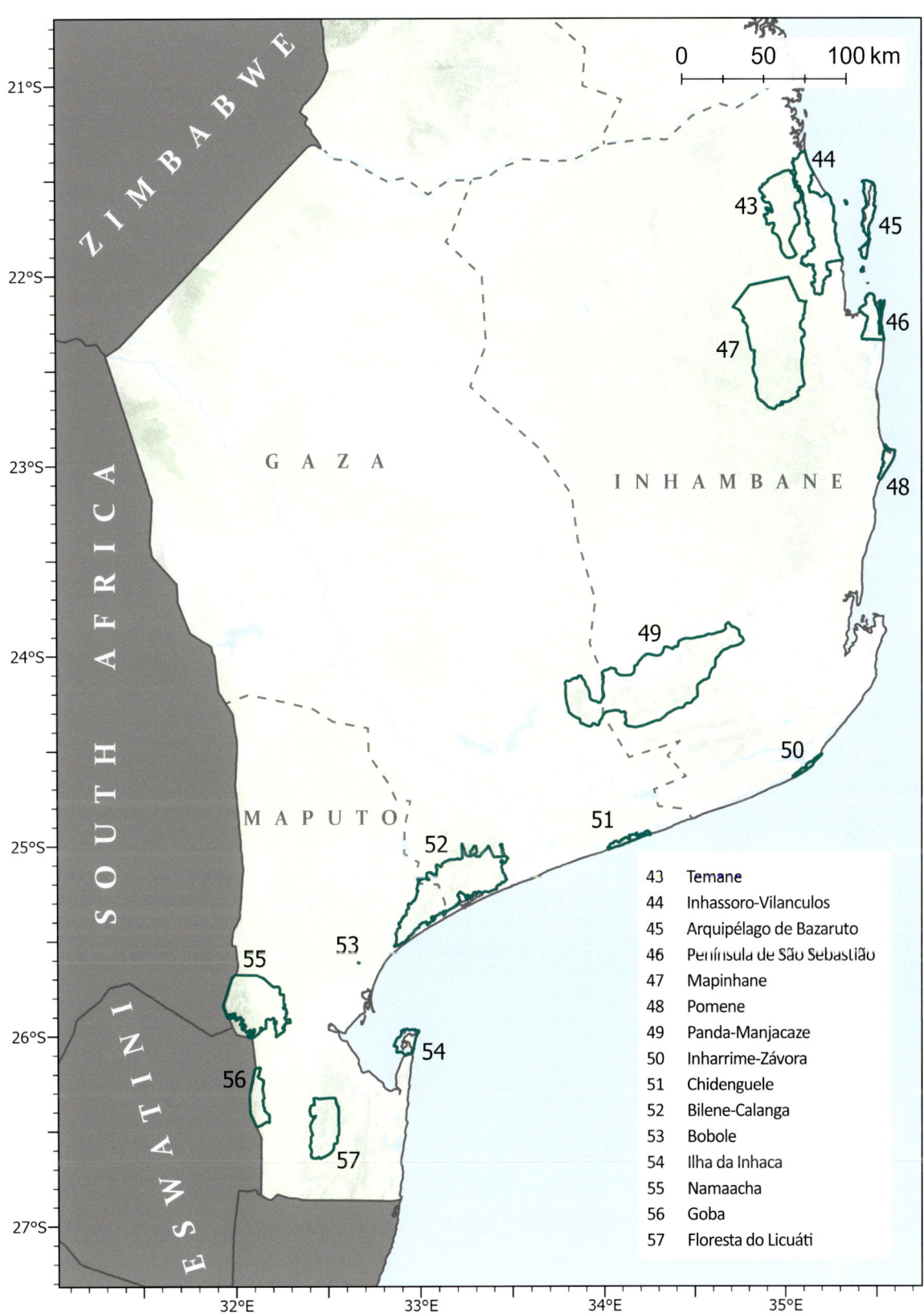

No. do Local no Mapa	Nome do Local	Província	Área (km²)	Categoria de Protecção	Critério Definido	Critério Total A(i) taxa	Critério Total A(iii) taxa	Critério Total A(iv) taxa	Critério A taxa Única do Local*	Critério Total B(ii) taxa	Critério B(ii) taxa Única do Local*	Criterion C(iii) habitats
1	Escarpas do Baixo Rovuma	CD	1999	Un	A(i), B(ii), C(iii)	54			25	**22**	14	12a
2	Ilha de Vamizi	CD	16	P [pr]	A(i), C(iii)	3			2	1	0	06
3	Planalto e Escarpas de Mueda	CD	2200	Un	A(i)	19			9	10	3	
4	Quiterajo	CD	129	Un	A(i), A(iv), B(ii), C(iii)	38		1	12	**22**	8	12a, 12b
5	Rio Muàgámula	CD	291	P-P	A(i)	11			4	10	3	
6	Arquipélago das Quirimbas	CD	108	P	A(i)	3			1	4	0	
7	Península de Lupangua	CD	57	P	A(i), C(iii)	3			0	1	0	12b
8	Inselbergues das Quirimbas	CD	812	P	A(i)	6			3	3	1	
9	Pemba	CD	231	Un	A(i)	11			2	8	1	
10	Quedas de Água do Rio Lúrio, Chiúre	CD/Na	6.7	Un	A(i)	1			1	1	1	
11	Montanhas de Txitonga	Ni	741	P	A(iii)		1		1	1	1	
12	Planalto de Njesi	Ni	125	P	A(i), C(iii)	1			1	1	1	01, 09
13	Monte Yao	Ni	183	P	A(i)	1			1	1	1	
14	Serra Mecula e Mbatamila	Ni	626	P	A(i), C(iii)	1			1	2	1	02
15	Monte Massangulo	Ni	11	Un	A(i)	2			1	3	2	
16	Eráti	Na	174	Un	A(i), A(iii), A(iv)	4	2	1	5	5	5	
17	Floresta de Matibane	Na	45	P (FR)	A(i), C(iii)	14			4	10	4	12b, 12c
18	Ilhas de Goa e Sena	Na	0.7	Un	A(i)	3			3	3	3	
19	Mogincual	Na	21	Un	A(i), C(iii)	2			0	2	0	12c
20	Quinga	Na	63	Un	A(i), C(iii)	3			1	3	1	12c
21	Floresta de Mulimone	Na	3.2	P-P	A(i), C(iii)	3			1	3	1	12c
22	Monte Inago e Serra Merripa	Na	373	Un	A(i)	6			1	10	3	

No. do Local no Mapa	Nome do Local	Província	Área (km²)	Categoria de Protecção	Critério Definido	Critério Total A(i) taxa	Critério Total A(iii) taxa	Critério Total A(iv) taxa	Critério A taxa Única do Local*	Critério Total B(ii) taxa	Critério B(ii) taxa Única do Local *	Criterion C(iii) habitats
23	Ribáuè-M'paluwe	Na	221	P-P (FR)	A(i), A(iii), B(ii), C(iii)	15	1		7	**22**	7	02
24	Monte Nállume	Na	120	Un	A(i)	3			1	5	1	
25	Monte Namuli	Z	146	Un	A(i), A(iii), B(ii), C(iii)	22	4		17	**40**	30	01, 09
26	Serra Tumbine	Z	14	Un	A(i)	3			1	1	1	
27	Monte Mabu	Z	75	Un	A(i), C(iii)	7			2	10	5	02
28	Monte Chiperone	Z	24	Un	A(i), C(iii)	3			0	0	0	01
29	Monte Morrumbala	Z	135	Un	A(i), C(iii)	2			1	4	1	03
30	Moebase	Z	71	P	A(i), C(iii)	3			1	3	1	12c
31	Catapú	S	352	P [sf]	A(i), C(iii)	9			2	10	1	04
32	Floresta de Inhamitanga	S	622	P	A(i), C(iii)	11			2	10	1	04
33	Serra da Gorongosa	S	216	P	A(i), B(ii), C(iii)	10			5	**16**	8	01, 02, 09
34	Vale Urema e Floresta Sangrassa	S	1594	P-P	A(i)	3			1	**13**	6	10
35	Desfiladeiros de calcário de Cheringoma	S	182	P-P	A(i), C(iii)	1			1	6	3	13
36	Monte Urueri e Monte Bossa	Mc	10	Un	A(i)	1			1	2	1	
37	Serra Garuzo	Mc	51	Un	A(i)	2			1	1	0	
38	Tsetserra	Mc	77	P	A(i), A(iii), A(iv), B(ii), C(iii)	14	1	3	11	**36**	18	01, 09
39	Monte Zembe	Mc	7.6	Un	A(i)	3			2	3	2	
40	Serra de Mocuta	Mc	62	Un	A(i), C(iii)	2			0	4	1	02
41	Terras baixas de Chimanimani	Mc	514	P	A(i), A(iii), A(iv), B(ii), C(iii)	14	1	3	12	**20**	11	02, 03
42	Montanhas de Chimanimani	Mc	319	P	A(i), A(iv), B(ii), C(iii)	29		6	21	**95**	70	09
43	Temane	In	678	Un	A(i)	5			1	6	1	
44	Inhassoro-Vilanculos	In	953	Un	A(i), A(iv)	7		1	1	**12**	2	

No. do Local no Mapa	Nome do Local	Província	Área (km²)	Categoria de Protecção	Critério Definido	Critério Total A(i) taxa	Critério Total A(iii) taxa	Critério Total A(iv) taxa	Critério A taxa Única do Local*	Critério Total B(ii) taxa	Critério B(ii) taxa Única do Local *	Criterion C(iii) habitats
45	Arquipélago de Bazaruto	In	190	P	A(i)	4			2	8	2	
46	Península de São Sebastião	In	227	P	A(i)	4			0	9	0	
47	Mapinhane	In	2070	Un	A(i)	4			0	8	1	
48	Pomene	In	74	P-P	A(i), A(iv)	3		1	1	**11**	1	
49	Panda-Manjacaze	In/G	2599	Un	A(i), A(iv)	5		1	3	8	3	
50	Inharrime-Závora	In	32	Un	A(i)	3			1	5	1	
51	Chidenguele	G	60	Un	A(i)	3			0	6	1	
52	Bilene-Calanga	G/Mp	1366	Un	A(i)	4			1	7	2	
53	Bobole	Mp	0.2	P-P	A(i)	1			0	0	0	
54	Ilha da Inhaca	Mp	132	P-P	A(i)	8			2	**12**	4	
55	Namaacha	Mp	854	Un	A(i), A(iv)	4		2	3	6	3	
56	Goba	Mp	217	Un	A(i), A(iv), B(ii)	7		4	7	10	7	
57	Floresta do Licuáti	Mp	470	P-P (FR)	A(i), C(iii)	10			5	9	6	07

Tabela-resumo das Áreas Importantes de Plantas de Moçambique. As províncias de Moçambique são abreviadas como: CD = Cabo Delgado; G = Gaza; In = Inhambane; Mc = Manica; Mp = Maputo; Na = Nampula; Ni = Niassa; S = Sofala; T = Tete; Z = Zambézia. C(iii) os códigos de habitat são explicados na secção de Métodos. A categoria de protecção é abreviada da seguinte forma: P = O local está totalmente protegido dentro de uma área protegida formal que está incluída na Rede Nacional de Áreas Protegidas de Moçambique; P-P = O local está parcialmente protegido dentro de uma área protegida formal que está incluída na Rede Nacional de Áreas Protegidas de Moçambique; P [FR] ou P-P [FR] = O local está totalmente ou parcialmente dentro de uma Reserva Florestal, mas não está a ser gerido pela sua biodiversidade; P [pr] = O local é protegido por uma área protegida ou reserva privada; P [sf] = O local recebe alguma protecção dentro de uma área florestal sustentável; Un = O local está desprotegido no momento. Os números destacados em negrito na coluna "Total de taxa do Critério B(ii)" indicam que os locais se qualificam como IPA sob este critério.

* para as colunas do critério A e B(ii) espécie "única para este local", isto reflecte a singularidade dentro da rede IPA; isso não implica que as espécies sejam encontradas apenas naquele local globalmente.

AVALIAÇÃO DE ÁREAS IMPORTANTES DE PLANTAS

PROVÍNCIA DE CABO DELGADO

ESCARPAS DO BAIXO ROVUMA

Avaliador: Iain Darbyshire

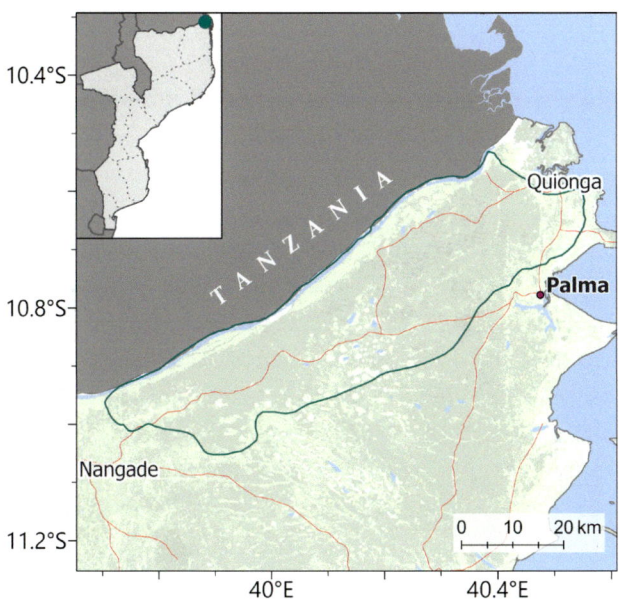
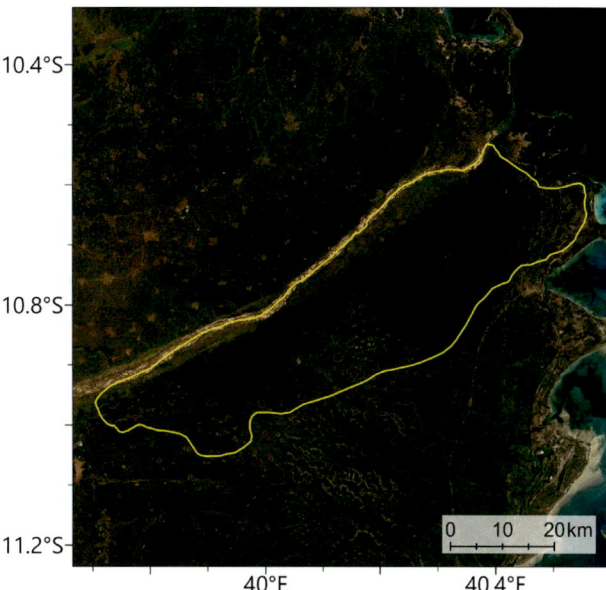

NOME INTERNACIONAL DO LOCAL		Lower Rovuma Escarpment	
NOME LOCAL (CASO DIFERENTE)		Escarpas do Baixo Rovuma	
CÓDIGO DO LOCAL	MOZTIPA023	PROVÍNCIA	Cabo Delgado

LATITUDE	-10.79189	LONGITUDE	40.12267
ALTITUDE MINIMA (m a.s.l.)	0	ALTITUDE MÁXIMA (m a.s.l.)	200
ÁREA (km²)	1999	CRITÉRIO IPA	A(i), B(ii), C(iii)

Descrição do Local

A IPA das Escarpas do Baixo Rovuma está situada nos distritos de Palma e Nangade, a nordeste da Província de Cabo Delgado. Este local em escala de paisagem estende-se por cerca de 90 km WSW a ENE, entre as vilas de Nangade no interior, e Quionga e Palma na costa, paralelamente ao vale do Rio Rovuma que constitui a fronteira internacional com a Tanzânia. A IPA cobre o lado moçambicano da planície de inundação e a escarpa do Rovuma, e o planalto ondulante baixo adjacente. Esta abrange uma variedade de habitats, alguns dos quais são escassos em outras partes de Moçambique ou na África Oriental em geral, e inclui a maior extensão contígua de floresta costeira seca na África Oriental (Clarke 2011). É, portanto, um local-chave dentro do centro de biodiversidade da Floresta Costeira da África Oriental (CEPF 2020). Esta grande área poderia potencialmente ser sub-dividida em unidades de gestão independentes, porém manter a integridade da paisagem como um todo é fundamental para a sua conservação (Timberlake et al. 2010).

Importância Botânica

Do rico e variado mosaico de habitats representados nesta IPA, as extensas áreas intactas de floresta seca costeira e brenha são de importância botânica primária (Timberlake et al. 2011). Estas são as áreas mais extensas de florestas dentro do proposto Centro de Endemismo de Plantas do Rovuma (Burrows & Timberlake 2011). Três blocos florestais principais estão registados dentro da IPA: (1) o Bloco Nhica do Rovuma – Rio Macanga, uma área extensa de até 300 km², contendo duas áreas florestais centrais; (2) o Bloco Pundanhar que contém cerca de 120 km² de floresta; e (3) o Bloco Nangade, uma área muito menor e mais perturbada com apenas cerca de 5 km² de floresta remanescente intacta (Clarke 2011). Juntos, estes blocos florestais compreendem dois dos quatro locais de "alta prioridade" para a conservação da floresta seca costeira no nordeste de Moçambique, proposto por Timberlake *et al.* (2010). A extensa vegetação intacta de floresta e mata dentro da IPA está em contraste marcante com o lado norte da Escarpa do Rovuma no sudeste da Tanzânia, onde grande parte da vegetação natural foi fortemente desmatada ou substituída por terras agrícolas e assentamentos.

Estas florestas são caracterizadas por uma alta rotatividade de espécies e um alto número de espécies muito restritas e ameaçadas (Timberlake *et al.* 2011; Darbyshire *et al.* 2019a, 2020a). Mais de 50 espécies de plantas globalmente ameaçadas estão presentes, incluindo várias para as quais este local contém a maioria da população global, nomeadamente *Casearia rovumensis* (EN), *Crossopetalum mossambicense* (EN), *Garcinia acutifolia* (VU), *Pyrostria* sp. nov. *"makovui"* (EN), *Vangueria domatiosa* (EN), *Vitex francesiana* (EN) e *Xylopia lukei* (EN). É também o único local moçambicano conhecido de *Coffea schliebenii* (VU) que contrariamente é rara na região de Lindi na Tanzânia, e de *Combretum lindense* (ainda não avaliada na Lista Vermelha), *Didymosalpinx callianthus* (EN) e *Diospyros magogoana* (actualmente CR mas sem a população de Moçambique incluída na avaliação), que são conhecidas apenas de um único local cada, na Tanzânia.

A paisagem sazonal da bacia que domina partes da IPA também suporta espécies raras e ameaçadas, incluindo as endémicas recentemente descritas *Convolvulus goyderi* (EN) e *Ochna dolicharthros* (VU) (Crawford & Darbyshire 2015; Darbyshire *et al.* 2020a). A exploração botânica desta vasta área é incompleta e até à data concentrou-se apenas em pequenas secções. A probabilidade de descoberta de novas espécies para a ciência é alta, particularmente entre a flora herbácea pouco explorada (Darbyshire *et al.* 2020a), enquanto espécies não descritas já conhecidas por ocorrerem neste local incluem *Combretum* sp. A e *Deinbollia* sp. A de Burrows *et al.* (2018). Várias espécies escassas que até agora só foram registadas nos arredores de Palma, também podem ser encontradas nesta IPA após um levantamento mais completo; estas incluem *Ammannia pedroi* (VU) e *Striga diversifolia* (DD) em habitats mais abertos, e *Pavetta lindina* (EN) em áreas florestais.

Vista do vale do Rovuma perto de Pundanhar, com savana de palmeira *Borassus* (JT)

Hexalobus mossambicensis (QL)

Berlinia orientalis (JEB)

Habitat e Geologia

A geologia e a paisagem desta região são dominadas por uma suave isoclina de depósitos sedimentares Quaternários ou Neógenos, que correm a noroeste da costa em direcção ao Planalto de Mueda em Moçambique e ao Planalto de Makonde na Tanzânia, com o Rio Rovuma cortando um canal afiado de cerca de 10 km de largura nos depósitos. Do lado de Moçambique, as encostas e o topo ingreme da escarpa do Rovuma são livremente drenados, e suportam uma densa vegetação lenhosa em solos arenosos/argilosos castanho-avermelhados. Alguns afloramentos de arenitos ricos em ferro, provavelmente da Formação Mikindani de origem neogénica média (cerca de 10 – 15 milhões de anos), são registados a leste desta região e estes podem estar mais espalhados ao longo da escarpa do que actualmente documentado, dado que os afloramentos areníticos foram observados em associação com algumas das manchas de floresta seca nesta região (Timberlake *et al.* 2010). Mais a sul em Cabo Delgado, por exemplo em Quiterajo [MOZTIPA021], existe uma estreita associação entre arenito de Mikindani e manchas de floresta seca. Esta rocha dá origem a um solo vermelho bem drenado de areia grossa. Na porção sul e central da IPA e continuando para o sul, as ondulações suaves nos depósitos sedimentares dão origem a uma série de grandes bacias sazonais de pouca profundidade que suportam uma paisagem de pradaria / pradaria arborizada muito mais aberta, sustentada por solos mais ricos em argila (Timberlake *et al.* 2010; Clarke 2011).

Uma descrição detalhada dos principais tipos de vegetação desta região é fornecida por Timberlake *et al.* (2010) e Clarke (2011), com resumos da vegetação lenhosa fornecidos por Burrows *et al.* (2018), sob os seus tipos de vegetação "Brenha-Floresta Costeira da bacia do Rovuma" e "Mata Costeira do Rovuma"; o que se segue é um breve resumo.

As manchas de floresta seca geralmente ocorrem como pequenas lentes dentro de um mosaico de mata de miombo. Em áreas de floresta intacta, o estrato arbóreo é típicamente de 8 a 20 m de altura com árvores emergentes até 40 m de altura em algumas áreas. A composição destas florestas varia consideravelmente ao longo da IPA. Do lado ocidental do local, no Distrito de Nangade, ocorre a floresta dominada por *Scorodophloeus fischeri* e *Guibourtia schliebenii*, às vezes com *Hymenaea verrucosa*, mas este tipo de floresta não é registado mais a leste no Distrito de Palma, onde ocorre um agrupamento mais misto de árvores. Aqui, *Manilkara sansibarensis*, *M. discolor*, *Terminalia* (anteriormente *Pteleopsis*) *myrtifolia* e *Ochna mossambicensis* podem ser comuns. As espécies emergentes do estrato arbóreo incluem *Afzelia quanzensis*, *Berlinia orientalis*, *Dialium holstii*, *Hymenaea verrucosa*, *Milicia excelsa* e *Terminalia myrtifolia*. Uma série de *Rubiaceae* e *Diospyros* spp. são importantes no estrato inferior (Timberlake *et al.* 2010; Clarke 2011). Embora ocorram algumas manchas extensas e intactas, grande parte da floresta parece ser de natureza secundária, e acredita-se que tenha-se regenerado nos últimos 50 a 60 anos, como evidenciado pelas numerosas árvores adultas de múltiplos troncos, indicando uma rebrota generalizada, e pela ocorrência frequente de carvão vegetal nos perfis de solos florestais (Clarke 2011). As termiteiras enormes, de até 20 m de diâmetro, são frequentes em toda a região e suportam manchas de vegetação lenhosa densa que podem incluir espécies de floresta seca. A *Hirtella zanzibarica* é particularmente característica da mata de termiteiras, com *Hymenaea verrucosa* e *Berlinia orientalis* igualmente frequentes (Timberlake *et al.* 2010).

Em áreas com lençol freático alto, tanto nas planícies em direcção à costa quanto no ecótono entre as bacias sazonais e as áreas arborizadas bem drenadas, a árvore de distribuição restrita *Berlinia orientalis* (VU) pode dominar, muitas vezes associada a *Brachystegia spiciformis*. Este agrupamento é um pouco intermediário entre uma mata de miombo e uma floresta seca (Clarke 2011). A mata típica de miombo é frequente em toda a região em solos bem drenados, com espécies dominantes incluindo *B. spiciformis*, *Parinari curatellifolia* e *Uapaca nitida*, e outros componentes comuns, incluindo *Bobgunnia madagascariensis*, *Julbernardia globiflora*, *Pterocarpus angolensis* e *Sclerocarya caffra* (Timberlake *et al.* 2010; Clarke 2011).

Áreas significativas da vegetação sofreram vários graus de perturbação e subsequentes períodos de pousio, que deram origem a extensos matos e agrupamentos de brenha, contendo uma mistura de espécies de miombo e pioneiras de floresta seca (Clarke 2011).

Extensas pradarias edáficas e pradarias pouco arborizadas ocorrem tanto na planície de inundação do Rovuma, onde se encontra uma savana de palmeiras com grandes árvores de *Borassus aethiopum*, como na paisagem onde as palmeiras menores *Hyphaene compressa* e *Phoenix reclinata* ocorrem juntamente com espécies arbóreas dispersas de miombo.

O clima desta região é muito sazonal, com uma estação seca prolongada de Maio a Novembro e uma curta estação quente e chuvosa, principalmente entre Dezembro e Abril. A precipitação anual, de 900 – 1.100 mm por ano, está entre as mais baixas ao longo da costa da África Oriental (Clarke 2011).

Questões de Conservação

Actualmente, nenhum deste extenso local está protegido para conservação da natureza. Uma parte do bloco florestal de Nangade (oeste) é designada como Concessão de Caça, com um acampamento e alguns funcionários instalados, o que proporcionou alguma protecção à floresta para preservar os estoques de caça pelo menos até ao final dos anos 2000 (Timberlake *et al.* 2010). As partes mais a leste do local foram incluídas na proposta Reserva Nacional de Palma, que se destinava principalmente a proteger os ricos recursos marinhos e costeiros desta área, mas com a inclusão de alguns dos habitats terrestres. No entanto, esta reserva não se concretizou, nem se concretizou até à data a proposta Área de Conservação Transfronteiriça da Foz do Rio Rovuma partilhada com a Tanzânia. A totalidade da IPA está incluída na vasta Área Chave de Biodiversidade de Palma.

Timberlake *et al.* (2010) estimam que perdeu-se aproximadamente 65% da cobertura florestal na área de Nangade-Palma-Mocímboa da Praia. No entanto, as perdas mais graves foram observadas fora do limite da IPA, em torno e entre Palma e Mocímboa, onde a paisagem está agora severamente degradada, restando apenas pequenas manchas de habitat de alto valor de biodiversidade. É por esta razão que esta área está excluída da IPA, mesmo que ainda existam alguns fragmentos florestais importantes que se beneficiariam dos esforços de conservação. Embora a vegetação lenhosa seja extensa dentro da IPA, grande parte da floresta parece ser de natureza secundária (ver Habitat e Geologia acima). É provável que a primeira onda de desmatamento tenha ocorrido no período colonial português, quando houve uma extensa exploração madeireira. Esta região assistiu a uma forte acção militar durante a guerra de independência e a guerra civil pós-independência (décadas de 1960 – 1991) que levou a um significativo despovoamento, sendo nesta altura que a extensa vegetação lenhosa parece ter restabelecido. Desde a década de 1990, partes desta região experimentaram um rápido repovoamento, impulsionado em parte por rotas de transporte melhoradas e em parte pela exploração de petróleo e gás em toda a região (Timberlake *et al.* 2010, 2011; Darbyshire *et al.* 2020a). Porém, a população permanece baixa em relação a outras partes das planícies costeiras, com números particularmente baixos de pessoas nas áreas com solos sazonalmente inundados, e o Distrito de Palma tem uma das densidades populacionais mais baixas da África Oriental (Clarke 2011). A recente insurgência violenta na costa de Cabo Delgado desde 2017 interrompeu temporariamente grande parte da migração para a região, mas a longo prazo, quando a estabilidade retornar, é provável que haja uma tendência contínua de crescimento populacional e aumento da pressão sobre os recursos.

A ameaça mais significativa para esta IPA é o desmatamento contínuo e generalizado de florestas e matas para agricultura itinerante de subsistência, auxiliada por queimadas. Isto é particularmente evidente ao longo das rotas de transporte e na porção oeste da IPA, onde grandes áreas estão sendo intensamente desmatadas. As queimadas descontroladas afectam principalmente as matas de miombo, pois estas têm uma carga de combustível muito maior devido à abundância de gramíneas. No entanto, estes também podem penetrar nos matagais e brenhas, e a longo prazo, podem resultar numa erosão gradual das margens da floresta seca (Clarke 2011).

Alguma produção de carvão e extracção de lenha ocorrem nesta região, mas não são consideradas uma ameaça grave. A principal preocupação é que o esgotamento das reservas de madeira mais perto de Palma e em redor da cidade de Mtwara na Tanzânia, possa no futuro resultar no aumento da exploração das matas e florestas da Escarpa do Rovuma. A extracção de madeira comercial e ilegal não foi considerada uma grande ameaça até agora (Clarke 2011). Existem algumas concessões madeireiras em algumas partes da IPA, particularmente no oeste, mas estas planeiam ser sustentáveis. A maior parte da extracção ilegal de madeira até hoje tem como alvo espécies florestais comuns nas matas, como *Afzelia quanzensis*, *Millettia stuhlmannii* e *Pterocarpus angolensis* (Timberlake *et al.* 2010). No entanto, existe a preocupação de que a crescente ilegalidade no nordeste de Cabo Delgado associada à insurgência, possa resultar no aumento da extracção ilegal de madeira nas florestas.

A exploração de petróleo e gás em 2007 – 2008 resultou na abertura de uma extensa rede de linhas de corte em toda a paisagem para permitir o acesso de veículos. Estas tinham cada uma 3 a 5 m de largura e evitavam o abate de espécies de árvores grandes, com as espécies de menor porte a serem cortadas pela base para promover a rebrota. As linhas foram fechadas no final de 2008 e estão mostrando bons sinais de regeneração. A actividade industrial subsequente na região, concentrou-se no alto mar, com duas grandes operações de extracção de gás natural liquefeito (GNL) em andamento. A infra-estrutura em terra está centrada na Península de Afungi a sudeste de Palma e, portanto, não tem impacto directo na área da Escarpas do Baixo Rovuma, mas é provável que resulte numa migração acelerada para a região uma vez ultrapassadas as preocupações de segurança regional; isto provavelmente será uma ameaça significativa no futuro. Devido às ameaças significativas no futuro destes habitats críticos, há uma necessidade urgente de proteger a paisagem da Escarpas do Baixo Rovuma, e de garantir que qualquer exploração dos seus recursos seja sustentável a longo prazo.

Serviços Ecossistémicos chaves

Esta área fornece uma vasta gama de serviços ecossistémicos de importância local e regional. A grande extensão contígua de mata e floresta têm uma capacidade de sequestro de carbono significativa devido à quantidade de biomassa lenhosa (Clarke 2011). Esta área também é considerada uma importante fonte de água para as vilas de Palma e Mocímboa da Praia (Timberlake *et al.* 2010). A paisagem de savana aberta em torno dos extensos sistemas de planície no sul da IPA suporta uma rica vida selvagem, incluindo populações de elefantes, antílopes, cão selvagem africano e leão, e estas espécies encontram refúgio na estação seca nas áreas mais densamente arborizadas e florestadas ao longo da escarpa do Rovuma, com rotas de migração bem estabelecidas entre a planície de inundação do Rovuma e a paisagem de bacias (Timberlake *et al.* 2010, Clarke 2011). Esta densa vegetação lenhosa também protege da erosão excessiva os depósitos sedimentares e solos subjacentes, protegendo assim o ecossistema do baixo Rovuma e a sua foz. Se e quando as preocupações de segurança nesta região de Moçambique forem superadas, a Escarpa do Rovuma também deverá ter um alto potencial de ecoturismo, dada a impressionante heterogeneidade da paisagem, habitats relativamente intactos e vida selvagem rica (Clarke 2011).

Categorias de Serviços Ecossistémicos

- Provisionamento – Matérias-primas
- Provisionamento – Água Doce
- Serviços de Regulação – Clima local e qualidade do ar
- Serviços de Regulação – Sequestro e armazenamento de carbono
- Serviços de Regulação – Prevenção de erosão e manutenção da fertilidade do solo
- Habitat ou serviços de apoio – Habitats para espécies
- Habitat ou serviços de apoio – Manutenção da diversidade genética
- Serviços Culturais – Turismo

Justificativa da Avaliação da IPA

A Escarpas do Baixo Rovuma é um dos locais mais importantes para a diversidade de plantas e endemismo local em Moçambique, e qualifica-se como IPA nos três critérios. De acordo com o critério A(i), possui populações importantes de 54 espécies de plantas globalmente ameaçadas, das quais 19 são avaliadas como Ameaçadas e uma (*Diospyros magogoana*) é actualmente avaliada como Criticamente Ameaçada. Outras espécies globalmente ameaçadas provavelmente serão adicionadas a esta lista quando uma Lista Vermelha completa para a região for finalizada. O local possui pelo menos 22 espécies qualificadas no critério B(ii) e, portanto, excede significativamente o limite de 3% para este critério. Possui também áreas de floresta seca costeira do Rovuma de importância nacional, um habitat ameaçado, e esta IPA contem a maior extensão de vegetação lenhosa costeira contínua em toda a Província de Cabo Delgado portanto, qualificando-se no critério C(iii).

Didymosalpinx callianthus (JEB)

Espécies Prioritárias (Critérios IPA A e B)

FAMÍLIA	TÁXON	IPA CRITÉRIO A	IPA CRITÉRIO B	≥ 1% DA POPULAÇÃO GLOBAL	≥ 5% DA POPULAÇÃO NACIONAL	É 1 DOS 5 MELHORES LOCAIS NACIONAL	TODA A POPULAÇÃO GLOBAL	ESPÉCIES DE IMPORTÂNCIA SÓCIO-ECONÓMICA	ABUNDÂNCIA NO LOCAL
Annonaceae	*Hexalobus mossambicensis*	A(i)	B(ii)	✓	✓	✓			ocasional
Annonaceae	*Monanthotaxis suffruticosa*	A(i)		✓	✓	✓			desconhecida
Annonaceae	*Monanthotaxis trichantha*	A(i)		✓	✓	✓			desconhecida
Annonaceae	*Xylopia lukei*	A(i)	B(ii)	✓	✓	✓			ocasional
Apocynaceae	*Landolphia watsoniana*	A(i)			✓	✓			desconhecida
Araceae	*Gonatopus petiolulatus*	A(i)		✓	✓	✓			rara
Celastraceae	*Crossopetalum mossambicense*	A(i)	B(ii)	✓	✓	✓			ocasional
Celastraceae	*Salacia orientalis*	A(i)		✓	✓	✓			desconhecida
Clusiaceae	*Garcinia acutifolia*	A(i)		✓	✓	✓			desconhecida
Combretaceae	*Combretum lindense*	A(i)	B(ii)	✓	✓	✓			desconhecida
Combretaceae	*Combretum stocksii*		B(ii)						desconhecida
Connaraceae	*Vismianthus punctatus*	A(i)	B(ii)	✓	✓	✓			desconhecida
Convolvulaceae	*Convolvulus goyderi*	A(i)	B(ii)	✓	✓	✓	✓		rara
Cucurbitaceae	*Peponium leucanthum*	A(i)			✓	✓			rara

Espécies Prioritárias (Critérios IPA A e B)

FAMÍLIA	TÁXON	IPA CRITÉRIO A	IPA CRITÉRIO B	≥ 1% DA POPULAÇÃO GLOBAL	≥ 5% DA POPULAÇÃO NACIONAL	É 1 DOS 5 MELHORES LOCAIS NACIONAL	TODA A POPULAÇÃO GLOBAL	ESPÉCIES DE IMPORTÂNCIA SÓCIO-ECONÓMICA	ABUNDÂNCIA NO LOCAL
Ebenaceae	*Diospyros magogoana*	A(i)		✓	✓	✓			desconhecida
Ebenaceae	*Diospyros shimbaensis*	A(i)			✓	✓			desconhecida
Euphorbiaceae	*Mildbraedia carpinifolia*	A(i)			✓	✓			desconhecida
Fabaceae	*Acacia latistipulata*	A(i)		✓	✓	✓			ocasional
Fabaceae	*Baphia macrocalyx*	A(i)		✓	✓	✓			frequentee
Fabaceae	*Berlinia orientalis*	A(i)		✓	✓	✓			comum
Fabaceae	*Guibourtia schliebenii*	A(i)			✓	✓			ocasional
Fabaceae	*Millettia impressa* subsp. *goetzeana*	A(i)		✓	✓	✓			desconhecida
Fabaceae	*Millettia makondensis*	A(i)		✓	✓	✓			frequente
Fabaceae	*Ormocarpum sennoides* subsp. *zanzibaricum*	A(i)			✓	✓			desconhecida
Fabaceae	*Platysepalum inopinatum*	A(i)			✓	✓			rara
Fabaceae	*Tephrosia reptans* var. *microfoliata*		B(ii)						desconhecida
Fabaceae	*Xylia africana*	A(i)			✓	✓			desconhecida
Hypericaceae	*Vismia pauciflora*	A(i)		✓	✓	✓			rara
Lamiaceae	*Clerodendrum lutambense*	A(i)		✓	✓	✓			rara
Lamiaceae	*Premna hans-joachimii*	A(i)	B(ii)	✓	✓	✓			ocasional
Lamiaceae	*Premna tanganyikensis*	A(i)		✓	✓	✓			rara
Lamiaceae	*Vitex carvalhi*	A(i)		✓	✓	✓			rara
Lamiaceae	*Vitex francesiana*	A(i)	B(ii)	✓	✓	✓			ocasional
Loganiaceae	*Strychnos xylophylla*	A(i)			✓	✓			rara
Loranthaceae	*Erianthemum lindense*	A(i)		✓	✓	✓			desconhecida
Malvaceae	*Grewia limae*	A(i)	B(ii)	✓	✓	✓			ocasional
Malvaceae	*Sterculia schliebenii*	A(i)			✓	✓			rara
Melastomataceae	*Memecylon torrei*	A(i)	B(ii)	✓	✓	✓			desconhecida
Ochnaceae	*Ochna dolicharthros*	A(i)	B(ii)	✓	✓	✓	✓		ocasional
Rubiaceae	*Chassalia colorata*	A(i)	B(ii)	✓	✓	✓			ocasional
Rubiaceae	*Coffea schliebenii*	A(i)	B(ii)	✓	✓	✓			ocasional
Rubiaceae	*Didymosalpinx callianthus*	A(i)	B(ii)	✓	✓	✓			ocasional
Rubiaceae	*Leptactina papyrophloea*	A(i)		✓	✓	✓			ocasional
Rubiaceae	*Oxyanthus biflorus*	A(i)	B(ii)	✓	✓	✓			rara
Rubiaceae	*Oxyanthus strigosus*	A(i)	B(ii)	✓	✓	✓			ocasional
Rubiaceae	*Pavetta macrosepala* var. *macrosepala*	A(i)		✓	✓	✓			desconhecida
Rubiaceae	*Psydrax micans*	A(i)			✓	✓			desconhecida

Ochna dolicharthros (FC)

Chassalia colorata (ID)

Espécies Prioritárias (Critérios IPA A e B)

FAMÍLIA	TÁXON	IPA CRITÉRIO A	IPA CRITÉRIO B	≥ 1% DA POPULAÇÃO GLOBAL	≥ 5% DA POPULAÇÃO NACIONAL	É 1 DOS 5 MELHORES LOCAIS NACIONAL	TODA A POPULAÇÃO GLOBAL	ESPÉCIES DE IMPORTÂNCIA SÓCIO-ECONÓMICA	ABUNDÂNCIA NO LOCAL
Rubiaceae	*Pyrostria* sp. D of F.T.E.A. "*makovui*" ined.	A(i)	B(ii)	✓	✓	✓			ocasional
Rubiaceae	*Rothmannia macrosiphon*	A(i)			✓	✓			rara
Rubiaceae	*Tricalysia schliebenii*	A(i)		✓	✓	✓			ocasional
Rubiaceae	*Tricalysia semidecidua*	A(i)		✓	✓	✓			ocasional
Rubiaceae	*Vangueria domatiosa*	A(i)	B(ii)	✓	✓	✓			ocasional
Rutaceae	*Vepris allenii*	A(i)	B(ii)	✓	✓	✓			ocasional
Rutaceae	*Zanthoxylum lindense*	A(i)			✓	✓			desconhecida
Salicaceae	*Casearia rovumensis*	A(i)	B(ii)	✓	✓	✓			ocasional
Sapotaceae	*Vitellariopsis kirkii*	A(i)			✓	✓			desconhecida
		A(i): 54 ✓	B(ii): 22 ✓						

Habitats Ameaçados (IPA Critério C)

TIPO DE HABITAT	IPA CRITÉRIO C	≥ 5% DO RECURSO NACIONAL	≥ 10% DO RECURSO NACIONAL	É 1 DOS 5 MELHORES LOCAIS NACIONAL	ÁREA ESTIMADA DO LOCAL (SE CONHECIDO)
Floresta Costeira Seca do Rovuma [MOZ-12a]	C(iii)		✓	✓	

Áreas Protegidas e Outras Designações de Conservação

TIPO DE ÁREA DE CONSERVAÇÃO	NOME DA ÁREA DE CONSERVAÇÃO	RELAÇÃO DA IPA COM A ÁREA PROTEGIDA
Sem protecção formal	Não indicado	
Área Chave de Biodiversidade	Palma	Protegida/área de conservação engloba a IPA

PROVÍNCIA DE CABO DELGADO

Terras húmidas sazonais, matas e florestas circundantes em Nhica do Rovuma (JEB)

Floresta seca rica em endémicas locais perto de Pundanhar (JEB)

Ameaças

AMEAÇA	SEVERIDADE	SITUAÇÃO
Agricultura de pequena escala	média	ocorrendo – tendência crescente
Perfuração de petróleo e gás	baixa	passada, provavelmente não voltará
Colecta de plantas terrestres	baixa	ocorrendo – tendência crescente
Aumento da frequência/intensidade de queimadas	baixa	ocorrendo – tendência crescente

ILHA DE VAMIZI

Avaliadores: Iain Darbyshire, John Burrows

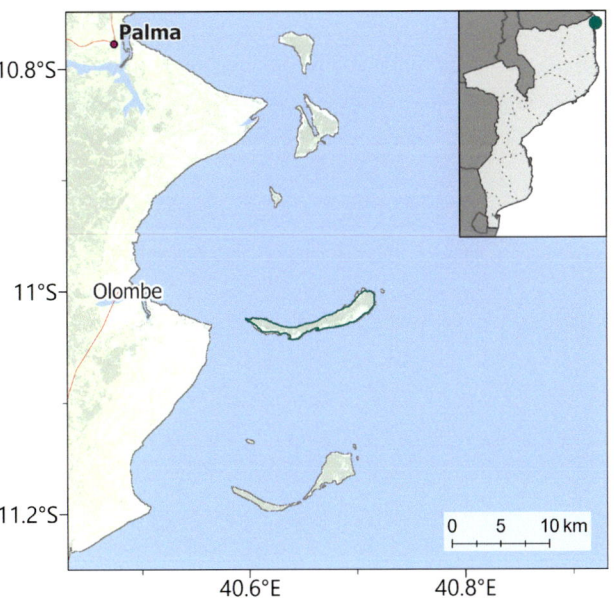
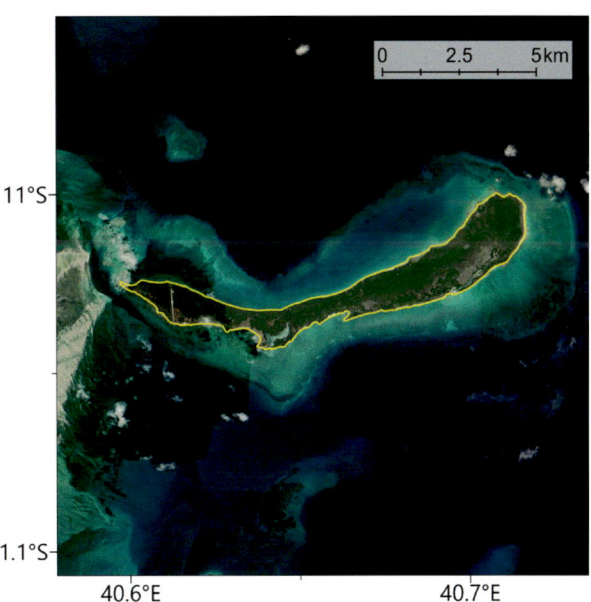

ILHA DE VAMIZI 67

NOME INTERNACIONAL DO LOCAL		Vamizi Island	
NOME LOCAL (CASO DIFERENTE)		Ilha de Vamizi	
CÓDIGO DO LOCAL	MOZTIPA017	PROVÍNCIA	Cabo Delgado

LATITUDE	-11.02840	LONGITUDE	40.66830
ALTITUDE MINIMA (m a.s.l.)	0	ALTITUDE MÁXIMA (m a.s.l.)	17
ÁREA (km²)	15.5	CRITÉRIO IPA	A(i), C(iii)

Descrição do Local

A Ilha de Vamizi situa-se a norte do Arquipélago das Quirimbas, ao largo da costa do Distrito de Palma, na Província de Cabo Delgado, nordeste de Moçambique. Esta ilha estreita e baixa fica a cerca de 4 km da costa do continente, e tem 13,3 km de comprimento e menos de 2 km de largura no seu ponto mais largo, totalizando 15,5 km² de área. A ilha é formada a partir de antigos depósitos de rochas de corais elevados (rocha coralina), e areias derivadas de corais. A ilha é cercada por recifes de corais e outras áreas marinhas que são de importância internacional para a conservação da vida marinha.

Importância Botânica

Vamizi é o único local conhecido em Moçambique que sustém a floresta costeira anã sob rocha coralina (Burrows & Burrows 2012; Burrows *et al.* 2018), um habitat muito localizado, disperso e muitas vezes ameaçado em outras partes da África Oriental. Este habitat suporta um conjunto de espécies de plantas de baixa diversidade, mas única, que estão adaptadas a este ambiente bastante severo e com escassez de água. As florestas incluem importantes populações da árvore globalmente ameaçada *Olea woodiana* subsp. *disjuncta* (EN) e a erva do estrato herbaceo *Barleria whytei* (EN), sendo Vamizi o único local conhecido destas espécies em Moçambique (Darbyshire *et al.* 2015; Burrows *et al.* 2018). Três potenciais espécies endémicas e não descritas estão registadas na ilha, que podem vir a adicionar às espécies ameaçadas: *Cordia* sp. ?nov. aff. *ovalis* (J.E. Burrows, obs. pessoal.), *Pleurostylia* sp. aff. *opposita* (R.H. Archer, comunicação pessoal) e *Psydrax* sp. A (Burrows *et al.* 2018). A ilha abriga também uma importante população da espécie recentemente descrita *Acacia quiterajoensis* (LC), que é codominante na floresta sob rocha coralina e para a qual as plantas de Vamizi diferem das populações do continente – que não ocorrem sob rocha coralina – nos frutos e tamanho da folha (Burrows *et al.* 2018), e como tal poderão representar um táxon distinto. A ilha é também o único local conhecido em Moçambique para uma série de outras espécies, incluindo o arbusto de ocorrência costeira da África Oriental *Capparis schefflera*, e algumas espécies do Pacífico resultantes de sementes à deriva, como *Cycas thouarsii* (LC), *Morinda citrifolia* e *Hernandia nymphaefolia* (Burrows & Burrows 2012).

Vista aérea da Ilha de Vamizi do lado leste (JEB)

A flora de Vamizi até agora foi pesquisada de forma incompleta (Silveira & Paiva 2009; Burrows & Burrows 2012), pelo que um inventário detalhado é muito recomendável pelo seu habitat incomum de floresta sob rocha coralina e a elevada probabilidade de novas descobertas.

Habitat e Geologia

A ilha é formada por rochas de coral expostas (rocha coralina), cobertas em algumas áreas por solos arenosos finos. Praias de areia de coral cercam toda a ilha, excepto na costa noroeste que é composta por uma plataforma de rocha de coral fragmentadas. O local tem um clima muito sazonal com a estação chuvosa de Dezembro a Abril e a estação seca de Maio a Novembro; as temperaturas permanecem altas durante todo o ano, no entanto, com médias das máximas mensais de 27 – 30°C em Palma, no continente de Cabo Delgado.

Burrows & Burrows (2012) apresentam um resumo da vegetação com espécies dominantes e um inventário preliminar de espécies. A vegetação dominante no interior da ilha é a floresta costeira anã sobre rocha coralina, que é um agrupamento de espécies de folha caduca ou semi-decidua de baixa diversidade com uma cobertura de copa de 10 – 12 m e emergentes ocasionais até 15 m, e com um estrato arbustivo e de árvores pequenas. As espécies dominantes incluem *Diospyros consolatae*, *Pleurostylia* sp. aff. *opposita*, *Sideroxylon inerme* e *Terminalia boivinii*, com *Suregada zanzibarensis* dominante no estrato arbustivo. As praias e dunas de areia de coral suportam um mato baixo litoral que inclui uma população nacionalmente importante de *Xylocarpus moluccensis*, com outras espécies frequentes incluindo *Bourreria petiolaris*, *Grewia glandulosa*, *Sophora tomentosa* e *Suriana maritima*, entre outras. A porção sul da ilha suporta um mato baixo intermediário em solos rasos entre a vegetação litoral e a floresta, com e.g. *Commiphora* spp., *Pemphis acidula* e *Sideroxylon inerme*. Três enseadas no lado sul da ilha suportam mangais dominados por *Bruguiera gymnorrhiza* e *Rhizophora mucronata*, ainda que estes não sejam bem desenvolvidos por não existir rios na ilha para fornecer lodos ricos em nutrientes durante as cheias. A porção ocidental das ilhas é muito mais perturbada pelo homem, com áreas de cultivo e manchas de mata aberta e perturbada.

Questões de Conservação

Embora não seja formalmente uma área protegida, a Ilha de Vamizi é administrada como uma área de conservação. O projecto Friends of Vamizi e o Charitable Trust foram estabelecidos em 2002 e 2012, respectivamente, para proteger os ecossistemas terrestres e marinhos de Vamizi, combinando a conservação da biodiversidade com o desenvolvimento comunitário e o turismo (Friends of Vamizi 2020). O Vamizi "*Marine Conservation Research Center*" realiza pesquisas e sensibilização da comunidade para proteger esta área, e os dois terços orientais da ilha são administrados como uma concessão de turismo e conservação. A vegetação natural da área da concessão é notavelmente bem preservada, afectada apenas por algumas estradas e infraestruturas turísticas básicas. As principais preocupações dentro das áreas turísticas são (1) que a localização de futuras infraestruturas sejam cuidadosamente planeadas para minimizar o impacto e evitar danos à sensível vegetação litoral; (2) que os esgotos sejam geridos de forma adequada, uma vez que a rocha coralina e o seu lençol freático são muito susceptíveis à poluição; e (3) que as espécies de plantas exóticas não se alastrem. As casuarinas estão bem estabelecidas ao longo das praias, mas não são uma ameaça à biodiversidade desde que as mudas sejam inibidas de se estabelecer nos habitats naturais (Burrows & Burrows 2012).

O terço ocidental foi colonizado por vários séculos, e grande parte da vegetação aqui foi bastante degradada ou transformada. Hoje, existem cerca de 2.000 habitantes na ilha, mas a população tem oscilado históricamente. A principal ocupação é a pesca, o que tem pressionado a rica vida marinha dos recifes no alto mar. Uma pista de aterragem privada foi construída na porção oeste da ilha.

Uma ameaça notável, supondo que a perfuração e extracção de gás continue no mar em Cabo Delgado, é a poluição das plataformas e navios em alto mar que navegam nas proximidades a norte de Vamizi. Embora possa não impactar directamente na vegetação, isto representa uma ameaça à integridade do ecossistema de Vamizi (T. Hempson, comunicação pessoal), incluindo a Área Chave de Biodiversidade de Vamizi, que, conforme definida actualmente, é inteiramente marinha e não se sobrepõe à da IPA.

Serviços Ecossistémicos chaves

As praias de coral de areia branca, a vida marinha e os recifes de coral, juntamente com a tranquilidade e a beleza natural da ilha, atraem turistas para a Ilha Vamizi, mas os Amigos de Vamizi e o Centro de

Barleria whytei, fotografada no Quénia (AR)

Floresta anã sob rocha coralina no Vamizi (JEB)

Pesquisa de Conservação Marinha de Vamizi estão a trabalhar para garantir um turismo responsável e educação ambiental neste local (Amigos de Vamizi 2020). A recente agitação civil no nordeste de Cabo Delgado associada à insurgência violenta de militantes islâmicos interrompeu temporáriamente o turismo nesta região, mas é provável que se recupere no futuro. A ilha é um habitat importante para uma série de espécies e estes habitats também prestam importantes serviços reguladores, nomeadamente na prevenção da erosão costeira.

Categorias de Serviços Ecossistémicos

- Serviços de Regulação – Prevenção de erosão e manutenção da fertilidade do solo
- Habitat ou serviços de apoio – Habitats para espécies
- Serviços Culturais – Recreação e saúde mental e física
- Serviços Culturais – Turismo
- Serviços Culturais – Educação

Justificativa da Avaliação da IPA

A Ilha Vamizi qualifica-se como uma IPA de acordo com os critérios A(i) e C(iii). Actualmente, qualifica-se em A(i) com base em três taxa globalmente ameaçados, dois dos quais estão em Perigo e para os quais Vamizi é o único local conhecido em Moçambique: *Barleria whytei*, restrita às florestas sob rocha coralina que é globalmente conhecida em apenas cinco locais, e *Olea woodiana* subsp. *disjuncta*, uma árvore de floresta seca costeira também conhecida do Quénia e da Tanzânia. No entanto, à medida que a flora do local se torna mais conhecida, é provável que outras espécies do critério A sejam encontradas, como a *Psydrax* sp. A que, se confirmada como uma espécie distinta, provavelmente se qualificará como ameaçada sob o critério D2 da IUCN. A IPA qualifica-se no critério C(iii) devido à presença de extensas áreas de floresta anã costeira sob rocha coralina intacta, um habitat nacionalmente raro e de distribuição restrita, para o qual Vamizi é o único exemplo conhecido em Moçambique.

Espécies Prioritárias (Critérios IPA A e B)

FAMÍLIA	TÁXON	IPA CRITÉRIO A	IPA CRITÉRIO B	≥ 1% DA POPULAÇÃO GLOBAL	≥ 5% DA POPULAÇÃO NACIONAL	É 1 DOS 5 MELHORES LOCAIS NACIONAL	TODA A POPULAÇÃO GLOBAL	ESPÉCIES DE IMPORTÂNCIA SÓCIO-ECONÓMICA	ABUNDÂNCIA NO LOCAL
Acanthaceae	*Barleria whytei*	A(i)		✓	✓	✓			ocasional
Fabaceae	*Acacia quiterajoensis*		B(ii)						comum
Oleaceae	*Olea woodiana* subsp. *disjuncta*	A(i)			✓	✓			rara
Rutaceae	*Zanthoxylum lindense*	A(i)			✓	✓			desconhecida
		A(i): 3 ✓	B(ii): 1						

Habitats Ameaçados (IPA Critério C)

TIPO DE HABITAT	IPA CRITÉRIO C	≥ 5% DO RECURSO NACIONAL	≥ 10% DO RECURSO NACIONAL	É 1 DOS 5 MELHORES LOCAIS NACIONAL	ÁREA ESTIMADA DO LOCAL (SE CONHECIDO)
Floresta anã sob rocha coralina [MOZ-06]	C(iii)		✓	✓	

Áreas Protegidas e Outras Designações de Conservação

TIPO DE ÁREA DE CONSERVAÇÃO	NOME DA ÁREA DE CONSERVAÇÃO	RELAÇÃO DA IPA COM A ÁREA PROTEGIDA
Reserva natural privada	Concessão da Ilha de Vamizi	Protegida/área de conservação engloba a IPA

Ameaças

AMEAÇA	SEVERIDADE	SITUAÇÃO
Áreas de turismo e recreação	baixa	ocorrendo – estável
Perfuração de petróleo e gás	média	futuro – ameaça deduzida
Mudanças climáticas e clima severo – tempestades e inundações	desconhecida	futuro – ameaça deduzida

PLANALTO E ESCARPAS DE MUEDA

Avaliador: Iain Darbyshire

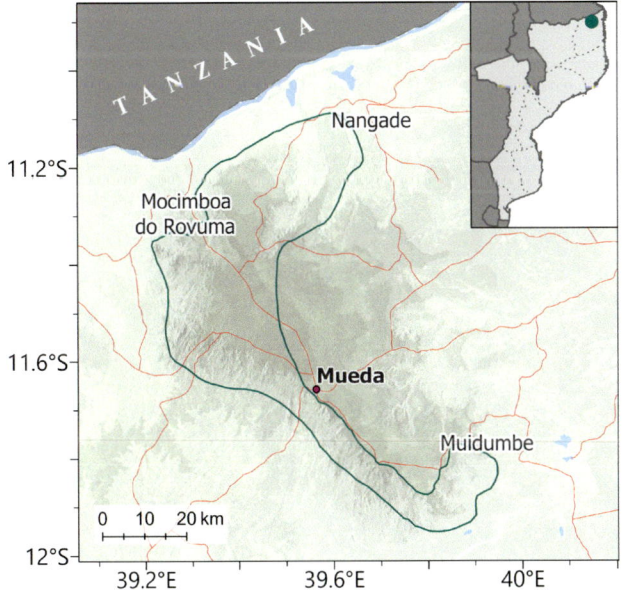
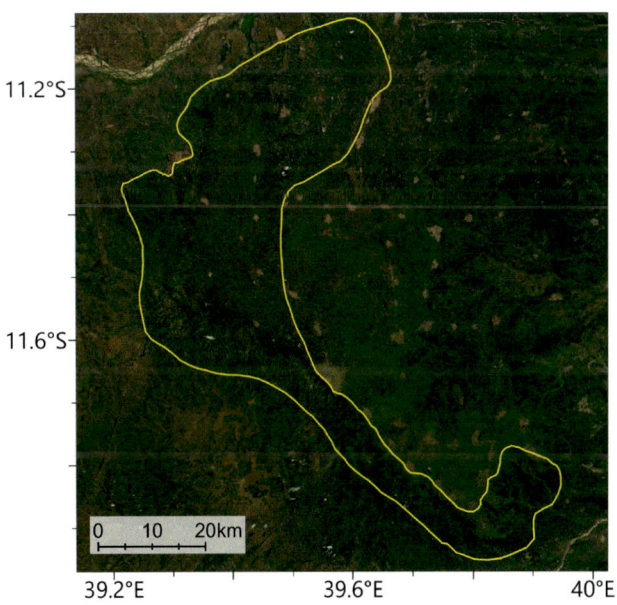

NOME INTERNACIONAL DO LOCAL		Mueda Plateau and Escarpments	
NOME LOCAL (CASO DIFERENTE)		Planalto e Escarpas de Mueda	
CÓDIGO DO LOCAL	MOZTIPA025	PROVÍNCIA	Cabo Delgado

Tarenna sp. 53 of Degreef (= *Cladoceras rovumense*) (QL)

Monodora carolinae (QL)

LATITUDE	-11.51000	LONGITUDE	39.40000
ALTITUDE MINIMA (m a.s.l.)	97	ALTITUDE MÁXIMA (m a.s.l.)	1.027
ÁREA (km²)	2.200	CRITÉRIO IPA	A(i)

Descrição do Local

O Planalto de Mueda (às vezes referido como Maconde ou Planalto Maconde) está localizado no norte da Província de Cabo Delgado, próximo à fronteira com a Tanzânia. A IPA está localizada principalmente nos distritos de Mueda e Muidumbe, mas também estende-se para a secção nordeste do distrito de Nangade. Este planalto eleva-se gradualmente do lado leste e atinge pouco mais de 1.000 m de altitude no seu ponto mais alto ao redor de Chomba, a oeste. As escarpas a norte, sul e particularmente a oeste do planalto são tipicamente íngremes e com um complexo sistema de ravinas. A IPA é delimitada a norte pelo amplo vale do rio Rovuma e a sul pelo vale do rio Messalo, cobrindo uma área de 2.251 km², que se estende por cerca de 100 km de norte a sul, e tem pouco menos de 30 km de largura no seu ponto mais largo.

O Planalto de Mueda está povoado há pelo menos dois séculos e foi o berço do movimento de independência de Moçambique na década de 1960. Um grande número de aldeias está bem estabelecido em todo o local, incluindo as vilas de Mueda no sudoeste e Mocímboa do Rovuma no noroeste da escarpa. O planalto é atravessado pela estrada EN509 que liga Mueda à vila costeira de Mocímboa da Praia, antes de prosseguir para o interior até Montepuez.

Este local esteve anteriormente coberto por extensas brenhas e florestas secas de enorme importância botânica. A vegetação natural está, no entanto, sob grave ameaça devido à elevada população e transformação do habitat associado, com os principais habitats agora restritos às encostas mais íngremes e áreas inacessíveis ao longo das escarpas do planalto. Por esta razão, a IPA cobre principalmente as escarpas, bem como a secção norte do planalto de menor densidade populacional; as principais vilas e as partes central e sul densamente povoadas do planalto são excluídas. Para que o Planalto de Mueda mantenha o seu valor de biodiversidade, há uma necessidade urgente de protecção e gestão dos habitats naturais remanescentes, e possivelmente para um programa de restauração de habitats nas áreas de menor densidade populacional.

Importância Botânica

A importância botânica do Planalto de Mueda está associado principalmente às extensas brenhas, matas e florestas secas que se acredita terem originalmente coberto grande parte deste local. Estes habitats contêm uma série de espécies raras e de distribuição restrita do proposto Centro de Endemismo de Plantas do Rovuma (Burrows & Timberlake 2011; Darbyshire *et al.* 2019a). É um local crítico para várias espécies, notadamente *Hugonia grandiflora* (EN), para a qual a maioria dos locais conhecidos estão no Planalto de

Mueda (Wabuyele *et al.* 2020), bem como *Monodora carolinae* (EN) e *Paropsia grewioides* var. *orientalis* (EN), para o qual esta IPA é o único local moçambicano conhecido. *Tarenna* sp. 53 of Degreef (2006), que está actualmente sendo descrita como *Cladoceras rovumense* (I. Darbyshire *et al.* dados não publicados) também está presente nas manchas de florestas remanescentes. Se bem que a flora herbácea não esteja bem documentada, a descoberta em 2009 de uma população de *Celosia patentiloba* (CR) no planalto (A. Banze #106) é de particular interesse, pois este é apenas o segundo registo confirmado desta espécie críticamente ameaçada, sendo o tipo de Newala no planalto Makonde adjacente, na Tanzânia, onde está muito ameaçado por extensas perdas de habitat apto (Howard *et al.* 2020). Os potenciais registos desta espécie no Planalto de Rondo na Tanzânia referem-se, de facto, a uma espécie íntimamente relacionada mas distinta e aparentemente não descrita (I. Darbyshire, observação pessoal.).

A escarpa sudeste perto de Muidumbe contém uma importante e inesperada população do *Aloe ribauensis* (EN) típico de rochas, contrariamente conhecida apenas das Montanhas do Ribáuè na Província de Nampula (McCoy *et al.* 2014; Osborne *et al.* 2019c). Também incluída dentro do limite da IPA está uma área de terras baixas de mosaico de mata-floresta seca ao longo do lado nordeste do planalto e ao sul da vila de Nangade, que suporta a única população globalmente conhecida da espécie criticamente ameaçada *Uvaria rovumae* (Deroin & Lötter 2013). Apesar de fortemente perturbado, ainda existem trechos razoavelmente extensos deste mosaico de terras baixas, distanciados da estrada de Nangade para Namau.

No total, 19 taxa de plantas globalmente ameaçadas são conhecidas por ocorrerem no Planalto de Mueda e nas encostas adjacentes, contudo em alguns casos a sua presença neste local exija confirmação devido ao nível de transformação do habitat. A perda da maior parte da vegetação natural lenhosa provavelmente teve um impacto severo em muitas dessas espécies. Este local também é de interesse por ser o único local conhecido em Moçambique para vários táxons incluindo *Ancylobothrys tayloris* (LC), *Cassia angolensis*, *C. burttii*, *Vernonia* (*Jeffreycia*) *zanzibarensis* (LC) e *Whitfieldia orientalis*; um dos dois únicos locais moçambicanos conhecidos para a rara *Streblus usambarensis*; e um local notável para a rara e sobre-explorada árvore madeireira *Pterocarpus megalocarpus* (J. Burrows, comunicação pessoal 2021). Também vale a pena notar que existem algumas espécies muito localizadas registadas nas terras baixas a oeste do Planalto e em direcção a Negomano, incluindo o único local moçambicano para duas espécies, *Blepharispermum brachycarpum* (EN) e *Crotalaria misella* (DD), bem como populações

Planalto de Mueda na estrada de Mocímboa do Rovuma para Mueda (QL)

de *Paranecepsia alchorneifolia* (VU) e *Stylochaeton euryphyllus* (VU). É possível que estas espécies venham, no futuro, a ser registadas nas zonas de menor altitude da IPA do Planalto de Mueda.

Habitat e Geologia

Mueda é um de uma série de planaltos baixos na região fronteiriça costeira de Moçambique-Tanzânia, incluindo o Planalto Makonde que é separado de Mueda apenas pelo vale do Rio Rovuma. Mais ao norte, no interior de Lindi, na Tanzânia, fica o Planalto de Rondo, conhecido pela sua importância botânica (Clarke 2001). Pensa-se que a geologia subjacente dominante do Planalto de Mueda compreende arenito rico em ferro e conglomerados da Formação Mikindani de origem neogénica média (c. 10 – 15 milhões de anos), dando origem a solos vermelhos que são bem drenados, ricos em areia e mal estruturados. Ao longo das escarpas existem afloramentos de conglomerados e arenitos da Formação Maconde do Cretáceo (I.N.G. 1987, referenciado em Timberlake *et al.* 2010; Hancox *et al.* 2002). As formações mais antigas são cobertas por depósitos sedimentares quaternários ou neógenos que formam uma isoclina suave que se estende a noroeste da costa e atinge os seus pontos mais altos no planalto de Mueda em Moçambique e no planalto de Makonde na Tanzânia, com o rio Rovuma cortando um canal agreste nos depósitos de cerca de 10 km de largura (Clarke 2011). Em outros lugares da região costeira de Cabo Delgado, afloramentos de arenitos de Mikindani estão associados a manchas de floresta seca de alta importância botânica (Timberlake *et al.* 2010).

Dada a longa história do impacto humano nesta área (ver Questões de Conservação), é difícil de determinar com precisão a vegetação original do planalto. O mapa de vegetação de Wild & Barbosa (1968) indica que grande parte do Planalto de Mueda, particularmente no lado leste, era dominado por uma formação de Floresta Decídua Seca de terras baixas em arenito e conglomerados (do tipo 6), um tipo de vegetação que estava em grande parte confinada nesta região até Mueda. As espécies dominantes nesta comunidade incluem *Adansonia digitata*, *Balanites maughamii*, *Bombax rhodognaphalon*, *Cordyla africana*, *Dialium holtzii*, *Milicia excelsa*, *Millettia stuhlmannii* e *Sterculia spp.* (Wild & Barbosa 1968). Grande parte da vegetação lenhosa do planalto foi removida e substituída por terras agrícolas e áreas de pousio, e este tipo de vegetação florestal está agora reduzido a pequenos remanescentes (Lötter *et al.* em prep.). A floresta semidecídua húmida nas partes mais altas do planalto parece estar ainda severamente impactada, o que hoje é evidente apenas pela presença dispersa de espécies indicadoras de floresta húmida, como *Casearia gladiiformis*, *Dracaena mannii*, *Erythropleum suaveolens*, *Harungana madagascariensis* e *Rinorea ferruginea* (Lötter *et al.* em prep.). No extremo oeste do planalto regista-se uma mancha de floresta pantanosa, sendo esta a fonte de água para a vila de Mueda, dominada por *Albizia adianthifolia*, *Synsepalum brevipes*, *Syzygium owariensis* e *Voacanga thouarsii* juntamente com o feto trepador dos pântanos, *Stenochlaena tenuifolia* (Lötter *et al.* em prep.). As matas e brenhas remanescentes são principalmente de natureza secundária, com áreas mais densas e intactas em grande parte confinadas a encostas mais íngremes e ravinas ao longo das escarpas. As áreas da escarpa perto de Mocímboa do Rovuma e em direcção a Ngapa parecem mais intactas do que noutros locais. A mata de Miombo, prevalece ao longo das escarpas, sendo tipicamente dominada por *Julbernardia globiflora* com *Brachystegia spp.*, *Diplorhynchus condylocarpon*, *Oxytenanthera abyssinica*, *Pericopsis angolensis*, *Pterocarpus angolensis*, *Sterculia quinqueloba* e *Terminalia stenostachya* (Lötter *et al.* em prep.).

O clima do Planalto de Mueda é muito sazonal, com uma estação seca prolongada de Maio a Novembro, e uma curta estação quente e chuvosa principalmente entre Dezembro e Abril. A precipitação anual na vila de Mueda é de aproximadamente 1.100 mm por ano (Timberlake *et al.* 2010), que é comparável à do Planalto de Rondo na Tanzânia.

Questões de Conservação

O Planalto de Mueda e as planícies circundantes não estão actualmente sob qualquer protecção formal e esta é uma das IPAs mais severamente ameaçadas e degradadas em Moçambique. O planalto tem uma longa história de povoamento, começando pelo menos no início do século XIX. Isto foi impulsionado em parte pelo estabelecimento de rotas de escravos ao longo do Rovuma, que levaram as populações locais para os planaltos adjacentes que eram muito menos acessíveis e densamente arborizados (Israel 2005). De facto, os pioneiros do planalto foram nomeados "Makonde" pelas terras altas densamente arborizados. Os Makonde (coloquialmente chamados de Mavia, ou "os nervosos") foram mencionados nos diários de Livingstone e foram visitados em 1882 por Henry O'Neill, cônsul britânico em Moçambique (Timberlake *et al.* 2010). Timberlake *et al.* (2010)

observam que grande parte da Floresta Decídua Seca do planalto oriental provavelmente foi destruída pela expansão agrícola e extracção de madeira no período pré-independência. Durante a década de 1960, o Planalto de Mueda tornou-se o foco das lutas pela independência, com a FRELIMO estabelecendo ali a sua base principal, apoiada pelos Maconde e os seus fortes laços com a Tanzânia independente e socialista imediatamente a norte (Israel 2005). A área sofreu muita acção militar, com impactos ambientais associados. Após a independência, assentamentos maiores e mais formais foram estabelecidos no planalto e é a partir deste momento que se acredita que tenha acelerado o desmatamento das matas densas e brenhas remanescentes.

Os solos razoavelmente férteis e as chuvas consistentes tornam o planalto atraente para a agricultura, com uma variedade de grãos cultivados tanto para subsistência como para exportação, incluindo meixoeira, hortaliças e principalmente milho, bem como o cultivo de cajueiro. Como resultado, a grande maioria da vegetação arborizada original foi desmatada em todas as áreas, excepto nas áreas mais íngremes e menos inacessíveis. Estima-se que a cobertura vegetal densa (mata, brenha e floresta) tenha diminuído de uma estimativa histórica de 2.332 km² para apenas 89 km² actualmente, um declínio de mais de 96% (Timberlake et al. 2011), com perdas particularmente severas nas encostas orientais do planalto. As escarpas mais íngremes e algumas áreas da porção norte do planalto escaparam ao pior do desmatamento, e uma porção do planalto noroeste, escarpa e taludes (dentro do actual limite da IPA) foi proposta como área potencial para conservação por Timberlake et al. (2010). No entanto, mesmo as partes setentrionais do planalto sofreram recentemente uma forte extracção de madeira após o aumento dos assentamentos nesta zona(J. Burrows, comunicação pessoal 2021).

Estudos no planalto Makonde da Tanzânia, adjacente, revelaram que os solos arenosos com uma estrutura pouco desenvolvida são muito propensos à erosão por ventos em áreas onde a vegetação foi eliminada (Achten et al. 2008; Kabanza et al. 2013). É provável que esta situação seja igualmente aplicável ao Planalto de Mueda que tem solos semelhantes (Achten et al. 2008). Outra ameaça é o aumento da frequência de queimadas florestais descontroladas devido à queima deliberada; essas queimadas estão impactando as populações de *Aloe ribauensis* nas proximidades de Muidumbe, no limite sul do planalto (Osborne et al. 2019c).

As prioridades de conservação mais urgentes no Planalto de Mueda são a sensibilização da comunidade e o apoio à gestão sustentável dos remanescentes de vegetação existentes de floresta seca e brenha e, potencialmente, desenvolver um esquema de restauração desses habitats em áreas que não são tão densamente habitadas. Algum optimismo para tal abordagem pode ser obtida da Reserva Florestal Natural de Rondo, no sudeste da Tanzânia, onde ocorreu uma considerável regeneração da floresta desde a cessação da extploração madeireira na década de 1980. Sem estes esquemas de conservação, o Planalto de Mueda poderá em breve perder o valor de biodiversidade remanescente. Medidas de conservação *ex situ* também são necessárias para algumas das espécies mais restritas que ocorrem no planalto e planícies adjacentes, como *Celosia patenteiloba*, *Hugonia grandiflora* e *Uvaria rovumae*, dado o alto risco de extinção que enfrentam na natureza.

Serviços Ecossistémicos chaves

Os serviços ecossistémicos fornecidos por esta IPA ainda não foram totalmente documentados. A vegetação natural parece fornecer importantes serviços de abastecimento para as comunidades locais, incluindo a colheita de material lenhoso para produção de carvão e construção, não obstante essas práticas terem sido claramente insustentáveis no passado. As áreas mais intactas da IPA também podem fornecer importantes serviços regulatórios, principalmente em termos de prevenção da erosão dos solos pouco estruturados e vulneráveis. A área também tem alguma importância cultural dada a longa história do povoado Maconde e o papel que este local e as suas gentes desempenharam no movimento de independência.

Categorias de Serviços Ecossistémicos

- Provisionamento – Matérias-primas
- Serviços de Regulação – Moderação de eventos extremos
- Serviços de Regulação – Prevenção de erosão e manutenção da fertilidade do solo
- Habitat ou serviços de apoio – Habitats para espécies
- Habitat ou serviços de apoio – Manutenção da diversidade genética
- Serviços Culturais – Património Cultural

Justificativa da Avaliação da IPA

O Planalto e Escarpas de Mueda qualificam-se como uma Área Importante de Plantas sob o critério A(i), pois possui populações de 19 táxons de plantas globalmente ameaçados, dos quais oito são avaliados como Vulneráveis, nove como Em Perigo e dois como Críticamente em Perigo. Esta IPA inclui toda a população global conhecida de *Uvaria rovumae*, e é a única IPA moçambicana conhecida por conter populações de *Celosia patentiloba*, *Lannea welwitschii* var. *ciliolata*, *Momordica henriquesii*, *Monodora carolinae* e *Paropsia growioides* var. *orientalis*. Mueda ainda não se qualifica no critério B, pois apenas dez (cerca de 2%) das espécies qualificadas para B(ii) foram registadas até agora neste local, embora este número provavelmente aumente com futuras expedições às manchas remanescentes de vegetação natural no planalto e na escarpa. Dada a extensão da transformação e fragmentação dos habitats naturais no planalto, e a extensão muito limitada da floresta e brenha do Rovuma ainda presente, este local não se qualifica como IPA no critério C.

Vismianthus punctatus (JEB)

Espécies Prioritárias (Critérios IPA A e B)

FAMÍLIA	TÁXON	IPA CRITÉRIO A	IPA CRITÉRIO B	≥ 1% DA POPULAÇÃO GLOBAL	≥ 5% DA POPULAÇÃO NACIONAL	É 1 DOS 5 MELHORES LOCAIS NACIONAL	TODA A POPULAÇÃO GLOBAL	ESPÉCIES DE IMPORTÂNCIA SÓCIO-ECONÓMICA	ABUNDÂNCIA NO LOCAL
Amaranthaceae	*Celosia patentiloba*	A(i)	B(ii)	✓	✓	✓			desconhecida
Anacardiaceae	*Lannea welwitschii* var. *ciliolata*	A(i)			✓	✓			desconhecida
Annonaceae	*Monodora carolinae*	A(i)	B(ii)	✓	✓	✓			desconhecida
Annonaceae	*Uvaria rovumae*	A(i)	B(ii)	✓	✓	✓	✓		rara
Asphodelaceae	*Aloe ribauensis*	A(i)	B(ii)	✓	✓	✓			rara
Capparaceae	*Maerua andradae*		B(ii)						desconhecida
Celastraceae	*Salacia orientalis*	A(i)		✓	✓	✓			desconhecida
Combretaceae	*Combretum stocksii*		B(ii)	✓	✓	✓			desconhecida
Connaraceae	*Vismianthus punctatus*	A(i)	B(ii)	✓	✓	✓			desconhecida
Cucurbitaceae	*Momordica henriquesii*	A(i)		✓	✓	✓			desconhecida
Fabaceae	*Acacia latistipulata*	A(i)		✓	✓	✓			desconhecida
Fabaceae	*Acacia quiterajoensis*		B(ii)						desconhecida

Espécies Prioritárias (Critérios IPA A e B)

FAMÍLIA	TÁXON	IPA CRITÉRIO A	IPA CRITÉRIO B	≥ 1% DA POPULAÇÃO GLOBAL	≥ 5% DA POPULAÇÃO NACIONAL	É 1 DOS 5 MELHORES LOCAIS NACIONAL	TODA A POPULAÇÃO GLOBAL	ESPÉCIES DE IMPORTÂNCIA SÓCIO-ECONÓMICA	ABUNDÂNCIA NO LOCAL
Fabaceae	*Baphia macrocalyx*	A(i)		✓	✓	✓			desconhecida
Linaceae	*Hugonia grandiflora*	A(i)		✓	✓	✓			rara
Loranthaceae	*Erianthemum lindense*	A(i)		✓	✓	✓			desconhecida
Malvaceae	*Sterculia schliebenii*	A(i)				✓			desconhecida
Passifloraceae	*Paropsia grewioides* var. *orientalis*	A(i)		✓	✓	✓			desconhecida
Rubiaceae	*Cuviera schliebenii*	A(i)		✓	✓	✓			desconhecida
Rubiaceae	*Cuviera tomentosa*	A(i)		✓	✓	✓			desconhecida
Rubiaceae	*Oxyanthus biflorus*	A(i)	B(ii)	✓	✓	✓			rara
Rubiaceae	*Rothmannia macrosiphon*	A(i)			✓	✓			desconhecida
Rubiaceae	*Tarenna* sp. 53 of Degreef (= *Cladoceras rovumense*)		B(ii)						desconhecida
Rubiaceae	*Tricalysia semidecidua*	A(i)		✓	✓	✓			ocasional
		A(i): 19 ✓	B(ii): 10						

Habitats Ameaçados (IPA Critério C)

TIPO DE HABITAT	IPA CRITÉRIO C	≥ 5% DO RECURSO NACIONAL	≥ 10% DO RECURSO NACIONAL	É 1 DOS 5 MELHORES LOCAIS NACIONAL	ÁREA ESTIMADA DO LOCAL (SE CONHECIDO)
Floresta Costeira Seca do Rovuma [MOZ-12a]	C(iii)				

Áreas Protegidas e Outras Designações de Conservação

TIPO DE ÁREA DE CONSERVAÇÃO	NOME DA ÁREA DE CONSERVAÇÃO	RELAÇÃO DA IPA COM A ÁREA PROTEGIDA
Sem protecção formal	Não indicado	

Ameaças

AMEAÇA	SEVERIDADE	SITUAÇÃO
Habitação e áreas urbanas	média	ocorrendo – tendência desconhecida
Agricultura de pequena escala	alta	ocorrendo – tendência desconhecida
Exploração de madeira e colecta de produtos florestais	alta	ocorrendo – tendência desconhecida
Aumento da frequência/intensidade de queimadas	alta	ocorrendo – tendência desconhecida
Erosão do solo, sedimentação	desconhecida	ocorrendo – tendência desconhecida

PROVÍNCIA DE CABO DELGADO

QUITERAJO

Avaliador: Iain Darbyshire

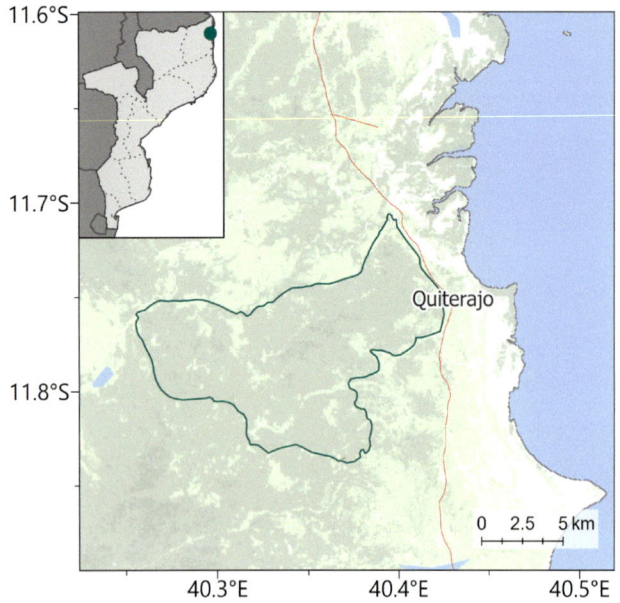
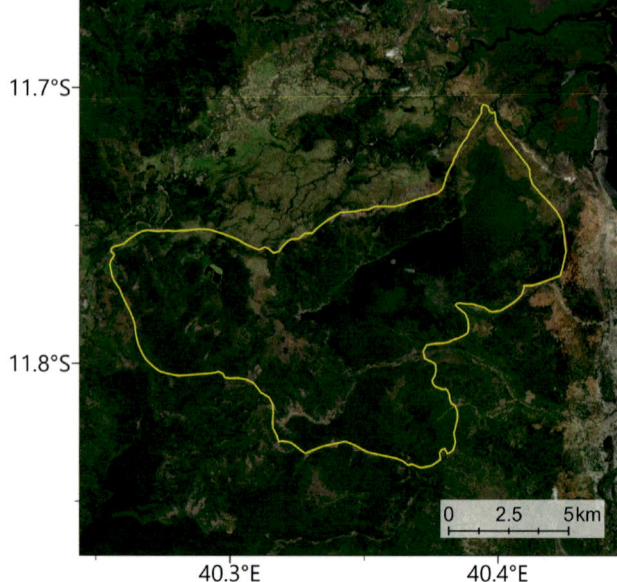

NOME INTERNACIONAL DO LOCAL		Quiterajo	
NOME LOCAL (CASO DIFERENTE)		–	
CÓDIGO DO LOCAL	MOZTIPA021	PROVÍNCIA	Cabo Delgado

LATITUDE	-11.76450	LONGITUDE	40.39660
ALTITUDE MINIMA (m a.s.l.)	5	ALTITUDE MÁXIMA (m a.s.l.)	173
ÁREA (km²)	129	CRITÉRIO IPA	A(i), A(iv), B(ii), C(iii)

Descrição do Local

A IPA de Quiterajo cobre uma área de 129 km² no interior da vila costeira de Quiterajo no Distrito de Macomia, Província de Cabo Delgado. Encontra-se a oeste da estrada EN247, a cerca de 45 km a sul do porto de Mocímboa da Praia. O local cobre principalmente floresta seca e mata densa que ocupa um planalto baixo (principalmente 90 – 150 m a.s.l.) ao sul da planície de inundação do rio Messalo. O bloco principal oriental da IPA contém cerca de 31 km² da Floresta Namacubi, por vezes referida como Floresta "A Banana" devido à sua forma. Também estão incluídas as florestas e matas ao redor e a oeste do Lago Macungue que estão separados de Namacubi por pradarias alagadas, savana de palmeiras abertas e zonas húmidas sazonais, e pela Floresta de Namparamnera ao sul de Namacubi. Essas florestas abrigam uma rica flora, incluindo muitas espécies globalmente raras e ameaçadas, pelo que este

Xylopia tenuipetala (JT)

Árvore de Guibourtia schliebenii, Quiterajo (JEB)

local deve ser considerado uma prioridade urgente para acções de conservação. De facto, a Floresta de Namacubi tem uma importância botânica tão elevada que a maior publicação sobre as Árvores e Arbustos Moçambique (Burrows *et al.* 2018) foi dedicada a este local na esperança de que iria promover o reconhecimento internacional e a conservação formal deste local único.

Esta IPA pode ser expandida no futuro para incluir as áreas densas de matas e florestas do Planalto de Sakaje para sudoeste do local actual. Até onde sabemos, esta área ainda não foi alvo de estudo botânico, mas a vegetação está praticamente intacta e tem composição semelhante a algumas das manchas importantes de vegetação lenhosa de Quiterajo. Isto adicionaria uma área extra com cerca de 200 km² até à IPA, ou alternativamente o Planalto de Sakaje poderia ser reconhecido como uma IPA separada.

Importância Botânica

Quiterajo foi listado como um dos quatro locais de "alta prioridade" para a conservação da floresta seca costeira no nordeste de Moçambique (Timberlake *et al.* 2010). Este local contém exemplos globalmente importantes de floresta seca intacta do proposto Centro de Endemismo de Plantas do Rovuma (CoE), um tipo de habitat ameaçado conhecido pelas suas altas taxas de endemismo local e elevada substituição de espécies entre as manchas de vegetação (Timberlake *et al.* 2010, 2011; Burrows e Timberlake 2011; Darbyshire *et al.* 2019a). Os cerca de 31 km² da Floresta de Namacubi é dominada por *Guibourtia schliebenii*, uma espécie globalmente vulnerável pelo qual se acredita este ser um dos locais mais importantes. Contém um número significativo de espécies desconhecidas em outras partes de Moçambique, muitas das quais são endémicas raras e/ou ameaçadas do CoE do Rovuma, como a *Drypetes sclerophylla* (EN), *Omphalea mansfeldiana* (EN) e *Xylopia tenuipetala* (EN). A última delas é uma endémica moçambicana e por isso este é o local mais importante a nível mundial. O aroide *Stylochaeton tortispathum* (VU) é actualmente considerado endémico de Namacubi. A diversidade de Melastomataceae lenhosas é particularmente impressionante; Namacubi contém duas espécies endémicas, *Warneckea albiflora* (CR) e *Warneckea cordiformis* (CR), além de ser o único local moçambicano para *Memecylon rovumense* (EN), também conhecido em três sítios no sudeste da Tanzânia, e o principal local para a espécie endémica moçambicana *Memecylon torrei* (EN). A Floresta Namparamnera adjacente é o único local conhecido de *Memecylon aenigmaticum* (CR). A floresta sagrada a oeste do Lago Macungue é dominada por *Micklethwaitia carvalhoi*, uma espécie e género endémico moçambicano globalmente vulnerável, com cerca de 5.000 indivíduos presentes numa área de aproximadamente 1 km². Embora as pradarias alagadas circundantes e as zonas húmidas sazonais sejam de menor importância botânica, este é o único local moçambicano para a rara erva labiada *Orthosiphon scedastophyllus* (CR), também conhecida de Tendaguru na Tanzânia.

Vários taxa não descritos são conhecidos de Quiterajo, alguns dos quais são espécies potencialmente endémicas. Estes incluem uma nova *Asparagus* sp. actualmente sendo descrita por S.M. e J.E. Burrows (a ser denominada *Asparagus inopinatus*); uma possível nova espécie suculenta de *Euphorbia* aliada à *E. ambroseae*; uma espécie de *Vepris* também conhecida de um local na Província da Zambézia; *Deinbollia* sp. A de Burrows *et al.* (2018); e vários membros da família do café (Rubiaceae): a *Coffea* sp.; duas espécies de *Pyrostria* actualmente a serem descritas; *Tarenna* sp. 53 de Degreef (2006; = *Cladoceras rovumense*; I. Darbyshire *et al.* no prelo), também conhecida no Planalto de Rondo na Tanzânia e no Planalto de Mueda [MOZTIPA025]; e *Rytiginia* sp. M de Burrows *et al.* (2018).

Habitat e Geologia

O planalto baixo, acima da planície de inundação do Messalo, coberto por floresta seca, é composto por arenitos ricos em ferro da Formação Mikindani de origem neogénica média (cerca de 10 – 15 milhões de anos). Esta rocha dá origem a um solo vermelho bem drenado de areia grossa. Uma parcela de 50 x 50 m inventariada na Floresta de Namacubi (Timberlake *et al.* 2010) revelou que 50 – 60% da cobertura do estrato arbóreo é dominada por *Guibourtia schliebenii*.

Outras espécies comuns no estrato arbóreo incluem *Manilkara discolor*, *Rinorea angustifolia*, *Terminalia myrtifolia*, *Xylopia tenuipetala* e uma variedade de Melastomataceae lenhosas, notadamente *Memecylon torrei*, *Warneckea cordiformis* e *W. sansibarica*. As espécies *Lannea antiscorbutica* e *Vitex carvalhi* são árvores emergentes importantes. Timberlake *et al.* (2010) estimam uma riqueza de cerca de 50 – 60 espécies lenhosas por ha. A geologia sub-adjacente à floresta seca dominada por *Micklethwaitia* a oeste do Lago Macungue não é conhecida, mas pode diferenciar-se da de Namacubi, uma vez que tem um conjunto de espécies muito diferente.

As florestas apresentam um forte elemento caducifólio e um número significativo de espécies esclerófilas. Isto é uma adaptação ao clima regional, que apresenta uma estação seca prolongada de Maio a Novembro/Dezembro, com uma única estação chuvosa de Dezembro a Abril; a precipitação anual é de aproximadamente 1.000 mm/ano.

A floresta de Miombo é frequente, particularmente nas encostas mais baixas longe do arenito de Mikindani. É dominada por espécies generalizadas, incluindo *Brachystegia spiciformis*, *Julbernardia globiflora* e a muito explorada *Afzelia quanzensis*, bem como a espécie mais restrita *Berlinia orientalis* (Timberlake *et al.* 2010). As planícies de inundação circundantes e as depressões suaves são sustentadas por depósitos quaternários mais recentes e solos aluviais. Estas áreas suportam planícies inundáveis e savana, com gramíneas dominantes incluindo *Panicum coloratum*, *Pennisetum polystachion* em áreas perturbadas e *Hyparrhenia* spp., e árvores como *Acacia seyal*, *A. sieberiana*, *Faidherbia albida*, *Kigelia africana* e as

Vitex mossambicensis (JEB)

Warneckea cordiformis (JEB)

palmeiras *Hyphaene compressa*, *Phoenix reclinata* e ocasionalmente a *Borassus aethiopum*, juntamente com zonas húmidas sazonais (Timberlake *et al.* 2014). Estas últimas áreas são de menor importância para as plantas, mas fornecem habitat crítico para outros animais selvagens, incluindo elefantes.

Questões de Conservação

Não existe uma área de conservação formal ou gestão da biodiversidade em Quiterajo. A porção leste do local, incluindo a Floresta de Namacubi, foi anteriormente incluída nos cerca de 300 km² da Área Selvagem de Messalo da Área da Conservação de Maluane (ou Projecto de Biodiversidade e Turismo de Cabo Delgado), uma concessão turística de gestão privada. Grande parte do foco de gestão desta concessão foi o controle da caça ilegal, e a conservação da população de elefantes na planície de inundação do Messalo, mas também houve esforços para evitar a extracção ilegal de madeira nas florestas. No entanto, a actividade dentro desta concessão parece ter diminuído desde 2012, com a Conservação de Maluane concentrando-se mais na Ilha de Vamizi a norte (ver MOZTIPA017).

A maior ameaça deste local é a imigração constante para o nordeste de Cabo Delgado desde o fim da guerra civil pós-independência, a partir da década de 1990. Isto resultou na expansão do assentamento e agricultura de subsistência, aumento da exploração de espécies lenhosas para construção e carvão, e o aumento da frequência de queimadas florestais postas intencionalmente para limpeza de habitat e caça (Timberlake *et al.* 2010). A extracção comercial ilegal de madeira para exportação também é um problema contínuo. Timberlake *et al.* (2014) estimam cerca de 10% de redução na cobertura florestal em Namacubi entre 1999 e 2013, e o avanço para a porção sul da floresta em particular é claramente evidente em imagens de satélite (Google Earth 2021). Uma ameaça significativa surgiu em meados da década de 2010 com a proposta de construção de uma nova estrada de Mocímboa da Praia a Pemba associada à actividade industrial de petróleo e gás que teria atravessado a Floresta de Namacubi. Felizmente, este projecto não prosseguiu, pelo que a ameaça parece ter diminuído. A actividade actual da indústria petrolífera está focada na extracção de gás natural liquefeito (GNL) em alto mar, mais a norte na costa de Cabo Delgado, pelo que o impacto a sul de Mocímboa da Praia é actualmente baixo. Uma insurgência violenta nesta região desde 2017 interrompeu grande parte deste desenvolvimento e resultou numa população significativa deslocada para longe de muitas das aldeias locais. No entanto, é provável que as aldeias sejam repovoadas após qualquer redução dessas preocupações de segurança no futuro. E, caso a nova estrada de acesso seja novamente contemplada, o influxo resultante do desenvolvimento da faixa e a degradação ambiental associada ameaçariam severamente a existência da Floresta de Namacubi (J.E. Burrows, comunicação pessoal).

Tendo em vista a sua insubstituibilidade, a protecção formal deste local de importância global e a gestão activa para evitar mais invasões ou extracção ilegal de madeira, devem ser consideradas uma prioridade nacional de conservação.

Serviços Ecossistémicos Chaves

O local é de importância primordial pelo habitat e serviços de apoio à biodiversidade. Também oferece serviços de abastecimento para as comunidades locais, incluindo o fornecimento de madeira. O local tem significado cultural e espiritual local, notadamente a floresta sagrada perto do Lago Macungue. Devido à proximidade da estrada costeira entre Pemba e Palma, este local tem potencial como destino de ecoturismo para passeios especializados em vida selvagem. No entanto, as actuais preocupações extremas de segurança (veja acima), juntamente com problemas de acessibilidade devido à destruição de pontes em alguns dos principais rios da área, impedirão qualquer desenvolvimento de ecoturismo a curto e médio prazo.

Categorias de Serviços Ecossistémicos

- Provisionamento – Matérias-primas
- Serviços de Regulação – Sequestro e armazenamento de carbono
- Serviços de Regulação – Prevenção de erosão e manutenção da fertilidade do solo
- Habitat ou serviços de apoio – Habitats para espécies
- Habitat ou serviços de apoio – Manutenção da diversidade genética
- Serviços Culturais – Recreação e saúde mental e física
- Serviços Culturais – Turismo
- Serviços Culturais – Experiência espiritual e sentido de pertença do lugar
- Serviços Culturais – Património Cultural

Justificativa da Avaliação da IPA

Quiterajo reune todos os três critérios para se qualificar como IPA. De acordo com o critério A(i), possui populações nacionalmente e, na maioria dos casos, internacionalmente importantes de mais de 30 espécies de plantas globalmente ameaçadas, 11 das quais são avaliadas como Ameaçadas e três são Criticamente Ameaçadas: *Memecylon aenigmaticum*, *Warneckea albiflora* e *W. cordiformis*, que são todas endémicas deste local. Outras espécies globalmente ameaçadas provavelmente serão adicionadas a esta lista, quando se finalizar uma Lista Vermelha completa para a região e quando as espécies potencialmente novas forem delimitadas. O local contém pelo menos 21 espécies qualificadas no critério B(ii) e, portanto, excede o limite de 3% para este critério. Também detém áreas de importância nacional de floresta seca costeira do Rovuma, um habitat nacionalmente (e quase certamente global) ameaçado, e Quiterajo é considerado um dos cinco melhores locais a nível nacional deste habitat, pelo que se qualifica no critério C(iii).

Warneckea albiflora (JEB)

Espécies Prioritárias (Critérios IPA A e B)

FAMÍLIA	TÁXON	IPA CRITÉRIO A	IPA CRITÉRIO B	≥ 1% DA POPULAÇÃO GLOBAL	≥ 5% DA POPULAÇÃO NACIONAL	É 1 DOS 5 MELHORES LOCAIS NACIONAL	TODA A POPULAÇÃO GLOBAL	ESPÉCIES DE IMPORTÂNCIA SÓCIO-ECONÓMICA	ABUNDÂNCIA NO LOCAL
Annonaceae	*Hexalobus mossambicensis*	A(i)	B(ii)	✓	✓	✓			desconhecida
Annonaceae	*Monanthotaxis trichantha*	A(i)			✓	✓			desconhecida
Annonaceae	*Xylopia tenuipetala*	A(i)	B(ii)	✓	✓	✓			desconhecida
Araceae	*Stylochaeton euryphyllus*	A(i)		✓	✓	✓			desconhecida
Araceae	*Stylochaeton tortispathus*	A(i)	B(ii)	✓	✓	✓	✓		rara
Combretaceae	*Combretum stocksii*		B(ii)						desconhecida
Connaraceae	*Vismianthus punctatus*	A(i)	B(ii)	✓	✓	✓			ocasional
Erythroxylaceae	*Nectaropetalum carvalhoi*	A(i)	B(ii)	✓	✓	✓			desconhecida
Euphorbiaceae	*Croton kilwae*	A(i)		✓	✓	✓			desconhecida
Euphorbiaceae	*Mildbraedia carpinifolia*	A(i)			✓	✓			comum
Euphorbiaceae	*Omphalea mansfeldiana*	A(i)		✓	✓	✓			rara
Fabaceae	*Acacia latispina*	A(i)	B(ii)	✓	✓	✓			ocasional
Fabaceae	*Acacia latistipulata*	A(i)		✓	✓	✓			frequente
Fabaceae	*Acacia quiterajoensis*		B(ii)						frequente

Espécies Prioritárias (Critérios IPA A e B)

FAMÍLIA	TÁXON	IPA CRITÉRIO A	IPA CRITÉRIO B	≥ 1% DA POPULAÇÃO GLOBAL	≥ 5% DA POPULAÇÃO NACIONAL	É 1 DOS 5 MELHORES LOCAIS NACIONAL	TODA A POPULAÇÃO GLOBAL	ESPÉCIES DE IMPORTÂNCIA SÓCIO-ECONÓMICA	ABUNDÂNCIA NO LOCAL
Fabaceae	*Berlinia orientalis*	A(i)		✓	✓	✓			frequente
Fabaceae	*Guibourtia schliebenii*	A(i)		✓	✓	✓			abundante
Fabaceae	*Micklethwaitia carvalhoi*	A(i)	B(ii)	✓	✓	✓		✓	frequente
Fabaceae	*Millettia impressa* subsp. *goetzeana*	A(i)			✓	✓			desconhecida
Hypericaceae	*Vismia pauciflora*	A(i)		✓	✓	✓			desconhecida
Lamiaceae	*Orthosiphon scedastophyllus*	A(iv)	B(ii)	✓	✓	✓			desconhecida
Lamiaceae	*Premna schliebenii*	A(i)			✓	✓			desconhecida
Lamiaceae	*Vitex carvalhi*	A(i)		✓	✓	✓			desconhecida
Lamiaceae	*Vitex mossambicensis*	A(i)		✓	✓	✓			frequente
Loganiaceae	*Strychnos xylophylla*	A(i)			✓	✓			rara
Malvaceae	*Grewia limae*	A(i)	B(ii)	✓	✓	✓			rara
Malvaceae	*Sterculia schliebenii*	A(i)			✓	✓			desconhecida
Malvaceae	*Thespesia mossambicensis*		B(ii)						desconhecida
Melastomataceae	*Memecylon aenigmaticum*	A(i)	B(ii)	✓	✓	✓	✓		ocasional
Melastomataceae	*Memecylon rovumense*	A(i)	B(ii)	✓	✓	✓			desconhecida
Melastomataceae	*Memecylon torrei*	A(i)	B(ii)	✓	✓	✓			comum
Melastomataceae	*Warneckea albiflora*	A(i)	B(ii)	✓	✓	✓	✓		desconhecida
Melastomataceae	*Warneckea cordiformis*	A(i)	B(ii)	✓	✓	✓	✓		frequente
Putranjivaceae	*Drypetes sclerophylla*	A(i)		✓	✓	✓			ocasional
Rubiaceae	*Chassalia colorata*	A(i)	B(ii)	✓	✓	✓			desconhecida
Rubiaceae	*Leptactina papyrophloea*	A(i)			✓	✓			desconhecida
Rubiaceae	*Oxyanthus strigosus*	A(i)	B(ii)	✓	✓	✓			rara
Rubiaceae	*Pavetta lindina*	A(i)	B(ii)	✓	✓	✓			rara
Rubiaceae	*Psydrax micans*	A(i)				✓			desconhecida
Rubiaceae	*Tarenna* sp. 53 of Degreef (= *Cladoceras rovumense*)		B(ii)						desconhecida
Rubiaceae	*Tricalysia schliebenii*	A(i)			✓	✓			desconhecida
Rubiaceae	*Tricalysia semidecidua*	A(i)			✓	✓			ocasional
Rutaceae	*Vepris sansibarensis*	A(i)			✓	✓			desconhecida
Rutaceae	*Zanthoxylum lindense*	A(i)		✓	✓	✓			rara
		A(i): 38 ✓ A(iv): 1 ✓	B(ii): 21 ✓						

Habitats Ameaçados (IPA Critério C)

TIPO DE HABITAT	IPA CRITÉRIO C	≥ 5% DO RECURSO NACIONAL	≥ 10% DO RECURSO NACIONAL	É 1 DOS 5 MELHORES LOCAIS NACIONAL	ÁREA ESTIMADA DO LOCAL (SE CONHECIDO)
Floresta Costeira Seca do Rovuma [MOZ-12a]	C(iii)		✓	✓	35
Floresta Costeira Seca de *Micklethwaitia* do Rovuma [MOZ-12b]	C(iii)			✓	1

Áreas Protegidas e Outras Designações de Conservação

TIPO DE ÁREA DE CONSERVAÇÃO	NOME DA ÁREA DE CONSERVAÇÃO	RELAÇÃO DA IPA COM A ÁREA PROTEGIDA
Sem protecção formal	Não indicado	
Área Chave de Biodiversidade	Quiterajo	Área protegida/de conservação que engloba a IPA

Ameaças

AMEAÇA	SEVERIDADE	SITUAÇÃO
Agricultura de pequena escala	média	ocorrendo – tendência desconhecida
Estradas e ferrovias	desconhecida	passada, provavelmente não voltará
Colecta de plantas terrestres	média	ocorrendo – tendência crescente
Aumento da frequência/intensidade de queimadas	média	ocorrendo – tendência desconhecida

A planície de inundação do rio Messalo em Quiterajo (JEB)

No interior da Floresta de Namacubi em Quiterajo (CS)

RIO MUÀGÁMULA

Avaliador: Iain Darbyshire

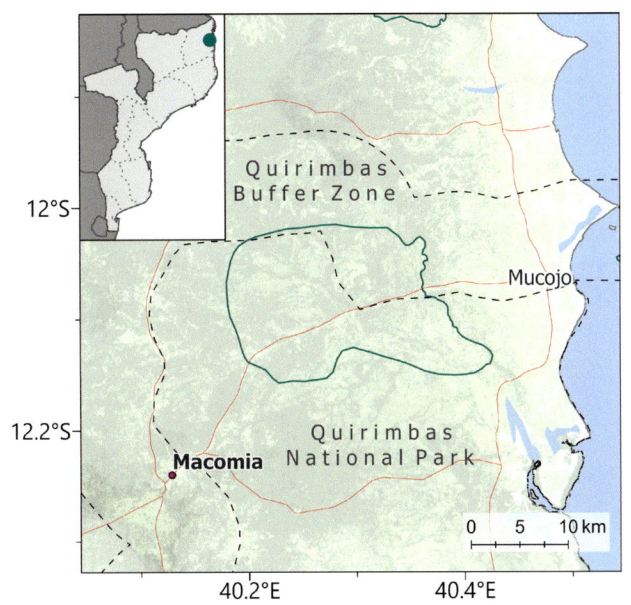
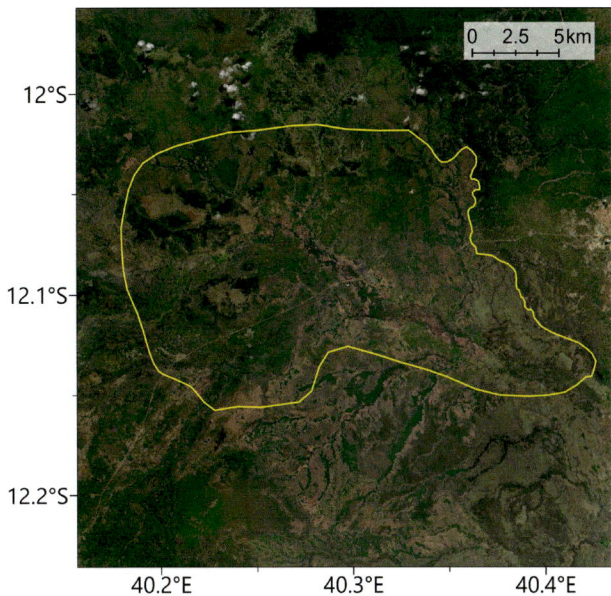

NOME INTERNACIONAL DO LOCAL		Muàgámula River	
NOME LOCAL (CASO DIFERENTE)		Rio Muàgámula	
CÓDIGO DO LOCAL	MOZTIPA027	PROVÍNCIA	Cabo Delgado

LATITUDE	-12.09200	LONGITUDE	40.30420
ALTITUDE MINIMA (m a.s.l.)	15	ALTITUDE MÁXIMA (m a.s.l.)	190
ÁREA (km²)	291	CRITÉRIO IPA	A(i)

Vista sobre o vale Muàgámula (JT)

Oxyanthus strigosus (JEB)

Heinsia mozambicensis (JEB)

Descrição do Local

Esta IPA abrange o amplo vale do Rio Muàgámula e seus afluentes e encostas inferiores adjacentes, aproximadamente 10 – 35 km para o interior da costa do Oceano Índico no Distrito de Macomia da Província de Cabo Delgado. Esta área é referida como as planícies de Mucojo por Timberlake *et al.* (2010). É cortada pela estrada principal de Mucojo a Macomia, que passa por um mosaico de habitats de matas e pradarias de elevado interesse botânico. O local situa-se dentro e na zona tampão do Parque Nacional das Quirimbas. Os limites exactos desta IPA, nomeadamente a norte e a sul, estão actualmente incompletos, uma vez que a exploração botânica deste local, até à data, concentrou-se somente nas imediações da estrada Mucojo-Macomia.

Importância Botânica

Timberlake *et al.* (2014) observam que os variados substratos geológicos e formas de relevo ao longo do amplo vale do rio Muàgámula resultam num rico mosaico de habitats de alta significância de conservação que estão em grande parte intactos e não perturbados. Esta IPA é de importância primordial pelas suas áreas cobertas por matas de *Acacia* em solos calcários ricos em argila, juntamente com as pradarias sazonalmente inundadas ricas em espécies subarbustivas. Estes são habitats invulgares no nordeste de Moçambique que albergam várias espécies de plantas raras e ameaçadas, para as quais a IPA do Rio Muàgámula é um local crítico. De particular interesse são as populações globalmente importantes de *Acacia latispina* (VU), *Duosperma dichotomum* (VU), *Grewia filipes* (EN), *Heinsia* (anteriormente *Pseudomussaenda*) *mozambicensis* (EN), *Tarenna pembensis* (EN) e *Terminalia* (anteriormente *Pteleopsis*) *barbosae* (VU). Este local também contém pequenas áreas de afloramentos de arenito com vegetação lenhosa mais densa, incluindo pequenas manchas de floresta seca em areia que suportam espécies localizadas e ameaçadas, incluindo *Premna schliebenii* (VU) e *Oxyanthus strigosus* (EN). Todas estas espécies são endémicas do proposto Centro de Endemismo de Plantas do Rovuma (Burrows & Timberlake 2011; Darbyshire *et al.* 2019a).

Até à data, apenas uma exploração botânica incompleta foi realizada nesta IPA, e a maior parte ou toda ela concentrou-se ao longo da estrada Mucojo-Macomia, em parte devido a dificuldades de acesso na restante área do local. É necessária uma pesquisa mais exaustiva e detalhada para documentar completamente a diversidade de plantas desta área interessante; é provável que isso resulte na descoberta de mais espécies interessantes e raras dentro desta IPA. Por exemplo, uma espécie potencialmente nova de *Hygrophila* das pradarias edáficas foi observada neste local por Timberlake *et al.* (2014).

Habitat e Geologia

Esta IPA contém um rico mosaico de habitats que são resumidos por Timberlake *et al.* (2014), de onde derivam

Acacia latispina (JEB)

Picos de Acacia latispina (JEB)

as seguintes informações; no entanto, deve-se notar que grande parte da IPA ainda não foi pesquisada.

Afloramentos de marga e calcário do período Cenozóico inferior (Terciário) ocorrem ao longo das encostas mais baixas do vale. Em combinação com as argilas quaternárias, estas dão origem a solos argilosos ricos em calcário que suportam uma mata dominada por *Acacia*. Espécies importantes incluem *Acacia gerradii*, *A. polyacantha* e *A. robusta* subsp. *usambarensis*, juntamente com *Dalbergia melanoxylon* e *Spirostachys africana*. Este habitat, raro no nordeste de Moçambique, também suporta várias espécies raras (ver acima), incluindo *Acacia latispina*. Os cumes de arenito são encontrados em toda a paisagem e estes contêm uma mistura de mata de miombo, dominada por *Julbernardia globiflora* em consociação com *Afzelia quanzensis*, *Berlinia orientalis* e *Diplorhynchus condylocarpon*, e em areias mais profundas, uma mata dominada por *Hymenaea verrucosa*, *Millettia stuhlmannii* e *Terminalia* (anteriormente *Pteleopsis*) *myrtifolia* (Timberlake *et al.* 2014). Algumas manchas pequenas de floresta seca ocorrem dentro dessas matas, mas não estão bem documentadas neste local.

A planície de inundação contém argilas quaternárias pretas ou acinzentadas que suportam uma extensa pradaria arborizada e pradarias abertas, que são inundadas durante a estação chuvosa mas são frequentemente queimadas na estação seca. A árvore dominante é *Acacia seyal*, com arbustos de *Combretum* spp. e o impressionante e comum arbusto endémico moçambicano *Thespesia mossambicensis*. As gramíneas dominantes são *Panicum coloratum* ou, a *Setaria incrassata* em trechos de solo mais pesado. Os canais de rios e córregos, geralmente secos na estação seca prolongada, são ladeados por brenha densa.

O clima é caracterizado por uma estação seca prolongada de Maio a Novembro/Dezembro, com uma única estação chuvosa de Dezembro a Abril; a precipitação anual é de aproximadamente 1.000 – 1.150 mm por ano. Os rios e riachos são principalmente sazonais. As queimadas na estação seca são frequentes em toda a planície de inundação.

Questões de Conservação

Grande parte desta IPA encontra-se na zona selvagem do Parque Nacional das Quirimbas e Reserva da Biosfera da UNESCO, embora a porção nordeste a norte da estrada Mucojo-Macomia esteja dentro da zona tampão do Parque. Este parque foi estabelecido em 2002, inicialmente com o apoio do WWF Moçambique e agências de desenvolvimento francesas e dinamarquesas. No entanto, a gestão activa e a conservação dentro do parque são limitadas devido à insuficiência de recursos, e a IPA do Rio Muàgámula não é considerada bem protegida no momento. Esta situação é agravada pela recente insurgência violenta na Província de Cabo Delgado, que resultou na grande população deslocada do norte de Pemba, e grandes preocupações de segurança em toda a região. Existem agora sérios problemas com a caça furtiva da vida selvagem e a extracção ilegal de madeira na costa de Cabo Delgado. O ecoturismo, que poderia beneficiar-se muito da zona selvagem das Quirimbas, não é viável na actual situação política. Foi observado que a extracção de lenha para carvão e madeira está degradando alguns dos habitats florestais ao longo da estrada Mucojo-Macomia, principalmente visando espécies madeireiras como *Millettia stuhlmannii*. Porém, extensas áreas do habitat neste local permanecem em grande parte intactas.

Uma ameaça significativa surgiu nos meados da década de 2010 com a proposta de construção de uma nova estrada de Mocímboa da Praia a Pemba associada à actividade industrial de petróleo e gás, que deveria atravessar a planície de inundação do Muàgámula. Felizmente, este projecto não prosseguiu, e a ameaça parece ter diminuído. A actividade actual da indústria petrolífera está orientada à extracção em alto mar de gás natural liquefeito (GNL) mais a norte na costa de Cabo Delgado. A IPA do Rio Muàgámula está inserida na extensa Área Chave de Biodiversidade de Quiterajo, tendo sido seleccionada com base na variedade de espécies de plantas ameaçadas e restritas nesta região.

Serviços Ecossistémicos Chaves

Os serviços ecossistémicos fornecidos por esta IPA não estão bem documentados. No entanto, é importante pelo seu habitat e os serviços de apoio à biodiversidade, e são considerados importantes para as populações de grandes mamíferos que podem atrair o ecoturismo logo que a situação política e a infraestrutura melhorem.

Categorias de Serviços Ecossistémicos

- Habitat ou serviços de apoio – Habitats para espécies
- Habitat ou serviços de apoio – Manutenção da diversidade genética
- Serviços Culturais – Turismo

Justificativa da Avaliação da IPA

O vale do Rio Muàgámula qualifica-se como IPA sob o critério A(i) por conter importantes populações de 11 espécies globalmente ameaçadas, quatro das quais são avaliadas como Ameaçadas, e sete como Vulneráveis. É importante notar que este é considerado o local globalmente mais seguro para *Terminalia barbosae* (VU) e é um dos dois únicos locais conhecidos de *Heinsia mozambicensis* (EN) e *Duosperma dichotomum* (VU). Actualmente, estas três espécies, bem como Grewia filipes (EN), apenas estão representadas neste local dentro da rede IPA de Moçambique. O local ainda não se qualifica no critério B, pois contém apenas dez das espécies elegíveis a B(ii) (cerca de 2%), mas com mais estudos é possível que no futuro este local possa atingir o limite de 3%. As pequenas áreas da Floresta Seca Costeira do Rovuma não são consideradas suficientes para despoletar o Critério C(iii), mas são, no entanto, de grande interesse neste local.

O vale Muàgámula antes do início da estação chuvosa (JT)

Espécies Prioritárias (Critérios IPA A e B)

FAMÍLIA	TÁXON	IPA CRITÉRIO A	IPA CRITÉRIO B	≥ 1% DA POPULAÇÃO GLOBAL	≥ 5% DA POPULAÇÃO NACIONAL	É 1 DOS 5 MELHORES LOCAIS NACIONAL	TODA A POPULAÇÃO GLOBAL	ESPÉCIES DE IMPORTÂNCIA SÓCIO-ECONÓMICA	ABUNDÂNCIA NO LOCAL
Acanthaceae	*Duosperma dichotomum*	A(i)	B(ii)	✓	✓	✓			desconhecida
Capparaceae	*Maerua andradae*		B(ii)						comum
Combretaceae	*Combretum caudatisepalum*	A(i)	B(ii)	✓	✓	✓			desconhecida
Combretaceae	*Terminalia barbosae*	A(i)	B(ii)	✓	✓	✓			desconhecida
Fabaceae	*Acacia latispina*	A(i)	B(ii)	✓	✓	✓			ocasional
Fabaceae	*Acacia latistipulata*	A(i)		✓	✓	✓			rara
Fabaceae	*Acacia quiterajoensis*		B(ii)						ocasional
Fabaceae	*Millettia makondensis*	A(i)		✓	✓	✓			desconhecida
Lamiaceae	*Premna schliebenii*	A(i)			✓	✓			desconhecida
Malvaceae	*Grewia filipes*	A(i)		✓	✓	✓			desconhecida
Malvaceae	*Thespesia mossambicensis*		B(ii)						comum
Rubiaceae	*Heinsia mozambicensis*	A(i)	B(ii)	✓	✓	✓			rara
Rubiaceae	*Oxyanthus strigosus*	A(i)	B(ii)	✓	✓	✓			desconhecida
Rubiaceae	*Tarenna pembensis*	A(i)	B(ii)	✓	✓	✓			desconhecida
		A(i): 11 ✓	B(ii): 10						

Habitats Ameaçados (IPA Critério C)

TIPO DE HABITAT	IPA CRITÉRIO C	≥ 5% DO RECURSO NACIONAL	≥ 10% DO RECURSO NACIONAL	É 1 DOS 5 MELHORES LOCAIS NACIONAL	ÁREA ESTIMADA DO LOCAL (SE CONHECIDO)
Floresta Costeira Seca do Rovuma [MOZ-12a]	C(iii)				

Áreas Protegidas e Outras Designações de Conservação

TIPO DE ÁREA DE CONSERVAÇÃO	NOME DA ÁREA DE CONSERVAÇÃO	RELAÇÃO DA IPA COM A ÁREA PROTEGIDA
Parque Nacional	Parque Nacional das Quirimbas	Área protegida/de conservação que engloba a IPA
Reserva da Biosfera da UNESCO	Reserva da Biosfera das Quirimbas	Área protegida/de conservação que engloba a IPA
Área Chave de Biodiversidade	Quiterajo	Área protegida/de conservação que engloba a IPA

Ameaças

AMEAÇA	SEVERIDADE	SITUAÇÃO
Colecta de plantas terrestres	média	ocorrendo – tendência desconhecida
Estradas e ferrovias	alta	passada, provavelmente não voltará

PROVÍNCIA DE CABO DELGADO

ARQUIPÉLAGO DAS QUIRIMBAS

Avaliador: Iain Darbyshire

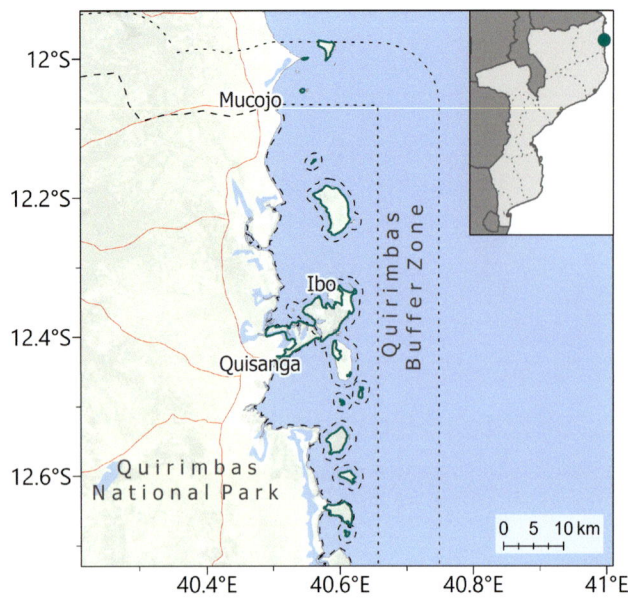
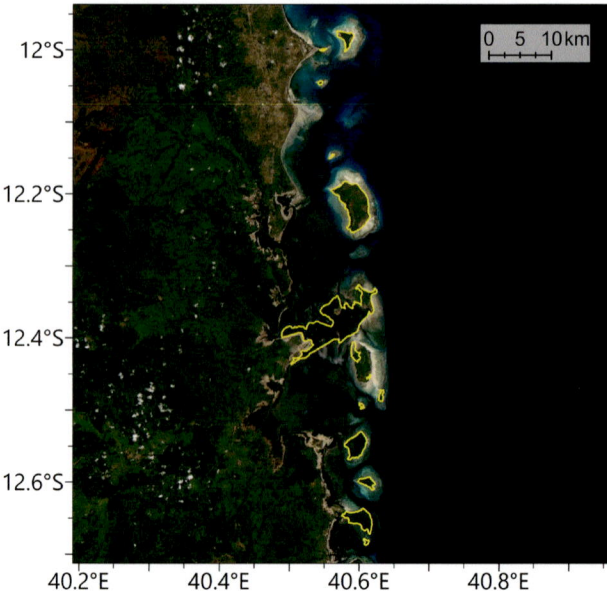

NOME INTERNACIONAL DO LOCAL		Quirimbas Archipelago	
NOME LOCAL (CASO DIFERENTE)		Arquipélago das Quirimbas	
CÓDIGO DO LOCAL	MOZTIPA028	PROVÍNCIA	Cabo Delgado

LATITUDE	-12.35050	LONGITUDE	40.61000
ALTITUDE MINIMA (m a.s.l.)	0	ALTITUDE MÁXIMA (m a.s.l.)	20
ÁREA (km²)	108	CRITÉRIO IPA	A(i)

O lado oeste da Ilha de Mefundvo, olhando para a Península de Lupangua (JT)

Descrição do Local

A IPA Arquipélago das Quirimbas está situada nos Distritos de Ibo, Macomia e Quissanga, na Província de Cabo Delgado, ao longo da costa do Oceano Índico, entre -11,97° e -12,69° de latitude. Compreende as ilhas meridionais do Arquipélago das Quirimbas, com um total de 12 ilhas e ilhéus de rocha coralina total ou parcialmente inclusas na IPA, nomeadamente de norte a sul: Makaloe, Mogundula, Rolas, Matemo, Ibo, Quirimba, Sencar, Quilalea, Mefundvo, Quisive, Situ e Quipaco. Todas estas ilhas estão localizadas dentro do Parque Nacional das Quirimbas (PNQ) e da Reserva da Biosfera da UNESCO, com excepção da Ilha Makaloe que se encontra dentro da zona tampão do PNQ. Algumas das maiores ilhas têm uma longa história de ocupação, incluindo Matemo (a maior das ilhas com cerca de 25 km^2), Ibo e Quirimba. As duas últimas ilhas estão bastante transformadas e, portanto, apenas os habitats mais intactos dessas ilhas estão incluídos no limite da IPA. As grandes florestas de mangais que se estendem a oeste do Ibo em direcção à costa continental perto de Quissanga também estão incluídas no limite da IPA, assim como a Península de Pangane, um afloramento de rocha coralina ligado ao continente a oeste da Ilha de Makaloe. Juntas, estas ilhas e península contêm alguns dos melhores exemplos de brenha sob rocha coralina e mangais em Moçambique e suportam várias espécies escassas e ameaçadas. Várias das ilhas ainda não foram alvo de estudo botânico, mas estão incluídas na IPA, pois suportam a maioria dos mesmos habitats das ilhas que foram exploradas botanicamente.

Importância Botânica

As Quirimbas meridionais são notáveis pela presença de extensas e intactas brenhas sob rocha coralina; estes são particularmente bem desenvolvidos nas ilhas pouco povoadas e desabitadas. Embora a brenha sob rocha coralina seja relativamente extensa ao longo da costa norte de Moçambique, estas ilhas possuem alguns dos melhores exemplos deste tipo de habitat a nível nacional. Estas brenhas contêm várias espécies notáveis. De particular importância, esta IPA provavelmente será o local globalmente mais importante para *Nectaropetalum carvalhoi* (VU), um arbusto ou pequena árvore que se observa facilmente em algumas dessas ilhas (Burrows *et al.* 2018), com registos na Península de Pangane e na Ilha Makaloe no norte da IPA (E. Schmidt, comunicação pessoal 2020). A Ilha do Ibo é o local da *Pavetta mocambicensis* (EN) tipo, aí registada por Manuel Rodrigues de Carvalho no final do século XIX, mas não recolhida das ilhas desde então. Estas ilhas são também o único local conhecido em Moçambique de *Barleria rhynchocarpa* (VU), uma atraente erva ou subarbusto de flores amarelas ou alaranjadas que ocorre preferencialmente em brenhas costeiras, pradarias e vegetação da faixa litoral – o local do espécimen tipo é a Ilha Quirimba ainda que uma colecção, de 1948, da Ilha do Ibo (Pedro & Pedrogão #5046). A presença contínua das duas últimas espécies nesta IPA requer confirmação, mas é provável que ainda estejam presentes dado o extenso habitat adequado que aqui ainda está intacto. Outra espécie rara e endémica de Moçambique digna de nota é a *Ochna angustata* (NT). O levantamento botânico dessas ilhas está incompleto até o momento e a probabilidade de registar mais espécies de interesse de conservação no futuro é alta, pelo que um inventário botânico detalhado deve ser considerado uma alta prioridade para esta IPA.

Barleria rhynchocarpa, fotografada na Tanzania (ID)

Enquanto os mangais são geralmente de baixa diversidade de plantas e a maioria das espécies presentes neste habitat são generalizadas, os mangais nas proximidades de Quissanga são notáveis pela presença do arbusto parasita de mangal *Viscum littorum* (NT). Esta espécie é uma endémica muito localizada do norte de Moçambique, também conhecida apenas nas proximidades de Pemba [MOZTIPA024]. É considerada Quase Ameaçada devido à perda contínua de habitat de mangal na sua pequena área de ocorrência, contudo é provável que seja sub-registada devido ao levantamento botânico limitado até ao momento nestas comunidades de mangal extensas e muitas vezes inacessíveis (Alves et al. 2014a).

Habitat e Geologia

As ilhas e penínsulas ao nível do mar da IPA Arquipélago das Quirimbas são formadas a partir de afloramentos de rocha coralina do Pleistoceno (Carvalho & Bandeira 2003), que suportam solos finos e ricos em areia com áreas frequentes de rocha exposta e acuminada. Algumas das ilhas têm pequenas falésias coralinas de até 8 m de altura. A brenha sob rocha coralina domina a vegetação intacta das ilhas e da Península de Pangane. Esta é uma brenha pequena e densa de 2 a 7 m de altura com uma diversidade bastante baixa de espécies lenhosas. As espécies dominantes neste habitat incluem *Cassipourea mossambicensis*, *Coptosperma littorale*, *Diospyros consolatae*, *Erythroxylum platyclados*, *Euclea* spp., *Mimusops obtusifolia* e *Olax dissitiflora*, entre outras (Burrows et al. 2018). Borghesio & Gagliardi (2015) também anotaram *Commiphora* spp. e *Salvadora persica* como frequentes. As espécies herbáceas são bastante escassas. As margens superiores da praia geralmente têm um conjunto distinto de espécies de brenha com distribuição Indo-Pacífica, como *Colubrina asiatica*, *Pemphis acidula* e *Suriana maritima* (Burrows et al. 2018).

Na área perturbada, ocorre uma brenha mais aberta e pradarias. Embora os solos da rocha coralina sejam geralmente inadequados para a agricultura, alguns cultivos ocorrem em áreas com solos arenosos mais desenvolvidos, e também houve plantio de árvores exóticas, como coqueiros.

Extensas comunidades de mangais são registadas ao longo da costa principalmente no lado ocidental das ilhas, com as vastas florestas de mangais a oeste do Ibo em direcção a Quissanga – o "banco do Ibo" (cerca de 17 km^2) – incluídas no limite da IPA. Comunidades menores de mangal ocorrem ao redor das outras ilhas. Oito espécies de mangal ocorrem aqui, sendo a espécie dominante *Rhizophora mucronata* (Barnes 2001).

As costas orientais das ilhas são tipicamente orladas por recifes de coral, enquanto as costas ocidentais mais protegidas são geralmente orladas por águas rasas com fundos marinhos arenosos e extensas comunidades de ervas marinhas. Um total de 10 espécies de ervas marinhas foram registadas da Baía de Montepuez a oeste da Ilha da Quirimba, com as espécies dominantes incluindo *Thalassia hemprichii* nas áreas entre-marés e *Enhalus acorioides* e *Thalassodendron ciliatum* nas zonas sub-tidais (Bandeira & Gell 2003); nenhuma espécie ameaçada de ervas marinhas foi observada até o momento. As extensas áreas entre-marés também suportam diversas comunidades de macro algas; reconhecimentos recentes da flora de algas marinhas revelaram 27 novos registos em Moçambique, de um total de 101 táxons registados ao redor das ilhas, ocorrendo principalmente em habitats de recifes de coral, mas também entre os leitos de ervas marinhas (Carvalho & Bandeira 2003). De momento estas comunidades marinhas não estão incluídas no limite da IPA, mas podem ser adicionadas no futuro, após seja realizada uma avaliação completa da ameaça destes habitats e das suas espécies de plantas.

O clima é quente durante todo o ano; as temperaturas atingem o pico em Dezembro com uma média alta de 30,4°C, e são mais baixas em Julho, quando a média alta é de 26,7°C no Ibo. A precipitação média anual no Ibo é de 1.047 mm enquanto que em Quissanga é de 1.320 mm; os picos da estação chuvosa de Dezembro a Março, com uma estação seca prolongada de Maio a Novembro. No entanto, a humidade permanece alta ao longo do ano, acima de 70% (climate-data.org).

Questões de Conservação

O Parque Nacional das Quirimbas (PNQ), uma extensa área de cerca de 9.013 km^2 de ambientes marinhos e terrestres, foi estabelecido em 2002 após um processo de consulta com as comunidades locais que reconheceram a necessidade de preservar os recursos naturais dos quais dependem (Harari 2005). Desde o início foi adoptada uma abordagem multi-sectorial, incluindo o governo nacional e provincial, ONGs, investidores privados e comunidades locais. O objectivo do PNQ é equilibrar a conservação da biodiversidade com meios de subsistência locais melhorados, assegurando os recursos naturais úteis e desenvolvendo oportunidades de geração de renda do parque para as comunidades locais, particularmente por meio do ecoturismo. Um plano de gestão foi desenvolvido pelo WWF, apoiado pela Agência Francesa de Desenvolvimento AFD (2002 – 2017), que administrou o parque até 2010, juntamente com o estabelecimento de infraestrutura, treinamento de funcionários do parque e financiamento para projectos comunitários. O local também foi designado como Reserva da Biosfera da UNESCO em 2018.

Grande parte do foco de conservação até o momento tem sido os ricos ambientes marinhos dentro do PNQ, em particular a protecção da pesca contra a sobre-exploração (Harari 2005). As águas costeiras do parque, e os extensos recifes de coral associados, comunidades de ervas marinhas e mangais, fornecem locais de alimentação e/ou nidificação para tartarugas marinhas, dugongos, cetáceos e uma grande diversidade de peixes, muitos dos quais são de importância para a conservação (Harari 2005). As ilhas e suas costas também são de importância internacional para as aves migratórias do Paleártico, apoiando o seu reconhecimento como terras húmidas de importância internacional com base nos critérios de Ramsar (Borghesio & Gagliardi 2011).

Apesar de uma série de projectos terem sido implementados dentro do PNQ, pouco se sabe sobre a sua eficácia em contribuir para a conservação da biodiversidade no parque, em parte devido à falta de dados de base de referência e monitoramento, e muitos projectos não tiveram sucessos em alcançar os resultados desejados ou foram interrompidos prematuramente (Chevallier 2018). Também foi observado que a falta de inventários de muitos grupos de organismos terrestres, dificulta o desenvolvimento de um plano de gestão abrangente para o Parque ou o acesso a financiamento (Harari 2005). A recente insurgência violenta na Província de Cabo Delgado tornou a gestão no terreno mais difícil, bem como interrompeu os fluxos de receitas turísticas para o PNQ.

As ameaças aos ambientes terrestres nas ilhas não são consideradas graves no momento. A maioria dos habitantes das ilhas depende da pesca como principal fonte de subsistência e rendimento. Algumas das ilhas mais acessíveis e habitadas há muito tempo, sofreram transformação do habitat para agricultura de subsistência, embora isso seja limitado pelos solos finos e de baixa fertilidade, e pela falta de água doce disponível (Chevallier 2018). A agricultura é a que mais impacta nas ilhas de Matemo, Ibo e Quirimba,

grande parte da última ilha é excluída da IPA pois extensas áreas estão ocupadas por plantações de coqueiros. Embora haja algum corte de mangais para postes em áreas acessíveis, os mangais dentro do PNQ estão praticamente intactos e estão a registar ganhos líquidos em toda a paisagem das Quirimbas (Shapiro *et al.* 2020).

Uma significativa ameaça futura para as ilhas é a mudança climática, incluindo o aumento do nível do mar e o aumento da frequência de eventos climáticos extremos. As ilhas foram severamente fustigadas pelo ciclone Kenneth em 2019, o ciclone tropical mais severo em Moçambique desde o início dos registos modernos.

Serviços Ecossistémicos chaves

As ilhas suportavam uma população residente de cerca de 9.000 habitantes em 1998, mas este número tem aumentado significativamente pela presença transitória de pescadores, atraídos pelas ricas águas pesqueiras (Harari 2005). O peixe fornece a principal fonte de proteína para os moradores locais; a pesca é realizada principalmente em escala de subsistência e de mercado local devido à falta de acesso a mercados comerciais maiores. Os extensos mangais, comunidades de ervas marinhas e recifes de coral são todas elas áreas importantes para a biodiversidade marinha e sustentam a rica pesca. Os habitats costeiros intactos também são um importante amortecedor para a erosão costeira e eventos climáticos extremos nesta região.

Existe um alto potencial para o ecoturismo sustentável como fonte de receita local e para apoiar o PNQ e a biodiversidade local. Antes da recente insurgência em Cabo Delgado, o turismo da África do Sul e do Zimbábue estava aumentando, com as principais atracções incluindo as praias de areia de coral, actividades de mergulho e snorkeling. Foram estabelecidos hotéis e pousadas em várias das ilhas. A Ilha do Ibo também é de importância histórica, como um importante porto comercial no Oceano Índico até o início do século XX. Há muitas evidências da sua importância dentro do império português, incluindo as fortificações do século XVII na Vila de Ibo, que poderiam atrair o turismo. No entanto, há uma série de desafios para alcançar o potencial turístico deste local. Estes incluem as dificuldades de equilibrar o desenvolvimento do turismo com a conservação da natureza, e a necessidade de melhor envolver as comunidades locais nas actividades de gestão do Parque e dos benefícios económicos resultantes.

Categorias de Serviços Ecossistémicos

- Provisionamento – Alimentos
- Serviços de Regulação – Moderação de eventos extremos
- Serviços de Regulação – Prevenção de erosão e manutenção da fertilidade do solo
- Habitat ou serviços de apoio – Habitats para espécies
- Serviços Culturais – Turismo
- Serviços Culturais – Património cultural

Justificativa da Avaliação da IPA

As Ilhas Quirimbas qualificam-se como IPA segundo o critério A(i) visto conterem uma população globalmente importante de *Nectaropetalum carvalhoi* (VU), e é provável que contenham uma população globalmente importante de *Pavetta mocambicensis* (EN). Estas ilhas são também o único local conhecido em Moçambique da *Barleria rhynchocarpa* (VU) e por isso são de importância nacional para esta espécie.

Espécies Prioritárias (Critérios IPA A e B)

FAMÍLIA	TÁXON	IPA CRITÉRIO A	IPA CRITÉRIO B	≥ 1% DA POPULAÇÃO GLOBAL	≥ 5% DA POPULAÇÃO NACIONAL	É 1 DOS 5 MELHORES LOCAIS NACIONAL	TODA A POPULAÇÃO GLOBAL	ESPÉCIES DE IMPORTÂNCIA SÓCIO-ECONÓMICA	ABUNDÂNCIA NO LOCAL
Acanthaceae	*Barleria rhynchocarpa*	A(i)			✓	✓			desconhecida
Erythroxylaceae	*Nectaropetalum carvalhoi*	A(i)	B(ii)	✓	✓	✓			comum
Ochnaceae	*Ochna angustata*		B(ii)	✓					desconhecida
Rubiaceae	*Pavetta mocambicensis*	A(i)	B(ii)			✓			desconhecida
Santalaceae	*Viscum littorum*		B(ii)	✓	✓	✓			desconhecida
		A(i): 3 ✓	B(ii): 4						

Ilha do Quipaco no Arquipélago das Quirimbas (JT)

Áreas Protegidas e Outras Designações de Conservação

TIPO DE ÁREA DE CONSERVAÇÃO	NOME DA ÁREA DE CONSERVAÇÃO	RELAÇÃO DA IPA COM A ÁREA PROTEGIDA
Parque Nacional	Parque Nacional das Quirimbas	Área protegida/de conservação que engloba a IPA
Reserva da Biosfera da UNESCO	Reserva da Biosfera das Quirimbas	Área protegida/de conservação que engloba a IPA

Ameaças

AMEAÇA	SEVERIDADE	SITUAÇÃO
Áreas de turismo e recreação	média	ocorrendo – tendência desconhecida
Agricultura de pequena escala	desconhecida	ocorrendo – tendência desconhecida
Pesca e colecta de recursos aquáticos	baixa	ocorrendo – tendência desconhecida
Exploração de madeira e colecta de produtos florestais	baixa	ocorrendo – tendência desconhecida

PENÍNSULA DE LUPANGUA

Avaliadores: Iain Darbyshire, Phil Clarke

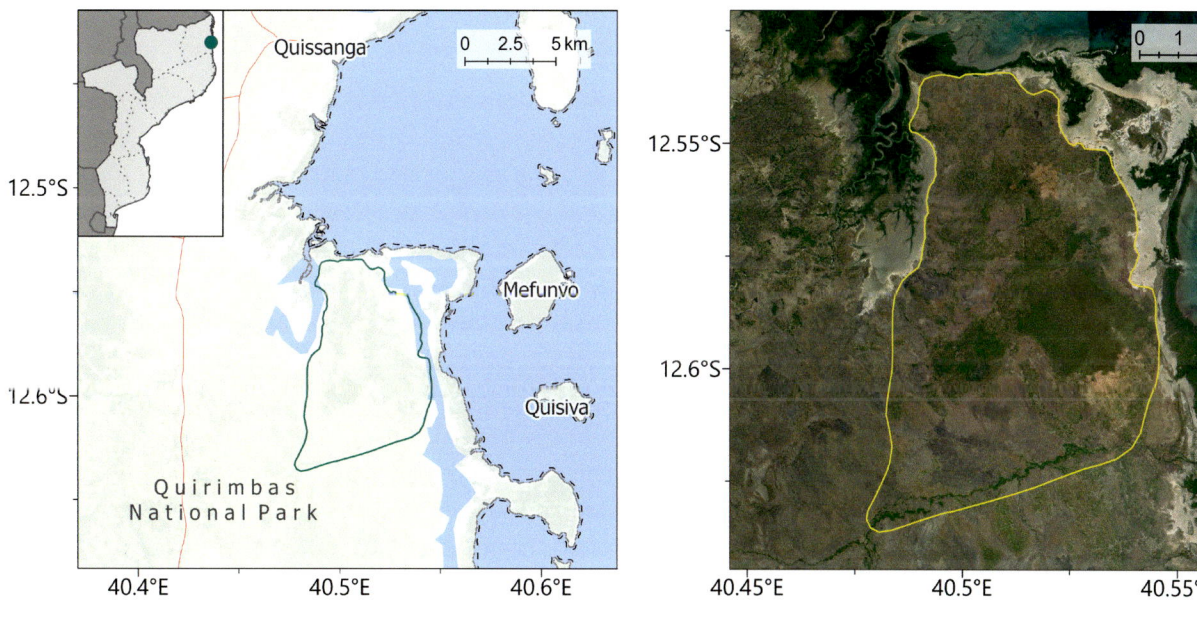

NOME INTERNACIONAL DO LOCAL		Lupangua Peninsula	
NOME LOCAL (CASO DIFERENTE)		Península de Lupangua	
CÓDIGO DO LOCAL	MOZTIPA026	PROVÍNCIA	Cabo Delgado

LATITUDE	-12.57770	LONGITUDE	40.51470
ALTITUDE MINIMA (m a.s.l.)	4	ALTITUDE MÁXIMA (m a.s.l.)	132
ÁREA (km²)	57	CRITÉRIO IPA	A(i), C(iii)

Vista aérea da floresta seca costeira na Península de Lupangua (JT)

Descrição do Local

A IPA Península de Lupangua está localizada na costa do Distrito de Quissanga na Província de Cabo Delgado, nordeste de Moçambique. Encontra-se cerca de 12 km a sul da vila piscatória costeira de Quissanga, perto da vila de Mahate. Este local, com uma área de 57 km², está inserido no Parque Nacional das Quirimbas e é adjacente às ilhas de Mefundvo e Quisive no Arquipélago das Quirimbas. A península compreende planícies costeiras e uma série de colinas baixas, elevando-se até 132 m de altitude na colina de Lupangua, mas com o cume ocidental da península atingindo 80 m de altitude. Contém um exemplo importante de floresta seca costeira do proposto Centro de Endemismo de Plantas do Rovuma (CoE) (Burrows & Timberlake 2011; Darbyshire et al. 2019a).

Importância Botânica

Lupangua é de importância botânica principalmente por ter cerca de 25 km² de floresta seca costeira quase intacta, dominada pela espécie globalmente ameaçada da árvore *Micklethwaitia carvalhoi* (VU), que é endémica de Moçambique (Clarke 2010). A população desta espécie em Lupangua é estimada em mais de 10.000 indivíduos (Burrows *et al.* 2014a), e acredita-se que seja a maior e a mais protegida população global desta espécie (Clarke 2010). Foi nesta base que este local foi destacado como um dos quatro locais de maior prioridade para conservação numa revisão recente das florestas secas costeiras de Cabo Delgado (Timberlake *et al.* 2010). É uma das poucas áreas de floresta seca remanescentes de tamanho considerável dentro do CoE do Rovuma proposto. Este local aparentemente não havia sido explorado por biólogos antes de uma pesquisa de reconhecimento por uma pequena equipe em novembro de 2009. Além de descobrir a importante população de *Micklethwaitia*, este levantamento rápido com enfoque na cordilheira ocidental também encontrou o primeiro local conhecido em Moçambique e no mundo de *Hildegardia migeodii* (já que também foi encontrado na Baía de Pemba), em perigo, e uma população de *Premna schliebenii* (VU). Outras descobertas interessantes incluíram uma potencial nova espécie de *Erythrina*, que requer mais investigação, e a segunda população moçambicana conhecida de *Kabuyea hastifolia*, um género monotípico endémico da África Oriental (Clarke 2010). O inventário botânico deste local é bastante incompleto e é provável que outras espécies de alta preocupação de conservação sejam descobertas após levantamentos mais exaustivos. Uma lista provisória de espécies, compreendendo apenas 28 táxons, é fornecida por Clarke (2010).

Habitat e Geologia

Clarke (2010) faz uma avaliação preliminar dos principais tipos de vegetação deste local. A península é cercada ao norte, oeste e leste por extensos mangais e salinas adjacentes; estes não estão incluídos na IPA. Acima das salinas, as áreas costeiras baixas suportam uma mata costeira dominada por *Terminalia sambesiaca* (que é comum em todos os habitats do local), *Acacia nigrescens* e *A. robusta* subsp. *usambarensis*; algumas das matas e pradarias arborizadas na península parecem ser de natureza secundária. Mais para o interior e encosta acima, existem áreas de matagal com uma cobertura de copa quebrada em cerca de 8 m, e uma cobertura inferior mais completa de cerca de 3 – 4 m, com uma composição mista de espécies incluindo *Dobera loranthifolia*, *Manilkara mochisia* e *Monodora junodii*. Nas cristas e topos das colinas existem grandes áreas de floresta seca costeira dominada por *Micklethwaitia*, tipicamente com uma cobertura de copa de cerca de 8 m; a espécie *Monodora junodii* é co-dominante com *Micklethwaitia* na camada inferior. As árvores emergentes ocasionais, incluindo *Adansonia digitata*, são observadas em partes da península. Este tipo de floresta também se estende até ao mar em ravinas íngremes que são protegidas do fogo.

Os solos nas partes pesquisadas da península são argilas pesadas com numerosas rochas calcárias intercaladas, que também são abundantemente espalhadas na superfície do solo. A floresta *Micklethwaitia* privilegia solos bem drenados (Clarke 2010). A precipitação média anual nas proximidades de Quissanga é de 1.320 mm por ano, sendo a principal estação chuvosa de Dezembro a Abril, com uma estação seca prolongada entre Maio e Novembro (climate-data.org).

Questões de Conservação

Toda a Península de Lupangua está contida no Parque Nacional das Quirimbas e na Reserva da Biosfera da UNESCO, mas de momento carece de uma gestão activa de conservação do local. A população humana é actualmente pequena e a península não é de fácil acesso, pois não é servida por estradas de qualidade. Alguns pequenos assentamentos de pesca não permanentes são encontrados na costa, e uma grande vila está localizada a sudeste do principal bloco florestal (Clarke 2010). Em imagens de satélite recentes (Google Earth 2021) é visível alguma expansão notável da actividade agrícola que, após 2003, invadiram a floresta no nordeste e, em particular, no sudeste do local. No entanto, os solos nas colinas são finos e rochosos e, portanto, improváveis de terem valor agrícola. Uma única linha de corte que corre de norte a sul ao longo da península também é claramente visível nas imagens satélite, e provavelmente remonta à exploração de petróleo no início dos anos 1980 (Clarke 2010). A *Micklethwaitia* é usada aqui como fonte de postes para construção, pois a sua madeira é dura e resistente a térmites. No entanto, esta espécie rebrota bem, e o levantamento de 2009 encontrou evidências de que ela se regenera a partir da toiça (Clarke 2010; Burrows *et al.* 2018). O fogo é uma ameaça mais significativa ao qual esta espécie parece ter muito pouca resistência. As queimadas são provocadas deliberadamente pelos humanos, principalmente para controlar animais selvagens (Clarke 2010). A Península de Lupangua está inclusa na Área Chave de Biodiversidade de Quiterajo (WCS *et al.* 2021).

Hildegardia migeodii (TR)

Plântulas de *Micklethwaitia carvalhoi* (PC)

Interior da floresta de *Micklethwaitia carvalhoi* (PC)

Serviços Ecossistémicos chaves

O local é principalmente de importância pelo habitat e serviços de apoio à biodiversidade. É também uma importante fonte local de materiais para as comunidades locais, principalmente como fonte de madeira. O potencial turístico neste local é baixo devido à sua inacessibilidade, e seria favorável mantê-lo como tal, pois qualquer melhoria no acesso pode levar a perdas aceleradas de floresta.

Categorias de Serviços Ecossistémicos

- Provisionamento – Matérias-primas
- Habitat ou serviços de apoio – Habitats para espécies
- Habitat ou serviços de apoio – Manutenção da diversidade genética

Justificativa da Avaliação da IPA

A Península de Lupangua qualifica-se como Área Importante de Plantas segundo o critério A(i), pois contém populações importantes de uma espécie Ameaçada, *Hildegardia migeodii*, e duas espécies Vulneráveis, *Micklethwaitia carvalhoi* e *Premna schliebenii*. Acredita-se que seja globalmente o local mais importante para *Micklethwaitia* e, portanto, também se qualifica no critério C(iii) por conter mais de 10% do recurso nacional da Floresta Seca Costeira do Rovuma dominada pela *Micklethwaitia*. É bastante provável que este local, pouco explorado, contenha outras espécies globalmente ameaçadas e/ou com distribuição restrita.

Espécies Prioritárias (Critérios IPA A e B)

FAMÍLIA	TÁXON	IPA CRITÉRIO A	IPA CRITÉRIO B	≥ 1% DA POPULAÇÃO GLOBAL	≥ 5% DA POPULAÇÃO NACIONAL	É 1 DOS 5 MELHORES LOCAIS NACIONAL	TODA A POPULAÇÃO GLOBAL	ESPÉCIES DE IMPORTÂNCIA SÓCIO-ECONÓMICA	ABUNDÂNCIA NO LOCAL
Fabaceae	*Micklethwaitia carvalhoi*	A(i)	B(ii)	✓	✓	✓		✓	abundante
Lamiaceae	*Premna schliebenii*	A(i)			✓	✓			desconhecida
Malvaceae	*Hildegardia migeodii*	A(i)		✓	✓	✓			ocasional
		A(i): 3 ✓	B(ii): 1						

Habitats Ameaçados (IPA Critério C)

TIPO DE HABITAT	IPA CRITÉRIO C	≥ 5% DO RECURSO NACIONAL	≥ 10% DO RECURSO NACIONAL	É 1 DOS 5 MELHORES LOCAIS NACIONAL	ÁREA ESTIMADA DO LOCAL (SE CONHECIDO)
Floresta Costeira Seca de *Micklethwaitia* do Rovuma [MOZ-12b]	C(iii)		✓	✓	25

Áreas Protegidas e Outras Designações de Conservação

TIPO DE ÁREA DE CONSERVAÇÃO	NOME DA ÁREA DE CONSERVAÇÃO	RELAÇÃO DA IPA COM A ÁREA PROTEGIDA
Parque Nacional	Parque Nacional das Quirimbas	Área protegida/de conservação que engloba a IPA
Reserva da Biosfera da UNESCO	Reserva da Biosfera das Quirimbas	Área protegida/de conservação que engloba a IPA
Área Chave de Biodiversidade	Quiterajo	Área protegida/de conservação que engloba a IPA

Ameaças

AMEAÇA	SEVERIDADE	SITUAÇÃO
Agricultura de pequena escala	baixa	ocorrendo – tendência crescente
Colecta de plantas terrestres	baixa	ocorrendo – tendência desconhecida
Aumento da frequência/intensidade de queimadas	baixa	ocorrendo – tendência desconhecida

INSELBERGUES DAS QUIRIMBAS

Avaliadores: Iain Darbyshire, Marcelino Inácio Caravela

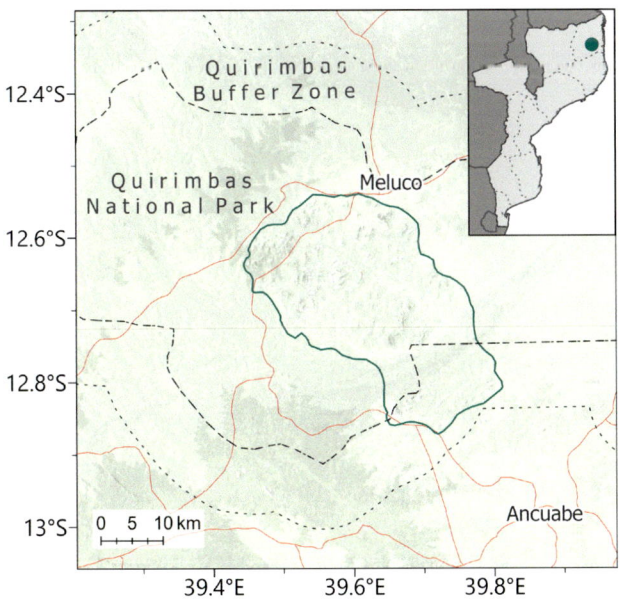
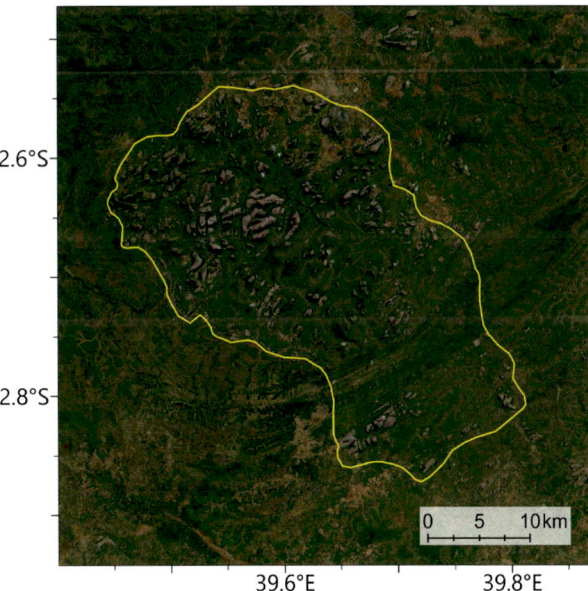

NOME INTERNACIONAL DO LOCAL		Quirimbas Inselbergs	
NOME LOCAL (CASO DIFERENTE)		Inselbergues das Quirimbas	
CÓDIGO DO LOCAL	MOZTIPA022	PROVÍNCIA	Cabo Delgado

LATITUDE	-12.81450	LONGITUDE	39.69280
ALTITUDE MINIMA (m a.s.l.)	215	ALTITUDE MÁXIMA (m a.s.l.)	766
ÁREA (km²)	812	CRITÉRIO IPA	A(i)

Descrição do Local

Esta IPA engloba uma extensa série de impressionantes inselbergues gnáissicos nos Distritos de Ancuabe e Meluco da Província de Cabo Delgado, no nordeste de Moçambique. Esta área fica a cerca de 100 km para o interior da costa do Oceano Índico e da cidade portuária de Pemba, e está inserida no Parque Nacional das Quirimbas que foi criado em 2002, cuja parte interior deste parque foi estabelecida especificamente para proteger estes inselbergues. Os inselbergues melhor pesquisados estão em Taratibu, no sul da IPA, aproximadamente 25 km a noroeste da vila de Ancuabe. Taratibu e os picos vizinhos na porção sul desta IPA estão separados da maior concentração de inselbergues a norte pelo rio Montepuez, que flui E e NE através da IPA. A parte norte da IPA fica ao lado da estrada E525 que passa pela pequena vila de Meluco; a vila e as terras agrícolas vizinhas estão excluídas da IPA.

Importância Botânica

Este local é importante pelas suas extensas áreas de flora xerófita de inselbergue, e por importantes áreas intactas de floresta semi-decídua das terras baixas. Não obstante o inventário botânico destes habitats esteja longe de estar completo, esta IPA é conhecida por conter importantes populações de espécies raras e ameaçadas. É a única localização global para o arbusto suculento *Euphorbia unicornis* (EN), que é conhecido apenas dos inselbergues nas proximidades de Meluco. É um dos dois únicos locais conhecidos para o arbusto endémico de Moçambique *Rytigynia torrei*

Vista dos Inselbergues das Quirimbas a partir do norte de Tarabitu (JEB)

Pouteria pseudoracemosa (TP)

Flora litofítica em Taratibu (MIC)

(EN) e o único local conhecido em Moçambique para a impressionante árvore do estrato superior de floresta *Pouteria pseudoracemosa* (VU) que é por outro lado rara e dispersa nas florestas costeiras da Tanzânia e sudeste do Quénia. Também possui uma população selvagem de café do Ibo, *Coffea zanguebariae* (VU). Outras espécies notáveis incluem o arbusto suculento endémico moçambicano *Euphorbia corniculata* (LC), que é um elemento comum da flora litofítica, e as impressionantes espécies quase endémicas *Euphorbia* (anteriormente *Monadenium*) *torrei* e *Aloe mawii* (LC). Até agora, apenas uma pequena área desta IPA ao redor dos inselbergues da Concessão Taratibu, de propriedade privada, foi alvo de estudo botânico e, com excepção de *Euphorbia unicornis*, a maioria das espécies acima mencionadas são actualmente conhecidas apenas desta área, embora seja provável que todas elas ocorram também nos inselbergues a norte do rio Montepuez.

Um inventário botânico mais completo desta IPA é extremamente necessário, e a probabilidade de novas descobertas de espécies raras, ameaçadas e novas é muito alta neste local. Uma rápida pesquisa em Taratibu no início de 2017, principalmente para investigar a população de *Pouteria pseudoracemosa*, levou à descoberta de uma nova espécie arbustiva de *Pavetta*, Pavetta sp. J de Burrows *et al.* (2018), uma espécie nova muito distinta de *Asparagus* ("*Asparagus procerus*" S.M.Burrows & J.E.Burrows, ms.) e uma espécie arbórea incomum de Euphorbiaceae que é desconhecida e ainda não colocada no género (J.E. Burrows, observação pessoal). Esta última espécie também foi registada num inselbergue próximo a Nampula cerca de 250 quilómetros a sul.

Habitat e Geologia

Os inselbergues gnáissicos são de idade Paleoproterozóica a Neoproterozóica. Eles variam muito em tamanho, mas atingem um máximo de mais de 700 m a.s.l. A região tem um clima seco a sub-húmido, com uma precipitação média anual de 800 – 1.200 mm, com uma curta estação chuvosa principalmente de Dezembro a Março e uma prolongada estação seca intermediária.

A flora xerofítica das faces rochosas e fendas é dominada por *Xerophyta pseudopinifolia* e *X. suaveolens*, juntamente com uma variedade de espécies suculentas, incluindo várias *Aloe* e *Euphorbia* spp. Outras plantas sobre rochas, incluindo *Myrothamnus flabellifolius* e *Strophanthus hypoleucos*, também são comuns. Foram observadas algumas áreas de infiltração sazonal com solos turfosos, mas ainda não foram pesquisadas quanto à sua diversidade de plantas. A flora nestas encostas é principalmente herbácea e arbustiva, mas com ocorrência de árvores dispersas de *Brachystegia* e *Ficus* spp.

A vegetação da Concessão Taratibu, com foco na porção sudoeste da reserva nas proximidades dos inselbergues, foi recentemente caracterizada por Joaquim (2019) que documentou cinco tipos de vegetação: (1) floresta ribeirinha mista com ocorrência frequente de *Ancylobotrys petersiana*, *Pseudobersama mossambicensis* e *Rawsonia lucida*; (2) uma floresta seca semi-fechada / brenha de *Oxytenanthera abyssinica* e *Millettia stuhlmannii*; (3) habitat xerofítico de inselbergue com abundância de *Xerophyta* e *Euphorbia*; (4) floresta de miombo dominada por *Julbernardia globiflora*, com *Brachystegia spiciformis* e *Diplorhynchus condylocarpon* entre outras espécies de miombo; e (5) floresta semi-decídua sazonalmente húmida fechada com grandes árvores de *Pouteria pseudoracemosa* e *Parkia filicoidea*, juntamente com uma consociação mista de árvores e arbustos incluindo *Englerophytum natalense*, *Rawsonia lucida* e *Rinorea arborea*.

Com base numa revisão de imagens satélite, acredita-se que habitats semelhantes a estes ocorram em toda a IPA, incluindo algumas áreas extensas de floresta intacta entre os inselbergues mais remotos a norte do rio Montepuez. Grande parte da planície é ocupada por matas de miombo de densidade variável. A floresta semi-decídua e brenha parecem estar em grande parte confinadas no sopé dos inselbergues, sendo particularmente bem desenvolvidos nas principais ravinas e áreas abrigadas. A floresta ribeirinha está melhor desenvolvida ao longo do rio Montepuez e dos afluentes, sendo assim digna de ser mais explorada botânicamente.

Questões de Conservação

A grande maioria da IPA situa-se na extensão ocidental do Parque Nacional das Quirimbas (PNQ), apesar de os inselbergues mais a norte e mais a sul estejam fora dos limites do parque, mas dentro da zona tampão do parque. O PNQ foi criado em 2002, para proteger principalmente uma região de floresta costeira, mangais e recifes de coral, incluindo as 11 ilhas do sul do Arquipélago das Quirimbas, porém uma grande extensão para o interior foi incluída no local oficial, principalmente para proteger os inselbergues. A conservação e gestão activa no PNQ são, no presente, muito limitadas. Embora Taratibu localize-se dentro do limite do PNQ, é administrado como uma concessão privada de ecoturismo. A caça furtiva da fauna é um grande problema neste local o que levou à dizimação da população local de elefantes, com consequências em mudanças ecológicas significativas. No entanto, a vegetação no interior e em torno dos inselbergues maiores parece estar praticamente intacta, e a população humana é baixa em grande parte da porção central e sul da IPA.

Os inselbergues nas proximidades de Meluco e a estrada nacional E525 no norte do local parecem nas imagens do Google Earth (2021) estarem mais fortemente impactados, com a maior parte da vegetação lenhosa parecendo ter sido removida pela agricultura intensiva nas planícies ao redor dos picos, e com a limpeza das áreas auxiliada pela queima frequente. Noutros lugares, a mata de miombo em particular, está sendo cortada para terras agrícolas e como fonte de lenha, e algumas das florestas

Euphorbia unicornis (TR)

Strophanthus hypoleucos (ID)

de planície podem ser vulneráveis à extracção de madeira devido à relativa facilidade de acesso. É provável que a pressão populacional aumente nesta IPA: os distritos de Ancuabe e Meluco registaram aumentos populacionais superiores a 80% e 50%, respectivamente, entre 1997 e 2017 (Instituto Nacional de Estatística de Moçambique 2021).

A porção Taratibu desta IPA está incluída na rede de Áreas Chave de Biodiversidade, por conter uma rã endémica, a "Quirimbas Mongrel Frog" (*Nothophryne unilurio*, CR) e a população de *Rytigynia torrei*. Esta IPA poderia também ser qualificada como um local da "Alliance for Zero Extinction", uma vez que contém todas as populações globais conhecidas das espécies de rã e de *Euphorbia unicornis*.

Serviços Ecossistémicos Chaves

A Reserva Taratibu e o acampamento foram administrados como um local eco-turístico tendo como atracções principais safaris a pé da vida selvagem, escaladas a rochas e paisagens deslumbrantes, e foram estabelecidas várias trilhas para caminhadas (Paula *et al.* 2015). No entanto, o número de turistas no acampamento diminuiu drásticamente devido ao aumento da caça furtiva de elefantes, que praticamente acabou com a população de elefantes, além de causar preocupações de segurança, pois os caçadores furtivos estão fortemente armados (WWF 2016). A vegetação intacta protege os solos finos sobre os afloramentos rochosos da erosão excessiva e fornece habitat importante e serviços de apoio para uma gama de biodiversidade.

Categorias de Serviços Ecossistémicos

- Serviços de Regulação – Prevenção de erosão e manutenção da fertilidade do solo
- Habitat ou serviços de apoio – Habitats para espécies
- Habitat ou serviços de apoio – Manutenção da diversidade genética
- Serviços Culturais – Recreação e saúde mental e física
- Serviços Culturais – Turismo

Justificativa da Avaliação da IPA

Os Inselbergues das Quirimbas qualificam-se como Área Importante de Plantas no critério A(i) visto conter populações importantes de seis espécies globalmente Ameaçadas: *Euphorbia unicornis* (EN), *Rytigynia torrei* (EN), *Englerina triplinervia* (VU), *Pouteria pseudoracemosa* (VU), *Strophanthus hypoleucos* (VU) e *Coffea zanguebariae* (VU). Destas, o local contém toda a população global conhecida de *Euphorbia unicornis*, e é o único local conhecido em Moçambique de *Pouteria pseudoracemosa*. Após levantamentos botânicos mais completos espera-se que outras espécies ameaçadas e restritas sejam encontradas nesses inselbergues e em seus habitats ricos e variados.

Inselbergues na reserva de Taratibu (JEB)

Floresta húmida das terras baixas em Taratibu (JEB)

Espécies Prioritárias (Critérios IPA A e B)

FAMÍLIA	TÁXON	IPA CRITÉRIO A	IPA CRITÉRIO B	≥ 1% DA POPULAÇÃO GLOBAL	≥ 5% DA POPULAÇÃO NACIONAL	É 1 DOS 5 MELHORES LOCAIS NACIONAL	TODA A POPULAÇÃO GLOBAL	ESPÉCIES DE IMPORTÂNCIA SÓCIO-ECONÓMICA	ABUNDÂNCIA NO LOCAL
Apocynaceae	*Strophanthus hypoleucos*	A(i)		✓	✓	✓			frequente
Euphorbiaceae	*Euphorbia corniculata*		B(ii)						desconhecida
Euphorbiaceae	*Euphorbia unicornis*	A(i)	B(ii)	✓	✓	✓	✓		rara
Loranthaceae	*Englerina triplinervia*	A(i)			✓	✓			desconhecida
Rubiaceae	*Coffea zanguebariae*	A(i)		✓	✓	✓		✓	ocasional
Rubiaceae	*Rytigynia torrei*	A(i)	B(ii)	✓	✓	✓			ocasional
Sapotaceae	*Pouteria pseudoracemosa*	A(i)		✓	✓	✓			frequente
		A(i): 6 ✓	B(iii): 3						

Áreas Protegidas e Outras Designações de Conservação

TIPO DE ÁREA DE CONSERVAÇÃO	NOME DA ÁREA DE CONSERVAÇÃO	RELAÇÃO DA IPA COM A ÁREA PROTEGIDA
Parque Nacional	Parque Nacional das Quirimbas	Área protegida/de conservação que engloba a IPA
Reserva natural privada	Reserva de Taratibu	Área protegida/de conservação que engloba a IPA
Reserva da Biosfera da UNESCO	Reserva da Biosfera das Quirimbas	Área protegida/de conservação que engloba a IPA
Área Chave de Biodiversidade	Taratibu	Área protegida/de conservação que engloba a IPA

Ameaças

AMEAÇA	SEVERIDADE	SITUAÇÃO
Agricultura de pequena escala	baixa	ocorrendo – tendência desconhecida
Caça e colecta de animais terrestres	alta	ocorrendo – tendência desconhecida
Aumento da frequência/intensidade de queimadas	desconhecida	ocorrendo – tendência desconhecida

PEMBA

Avaliadores: Iain Darbyshire, Marcelino Inácio Caravela

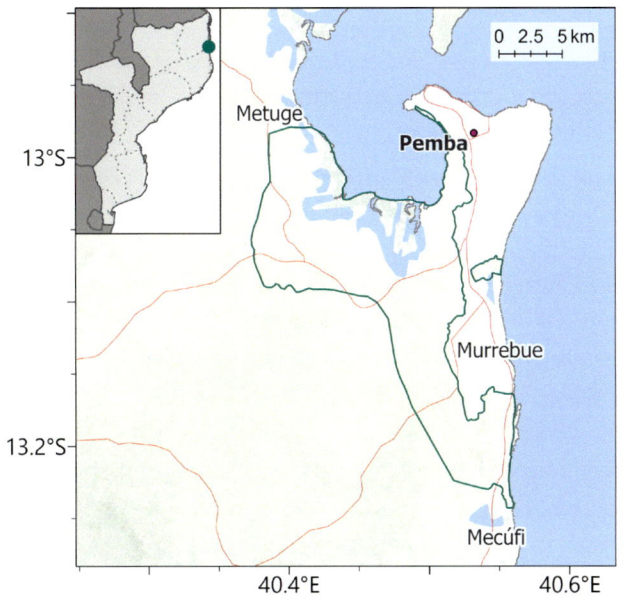
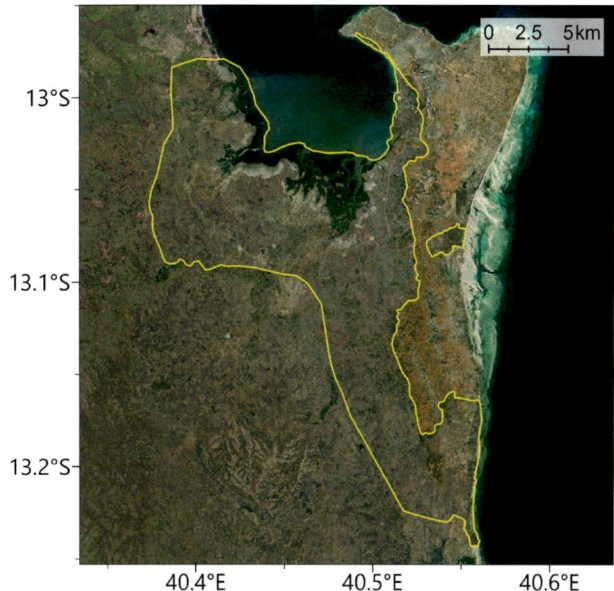

NOME INTERNACIONAL DO LOCAL		Pemba	
NOME LOCAL (CASO DIFERENTE)		–	
CÓDIGO DO LOCAL	MOZTIPA024	PROVÍNCIA	Cabo Delgado

LATITUDE	-13.09145	LONGITUDE	40.48880
ALTITUDE MINIMA (m a.s.l.)	0	ALTITUDE MÁXIMA (m a.s.l.)	148
ÁREA (km²)	231	CRITÉRIO IPA	A(i)

Descrição do Local

A IPA Pemba está localizada nos Distritos de Pemba, Metuge e Mecúfi na Província de Cabo Delgado. Compreende as planícies costeiras da Baía de Pemba a partir de Metuge para sul, partes da Península de Pemba – excluindo as áreas urbanas e residenciais da cidade portuária de Pemba, capital da Província de Cabo Delgado, e aldeias associadas – e estende-se ao longo da costa do Oceano Índico a sul em direcção à vila de Mecúfi. O local contém um mosaico de habitats costeiros terrestres, muitos dos quais estão fortemente transformados, mas com alguma vegetação intacta remanescente. Inclui também extensos mangais na Baía de Pemba. Embora delimitado em grande parte como uma única unidade, com uma área de cerca de 231 km², apenas manchas pequenas e isoladas desta área ainda são de alto valor botânico. De momento o limite interior desta IPA é ambíguo e pode ser alterado no futuro.

Importância Botânica

Ainda que grande parte desta IPA esteja fortemente degradada e com grandes extensões da vegetação original actualmente perdida, ainda contém várias espécies de plantas raras e ameaçadas em fragmentos originais da vegetação costeira do proposto Centro de Endemismo de Plantas do Rovuma (Burrows & Timberlake 2011 ; Darbyshire et al. 2019a). De importância primordial, este local contém toda a população global conhecida de Eriolaena rulkensii (EN), o único membro da África continental deste género predominantemente asiático. Este é um atraente arbusto ou pequena árvore de flores amarelas que ocorre em argila pesada sobre rocha coralina na vegetação arbustiva e florestas costeiras, às vezes na margem superior das comunidades de mangal (Dorr & Wurdack 2018; Darbyshire et al. 2019c). Esta espécie ocorre no lado oeste (baía) da Península de

Pemba e em manchas florestais remanescentes ao sul da península em direcção a Mecúfi. Esta última área também é importante para a árvore rara e endémica *Acacia latispina* (VU) que cresce em florestas abertas tanto em argilas escuras quanto em solos de cascalho e seixos imediatamente atrás das dunas costeiras. O habitat para a população entre Pemba e Mecúfi está severamente degradado devido à extracção de madeira e sobre-pastoreio pelo gado, embora esta espécie seja capaz de resistir a perturbações moderadas do habitat (Burrows *et al.* 2014b). Este é o terceiro local moçambicano conhecido da árvore globalmente ameaçada *Hildegardia migeodii* (EN) descoberta em 2012 na Península de Pemba.

Esta IPA também contém algumas pequenas populações de árvores endémicas moçambicanas do género *Micklethwaitia carvalhoi* (VU); estas sofreram o impacto causado pelo corte de lenha, mas como esta espécie tem uma boa capacidade de rebrotar da toiça, pode tulerar a pressão de colheita intensiva (Burrows *et al.* 2014a).

A Baía de Pemba contém uma importante população do parasita dos mangais *Viscum littorum* (NT) que aqui cresce tanto em *Sonneratia alba* como em *Ceriops tagal*; esta espécie é endémica do norte de Moçambique.

No total, 11 espécies globalmente ameaçadas foram registadas na IPA Pemba, ainda que a viabilidade continuada de algumas dessas populações necessite de confirmação. A Península de Pemba é um dos dois únicos locais historicamente conhecidos para a marcante erva *Justicia niassensis* (EN), que foi registada junto ao farol da Ponta da Maringanha. No entanto, o registo neste local é de 1960, portanto, a sua presença contínua na península requer confirmação devido ao considerável desenvolvimento ocorrido desde esse tempo; a área em que esta colecção histórica foi feita não está inclusa dentro do limite da IPA, mas espera-se que no futuro esta espécie excepcional possa ser encontrada em outros lugares dentro da IPA.

Habitat e Geologia

A área suporta um mosaico de habitats com muitas terras agrícolas e assentamentos. Afastado da costa, da Península de Pemba e continuando para sul para além de Murrébue, o terreno eleva-se rápidamente até uma crista baixa e plana a 150 m de altitude, compreendendo arenitos ricos em ferro da Formação Mikindani de origem neogénica média (cerca de 10 – 15 milhões de anos). Esta rocha dá origem a um solo vermelho bem drenado de areia grossa. Noutras partes de Cabo Delgado, estes arenitos de Mikindani contêm áreas importantes de floresta seca (Timberlake *et al.* 2010), mas toda esta área está agora muito transformada e sem áreas de floresta remanescentes. Wild & Barbosa (1968) indicam no seu mapa de vegetação que isto poderá uma vez ter sustentado a brenha de *Guibourtia schliebenii* (unidade de mapeamento 14), mas nada disto permanece no terreno. Em outros lugares, a IPA é dominada por depósitos quaternários mais recentes, incluindo dunas litorais e depósitos aluviais recentes. Áreas de solos argilosos pesados são encontradas, tanto ao redor da Baía de Pemba como nas planícies costeiras entre Murrébue e Mecúfi, e estas suportam uma mata aberta dominada por *Acacia*. Existem também áreas elevadas de rocha coralina que suportam uma vegetação de brenha. O lado sul da Baía de Pemba suporta extensas comunidades de mangais que estão incluídas na IPA.

Frutos de *Hildegardia migeodii* (TR)

Eriolaena rulkensii (TR)

O litoral aqui tem um clima tropical húmido muito sazonal, com a estação chuvosa de Dezembro a Abril, geralmente com pico em Março, e com uma estação seca prolongada de Maio a Novembro. A precipitação anual é de cerca de 870 mm em Pemba.

Questões de Conservação

Esta IPA está actualmente desprotegida. As ameaças são consideráveis e variadas, onde grandes áreas já foram fortemente degradadas ou transformadas. A Península de Pemba é afectada pela contínua expansão da cidade e porto de Pemba. A população desta cidade é actualmente acima de 200.000 habitantes, tendo duplicado nos últimos 20 anos. Novos incrementos da população, pelo menos a curto prazo, são resultado de populações do norte deslocadas devido à recente insurgência violenta. Longe das áreas urbanas, o maior impacto provém da actividade agrícola com extensas áreas dedicadas ao cultivo e, principalmente em áreas de solos argilosos, alta pressão de pastoreio. A vegetação lenhosa também é severamente perturbada pela extracção de carvão e pela construção. A vegetação da orla costeira está sendo afectada pelo turismo de praia; isto é no momento particularmente prevalente na Península de Pemba, mas também é uma ameaça no litoral menos urbanizado a sul de Murrubue em direcção a Mecúfi (Darbyshire et al. 2019c). Vôos regulares chegam agora a Pemba vindos de Maputo e da África do Sul, atendendo turistas ricos. As questões de segurança associadas à insurgência a norte estão impactando o turismo a curto prazo, mas é provável que seja apenas um facto temporário.

Há uma necessidade urgente de delimitar e proteger as áreas remanescentes de vegetação natural e as populações sobreviventes das espécies prioritárias de conservação dentro desta IPA. Um possível canal de apoio pode ser através da Universidade Lúrio que tem um campus em Pemba, com um interesse activo na biodiversidade e conservação.

A IPA Pemba qualificar-se-ia como um local da "Alliance for Zero Extinction" (AZE) com base na *Eriolaena rulkensii*. Actualmente, não está incluída na rede de Áreas Chave de Biodiversidade (KBA) de Moçambique.

Serviços Ecossistémicos Chaves

Os restantes habitats selvagens na IPA de Pemba fornecem uma série de importantes serviços ecossistémicos. Os extensos mangais da Baía de Pemba são particularmente importantes para a prevenção da erosão costeira, fornecimento de materiais para construção e lenha e fornecimento de habitat para pesca produtiva. As matas e matagais fornecem uma variedade de serviços de abastecimento, incluindo colecta de materiais de construção e frutas silvestres. Os habitats selvagens vizinhos às áreas agrícolas também fornecem um habitat importante aos polinizadores das culturas e à apicultura. Finalmente, os habitats naturais, como dunas e mangais, contribuem para o apelo turístico desta área.

Categorias de Serviços Ecossistémicos

- Provisionamento – Alimentos
- Provisionamento – Matérias-primas
- Serviços de Regulação – Moderação de eventos extremos
- Serviços de Regulação – Prevenção de erosão e manutenção da fertilidade do solo
- Serviços de Regulação – Polinização
- Habitat ou serviços de apoio – Habitats para espécies
- Habitat ou serviços de apoio – Manutenção da diversidade genética
- Serviços Culturais – Recreação e saúde mental e física
- Serviços Culturais – Turismo

Justificativa da Avaliação da IPA

As secções remanescentes de habitats costeiros naturais na região da Baía de Pemba e a sul de Mecúfi qualificam-se como IPA segundo o critério A(i). Este local contém populações internacionalmente importantes de 11 espécies de plantas globalmente ameaçadas, cinco das quais são avaliadas como Ameaçadas e seis como Vulneráveis. Destas, a IPA de Pemba contém a distribuição global total conhecida de *Eriolaena rulkensii* (EN). Como observado acima, também pode conter *Justicia niassensis* (EN).
A área é designada como IPA na esperança de que as pequenas manchas de vegetação costeira intacta possam ser conservadas, e que as áreas degradadas longe dos assentamentos possam ser restauradas, de forma que a importância botânica possa ser protegida e aprimorada. Dada a extensão da fragmentação, as áreas remanescentes da Floresta Seca Costeira do Rovuma não são consideradas para despoletar o critério C(iii) neste local.

Mangais na Baía de Pemba (TR)

Espécies Prioritárias (Critérios IPA A e B)

FAMÍLIA	TÁXON	IPA CRITÉRIO A	IPA CRITÉRIO B	≥ 1% DA POPULAÇÃO GLOBAL	≥ 5% DA POPULAÇÃO NACIONAL	É 1 DOS 5 MELHORES LOCAIS NACIONAL	TODA A POPULAÇÃO GLOBAL	ESPÉCIES DE IMPORTÂNCIA SÓCIO-ECONÓMICA	ABUNDÂNCIA NO LOCAL
Acanthaceae	Justicia niassensis	A(i)	B(ii)	?	?	?			desconhecida
Combretaceae	Combretum caudatisepalum	A(i)	B(ii)	✓	✓	✓			desconhecida
Fabaceae	Acacia latispina	A(i)	B(ii)	✓	✓	✓			ocasional
Fabaceae	Micklethwaitia carvalhoi	A(i)	B(ii)	✓	✓	✓		✓	desconhecida
Lamiaceae	Vitex carvalhi	A(i)			✓	✓			desconhecida
Lamiaceae	Vitex mossambicensis	A(i)			✓	✓			desconhecida
Loranthaceae	Oncella curviramea	A(i)			✓	✓			desconhecida
Malvaceae	Eriolaena rulkensii	A(i)	B(ii)	✓	✓	✓	✓		ocasional
Malvaceae	Hildegardia migeodii	A(i)		✓	✓	✓			desconhecida
Malvaceae	Thespesia mossambicensis		B(ii)						comum
Rubiaceae	Afrocanthium vollesenii	A(i)		✓	✓	✓			desconhecida
Rubiaceae	Pavetta mocambicensis	A(i)	B(ii)	✓	✓	✓			desconhecida
Rubiaceae	Tarenna pembensis	A(i)	B(ii)	✓	✓	✓			rara
Santalaceae	Viscum littorum		B(ii)						desconhecida
		A(i): 11 ✓	B(ii): 8						

Habitats Ameaçados (IPA Critério C)

TIPO DE HABITAT	IPA CRITÉRIO C	≥ 5% DO RECURSO NACIONAL	≥ 10% DO RECURSO NACIONAL	É 1 DOS 5 MELHORES LOCAIS NACIONAL	ÁREA ESTIMADA DO LOCAL (SE CONHECIDO)
Floresta Costeira Seca do Rovuma [MOZ-12a]	C(iii)				

Áreas Protegidas e Outras Designações de Conservação

TIPO DE ÁREA DE CONSERVAÇÃO	NOME DA ÁREA DE CONSERVAÇÃO	RELAÇÃO DA IPA COM A ÁREA PROTEGIDA
Sem protecção formal	Não indicado	

Ameaças

AMEAÇA	SEVERIDADE	SITUAÇÃO
Habitação e áreas urbanas	alta	ocorrendo – tendência crescente
Áreas industriais e comerciais	média	ocorrendo – tendência desconhecida
Áreas de turismo e recreação	média	ocorrendo – tendência crescente
Agricultura de pequena escala	alta	ocorrendo – tendência crescente

Tarenna pembensis (JEB)

Brenha sob rocha coralina na Baía de Pemba (TR)

Baía de Pemba com *Eriolaena rulkensii* em primeiro plano (TR)

QUEDAS DE ÁGUA DO RIO LÚRIO, CHIÚRE

Avaliadores: Iain Darbyshire, Jo Osborne

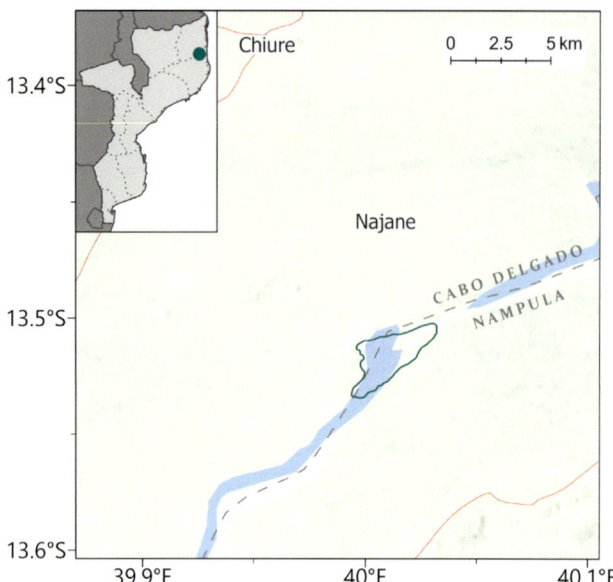
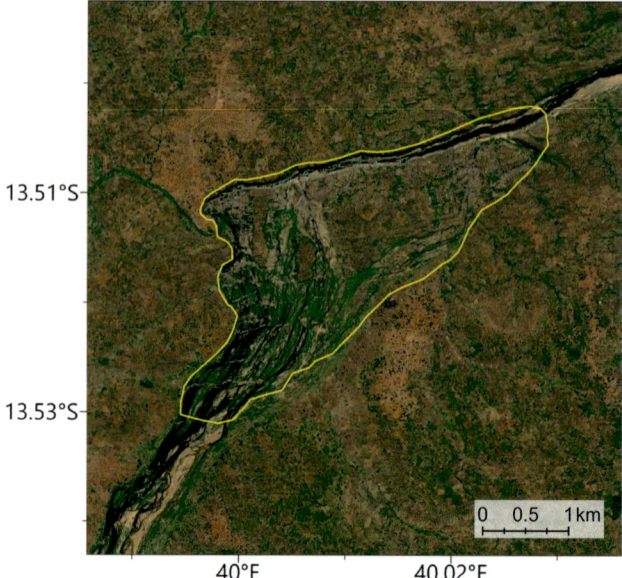

NOME INTERNACIONAL DO LOCAL		Lúrio Waterfalls, Chiúre	
NOME LOCAL (CASO DIFERENTE)		Quedas de Água do Rio Lúrio, Chiúre	
CÓDIGO DO LOCAL	MOZTIPA013	PROVÍNCIA	Cabo Delgado

LATITUDE	-13.51310	LONGITUDE	39.99940
ALTITUDE MINIMA (m a.s.l.)	91	ALTITUDE MÁXIMA (m a.s.l.)	172
ÁREA (km²)	6.7	CRITÉRIO IPA	A(i)

Descrição do Local

As Quedas do Rio Lúrio, ou Cascatas do Lúrio, são uma série admirável de cascatas e rápidos na cabeceira de um desfiladeiro no Rio Lúrio, aproximadamente 70 km a montante da foz do rio. O Lúrio é um dos principais rios do norte de Moçambique que flui por mais de 500 km, de oeste a leste, antes de desaguar no Oceano Índico a sul de Mecufi. Este forma a fronteira entre a província de Nampula e sul de Cabo Delgado, e (mais a montante) a província de Niassa a norte. As quedas podem ser alcançadas do lado de Cabo Delgado (Distrito de Chiúre), através de uma estrada não pavimentada perto de Najane. O rio desce de uma elevação de aproximadamente 160 m acima das quedas para 120 m no desfiladeiro, com uma série de grandes afloramentos rochosos expostos entre as quedas que sustentam uma vegetação suculenta bem desenvolvida, incluindo a única população globalmente conhecida de *Aloe argentifolia*.

Importância Botânica

As Cascatas do rio Lúrio são de importância global por ser o único local conhecido da impressionante aloé arbustiva na forma de rosetas, *Aloe argentifolia*. Uma grande população desta espécie, estimada entre 300 e 500 indivíduos adultos, é conhecida da cabeceira do desfiladeiro do rio (Martínez-Richart et al. 2019). Apesar dos extensos levantamentos da diversidade de aloe em Moçambique nos últimos anos, nenhuma outra população de *A. argentifolia* foi localizada e parece que é uma endémica muito restrita, confinada a este local único criado pelo sistema de cascatas (McCoy et al. 2017).

Este local não é bem conhecido botanicamente e pode conter outras espécies de interesse. As quedas são de difícil acesso durante a principal estação chuvosa, devido à intransitabilidade das estradas e ao nível elevado de

Aloe argentifolia (OB)

Habitat de *Aloe argentifolia* (OB)

água do rio Lúrio, pelo que, ao nosso conhecimento, nunca foi alvo de estudo botânico durante essa época. Seria desejável realizar um inventário botânico geral, focando na flora suculenta dos afloramentos rochosos expostos, e investigando a possibilidade de uma flora reofítica associada às cascatas.

Habitat e Geologia

O principal habitat de interesse são os afloramentos rochosos entre as cascatas e rápidos. Durante a estação chuvosa, essas rochas recebem respingo substancial da bruma das quedas adjacentes mas durante a estação seca os níveis de água são baixos e as rochas secam rápidamente, suportando uma flora tolerante à seca, incluindo espécies suculentas. McCoy et al. (2017) observaram que *Aloe argentifolia* cresce em associação com a orquídea terrestre *Eulophia petersii*, e com espécies de *Commiphora*, *Cynanchum*, *Kalanchoe*, *Sansevieria* (= *Dracaena*) e uma grande espécie cespitosa de *Xerophtya*. As colecções botânicas feitas aqui em 1948 por E.C. Andrada registaram a espécie restrita *Millettia bussei* (LC; Andrada #1280) entre a flora lenhosa, com *Adansonia digitata* e *Sterculia* e *Acacia* spp. também observadas na floresta seca. As próprias cascatas podem fornecer habitat para espécies de plantas reofíticas; mas tal requer investigação adicional.

A precipitação média é estimada em 1.487 mm por ano na vizinha vila de Namapa, com um pico acentuado de Dezembro a Março, e uma estação seca prolongada de Maio a Outubro (worldweatheronline.com), resultando em mudanças sazonais marcantes do nível da água no Lúrio, como mencionado acima.

Questões de Conservação

As Cascatas do rio Lúrio não estão actualmente protegidas. No entanto, as ameaças parecem ser mínimas de momento. O local é bastante isolado e inacessível em algumas partes do ano, oferecendo alguma protecção para a vegetação natural. Além disso, os afloramentos rochosos cobertos pelos solos finos não são impactados pela actividade agrícola ou pelo fogo. O local pode, no futuro, tornar-se um destino ecoturístico devido à sua beleza natural, mas como é tão isolado é improvável que receba uma pressão turística significativa (T. Rulkens observação pessoal).

A integridade futura do local é incerta. Existem planos para a construção de uma grande central hidroeléctrica no Rio Lúrio para fornecer electricidade às Províncias de Cabo Delgado e Nampula (Macauhub 2014; McCoy et al. 2017). Embora o local proposto para esta central esteja a uma distância considerável a montante das cascatas, a barragem hidroelétrica pode alterar significativamente o fluxo a jusante e isso pode afectar a ecologia no local das cascatas, principalmente através da redução da quantidade de respingos da bruma nos afloramentos rochosos das quedas, durante a estação chuvosa. Não está claro até que ponto a população de *aloe* depende do rio como fonte de humidade.

Uma preocupação mais premente neste local é a aparente falta de recrutamento de novas plantas de *Aloe argentifolia*, pois todas as plantas observadas em 2013 eram indivíduos adultos (McCoy et al. 2017). Não há uma causa óbvia para esta falta de recrutamento de plântulas e, tendo em vista a protecção natural do local das cascatas e dos rápidos, o pastoreio por animais não parece ser um factor de impacto. Uma acção de conservação inicial fundamental seria, portanto, realizar um levantamento populacional mais completo no local, e estabelecer as causas dos problemas de recrutamento.

Serviços Ecossistémicos chaves

Como acima mencionado, as cascatas são um local de beleza natural com algum potencial como destino de ecoturismo, mas actualmente isso é limitado devido ao seu isolamento dos principais destinos turísticos do norte de Moçambique. O Rio Lúrio é uma importante fonte de água doce para as pessoas que vivem ao redor da sua bacia.

Categorias de Serviços Ecossistémicos

- Provisionamento – Água Doce
- Habitat ou serviços de apoio –- Habitats para espécies
- Serviços Culturais – Turismo

Justificativa da Avaliação da IPA

As Cascatas do Rio Lúrio qualificam-se como IPA pelo critério A(i), pois este local contém toda a população conhecida de *Aloe argentifolia*, que é globalmente avaliada como Vulnerável (VU D1) devido à sua população extremamente pequena quanto ao tamanho e distribuição (Martínez-Richart *et al.* 2019).

Espécies Prioritárias (Critérios IPA A e B)

FAMÍLIA	TÁXON	IPA CRITÉRIO A	IPA CRITÉRIO B	≥ 1% DA POPULAÇÃO GLOBAL	≥ 5% DA POPULAÇÃO NACIONAL	É 1 DOS 5 MELHORES LOCAIS NACIONAL	TODA A POPULAÇÃO GLOBAL	ESPÉCIES DE IMPORTÂNCIA SÓCIO-ECONÓMICA	ABUNDÂNCIA NO LOCAL
Asphodelaceae	*Aloe argentifolia*	A(i)	B(ii)	✓	✓	✓	✓		frequente
		A(i): 1 ✓	B(ii): 1						

Áreas Protegidas e Outras Designações de Conservação

TIPO DE ÁREA DE CONSERVAÇÃO	NOME DA ÁREA DE CONSERVAÇÃO	RELAÇÃO DA IPA COM A ÁREA PROTEGIDA
Sem protecção formal	Não indicado	

Ameaças

AMEAÇA	SEVERIDADE	SITUAÇÃO
Produção de energia e mineração – Energia renovável	desconhecida	futuro – ameaça deduzida

Um troço das Cascatas do rio Lúrio, Chiúre (OB)

PROVÍNCIA DO NIASSA

MONTANHAS DE TXITONGA

Avaliadores: Jo Osborne, Sophie Richards, Iain Darbyshire

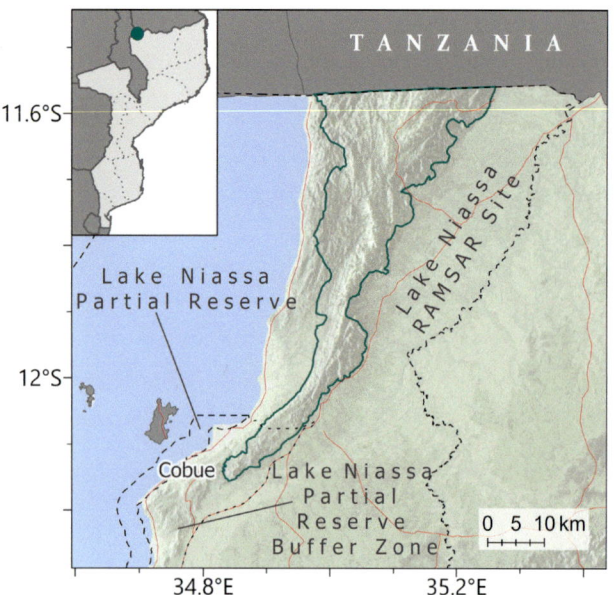

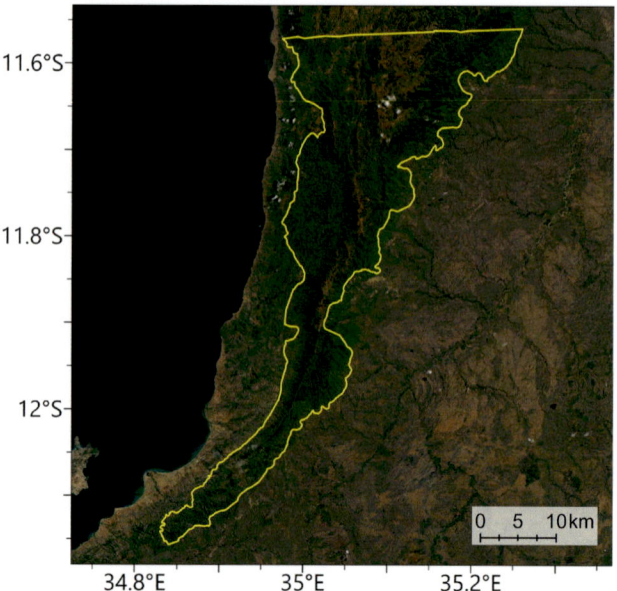

NOME INTERNACIONAL DO LOCAL		Txitonga Mountains	
NOME LOCAL (CASO DIFERENTE)		Montanhas de Txitonga	
CÓDIGO DO LOCAL	MOZTIPA020	PROVÍNCIA	Niassa

LATITUDE	-11.78280	LONGITUDE	35.06750
ALTITUDE MINIMA (m a.s.l.)	500	ALTITUDE MÁXIMA (m a.s.l.)	1.848
ÁREA (km²)	741	CRITÉRIO IPA	A(iii), C(iii)

Descrição do Local

As Montanhas de Txitonga situam-se a noroeste do distrito do Lago na Província do Niassa. As montanhas estendem-se para o sul a partir do extremo sul da Cordilheira Kipengere na Tanzânia, e fazem parte da escarpa oriental da fenda da África Oriental. Estas montanhas estão isoladas de outras áreas montanhosas na província de Niassa – a extensa área do planalto de Lichinga e os montes Mecula e Yao. Presume-se, portanto, que possam sustentar uma biodiversidade distinta em Moçambique, intimamente ligada à do sudoeste da Tanzânia. O Monte Txitonga (ou Chitonga) é o pico mais alto da cordilheira com cerca de 1.848 m de altitude. A IPA estende-se para sul a partir da fronteira com a Tanzânia, e inclui uma zona central de habitat montanhoso com mais de 1.200 m de altitude, situada numa área tampão maior no sopé que se estende em direcção à planície do rio Messinge a leste, e na margem do Lago Niassa a oeste. A IPA está dentro da Reserva do Lago Niassa, também um sítio Ramsar, que inclui tanto o Lago Niassa como a zona terrestre adjacente (Ramsar 2011).

Importância Botânica

Uma área significativa de habitat montanhoso pode ser encontrada nas Montanhas Txitonga, incluindo pastagens montanhosas, um habitat restrito e ameaçado de Moçambique. Há também matagais montanhosos presentes nesta IPA, que também podem ser de importância nacional para a conservação; no entanto, este tipo de habitat é difícil de definir espacialmente, sendo portanto necessário realizar mais pesquisas. O local não está bem estudado botanicamente e várias possíveis espécies de plantas novas para a ciência foram registadas durante uma expedição em 2019 (Osborne *et al.* 2019b). Estas incluem uma espécie de *Streptocarpus* aliada a *S. michelmorei* mas aparentemente inigualável, uma espécie potencialmente nova de *Bothriocline* e uma pequena erva roseta, *Hartliella txitongensis*. O último género é, curiosamente, um indicador de solos ricos em metais e o género como um todo era anteriormente conhecido apenas na região de Katanga, R.D. Congo, e norte da Zâmbia. *Hartliella txitongensis* é muito localizada, conhecida apenas de um único local onde era localmente comum. Como *Hartliella txitongensis* ocupa uma faixa de menos de 100 km² e ainda não foi avaliada para a Lista Vermelha da IUCN, ela aciona A(iii) dos sub-critérios IPA. Esta espécie pode muito bem ser avaliada como críticamente ameaçada no futuro pela perda do habitat devido à mineração. Vários outros táxons interessantes foram colectados durante a expedição de 2019, incluindo vários registos novos de Moçambique – *Barleria holstii* (LC), *Erica woodii*, *Leptoderris brachyptera* (LC), *Polygala gossweileri* e *Protea micans* subsp. *trichophylla* – e dois registos de espécies não colectadas anteriormente no norte de Moçambique – *Plectranthus kapatensis* e *Vernonia holstii*. Com uma investigação mais aprofundada, é provável que muitas espécies de plantas notáveis sejam colectadas dentro desta IPA.

Habitat e Geologia

As montanhas Txitonga são dominadas por rochas meta-sedimentares, predominantemente meta-graywacke, meta-arenito e xistos, o grupo geológico Txitonga também alberga a Cintura Dourada do Niassa cuja presença tem motivado a exploração de ouro dentro da IPA (Bingen *et al.* 2007). Os solos não foram totalmente classificados; no entanto, a presença de *Hartliella* indica solos potencialmente ricos em metais. O local apresenta precipitação média anual de cerca de 1.312 mm nas encostas e 1.330 mm nas cristas mais altas, com a maioria caindo durante a estação chuvosa entre Novembro e Abril. As temperaturas médias são de 21°C nas escarpas e 17,8°C nas cristas superiores (Lötter *et al.* em preparação).

A vegetação no sopé e nas encostas das montanhas é predominantemente formada por matas com estreitas faixas de floresta húmida de galeria crescendo ao longo de ravinas profundas. Em altitudes mais elevadas ocorre uma savana montanhosa mais aberta, matagal montanhoso e pradaria montanhosa. O local é pouco explorado botanicamente e as informações de habitat abaixo foram colectadas durante uma expedição às montanhas em 2019 (Osborne *et al.* 2019b).

Mata nas montanhas Txitonga (JO)

Floresta ribeirinha nas montanhas Txitonga (JO)

Hartliella txitongensis (JO)

A mata que cobre as encostas e sopés da Serra do Txitonga é extensa, suportando uma grande diversidade de árvores, arbustos, ervas e gramíneas. Há também muita variação local na vegetação da mata ao longo da paisagem. Uma grande parte da mata é miombo, dominada por *Brachystegia spiciformis* e *B. boehmii*. A espécie *Uapaca kirkiana* também está entre as mais dominantes, em locais formando povoamentos densos e mono-específicos. As espécies *Uapaca nitida*, *Faurea rochetiana*, *Parinari curatellifolia*, *Diplorhynchus condylocarpon*, *Monotes engleri* e *Pericopsis angolensis* são frequentes, enquanto arbustos localmente comuns incluem *Droogmansia pteropus* e *Cryptosepalum maraviense*. As ravinas de fluxo profundo são frequentes e visíveis nas imagens de satélite (Google Earth 2021). As ravinas sustentam uma floresta de galeria húmida e uma flora muito diferente das encostas arborizadas. A espécie *Brachystegia tamarindoides* subsp. *microphylla* é dominante no estrato superior da floresta de galeria, crescendo com *Burkea africana* e atingindo uma altura de copa de cerca de 25 m. No fundo das ravinas, é comum ocorrer *Breonadia salicina* e *Uapaca lissopyrena* com contrafortes, crescendo com *Treculia africana*, *Erythrophleum suaveolens* e *Bridelia micrantha*. O estrato inferior inclui *Erythroxylum emarginatum* e abundância de lianas. Rochas sombreadas ao longo dos riachos suportam espécies que gostam de humidade, incluindo fetos e *Streptocarpus* sp. Em altitudes mais elevadas, a mata torna-se mais aberta em alguns lugares e a cobertura mais baixa, num gradiente para pradaria montanhosa, e matagais com afloramentos rochosos. As espécies lenhosas são dispersas na pradaria e incluem *Uapaca kirkiana*, *Faurea rochetiana*, *Protea* spp., *Erica* sp., *Psorospermum febrifugum* e *Myrica pilulifera*, na maioria com menos de 3 m de altura. Ao longo do cume da montanha são comuns os arbustos baixos de *Kotschya strigosa* e *Cryptosepalum maraviense*. A pradaria montanhosa é geralmente baixa com cerca de 50 cm de altura, e rica em arbustos anões, ervas e geófitas.

Questões de Conservação

As Montanhas Txitonga situam-se na Reserva Parcial do Lago Niassa e no sítio Ramsar. Embora tenha havido algum monitoramento do desmatamento na área pelo WWF (WWF 2011), grande parte do foco destas áreas de conservação está nos ecossistemas de água doce, em vez dos ecossistemas montanhosos.

A perturbação ambiental da mineração de ouro é extensa e contínua deixando áreas de rocha quebrada, fissuras profundamente erodidas, rios assoreados e poluição com mercúrio. A mineração é legal, licenciada através da associação de mineração

Pradaria arbórea de montanha nas montanhas Txitonga (JO)

comunitária. A água é canalizada para os locais de mineração a longas distâncias para facilitar o processo de mineração e os canais de água são mantidos por muitos anos. O risco de poluição com mercúrio para a população local é reconhecido em Tulo Calanda, a leste das montanhas, onde a água é canalizada para a aldeia a partir de um local limpo não afectado pela mineração. Apesar de estar dentro da Reserva do Lago Niassa, uma reserva parcial, parece não haver controle sobre o uso de mercúrio (Osborne *et al.* 2019b).

No geral em Moçambique, a expansão da agricultura de subsistência "machamba" é a principal causa da perda de habitat. Na Serra de Txitonga não é assim e há muito pouco cultivo. Aqui a mineração de ouro é mais lucrativa do que a agricultura, e esta actividade está impulsionando a economia local. A Serra de Txitonga suporta grandes áreas de vegetação natural valiosa. No entanto, a mineração de ouro está ocorrendo em vários locais nas montanhas, causando perda de habitat localmente, maior perturbação da hidrologia e poluição ambiental (Osborne *et al.* 2019b).

A expansão contínua dos locais de mineração de ouro representa uma ameaça actual e futura à vegetação. Além dos impactos directos da mineração de ouro, a presença de garimpeiros nas montanhas levou a um aumento da frequência de queimadas florestais descontroladas que representam uma séria ameaça à vegetação. Os incêndios são acionados intencionalmente para caçar, e acidentalmente para cozinhar. O monitoramento de queimadas descontroladas constitui uma grande parte do trabalho dos Agentes Ambientais do governo local (Fiscais) e são necessários mais recursos para controlar esta actividade (Osborne *et al.* 2019b).

Serviços Ecossistémicos Chaves

A Serra de Txitonga tem um alto valor de diversidade vegetal, em parte devido à sua bio geografia única em Moçambique. A vegetação neste local contribui para o sequestro e armazenamento de carbono, evita a erosão do solo nas encostas e fornece habitat para flora e fauna. As montanhas formam também uma bacia hidrográfica para a área local, embora actualmente esteja severamente ameaçada pela actividade de mineração de ouro.

Categorias de Serviços Ecossistémicos

- Provisionamento – Água Doce
- Serviços de Regulação – Sequestro e armazenamento de carbono
- Serviços de Regulação – Prevenção de erosão e manutenção da fertilidade do solo
- Habitat ou serviços de apoio – Habitats para espécies

Justificativa da Avaliação da IPA

As Montanhas Txitonga qualificam-se como Área Importante de Plantas sob o sub-critério A(iii) devido à presença de *Hartliella txitongensis*. Uma endémica muito restrita, a distribuição global de *H. txitongensis* restringe-se a esta IPA. Embora também existam áreas de pradarias de montanha, um tipo de habitat restrito a nível nacional, dentro desta IPA este local não representa um dos cinco melhores locais para este tipo de habitat a nível nacional e, portanto, não se qualifica em C(iii). Contudo, este habitat ainda é de importância para a conservação neste local, particularmente com *H. txitongensis* ocorrendo no ecótono entre este habitat e a mata na zona baixa.

Mata de Miombo no sopé de Txitonga (JO)

Espécies Prioritárias (Critérios IPA A e B)

FAMÍLIA	TÁXON	IPA CRITÉRIO A	IPA CRITÉRIO B	≥ 1% DA POPULAÇÃO GLOBAL	≥ 5% DA POPULAÇÃO NACIONAL	É 1 DOS 5 MELHORES LOCAIS NACIONAL	TODA A POPULAÇÃO GLOBAL	ESPÉCIES DE IMPORTÂNCIA SÓCIO-ECONÓMICA	ABUNDÂNCIA NO LOCAL
Linderniaceae	*Hartliella txitongensis*	A(iii)	B(ii)	✓	✓	✓	✓		ocasional

Habitats Ameaçados (IPA Critério C)

TIPO DE HABITAT	IPA CRITÉRIO C	≥ 5% DO RECURSO NACIONAL	≥ 10% DO RECURSO NACIONAL	É 1 DOS 5 MELHORES LOCAIS NACIONAL	ÁREA ESTIMADA DO LOCAL (SE CONHECIDO)
Pradaria de Montanha [MOZ-09]	C(iii)				

Áreas Protegidas e Outras Designações de Conservação

TIPO DE ÁREA DE CONSERVAÇÃO	NOME DA ÁREA DE CONSERVAÇÃO	RELAÇÃO DA IPA COM A ÁREA PROTEGIDA
Reserva Parcial	Lago Niassa	Área protegida/de conservação que engloba a IPA
Sítio Ramsar	Lago Niassa	Área protegida/de conservação que engloba a IPA

Ameaças

AMEAÇA	SEVERIDADE	SITUAÇÃO
Mineração e pedreiras	alta	ocorrendo – tendência desconhecida
Aumento da frequência e intensidade de queimadas	alta	ocorrendo – tendência desconhecida
Infiltração pela mineração	desconhecida	ocorrendo – tendência desconhecida

PLANALTO DE NJESI

Avaliadores: Jo Osborne, Sophie Richards, Iain Darbyshire

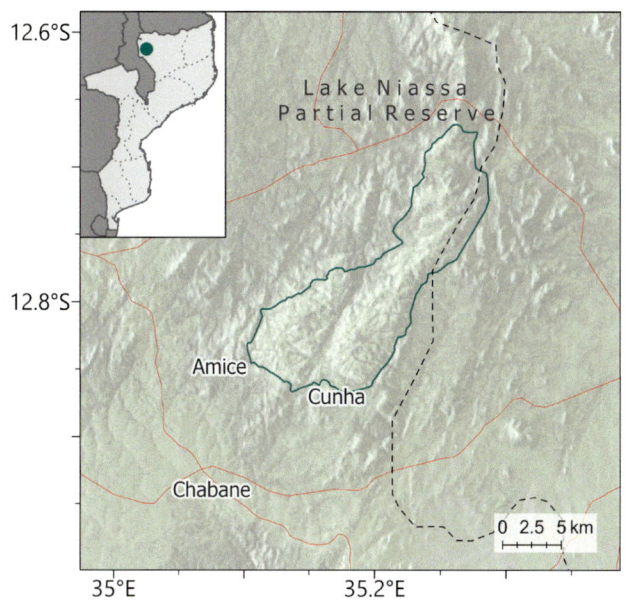
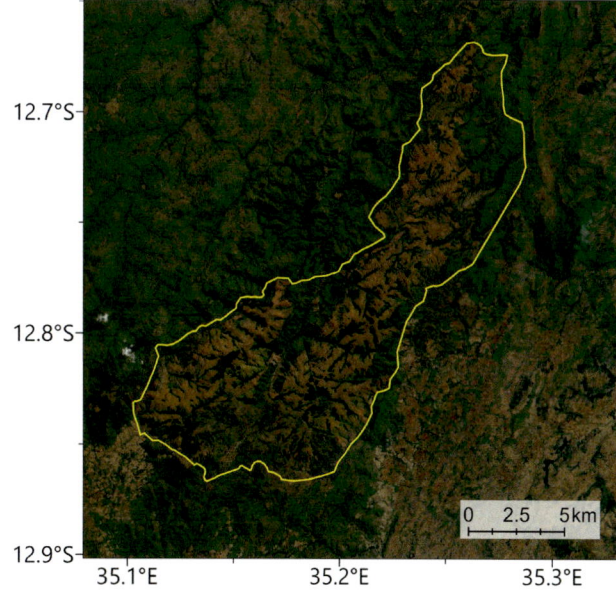

NOME INTERNACIONAL DO LOCAL		Njesi Plateau	
NOME LOCAL (CASO DIFERENTE)		Planalto de Njesi	
CÓDIGO DO LOCAL	MOZTIPA019	PROVÍNCIA	Niassa

LATITUDE	-12.82840	LONGITUDE	35.18430
ALTITUDE MINIMA (m a.s.l.)	1.160	ALTITUDE MÁXIMA (m a.s.l.)	1.848
ÁREA (km²)	165	CRITÉRIO IPA	A(i), C(iii)

Pradaria arborizada nas encostas do Njesi (JO)

Florestas de galeria com *Albizia gummifera* (JO)

Barleria torrei no sopé de Njesii (JO)

Descrição do Local

O Planalto de Njesi é um local montanhoso no oeste da Província de Niassa, no Distrito de Sanga, cerca de 50 km a norte de Lichinga e 15 km a sudeste de Maniamba. Situa-se no vasto planalto de Lichinga, uma área de terras altas com mais de 1.000 m de altitude, dos quais Njesi é o local montanhoso mais significativo, cobrindo uma área acima de 160 km², com grande parte do planalto de Njesi a mais de 1.700 m. Atinge 1.848 m de altitude na Serra Jeci (também conhecida como Jec, Jesi ou Gesi). Estas montanhas no extremo norte de Moçambique são consideradas bio-geograficamente distintas do grupo de montanhas no centro-norte de Moçambique, que inclui os montes Namuli, Inago e Mabu (Bayliss *et al.* 2014, Jones *et al.* 2020). Não existem áreas cultivadas ou comunidades vivendo no planalto de Njesi, embora se possa observar de cima várias aldeias pequenas, incluindo Amice e Cunha na fronteira a sudoeste.

Importância Botânica

Áreas significativas de habitat montanhoso podem ser encontradas no Planalto de Njesi, incluindo pradarias, matagal, afloramentos rochosos, floresta de galeria e pequenas manchas de floresta húmida de montanha. Os habitats de pradarias de montanha e de florestas húmidas de média altitude, ambos restritos e ameaçados em Moçambique, estão presentes neste local, representando um dos cinco melhores locais a nível nacional para ambos os tipos de habitat. O matagal montanhoso deste local provavelmente também é de importância para a conservação, mas é difícil de definir espacialmente e como tal não pode de momento ser avaliado sob os critérios da IPA.

Nesta IPA realizou-se apenas uma colecção botânica limitada, com a maioria das pesquisas anteriores focadas em taxa faunísticos. Para resolver essa lacuna de informações foi realizada uma expedição botânica em 2019 (Osborne *et al.* 2019b). Uma espécie particularmente importante que ocorre nesta IPA é o arbusto endémico ameaçado *Barleria torrei*, que cresce em matas e encostas rochosas em direcção à base do planalto. Esta espécie é avaliada como Ameaçada na Lista Vermelha da IUCN (Osborne & Rokni 2020). Além desta espécie ameaçada, foi colectado neste local um novo registo para o norte de Moçambique. Pensava-se anteriormente que *Vernonia natalensis* estava restrita a nível nacional às províncias do centro e sul de Moçambique, mas foi observada dentro desta IPA ocorrendo nas faces rochosas das pradarias montanhosass. Com um reconhecimento mais aprofundado, é provável que outras espécies de plantas notáveis sejam registadas neste local.

Habitat e Geologia

O Planalto de Njesi tem uma estação chuvosa entre Novembro a Abril. Apesar da precipitação média anual não tenha sido calculada para este local, o valor é de aproximadamente entre 1.300 – 1.700 mm, enquanto a temperatura média é de cerca de 18°C, atingindo uma máxima anual média de cerca de 20-26°C entre Outubro e Novembro (Lötter *et al.* em preparação).

A Serra Jeci é o pico mais alto desta IPA, chegando aos 1.848 m. Geologicamente, esta montanha é descrita como uma lente fraca metamorfoseada (um corpo de rocha que é largo no meio com bordas afiladas) de rochas principalmente carbonáticas, posicionadas dentro do granulito circundante do Complexo Unango; acredita-se que tenha uma idade deposicional de cerca de 600 milhões de anos (Melezhik *et al.* 2006). O planalto suporta uma grande área de pradaria de montanha com afloramentos rochosos dispersos, manchas de florestas / brenhas de montanha e floresta de galeria ao longo de ravinas de riachos. A mata de Miombo domina as encostas mais baixas abaixo do planalto, adjacente às áreas habitacionais e de cultivo.

A pradaria de montanha de Njesi é predominantemente de capim alto, com 1,5 a 2 m de altura, crescendo acima de 1.700 m de altitude. É rica em espécies de ervas altas, particularmente das famílias Fabaceae, Asteraceae e Lamiaceae, com várias gramíneas dominantes incluindo *Hyparrhenia cymbaria* (Osborne *et al.* 2019b). Uma pequena camada herbácea cresce no habitat protegido sob as ervas e gramíneas altas, com espécies como *Hypericum peplidifolium* ocorrendo com frequência. As espécies lenhosas estão dispersas por toda a pradaria, incluindo as espécies arbóreas *Acacia amythethophylla*, *Cussonia arborea*, *Dombeya rotundifolia* e espécies de *Protea*. Acredita-se que os principais factores ecológicos responsáveis por essa vegetação de pradaria de capim alto seja uma combinação de solo fértil, precipitação regular e frequência de queimadas (Osborne *et al.* 2019b). Os afloramentos rochosos estão espalhados por toda a pradaria, proporcionando diversidade de habitat. As espécies associadas aos afloramentos rochosos incluem os arbustos *Steganotaenia araliacea* e *Tecomaria nyassae*, a erva *Aeollanthus serpiculoides*, bem como muitas geófitas. Ocorrem no planalto numerosas manchas de floresta húmida semprevende; cada mancha é de tamanho reduzido, mas juntos este habitat cobre cerca de 7 km². As árvores da floresta húmida incluem *Albizia schimperiana*, *Bridelia macrantha*, *Ficus* sp. e *Zantoxylum* sp. com *Chassalia parvifolia*, *Cassipourea malosana* e *Tiliacora funifera* nos estratos inferiores (Osborne *et al.* 2019b). O solo da floresta sob cobertura suporta ervas, incluindo Acanthaceae e espécies de orquídeas. O estrato arbóreo na floresta atinge cerca de 35 m de altura, mas é irregular, com frequentes clareiras protegidas dominadas por uma vegetação densa e impenetrável de ervas e lianas. A cobertura irregular e as frequentes clareiras na floresta podem ser resultado de queimadas anteriores que se espalharam pela floresta a partir da pradaria durante a estação seca. A vegetação da margem da floresta é frequente e inclui as espécies abundantes *Dracaena steudneri*, *Maesa rufescens*, *Senna petersiana* e *Sparrmannia ricinocarpa* juntamente com diversas ervas altas e lianas abundantes (Osborne *et al.* 2019b).

A floresta de galeria cresce ao longo das ravinas que drenam do planalto. A *Albizia gummifera*, com cerca de 25 m de altura, é a espécie arbórea dominante, crescendo com *Breonadia salicina*, *Zanthoxylum* sp., *Rauvolfia caffa* e *Schrebera alata*. Onde a cobertura da copa é mais aberta ocorrem *Dracaena steudneri*, *Solenecio mannii* e fetos arbóreos (*Cyathea* sp.). A margem da floresta de galeria é extensa e diversificada em espécies, semelhante à margem da floresta húmida.

Nas encostas em direcção à base do planalto, a sul e a leste do local, o habitat da mata de miombo é contíguo a áreas habitacionais e de cultivo. Pode haver aqui alguma perda de habitat devido à expansão do cultivo. A mata provavelmente também será impactada por incêndios provocados por caçadores, aumentando a frequência natural de queimadas neste habitat (Jones *et al.* 2020).

Terra agrícola ao redor das encostas (JO)

Afloramento rochoso do planalto, com vista para uma mancha de floresta húmida (JO)

Questões de Conservação

Embora não haja assentamentos no Planalto de Njesi, as pessoas caminham até o planalto para caçar animais selvagens, incluindo porcos selvagens, antilopes, porcos-espinhos, ratos, coelhos e pássaros. Os caçadores incluem tanto locais como pessoas de outras zonas (Osborne *et al.* 2019b). A caça é sazonal, ocorrendo principalmente quando o planalto se torna acessível após as queimadas terem limpo a pradaria de capim alto. O fogo é um factor importante que afecta a vegetação no Planalto de Njesi e é provável que a frequência de queimadas aumente como resultado de caçadores atearem fogo para afugentar a vida selvagem no planalto. A vegetação de pradaria de capim alto está bem adaptada às queimadas naturais, ainda que possa haver espécies presentes que tenham uma tolerância limitada e sejam afectadas pelo aumento da frequência de queimadas (Osborne *et al.* 2019b). O habitat da floresta húmida não é adaptado ao fogo e o aumento da frequência de queimadas provavelmente afectará o habitat na borda da floresta, além de potencialmente reduzir a extensão da floresta.

O Planalto de Njesi é protegido pelo Governo local e patrulhado por Agentes Ambientais (Ficais), reduzindo o nível de caça no planalto. No entanto, são necessários mais recursos para evitar a caça e a propagação de queimadas florestais. O valor desta IPA é realçado, pois se encontra principalmente dentro da Reserva Parcial do Lago Niassa, também um sítio Ramsar, incluindo o Lago Niassa e a zona terrestre adjacente (Ramsar 2011). Esta IPA também se enquadra na maior Área Importante de Aves do Planalto de Njesi (IBA), despoletada por espécies como a Ameaçada "Mozambique Forest warbler" (*Artisornis sousae*) e a Vulnerável "Thyolo Alethe" (*Chamaetylas choloensis*) (BirdLife International 2019). Para a primeira espécie, esta IBA contém toda a população global e, como a toutinegra-da-floresta de Moçambique é uma espécie ameaçada de extinção, também satisfaz aos critérios da "Alliance for Zero Extinction". A área mais ampla do Planalto de Njesi também foi reconhecida como uma Área Chave de Biodiversidade, despoletada pela "Mozambique forest Warbler" e pelo "Mecula girdled lizard" (*Cordylus meculae*). Apesar de ser avaliada como menos preocupante, esta última espécie está limitada principalmente ao planalto de Njesi (Tolley *et al.* 2019a). Com a presença de várias espécies raras e ameaçadas, é evidente que os habitats desta IPA são de importância primordial para a conservação de vários taxa faunísticos.

Serviços Ecossistémicos Chaves

O Planalto de Njesi tem um valor alto de diversidade de plantas, proporciona uma ilha de habitats de pradaria montanhosa, floresta montanhosa e floresta de galeria para a flora e fauna. O planalto fornece um curso de água para a área local e a vegetação contribui para o sequestro e armazenamento de carbono. Além disso, a população local caça na área.

Categorias de Serviços Ecossistémicos

- Provisionamento – Alimentos
- Provisionamento – Água doce
- Serviços de Regulação – Sequestro e armazenamento de carbono
- Habitat ou serviços de apoio – Habitats para espécies

Justificativa da Avaliação da IPA

O Planalto de Njesi qualifica-se como uma Área Importantes de Plantas sob os critérios A e C. De acordo com o critério A(i) o local suporta uma população do arbusto globalmente Ameaçado *Barleria torrei* (EN). O local também se qualifica no critério C(iii), representando um dos cinco melhores locais nacionais, para ambos habitats de pradarias de montanha e florestas de montanha.

Espécies Prioritárias (Critérios IPA A e B)

FAMÍLIA	TÁXON	IPA CRITÉRIO A	IPA CRITÉRIO B	≥ 1% DA POPULAÇÃO GLOBAL	≥ 5% DA POPULAÇÃO NACIONAL	É 1 DOS 5 MELHORES LOCAIS NACIONAL	TODA A POPULAÇÃO GLOBAL	ESPÉCIES DE IMPORTÂNCIA SÓCIO-ECONÓMICA	ABUNDÂNCIA NO LOCAL
Acanthaceae	*Barleria torrei*	A(i)	B(ii)	✓	✓	✓			ocasional
		A(i): 1 ✓	B(ii): 1						

Habitats Ameaçados (IPA Critério C)

TIPO DE HABITAT	IPA CRITÉRIO C	≥ 5% DO RECURSO NACIONAL	≥ 10% DO RECURSO NACIONAL	É 1 DOS 5 MELHORES LOCAIS NACIONAL	ÁREA ESTIMADA DO LOCAL (SE CONHECIDO)
Pradaria de Montanha [MOZ-09]	C(iii)			✓	
Floresta Húmida de Montanha [MOZ-01]	C(iii)			✓	

Áreas Protegidas e Outras Designações de Conservação

TIPO DE ÁREA DE CONSERVAÇÃO	NOME DA ÁREA DE CONSERVAÇÃO	RELAÇÃO DA IPA COM A ÁREA PROTEGIDA
Área Importante de Aves	Planalto de Njesi	Área protegida/de conservação que engloba a IPA
Área Chave de Biodiversidade	Planalto de Njesi	Área protegida/de conservação que engloba a IPA
Reserva Parcial	Reserva do Lago Niassa	Área protegida/de conservação que engloba a IPA

Ameaças

AMEAÇA	SEVERIDADE	SITUAÇÃO
Agricultura de pequena escala	baixa	ocorrendo – tendência desconhecida
Queimadas	desconhecida	ocorrendo – tendência desconhecida

MONTE YAO

Avaliadores: Sophie Richards, Iain Darbyshire

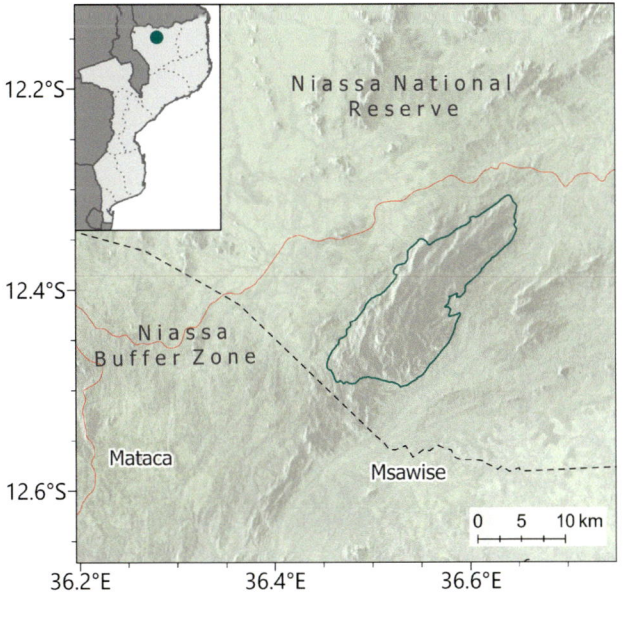
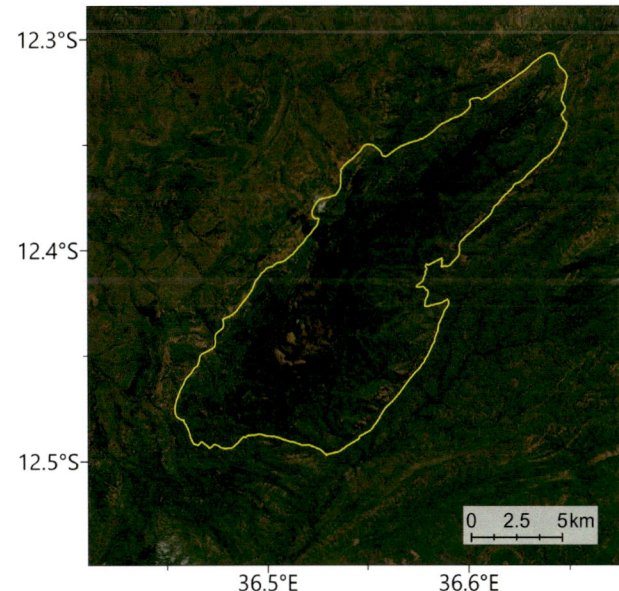

Monte Yao (CC)

Vista do Monte Yao, olhando a mata densa de miombo (CC)

NOME INTERNACIONAL DO LOCAL		Mount YAO	
NOME LOCAL (CASO DIFERENTE)		Monte Yao	
CÓDIGO DO LOCAL	MOZTIPA047	PROVÍNCIA	Niassa

LATITUDE	-12.46006	LONGITUDE	36.50202
ALTITUDE MINIMA (m a.s.l.)	620	ALTITUDE MÁXIMA (m a.s.l.)	1.313
ÁREA (km²)	183	CRITÉRIO IPA	A(i)

Descrição do Local

A IPA do Monte Yao (ou Jao) está localizada no distrito de Mavago, na província do Niassa. Localizada a cerca de 180 km a leste do Lago Malawi, este inselbergue está dentro da Reserva Especial do Niassa e tem um pico de 1.313 m. A área não foi extensivamente estudada; no entanto, as evidências disponíveis indicam que é botanicamente interessante, pois as altas altitudes proporcionam um clima mais frio e húmido em comparação com as planícies arborizadas que dominam a área circundante. A montanha é amplamente coberta por matas densas de miombo, com habitat de florestas e pântanos associados a ravinas de rios (Congdon & Bayliss 2013).

O local foi delineado para cercar os principais habitats montanhosos, cobrindo uma área de 183 km². Os limites sudeste e leste correm paralelamente à Estrada Mataca-Mecula, com a porção sudeste desta IPA a 2 km do limite entre a Reserva do Niassa e a Zona Tampão. A vila de Mataca fica a 20 km a sudoeste enquanto a vila de Maswise fica a apenas 9 km a sul do limite da IPA. A própria IPA não é povoada por pessoas, e é em grande parte imperturbável. A par dos habitats de alta qualidade, são conhecidas várias espécies moçambicanas endémicas de vários taxa que ocorrem nesta montanha, alguns conhecidos apenas neste local. Até agora, somente um número limitado de colecções botânicas foi realizado neste local, mas é provável que abrigue mais espécies de plantas de importância para a conservação do que as conhecidas actualmente.

Importância Botânica

O Monte Yao é principalmente de importância botânica devido à presença de *Moraea niassensis*, uma espécie vulnerável conhecida apenas nesta IPA. Esta espécie foi colectada em 2012 em matas densas de média altitude. Houve apenas uma população observada que foi estimada abaixo do limite D1 da Lista Vermelha da IUCN de 1.000 indivíduos (Goldblatt *et al.* 2014), embora o valor real seja provavelmente menor. As buscas por esta espécie foram realizadas num habitat semelhante no inselbergue mais próximo, a Serra Mecula, localizada a cerca de 130 km a leste desta IPA, mas sem sucesso, sugerindo que esta espécie é endémica do Monte Yao (Goldblatt et al. 2014).

Houve apenas poucas colecções botânicas feitas neste local, e portanto é muito provável que mais taxa de interesse de conservação sejam registados neste local com um esforço maior de colecta. Ao lado de *Moraea niassensis* existe um pequeno número de taxa faunísticos endémicos deste inselbergue, ou encontrados tanto aqui como na Serra Mecula. O relativo isolamento dos habitats de média altitude neste inselbergue, pode ter permitido a evolução de endemismos em vários taxa diferentes. Existe, portanto, um forte argumento para um inventário abrangente dos taxa de plantas desta IPA.

Embora os habitats desta IPA sejam de alta qualidade e justifiquem uma investigação mais aprofundada, actualmente não podem ser avaliados como ameaçados ou restritos. Parece não existir floresta montanhosa neste inselbergue, enquanto os outros habitats, floresta ribeirinha e densidades variadas de miombo, são comuns, apesar das espécies únicas associadas a este habitat no Monte Yao.

Habitat e Geologia

O Monte Yao é uma IPA bastante arborizada, variando de miombo de planície a miombo montanhoso denso nas encostas, com algumas áreas de floresta de galeria ao redor dos rios na montanha (Spottiswoode et al. 2016). O inselbergue é uma intrusão granítica de 1.313 m perto da fronteira dos complexos geológicos de Marrupa e Unango, ambos dominados principalmente por ortognaisses (Boyd et al. 2010). As temperaturas para o distrito de Mavago variam de 15 a 22°C em Junho e Julho, a 21 a 29°C em Outubro e Novembro, enquanto a precipitação média anual é de 1.887 mm, com a maior parte dessa precipitação caindo entre Dezembro e Março (World Weather Online 2021). As encostas superiores e o cume da montanha também recebem humidade através de névoas, como é evidente pelo alto número de líquenes epífitos de *Usnea*.

Apesar da sua botânica interessante e habitats intocados, realizaram-se poucas colecções botânicas no Monte Yao. Uma visita zoológica feita em 2012 (Congdon & Bayliss 2013), focou principalmente em taxa de borboletas, durante a qual os poucos espécimes botânicos deste local foram colectados.

A planície ao redor do Monte Yao é descrita por Lötter et al. (2021) como miombo húmido, típico desta parte do norte de Moçambique, se bem que Congdon & Bayliss (2013) descrevam esta vegetação mais como de uma mata costeira. Não há inventário de espécies para esta área, mas as planícies e encostas mais baixas são dominadas por *Brachystegia*, provavelmente *B. boehmii* (C. Congdon, comunicação pessoal 2021). Os habitats montanhosos foram documentados por Congdon & Bayliss (2013) e a descrição abaixo é baseada neste relato e em comunicações pessoais de C. Congdon (2021).

As encostas do inselbergue são íngremes ao redor da base com um substrato rochoso. Os solos aqui são pobres, provavelmente devido à erosão natural (C. Congdon, comunicação pessoal 2021). *Uapaca kirkiana* e *U. sansibarica* dominam aqui o miombo, com uma cobertura mais aberta, manchas de subarbustos de *Cryptosepalum* (provavelmente *C. maraviense*) e um estrato herbáceo de capim baixo. As espécies do estrato herbáceo ainda não foram documentadas; entretanto, as espécies de gramíneas como *Hyparrhenia filipendula*, *Themeda triandra*, *Panicum* e *Urochloa* spp. são conhecidas de miombo montanhoso nesta parte de Moçambique (Lötter et al. em prep.). Em altitudes de cerca de 1.000 m, esta floresta também abriga a única população conhecida de *Moraea niassensis* (VU).

As florestas de galeria, com espécies como *Parinari excelsa*, *Bersama abyssinica* e *Anthocleista grandiflora*, ocorrem perto de rios e em ravinas. O estrato inferior inclui arbustos como *Drypetes gerrardii*, enquanto ervas como *Justicia striolata* e *Afromomum* sp. ocorrem por baixo. Uma leguminosa de flores vermelhas, que parecia semelhante a um *Desmodium*, foi encontrada dominando o chão da floresta nestas áreas. Recomenda-se a colecta desta leguminosa para identificação da espécie. Devido à sua forte associação com rios e riachos, os limites destas florestas ribeirinhas são bem definidos com *Albizia*, provavelmente *A. adianthifolia*, ocorrendo no ecótono entre floresta e mata.

As florestas de galeria são provavelmente sustentadas por solos profundos, ricos em nutrientes e húmidos, como foram descritos em florestas semelhantes na Serra Mecula (Timberlake et al. 2003), com florestas pantanosas ocorrendo em áreas de má drenagem. A composição de espécies desses pântanos ainda não foi registada, no entanto, observou-se que uma mancha possui lagoas de água abertas, com pouco crescimento do estrato inferior, e espécies arbóreas com raízes aéreas e contrafortes. É possível que *Uapaca lissopyrena*, uma árvore de pântano com raízes de palafitas, ocorra nessas áreas, pois esta espécie foi registada em pântanos no inselbergue mais próximo, na Serra Mecula (Timberlake *et al.* 2004).

Ao redor do cume, a cobertura vegetal é aberta, com um substrato rochoso, e pode ser classificada como mata anã de neblina. A área recebe humidade através de nevoeiros frequentes e, como tal, os líquenes de *Usnea*, conhecidos de vários habitats húmidos de montanha em Moçambique, são epífitas comuns na área. Estas epífitas foram observadas em árvores grandes e antigas de *Brachystegia spiciformis*. A presença destas árvores antigas pode sugerir que a vegetação nesta área tem permanecido intacta por algum tempo. A mata também apresenta espécies como *Parinari curatellifolia*, *Uapaca kirkiana*, *U. sansibarica* em consociação com *Bridelia*, *Pericopsis* (provavelmente *P. angolensis*), *Monotes* e *Vitex*. O estrato inferior é composto por arbustos como *Maesa lanceolata*, *Annona senegalensis* e *Dombeya* (possivelmente *D. burgessiae*) com tufos de capim nas fendas da rocha. As hemiparasitas *Agelanthus* sp. (em *Pericopsis*) e *Viscum shirense* (em *Bridelia*), assim como várias orquídeas epífitas foram observados nesta mata. Em altitudes mais elevadas a mata se afina, o arbusto *Protea angolensis* torna-se mais dominante, e em áreas mais rochosas próximas ao pico foram observadas espécies de *Protea welwitschii* e *Combretum*.

Questões de Conservação

A IPA do Monte Yao está inserida no Bloco de Gestão J da Reserva Especial do Niassa classificado como uma Área de Conservação Especia. Existem pequenas aldeias circunvizinhas a sudoeste desta IPA. Além disso, esta IPA enquadra-se na Área Chave de Biodiversidade da Reserva Especial do Niassa.

Este local e áreas circundantes foram categorizados como recebendo "esforços de conservação limitados" pela Agência de Conservação da Vida Selvagem (Luwire Wildlife Conservancy 2019). No entanto, os habitats ao longo desta IPA estão em grande parte na sua condição pristina e pouco perturbados – neste inselbergue uma base abandonada de helicópteros portuguesa é o único grande sinal de actividade humana do passado (Congdon & Bayliss 2013). Esta área de Moçambique foi largamente despovoada devido a conflitos relacionados com a luta pela independência e posteriormente a Guerra Civil Moçambicana (C. Congdon, com. pess. 2021), pelo que as ameaças antropogénicas são geralmente bastante baixas, particularmente quando comparadas com outras partes de Moçambique.

Não obstante a perturbação antropogénica dentro da IPA seja actualmente mínima, a aldeia vizinha de Mataca e a agricultura a ela associada continuaram a expandir-se nas últimas décadas, assim como a vila de Msawise, do lado leste, em menor grau (Google Earth 2021; World Resources Institute 2021). Pensa-se que, com a contínua expansão populacional na área, a perturbação antropogénica possa aumentar dentro da IPA, incluindo o corte de floresta para combustível, desbravamento de terra para agricultura e aumento da frequência de queimadas (Datizua 2020). Sabe-se que os solos da reserva são geralmente de baixa fertilidade e a pluviosidade é baixa (Timberlake *et al.* 2004). O abandono de terras agrícolas esgotadas pode, portanto, tornar-se um problema, pois pode resultar em maior expansão agrícola, possivelmente nas colinas a sul da IPA ou na própria montanha.

Os solos nas encostas mais baixas do Monte Yao são finos e rochosos (C. Congdon, com. pess.. 2021), e é improvável que sejam muito produtivos, no entanto, pode haver maior ou mais disponibilidade de humidade na montanha de forma constante, devido a névoas frequentes, o que pode incentivar o cultivo em pequena escala dessas áreas.

Apesar no momento da visita de 2012 não se tenha observado evidências de queimadas nas florestas (Congdon & Bayliss 2013), as queimadas foram mencionadas em outras partes da reserva como um método para limpar a terra para machambas, e acalmar as abelhas para permitir a colecta de mel (Timberlake *et al.* 2004; T. Alves, comunicação pessoal 2021), pelo que pode haver uma ameaça adicional de queima não intencional de grandes áreas de terra. É particularmente importante que, se o terreno for aberto ao turismo, a prática da queima de vegetação para criar e manter percursos pedestres e acessos de veículos, como já foi relatado na Serra Mecula e arredores, não seja também aplicado nesta IPA.

A Reserva do Niassa actualmente não recebe muito turismo, com apenas 183 visitantes em 2013. A reserva, portanto, tem uma renda limitada para financiar projectos de conservação ou apoiar meios de subsistência alternativos para a população local.

Floresta ribeirinha no Monte Yao (CC)

Moraea niassensis (CC)

Além de gerar renda, o turismo pode incentivar a protecção de áreas selvagens como o Monte Yao que contribui para a experiência do visitante. Mais recentemente, houve uma promoção do Niassa apoiada pelo governo, incluindo uma menção específica ao Monte Yao como destino turístico (ANAC 2018), o que pode levar a um maior interesse ou investimento no local.

Além de hospedar *Moraea niassensis*, uma Iridaceae Vulnerável conhecida apenas a partir desta IPA, o Monte Yao é o único local conhecido de uma espécie de borboleta ainda não descrita no género *Baliochila* (Congdon & Bayliss 2013). Além disso, acredita-se que uma espécie de caranguejo de água doce, *Potamonautes bellarussus*, descrita em 2014, seja endémica dos inselbergues Yao e Mecula dentro da Reserva Especial do Niassa (Daniels *et al.* 2014). É possível que os habitats montanhosos isolados criados pelos inselbergues na reserva tenham permitido a evolução de espécies muito restritas. Como a botânica deste sítio ainda não foi inventariada, espera-se que espécies mais restritas, ou mesmo endémicas do local, sejam documentadas.

Foram observados um certo número de taxa de animais ameaçados em redor da IPA, incluindo o cão selvagem africano (*Lycaon pictus* – EN), o elefante africano (*Loxodonta africana* – VU) e o leão africano (*Panthera leo* – VU). No entanto, estas espécies provavelmente só existam em altitudes mais baixas dentro desta IPA e a fauna de mamíferos montanhosos deste local ainda não foi inventariada (van Berkel *et al.* 2019).

Serviços Ecossistémicos Chaves

O Monte Yao contribui para a experiência turística da Reserva do Niassa, conforme relatado pelo governo moçambicano num documento que destaca as oportunidades de investimento no potencial turístico da natureza em todo o país (ANAC 2018). No entanto, actualmente o local não é facilmente acessível a turistas (Luwire Wildlife Conservancy 2019). Para a população local, a IPA é provavelmente uma importante fonte de água, contribuindo para 3 diferentes bacias hidrográficas a sul, noroeste e nordeste. Yao é também a nascente do rio Chiulezi, na última bacia hidrográfica, que serve as comunidades a jusante, incluindo as aldeias de Chamba e Matondovela (Luwire Wildlife Conservancy 2019). Além disso, as planícies inferiores ao redor do inselbergue podem fornecer uma fonte lenhosa para combustível ou madeira. Em outras partes da reserva, as comunidades usam uma ampla variedade de madeiras duras, mas não há evidências de extracção selectiva de espécies de alto valor no mercado, como *Millettia stuhlmannii* e *Dalbergia melanoxylon* (Timberlake *et al.* 2004).

O Monte Yao compartilha o nome com o grupo étnico e linguístico Yao. Acredita-se que os waYao (povos Yao) tenham-se originado no norte da província de Niassa, antes de se dispersarem pelas áreas vizinhas no século IX (Mbalaka 2016). Algumas fontes sugerem que o próprio inselbergue foi o núcleo de onde se originou o waYao. Os locais sagrados são conhecidos dentro da Reserva do Niassa (Wildlife Conservation Society Mozambique, 2021), no entanto, qualquer significado cultural do Monte Yao para as comunidades locais não foi documentado, mas poderia ser estabelecido através de entrevistas. Uma maior compreensão de como as pessoas locais interagem com os ecossistemas dentro da IPA informariam melhor sobre a conservação e a planificação de quaisquer actividades turísticas futuras.

São conhecidos vários exemplos históricamente significativos de arte rupestre da Reserva do Niassa, datados de dezenas de milhares de anos atrás, e é possível que o Monte Yao também possa ter importância arqueológica e antropológica (Wildlife Conservation Society Mozambique 2021).

Categorias de Serviços Ecossistémicos

- Provisionamento – Matérias-primas
- Provisionamento – Água doce
- Serviços Culturais – Turismo
- Serviços Culturais – Património cultural

Justificativa da Avaliação da IPA

O Monte Yao qualifica-se como IPA sob o sub-critério A(i), hospedando a única população conhecida da espécie Vulnerável *Moraea niassensis*. A grande maioria da diversidade botânica deste local ainda não foi documentada mas é muito provável que novas investigações revelem mais espécies de plantas de interesse para a conservação.

Espécies Prioritárias (Critérios IPA A e B)

FAMÍLIA	TÁXON	IPA CRITÉRIO A	IPA CRITÉRIO B	≥ 1% DA POPULAÇÃO GLOBAL	≥ 5% DA POPULAÇÃO NACIONAL	É 1 DOS 5 MELHORES LOCAIS NACIONAL	TODA A POPULAÇÃO GLOBAL	ESPÉCIES DE IMPORTÂNCIA SÓCIO-ECONÓMICA	ABUNDÂNCIA NO LOCAL
Iridaceae	*Moraea niassensis*	A(i)	B(ii)	✓	✓	✓	✓		ocasional
		A(i): 1 ✓	B(i): 1						

Áreas Protegidas e Outras Designações de Conservação

TIPO DE ÁREA DE CONSERVAÇÃO	NOME DA ÁREA DE CONSERVAÇÃO	RELAÇÃO DA IPA COM A ÁREA PROTEGIDA
Reserva Nacional	Reserva Especial do Niassa	Área protegida/de conservação que engloba a IPA
Área Chave de Biodiversidade	Reserva Especial do Niassa	Área protegida/de conservação que engloba a IPA

Ameaças

AMEAÇA	SEVERIDADE	SITUAÇÃO
Habitação e áreas urbanas	baixa	futuro – ameaça deduzida
Agricultura de pequena escala	baixa	ocorrendo – tendência crescente
Estradas e ferrovias	baixa	passada, provavelmente não voltará
Exploração de madeira e colecta de produtos florestais	baixa	ocorrendo – tendência desconhecida
Aumento da frequência/intensidade de queimadas	média	futuro – ameaça deduzida

SERRA MECULA E MBATAMILA

Avaliadores: Sophie Richards, Iain Darbyshire

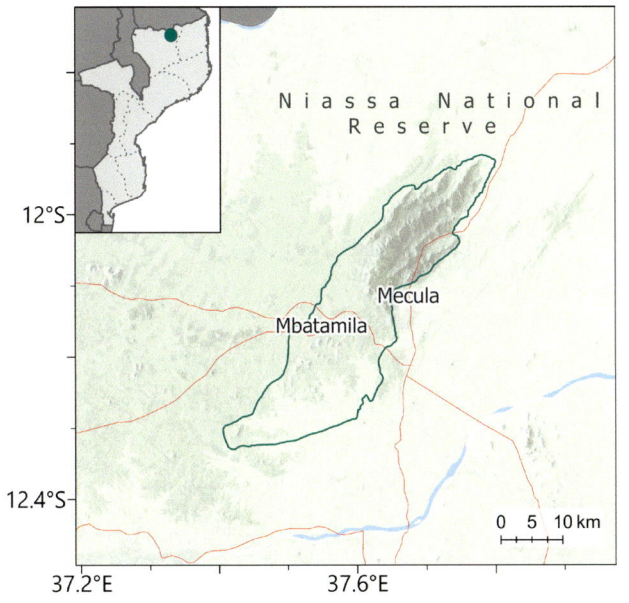
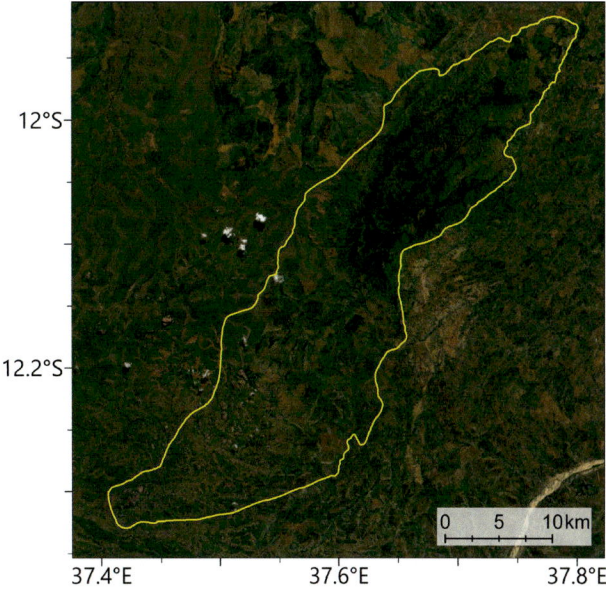

NOME INTERNACIONAL DO LOCAL		Serra Mecula and Mbatamila	
NOME LOCAL (CASO DIFERENTE)		Serra Mecula e Mbatamila	
CÓDIGO DO LOCAL	MOZTIPA046	PROVÍNCIA	Niassa

LATITUDE	-12.09954	LONGITUDE	37.62293
ALTITUDE MINIMA (m a.s.l.)	340	ALTITUDE MÁXIMA (m a.s.l.)	1.442
ÁREA (km²)	626	CRITÉRIO IPA	A(i)

Inselbergue de Mbatamila, com mata de miombo circundantes e a Serra Mecula ao longe (JT)

Descrição do Local

A Área Importante de Plantas da Serra Mecula e Mbatamila situa-se no Distrito de Mecula na Província do Niassa. Todo o local é cercado pela Reserva Especial do Niassa e o próprio inselbergue, com 1.442 m, é o ponto mais alto desta área protegida de 42.000 km². Ao sul, este local abrange os pequenos inselbergues ao redor de Mbatamila, com o ponto mais a sul a cerca de 16 km a norte do rio Lugenda. A estrada Mataca-Mecula corta este local, enquanto a estrada 535 de Marrupa e a estrada Mecula-Naulala percorrem o limite leste. Ao longo destas duas últimas estradas encontram-se várias zonas residenciais, com destaque para a sede do distrito, a vila de Mecula, situada no sopé sudeste da Serra Mecula.

A Serra Mecula é única pois representa a única área de floresta montanhosa dentro da Reserva do Niassa (Spottiswoode et al. 2016). Além disso, os inselbergues ao redor de Mbatamila hospedam várias espécies raras e ameaçadas, enquanto os dambos dentro desta IPA requerem investigação adicional, mas também têm a probabilidade de hospedar espécies restritas (Timberlake et al. 2004). Muitos dos habitats da IPA estão em grande parte intactos e, apesar da colecta botânica limitada neste local, acredita-se que sejam de grande interesse botânico e merecem estudos adicionais. Dado o contraste entre estes habitats, o local poderia ser dividido e diferenciado em IPAs montanhosos e de terras baixas, com a possibilidade de também alterar os limites de cada um e estabelecer IPAs com mais enfoque no ecossistema. No entanto, neste momento, os dados para o local são limitados e portanto eles não podem ser separados, pelo que ainda se qualificam como IPAs por direito próprio.

Importância Botânica

Até o momento na Serra Mecula realizaram-se apenas estudos botânicos limitados, pelo que é necessária uma investigação mais aprofundada deste local. Recomenda-se um inventário completo, pois as observações feitas em visitas preliminares sugerem que a flora desta montanha, particularmente nas florestas montanhosas, é de grande interesse botânico (J. Burrows, comunicação pessoal 2021).

A Serra Mecula é única por albergar a única floresta montanhosa e matagal montanhoso da Reserva do Niassa, ao passo que o vizinho Monte Yao não atinge as altitudes necessárias para acolher estes tipos de habitats. Em comparação com outras montanhas de Moçambique, no entanto, a área desta floresta montanhosa é relativamente limitada, cobrindo apenas 1,36 km² (Spottiswoode et al. 2016). Pelo contrário, muitas das áreas florestadas da montanha são ribeirinhas e não montanhosas. Timberlake et al. (2004) sugerem que as florestas montanhosas da Serra Mecula apresentam maior semelhança com as do Planalto de Manica, que corre ao longo da fronteira Moçambique-Zimbabwe, do que com o arco das montanhas Mulanje-Namuli-Ribáuè mais próximas. Contudo, será necessário mais pesquisa para validar esta hipótese.

Em termos de espécies interessantes nesta montanha, foram registadas até agora duas endémicas nacionais – *Baphia massaiensis* subsp. *gomesii*, e *Rotheca luembensis* subsp. *niassensis*, ambas restritas apenas ao norte de Moçambique. O primeiro táxon, *B. massaiensis* subsp. *gomesii*, também foi registado ao redor de Mbatamila. Um registo incerto nas encostas da Serra Mecula de *Pavetta gurueensis* (Burrows

Vegetação de gramínea de dambo ao norte de Mbatamila (TB)

Pico de um dos inselbergues de Mbatamila (JT)

#11225), uma espécie globalmente Vulnerável, representaria uma extensão da área de distribuição de uma espécie considerada restrita ao norte da província da Zambézia. No entanto, não é possível determinar a espécie com rigor a partir do espécime colhido e, portanto, investigações adicionais devem ser realizadas para estabelecer quais espécies de *Pavetta* ocorrem dentro desta IPA.

Um pequeno número de espécies interessantes é conhecido na área de Mbatamila, na porção sul desta IPA, incluindo a espécie globalmente Vulnerável, *Justicia attenuifolia*, registada na mata aberta de miombo ao redor dos afloramentos graníticos. Esta espécie é conhecida em apenas quatro locais no norte de Moçambique e no sul da Tanzânia, com esta presença em Mbatamila representando a única população dentro de uma área protegida (Luke *et al.* 2015a). *Barleria mutabilis*, uma espécie também limitada ao sul da Tanzânia e norte de Moçambique, ocorre na Serra Mecula sendo a colecta neste inselbergue o primeiro registo em Moçambique (Darbyshire 2009), se bem que *B. mutabilis* tenha sido mais tarde colectada nas proximidades do Monte Yao.

Os dambos que ocorrem em pradarias entre a Serra Mecula e Mbatamila não são actualmente conhecidos por abrigar espécies raras ou ameaçadas, no entanto, é provável que orquídeas terrestres, muitas das quais com distribuição limitada, estejam aqui presentes (Timberlake *et al.* 2004) e, portanto, poderá haver um acréscimo da distribuição de endémicas restritas nesta IPA. Visto actualmente pouco se saber sobre a flora destas zonas húmidas, a área deste habitat inclusa nesta IPA é limitada, no entanto, se investigações adicionais encontrarem áreas adjacentes de importancia para a conservação, estas devem ser incluídas na rede IPA de alguma forma.

Habitat e Geologia

A IPA da Serra Mecula e Mbatamila alberga vários tipos de habitats, provavelmente devido à topologia variável e amplitude das altitudes – variando desde os 350 m, num afluente do rio Chiulezi a nordeste deste local, a 1.442 m, no pico da Serra Mecula. O local apresenta chuvas sazonais, com uma estação chuvosa que vai de Novembro a Abril, e provavelmente recebe neblinas frequentes em altitudes mais elevadas, semelhante ao descrito para a outra montanha da Reserva do Niassa, o Monte Yao (Congdon & Bayliss 2013). As temperaturas são bastante estáveis, entre 21,5°C em Junho e Julho a 28°C em Novembro.

Ainda que este local necessite de mais pesquisas, foi realizado um levantamento da Reserva do Niassa em 2003 por Timberlake *et al.* (2004), incluindo a Serra Mecula e Mbatamila, com mais expedições botânicas realizadas em 2009 na Serra Mecula (J. Burrows) e em 2013 ao redor de Mbatamila (T. Parker). A seguinte descrição do habitat é baseada nos levantamentos de 2003 de Timberlake *et al.* (2004).

O inselbergue da Serra Mecula alberga a mais diversa gama de habitats na Reserva do Niassa. A vegetação nas encostas das montanhas externas é em grande parte miombo aberto, com espécies incluindo *Brachystegia boehmii*, *B. utilis* e *B. bussei*. Nas vertentes viradas a poente, este miombo apresenta-se particularmente aberto, possivelmente devido ao declive mais acentuado, que pode reter apenas solos finos (Google Earth 2021). No interior das ravinas, seguindo riachos profundamente incisos, observam-se áreas de floresta de galeria, com espécies como *Khaya anthotheca*, *Treculia africana* e *Uapaca lissopyrena*. Esta última, sendo uma espécie de floresta de pântano, provavelmente está associada a áreas de drenagem deficiente semelhantes às manchas de floresta de pântano no Monte Yao (Congdon & Bayliss 2013).

Em altitudes mais elevadas, encontram-se pequenas manchas de floresta de montanha de média altitude, ocorrendo num planalto de alta altitude entre 1.000 – 1.300 m, e em ravinas abaixo dos picos mais altos. Cada mancha tem cerca de 1 a 5 ha de área, com um total de 136 ha (1,36 km^2) na Serra Mecula (Spottiswoode *et al.* 2016). As manchas florestais são dominadas por espécies como *Peddiea africana* e *Erythroxylum emarginatum*, enquanto o estrato arbustivo inclui geralmente arbustos como *Carvalhao macrophylla* e *Rinorea ilicifolia*. Ao redor do pico, há um planalto de matagal disperso. Essas áreas são muito expostas e são povoadas por arbustos baixos, suculentas e ervas, predominantemente gramíneas. As gramíneas dominantes são *Melinis ambigua* e *Urochloa*, enquanto a Asteraceae *Helichrysum kirkii* também é comum nestas áreas. As suculentas incluem *Aloe mawii*, *Tetradenia riparia* e *Kalanchoe elizae*, enquanto os arbustos são ocasionais e incluem espécies como *Searsia tenuinervis* e *Anthospermum whyteanum*, ambas raras.

Foi sugerido por Timberlake *et al.* (2003) que a composição de espécies deste planalto exposto também tem semelhanças com habitats montanhosos húmidos e expostos semelhantes no Zimbábue, embora mais pesquisas sejam necessárias para apoiar esta hipótese.

Nas encostas sul e leste da montanha, a terra foi limpa para a agricultura. As áreas perturbadas são mantidas num estado de pradaria de sub-clímax com arbustos e árvores dispersas, predominantemente *Strychnos spinosa*, mantidos por queimadas frequentes.

A sul da Serra Mecula, a mata de miombo é intercalada com dambos. Enquanto os lagos e pântanos são aqui sazonais (Nagy & Watters 2019), as pradarias nesta área são uma fonte de humidade durante todo o ano. A camada de capim do miombo é bem desenvolvida, ainda que a composição de espécies não tenha sido documentada. Da mesma forma, as espécies associadas aos dambos neste local ainda não foram inventariadas. Pensa-se que estes dambos sejam habitat adequado para orquídeas terrestres. Nenhuma foi colectada até agora, mas é provável que assim seja porque os esforços de colecta não coincidiram com o período de floração da estação chuvosa. As espécies de miombo ao redor de Mbatamila são dos géneros *Brachystegia* e *Julbernardia*, com *B. spiciformis* e *B. boehmii* registadas como comuns. A espécie endémica *Baphia massaiensis* subsp. *gomesii* pode ser encontrada neste miombo como uma árvore pequena e, no estrato inferior/herbaceo de gramíneas ocorre a erva lenhosa endémica, *Justicia attenuifolia* (VU). Os riachos nesta área são delimitados por uma faixa estreita de árvores sempre verdes, incluindo *Syzygium guineense* (provavelmente *S. guineense sensu stricto*.) e *S. cordatum*.

Os solos são descritos como arenosos. Associados aos inselbergues graníticos em redor de Mbatamila encontram-se dois habitats principais: vegetação exposta e esparsa nas encostas e vegetação mais densa e abrigada nas ravinas ou no sopé das encostas. A planta da ressurreição, *Myrothamnus flabellifolius*, e o junco *Coleochloa setifera* são comuns nas encostas. Há também várias suculentas nestes inselbergues, incluindo *Aloe mawii* e *Euphorbia cooperi*. A floresta nas encostas e bordas ainda não foi pesquisada, no entanto, observações aéreas sugerem que são povoadas por *Brachystegia glaucescens*, e também se acredita que o habitat aqui seria adequado para cicadáceas, embora nenhuma tenha ainda sido registada.

As ravinas e encostas relativamente abrigadas dos inselbergues de Mbatamila têm solos mais profundos e mais ricos em nutrientes e, portanto, sustentam florestas e matas mais densas. As espécies nestas áreas incluem árvores como *Grewia forbesii*, *Ficus sur* e *Bombax rhodognaphalon* com a árvore pequena *Grewia bicolor* e as ervas *Celosia trigyna* e *Ruspolia decurrens* no estrato inferior. Onde a vegetação das encostas do sopé transitam para miombo, a composição de espécies é semelhante à dos miombos em terrenos planos, com as espécies de miombo de *Brachystegia* e *Julbernardia*. No entanto, como os solos são mais profundos e mais ricos em argila nessas áreas, as árvores crescem mais frondosas.

Questões de Conservação

A IPA da Serra Mecula e Mbatamila é abrangida pela Reserva Especial do Niassa. A área de Mbatamila está dentro da Área Selvagem do Niassa que, embora não esteja sob gestão de conservação activa, recebe apoio da lei, ao contrário de grande parte da área a oeste da reserva (Luwire Wildlife Conservancy 2019). A Serra Mecula contribui para o turismo dentro da Reserva do Niassa, apesar de o número total de visitantes seja bastante limitado, com apenas 183 em 2013. A renda obtida através do turismo pode ajudar a incentivar e apoiar os esforços de conservação dentro da reserva e, para isso, a ANAC tem promovido "turismo com base na natureza- " dentro da reserva, com especial destaque para a Serra Mecula (ANAC 2018). No entanto, as práticas de gestão observadas durante a expedição botânica de 2003 incluíram a queima anual de pradarias secundárias e matagais na montanha para manter as trilhas abertas, resultando em hectares de terra queimados e na redução do tamanho das manchas florestais à medida que as bordas se degradam (Timberlake *et al*. 2004). Se bem que esta prática dos guardas florestais possa ter sido interrompida nos anos seguintes, provavelmente continua a haver uma ameaça de fogo antropogénico, particularmente nas encostas orientais, onde o fogo tem sido usado para subjugar as abelhas e permitir a colecta de mel (T. Alves, comunicação pessoal. 2021).

O desmatamento nas encostas sul e leste da Serra Mecula foi registado desde que esta área foi ocupada há mais de 100 anos pelo exército alemão durante a Primeira Guerra Mundial, e a expansão de terras desmatadas continuou nos últimos anos (Timberlake *et al*. 2004 ; Instituto de Recursos Mundiais 2021).

Os solos dentro da reserva são conhecidos por serem pobres e de baixa precipitação (Timberlake *et al*. 2004) e assim a terra pode se esgotar após alguns ciclos agrícolas. Embora actualmente intactos, os dambos ao sul da Serra Mecula também podem

Mata de Miombo e floresta ribeirinha na Serra Mecula (TB)

estar sob um alto nível de ameaça para a agricultura devido à humidade durante todo o ano nestas áreas (Timberlake *et al.* 2004). A estrada que atravessa os dambos torna o local particularmente acessível e vulnerável a perturbações. O apoio à população local é necessário para desenvolver práticas agrícolas sustentáveis, proporcionando segurança alimentar para as comunidades e, ao mesmo tempo, garantindo que os principais habitats neste local sejam protegidos.

Há também uma ameaça de desenvolvimento à volta de Mbatamila, com uma pista de aterragem já localizada a noroeste dos inselbergues. A área deve ser totalmente inventariada de forma a permitir uma análise cuidadosa e planeamento de qualquer desenvolvimento de infraestruturas no futuro. Várias espécies de fauna interessantes também foram registadas neste local. Uma espécie de peixe de água doce, *Nothobranchius niassa* (VU), é conhecida apenas da Reserva do Niassa, nas lagoas sazonais associadas aos dambos. Antes que essas lagoas fiquem secas na estação seca, *N. niassa* põe ovos na camada superior do substrato, que eclodem na estação chuvosa subsequente (Nagy & Watters 2019). Grande parte da área de distribuição desta espécie encontra-se nesta IPA e, portanto, a protecção dos dambos aqui é de grande importância para evitar a extinção desta espécie.

Taxa faunísticos interessantes também foram registados na própria Serra Mecula, incluindo duas espécies de borboletas do género *Baliochila* não descritas anteriormente (Congdon & Bayliss 2013). Este inselbergue também é de interesse devido aos seus taxa de aves. Um estudo de Spottiswoode *et al.* (2016) constataram que, embora a Serra Mecula abrigue florestas de montanha, estes habitats são habitados principalmente por espécies associadas a florestas ribeirinhas de baixa a média altitude. A única espécie de floresta de montanha registada foi a Lemon Dove (*Aplopelia larvata* – LC). Os autores sugerem que a falta de taxa de aves de montanha pode ser devido a esta ser remota. Este padrão biogeográfico em espécies de aves pode equivaler à sugestão de Timberlake *et al.* (2004) que existe maior afinidade botânica entre a Serra Mecula e o Planalto de Manica do que o arco das montanhas de Mulanje-Namuli-Ribáuè mais próximo. São recomendadas mais pesquisas para elucidar estes padrões biogeográficos.

Serviços Ecossistémicos Chaves

A Serra Mecula dá um contributo significativo à experiência turística na Reserva do Niassa, com trilhos mantidos na montanha para permitir visitas (Timberlake *et al.* 2004). Os habitats intactos aqui são provavelmente um atractivo aos turistas, principalmente para passeios a pé, proporcionando um incentivo para a sua protecção. A montanha também actua como uma importante fonte de água doce, com drenagem que abastece os rios ao redor da vila de Mecula, que provavelmente fornecem água para consumo directo e para a agricultura.

Alguns desses riachos são afluentes do rio Lugenda ao sul. Além disso, zonas húmidas a sul da Serra Mecula fornecem um habitat importante para as espécies de peixes vulneráveis, *Nothobranchius niassa*, com os dambos dentro desta IPA cobrindo uma grande parte da área de distribuição muito restrita desta espécie (Nagy & Watters 2019). É provável que o miombo dentro desta IPA sirva como fonte de madeira e combustível para o uso da população local. Não houve evidência de que árvores com alto valor de mercado, como *Millettia stuhlmannii*, estejam sendo exploradas selectivamente dentro da área da reserva (Timberlake *et al*. 2004). A colecta de mel também ocorre nas encostas do sopé da Serra Mecula (T. Alves, com. pess. 2021).

Categorias de Serviços Ecossistémicos

- Provisionamento – Matérias-primas
- Provisionamento – Água doce
- Habitat ou serviços de apoio – Habitats para espécies
- Serviços Culturais – Turismo

Justificativa da Avaliação da IPA

A Serra Mecula e Mbatamila qualifica-se como Área Importante de Plantas no critério A(i) devido à presença da espécie globalmente Vulnerável *Justicia attenuifolia*. Ainda que esta espécie ocorra apenas na área de Mbatamila, a Serra Mecula está incluída nesta IPA, pois há fortes suspeitas de que os habitats nesta área abrigam mais espécies de importância para a conservação. Com mais pesquisas, mais espécies despoletadoras provavelmente serão descobertas, proporcionando o potencial de separar as áreas de planície e de montanha como IPAs independentes. A floresta de média altitude, um habitat de importância para a conservação em Moçambique, está presente na Serra Mecula. No entanto, com apenas 136 ha deste tipo de floresta nesta IPA, nenhum dos limites necessários para despoletar o sub-critério C(iii) é atendido. No geral, apenas duas espécies endémicas são actualmente conhecidas nesta IPA, embora seja muito provável que outras mais sejam registadas com mais pesquisas.

Espécies Prioritárias (Critérios IPA A e B)

FAMÍLIA	TÁXON	IPA CRITÉRIO A	IPA CRITÉRIO B	≥ 1% DA POPULAÇÃO GLOBAL	≥ 5% DA POPULAÇÃO NACIONAL	É 1 DOS 5 MELHORES LOCAIS NACIONAL	TODA A POPULAÇÃO GLOBAL	ESPÉCIES DE IMPORTÂNCIA SÓCIO-ECONÓMICA	ABUNDÂNCIA NO LOCAL
Fabaceae	*Baphia massaiensis* subsp. *gomesii*		B(ii)	✓					desconhecida
Lamiaceae	*Rotheca luembensis* subsp. *niassensis*		B(ii)	✓	✓	✓			desconhecida
Rubiaceae	*Justicia attenuifolia*	A(i)		✓	✓	✓			desconhecida
		A(i): 1 ✓	B(ii): 2						

Vegetação do Inselbergue (TB)

Cume da Serra Mecula (TB)

Habitats Ameaçados (IPA Critério C)

TIPO DE HABITAT	IPA CRITÉRIO C	≥ 5% DO RECURSO NACIONAL	≥ 10% DO RECURSO NACIONAL	É 1 DOS 5 MELHORES LOCAIS NACIONAL	ÁREA ESTIMADA DO LOCAL (SE CONHECIDO)
Floresta Húmida de Media Altitude 900–1400 m [MOZ-02]	C(iii)				1.36

Áreas Protegidas e Outras Designações de Conservação

TIPO DE ÁREA DE CONSERVAÇÃO	NOME DA ÁREA DE CONSERVAÇÃO	RELAÇÃO DA IPA COM A ÁREA PROTEGIDA
Reserva Nacional	Reserva Especial do Niassa	Área protegida/de conservação que engloba a IPA
Área Chave de Biodiversidade	Reserva Especial do Niassa	Área protegida/de conservação que engloba a IPA

Ameaças

AMEAÇA	SEVERIDADE	SITUAÇÃO
Agricultura de pequena escala	média	ocorrendo – tendência desconhecida
Estradas e ferrovias	baixa	passada, provavelmente não voltará
Actividades recreativas	baixa	ocorrendo – tendência desconhecida
Aumento da frequência/intensidade de queimadas	média	passado, provável que volte

PROVÍNCIA DO NIASSA

MONTE MASSANGULO

Avaliadores: Sophie Richards, Iain Darbyshire

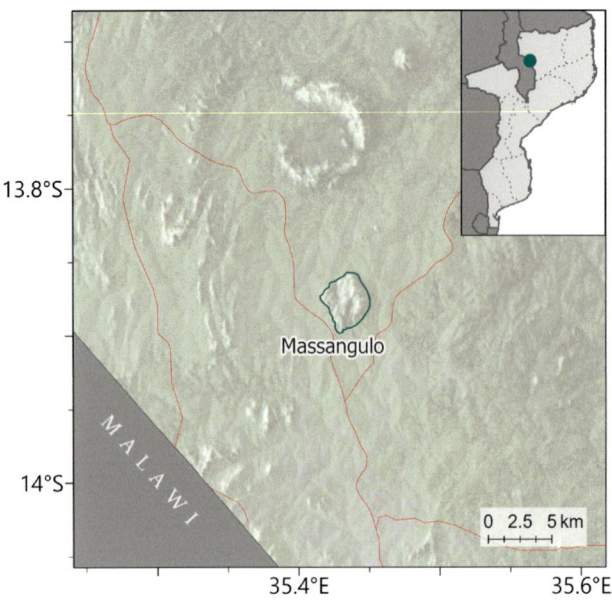
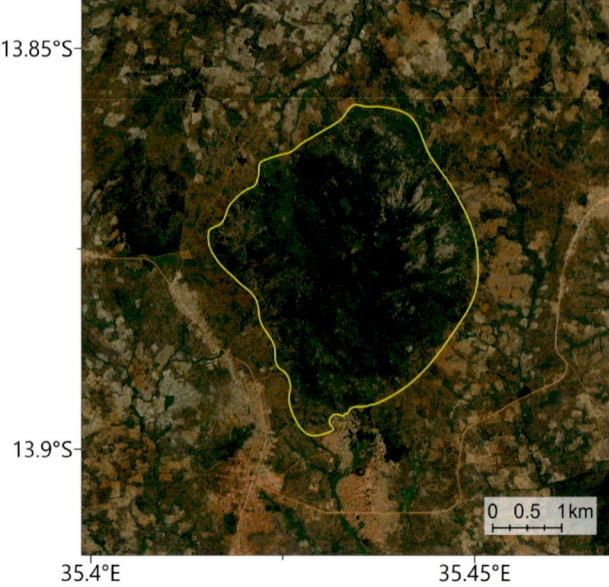

NOME INTERNACIONAL DO LOCAL		Mount Massangulo	
NOME LOCAL (CASO DIFERENTE)		Monte Massangulo	
CÓDIGO DO LOCAL	MOZTIPA039	PROVÍNCIA	Niassa

LATITUDE	-13.87657	LONGITUDE	35.43433
ALTITUDE MINIMA (m a.s.l.)	1.135	ALTITUDE MÁXIMA (m a.s.l.)	1.640
ÁREA (km²)	11	CRITÉRIO IPA	A(i)

Descrição do Local

A IPA do Monte Massangulo é uma montanha no distrito de N'gauma, província de Niassa, perto da fronteira com o Malawi. A Vila de Massangulo, centrada numa das mais antigas missões católicas da região, situa-se no sopé da montanha, enquanto a oeste está a estrada principal de Lichinga que segue para o sul até Mandimba.

A própria montanha atinge um pico de 1.640 m, com o IPA cobrindo uma área de 11 km². Grande parte da IPA é mata de miombo, no entanto, há alguma floresta montanhosa nas ravinas da montanha que abriga a única população em Moçambique da espécie globalmente Ameaçada de extinção, *Streptocarpus erubescens*.

Importância Botânica

Esta IPA é de importância botânica sendo o único local em Moçambique a hospedar *Streptocarpus erubescens*, uma espécie globalmente Ameaçada e quase endémica, conhecida também num pequeno número de locais do outro lado da fronteira no Malawi. A maioria dos locais do Malawi estão ameaçadas pelo desmatamento da floresta de montanha da qual esta espécie depende; portanto, as manchas intactas de floresta de montanha no Monte Massangulo são de grande importância para a sobrevivência contínua desta espécie (Darbyshire & Rokni 2020a).

Recomenda-se um levantamento da população de *S. erubescens* dentro desta IPA, para avaliar o seu tamanho e estado sanitário, pois o último registo botânico da espécie neste local foi realizado em 1967

(Torre #10803). Uma outra espécie ameaçada, *Oncella curviramea* (VU), é conhecida de ocorrer neste local. Massangulo representa um dos dois únicos locais em Moçambique para esta espécie parasitária (Polhill & Wiens 1998). Duas endémicas moçambicanas também são conhecidas por ocorrerem nesta IPA, *Pavetta gardeniifolia* var. *appendiculata*, conhecida apenas em Massangulo na província do Niassa e um pequeno número de outros locais na província da Zambézia, e *Ceropegia cyperifolia* (LC) que tem uma distribuição de apenas 3.826 km².

Nesta área foram registadas nas matas de miombo numerosas espécies madeireiras importantes, incluindo *Albizia gummerifera*, *Brachystegia spiciformis*, *B. utilis* e *Newtonia buchananii* (GBIF.org 2021a), que provavelmente são exploradas e usadas pela população local.

Habitat e Geologia

O Monte Massangulo atinge um pico de 1.640 m, com dois picos menores, a 1.560 m e 1.610 m, a sudeste e sudoeste. A geologia da área é predominantemente de solos arenosos-argilosos sob rocha granitóide (Torre #10773). Grande parte da drenagem da montanha parece fluir para sul em direcção ao rio Chitape. Embora o local não tenha sido objecto de um inventário formal, foram feitas várias colecções no Monte Massangulo e arredores, nomeadamente pelo botânico português António Gomes e Sousa (Exell 1936). Grande parte das encostas de baixa e média altitude do Monte Massangulo estão cobertas por matas de miombo, no entanto, parte do miombo nas áreas mais planas da encosta ocidental da montanha foi convertida em machambas. O Miombo é composto por *Brachystegia*, *Uapaca* e *Julbernardia* spp. nas encostas do sul (Torre # 10773). *Brachystegia boehmii* é a espécie dominante nas áreas de cobertura mais abertas (Exell 1936). Nas clareiras da mata, são comuns árvores de *Piliostigma thonningii* com a erva *Dolichos kilimandscharicus* ferequente no estrato herbáceo (Exell 1936). Nas clareiras do miombo a média altitude é abundante a espécie de gramínea *Eragrostis arenicola*, ocorrendo nos solos secos destas áreas (Gomes e Sousa #1414). As áreas florestadas ocorrem nas ravinas em altitudes médias a altas, particularmente nas encostas voltadas para sul. A composição de espécies destas áreas ainda não foi documentada; no entanto, *Newtonia buchananii* foi registada nestas florestas (Torre #10826), e provavelmente domina como é o caso de várias florestas montanhosas em solos finos em Moçambique (Burrows *et al.* 2018). As florestas montanhosas no Monte Massangulo são importantes para a espécie globalmente ameaçada *Streptocarpus erubescens*, que cresce no solo rochoso (Darbyshire & Rokni 2020a), enquanto *Oncella curviramea* (VU) é conhecida nessas florestas como parasita de pelo menos uma espécie de *Combretum* (Torre #11047).

Questões de Conservação

O Monte Massangulo não se enquadra dentro de uma área protegida, Área Chave de Biodiversidade ou Área Importante de Aves. No entanto, muitas das encostas superiores são protegidas pela Lei do Ambiente (Lei 20/97 de 1997) que proíbe o cultivo de culturas nas encostas mais íngremes das montanhas de Moçambique (Timberlake *et al.* 2007), ainda que estas áreas do Monte Massangulo não sejam em grande parte perturbadas, possivelmente devido à sua inacessibilidade.

Desde 2015, houve uma perda significativa de miombo nas encostas ocidentais inferiores da montanha, incluindo o desbaste da mata (aparentemente devido ao corte de madeira ou lenha) e o desmatamento para agricultura (World Resources Institute 2020; Google Earth 2021). Não obstante as clareiras nas planícies ao redor do Monte Massangulo estarem presentes há algum tempo, com registos botânicos da década de 1930 documentando-as (Gomes e Sousa #1339), até recentemente a própria montanha parecia em grande parte intacta (Google Earth 2021). Próximo ao limite da IPA existem várias plantações florestais de pinheiros e eucaliptos, propriedade da Green Resources S. A. (empresa florestal norueguesa), totalizando 3.322 ha no distrito de Ngaúma. Após uma série de disputas de terra com a população local, alguns dos quais anteriormente cultivavam a terra convertida em floresta (Røhnebæk Bjergene 2015), a empresa concordou em 2020 em ceder os seus direitos de terra às comunidades locais em vários distritos da província do Niassa, incluindo em Ngaúma, onde esta IPA está situada (Agência de Informação de Moçambique 2020). Se a terra puder ser cultivada pela população local, isso pode aliviar a pressão na área de Massangulo, o que pode, por sua vez, retardar a expansão agrícola dentro da IPA.

Os taxa faunísticos do Monte Massangulo ainda não foram catalogados, no entanto, com uma área significativa de matas e florestas intactas, é provável que existam alguns taxa de interesse dentro desta IPA.

Serviços Ecossistémicos Chaves

A drenagem da montanha para o rio Chitape, a sul, parece ser importante para o uso local da terra, com vários povoados, machambas e uma plantação florestal, todos situados junto aos riachos que se originam na montanha. O desbaste da mata de miombo no oeste da IPA sugere que este local é uma fonte de madeira e lenha para combustível.

Categorias de Serviços Ecossistémicos

- Provisionamento – Matérias-primas
- Provisiionamento – Água doce

Justificativa da Avaliação da IPA

O Monte Massangulo qualifica-se como IPA sob o sub-critério A(i), com uma espécie Ameaçada, *Streptocarpus erubescens*, e uma espécie Vulnerável, *Oncella curviramea*. Por ter apenas dois táxons endémicos moçambicanos (*Pavetta gardeniifolia* var. *appendiculata* e *Ceropegia cyperifolia*) e um quase endémico (*S. erubescens*) conhecidos no local, o Monte Massangulo não atinge o limite de 3% de espécies de importância para conservação sob o sub-critério B(ii). Recomenda-se a realização de mais pesquisas sobre a diversidade botânica deste local e para monitorar as populações das espécies prioritárias conhecidas.

Espécies Prioritárias (Critérios IPA A e B)

FAMÍLIA	TÁXON	IPA CRITÉRIO A	IPA CRITÉRIO B	≥ 1% DA POPULAÇÃO GLOBAL	≥ 5% DA POPULAÇÃO NACIONAL	É 1 DOS 5 MELHORES LOCAIS NACIONAL	TODA A POPULAÇÃO GLOBAL	ESPÉCIES DE IMPORTÂNCIA SÓCIO-ECONÓMICA	ABUNDÂNCIA NO LOCAL
Apocynaceae	*Ceropegia cyperifolia*		B(ii)	✓	✓	✓			comum
Gesneriaceae	*Streptocarpus erubescens*	A(i)	B(ii)	✓	✓	✓			desconhecida
Loranthaceae	*Oncella curviramea*	A(i)			✓	✓	✓		desconhecida
Rubiaceae	*Pavetta gardeniifolia* var. *appendiculata*		B(ii)	✓	✓	✓			desconhecida
		A(i): 2 ✓	B(ii): 3						

Habitats Ameaçados (IPA Critério C)

TIPO DE HABITAT	IPA CRITÉRIO C	≥ 5% DO RECURSO NACIONAL	≥ 10% DO RECURSO NACIONAL	É 1 DOS 5 MELHORES LOCAIS NACIONAL	ÁREA ESTIMADA DO LOCAL (SE CONHECIDO)
Floresta Húmida de Média Altitude [MOZ-02]	C(iii)				1.0

Áreas Protegidas e Outras Designações de Conservação

TIPO DE ÁREA DE CONSERVAÇÃO	NOME DA ÁREA DE CONSERVAÇÃO	RELAÇÃO DA IPA COM A ÁREA PROTEGIDA
Sem protecção formal	Não indicado	

Ameaças

AMEAÇA	SEVERIDADE	SITUAÇÃO
Agricultura de pequena escala	baixa	ocorrendo – tendência desconhecida
Exploração de madeira e colecta de produtos florestais	média	ocorrendo – tendência desconhecida

PROVÍNCIA DE NAMPULA

PROVÍNCIA DE NAMPULA

ERÁTI

Avaliador: Iain Darbyshire

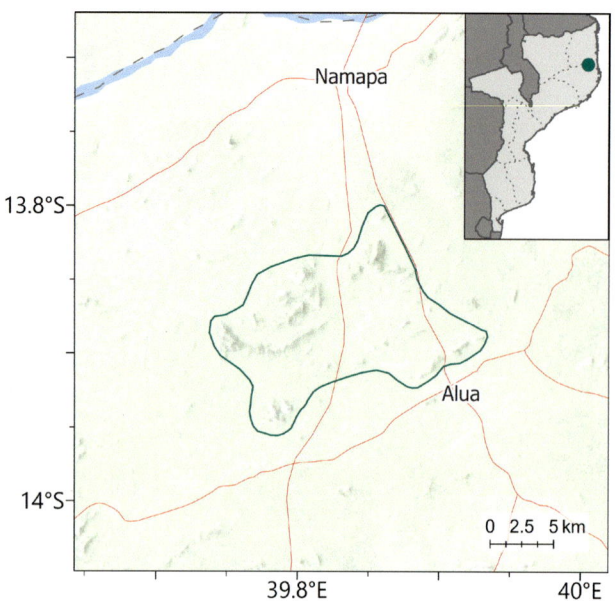
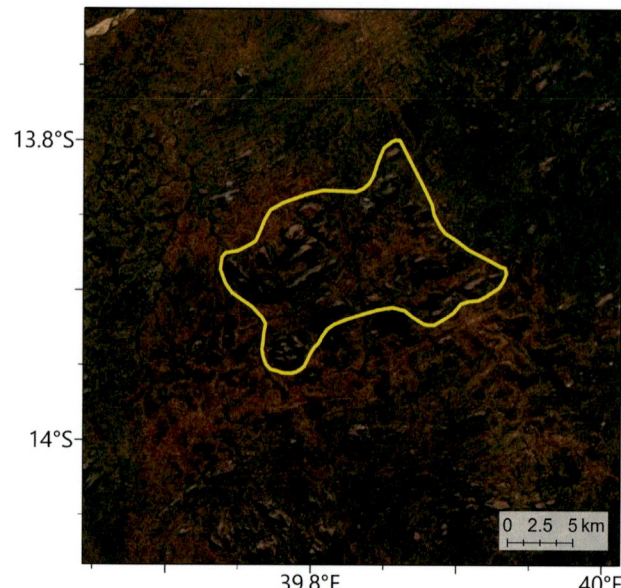

NOME INTERNACIONAL DO LOCAL		Eráti	
NOME LOCAL (CASO DIFERENTE)		–	
CÓDIGO DO LOCAL	MOZTIPA008	PROVÍNCIA	Nampula

LATITUDE	-13.84000	LONGITUDE	39.85300
ALTITUDE MINIMA (m a.s.l.)	262	ALTITUDE MÁXIMA (m a.s.l.)	765
ÁREA (km²)	174	CRITÉRIO IPA	A(i), A(iii), A(iv)

Descrição do Local

A IPA do Eráti compreende uma série de inselbergues graníticos de terras baixas no Distrito de Eráti, a norte da Província de Nampula, que suportam uma interessante flora nas matas com várias espécies de plantas muito localizadas. O local é atravessado pela estrada principal EN1 entre a vila de Namapa e aldeia de Alua , a cerca de 15 – 30 km a sul do rio Lúrio. Como tal, este é um dos grupos mais acessíveis de uma faixa difusa de inselbergues ao longo do norte de Nampula ao sul do Lúrio. A maioria destes picos não foram alvo de estudos botânicos, pelo que pesquisas adicionais nesta região muito sub-explorada, provavelmente revelarão outros locais chave de inselbergue no norte da Província de Nampula, o que pode resultar na expansão da IPA Eráti ou no reconhecimento de mais IPAs nesta região.

Importância Botânica

Apesar da proximidade à estrada EN1 e facilidade de acesso, as colinas de Eráti são pouco exploradas botanicamente. No entanto, levantamentos realizados por Antonio Rocha da Torre e Jorge Paiva na década de 1960, principalmente no Monte Cheovi (Geovi) no nordeste da IPA, revelaram a presença de várias espécies restritas e ameaçadas entre a flora das matas e rochas pelo qual este local é considerado de grande importância. Destaca-se a presença de *Allophylus torrei* (EN). Esta pequena árvore ou arbusto está restrita às matas de inselbergue nas províncias de Cabo Delgado e Nampula, e o IPA Eráti é um dos únicos quatro locais conhecidos para esta espécie (Darbyshire *et al.* 2019d). Outras espécies aqui notáveis de matas de inselbergue incluem o arbusto pequeno *Indigofera pseudomoniliformis* (VU), endémico no norte de Moçambique; o "café selvagem do Ibo" *Coffea zanguebariae* (VU); e o arbusto *Croton kilwae* (EN), que durante pesquisas recentes observou ser frequente nos pequenos inselbergues ao redor de Alua, no sudeste do IPA, (Ernst Schmidt, comunicação pessoal 2020). Esta IPA é também o único local conhecido de *Rotheca sansibarensis* var. *eratensis*, uma variedade local desta espécie com destribuição generalizada. Uma espécie de *Cola* colectada ao longo de um curso de água no Monte Cheovi (Torre & Paiva #9874) foi provisoriamente identificada como *C. discoglypremnophylla* (EN), mas Lawrence & Cheek (2019) observam que é necessário material fértil dos locais de Moçambique para confirmar a sua presença ali – qualquer que seja a identidade, é provável que esta *Cola* seja mais uma espécie de preocupação de conservação. Noutros lugares, o único local conhecido para a recentemente descrita liana da mata de miombo *Momordica mossambica* (DD) fica dentro do limite leste do local (Schaefer 2009), mas a sua presença contínua aqui requer confirmação dada a perda generalizada de miombo ao longo do corredor rodoviário EN1. Da mesma forma, o arbusto pouco conhecido *Pavetta micropunctata* foi registado em matas densas em solos húmidos de húmus de argila preta, no sopé do Monte Cheovi (Torre & Paiva #9887). Esta última espécie ainda não foi avaliada na Lista Vermelha da IUCN, mas é muito provável que esteja globalmente ameaçada. Dado o baixo nível de cobertura botânica até o momento, é muito provável que outras espécies raras e de distribuição restrita sejam descobertas dentro da IPA de Eráti no futuro. Por exemplo, a colecção tipo de *Syncolostemon namapensis* (Balsinhas & Marrime #335) foi feita em 1961, a partir da base da Serra Malala que se entende como parte da cadeia de inselbergues a oeste de Namapa, apenas a cerca de 15 km da IPA de Eráti. Esta espécie é conhecida apenas de Tunduru na Tanzânia, e provavelmente está ameaçada globalmente.

Habitat e Geologia

Este local compreende uma série de inselbergues de baixa altitude derivados de depósitos do Proterozóico médio a superior, com geologia superficial incluindo granitos e gnaisses (Instituto Nacional de Geologia 1987). O clima da região é classificado principalmente como semi-árido e sub-húmido seco com precipitação média anual variando de 800 a 1.200 mm (WCS *et al.* 2021).

A vegetação da IPA não foi documentada em detalhe, mas o habitat predominante nas planícies é a mata de miombo da Escarpa Granítica de Nampula, tipo Miombo de Lötter *et al.* (em preparação), dominado por uma série de *Brachystegia* spp. e *Julbernardia globiflora*. As áreas abrigadas entre as falésias e ravinas dos inselbergues suportam uma vegetação mais densamente arborizada, correspondendo às Matas e Florestas dos inselbergues do Norte, de Lötter *et al.* (em preparação), com espécies importantes incluindo *Sterculia* spp. e *Millettia stuhlmannii*, bem como táxons de miombo. As encostas rochosas mais abertas suportam uma comunidade de plantas xerofíticas, incluindo uma variedade de táxons suculentos, mas isto não foi documentado na IPA de Eráti.

Questões de Conservação

Este local não está actualmente protegido e nenhuma gestão da biodiversidade está em vigor. A maior parte da IPA está incluída na Área Chave

Croton kilwae (JEB)

de Biodiversidade de Eráti, com base na importante população de *Allophylus torrei* (WCS *et al.* 2021); o limite da IPA é ligeiramente maior para incluir as colinas perto de Alua que têm uma população considerável de *Croton kilwae*.

A principal ameaça geral nesta região é a expansão agrícola, ainda que seja menos impactante nas encostas rochosas do que nas matas de miombo das planícies principais (WCS *et al.* 2021). A análise de imagens de satélite históricas revela algumas perdas de vegetação lenhosa ao redor dos inselbergues nos últimos 25 anos (Darbyshire *et al.* 2019d), mas ainda existem áreas consideráveis de vegetação natural que devem sustentar as espécies raras e ameaçadas. Uma ameaça plausível a este habitat é o aumento da frequência de queimadas que invadem as ravinas e encostas a partir das áreas agrícolas vizinhas onde é usado como meio de limpeza de terras.

Serviços Ecossistémicos Chaves

Este local fornece um habitat natural importante para a biodiversidade numa área bastante transformada pela agricultura. Os serviços ecossistémicos fornecidos não são documentados, embora seja provável que as matas forneçam uma série de serviços regulatórios e de abastecimento, incluindo a prevenção da erosão excessiva nas encostas íngremes dos inselbergues.

Categorias de Serviços Ecossistémicos

- Serviços de Regulação – Prevenção de erosão e manutenção da fertilidade do solo
- Habitat ou serviços de apoio – Habitats para espécies
- Habitat ou serviços de apoio – Manutenção da diversidade genética

Justificativa da Avaliação da IPA

Os inselbergues de Eráti qualificam-se como IPA pelo critério A, pois se infere conter populações importantes de quatro espécies ameaçadas pelo critério A(i): *Allophylus torrei* (EN), *Croton kilwae* (EN), *Coffea zanguebariae* (VU) e *Indigofera pseudomoniliformis* (VU); é o único local dentro da rede IPA de Moçambique para a primeira e última destas espécies. O local também qualifica-se no critério A(iii) por ser o único local conhecido de *Momordica mossambica* (DD) e *Rotheca sansibarensis* var. *eratensis*, e sob o critério A(iv), pois é um dos menos de cinco locais conhecidos globalmente de *Pavetta micropunctata*.

Espécies Prioritárias (Critérios IPA A e B)

FAMÍLIA	TÁXON	IPA CRITÉRIO A	IPA CRITÉRIO B	≥ 1% DA POPULAÇÃO GLOBAL	≥ 5% DA POPULAÇÃO NACIONAL	É 1 DOS 5 MELHORES LOCAIS NACIONAL	TODA A POPULAÇÃO GLOBAL	ESPÉCIES DE IMPORTÂNCIA SÓCIO-ECONÓMICA	ABUNDÂNCIA NO LOCAL
Cucurbitaceae	*Momordica mosambica*	A(iii)	B(ii)	✓	✓	✓	✓		desconhecida
Euphorbiaceae	*Croton kilwae*	A(i)		✓	✓	✓			comum
Fabaceae	*Indigofera pseudomoniliformis*	A(i)	B(ii)	✓	✓	✓			desconhecida
Lamiaceae	*Rotheca sansibarensis* var. *eratensis*	A(iii)	B(ii)	✓	✓	✓	✓		desconhecida
Rubiaceae	*Coffea zanguebariae*	A(i)				✓		✓	desconhecida
Rubiaceae	*Pavetta micropunctata*	A(iv)	B(ii)	✓	✓	✓			desconhecida
Sapindaceae	*Allophylus torrei*	A(i)	B(ii)	✓	✓	✓			desconhecida
		A(i): 4 ✓ A(iii): 2 ✓ A(iv): 1 ✓	B(ii): 5						

PROVÍNCIA DE NAMPULA

Áreas Protegidas e Outras Designações de Conservação

TIPO DE ÁREA DE CONSERVAÇÃO	NOME DA ÁREA DE CONSERVAÇÃO	RELAÇÃO DA IPA COM A ÁREA PROTEGIDA
Sem protecção formal	Não indicado	
Área Chave de Biodiversidade	Eráti	Área protegida/de conservação que engloba a IPA

Ameaças

AMEAÇA	SEVERIDADE	SITUAÇÃO
Agricultura itinerante	média	ocorrendo – tendência desconhecida
Agricultura de pequena escala	média	ocorrendo – tendência desconhecida
Exploração de madeira e colecta de produtos florestais	desconhecida	ocorrendo – tendência desconhecida
Aumento da frequência/intensidade de queimadas	desconhecida	ocorrendo – tendência desconhecida

FLORESTA DE MATIBANE

Avaliadores: Jo Osborne, Iain Darbyshire, Hermenegildo Matimele

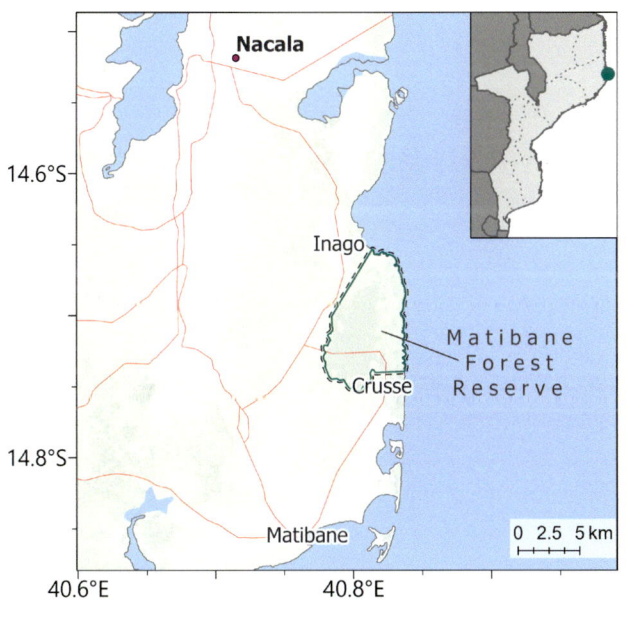
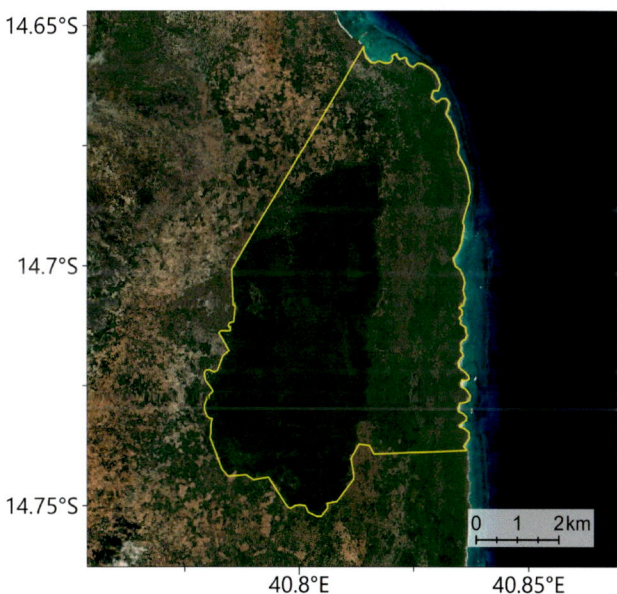

NOME INTERNACIONAL DO LOCAL		Matibane Forest	
NOME LOCAL (CASO DIFERENTE)		Floresta de Matibane	
CÓDIGO DO LOCAL	MOZTIPA005	PROVÍNCIA	Nampula

LATITUDE	-14.71331	LONGITUDE	40.80208
ALTITUDE MINIMA (m a.s.l.)	0	ALTITUDE MÁXIMA (m a.s.l.)	102
ÁREA (km²)	45.4	CRITÉRIO IPA	A(i), C(iii)

Androstachys johnsonii e *Icuria dunensis* na floresta seca costeira de Matibane (JO)

Descrição do Local

A Floresta de Matibane é um local costeiro no Distrito de Mossuril, na Província de Nampula, a cerca de 20 km a sudeste da cidade de Nacala, e 12 km a norte da vila de Matibane. O local compreende uma área central de floresta seca costeira e uma zona costeira de matagal e brenha, com cerca de 2 km de largura, a leste entre o limite da floresta e a costa. Matibane foi declarada uma Reserva Florestal em 1957 (Portaria nº 8.459 de 22.7.57), originalmente criada para a protecção e recuperação de *Androstachys johnsonii*, uma árvore madeireira sobre-explorada. A reserva é co-gerida pelo governo e pelas comunidades locais. Embora não se encontre residências dentro da zona central da Reserva Florestal, existem três comunidades vivendo ao redor dos seus limites: Crusse ao sul e Inago e Namalasa a noroeste. A população local tem as machambas (áreas pequenas para agricultura) na zona costeira. Neste IPA a floresta seca costeira intacta do Rovuma é de importância global para a conservação e o local é de particular interesse por ser o único local global onde os géneros de leguminosas ameaçados *Icuria* e *Micklethwaitia*, ambos endémicos de Moçambique, ocorrem juntos.

Importância Botânica

A floresta de Matibane é de alta importância botânica nos cerca de 23 km² de floresta seca costeira intacta, na porção sul do proposto Centro de Endemismo de Plantas do Rovuma (Burrows & Timberlake 2011; Darbyshire *et al.* 2019a), sendo este um dos tipos de habitat mais ameaçados e fragmentados em Moçambique. É um local crítico da *Icuria dunensis*, uma espécie arbórea endémica de Moçambique e globalmente ameaçada de extinção, na qual a Floresta de Matibane é o local mais setentrional conhecido da ocorrência natural da espécie (Darbyshire *et al.* 2019e). Esta árvore é muito restrita e conhecida de poucos locais ao longo de cerca de 360 km da faixa litoral, onde ocorre em pequenas e fragmentadas manchas florestais, muitas das quais estão sob crescente pressão da invasão humana. A floresta de Matibane é actualmente a única área protegida onde esta árvore ocorre. Aqui, a *Icuria dunensis* cresce com a importante espécie madeireira *Androstachys johnsonii* (LC), com aproximadamente 0,84 km² de floresta dominada por *Icuria* registada na porção central deste local. Matibane foi identificada como uma das três únicas florestas de *Icuria* avaliadas como estando em "muito bom estado" usando um Índice de Condição Ecológica Florestal (A. Massingue, com. pess.), estando as outras em Mogincual [MOZTIPA029] e Moebase [MOZTIPA032].

Uma segunda espécie arbórea endémica nacional de grande importância neste local é a *Micklethwaitia carvalhoi* (VU), que se encontra aqui no extremo sul da sua distribuição, onde é localmente abundante com alguns povoamentos dominantes ou co-dominantes, particularmente na porção norte da reserva.

Outras espécies ameaçadas de destaque neste local são *Hexalobus mossambicensis* (VU), *Monanthotaxis trichantha* (VU), *Pavetta dianeae* (EN), *Premna tanganyikensis* (VU) e *Tarenna pembensis* (EN). No total, na Floresta de Matibane ocorrem nove espécies de plantas endémicas a nível nacional, e quatorze espécies ameaçadas de extinção. O inventário botânico deste importante local está actualmente incompleto, pelo que um reconhecimento detalhado poderá revelar mais espécies de plantas raras e ameaçadas.

Habitat e Geologia

O habitat principal em Matibane é uma floresta costeira seca, semi-sempreverde e baixa, crescendo em areias profundas em terreno plano ou ligeiramente ondulado (Müller *et al.* 2005). O dossel da floresta é dominado por *Androstachys johnsonii*, muitas vezes formando povoamentos quase puros ou mistos com *Icuria dunensis* ou *Micklethwaitia carvalhoi*. Outras espécies de árvores observadas por Müller *et al.* (2005) incluem *Afzelia quanzensis*, *Albizia forbesii*, *A. glaberrima*, *Balanites maughamii*, *Fernandoa magnifica*, *Markhamia obtusifolia*, *Mimusops caffra*, *Schrebera trichoclada* e *Sclerocarya birrea*, mas nenhuma delas é dominante. O estrato inferior da floresta é denso e rico em árvores pequenas, arbustos e lianas, com um *Combretum* sp., vários *Strychnos* spp. e várias Rubiaceae incluindo a quase endémica *Hyperacanthus microphyllus* – aqui na extensão mais setentrional da sua distribuição – todas comuns; *Hymenocardia ulmoides* também foi observada como comum por Müller *et al.* (2005). A nordeste da floresta, entre a orla e a costa, existe uma zona de matagal e brenha costeiros.

Matibane é destinguida por ter uma densidade particularmente alta de árvores de *Icuria* onde é dominante, embora aqui esteja restrita a menos de 1 km² da Reserva Florestal (A. Massingue, com. pess.). Observou-se que o recrutamento de plântulas e juvenis é bom.

A precipitação é bastante baixa, com uma média anual de 800 mm por ano registada na vizinha Nacala, concentrada nos meses de Dezembro a Março. As temperaturas permanecem altas durante todo o ano, com temperaturas médias mensais altas variando de 29 a 31°C em Nacala (weatherbase.com).

Questões de Conservação

A extracção ilegal de madeira e a produção de carvão representam sérias ameaças à Floresta de Matibane. *Androstachys johnsonii*, conhecida como 'mecrusse', é explorada selectivamente no interior da zona central da reserva florestal. *Micklethwaitia carvalhoi*, conhecida como 'evate', é cortada particularmente ao redor da borda norte da floresta, para construção local e também é usada para produzir carvão dentro da floresta. Os agentes ambientais (Fiscais) de cada uma das três comunidades locais trabalham a tempo parcial (por exemplo, três dias por semana), mas têm recursos insuficientes para controlar a actividade ilegal. Eles patrulham a pé, pois não têm acesso a veículos. Alguma caça ilegal de 'impala' ocorre dentro da floresta. Uma espécie não nativa de *Opuntia* (cactus) ocorre ao longo de uma linha férrea abandonada, mas não parece ter se alastrado pela floresta.

Vitex carvalhoi (JB)

Plântulas de *Icuria dunensis* na Foresta de Matibane (JO)

Reserva florestal de Matibane (JO)

A extensão actual da Reserva Florestal é menor do que a originalmente decretada, e a maior parte do habitat natural na extensão sudoeste original da reserva já foi desmatado. Evidências das imagens do Google Earth (2021) mostram alguns declínios notáveis na extensão da floresta na secção norte da actual zona tampão da reserva, mas tal parece ter estabilizado desde os meados da década de 1990. Nestas áreas, campos de pousio e áreas em regeneração dominadas por *Hyparrhenia* spp. são frequentes (Müller *et al.* 2005). Estas aberturas parecem ser mantidas por queimadas regulares.

Este local também está incluído na rede de Áreas Chave de Biodiversidade de Moçambique devido à sua população de *Icuria dunensis* (WCS *et al.* 2021).

Serviços Ecossistémicos Chaves

A floresta costeira seca de Matibane fornece madeira local para construção, além de plantas medicinais que são usadas pelas comunidades locais. As espécies de madeira incluem *Androstachys johnsonii* 'mecrusse' e *Micklethwaitia carvalhoi* 'evate'.

O matagal e a brenha costeira fornecem madeira, corda e m'siro, um produto cosmético extraído das raízes da *Olax dissitiflora*. As espécies madeireiras de valor económico incluem *Afzelia quanzensis* 'chanfuta', *Dalbergia melanoxylon* 'pau-preto' e *Sterculia quinqueloba* 'metonha', enquanto a corda é feita da casca de *Sterculia africana*. Outras espécies das matas e brenhas costeiras são utilizadas localmente para a colheita de frutos (*Mimusops caffra*, *Sclerocarya birrea*, *Strychnos cocculoides* e *Strychnos spinosa*), e madeira para fazer os cabos dos instrumentos de trabalho (*Strychnos cocculoides*).

É também provável que tanto a floresta seca costeira como os matagais e brenhas costeiras actuem como fonte de insectos polinizadores, contribuindo na diversidade de polinizadores disponíveis para a agricultura local.

Categorias de Serviços Ecossistémicos

- Provisionamento – Alimentos
- Provisionamento – Matérias-primas
- Provisionamento – Recursos medicinais
- Serviços de Regulação – Polinização

Justificativa da Avaliação da IPA

A floresta de Matibane qualifica-se como IPA sob os critérios A e C. De acordo com o sub-critério A(i), o local suporta populações importantes de 14 espécies de plantas globalmente ameaçadas. Para o critério C(iii) o local inclui uma área significativa de floresta seca costeira do Centro de Endemismo do Rovuma CoE, incluindo manchas dominadas por *Icuria dunensis* (EN) e *Micklethwaitia carvalhoi* (VU), sendo por isso considerado um dos cinco melhores locais a nível nacional. No geral, o local é conhecido por abrigar 10 espécies de plantas de alta importância para a conservação, conforme definido no critério B(ii) da IPA. Nove delas são espécies endémicas a nível nacional, enquanto a décima é endémica a nível regional, com uma área de distribuição restrita inferior a 10.000 km². Uma vez que existem menos de 16 espécies de elevada importância para a conservação, o local não cumpre o limiar para se qualificar como IPA no critério B(ii) para Moçambique. Porém, a flora neste local não foi extensivamente estudada até à data pelo que poderá incluir outras espécies elegíveis.

Espécies Prioritárias (Critérios IPA A e B)

FAMÍLIA	TÁXON	IPA CRITÉRIO A	IPA CRITÉRIO B	≥ 1% DA POPULAÇÃO GLOBAL	≥ 5% DA POPULAÇÃO NACIONAL	É 1 DOS 5 MELHORES LOCAIS NACIONAL	TODA A POPULAÇÃO GLOBAL	ESPÉCIES DE IMPORTÂNCIA SÓCIO-ECONÓMICA	ABUNDÂNCIA NO LOCAL
Annonaceae	Hexalobus mossambicensis	A(i)	B(ii)	✓	✓	✓		✓	desconhecida
Annonaceae	Monanthotaxis trichantha	A(i)		✓	✓	✓			desconhecida
Commelinaceae	Aneilema mossambicense		B(ii)						desconhecida
Fabaceae	Icuria dunensis	A(i)	B(ii)	✓	✓	✓		✓	abundante
Fabaceae	Micklethwaitia carvalhoi	A(i)	B(ii)	✓	✓	✓		✓	abundante
Fabaceae	Millettia mossambicensis		B(ii)					✓	desconhecida
Lamiaceae	Premna tanganyikensis	A(i)		✓	✓	✓			desconhecida
Lamiaceae	Vitex carvalhi	A(i)		✓	✓	✓			desconhecida
Loranthaceae	Agelanthus longipes	A(i)		✓	✓	✓			desconhecida
Rubiaceae	Paracephaelis trichantha	A(i)			✓	✓			desconhecida
Rubiaceae	Pavetta curalicola		B(ii)						desconhecida
Rubiaceae	Pavetta dianeae	A(i)	B(ii)	✓	✓	✓			ocasional
Rubiaceae	Pavetta mocambicensis	A(i)	B(ii)	✓	✓	✓			desconhecida
Rubiaceae	Psydrax micans	A(i)				✓			desconhecida
Rubiaceae	Tarenna pembensis	A(i)	B(ii)	✓	✓	✓			ocasional
Rutaceae	Zanthoxylum tenuipedicellatum	A(i)	B(ii)	✓	✓	✓			desconhecida
Sapotaceae	Vitellariopsis kirkii	A(i)			✓	✓			desconhecida
		A(i): 14 ✓	B(ii): 10						

Habitats Ameaçados (IPA Critério C)

TIPO DE HABITAT	IPA CRITÉRIO C	≥ 5% DO RECURSO NACIONAL	≥ 10% DO RECURSO NACIONAL	É 1 DOS 5 MELHORES LOCAIS NACIONAL	ÁREA ESTIMADA DO LOCAL (SE CONHECIDO)
Floresta Costeira Seca de Micklethwaitia do Rovuma [MOZ-12b]	C(iii)		✓	✓	
Floresta Costeira Seca de Icuria do Rovuma [MOZ-12c]	C(iii)			✓	0.84

Áreas Protegidas e Outras Designações de Conservação

TIPO DE ÁREA DE CONSERVAÇÃO	NOME DA ÁREA DE CONSERVAÇÃO	RELAÇÃO DA IPA COM A ÁREA PROTEGIDA
Reserva Florestal (conservação)	Reserva Florestal de Matibane	Área protegida/de conservação que engloba a IPA
Área Chave de Biodiversidade	Reserva Florestal de Matibane	Área protegida/de conservação que engloba a IPA

Ameaças

AMEAÇA	SEVERIDADE	SITUAÇÃO
Agricultura de pequena escala	baixa	ocorrendo – tendência desconhecida
Exploração de madeira e colecta de produtos florestais	média	ocorrendo – tendência desconhecida

ILHAS DE GOA E SENA

Avaliadores: Iain Darbyshire, Papin Mucaleque

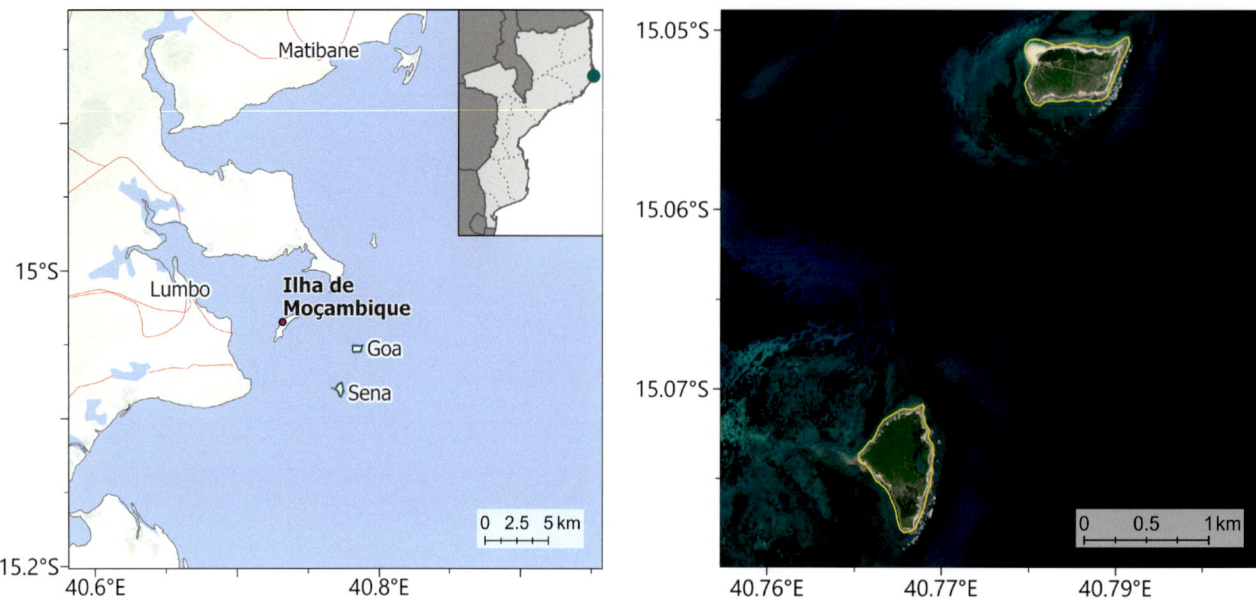

NOME INTERNACIONAL DO LOCAL		Goa and Sena Islands	
NOME LOCAL (CASO DIFERENTE)		Ilhas de Goa e Sena	
CÓDIGO DO LOCAL	MOZTIPA010	PROVÍNCIA	Nampula

LATITUDE	-15.05310	LONGITUDE	40.78440
ALTITUDE MINIMA (m a.s.l.)	0	ALTITUDE MÁXIMA (m a.s.l.)	8
ÁREA (km²)	0.65	CRITÉRIO IPA	A(i)

Descrição do Local

Goa e Sena são duas ilhotas de coral baixas do Oceano Índico, e separadas por cerca de 2,6 km da Ilha de Moçambique, na Província de Nampula, medindo cerca de 0,3 km² e 0,35 km² respectivamente. Estas ilhas estão localizadas na foz da Baía de Mossuril, a aproximadamente 6,5 a 8 km da costa do continente. Situam-se a leste e sudeste da famosa Ilha de Moçambique, Património da Humanidade, um dos mais antigos assentamentos europeus na África Oriental, e um importante centro comercial inicial sob o domínio português desde o início do século XVI até a independência. Enquanto a Ilha de Moçambique está agora quase totalmente edificada, as ilhas de Goa e Sena estão praticamente intactas. De referir que a Ilha de Sena também é conhecida localmente como Ilha das Cobras.

Importância Botânica

Estas ilhas suportam importantes exemplos de brenha sob rocha coralina, um tipo de vegetação que ocorre apenas esporádicamente na costa norte de Moçambique – este é um dos locais mais a sul deste habitat a nível nacional. A brenha sob rocha coralina suporta uma espécie endémica, *Euphorbia angularis* (VU), que é comum em toda a ilha de Goa, mas está ausente na ilha de Sena (Mucaleque 2020a). As ilhas também suportam duas espécies quase endémicas de *Barleria* – *B. setosa* (EN) e *B. laceratiflora* (EN) (Darbyshire *et al.* 2015; Luke *et al.* 2015b; Darbyshire 2018). A primeira é comum tanto em Goa como em Sena (Mucaleque 2020a); é também conhecida históricamente a partir da Ilha de Moçambique e do continente adjacente na Cabeceira Pequena, perto de Mossuril; no entanto, devido à perda de habitat nestes dois últimos locais, esta espécie pode agora estar restrita às ilhas de Goa e Sena. A espécie *Barleria laceratiflora* foi registada na Ilha de Goa em 1947; não foi reencontrada em nenhuma das ilhas durante uma breve visita botânica em 2020 (Mucaleque 2020a), mas poderia ser facilmente despercebida se não estivesse em flor. Em outras regiões esta espécie é apenas conhecida na Baía de Lindi, no sudeste costeiro da Tanzânia, onde é considerada ameaçada pelo desenvolvimento e pela perda de habitat (Luke *et al.* 2015b). Até onde sabemos, apenas a ilha de Goa foi préviamente pesquisada pela sua diversidade de plantas antes do rápido levantamento botânico em ambas as ilhas realizada em 2020 pelo projecto TIPAs: Moçambique.

Habitat e Geologia

As ilhas estão cercadas por recifes de coral e são formadas a partir de depósitos expostos de rocha coralina. Ocorrem dois tipos principais de vegetação: brenha sob rocha coralina e mangais. Na ilha de Goa, a brenha sob rocha coralina é comum e forma áreas densas e impenetráveis com elementos arbustivos de folha caduca e sempre-verdes. Aqui as espécies dominantes são *Euphorbia angularis*, *Grewia glandulosa*, *Pemphis acidula* e *Suriana maritima*. A brenha em Sena é um pouco menos densa e mais pequena, onde a espécie *E. angularis* está ausente, mas a espécie *Salvadora persica* é mais numerosa. As espécies *Euphorbia tirucalli*, *Aloe* e *Sansevieria* (Dracaena) também são observadas nas brenhas de Sena (Mucaleque 2020a).

Na ilha de Goa, os mangais estão restritos à zona norte, enquanto que em Sena estão mais dispersos especialmente no lado leste, e estão associados a lagunas abertas. Em ambos os casos, *Rhizophora mucronata* é a espécie dominante, com *Pemphis acidula* ocorrendo abundantemente ao longo das margens do mangal (Mucaleque 2020a).

Questões de Conservação

Embora o Património Mundial da UNESCO (PMU) da Ilha de Moçambique esteja focado na fortaleza e arquitectura da ilha principal, e na associação com a história da navegação e comércio no Oceano Índico, as ilhas de Goa e Sena enquadram-se na zona tampão proposta do PMU (UNESCO 2020). Esta IPA não está actualmente inclusa na rede de Áreas Chave de Biodiversidade de Moçambique.

Actualmente, há distúrbios muito reduzidos em ambas as ilhas. A ilha de Goa é habitada apenas por um faroleiro no lado oriental, e é visitada apenas ocasionalmente por pescadores. Um antigo ocupante do farol pastava gado na ilha e isso encorajou outros residentes locais a trazerem o seu gado, mas esta actividade cessou em 2008 e não causou danos duradouros (Mucaleque 2020a). A brenha sob rocha coralina está praticamente intacta, excepto por dois carreiros que cruzam a ilha de norte a sul e de leste a oeste; A espécie *Barleria setosa* é bastante frequente nas margens destes carreiros. Uma espécie introduzida de *Opuntia* (cactus) está presente em pequeno número, mas não parece ser particularmente invasiva. Fora isso, o único problema é com lixo e detritos do mar. Na ilha de Sena, os pescadores montam acampamentos temporários com pequenas cabanas construídas com madeira cortada no local, mas estas têm apenas um impacto muito pequeno na vegetação.

O turismo está a expandir-se rápidamente ao longo da costa do Distrito de Mossuril, e a Ilha de Moçambique, Património Mundial, e um dos destinos turísticos que mais cresce em Moçambique tanto pelo seu interesse

Ilha de Goa (PM)

Brenha sob rocha coralina na Ilha de Sena (PM)

histórico como pelas suas belas praias. Existe a preocupação de que esta crescente indústria turística se expanda para as ilhas vizinhas de Goa e Sena no futuro, o que pode ser prejudicial se não for cuidadosamente controlado. Contudo, os planos anteriores para desenvolver pousadas turísticas na ilha de Goa foram rejeitados pelo governo, em parte devido à associação da ilha ao Património Mundial (Mucaleque 2020a). Actualmente, apenas poucos turistas visitam estas ilhas, e Sena continua a ser de difícil acesso, visto não existir uma ligação regular de barco.

Outra potencial ameaça futura é o aumento de eventos climáticos extremos e inundações à luz das mudanças climáticas induzidas pelo homem; estas ilhas são tão baixas (principalmente abaixo de 5 m) que podem ser fortemente afectadas pelo aumento do nível do mar ou pelo aumento de eventos de tempestade, embora a vegetação intacta possa oferecer alguma resiliência.

Serviços Ecossistémicos Chaves

As ilhas têm algum potencial como destino de ecoturismo, mas isso teria que ser cuidadosamente gerido para evitar perturbações nos habitats frágeis. Estas fornecem habitat importante para espécies marinhas, incluindo espécies de tartarugas, e para aves migratórias (Mucaleque 2020a).

Categorias de Serviços Ecossistémicos

- Serviços de Regulação – Prevenção de erosão e manutenção da fertilidade do solo
- Habitat ou serviços de apoio – Habitats para espécies
- Habitat ou serviços de apoio – Manutenção da diversidade genética
- Serviços Culturais – Turismo
- Serviços Culturais – Valorização estética e inspiração para cultura, arte e desenho

Justificativa da Avaliação da IPA

As ilhas de Goa e Sena qualificam-se como IPA sob o Critério A(i), pois suportam populações críticas de três espécies globalmente ameaçadas: a endémica *Euphorbia angularis*, que é considerada Vulnerável, e as duas espécies quase endémicas de *Barleria* ameaçadas, *B. setosa* e *B. laceratiflora*; com base no conhecimento actual, esta IPA é considerada como sendo o local mais importante globalmente para estas três espécies.

Mangais na Ilha de Sena (PM)

PROVÍNCIA DE NAMPULA

Euphorbia angularis na Ilha de Goa (PM)

Barleria setosa na Ilha de Goa (PM)

Espécies Prioritárias (Critérios IPA A e B)

FAMÍLIA	TÁXON	IPA CRITÉRIO A	IPA CRITÉRIO B	≥ 1% DA POPULAÇÃO GLOBAL	≥ 5% DA POPULAÇÃO NACIONAL	É 1 DOS 5 MELHORES LOCAIS NACIONAL	TODA A POPULAÇÃO GLOBAL	ESPÉCIES DE IMPORTÂNCIA SÓCIO-ECONÓMICA	ABUNDÂNCIA NO LOCAL
Acanthaceae	*Barleria laceratiflora*	A(i)	B(ii)	✓	✓	✓			desconhecida
Acanthaceae	*Barleria setosa*	A(i)	B(ii)	✓	✓	✓			comum
Euphorbiaceae	*Euphorbia angularis*	A(i)	D(ii)	✓	✓	✓	✓		comum
		A(i): 3 ✓	B(ii): 3						

Áreas Protegidas e Outras Designações de Conservação

TIPO DE ÁREA DE CONSERVAÇÃO	NOME DA ÁREA DE CONSERVAÇÃO	RELAÇÃO DA IPA COM A ÁREA PROTEGIDA
UNESCO World Heritage Site	Island of Mozambique: Buffer Zone/ Ilha de Moçambique: Zona Tampão	Área protegida/de conservação que engloba a IPA

Ameaças

AMEAÇA	SEVERIDADE	SITUAÇÃO
Áreas de turismo e recreação	desconhecida	futuro – ameaça deduzida
Exploração de madeira e colecta de produtos florestais	baixa	ocorrendo – estável
Mudanças climáticas e clima severo – tempestades e inundações	desconhecida	futuro – ameaça deduzida

PROVÍNCIA DE NAMPULA

MOGINCUAL

Avaliadores: Iain Darbyshire, Alice Massingue

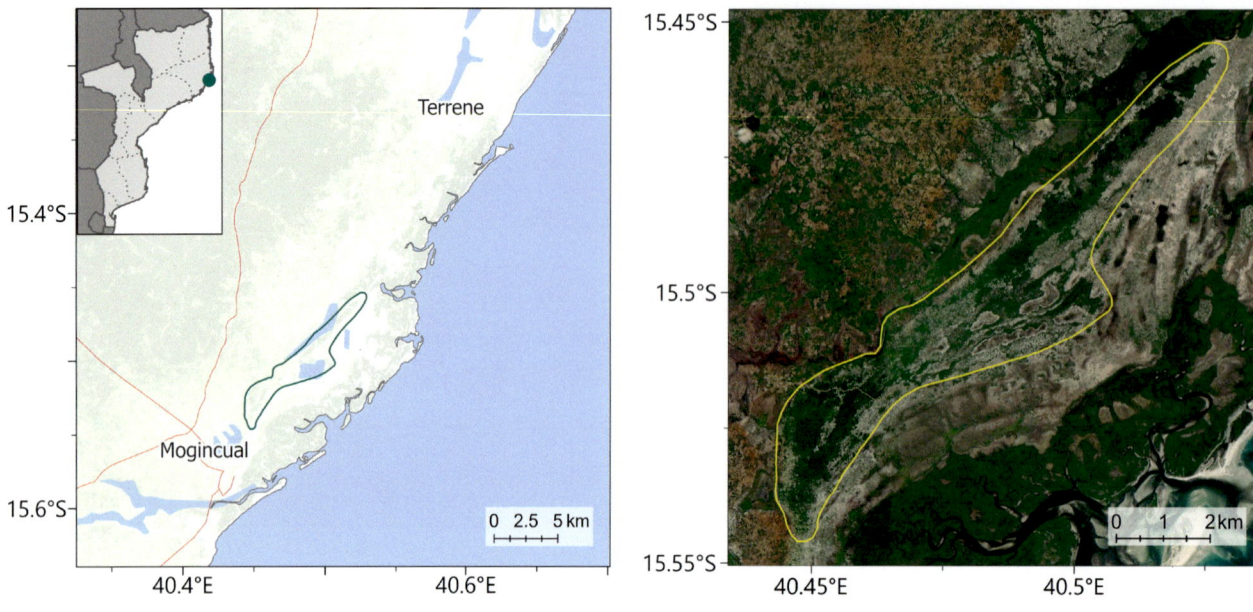

NOME INTERNACIONAL DO LOCAL		Mogincual	
NOME LOCAL (CASO DIFERENTE)		–	
CÓDIGO DO LOCAL	MOZTIPA029	PROVÍNCIA	Nampula

LATITUDE	-15.49730	LONGITUDE	40.48840
ALTITUDE MINIMA (m a.s.l.)	4	ALTITUDE MÁXIMA (m a.s.l.)	48
ÁREA (km²)	21.0	CRITÉRIO IPA	A(i), C(iii)

Descrição do Local

A IPA de Mogincual está localizada a nordeste da vila de Mogincual no distrito do mesmo nome, na província costeira de Nampula. O local cobre uma área de areias costeiras sazonalmente húmidas com manchas de floresta seca costeira. Este local faz parte do Centro de Endemismo de Plantas do Rovuma (Burrows & Timberlake 2011; Darbyshire *et al.* 2019a).

Importância Botânica

A IPA de Mogincual é de alta importância botânica por abrigar a segunda maior área confirmada de floresta seca costeira dominada pela *Icuria*, em todo o mundo. *Icuria dunensis* ('icuri' ou 'ncuri') é uma espécie e género endémico de leguminosa arbórea, que forma povoamentos monodominantes ou codominantes em pequenas manchas isoladas, ao longo de cerca de 360 km da costa de Moçambique (Darbyshire *et al.* 2019e).

A área de floresta dominada por *Icuria* pesquisada até o momento em Mogincual é de aproximadamente 3,25 km², mas a área total é potencialmente maior, pois alguns fragmentos de floresta que se acredita conter *Icuria* na porção nordeste da IPA ainda não foram pesquisados. Este, foi identificado como uma das três únicas florestas de *Icuria* avaliadas como em "muito bom estado", usando um Índice de Condição Ecológica Florestal (A. Massingue, dados não publicados).

Os trabalhos de pesquisa recentes nesta floresta revelaram uma população pequena, mas significativa, da espécie arbórea endémica *Scorodophloeos torrei*, ameaçada de extinção. Pelo menos 10 indivíduos adultos foram aqui encontrados, mas um levantamento populacional completo não foi realizado (A. Massingue, pers. obs.). Esta espécie é conhecida de apenas três sub-populações, duas das quais estão muito ameaçadas (Darbyshire & Rokni 2020b), portanto, Mogincual é um local globalmente importante para esta espécie. Outras espécies raras e ameaçadas provavelmente serão descobertas neste local após um inventário botânico mais completo.

Habitat e Geologia

Aqui, a espécie *Icuria dunensis* forma povoamentos moderadamente densos, tendo-se observado recrutamento de plântulas e juvenis. A densidade de árvores de *Icuria* neste local é estimada em 280 por ha, significativamente menor do que na Reserva Florestal de Matibane, onde foi estimada uma densidade de quase 900 por ha (A. Massingue, obs. pess.). Como em outros lugares de ocorrência natural, as florestas de *Icuria* estão associadas a areias baixas com um lençol freático alto. As manchas florestais encontram-se dentro de uma matriz de vegetação das dunas mais aberta, e com algumas depressões intermédias que retêm as águas superficiais na estação chuvosa.

A diversidade de espécies dentro da IPA não foi bem documentada até à data, pelo que é provável este local conter outras espécies de plantas de interesse para a conservação, incluindo as endémicas do Centro do Rovuma. O clima é muito sazonal, com picos de chuvas de Dezembro a Março; a precipitação média anual é de cerca de 1.050 milímetros.

Questões de Conservação

A IPA de Mogincual não está actualmente protegida. Contudo, os fragmentos florestais estão em boas condições e não parecem ter sido reduzidos em tamanho por actividades antrópicas nas últimas décadas, como evidenciado por imagens históricas de satélite disponíveis no Google Earth (2021). Tal como acontece com a maioria das zonas costeiras de Moçambique, o Distrito de Mogincual está a registar um crescimento significativo e contínuo da população humana, com um aumento de 72% registado entre os censos de 1997 e 2017 (Instituto Nacional de Estatística Moçambique 2021) e tal poderá no futuro reflectir-se num aumento da pressão sobre os habitats costeiros. Em outros locais de ocorrência natural, as árvores de *Icuria* são ameaçadas pela retirada da casca para construção de barcos de pesca e para fazer cordas (Darbyshire *et al.* 2019e), mas não está claro se esse é o caso em Mogincual.

Serviços Ecossistémicos Chaves

A floresta costeira e a vegetação arbustiva, incluindo os povoamentos da *Icuria*, ajudam a estabilizar e proteger os depósitos de areia costeiros e, assim, evitar a erosão excessiva durante eventos climáticos extremos. Estes sistemas também são susceptíveis de fornecer habitat importante e serviços de apoio à fauna.

Categorias de Serviços Ecossistémicos

- Serviços de Regulação – Moderação de eventos extremos
- Serviços de Regulação – Prevenção de erosão e manutenção da fertilidade do solo
- Habitat ou serviços de apoio – Habitats para espécies
- Habitat ou serviços de apoio – Manutenção da diversidade genética

Justificativa da Avaliação da IPA

A IPA de Mogincual qualifica-se como uma Área Importante de Plantas sob o critério A(i) com base nas populações globalmente importantes de *Icuria dunensis* e *Scorodophloeos torrei*, ambas classificadas como Ameaçadas na Lista Vermelha da IUCN. Também qualifica-se no critério C(iii) porque a floresta seca costeira de *Icuria* é um habitat de distribuição restrito e ameaçado a nível nacional , e estima-se que a IPA de Mogincual contenha mais de 10% da área total da floresta remanescente de *Icuria*.

Espécies Prioritárias (Critérios IPA A e B)

FAMÍLIA	TÁXON	IPA CRITÉRIO A	IPA CRITÉRIO B	≥ 1% DA POPULAÇÃO GLOBAL	≥ 5% DA POPULAÇÃO NACIONAL	É 1 DOS 5 MELHORES LOCAIS NACIONAL	TODA A POPULAÇÃO GLOBAL	ESPÉCIES DE IMPORTÂNCIA SÓCIO-ECONÓMICA	ABUNDÂNCIA NO LOCAL
Fabaceae	*Icuria dunensis*	A(i)	B(ii)	✓	✓	✓			frequente
Fabaceae	*Scorodophloeus torrei*	A(i)	B(ii)	✓	✓	✓			ocasional
		A(i): 2 ✓	B(ii): 2						

PROVÍNCIA DE NAMPULA

Habitats Ameaçados (IPA Critério C)

TIPO DE HABITAT	IPA CRITÉRIO C	≥ 5% DO RECURSO NACIONAL	≥ 10% DO RECURSO NACIONAL	É 1 DOS 5 MELHORES LOCAIS NACIONAL	ÁREA ESTIMADA DO LOCAL (SE CONHECIDO)
Floresta Costeira Seca de *Icuria* do Rovuma [MOZ-12c]	C(iii)		✓	✓	3.25

Áreas Protegidas e Outras Designações de Conservação

TIPO DE ÁREA DE CONSERVAÇÃO	NOME DA ÁREA DE CONSERVAÇÃO	RELAÇÃO DA IPA COM A ÁREA PROTEGIDA
Sem protecção formal	Não indicado	

Ameaças

AMEAÇA	SEVERIDADE	SITUAÇÃO
Colecta de plantas terrestres	desconhecida	futuro – ameaça deduzida

QUINGA

Avaliadores: Iain Darbyshire, Alice Massingue

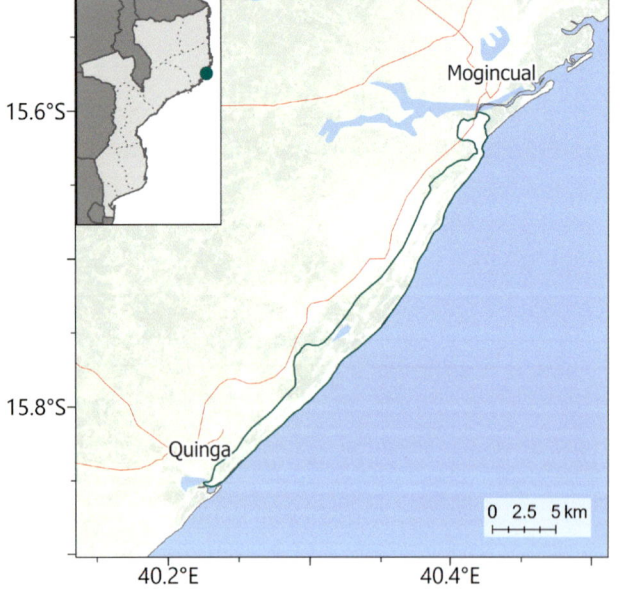
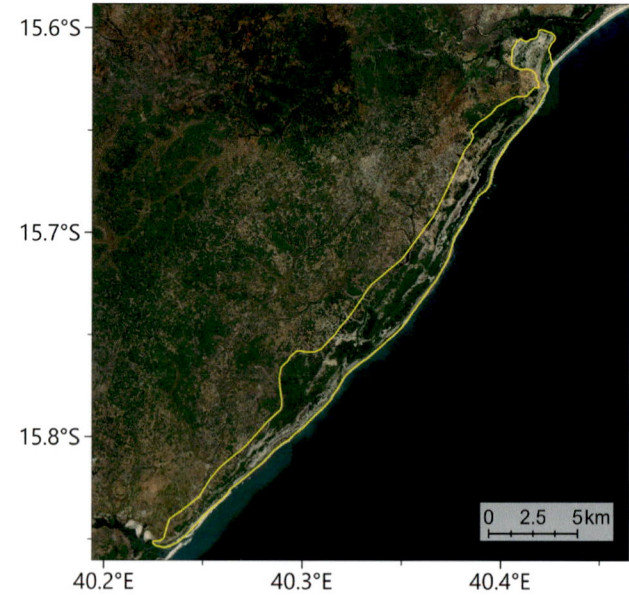

NOME INTERNACIONAL DO LOCAL		Quinga	
NOME LOCAL (CASO DIFERENTE)		–	
CÓDIGO DO LOCAL	MOZTIPA030	PROVÍNCIA	Nampula

LATITUDE	-15.73550	LONGITUDE	40.34300
ALTITUDE MÍNIMA(m a.s.l.)	0	ALTITUDE MÁXIMA (m a.s.l.)	85
ÁREA (km²)	63	CRITÉRIO IPA	A(i), C(iii)

Habitats costeiros na IPA de Quinga (AM)

Descrição do Local

A IPA de Quinga está localizada no distrito costeiro do Liúpo na Província de Nampula, no norte de Moçambique, entre as latitudes de -15,85° e -15,60°. Compreende um trecho de cerca de 37 km de litoral, entre a vila de Quinga no sudoeste e o estuário do rio Mogincual no nordeste, e estende-se para o interior por até 3,5 km. Este local contém alguns dos sistemas de vegetação de dunas costeiras mais intactos da Província de Nampula, e inclui manchas significativas e bem preservadas de floresta seca costeira. Em Mogincual esta área tenha sido muito pouco estudada em termos botânicos até à data, sabe-se que contém populações globalmente importantes de várias espécies ameaçadas, sendo muito provável que venha a ser um dos locais remanescentes mais importantes na porção sul do proposto Centro de Endemismo de Plantas do Rovuma (CoE).

Importância Botânica

As formações de dunas costeiras entre Quinga e a foz do Rio Mogincual suportam várias espécies e habitats raros e ameaçados do CoE do Rovuma proposto (Burrows & Timberlake 2011; Darbyshire et al. 2019a). Acredita-se que Quinga seja um local crítico para *Blepharis dunensis*, uma espécie ameaçada e endémica local, da costa norte de Moçambique. Esta espécie foi registada na Praia da Quinga, crescendo num mato aberto e seco de dunas (A.R. Torre & J. Paiva #11439), e foi recentemente observada neste local (A. Massingue, obs. pess.). Dado que os outros dois locais conhecidos para *B. dunensis* – Angoche e Pebane – estão agora muito alteradas e com pouca vegetação de dunas intacta remanescente, a IPA de Quinga pode ser o local global principal para esta espécie (Darbyshire et al. 2019f). Este também é um local globalmente importante para a espécie ameaçada *Icuria dunensis* ('icuri' ou 'ncuri'), que forma florestas secas monodominantes ou codominantes. Várias manchas de floresta de *Icuria* foram confirmadas dentro desta IPA, incluindo manchas bem preservadas no extremo norte do local ao longo da margem do estuário do rio Mogincual, que estão em boas condições (A. Massingue, obs. pers.; Darbyshire et al. 2019e). Embora estas florestas não tenham sido totalmente inventariadas, uma revisão de imagens de satélite disponíveis no Google Earth (2021) sugere que até 6 km² de floresta contendo *Icuria* podem estar presentes dentro da IPA, sendo apenas inferior em área à das florestas de *Icuria* em Moebase [MOZTIPA032].

O arbusto Criticamente Ameaçado *Warneckea sessilicarpa* foi aqui recentemente descoberto, tendo se verificado ser localmente comum a dominante ao longo das dunas na praia de Quinga (A. Massingue, obs. pess.). Em outros lugares dentro da faixa estreita da sua distribuição, esta espécie está associada à floresta de *Icuria* e, portanto, é provável que ocorra dentro e ao redor das manchas de *Icuria* da IPA de Quinga.

Outras espécies interessantes registadas neste local até à data incluem as endémicas moçambicanas *Dracaena* (anteriormente *Sansevieria*) *subspicata* (não avaliada mas provavelmente LC) e *Chamaecrista paralias* (LC). O arbusto ou arbusto trepador Vulnerável *Acacia (Senegalia) latistipulata* também pode ocorrer aqui, pois foi registado fora do limite da IPA, ao longo da rota entre Mogincual e Quinga (A.R. Torre & J. Paiva #11496). Dado o levantamento botânico neste local ser muito incompleto até o momento, a probabilidade de encontrar outras espécies raras é alta. Poderá incluir outras espécies endémicas da porção sul do CoE do Rovuma, como *Scorodophloeus torrei* (EN) e *Ammannia moggii* (CR). Esta última é conhecida apenas na área de Angoche, cerca de 50 km a sudoeste da IPA de Quinga, e está Criticamente em Perigo devido às extensas operações de mineração de areias pesadas (Mucaleque 2020b). Esta espécie deve ser procurada nas zonas húmidas sazonais dos sistemas de dunas costeiras em Quinga.

Habitat e Geologia

A vegetação deste local é um mosaico de brenha costeira, e formações de matas e florestas secas de dunas costeiras, juntamente com extensas áreas de zonas húmidas sazonais e pradarias húmidas nas zonas interdunais. As areias costeiras são ricas em minerais pesados, incluindo ilmenita (minério de titânio) (Kenmare Resources 2018). As comunidades de vegetação não foram estudadas em detalhes até o momento. Como em outros lugares de sua distribuição natural, as florestas de *Icuria* estão associadas às areias baixas de lençol freático alto. A vegetação de brenha costeira é dominada por *Sideroxylon inerme*, *Flacourtia indica* e *Mimosops* cf. *obovata* (A. Massingue, obs. pess.); este é o tipo de vegetação "Brenha-Floresta das Dunas [14b]" de Burrows *et al.* (2018). Áreas com solos mais desenvolvidos, por ex. ao longo de pequenos rios, sustêm uma floresta com as espécies dominantes *Afzelia quanzensis* e *Millettia stuhlmannii* (A. Massingue, obs. pers.). É provável que as áreas arborizadas do lado interior da IPA incluam áreas de mata de miombo.

O clima é muito sazonal, com uma estação quente e húmida de Dezembro a Março/Abril, com pico em Janeiro. Nas proximidades de Mogincual, a norte, a precipitação anual é de aproximadamente 1.037 mm por ano. As temperaturas atingem o pico em Dezembro com uma média alta de 33°C (climatedata.eu).

Brenha costeira em Quinga (AM)

Interior da floresta dominada pela Icuria dentro da IPA de Quinga (AM)

Questões de Conservação

De momento esta IPA não tem uma protecção formal ou gestão da biodiversidade. Alguns dos habitats florestais estão sujeitos a invasões contínuas, principalmente no lado interior da IPA, onde as machambas de pequenos agricultores aumentam de densidade. Estes têm movido para o interior, com expansões notáveis de terras agrícolas claramente evidentes nos últimos 20 anos observadas em imagens históricas disponíveis no Google Earth (2021). No entanto, ainda existem áreas significativas de habitats intactos ao longo da faixa costeira, e dentro dos sistemas dunares. Actualmente, algumas destas áreas não são visitadas com frequência, excepto por comunidades pesqueiras. Nestas áreas, a ameaça mais provável é o fogo que pode invadir os habitats costeiros a partir das terras agrícolas vizinhas do interior; durante as pesquisas em 2017 observou-se que a evidência de queimadas recentes era generalizada (A. Massingue, obs. pess.). Nas imediações de Quinga, há maior movimentação de pedestres em torno da praia, com muita actividade pesqueira e recreativa, o que pode impactar na qualidade do habitat. Existe uma necessidade urgente de proteger os habitats costeiros intactos remanescentes neste local, dada a sua elevada importância botânica.

Uma ameaça futura significativa reside no facto de uma grande parte da IPA estar dentro da concessão de mineração Quinga Norte, sobre a qual uma licença de exploração é detida pela Kenmare Resources plc. que opera a Mina de Minério de Titanium de Moma, para sudeste. Acredita-se que a concessão Quinga Norte contenha concentrações comercialmente viáveis de minerais pesados, incluindo ilmenita, rutilo e zircão. O reconhecimento para a exploração desta concessão começou em 2018 (Kenmare Resources 2018).

Serviços Ecossistémicos Chaves

Embora não tenha sido pesquisado com detalhe, os serviços ecossistémicos fornecidos por este local provavelmente serão consideráveis. A vegetação densa de brenhas, matas e florestas ajuda a estabilizar os sistemas dunares que de outra forma estariam expostos à erosão eólica do Oceano Índico. Estes habitats provavelmente também fornecerão uma série de serviços de abastecimento, incluindo materiais de construção e lenha, mesmo que isso exija uma gestão mais sustentável. Estes sistemas também fornecem um habitat importante para uma variedade de fauna, enquanto o rico mosaico de habitats, incluindo as zonas húmidas costeiras sazonais, provavelmente será importante para as aves migratórias. Apesar das extensas praias e da bela linha de costa, o potencial turístico deste local é actualmente considerado baixo devido ao seu isolamento – o principal acesso é a estrada do Liúpo a Quinga, numa distância de cerca de 40km.

Categorias de Serviços Ecossistémicos

- Provisionamento – Alimentos
- Provisionamento – Matérias-primas
- Serviços de Regulação – Sequestro e armazenamento de carbono
- Serviços de Regulação – Moderação de eventos extremos
- Serviços de Regulação – Prevenção de erosão e manutenção da fertilidade do solo
- Habitat ou serviços de apoio – Habitats para espécies
- Habitat ou serviços de apoio – Manutenção da diversidade genética
- Serviços Culturais – Recreação e saúde mental e física

Warneckea sessilicarpa (AM)

Justificativa da Avaliação da IPA

O local de Quinga qualifica-se como IPA pelo critério A(i), contendo populações globalmente importantes de três espécies ameaçadas: *Icuria dunensis* (EN), *Blepharis dunensis* (EN) e *Warneckea sessilicarpa* (CR). É o único local dentro da actual rede IPA em Moçambique que contém *Blepharis dunensis*, e Quinga é considerado um reduto global para esta espécie. Quinga também qualifica-se no critério C(iii) uma vez que contém até 6 km² de floresta costeira seca do Rovuma dominada pela *Icuria*.

Blepharis dunensis (AM)

Espécies Prioritárias (Critérios IPA A e B)

FAMÍLIA	TÁXON	IPA CRITÉRIO A	IPA CRITÉRIO B	≥ 1% DA POPULAÇÃO GLOBAL	≥ 5% DA POPULAÇÃO NACIONAL	É 1 DOS 5 MELHORES LOCAIS NACIONAL	TODA A POPULAÇÃO GLOBAL	ESPÉCIES DE IMPORTÂNCIA SÓCIO-ECONÓMICA	ABUNDÂNCIA NO LOCAL
Acanthaceae	*Blepharis dunensis*	A(i)	B(ii)	✓	✓	✓			desconhecida
Fabaceae	*Icuria dunensis*	A(i)	B(ii)	✓	✓	✓			ocasional
Melastomataceae	*Warneckea sessilicarpa*	A(i)	B(ii)	✓	✓	✓			frequente
		A(i): 3 ✓	B(ii): 3						

Habitats Ameaçados (IPA Critério C)

TIPO DE HABITAT	IPA CRITÉRIO C	≥ 5% DO RECURSO NACIONAL	≥ 10% DO RECURSO NACIONAL	É 1 DOS 5 MELHORES LOCAIS NACIONAL	ÁREA ESTIMADA DO LOCAL (SE CONHECIDO)
Floresta Costeira Seca de *Icuria* do Rovuma [MOZ-12c]	C(iii)		✓	✓	5.8

Áreas Protegidas e Outras Designações de Conservação

TIPO DE ÁREA DE CONSERVAÇÃO	NOME DA ÁREA DE CONSERVAÇÃO	RELAÇÃO DA IPA COM A ÁREA PROTEGIDA
Sem protecção formal	Não indicado	

Ameaças

AMEAÇA	SEVERIDADE	SITUAÇÃO
Agricultura de pequena escala	média	ocorrendo – tendência crescente
Mineração e pedreiras	desconhecida	futuro – ameaça deduzida
Exploração de madeira e colecta de produtos florestais	média	ocorrendo – tendência desconhecida
Aumento da frequência/intensidade de queimadas	desconhecida	ocorrendo – tendência crescente

FLORESTA DE MULIMONE

Avaliadores: Iain Darbyshire, Camila de Sousa, Tereza Alves, Jaime Rofasse Timóteo, Clayton Langa

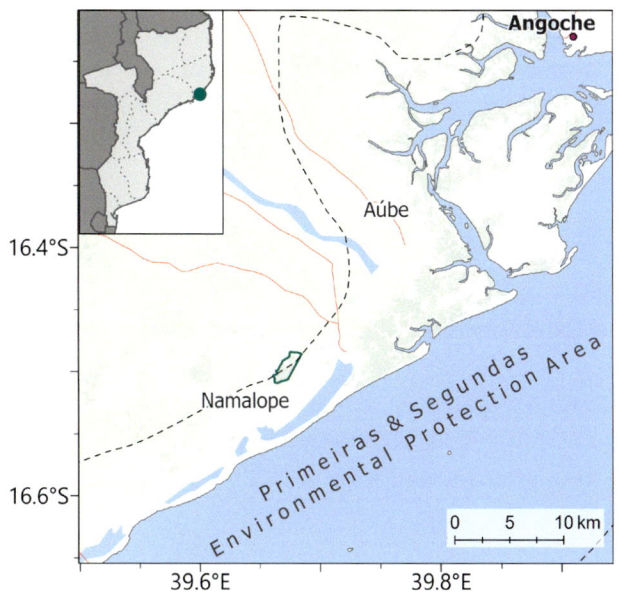
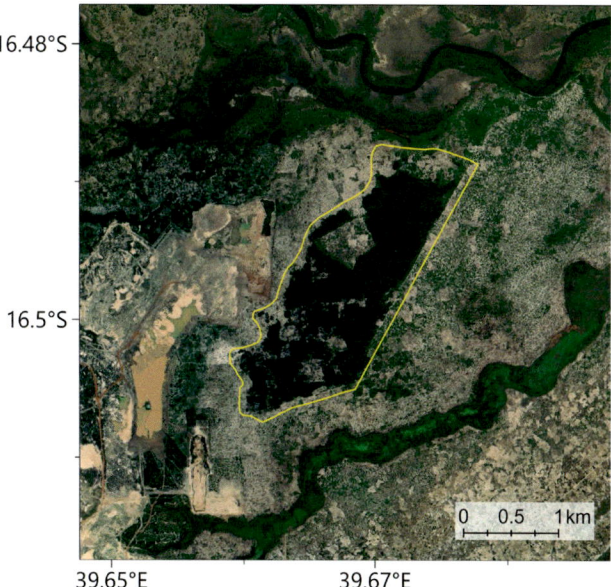

NOME INTERNACIONAL DO LOCAL		Mulimone Forest	
NOME LOCAL (CASO DIFERENTE)		Floresta de Mulimone	
CÓDIGO DO LOCAL	MOZTIPA031	PROVÍNCIA	Nampula / Larde

LATITUDE	-16.49840	LONGITUDE	39.67120
ALTITUDE MINIMA (m a.s.l.)	9	ALTITUDE MÁXIMA (m a.s.l.)	30
ÁREA (km²)	3,24	CRITÉRIO IPA	A(i), C(iii)

Descrição do Local

A Floresta Mulimone está situada no distrito costeiro de Larde na Província de Nampula, a aproximadamente 55 km ENE da vila de Moma, e 40 km a SW da cidade de Angoche. Este pequeno local de 3,24 km² está situado imediatamente adjacente à operação mineira de areias pesadas de Namalope, da Mina Moma Titanium Minerals, propriedade da Kenmare Resources plc, uma das maiores minas de titânio do mundo. A IPA abrange uma mancha de floresta seca costeira do proposto Centro de Endemismo de Plantas do Rovuma (Burrows & Timberlake 2011; Darbyshire et al. 2019a). Foi identificada como de importância para a biodiversidade durante a Avaliação de Impacto Ambiental antes da exploração comercial do depósito de Namalope, e posteriormente foi protegida do desenvolvimento pela Kenmare.

Importância Botânica

Este local contém uma área de floresta seca costeira, dominada pela *Icuria*, de importância global. A espécie *Icuria dunensis* ('icuri' ou 'ncuri') é uma leguminosa arbórea endémica de Moçambique que forma povoamentos mono-dominantes ou co-dominantes em pequenas manchas isoladas ao longo de cerca de 360 km da costa de Moçambique, e está avaliada como Ameaçada globalmente (Darbyshire et al. 2019e). A área de floresta dominada pela *Icuria* em Mulimone é de aproximadamente 2,38 km². É um dos cinco únicos locais identificados globalmente como de alta importância para a floresta de *Icuria*. Um inventário recente da vegetação deste local (J. Timóteo, dados não publicados) também revelou a presença de mais duas espécies de árvores globalmente ameaçadas, endémicas de Moçambique: *Brachystegia oblonga* (EN) e *Scorodophloeus torrei* (EN), ambas são aqui localmente frequentes. Este local é de grande importância para ambas as espécies, uma vez que os poucos locais conhecidos estão muito ameaçados. *Brachystegia oblonga*, em particular, é conhecida apenas de matas e florestas secas muito perturbadas remanescentes em Moma e em Gobene perto de Bajone, onde está severamente ameaçada (Alves *et al.* 2014b).

O estrado inferior da floresta de *Icuria* foi anteriormente referido conter uma população de *Warneckea sessilicarpa* (Alves & Sousa 2007), mas as pesquisas recentes não encontraram essa espécie aqui (C. de Sousa & J. Timóteo, obs. pess. 2021) portanto, esse registo requer confirmação antes de ser incluído na avaliação da IPA. Esta espécie é conhecida por ser localmente comum nos povoamentos de *Icuria* que ficam nas proximidades de Pilivili (A. Massingue, comunicação pessoal 2021).

Habitat e Geologia

Nas áreas de floresta fechada, a *Icuria dunensis* forma povoamentos dominantes, com *Haplocoelum foliolosum* subsp. *mombasense*, *Brachystegia oblonga* e *Scorodophloeus torrei* também sendo frequentes, e ocasionalmente *Hymenaea verrucosa* entre outras espécies. As árvores adultas de *Icuria* com até 30 m de altura estão registadas, e uma regeneração substancial é observada em *Icuria* e *Brachystegia oblonga* (Alves & Sousa 2007; J. Timóteo, dados não publicados). Em áreas de floresta mais aberta e perturbada, *Icuria* e *Haplocoeleum* ainda estão presentes, mas com outras espécies abundantes, incluindo *Mimusops obtusifolia* e *Olax dissitiflora* com *Strynchnos* sp. (J. Timóteo, dados não publicados). Como em outros lugares de ocorrência natural, as florestas de *Icuria* estão associadas a antigos depósitos de dunas de areia baixas; em Mulimone a floresta está numa área levemente elevada de areias brancas. Essas dunas são ricas em minerais pesados, incluindo ilmenita de alto teor (minério de titânio) (Kenmare Resources 2018). Uma camada de cerca de 5 cm com detritos vegetais cobrem a superfície do solo, o que melhora a humidade e diminui a temperatura do solo, permitindo a regeneração da floresta. Imediatamente além do limite da floresta, a maior parte da vegetação foi substancialmente transformada, particularmente a oeste, onde as extensas operações de mineração são cercadas por infraestrutura e assentamentos.

O clima neste local é muito sazonal, com cerca de 90% das chuvas ocorrerem de Dezembro a Março; a precipitação média anual é de aproximadamente 1.050 mm, mas com cerca de 1.521 mm de evapotranspiração (Kassam *et al.* 1981).

Questões de Conservação

A Kenmare Resources adquiriu a concessão mineira do depósito de areias pesadas de Congolone no final dos anos 80 e iniciou a construção da Mina Moma de Minério de Titânio no depósito de Namalope em 2004, com produção de 2007 até os dias actuais. Mesmo antes do desenvolvimento da operação de Namalope, a mancha florestal de *Icuria* em Mulimone era pequena e claramente demarcada da vegetação circundante. Imagens históricas de satélite disponíveis no Google Earth mostram que a extensão da floresta no final de 1984 era de aproximadamente 2,42 km². Uma porção

Floresta dominada pela *Icuria* em Mulimone (CS)

Árvore adulta de *Icuria dunensis* (CS)

da floresta a noroeste do local foi destruída no início da década de 1990 e essa aberturao ("o buraco") expandiu-se ao longo dessa década, destruindo aproximadamente 0,17 km² de floresta. Alguma regeneração natural pode agora ser observada nesta área, apesar de algumas machambas de mandioca tenham sido ali estabelecidas. Desde o reconhecimento desta floresta durante o EIA (Estudo de Impacto Ambiental) do depósito de Namalope, e a descrição formal de *Icuria dunensis* no final da década de 1990 (Wieringa 1999), este local tem sido protegido pela Kenmare como parte do seu programa de responsabilidade ambiental e social. No entanto, a floresta está cada vez mais ameaçada pela invasão agrícola das comunidades locais, que tem aumentado desde 2017 em particular no sul da floresta, com áreas sendo abertas com o uso do fogo para limpar a terra para o cultivo de mandioca e feijão nhemba. Embora algumas das árvores maiores sejam deixadas em pé, elas acabam morrendo pela frequência de queimadas. Outras ameaças incluem o abate e serragem de madeira no local, corte de postes e remoção de casca de *Icuria* para o fabrico de barcos (C. Sousa, obs. pess. 2018). Estima-se que cerca de 30% da Floresta Mulimone foi perdida por essas actividades no passado recente (J. Timóteo *et al.* dados não publicados). Caso seja protegida contra queimadass descontroladas e invasões agrícolas, a floresta poderá recuperar; o plantio de enriquecimento em clareiras pode acelerar este processo de regeneração natural. Aproximadamente metade da área desta IPA está dentro da extensa (>8.000 km²) Área de Protecção Ambiental das Ilhas Primárias e Segundas (APAIPS), oficializada em 2012, que se estende ao longo da costa sul até Pebane e a norte até Angoche. As florestas de *Icuria* da área entre Moma e Angoche foram realçadas como de grande importância na avaliaçao preliminar da vegetação costeira dentro da reserva proposta (Alves & Sousa 2007), mas a parte norte da Floresta de Mulimone ficou fora do limite. Toda esta área também foi recentemente reconhecida como Área Chave de Biodiversidade (WCS *et al.* 2021).

Casca de *Icuria* retirada para fabricação de barcos (JM)

Serviços Ecossistémicos Chaves

A floresta da *Icuria* ajuda a estabilizar e proteger os depósitos de areia costeira e, assim, evitar a erosão excessiva durante eventos climáticos extremos. Também fornece um habitat importante e serviços de apoio a uma área que, de outra forma, está fortemente transformada. As árvores de *Icuria* prestam um serviço de aprovisionamento às comunidades locais, fornecendo casca e madeira, que poderiam ser geridas de forma sustentável.

Categorias de Serviços Ecossistémicos

- Provisionamento – Matérias-primas
- Serviços de Regulação – Prevenção de erosão e manutenção da fertilidade do solo
- Habitat ou serviços de apoio – Habitats para espécies
- Habitat ou serviços de apoio – Manutenção da diversidade genética

Justificativa da Avaliação da IPA

A Floresta de Mulimone qualifica-se como Área Importante de Plantas no critério A(i) devido às importantes populações de *Icuria dunensis* (EN), *Brachystegia oblonga* (CR) e *Scorodophloeus torrei* (EN). Este local também qualifica-se no critério C(iii) já que a floresta seca costeira de *Icuria* é um habitat ameaçado e de distribuição restrita a nível nacional, e estima-se que a IPA de Mulimone contenha aproximadamente 10% da área total de floresta de *Icuria* remanescente, que é um dos cinco melhores locais do mundo.

Plântulas de *Scorodophloeus torrei* em Mulimone (CS)

Espécies Prioritárias (Critérios IPA A e B)

FAMÍLIA	TÁXON	IPA CRITÉRIO A	IPA CRITÉRIO B	≥ 1% DA POPULAÇÃO GLOBAL	≥ 5% DA POPULAÇÃO NACIONAL	É 1 DOS 5 MELHORES LOCAIS NACIONAL	TODA A POPULAÇÃO GLOBAL	ESPÉCIES DE IMPORTÂNCIA SÓCIO-ECONÓMICA	ABUNDÂNCIA NO LOCAL
Fabaceae	*Brachystegia oblonga*	A(i)	B(ii)	✓	✓	✓			frequente
Fabaceae	*Icuria dunensis*	A(i)	B(ii)	✓	✓	✓			abundante
Fabaceae	*Scorodophloeus torrei*	A(i)	B(ii)	✓	✓	✓			frequente
		A(i): 3 ✓	B(ii): 3						

Habitats Ameaçados (IPA Critério C)

TIPO DE HABITAT	IPA CRITÉRIO C	≥ 5% DO RECURSO NACIONAL	≥ 10% DO RECURSO NACIONAL	É 1 DOS 5 MELHORES LOCAIS NACIONAL	ÁREA ESTIMADA DO LOCAL (SE CONHECIDO)
Floresta Costeira Seca de *Icuria* do Rovuma [MOZ-12c]	C(iii)		✓	✓	2.28

Árvores de *Icuria* deixadas em machambas no interior da Floresta Mulimone (CS)

PROVÍNCIA DE NAMPULA

Áreas Protegidas e Outras Designações de Conservação

TIPO DE ÁREA DE CONSERVAÇÃO	NOME DA ÁREA DE CONSERVAÇÃO	RELAÇÃO DA IPA COM A ÁREA PROTEGIDA
Área de Protecção Ambiental	Área de Protecção Ambiental das Ilhas Primeiras e Segundas (APAIPS)	Área protegida/de conservação que sobrepõe-se com a IPA
Área Importante de Aves	Área de Protecção Ambiental das Ilhas Primeiras e Segundas (APAIPS)	Área protegida/de conservação que sobrepõe-se com a IPA
Área Chave de Biodiversidade	Área de Protecção Ambiental das Ilhas Primeiras e Segundas (APAIPS)	Área protegida/de conservação que sobrepõe-se com a IPA

Ameaças

AMEAÇA	SEVERIDADE	SITUAÇÃO
Áreas industriais e comerciais	alta	ocorrendo – estável
Habitação e áreas urbanas	média	ocorrendo – estável
Mineração e pedreiras	alta	ocorrendo – estável
Agricultura de pequena escala	alta	ocorrendo – tendência crescente
Colecta de plantas terrestres	média	ocorrendo – tendência crescente

MONTE INAGO E SERRA MERRIPA

Avaliadores: Sophie Richards, Iain Darbyshire

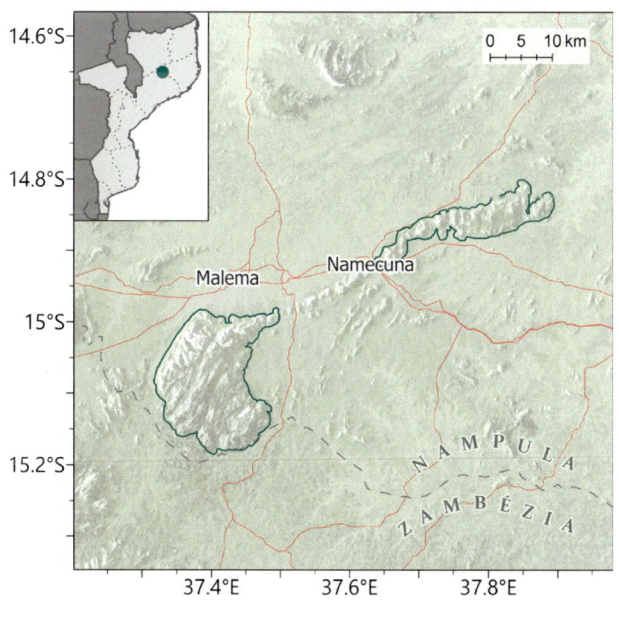
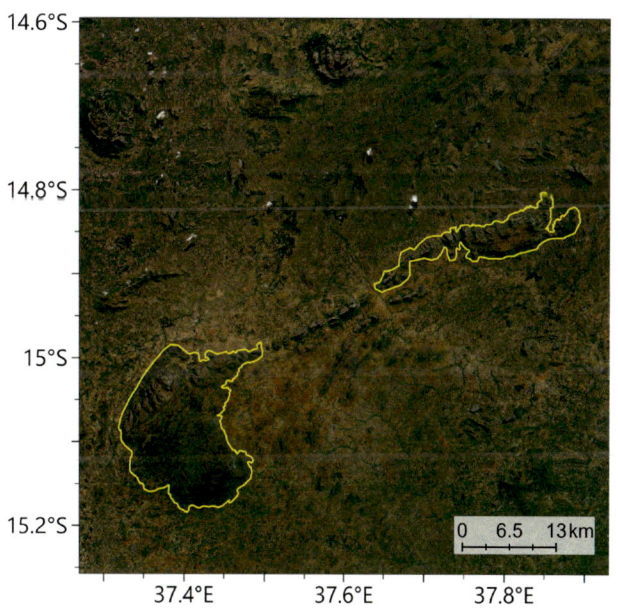

NOME INTERNACIONAL DO LOCAL		Mount Inago and Serra Merripa	
NOME LOCAL (CASO DIFERENTE)		Monte Inago e Serra Merripa	
CÓDIGO DO LOCAL	MOZTIPA048	PROVÍNCIA	Nampula

Uma parte do Monte Inago com terrenos agrícolas em primeiro plano (JB)

Encostas íngremes de Inago (JB)

LATITUDE	-14.97373	LONGITUDE	37.58455
ALTITUDE MINIMA (m a.s.l.)	655	ALTITUDE MÁXIMA (m a.s.l.)	1.870
ÁREA (km²)	379	CRITÉRIO IPA	A(i)

Descrição do Local

A Área Importante de Plantas de Inago-Merripa situa-se no Distrito de Malema a ocidente da Província de Nampula. Esta IPA tem 379 km² de área composta por dois polígonos separados: um englobando o Monte Inago (-15,07°, 37,40°) e outro ao redor da Serra Merripa ou Murripa (-14,85°, 37,80°). Geograficamente estas montanhas estão ligadas através de uma coluna de inselbergues, no entanto, existem áreas densamente povoadas e terrenos agrícolas, pelo que esta foi excluída dos limites da IPA. Inago-Merripa situa-se dentro do proposto Centro de Endemismo de Plantas de Mulanje-Namuli-Ribáuè (Darbyshire et al. 2019a). A IPA está em direcção do extremo norte desta cadeia montanhosa, com o Monte Namuli a sudoeste e as montanhas Ribáuè a nordeste. Embora Inago-Merripa tenha sido delineado para evitar grande parte das áreas cultivadas ao seu redor, a agricultura é comum em ambas as montanhas, e como resultado as matas e florestas de montanha são fortemente fragmentadas. Apesar da degradação dos habitats, um conjunto de espécies raras e ameaçadas são conhecidas destas montanhas e merecem o reconhecimento do local como IPA.

Importância Botânica

A IPA de Inago-Merripa abriga várias espécies raras e ameaçadas. A espécie globalmente ameaçada de extinção *Rytigynia torrei* é de particular importância, pois é conhecida apenas na Serra Merripa e num único outro local, em Taratibu na província de Cabo Delgado (ver Inselbergues das Quirimbas [MOZTIPA022]). A espécie *R. torrei* ocorre no ecótono entre a savana e a floresta de média altitude, ambos habitats muito perturbados devido à expansão das machambas nesta IPA (Darbyshire et al. 2019g). Esta espécie foi observada pela última vez na Serra Merripa em 1967 (Torre & Correia #16555) mas tem havido pouca recolha botânica nesta parte da IPA e por isso esta espécie pode continuar a existir lá, particularmente em áreas menos acessíveis da serra. Pesquisas devem ser realizadas para confirmar se a espécie ainda existe neste local e, se assim for, a conservação será necessária para evitar que esta espécie se torne criticamente ameaçada. Existem também cinco espécies Vulneráveis presentes nesta IPA. As espécies *Ammannia parvula* e *Cynanchum oresbium* são conhecidas apenas na Província de Nampula, ambas ocorrendo em apenas um único outro local fora desta IPA. Outra espécie Vulnerável, a cicadácea *Encephalartos gratus*, é conhecida nesta IPA na Serra Merripa, ainda que possa ocorrer no Monte Inago. Esta espécie é nativa de Moçambique e Malawi, mas está ameaçada pelo desmatamento do habitat estimando-se uma redução da área de ocupação em 30% por geração (Donaldson 2010a).

Outra espécie Vulnerável nativa de Moçambique e Malawi, *Gladiolus zambesiacus*, foi colectada no Monte Inago (Matimele #2533). Esta espécie é actualmente conhecida em menos de 11 locais em áreas montanhosas e sub-montanhas do sul do Malawi e norte de Moçambique (Darbyshire *et al.* 2018a). Em Moçambique existe apenas um único outro local confirmado desta espécie, nas proximidades do Monte Namuli [MOZTIPA004]. Os espécimes de Inago-Namuli representam uma forma distinta, diferente dos espécimes do Malawi, com folhas mais estreitas e margens foliares e nervuras centrais mais espessas (Goldblatt 1993). Mais pesquisas podem descobrir que a forma Inago-Namuli representa uma espécie distinta.

A última espécie Vulnerável presente nesta IPA, *Khaya anthotheca*, é generalizada, ocorre naturalmente desde Moçambique até a África Ocidental tropical, mas está ameaçada pela sobre-exploração como uma valiosa espécie madeireira (Hawthorne 1998). No total existem nove espécies endémicas moçambicanas que ocorrem nesta IPA. As espécies ameaçadas *Ammannia parvula* e *Cynanchum oresbium* são as mais restritas destas endémicas. *Encephalartos turneri* (LC) também tem uma distribuição restrita, endémica das províncias de Nampula e Niassa, mas é abundante nesta área limitada (Bösenberg 2010). Junto a estas espécies endémicas encontra-se a quase endémica *Euphorbia decliviticola* (LC), conhecida numa área de apenas 5.744 km^2, predominantemente em Moçambique com uma localização no Malawi (Osborne *et al.* 2019d).

Justicia asystasioides, colectada no Monte Inago em 2017 (Matimele #2537), é uma outra espécie digna de referência. Embora também nativa da Tanzânia e Malawi, esta IPA e o Monte Mabu [MOZTIPA012] são os únicos locais conhecidos desta espécie em Moçambique. Provavelmente existem outras espécies de interesse de conservação dentro dos fragmentos florestais remanescentes de Inago e Merripa. Por exemplo, *Memecylon nubigenum* (EN) e *Pyrostria chapmanii* (EN) ocorrem tanto no Monte Namuli como no Ribáuè, em ambos os lados desta IPA, pelo que é provável que ocorram em Inago-Merripa. Futuras

Vale montanhoso no Monte Inago apresentando matas e áreas rochosas (JB)

Área rochosa do Monte Inago com espécies de cicadaceas (JB)

expedições botânicas a este local, particularmente na Serra Merripa, são de grande urgência, pois o habitat continua a ser perdido antes que o seu valor de conservação seja totalmente estabelecido.

Habitat e Geologia

A IPA de Inago-Merripa engloba o Monte Inago (1.870 m) e a Serra Merripa (1.023 m), excluindo a crista de inselbergues que corre entre estes dois picos. As montanhas são intrusões de granito-porfirita, datando de cerca de 630 – 550 milhões de anos atrás, nos migmatitos das séries de Nampula e Namarroi com 1.100 – 850 milhões de anos (Bayliss et al. 2010; Macey et al. 2010). As temperaturas médias para o distrito de Malema variam de 15 a 22°C em Junho e Julho, e de 21 a 29°C em Outubro. A precipitação pode variar de ano a ano, mas a média anual é de 1.300 mm, com grande parte da chuva caindo entre Dezembro e Março (Bayliss et al. 2010; World Weather Online 2021). As montanhas, no entanto, também recebem humidade de nevoeiros frequentes (Torre & Correia #16564).

Levantamentos de biodiversidade de uma variedade de táxons foram realizados em 2009 por Bayliss et al. (2010), e como parte deste trabalho foram registadas as espécies de plantas que caracterizam os diferentes ecossistemas do Monte Inago. Em contraste, houve pouca colecta botânica na Serra Merripa, com muitos dos espécimes datando das visitas de A. R. Torre realizadas na década de 1960. Grande parte da descrição abaixo é baseada no trabalho de pesquisa do Monte Inago por Bayliss et al. (2010). É muito provável que as composições de espécies dos ecossistemas da Serra Merripa sejam semelhantes às de Inago devido à curta distância entre ambos, mesmo que a Serra Merripa por ter picos a uma altitude mais baixa os elementos montanhosos provavelmente estarão ausentes ou muito reduzidos.

Abaixo de 1.000 m grande parte desta IPA é coberta por mata arbórea, ainda que esta esteja muito fragmentada pela agricultura (Google Earth 2021). A mata no sopé e nas encostas mais baixas do Monte Inago foi descrita por Bayliss et al. (2010) como tendo estratos distintos, com uma copa de 10 a 15 m composta por *Parinari curatellifolia*, *Brachystegia* sp., *Albizia adianthifolia*, *Burkea africana* e *Syzygium cordatum*. Apesar da espécie de *Brachystegia* presente nestas matas não tenha sido identificada por Bayliss et al. (2010), Lötter et al. (em prep.) afirmam que *B. torrei*, e às vezes *B. spiciformis* e *B. bussei*, estão presentes neste tipo de habitat (categorizado por Lötter et al. (em prep.) como Mata de Inselbergue do Norte). O estrato médio é composto por espécies como *Protea petiolaris*, *Cussonia arborea*, *Vitex doniana* e *Strychnos* sp., enquanto ervas e gramíneas, como *Themeda triandra* e *Hyparrhenia* spp., cobrem a camada de solo/estrato inferior.

Em altitudes mais baixas, esta mata transita para miombo. É provável que este miombo tenha uma composição semelhante à mata das encostas, embora a *Brachystegia* seja provavelmente mais dominante na planície circundante. Fica claro a partir de imagens de satélite que este habitat, como a mata dos inselbergues, também é muito fragmentado pela agricultura (Google Earth 2021).

Bayliss et al. (2010) também fizeram colectas nas florestas de galeria do Monte Inago, com as árvores do dossel atingindo 15-30 m e incluindo espécies como *Khaya anthotheca*, *Breonadia salicina*, *Englerophytum magalismontanum* e *Newtonia buchananii*. A copa média, entre 8 e 15 m de altura, é composta por espécies como *Sterculia africana*, *Cussonia spicata*, *Trema orientalis* e *Anthocleista grandiflora* com arbustos mais pequenos e fetos arbóreos ocorrendo por baixo. Dados de colecta da Serra Merripa descrevem solos ribeirinhos como sendo de argila vermelha (Torre & Paiva #10439), sendo que o habitat nestas áreas não estar em grande parte documentado, mas provavelmente tenha semelhanças com os do Monte Inago.

Em altitudes mais elevadas, entre 1.000 – 1.600 m, existem manchas de floresta descritas por Bayliss et al. (2010) como "floresta semi-decídua húmida". As árvores do dossel são relativamente grandes, com DAP (Diâmetro Altura do Peito) acima de 50 cm e altura entre 20 – 30 m. As espécies incluem *Drypetes natalensis*, *Schefflera umbellifera* e *Newtonia buchananii*. A floresta na Serra Merripa é provavelmente muito semelhante, e este habitat é descrito como floresta densa de neblina, e inclui *Newtonia buchananii*, *Ekebergia capensis* e *Khaya anthotheca* (Torre & Correia #16583), não obstante esta última espécie provavelmente esteja mais associada à floresta ribeirinha (Burrows et al. 2018). Árvores menores, como *Myrianthus holstii*, ocorrem na floresta no estrato arbóreo do Monte Inago, enquanto as espécies herbáceas nesta floresta ainda não foram documentadas em detalhe. Embora a floresta de altitude média tenha sido considerada extensa nestas montanhas, as manchas de floresta são limitadas a cerca de 1 a 10 ha e agora estão muito confinadas a áreas inacessíveis, abaixo das cúpulas graníticas e em ravinas íngremes (Bayliss *et al.* 2010). Devido à extensa conversão de habitat na Serra Merripa, parece haver pouca ou mesmo nenhuma floresta montanhosa remanescente neste inselbergue, não obstante anteriormente ter sido extensa no planalto voltado para o sul do inselbergue (Google Earth 2021; Lötter *et al.* in prep.).

Em áreas rochosas mais expostas, principalmente em encostas rochosas e cúpulas graníticas acima de 1.500 m, a paisagem é aberta (Google Earth 2021). Ocorrem nestas áreas a suculenta *Euphorbia*, incluindo *E. corniculata* e *E. decliviticola*, e espécies de *Aloe*, incluindo a subespécie endémica *A. menyharthii* subsp. *ensifolia*. Nos planaltos de altitude são frequentes os tufos do junco *Coleochloa setifera*. A *Exacum zombense* (LC), uma espécie herbácea quase endémica, típica de infiltrações sazonais nos solos rasos de faces rochosas e afloramentos, foi registada em pradarias arborizadas de elevada altitude no Monte Inago (Matimele # 2529). Outras floras rochosas, como *Aeollanthus serpiculoides*, *Cyanotis lanata* e *Linderniella gracilis* (Matimele #2528, #2525, #2526) também foram colectadas nestas áreas de alta altitude. A espécie vulnerável *Ammannia parvula* ocorre em afloramentos graníticos do Monte Inago, crescendo provavelmente em charcos sazonais na paisagem rochosa. As cicas também estão presentes em afloramentos expostos com *Encephalartos turneri* (LC) ocorrendo em ambas as montanhas. *E. gratus* (VU) também foi registado nas encostas rochosas da Serra Merripa, pelo que investigação adicional pode encontrar também esta espécie presente no Monte Inago.

As machambas ocorrem em toda a IPA Inago-Merripa, formando um emaranhado de retalhos dentro de habitats de florestas de altitude média e matas nas terras baixas. No Monte Inago, estas parcelas são utilizadas principalmente para o cultivo de milho; mas também são cultivadas outras culturas como tomate, cebola, pimentão e feijão. Nestas áreas, os sistemas de irrigação são usados para canalizar os cursos de água para terras produtivas (Bayliss *et al.* 2010).

Questões de Conservação

Os habitats desta IPA estão muito fragmentados pela expansão agrícola. A floresta de altitude média a montanhosa está agora basicamente restrita a pequenas manchas em áreas inacessíveis, tais como nas encostas íngremes abaixo das cúpulas graníticas e nas ravinas. No Monte Inago, as manchas florestais têm geralmente 1 – 5 ha em tamanho, mas anteriormente cobriam grandes áreas nos planaltos de altitude média (Bayliss *et al.* 2010). As áreas florestais de Inago foram ocupadas durante a Guerra Civil Moçambicana, quando a população local procurou refúgio na relativa segurança desta paisagem montanhosa. Após a fixação dos refugiados na área, as florestas começaram a ser cortadas para dar lugar às machambas (Bayliss *et al.* 2010). É provável que a Serra Merripa também tivesse áreas de floresta de montanha, particularmente no planalto sul abaixo dos picos mais rochosos (Lötter *et al.* em preparação), no entanto, grande parte da floresta já foi desmatada para agricultura (Google Earth 2021).

O desmatamento de habitats montanhosos e sua conversão para machambas é uma preocupação de conservação particular, não só pelas espécies raras e ameaçadas que residem nesses habitats, mas também porque a perda de áreas florestais pode reduzir a prestacção de serviços ecossistémicos, tais como regulação da água e estabilização do solo. O cultivo na montanha também envolve a irrigação das culturas através do redirecionamento da água (Bayliss *et al.* 2010), o que pode reduzir a disponibilidade de água para habitats ribeirinhos, bem como para as comunidades que vivem a jusante, particularmente na estação seca. Por outro lado, acredita-se que as florestas ribeirinhas regulam o fluxo de água durante a estação chuvosa (Bayliss *et al.* 2010), e a degradação destas áreas pode expor as encostas das montanhas à erosão e causar inundações a jusante. O uso do fogo para limpar e preparar a terra para a agricultura é uma ameaça adicional pelo risco de acidentalmente se queimar grandes áreas de terra (Bayliss *et al.* 2010).

Bayliss *et al.* (2010) recomendam que as autoridades locais encorajem as pessoas a deixarem as terras agrícolas da montanha e, em vez disso, cultivar as áreas férteis da planície circundante, com o apoio de ONGs para desenvolver uma agricultura mais sustentável. Porém, grande parte da terra ao redor das montanhas é ou já foi usada para agricultura (Google Earth 2021), enquanto a neblina frequente e os sistemas de irrigação na montanha provavelmente sustentem uma colheita mais confiável do que as das planícies. As pessoas que cultivam nas montanhas podem, portanto, ser resistentes à ideia de se mudar. Seria necessário muito apoio e cooperação para facilitar sistemas de produção alternativos e sustentáveis para a população local.

Um projecto nas proximidades do Monte Namuli poderia oferecer alguma orientação sobre como equilibrar a conservação com a produção sustentável e o desenvolvimento comunitário. As ONGs Legado e Nitidae estão colaborando num projecto, em execução entre 2018 e 2022, para apoiar as comunidades ao redor de Namuli, garantindo direitos à terra para a população local, melhorando a prestação de serviços de saúde, e apoiando a um maior acesso ao mercado. Paralelamente, o projecto tem apoiado as comunidades no desenvolvimento de um plano de gestão de recursos naturais de longo prazo, ao mesmo tempo em que trabalha para estabelecer o local como uma Área de Conservação Comunitária (Nitidae 2021). Algumas das estratégias empregues por este projecto também podem ser aplicadas dentro desta IPA, para apoiar a restauração ambiental local e o desenvolvimento económico. Embora esta IPA não se enquadre numa área protegida, o Monte Inago foi reconhecido como KBA. Entre as espécies que despoletaram esta KBA está uma espécie de sapo, *Nothophryne inagoensis* (EN), e um camaleão, *Rhampholeon bruessoworum* (CR), que são conhecidos apenas dos fragmentos florestais no Monte Inago e estão severamente ameaçados pela contínua invasão da agricultura nestas áreas (IUCN SSC Amphibian Specialist Group 2019; Tolley *et al.* 2019b). A presença destas espécies também permitiria que a KBA se qualifique como um local da "Alliance for Zero Extinction". Além disso, o táxon de borboleta *Cymothoe bayliss* subs. *monicae* é conhecido apenas do Monte Inago e Monte Mabu. Por ser uma espécie sedentária, que geralmente não se move entre manchas de floresta, *C. baylissi* subsp. *monicae* corre um alto risco de ser extinta localmente do Monte Inago (Van Velzen *et al.* 2016). A protecção dos remanescentes de florestas e a restauração de áreas para reconectar estes fragmentos florestais são de grande importância para evitar a extinção destas espécies. Os táxons de aves registados no Monte Inago incluem Thyolo Alethe (*Chamaetylas choloensis* – VU), sendo esta IPA o local mais oriental para esta espécie, e East Coast Akalat (*Sheppardia gunningi* – NT) (BirdLife International 2017a, 2018). Ambas as espécies foram observadas por Bayliss *et al.* (2010) em manchas florestais na montanha, destacando ainda mais a importância destas florestas pelo seu valor de conservação.

O risco de deslizamento de terra, uma medida de risco e impacto de deslizamentos de terra em pessoas e bens, foi avaliado nesta IPA como alto a muito alto (Banco Mundial 2019). Uma análise geológica de Mizuno *et al.* (2018) descobriram que o Monte Inago está deslocando constantemente alguns milímetros a cada ano, mas também corre o risco de um deslizamento de terra profundo após um terremoto ou chuvas fortes. Prevê-se que tal deslizamento de terra tenha o potencial de deslocar até 200 milhões de m³ de detritos, o que seria catastrófico em escala. Os autores afirmam que o último evento desse tipo ocorreu em 887 AD após um terremoto, e moveu cerca de 350 milhões de m³ de detritos. Pode haver pouco que possa aqui ser feito para evitar deslizamentos de terra profundos, já que a profundidade da suposta superfície de deslizamento está muito além das raízes da vegetação nesta montanha, não obstante as mudanças na hidrologia através da limpeza do habitat possam ter algum impacto. Mais pesquisas para confirmar o risco de deslizamento de terra nesta montanha são recomendadas por Mizuno *et al.* (2018). Este risco deve ser avaliado principalmente para consideração da segurança das pessoas que vivem em Inago e nos arredores, para as quais tal desastre causaria grande perda de vidas e sofrimento, mas também seria importante para o planeamento de conservação, particularmente se a protecção do habitat ou a restauração poderia desempenhar qualquer papel na mitigação do risco ou magnitude do deslizamento de terra. Medidas de conservação ex situ deviam também ser consideradas para as espécies muito ameaçadas ou endémicas do local, para prevenir perdas caso haja um alto risco de deslizamento de terra num futuro próximo.

Serviços Ecossistémicos Chaves

As montanhas desta IPA são importantes fontes de água, não só para as pessoas que vivem e cultivam nas suas encostas, mas também para as que vivem nas vilas e aldeias vizinhas. Partes da vila de Malema dependem da água proveniente do Monte Inago, enquanto a agricultura nos vales entre os inselbergues está fortemente associada a riachos e rios originários das montanhas (Bayliss *et al.* 2010; Google Earth 2021). O abastecimento de água desses inselbergues é provavelmente de grande importância durante a estação seca, enquanto a agricultura na própria montanha pode fornecer maior segurança alimentar do que a agricultura nas planícies circundantes, devido principalmente à neblina frequente nos planaltos de altitude média. No entanto, a contínua degradação da floresta nestas áreas provavelmente aumentará a evapotranspiração, diminuindo a disponibilidade de humidade, e aumentará a erosão do solo, o que, por sua vez, pode reduzir a viabilidade da agricultura nas montanhas e reduzir a disponibilidade de água para as comunidades a jusante.

Bayliss *et al.* (2010) observaram evidências de grandes volumes de água movendo-se pelas florestas ribeirinhas durante a estação chuvosa. É provável que estas florestas diminuam o fluxo de água durante esta temporada, mitigando as inundações nos vales abaixo. A madeira é extraída desta IPA, incluindo as comerciais de madeira dura (Bayliss *et al.* 2010). As espécies madeireiras podem incluir *Khaya anthotheca*, conhecida das florestas ribeirinhas neste local, uma espécie globalmente Vulnerável e ameaçada pela sobre-exploração de madeira (Hawthorne 1998). A sobre-exploração desta e de outras espécies florestais pode reduzir a disponibilidade de água, que provavelmente tem um maior valor como um serviço ecossistémico para as comunidades locais do que o valor da madeira extraída (Bayliss *et al.* 2010).

Categorias de Serviços Ecossistémicos

- Provisionamento – Matérias-primas
- Provisionamento – Água doce
- Serviços de Regulação – Moderação de eventos extremos
- Serviços de Regulação – Prevenção de erosão e manutenção da fertilidade do solo
- Habitat ou serviços de apoio – Habitats para espécies

Justificativa da Avaliação da IPA

Inago-Merripa qualifica-se como IPA sob o sub-critério A(i), pois contém populações importantes de uma espécie Ameaçada, *Rytigynia torrei*, e quatro espécies Vulneráveis, *Ammannia parvula*, *Cynanchum oresbium*, *Gladiolus zambesiacus* e *Encephalartos gratus*. Embora uma espécie Vulnerável adicional, *Khaya anthotheca*, esteja presente neste local, esta espécie tem uma ampla distribuição e é improvável que 1% da população global ou 5% da população nacional seja encontrada aqui. No geral, existem 10 espécies endémicas ou quase endémicas sob o sub-critério B(ii), no entanto, isso representa apenas 2% da lista nacional de espécies qualificadas B(ii), sendo abaixo do limite de 3% exigido. É muito provável que mais espécies endémicas e quase endémicas sejam encontradas neste local com mais investigação, podendo muito bem se qualificar sob B(ii) no futuro. Mesmo que haja floresta montanhosa de altitude média presente neste local, um tipo de habitat de importância para a conservação nacional, este está fortemente degradado e a área restante não aciona o sub-critério C(iii). Porém, este habitat ainda deve ser conservado e restaurado sempre que possível, devido ao seu alto valor para a biodiversidade e serviços ecossistémicos.

Vista do Monte Inago (JB)

Espécies Prioritárias (Critérios IPA A e B)

FAMÍLIA	TÁXON	IPA CRITÉRIO A	IPA CRITÉRIO B	≥ 1% DA POPULAÇÃO GLOBAL	≥ 5% DA POPULAÇÃO NACIONAL	É 1 DOS 5 MELHORES LOCAIS NACIONAL	TODA A POPULAÇÃO GLOBAL	ESPÉCIES DE IMPORTÂNCIA SÓCIO-ECONÓMICA	ABUNDÂNCIA NO LOCAL
Apocynaceae	Cynanchum oresbium	A(i)	B(ii)	✓	✓	✓			frequente
Apocynaceae	Huernia erectiloba		B(ii)	✓	✓				desconhecida
Asphodelaceae	Aloe menyharthii subsp. ensifolia		B(ii)	✓	✓				desconhecida
Asteraceae	Bothriocline steetziana		B(ii)	✓	✓				desconhecida
Crassulaceae	Kalanchoe hametiorum		B(ii)	✓	✓				desconhecida
Euphorbiaceae	Euphorbia corniculata		B(ii)	✓	✓				frequente
Euphorbiaceae	Euphorbia decliviticola		B(ii)	✓	✓	✓			desconhecida
Iridaceae	Gladiolus zambesiacus	A(i)		✓	✓	✓			desconhecida
Lythraceae	Ammannia parvula	A(i)	B(ii)	✓	✓	✓			desconhecida
Meliaceae	Khaya anthotheca	A(i)						✓	frequente
Rubiaceae	Rytigynia torrei	A(i)	B(ii)	✓	✓	✓			desconhecida
Zamiaceae	Encephalartos gratus	A(i)		✓	✓				desconhecida
Zamiaceae	Encephalartos turneri		B(ii)	✓					frequente
		A(i): 6 ✓	B(ii): 10						

Habitats Ameaçados (IPA Critério C)

TIPO DE HABITAT	IPA CRITÉRIO C	≥ 5% DO RECURSO NACIONAL	≥ 10% DO RECURSO NACIONAL	É 1 DOS 5 MELHORES LOCAIS NACIONAL	ÁREA ESTIMADA DO LOCAL (SE CONHECIDO)
Floresta Húmida de Média Altitude 900–1400 m [MOZ-02]	C(iii)				1.6

Áreas Protegidas e Outras Designações de Conservação

TIPO DE ÁREA DE CONSERVAÇÃO	NOME DA ÁREA DE CONSERVAÇÃO	RELAÇÃO DA IPA COM A ÁREA PROTEGIDA
Área Chave de Biodiversidade	Monte Inago	Área protegida/de conservação que engloba a IPA

Ameaças

AMEAÇA	SEVERIDADE	SITUAÇÃO
Agricultura de pequena escala	alta	ocorrendo – tendência desconhecida
Exploração de madeira e colecta de produtos florestais	baixa	ocorrendo – tendência desconhecida
Habitação e áreas urbanas	baixa	ocorrendo – tendência desconhecida
Aumento da frequência/intensidade de queimadas	desconhecida	
Estradas e ferrovias	baixa	passada, provavelmente não voltará
Captação de águas superficiais (uso agrícola)	média	ocorrendo – tendência desconhecida
Avalanches/deslizamentos de terra	desconhecida	futuro – ameaça deduzida

RIBÁUÈ-M'PALUWE

Avaliadores: Jo Osborne, Iain Darbyshire, Hermenegildo Matimele, Camila de Sousa, Tereza Alves

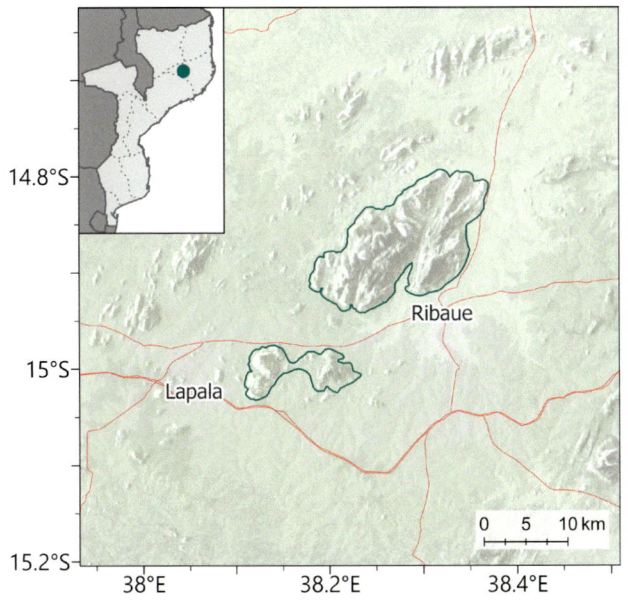
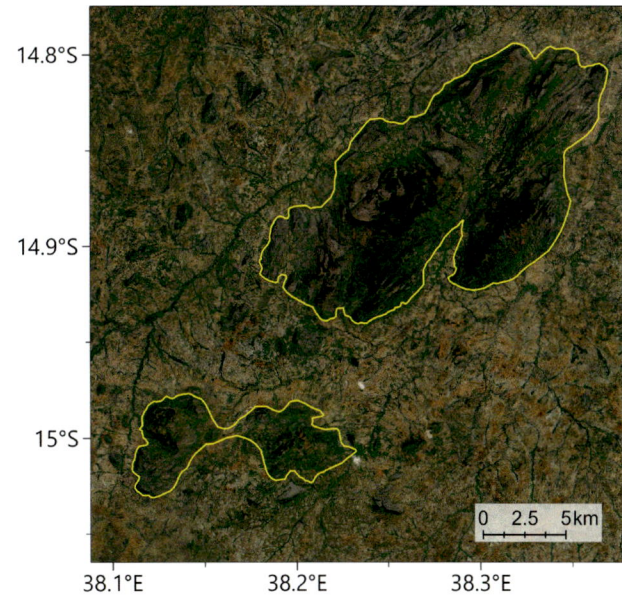

NOME INTERNACIONAL DO LOCAL		Ribáuè-M'paluwe	
NOME LOCAL (CASO DIFERENTE)		–	
CÓDIGO DO LOCAL	MOZTIPA001	PROVÍNCIA	Nampula

LATITUDE	-14.87444	LONGITUDE	38.27750
ALTITUDE MINIMA (m a.s.l.)	480	ALTITUDE MÁXIMA (m a.s.l.)	1.675
ÁREA (km²)	221	CRITÉRIO IPA	A(i), A(iii), B(ii), C(iii)

Serra de Ribáuè (ID)

Aloe rulkensii (TR)

Floresta húmida de média altitude na Serra de Ribáuè (JO)

Descrição do Local

A IPA Ribáuè-M'paluwe compreende uma série de inselbergues graníticos na província de Nampula, norte de Moçambique, perto da vila de Ribáuè, no distrito com o mesmo nome. A área principal da IPA é composta pela Serra de Ribáuè a oeste e pela Serra de M'paluwe a leste, separadas por um amplo vale. A Serra Nametere e o Monte Matharia, na periferia ao sul da estrada Ribáuè-Mutúali, também estão incluídos no local. Os inselbergues elevam-se de uma paisagem relativamente plana a cerca de 500 – 600 m de altitude até 1.675 m no pico do Monte M'paluwe. Este maciço faz parte do cinturão de inselbergues e maciços graníticos que correm NE-SW, ao longo do sul do Malawi e das províncias de Nampula e Zambézia em Moçambique, que juntos compreendem o proposto Centro de Endemismo de Plantas de Mulanje-Namuli-Ribáuè [CoE] (Darbyshire *et al.* 2019a).

Importância Botânica

O maciço de Ribáuè-M'paluwe é um dos locais mais importantes de Moçambique para a diversidade de plantas e endemismo. O local suporta áreas significativas de flora de afloramentos graníticos e floresta húmida de média altitude, ambos os quais são tipos de habitats restritos com uma elevada diversidade de espécies. Cinco espécies de plantas são encontradas apenas neste local: *Aloe rulkensii* (CR), *Baptorhachis foliacea* (DD), *Coleus cucullatus* (VU), *Dombeya leachii* (EN) e *Polysphaeria ribauensis* (EN). A *Aloe rulkensii* foi descrita recentemente e foi observada crescendo sob sombra em penhascos de granito nos limites da floresta húmida em estreita associação com a espectacular erva de flor laranja-avermelhada *Streptocarpus myoporoides* (EN), que também é conhecida apenas perto do Monte Nállume (McCoy & Baptista 2016); ambas as espécies são raras no Ribáuè. A espécie *Baptorhachis foliacea*, o único membro de um género endémico de Moçambique (Darbyshire *et al.* 2019a), é uma pequena gramínea anual das encostas rochosas, conhecida apenas a partir de uma colecção histórica da Serra Nametere (M.R. Carvalho #508). As tentativas de reencontrar esta espécie em Outubro de 2017 não foram bem sucedidas, mas uma visita ao local no final da estação chuvosa poderá ser mais produtiva. O *Coleus cucullatus*, um arbusto suculento, é localmente comum nas encostas rochosas abertas do maciço, enquanto o arbusto de flores grandes *Dombeya leachii* é ocasional na vegetação arbustiva ao longo das margens da floresta e brenhas ribeirinhas (J. Osborne *et al.* obs. pess.). O *Polysphaeria ribauensis* é um arbusto do estrato inferior da floresta que é localmente frequente em Ribáuè, mas só foi descrito muito recentemente (Darbyshire *et al.* 2019h).

Outras espécies escassas e ameaçadas incluem o arbusto ou árvore pequena das margens da floresta *Vepris macedoi* (EN), apenas encontrado no maciço de Ribáuè-M'paluwe e nas proximidades do Monte Nállume, e a suculenta *Aloe ribauensis* (EN) localmente abundante que também é conhecida apenas do extremo sul do Planalto de Mueda (McCoy *et al.* 2014). No geral, o local suporta 15 táxons de plantas endémicas nacionais, 12 quase endémicas e 15 táxons globalmente ameaçados na Lista Vermelha da IUCN. As florestas húmidas são importantes para espécies raras a nível nacional, tais como *Calycosiphonia spathicalyx*, *Trichoscypha ulugurensis* e *Olea* aff. *madagascariensis*, esta última no seu único local conhecido em Moçambique (I. Darbyshire, obs. pess.).

Adicionalmente, vários táxons potencialmente novos para a ciência foram registados na IPA Ribáuè-M'paluwe, incluindo um potencial novo género de Asparagaceae (T. Rulkens, com. pess.), e o arbusto Criticamente Ameaçado *Rytigynia* sp. C da Flora Zambesiaca (Bridson 1998).

Habitat e Geologia

Afloramentos rochosos graníticos com declive acentuado, floresta húmida de altitude média e mata de miombo são os tipos de habitats naturais dominantes no maciço de Ribáuè-M'paluwe. O local também inclui áreas menores de mata de galeria, pântano, ravinas sazonais, infiltração em rocha granítica e falésias graníticas sombreadas. Os grandes picos abobadados compreendem granito-sienitos pré-cambrianos do grupo Nampula, datados de cerca de 1.100–850 milhões de anos (Instituto Nacional de Geologia 1987).

Usando análises de sensoriamento remoto, Montfort (2019) registou 17,08 km² de floresta sempreverde e húmida existente, dos quais a maioria (11,85 km²) está na Serra de Ribáuè, e ocupando uma extensão mais pequena (4,73 km²) na Serra de M'paluwe. A composição da floresta muda com a altitude e profundidade do solo e disponibilidade de humidade. As florestas de menor altitude são dominadas por *Newtonia buchananii*, com a também comum *Maranthes goetzeniana*, com cobertura de copa até 25 m de altura e com árvores emergentes até 30 m. No estrato arbóreo, as árvores e arbustos frequentes incluem uma variedade de espécies de Rubiaceae, juntamente com, por exemplo, *Drypetes* spp., *Garcinia* spp., *Filicium decipiens*, *Funtumia africana*, *Olax* aff. *madagascariensis* e *Rinorea ferruginea*. As lianas frequentes, particularmente nas margens da floresta e ao longo das margens ribeirinhas, incluem *Agelaea pentagyna* e *Millettia lasiantha*. As ervas dominantes do estrato inferior incluem *Mellera lobulata* e *Pseuderanthemum subviscosum*. Mais acima nas encostas graníticas sobre solos finos, ocorrem agrupamentos florestais mais baixos e densos. Em algumas áreas, estes são dominados por *Syzygium cordatum*, enquanto que em outras formam agrupamentos mistos, com *Garcinia kingaensis* anotada como abundante, juntamente com, por exemplo, *Aphloia theiformis*, *Gambeya gorungosana*, *Pyrostria chapmanii* e *Synsepalum muelleri*. Algumas florestas ribeirinhas persistem em altitudes mais baixas; neste habitat, Müller *et al.* (2005) observaram a presença de *Breonadia salicina*, *Milicia excelsa* e *Syzygium owariense* entre outras espécies.

Os afloramentos rochosos graníticos apresentam uma alta diversidade de micro-habitats de acordo com a inclinação, aspecto, profundidade do solo e disponibilidade de humidade. Estes afloramentos suportam uma flora diversificada de ervas, arbustos, geófitas e suculentas incluindo as abundantes *Aloe ribauensis*, *Aloe chabaudii*, *Euphorbia mlanjeana*, *Xerophyta* spp., incluindo a de destribuição restrita *X. pseudopinifolia* e a cicadácea *Encephalartos turneri*. A espécie *Coleochloa setifera* fornece a cobertura dominante e também existem áreas de rocha granítica nuas. Nas áreas de infiltração sobre rochas, desenvolve-se uma rica comunidade herbácea, com *Exacum zombense* em abundância e outras plantas típicas de infiltração como *Drosera*, *Utricularia* e *Xyris* spp.

Cynanchium oresbium (JO)

Pyrostria chapmanii (ID)

A mata de Miombo é extensa em altitudes mais baixas, embora muito dela já tenha sido removida. As espécies dominantes incluem *Brachystegia spiciformis*, *Uapaca nitida* e *Uapaca kirkiana*, com *Pterocarpus angolensis* e *Stereospermum kunthianum* também frequentes; a perene suffruticose *Cryptosepalum maraviense* pode ser conspícua na camada superficial de solo. Müller et al. (2005) observaram também a presença de povoamentos do bambu *Oxytenanthera abyssinica*.

Áreas extensas do local foram convertidas à agricultura de subsistência ou encontram-se em vários estágios de pousio com a floresta primária degradada; o arbusto invasor *Vernonanthura polyanthes* pode ser abundante nessas áreas em altitudes abaixo de cerca de 1.200 m. Montfort (2019) registou cerca de 70% da cobertura do solo nas duas principais montanhas do maciço convertidas em áeas agrícolas, de pousio ou de vegetação secundária.

Questões de Conservação

Existem duas Reservas Florestais dentro da IPA, a Reserva Florestal do Ribáuè e a Reserva Florestal M'paluwe. As reservas foram estabelecidas em 1957 com o objectivo de proteger a área de captação, e estudar a floresta húmida restrita e de galeria. Actualmente, as reservas não estão sendo geridas pela sua biodiversidade e não há controle da expansão agrícola dentro dos limites das reservas.

A expansão da agricultura de corte e queima nas encostas do maciço de Ribáuè-M'paluwe é uma séria ameaça para os habitats de florestas e matas. As principais culturas cultivadas são o milho, como cultura de rendimento e de subsistência, e o tomate como cultura de rendimento (Nitidae, com. pess. 2021). O fogo é usado para limpar florestas e matas, e também se espalha descontroladamente na vegetação rochosa de granito adjacente, causando danos significativos. Onde a floresta e a mata foram limpas, práticas agrícolas insustentáveis resultam na rápida erosão do solo, levando a mais desmatamento para acesso ao solo fértil da floresta. Além disso, o arbusto invasor sul-americano *Vernonanthura polyanthes* forma povoamentos densos nos terrenos em pousio, inibindo a regeneração de florestas e matas, e provavelmente superando espécies das margens florestais como a *Dombeya leachii*.

Usando imagens e análises de satélite, Montfort (2020) estimou que 37% da floresta e do miombo na Serra de Ribáuè, e 47% na Serra de M'paluwe foram destruidas durante o período 2000-2020, e que a taxa de desmatamento está acelerando. Estima-se que os recursos florestais serão esgotados nos próximos 35 anos a menos que intervenções sejam tomadas. Em resposta a esta grave ameaça, Nitidae e Legado iniciaram um programa de engajamento comunitário na adopção de práticas agrícolas mais sustentáveis e opções de subsistência diversificadas como forma de equilibrar as necessidades da comunidade com a conservação da biodiversidade.

A parte norte da IPA foi recentemente designada como Área Chave de Biodiversidade Ribáuè-Mphalwe (KBA), com base tanto na sua flora como na sua

Destruição do habitat na Serra de Ribáuè causada por queimadas (JO)

fauna, a última incluindo a endémica Ribáuè Mongrel Frog (*Nothophryne ribauensis*, EN). O local também se qualificaria como um local da "Alliance for Zero Extinction" (AZE). A IPA é maior em extensão do que o KBA para acomodar o único local conhecido de *Baptorhachis foliacea* na Serra Nametere.

Serviços Ecossistémicos Chaves

O maciço de Ribáuè-M'paluwe protege a captação de água para a área local, e o abastecimento de água para a vila de Ribáuè e a uma fábrica comercial de engarrafamento de água, Águas de Ribáuè.

A vegetação natural também tem um papel fundamental na protecção das encostas íngremes da erosão do solo, além de actuar como captador de carbono. As comunidades locais usam recursos botânicos para uma variedade de usos. Entrevistas a habitantes locais realizadas por Nitidae, como parte de um estudo em implementação da dinâmica agrária dentro do maciço, registaram os seguintes usos dos recursos florestais: agricultura (55% dos habitantes entrevistados), fornecimento de bambu para construção (45%), colheita de cogumelos (28%), aquisição de madeira para construção que não seja bambu (18%), caça (18%) e aquisição de lenha para cozinhar (9%) (Nitidae, com. pess. 2021).

Categorias de Serviços Ecossistémicos

- Provisionamento – Matérias-primas
- Provisionamento – Água doce
- Serviços de Regulação – Clima local e qualidade do ar
- Serviços de Regulação – Sequestro e armazenamento de carbono
- Serviços de Regulação – Prevenção de erosão e manutenção da fertilidade do solo
- Habitat ou serviços de apoio – Habitats para espécies

Justificativa da Avaliação da IPA

O maciço de Ribáuè-M'paluwe qualifica-se como IPA em todos os três critérios. Sob o Critério A(i), o local suporta 15 táxons globalmente Ameaçados, cinco dos quais este local contém toda a população global conhecida. De acordo com o Critério A(iii), o local suporta um táxon endémico muito restrito, *Baptorhachis foliacea*, que actualmente é considerado Deficiente em Dados. No geral, o local suporta 22 táxons de plantas de alta importância para a conservação, acima do limite de 3% do subcritério B(ii). De acordo com o Critério C(iii), o local inclui uma área significativa de Floresta Húmida de Média Altitude, um dos habitats nacionais prioritários de Moçambique reconhecidos durante o primeiro workshop de TIPAs de Moçambique em Maputo, em Janeiro de 2018.

Falésia sob sombra com *Streptocarpus myoporoides* (TR)

Serra de M'paluwe (ID)

Espécies Prioritárias (Critérios IPA A e B)

FAMÍLIA	TÁXON	IPA CRITÉRIO A	IPA CRITÉRIO B	≥ 1% DA POPULAÇÃO GLOBAL	≥ 5% DA POPULAÇÃO NACIONAL	É 1 DOS 5 MELHORES LOCAIS NACIONAL	TODA A POPULAÇÃO GLOBAL	ESPÉCIES DE IMPORTÂNCIA SÓCIO-ECONÓMICA	ABUNDÂNCIA NO LOCAL
Apocynaceae	Cynanchum oresbium	A(i)	B(ii)	✓	✓	✓			rara
Apocynaceae	Huernia erectiloba		B(ii)						ocasional
Apocynaceae	Stomatostemma pendulina	A(i)	B(ii)	✓	✓	✓			rara
Apocynaceae	Strophanthus hypoleucos	A(i)		✓	✓	✓			frequente
Asphodelaceae	Aloe ribauensis	A(i)	B(ii)	✓	✓	✓			comum
Asphodelaceae	Aloe rulkensii	A(i)	B(ii)	✓	✓	✓	✓		rara
Asteraceae	Bothriocline moramballae		B(ii)						desconhecida
Crassulaceae	Kalanchoe hametiorum		B(ii)						desconhecida
Euphorbiaceae	Euphorbia decliviticola		B(ii)						desconhecida
Fabaceae	Baphia massaiensis subsp. gomesii		B(ii)						desconhecida
Gesneriaceae	Streptocarpus myoporoides	A(i)	B(ii)	✓	✓	✓			rara
Lamiaceae	Coleus cucullatus	A(i)	B(ii)	✓	✓	✓		✓	comum
Lamiaceae	Plectranthus mandalensis	A(i)	B(ii)	✓	✓	✓			rara
Malvaceae	Dombeya leachii	A(i)	B(ii)	✓	✓	✓		✓	ocasional
Melastomataceae	Memecylon nubigenum	A(i)	B(ii)	✓	✓	✓			rara
Orchidaceae	Polystachya songaniensis		B(ii)						frequente
Poaceae	Baptorhachis foliacea	A(iii)	B(ii)	✓	✓	✓	✓		desconhecida
Polygalaceae	Polygala adamsonii		B(ii)						rara
Rubiaceae	Polysphaeria ribauensis	A(i)	B(ii)	✓	✓	✓		✓	ocasional
Rubiaceae	Pyrostria chapmanii	A(i)	B(ii)	✓	✓	✓			ocasional
Rubiaceae	Rytigynia sp. C of F.Z.	A(i)	B(ii)	✓	✓	✓		✓	desconhecida
Rutaceae	Vepris macedoi	A(i)	B(ii)	✓	✓	✓			desconhecida
Vitaceae	Cissus aristolochiifolia	A(i)		✓	✓	✓			desconhecida
Zamiaceae	Encephalartos turneri		B(ii)						comum
		A(i): 15 ✓ A(iii): 1 ✓	B(ii): 22 ✓						

Habitats Ameaçados (IPA Critério C)

TIPO DE HABITAT	IPA CRITÉRIO C	≥ 5% DO RECURSO NACIONAL	≥ 10% DO RECURSO NACIONAL	É 1 DOS 5 MELHORES LOCAIS NACIONAL	ÁREA ESTIMADA DO LOCAL (SE CONHECIDO)
Floresta Húmida de Média Altitude [MOZ-02]	C(iii)			✓	15.5

Áreas Protegidas e Outras Designações de Conservação

TIPO DE ÁREA DE CONSERVAÇÃO	NOME DA ÁREA DE CONSERVAÇÃO	RELAÇÃO DA IPA COM A ÁREA PROTEGIDA
Reserva Florestal (conservação)	Reserva Florestal de Ribáuè	Área protegida/de conservação que engloba a IPA
Reserva Florestal (conservação)	Reserva Florestal de M'paluwe	Área protegida/de conservação que engloba a IPA
Área Chave de Biodiversidade	Ribáuè-Mphalwe (KBA)	Área protegida/de conservação que engloba a IPA

Ameaças

AMEAÇA	SEVERIDADE	SITUAÇÃO
Agricultura de pequena escala	alta	ocorrendo – tendência crescente
Agricultura itinerante	alta	ocorrendo – tendência crescente
Aumento da frequência/intensidade de queimadas	alta	ocorrendo – tendência crescente
Espécies invasoras não nativas/espécie exótica	alta	ocorrendo – tendência crescente

Encostas íngremes de granito com *Encephalartos turneri* e *Euphorbia mlanjeana* (JO)

MONTE NÁLLUME

Avaliadores: Jo Osborne, Iain Darbyshire

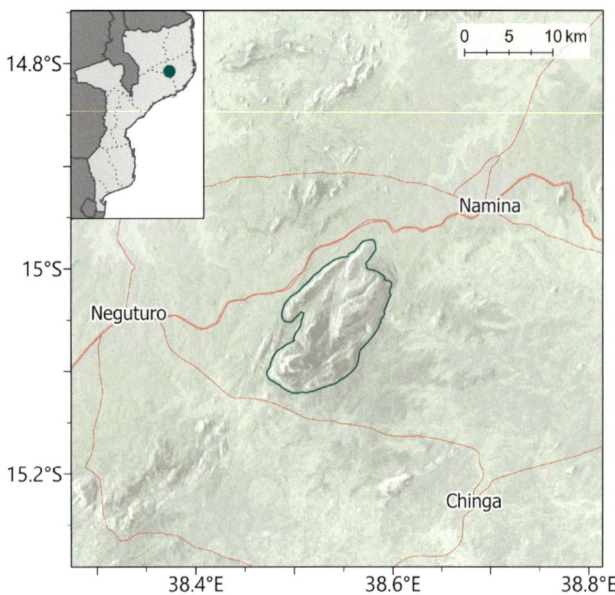
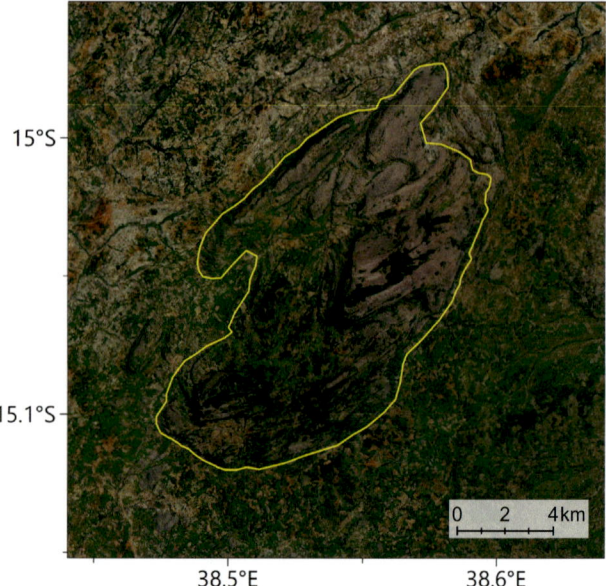

NOME INTERNACIONAL DO LOCAL		Mount Nállume	
NOME LOCAL (CASO DIFERENTE)		Monte Nállume	
CÓDIGO DO LOCAL	MOZTIPA018	PROVÍNCIA	Nampula

LATITUDE	-15.05650	LONGITUDE	38.54674
ALTITUDE MINIMA (m a.s.l.)	558	ALTITUDE MÁXIMA (m a.s.l.)	1.420
ÁREA (km²)	120	CRITÉRIO IPA	A(i)

Descrição do Local

O Monte Nállume, também conhecido como Serra Chinga, é um inselbergue grande de granito, nos distritos de Ribáuè e Murrupula na província de Nampula, a cerca de 25 km a sudeste da vila de Ribáuè. O monte faz parte de uma faixa de inselbergues no norte de Moçambique a nordeste do Monte Namuli, que juntos formam a parte oriental do proposto Centro de Endemismo de Plantas Mulanje-Namuli-Ribáuè (Darbyshire *et al.* 2019a). A IPA inclui uma série de afloramentos rochosos graníticos irregulares, parcialmente cobertos por floresta e atingindo uma altitude de cerca de 1.420 m. O local cobre uma área de aproximadamente 115 km² e não está formalmente protegido de momento.

Importância Botânica

Podem ser encontradas no Monte Nállume áreas significativas de floresta húmida de altitude média e habitat de inselbergue de granito. Juntos, estes habitats suportam três táxons de plantas endémicas globalmente ameaçadas, dos quais dois, a impressionante erva de flor vermelho-alaranjada *Streptocarpus myoporoides* (EN) e a pequena árvore *Vepris macedoi* (EN) são encontradas apenas no Monte Nállume e no vizinho Maciço do Ribáuè (Osborne *et al.* 2019 e, Darbyshire & Rokni 2019). O *Streptocarpus* é restrito a rochas húmidas e sombreadas, e troncos de árvores na floresta de altitude, enquanto o *Vepris* ocorre principalmente ao longo das margens da floresta. A terceira espécie, *Euphorbia grandicornis* subsp. *sejuncta* (EN), uma suculenta espinhosa das encostas de granito expostas, é conhecida apenas no Monte Nállume e em dois locais a leste da cidade de Nampula (Osborne *et al.* 2019f). Estes registos são todos baseados em expedições botânicas históricas que datam da era colonial portuguesa realizadas no final da década de 1960, portanto a presença contínua destas espécies em Nállume necessita de ser confirmada; nenhuma colecção botânica recente é conhecida daqui.

Este local também abriga uma população importante da grande árvore florestal *Maranthes goetzeniana*, que é comum na região, mas escassamente distribuída e avaliada como Quase Ameaçada (Timberlake et al. 2018); em pesquisas botânicas anteriores em Nállume foi anotada como abundante (J.M.A. Macêdo #3258, 3265). Outras espécies notáveis que ocorrem no Monte Nállume incluem mais duas endémicas de Moçambique, a cicadácea *Encephalartos turneri* (LC) e a erva sufrutescente *Bothriocline moramballae* (LC). O local não é bem estudado botânicamente pelo que outras espécies de plantas importantes são prováveis de ocorrer aqui.

Habitat e Geologia

A paisagem no Monte Nállume consiste predominantemente em inselbergues de granito que variam de cúpulas graníticas a falésias íngremes. Os granitos migmatóides são do Grupo Nampula do Éon Proterozóico, datando de 1.100 – 850 milhões de anos (Instituto Nacional de Geologia 1987). Estas encostas de granito suportam uma flora interessante e diversificada de ervas e arbustos, normalmente incluindo muitas suculentas que podem sobreviver ao ambiente severo de escassez de água. As fendas e ravinas na rocha fornecem numerosos microhabitats que suportam a diversidade de plantas.

As manchas de floresta húmida cobrem uma área significativa do inselbergue, usualmente formando um dossel de 15 a 20 m de altura, podendo atingir em alguns lugares mais de 40 m de altura (P. Platts, comunicação pessoal 2020). Apesar de ainda não estar bem inventariado, as colecções feitas no final da década de 1960 por A.R. Torre e M. F. Correia, e por J.M. de Aguiar Macêdo assinalam a presença de *Newtonia buchananii* e *Maranthes goetzeniana* como árvores importantes, estando tal em conformidade com as florestas do vizinho maciço do Ribáuè. Outros táxons florestais observados por colectores anteriores incluem *Bersama abyssinica*, *Dracaena* sp., provavelmente *D. mannii*, *Myrianthus holstii*, *Filicium decipiens* (muito localizada em Moçambique, mas também presente em Ribáuè), *Rauvolfia caffra* e *Xylopia* sp., provavelmente a *X. aethiopica* (A.R. Torre & M.F. Correia #16387, 16470). No entanto, uma grande parte da floresta, particularmente na base das encostas graníticas, foi recentemente cortada para exploração madeireira e para a agricultura de subsistência.

No cume dos inselbergues, a água da floresta húmida forma pântanos e escoa para riachos permanentes. Na base das encostas graníticas, são visíveis em imagens de satélite os riachos sinuosos (Google Earth 2021) com faixas estreitas de floresta ribeirinha dentro de um mosaico de terras agrícolas, matos secundários ou pradarias e fragmentos de mata de miombo.

Embora a diversidade de plantas de Nállume não tenha sido documentada em detalhe, é provável que seja comparável ao Maciço do Ribáuè [MOZTIPA001] dada a sua proximidade e semelhança na distribuição altitudinal e tipos de habitat observados em imagens de satélite (Google Earth 2021).

A precipitação anual na vila vizinha de Ribáuè é em média de 799 mm por ano, e está concentrada numa curta estação chuvosa de Dezembro a Março; a estação seca é prolongada (weather-atlas.com). No entanto, as florestas húmidas provavelmente receberão humidade adicional ao longo do ano devido à cobertura de nuvens baixas resultante da alta humidade do ar que permanece acima de 60% na maior parte do ano, e muitas vezes acima de 80%.

Pico do Monte Nállume (PP)

Floresta no Monte Nállume, incluindo destruição recente (JB)

Questões de Conservação

A floresta no Monte Nállume está sob crescente ameaça devido à extracção de madeira e ao desmatamento para agricultura de subsistência. Os biólogos que visitaram o local em 2019 estimaram a perda de floresta acima de 30% nos últimos 10 anos, e sugerem que toda a floresta pode ser perdida em 15 anos nas taxas actuais de desmatamento (Njagi 2019). À medida que a fertilidade do solo e a fiabilidade do abastecimento de água diminuem nas terras baixas circundantes, as comunidades locais movem-se cada vez mais para as áreas de maior altitude para cultivar em áreas de florestas não obstante o desmatamento da floresta agravar a redução do abastecimento de água e a erosão dos solos.

O fogo apresenta outra ameaça à floresta, tanto a propagação não intencional de queimadas usadas pela população local para limpar os campos agrícolas ao redor dos inselbergues, como as queimadas provocadas intencionalmente por caçadores para direcionar os animais a armadilhas colocadas na floresta (Njagi 2019). Estas queimadas estão a danificar os limítrofes da floresta, mas são uma ameaça secundária quando comparadas à taxa actual de desmatamento para agricultura de subsistência (P. Platts, comunicação pessoal 2019). O local não está formalmente protegido de momento havendo uma necessidade urgente de acção de conservação. Os esforços de conservação liderados pela comunidade, juntamente com a diversificação das opções locais de subsistência e a adopção de técnicas de "agricultura de conservação", provavelmente serão mais eficazes no aumento da sustentabilidade das práticas de uso da terra e na redução da perda de biodiversidade.

Em relação a outra biodiversidade, o local é notável pela variedade de táxons faunísticos, incluindo uma potencial nova espécie de camaleão pigmeu (*Rhampholeon*) e uma potencial espécie endémica de borboleta (Njagi 2019). Uma nova espécie de borboleta *Leptomyrina*, a *L. congdonii*, foi recentemente descrita nas altitudes superiores dos montes Nállume, Inago, Mabu, Mecula e Namuli, onde se alimenta de Crassulaceae (Bayliss *et al.* 2019).

Serviços Ecossistémicos Chaves

O Monte Nállume tem um alto valor de diversidade de plantas, proporcionando habitats de florestas húmidas e inselbergues de granito para flora e fauna dentro de uma planície predominantemente agrícola. A madeira e as plantas medicinais da floresta são usadas pelas populações locais, algumas das quais também dependem da caça de animais selvagens para alimentação (Njagi 2019). As florestas de inselbergue têm valor cultural e espiritual para a comunidade local, sendo consideradas sagradas e utilizadas como locais para a realização de rituais tradicionais (Njagi 2019). Os inselbergues florestais captam a água para a área local e a vegetação contribui para o sequestro e armazenamento de carbono.

Flora nas rochas em Nállume, com Encephalartos turneri (JB)

Streptocarpus myoporoides (fotografada na Serra de M'paluwe) (TR)

Categorias de Serviços Ecossistémicos

- Provisionamento – Alimentos
- Provisionamento – Matérias-primas
- Provisionamento – Água doce
- Provisionamento – Recursos medicinais
- Serviços de Regulação – Sequestro e armazenamento de carbono
- Habitat ou serviços de apoio – Habitats para espécies
- Serviços Culturais – Experiência espiritual e sentido de pertença do lugar
- Serviços Culturais – Património cultural

Justificativa da Avaliação da IPA

O Monte Nállume qualifica-se como IPA sob o critério A. De acordo com o critério A(i), o local suporta populações de três taxa globalmente ameaçados: *Euphorbia grandicornis* subsp. *sejuncta* (EN), *Streptocarpus myoporoides* (EN) e *Vepris macedoi* (EN) – é o único local dentro da actual rede IPA de Moçambique a incluir o primeiro destes taxa. O local quase se qualifica no critério C(iii), possuindo áreas significativas de Floresta Húmida de Média Altitude, um habitat restrito e ameaçado nacionalmente, mas não é considerado entre os cinco melhores locais nacionais para este habitat.

Espécies Prioritárias (Critérios IPA A e B)

FAMÍLIA	TÁXON	IPA CRITÉRIO A	IPA CRITÉRIO B	≥ 1% DA POPULAÇÃO GLOBAL	≥ 5% DA POPULAÇÃO NACIONAL	É 1 DOS 5 MELHORES LOCAIS NACIONAL	TODA A POPULAÇÃO GLOBAL	ESPÉCIES DE IMPORTÂNCIA SÓCIO-ECONÓMICA	ABUNDÂNCIA NO LOCAL
Asteraceae	*Bothriocline moramballae*		B(ii)						desconhecida
Euphorbiaceae	*Euphorbia grandicornis* subsp. *sejuncta*	A(i)	B(ii)	✓	✓	✓			desconhecida
Gesneriaceae	*Streptocarpus myoporoides*	A(i)	B(ii)	✓	✓	✓			desconhecida
Rutaceae	*Vepris macedoi*	A(i)	B(ii)	✓	✓	✓			desconhecida
Zamiaceae	*Encephalartos turneri*		B(ii)						frequente
		A(i): 3 ✓	B(ii): 5						

Habitats Ameaçados (IPA Critério C)

TIPO DE HABITAT	IPA CRITÉRIO C	≥ 5% DO RECURSO NACIONAL	≥ 10% DO RECURSO NACIONAL	É 1 DOS 5 MELHORES LOCAIS NACIONAL	ÁREA ESTIMADA DO LOCAL (SE CONHECIDO)
Floresta Húmida de Média Altitude [MOZ-02]	C(iii)				10.0

Áreas Protegidas e Outras Designações de Conservação

TIPO DE ÁREA DE CONSERVAÇÃO	NOME DA ÁREA DE CONSERVAÇÃO	RELAÇÃO DA IPA COM A ÁREA PROTEGIDA
Sem protecção formal	Não indicado	

Ameaças

AMEAÇA	SEVERIDADE	SITUAÇÃO
Agricultura itinerante	alta	ocorrendo – tendência crescente
Agricultura de pequena escala	alta	ocorrendo – tendência crescente
Caça e colecta de animais terrestres	desconhecida	ocorrendo – tendência desconhecida
Exploração de madeira e colecta de produtos florestais	alta	ocorrendo – tendência desconhecida
Aumento da frequência/intensidade de queimadas	desconhecida	ocorrendo – tendência crescente

PROVÍNCIA DA ZAMBÉZIA

MONTE NAMULI

Avaliadores: Iain Darbyshire, Jonathan Timberlake

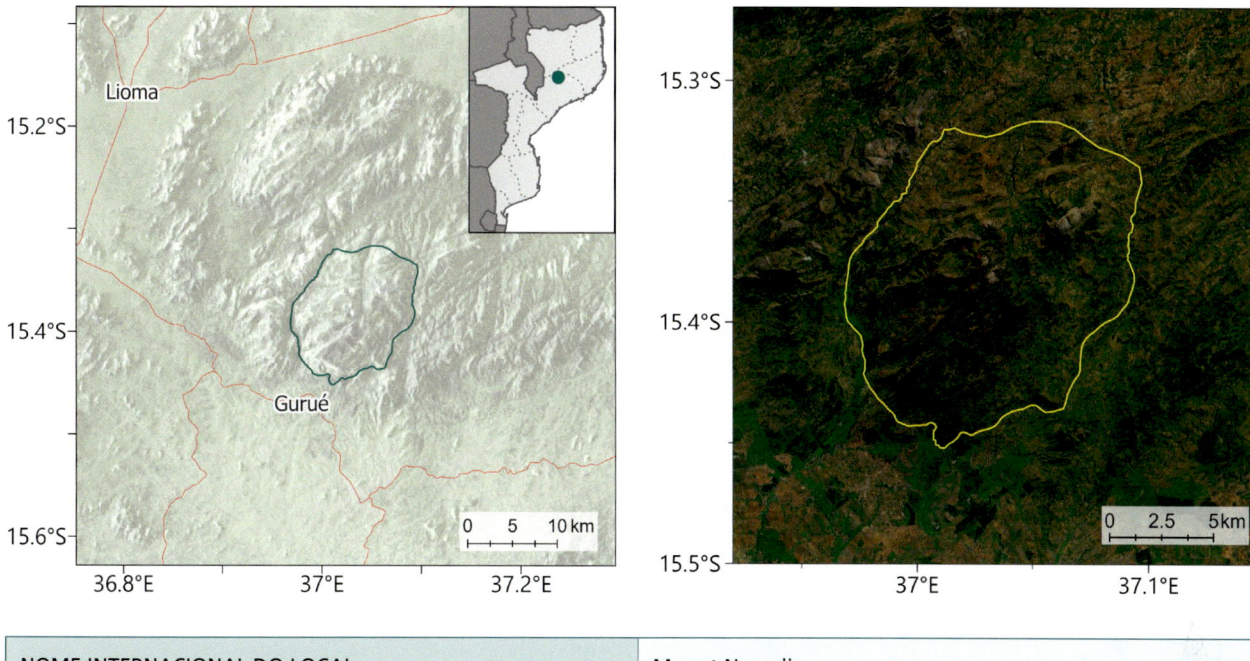

NOME INTERNACIONAL DO LOCAL		Mount Namuli	
NOME LOCAL (CASO DIFERENTE)		Monte Namúli / Serra do Gurué	
CÓDIGO DO LOCAL	MOZTIPA004	PROVÍNCIA	Zambézia

LATITUDE	-15.37861	LONGITUDE	37.03167
ALTITUDE MÍNIMA (m a.s.l.)	750	ALTITUDE MÁXIMA (m a.s.l.)	2.419
ÁREA (km²)	146	CRITÉRIO IPA	A(i), A(iii), B(ii), C(iii)

Descrição do Local

A IPA do Monte Namuli está situada no distrito do Gurué da província da Zambézia no norte de Moçambique, a cerca de 250 km para o interior da costa do Oceano Índico. Compreende uma série de inselbergues graníticos ligados por um planalto elevado. Com um dos seus três principais picos subindo para 2.419 m de altitude, o Monte Namuli é o segundo ponto mais alto de Moçambique depois do Monte Binga nas Montanhas de Chimanimani. Imediatamente a sul do maciço encontra-se a pequena cidade de Gurué, um importante centro de produção de chá em Moçambique, particularmente durante a era colonial.

Vários rios nascem no maciço, sendo os principais o rio Malema a leste do planalto principal, que flui para norte confluindo no Lúrio, um dos maiores rios do norte de Moçambique, e o rio Licungo a oeste que flui para sul desaguando no Oceano Índico perto de Quelimane. Os flancos a norte de Namuli são drenados pelo rio Namparro, que se junta ao Malema mais a norte (Timberlake et al. 2009). A montanha tem uma série de quedas impressionantes, incluindo a Cascata de Namuli no Licungo, que cai cerca de 100 m numa face rochosa. O Monte Namuli é um dos principais componentes do proposto Centro de Endemismo de Plantas Mulanje-Namuli-Ribáuè (CoE) no sul do Malawi e norte de Moçambique (Darbyshire et al. 2019a). Este suporta um rico mosaico de habitats, desde florestas ribeirinhas de terras baixas e encostas rochosas ricas em suculentas, passando por florestas de média altitude até florestas de montanha, a pradarias e vegetação arbustiva de montanha e extensas áreas de afloramentos rochosos. Esta área tem sido sujeita a uma série de estudos de biodiversidade, desde a exploração inicial de Joseph Last em 1886, mas com a maioria das pesquisas mais detalhadas realizadas nos últimos 25 anos (Timberlake 2021). No entanto, apesar de estar bem documentado como um local de importância para a biodiversidade global, Namuli não está formalmente protegido e alguns dos seus principais habitats estão muito ameaçados.

Importância Botânica

Tendo em conta o elevado número de espécies de plantas endémicas e de distribuição restrita, o Monte Namuli é um dos locais botânicos mais importantes em Moçambique e, de facto, da África tropical austral montanhosa. Dezenove taxa endémicos restritos foram descritos até o momento (este número inclui *Buchnera namuliensis*, pois um registo do Dondo na Província de Sofala é considerado erróneo). Uma proporção significativa destas endémicas foi documentada apenas recentemente, com oito descritas desde 2010, incluindo as ervas montanhosas *Coleus namuliensis*, *Crepidorhopalon namuliensis* e *Crotalaria namuliensis* (Harris *et al.* 2011; Downes & Darbyshire 2018; Darbyshire *et al.* 2019i). É provável que o número de endémicas continue a aumentar à medida que novos trabalhos de pesquisa descubram novas espécies e registos adicionais; um levantamento da flora geófita de montanha na estação chuvosa pode ser particularmente produtivo por esta não ter sido pesquisada extensivamente até o momento (Darbyshire *et al.* 2019i; Timberlake 2021). Em Moçambique, apenas as Montanhas de Chimanimani possuem maior número de espécies endémicas.

Além das suas endémicas, este maciço suporta um grande número de espécies restritas montanhosas, incluindo vários taxa que são conhecidos ou foram anteriormente considerados endémicos do Monte Mulanje no Malawi, por exemplo *Gnidia chapmanii*, *Pimpinella mulanjensis*, *Senecio peltophorus* e *Xyris makuensis* (Harris *et al.* 2011). No total, Timberlake (2021) registou mais de 20 taxa conhecidos de Namuli e de três ou menos montanhas no CoE de Mulanje-Namuli-Ribáuè. Uma proporção significativa da flora endémica e quase endémica é encontrada nas pradarias de montanha e áreas rochosas que, felizmente, estão entre os habitats menos severamente impactados de Namuli (ver Ameaças). Várias destas espécies, incluindo todas as acima listadas, são avaliadas como de Menor Preocupação na Lista Vermelha da IUCN, apesar de serem de distribuição restrita. No entanto, várias espécies florestais raras também foram registadas, e a maioria delas é avaliada como globalmente ameaçada, incluindo a erva estritamente endémica *Isoglossa namuliensis* (CR) e várias quase endémicas, incluindo dois viscos *Agelanthus patelii* (EN) e *Helixanthera schizocalyx* (EN) e três espécies lenhosas, *Memecylon nubigenum* (EN), *Pyrostria chapmanii* (EN) e *Faurea racemosa* (EN). A última é explorada comercialmente como uma importante fonte local de madeira para carpintaria (Darbyshire *et al.* 2018b). Um pequeno número de endémicas é encontrado em matas e habitats ribeirinhos a altitudes mais baixas, incluindo a erva ribeirinha *Plectranthus guruensis* (EN) e o carismático arbusto *Dombeya lastii* (EN).

Monte Namuli (AMR)

Em termos de habitats, Namuli detém algumas das mais extensas áreas de pradarias de montanha em Moçambique, um habitat particularmente rico em espécies. Os remanescentes de floresta de média altitude e de montanha também são de importância nacional, uma vez que estes habitats são de distribuição restrita e ameaçados em Moçambique. No entanto, estas florestas estão diminuindo a um rítmo alarmante e acções de conservação urgentes são necessárias para que sejam salvaguardadas.

Uma lista de espécies preliminar para o maciço acima de 1.200 m de altitude (descendo até 1.000 m nos flancos ocidentais) registou 603 taxa de plantas vasculares (Timberlake 2021). Porém, esta é apenas uma lista preliminar e pesquisas mais abrangentes resultariam, sem dúvida, em aumentos significativos, em particular da flora herbácea/gramínea montanhosa, os remanescentes de matas nas encostas mais baixas e as encostas mais secas e rochosas do norte. Estas últimas áreas não foram pesquisadas em detalhe até o momento e provavelmente adicionariam várias espécies suculentas à lista (Timberlake 2021).

Habitat e Geologia

O maciço de Namuli é um batólito, um complexo de inselbergues ou intrusões ligados por um planalto alto, exposto por milhões de anos de erosão subsequente (Timberlake *et al.* 2009). O extenso planalto a ± 1.800 m ergue-se de um pediplano a ± 800 m de altitude a sul e oeste. Os grandes inselbergues são essencialmente graníticos; os picos e cumes compreendem intrusões de granito-porfirito pré-cambriano em migmatitos das séries Nampula e Namarroi, datando de cerca de 1.100 – 850 milhões de anos (Instituto Nacional de Geológia 1987; Timberlake 2021). Namuli tem uma estação chuvosa entre Novembro e Março e uma estação seca de Maio a Outubro. A precipitação média anual na cidade de Gurué no sopé do maciço é de 1.995 mm. No entanto, as chuvas no planalto de altitude são consideravelmente mais altas e podem chegar a 3.000 mm, e as elevações mais altas também recebem humidade significativa das neblinas durante todo o ano. As temperaturas atingem o pico em Outubro, pouco antes do início das chuvas, e são mais baixas no meio da estação seca em Julho; geadas suaves durante a noite provavelmente ocorrem em altitudes mais altas entre Junho e Agosto (Timberlake 2021).

Os habitats do Monte Namuli foram documentados com algum detalhe em estudos anteriores (Dowsett-Lemaire 2008; Timberlake *et al.* 2009; Timberlake 2021); apresenta-se o seguinte resumo. Seis tipos principais de vegetação foram registados: floresta, mata, matagal, e pradarias de montanha, encostas e afloramentos rochosos e áreas cultivadas. O último é coberto na secção sobre questões de conservação.

Timberlake *et al.* (2009) estimaram uma cobertura florestal total em Namuli de cerca de 12,5 km², dos quais a grande maioria era montanhosa, acima de 1.600 m de altitude. No entanto, perdas aceleradas de florestas ocorreram no período /intercalar (ver

Pradarias de montanha no Monte Namuli (AMR)

Impatiens psychadelphoides (BW)

Crepidorhopalon namuliensis (BW)

Ameaças) e a cobertura florestal total é agora inferior a 10 km². Darbyshire *et al.* (2021) estimam um total de cerca 7 km² de floresta remanescente acima dos 1.400 m de altitude. Os maiores blocos de floresta encontram-se nos extensos vales e nas encostas menos íngremes da parte alta do planalto, ainda que as manchas menores se estendam para vales mais profundos e encostas mais íngremes dos picos. A floresta montanhosa a cerca de 1.600 – 2.200 m de altitude é caracterizada por uma cobertura de copas tipicamente de 18 – 25 m, apesar de mais baixa em algumas áreas, com emergentes de 30 (– 40) m de altura. Espécies emergentes comuns são *Cryptocarya liebertiana*, *Ekebergia capensis*, *Faurea racemosa* e *Olea capensis*. O estrato arbóreo tem uma composição mista de espécies, variando um pouco entre as manchas, com muitas espécies de características Afromontanha, tais como *Albizia gummifera*, *Aphloia theiformis*, *Cassipourea malosana*, *Podocarpus milanjianus*, *Prunus africana* e *Syzygium afromontanum*, além das espécies emergentes que são todas frequentes; *Garcinia kingaensis* também pode ser particularmente comum. Os arbustos frequentes do estrato intermédio incluem *Alchornea laxiflora*, *Anisotes pubinervis* e *Lasianthus kilimandscharicus*. O estrato herbáceo é rico em fetos, resultado da alta disponibilidade de humidade de neblinas e chuvas frequentes.

Em altitudes mais baixas, abaixo de 1.600 m, restam pequenas áreas de floresta de média altitude, estimadas em apenas 1,35 km² por Timberlake *et al.* (2009). Estas diferem das florestas montanhosas por terem uma cobertura de copa mais alta e uma maior presença de *Albizia gummifera*, *Ficus* spp., *Newtonia buchananii*, *Parinari excelsa*, *Syzygium cordatum* e espécies de Sapotaceae: *Englerophytum magalismontanum*, *Gambeya* (anteriormente *Chrysophyllum*) *gorungosana* e *Synsepalum muelleri*. Em altitudes mais baixas as franjas ribeirinhas também podem sustentar florestas com a composição típica de espécies semelhante à da floresta de altitude média, juntamente com espécies ribeirinhas características, como a *Breonadia salicina*. A mata não é extensa em Namuli e o miombo está essencialmente ausente, embora provavelmente estivesse anteriormente presente em altitudes mais baixas. O tipo de mata mais extenso é encontrado nas margens da floresta de montanha, onde pode ser comum a mata dominada pela *Erica benguellensis* de até 20 m de altura. Dowsett-Lemaire (2008) observou em outros lugares a floresta secundária dominada por *Syzygium cordatum*.

O matagal montanhoso, encontrado principalmente em altitudes superiores a 1.700 m, é extenso em áreas férteis e bem drenadas e normalmente compreende povoamentos do feto *Pteridium aquilinum* juntamente com arbustos densos de 2,5 m de altura, incluindo *Kotschya recurvifolia* e *Tetradenia riparia*. A queima regular deste habitat foi observada por Timberlake *et al.* (2009), e este é quase certamente um habitat secundário que está aumentando devido à perda de floresta e ao aumento da frequência de queimadas. A pradaria montanhosa, principalmente a 1.850 – 2.000 m de altitude, é extensa com uma área estimada de cerca 2,3 km² (Timberlake 2017, 2021), mas esta pode ser uma sub-estimativa dado que este habitat forma um mosaico tanto com a vegetação em afloramentos rochosos como com o matagal montanhoso. A maior área de pradaria montanhosa ocorre no leste do maciço no planalto de Muretha, acima do vale de Malema a cerca de 1.850 m, com uma segunda área extensa no Planalto de Nachone nas encostas ocidentais dos montes Pilani e Pesse. A pradaria cresce normalmente em tufos profundos com alagamento sazonal. As espécies de gramíneas dominantes são *Loudetia simplex*, com *Themeda triandra* e *Eragrostis* spp. em áreas de melhor drenagem. Uma variedade de ervas e geófitas são comuns nestas pradarias, com espécies características incluindo *Euphorbia depauperata*, *Helichrysum* spp., *Kniphofia splendida* e uma variedade de orquídeas terrestres. As pradarias e comunidades associadas nas encostas mais secas do norte não foram bem estudadas até o momento, e algumas delas são extensivamente pastoreadas pelo gado. As gramíneas aqui são menos tufosas; nas áreas de pastagem as espécies dominantes incluem *Setaria sphacelata*.

As encostas e afloramentos rochosos montanhosos são os habitats mais extensos neste local. A espécie *Coleochloa setifera* domina nos solos finos entre as faces rochosas expostas, juntamente com uma variedade de táxons xerofíticos como *Aloe mawii*, *Crassula globularioides* e *Xerophyta kirkii*. Nas encostas mais secas do norte, a suculenta endémica *Euphorbia namuliensis* também é frequente juntamente a outros táxons suculentos. As áreas de infiltração sazonal são frequentes nas zonas rochosas, com os finos tapetes húmidos associados a uma rica flora que inclui geófitas como *Hypoxis nyasica*, *Merwilla plumbea* e orquídeas terrestres, juntamente com ervas típicas de pradarias húmidas como *Drosera* e *Xyris* spp.; a endémica *Crepidorhopalon namuliensis* está confinada a este habitat.

No Monte Namuli, correntes e quedas de água de fluxo rápido são um habitat pouco explorado e que pode ser de interesse. O reófito endémico *Inversodicraea torrei* (VU) não foi registado desde a década de 1940, mas provavelmente não foi reconhecida. Outros reófitos também podem estar presentes, embora apenas o *Hydrostachys polymorpha* comum tenha sido observado até o momento (Timberlake 2021).

Questões de Conservação

O Monte Namuli deve ser considerado uma das maiores prioridades de conservação em Moçambique (Timberlake 2021). Apesar deste local ser reconhecido internacionalmente como um local de grande importância para uma gama de biodiversidade, a totalidade desta IPA está desprotegida de momento, e é uma das regiões montanhosas mais ameaçadas em Moçambique (Timberlake 2017; 2021). Observa-se nas últimas décadas uma expansão significativa das práticas agrícolas na montanha. As florestas de altitude média e de baixa altitude estão sendo desmatadas para agricultura de subsistência e para pequenas culturas comerciais, com uma notável expansão recente e particularmente problemática no cultivo de batata (Timberlake *et al.* 2009; Timberlake 2017, 2021). Os rendimentos de batata são razoavelmente altos no primeiro ano, mas diminuem rapidamente nos ciclos subsequentes, e uma parcela pode ser cultivada por um máximo de cinco anos antes que a fertilidade do solo seja reduzida e novas áreas precisem ser cultivadas (Legado, com. pess.; Darbyshire *et al.* 2018b; Timberlake 2021). As comparações de imagens de satélite disponíveis no Google Earth entre Setembro de 2013 e Novembro de 2015 indicam uma perda florestal estimada de 10 a 30% neste curto período de tempo, e este desmatamento continua com o corte raso de muitos trechos de floresta húmida no planalto de Muretha e no vale superior de Nivolo observados durante pesquisas recentes (Timberlake 2017, 2021). Estas perdas são particularmente severas em altitudes mais baixas, ao longo das margens da floresta e em manchas menores. A maioria das espécies de plantas ameaçadas em Namuli está associada à floresta e às margens da floresta.

A extracção selectiva de madeira também é problemática, afectando especificamente a espécie de árvores de grande porte, restrita e ameaçada *Faurea racemosa* ou 'tchetchere' que, embora comum em Namuli, estava sendo claramente explorada de forma insustentável em meados dos anos 2000 para uso em carpintaria e construção local (Darbyshire *et al.* 2018b; Timberlake 2021). Acredita-se que este problema ainda persiste neste local.

Dentro das pradarias montanhosas, Ryan et al. (1999) relataram ser um problema significativo o pastoreio de cabritos e porcos, e o impacto dos porcos na escavação de áreas de infiltração delicadas e ricas em espécies sobre a rocha também foi observado por Timberlake et al. (2009). Porém, visitas mais recentes indicam que os porcos e cabritos foram retirados – talvez por causa de seu impacto prejudicial nas plantações de batata recém-estabelecidas – e não parecem ter causado danos duradouros às pradarias e infiltrações (Timberlake 2017, 2021). As encostas mais secas do norte foram usadas para a produção de gado durante a era colonial, e vários proprietários de gado ainda hoje permanecem nesta área (Timberlake et al. 2009; Timberlake 2021). Mais problemático é o aumento de queimadas florestais descontroladas na estação seca, deliberadamente postos para limpeza de terras ou para ajudar na caça. As queimadas frequentes das pradarias e a limpeza de áreas entre as florestas provavelmente está a fazer com que as margens da floresta recuem ainda mais. As queimadas também impedem a regeneração florestal em áreas de pousio. No entanto, as pradarias montanhosas e áreas rochosas, onde a maioria das espécies endémicas e quase endémicas estão localizadas, provavelmente estão adaptadas ao fogo pelo menos até certo ponto e, portanto, as ameaças a essas espécies são limitadas.

Em altitudes mais baixas, muito pouco resta da vegetação natural, exceptuando as matas estreitas e franjas florestais ao longo dos rios. Grande parte das florestas e matas de baixa altitude (até cerca de 1.200 m) em torno de Gurué e no Vale do Licungo foram desmatadas para plantações de chá durante a era colonial no início do século 20 (Timberlake et al. 2009; Timberlake 2021). Para além das plantações de chá, existem extensas áreas de agricultura de subsistência e terras de pousio, com muitos dos trabalhadores do chá a deter pequenas machambas de subsistência de mandioca, milho e batata-doce. As áreas de pousio são particularmente suscetíveis a queimadas na estação seca, limitando assim a regeneração de matas e florestas. As extensas perdas e degradação de habitats de baixa altitude ameaçam algumas espécies raras das matas como *Dombeya lastii* e *Gymnosporia gurueensis*. Nenhuma destas espécies foi registada desde a década de 1970 pelo que a presença contínua aqui requer confirmação dada a extensa transformação do habitat.

Para abordar algumas destas questões de conservação, a ONG internacional Legado, em parceria com a Nitidae e a ONG local LUPA, vem trabalhando desde 2014 com as comunidades locais ao redor de Namuli para equilibrar os meios de subsistência e a gestão sustentável dos ecossistemas montanhosos sob o programa "Thriving Futures" (Legado 2021). O trabalho até o momento inclui garantir os direitos à terra da comunidade, aumentar o acesso aos cuidados de saúde, melhorar o acesso ao mercado para os produtos, e desenvolver práticas agrícolas sustentáveis melhorando a gestão dos recursos naturais por meio da liderança comunitária (Legado 2021). A Nitidae está agora trabalhando em parceria com o Rainforest Trust para estabelecer uma Área de Conservação Comunitária (ACC) de 56 km^2 no núcleo central da montanha acima de 1.200 m de altitude, com a redução da agricultura de corte e queima como objectivo principal (Rainforest Trust 2021), e com guardas florestais instituídos para ajudar a reduzir o desmatamento e as queimadas florestais (Timberlake 2021).

Além da importância para as plantas, o Monte Namuli também é conhecido por ser um local importante de uma variedade de fauna. É uma Área Importante de Aves, onde as florestas são particularmente importantes para uma variedade de espécies de aves, incluindo Namuli Apalis (*Apalis lynesi*, EN), que foi considerado endémica até ser descoberta nas proximidades do Monte Mabu, bem como Spotted Ground Thrush (*Geokichla guttata*, EN), Thyolo Alethe (*Chamaetylas choloensis*, VU) e Dapple-throat (*Arcanator orostruthus*, VU) (Ryan et al. 1999; Dowsett-Lemaire 2008; BirdLife International 2021a). Ryan et al. (1999) afirmaram que este local é indiscutivelmente a IBA mais crítica em Moçambique, sendo as florestas remanescentes uma prioridade particularmente alta para acção de conservação. Os levantamentos de borboletas em 2005 – 2008 registaram 126 espécies acima de 1.200 m, incluindo cinco novas espécies e duas novas sub-espécies para a ciência, bem como o primeiro registo de três espécies anteriormente consideradas endémicas do Monte Mulanje (Timberlake et al. 2009). Namuli é também um sítio da "Alliance for Zero Extinction" (AZE), despoletado pela presença do endémico Vincent's Bush Squirrel (*Paraxerus vincenti*, EN) e do Monte Namuli Pigmy Chameleon (*Rhampholeon tilburyi*, EN), embora este último tenha sido registado na Serra do Ribáuè e Monte Socone nas Províncias de Nampula e Zambézia, respectivamente. Entre as espécies de plantas em Namuli, *Dombeya lastii*, *Isoglossa namuliensis* e *Plectranthus gurueensis* também despoletariam o estatuto de AZE. Mais recentemente, Namuli foi designada como Área-Chave de Biodiversidade, com base em grande parte da ACC

Pradarias de montanha e manchas de floresta em Namuli (AMR)

No interior da floresta de montanha com nevoeiro (AMR)

proposta, com plantas que compreendem a maioria dos táxons qualificados nos quais a avaliação se baseia. A IPA cobre uma área superior do que a proposta para o KBA, porque foram incluídas áreas fora da ACC proposta que suportam espécies de plantas ameaçadas e endémicas, notadamente as franjas ribeirinhas de menor altitude e as encostas mais secas donorte da montanha.

Serviços Ecossistémicos Chaves

Além de fornecer habitat para uma rica biodiversidade, este local fornece importantes serviços ecossistémicos a cerca de 13.500 pessoas que residem na montanha e ao redor dela. Em particular, este maciço é uma importante fonte de água regional, sendo o rio Malema, um afluente significativo do rio Lúrio, um recurso hídrico crítico no norte de Moçambique. Localmente, os rios fornecem água para as comunidades locais, pelo que a combinação de clima húmido e água do rio prontamente disponível no lado sul alimenta a indústria comercial de chá de Gurué. A vegetação intacta das encostas íngremes do maciço ajuda a manter a estabilidade do solo e evita a erosão excessiva. Estes habitats também são um importante captador de carbono. Eles providenciam serviços importantes incluindo madeira para combustível e carpintaria, fibras e forragem para animais domésticos. Timberlake (2021) observou que algum nível de uso de recursos naturais, como pastagem limitada de gado e colecta de fibras de *Kniphofia shinya*, não é incompatível com a conservação de habitats e de espécies importantes, mas as práticas actuais de uso da terra nas florestas em particular são insustentáveis.

O Monte Namuli é de importância cultural como um local sagrado para o povo Lomwe. Também tem um potencial significativo para o ecoturismo, pelas paisagens espectaculares, flora e fauna únicas, e potencial para caminhadas e escaladas. No entanto, as dificuldades de acesso a este local devem ser superadas antes que esse potencial turístico possa ser realizado (Timberlake 2021), e qualquer melhoria no acesso rodoviário provavelmente traria outros desafios e ameaças ao desenvolvimento.

Categorias de Serviços Ecossistémicos

- Provisionamento – Matérias-primas
- Provisionamento – Água doce
- Serviços de Regulação – Clima local e qualidade do ar
- Serviços de Regulação – Sequestro e armazenamento de carbono
- Serviços de Regulação – Prevenção de erosão e manutenção da fertilidade do solo
- Habitat ou serviços de apoio – Habitats para espécies
- Habitat ou serviços de apoio – Manutenção da diversidade genética
- Serviços Culturais – Valorização estética e inspiração para cultura, arte e design
- Serviços Culturais – Experiência espiritual e sentido de pertença do lugar

Justificativa da Avaliação da IPA

O Monte Namuli qualifica-se como IPA sob todos os três critérios. Sob o critério A(i), suporta populações importantes de 22 táxons de plantas globalmente ameaçados, dois dos quais são endémicos Criticamente Ameaçados – *Isoglossa namuliensis* e *Tephrosia whyteana* subsp. *gemina* – enquanto 10 estão em Perigo e 11 são Vulneráveis. A IPA também suporta toda a população global de três espécies que são actualmente avaliadas como Dados Deficientes, e uma que ainda não foi avaliada na Lista Vermelha da IUCN, portanto, essas espécies acionam o critério A(iii). Sob o critério B(ii), o Monte Namuli suporta 40 (cerca de 8,4%) das espécies na lista nacional e, portanto, está bem acima do limite de 3% para este critério; 19 destes táxons são endémicos desta IPA. De acordo com o critério C(iii), este local suporta áreas nacionalmente importantes de Pradarias de Montanha e Floresta Húmida de Montanha, ambos habitats de distribuição nacional restrita, sendo este último também ameaçado nacionalmente.

Cyanotis sp. nov. "*namuliensis*" (AMR)

Espécies Prioritárias (Critérios IPA A e B)

FAMÍLIA	TÁXON	IPA CRITÉRIO A	IPA CRITÉRIO B	≥ 1% DA POPULAÇÃO GLOBAL	≥ 5% DA POPULAÇÃO NACIONAL	É 1 DOS 5 MELHORES LOCAIS NACIONAL	TODA A POPULAÇÃO GLOBAL	ESPÉCIES DE IMPORTÂNCIA SÓCIO-ECONÓMICA	ABUNDÂNCIA NO LOCAL
Acanthaceae	*Asystasia malawiana*	A(i)		✓	✓	✓			ocasional
Acanthaceae	*Isoglossa namuliensis*	A(i)	B(ii)	✓	✓	✓	✓		desconhecida
Acanthaceae	*Sclerochiton hirsutus*	A(i)	B(ii)	✓	✓	✓			rara
Apiaceae	*Pimpinella mulanjensis*		B(ii)						ocasional
Apocynaceae	*Ceropegia nutans*	A(i)	B(ii)	✓	✓	✓	✓		rara
Asphodelaceae	*Aloe torrei*	A(iii)	B(ii)	✓	✓	✓	✓		desconhecida
Asteraceae	*Bothriocline moramballae*		B(ii)						desconhecida
Asteraceae	*Helichrysum lastii*		B(ii)						rara
Asteraceae	*Senecio peltophorus*		B(ii)						ocasional
Balsaminaceae	*Impatiens psychadelphoides*	A(i)		✓	✓	✓			desconhecida
Campanulaceae	*Lobelia blantyrensis*		B(ii)						desconhecida
Celastraceae	*Gymnosporia gurueensis*	A(i)	B(ii)	✓	✓	✓			desconhecida
Commelinaceae	*Cyanotis* "*namuliensis*" ined.		B(ii)				✓		desconhecida

Espécies Prioritárias (Critérios IPA A e B)

FAMÍLIA	TÁXON	IPA CRITÉRIO A	IPA CRITÉRIO B	≥ 1% DA POPULAÇÃO GLOBAL	≥ 5% DA POPULAÇÃO NACIONAL	É 1 DOS 5 MELHORES LOCAIS NACIONAL	TODA A POPULAÇÃO GLOBAL	ESPÉCIES DE IMPORTÂNCIA SÓCIO-ECONÓMICA	ABUNDÂNCIA NO LOCAL
Crassulaceae	Crassula zombensis		B(ii)						desconhecida
Euphorbiaceae	Euphorbia namuliensis		B(ii)				✓		frequente
Fabaceae	Crotalaria namuliensis		B(ii)				✓		frequente
Fabaceae	Crotalaria torrei		B(ii)				✓		frequente
Fabaceae	Indigofera namuliensis	A(iii)	B(ii)	✓	✓	✓	✓		desconhecida
Fabaceae	Rhynchosia clivorum subsp. gurueensis	A(iii)	B(ii)	✓	✓	✓	✓		desconhecida
Fabaceae	Rhynchosia torrei		B(ii)				✓		comum
Fabaceae	Tephrosia whyteana subsp. gemina	A(i)	B(ii)	✓	✓	✓	✓		rara
Iridaceae	Gladiolus zambesiacus	A(i)		✓	✓	✓			desconhecida
Lamiaceae	Coleus namuliensis		B(ii)				✓		ocasional
Lamiaceae	Plectranthus guruensis	A(i)	B(ii)	✓	✓	✓	✓		desconhecida
Lamiaceae	Plectranthus mandalensis	A(i)	B(ii)	✓	✓	✓			frequente
Lamiaceae	Stachys didymantha		B(ii)						desconhecida
Linderniaceae	Crepidorhopalon namuliensis		B(ii)				✓		ocasional
Loranthaceae	Agelanthus patelii	A(i)	B(ii)	✓	✓	✓			desconhecida
Loranthaceae	Helixanthera schizocalyx	A(i)	B(ii)	✓	✓	✓			ocasional
Malvaceae	Dombeya lastii	A(i)	B(ii)	✓	✓	✓	✓		rara
Melastomataceae	Dissotis johnstoniana var. johnstoniana		B(ii)						desconhecida
Melastomataceae	Memecylon nubigenum	A(i)	B(ii)	✓	✓	✓			desconhecida
Orobanchaceae	Buchnera namuliensis		B(ii)				✓		rara
Poaceae	Alloeochaete namuliensis	A(i)	B(ii)	✓	✓	✓	✓		frequente
Poaceae	Digitaria appropinquata	A(iii)	B(ii)				✓		desconhecida
Poaceae	Digitaria megasthenes	A(i)	B(ii)	✓	✓	✓			desconhecida
Podostemaceae	Inversodicraea torrei	A(i)	B(ii)	✓	✓	✓	✓		rara
Polygalaceae	Polygala adamsonii		B(ii)						ocasional
Proteaceae	Faurea racemosa	A(i)		✓	✓	✓		✓	comum
Rosaceae	Prunus africana	A(i)						✓	desconhecida
Rubiaceae	Pavetta gurueensis	A(i)	B(ii)	✓	✓	✓			desconhecida
Rubiaceae	Pyrostria chapmanii	A(i)	B(ii)	✓	✓	✓			desconhecida

Espécies Prioritárias (Critérios IPA A e B)

FAMÍLIA	TÁXON	IPA CRITÉRIO A	IPA CRITÉRIO B	≥ 1% DA POPULAÇÃO GLOBAL	≥ 5% DA POPULAÇÃO NACIONAL	É 1 DOS 5 MELHORES LOCAIS NACIONAL	TODA A POPULAÇÃO GLOBAL	ESPÉCIES DE IMPORTÂNCIA SÓCIO-ECONÓMICA	ABUNDÂNCIA NO LOCAL
Thymelaeaceae	*Gnidia chapmanii*		B(ii)						ocasional
Velloziaceae	*Xerophyta splendens*		B(ii)						rara
Vitaceae	*Cissus aristolochiifolia*	A(i)		✓	✓	✓			desconhecida
Xyridaceae	*Xyris makuensis*		B(ii)						ocasional
Zamiaceae	*Encephalartos gratus*	A(i)		✓	✓	✓			desconhecida
		A(i): 22 ✓ A(iii): 4 ✓	B(ii): 40 ✓						

Habitats Ameaçados (IPA Critério C)

TIPO DE HABITAT	IPA CRITÉRIO C	≥ 5% DO RECURSO NACIONAL	≥ 10% DO RECURSO NACIONAL	É 1 DOS 5 MELHORES LOCAIS NACIONAL	ÁREA ESTIMADA DO LOCAL (SE CONHECIDO)
Floresta Húmida de Montanha [MOZ-01]	C(iii)		✓	✓	7
Floresta Húmida de Média Altitude [MOZ-02]	C(iii)				1.3
Pradaria de Montanha [MOZ-09]	C(iii)		✓	✓	2.3

Áreas Protegidas e Outras Designações de Conservação

TIPO DE ÁREA DE CONSERVAÇÃO	NOME DA ÁREA DE CONSERVAÇÃO	RELAÇÃO DA IPA COM A ÁREA PROTEGIDA
Sem protecção formal	Não indicado	
Área Importante de Aves	Monte Namuli	Área protegida/de conservação que engloba a IPA
Área Chave de Biodiversidade	Monte Namuli	Área protegida/de conservação que engloba a IPA
Local da "Alliance for Zero Extinction"	Monte Namuli	Área protegida/de conservação que engloba a IPA

Ameaças

AMEAÇA	SEVERIDADE	SITUAÇÃO
Agricultura itinerante	alta	ocorrendo – tendência crescente
Agricultura de pequena escala	alta	ocorrendo – tendência crescente
Agricultura industrial	baixa	Passada – provavelmente não voltará
Pastagem itinerante	baixa	ocorrendo – estável
Exploração de madeira e colecta de produtos florestais	média	ocorrendo – estável
Aumento da frequência/intensidade de queimadas	média	ocorrendo – tendência crescente

PROVÍNCIA DA ZAMBÉZIA

SERRA TUMBINE

Avaliadores: Sophie Richards, Iain Darbyshire

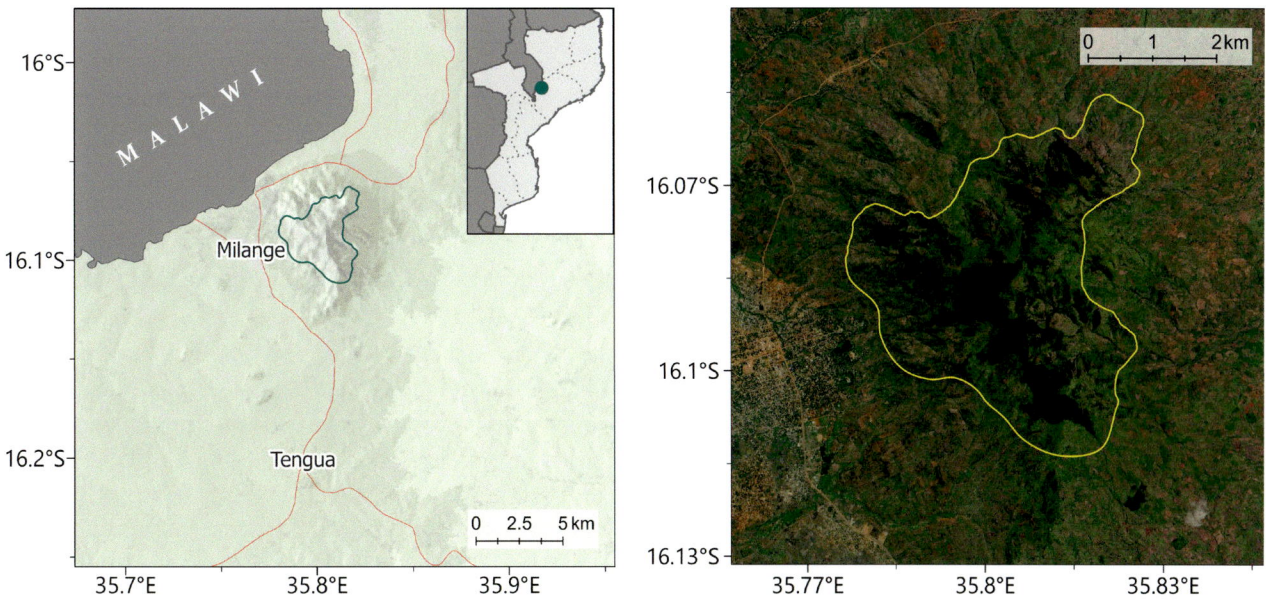

NOME INTERNACIONAL DO LOCAL		Serra Tumbine	
NOME LOCAL (CASO DIFERENTE)		Monte Tumbine/Machinjiri	
CÓDIGO DO LOCAL	MOZTIPA036	PROVÍNCIA	Zambézia

LATITUDE	-16.08730	LONGITUDE	35.80350
ALTITUDE MINIMA (m a.s.l.)	810	ALTITUDE MÁXIMA (m a.s.l.)	1.548
ÁREA (km²)	13.7	CRITÉRIO IPA	A(i)

Descrição do Local

A Serra Tumbine é uma montanha do distrito de Milange, província da Zambézia, Moçambique. O pico atinge 1.548 m e toda a montanha tem aproximadamente 8 km de diâmetro (Woolley 1987). A Serra Tumbine é considerada uma excepção do maciço de Mulanje, a uma curta distância da fronteira com o Malawi, e também faz parte do centro de endemismo Mulanje-Namuli-Ribáuè (Darbyshire et al. 2019a). A vila de Milange fica no sopé ocidental da montanha e há um pequeno número de moradores que vivem ao longo da estrada EN474 que vai do leste da Serra Tumbine até Milange. A Serra Tumbine tem vários aquíferos, e parece, a partir de imagens de satélite, que existem terras agrícolas associadas aos riachos que se originam na montanha, particularmente em torno da vila de Milange.

A área desta IPA é de 13,7 km². Embora a floresta densa de montanha seja de importância para a conservação, apenas remanescentes deste habitat permanecem devido à extensa conversão da área para agricultura. Durante a Guerra Civil Moçambicana, as pessoas que fugiram do conflito estabeleceram-se na Serra Tumbine e começaram a cultivar na montanha, particularmente nas encostas do nordeste (Manuel 2007). Pensa-se que a perda de áreas de floresta na montanha pode ter contribuído para um deslizamento de terra catastrófico em 1998 (Banco Mundial 2019). Em altitudes mais baixas o habitat é caracterizado por mata de miombo, embora grande parte desta área também tenha sido convertida para agricultura, e tenha sido excluída desta IPA.

Importância Botânica

Um total de três espécies ameaçadas foram registadas na Serra Tumbine. Existe uma espécie ameaçada de extinção, *Streptocarpus leptopus*, que só é conhecida nesta IPA e no vizinho Monte Mulanje, no Malawi, e está ameaçada pelo desmatamento to habitat de florestas em ambos os locais (Richards 2021a). Duas espécies vulneráveis também são conhecidas deste local: *Encephalartos gratus* (VU), uma cicadacea principalmente ameaçada em Moçambique por queimadas anuais e da consequente diminuição no recrutamento de plântulas (Strugnell 2002; Donaldson 2010a; Burrows *et al.* 2018), e *Pavetta chapmanii* (VU), que só é conhecida em seis locais na cadeia de montanhas Mulanje-Namuli-Ribáuè (Timberlake 2020). Além disso, uma espécie quase ameaçada, *Cola mossambicensis*, também foi colectada na Serra Tumbine. Muitas das colecções destas espécies são históricas, portanto, seria muito desejável confirmar a presença contínua de cada uma neste local, e estabelecer o tamanho das populações dentro desta IPA.

Ainda não houve um inventário botânico completo da Serra Tumbine, mas é possível que mais espécies de importância para a conservação estejam presentes, mas ainda não foram documentadas no local ou avaliadas para a Lista Vermelha da IUCN. Por exemplo, o Monte Mulanje que está na proximidade, é conhecido pelo seu alto número de espécies endémicas e quase endémicas (Strugnell 2002) e, mesmo que muitas dessas espécies sejam encontradas em pradarias de altitude e afloramentos rochosos que estão ausentes da Serra Tumbine, ainda se pode prever que algumas espécies encontradas em Mulanje estejam presentes na Serra Tumbine. Não obstante a área remanescente de floresta de média altitude não seja suficientemente extensa para que a Serra Tumbine se qualifique no critério IPA C(iii), tem sido sugerido que a alta densidade de raízes da floresta estabiliza o solo e, portanto, evita erosão e deslizamentos de terra (Manuel 2007). Apesar de grande parte desta floresta tenha sido desmatada para agricultura (Banco Mundial 2019), é provável que os fragmentos restantes ainda prestem esse importante serviço ecossistémico.

Habitat e Geologia

A floresta de montanha de média altitude remanescente na Serra Tumbine é de grande importância para a conservação. Embora aqui tenha sido realizado apenas um trabalho de levantamento botânico muito limitado, numa colecção botânica neste local por Correia (MF #510), a floresta foi descrita como densa, com espécies incluindo *Albizia*, *Newtonia* (descrita na etiqueta do espécime como *Piptadenia* por Correia, mas isso quase certamente é um sinónimo), *Chrysophyllum* e *Macaranga*. Na floresta vizinha de Chisongeli no monte Mulanje, *Newtonia buchananii* foi registada como uma espécie dominante (Dowsett-Lemaire 1988) e, portanto, também é provável que seja dominante nas florestas da Serra Tumbine. Há cerca de 2 a 4 km^2 de floresta remanescente em Tumbine, principalmente localizada em altitudes acima dos 1.000 m, com a maior mancha do lado da vila de Milange, e algumas manchas menores em ravinas íngremes e no pico norte.

Em todas as encostas mais baixas da montanha (< 1.000 m), bem como nas altitudes mais elevadas do lado oeste (até cerca de 1.300 m), predomina a agricultura de subsistência, com culturas como milho, feijão, banana, mandioca e sorgo (Manuel 2007). Entre as áreas abertas para agricultura abaixo de 1.000 m, existem pequenas manchas de mata de miombo remanescentes, possivelmente dominadas por *Brachystegia*, provavelmente *B. spiciformis* como é o caso no sopé do monte Mulanje (Dowsett-Lemaire 1988). Tem sido sugerido que estas matas de miombo desempenham um papel importante como uma vegetação tampão, abaixo das florestas de montanhas de media altitude (Timberlake *et al.* 2007); no entanto, muito pouco permanece na Serra Tumbine. No Monte Chiperone, observou-se que o desmatamento promove o estabelecimento de espécies das margens, como *Albizia gummifera*, que por sua vez impede o restabelecimento de espécies de floresta (Timberlake *et al.* 2007). É possível que o mesmo processo também tenha ocorrido na Serra Tumbine, onde a floresta foi derrubada por perturbações antrópicas ou possivelmente devido a deslizamentos de terra.

Em termos de geologia, a Serra Tumbine é uma intrusão de sienitos do Cretáceo Superior ao Jurássico Inferior, nos granulitos e gnaisses metamórficos do Pré-Cambriano (Woolley 1987; Manuel 2007). Os solos derivados dos sienitos são castanho-escuros com camada superior húmica, enquanto os granulitos e gnaisses formam solos lateríticos. Ambos tipos de solo são profundos com uma camada sobreposta de materiais coluviais variando em tamanho desde sedimentos finos a seixos grandes (Manuel 2007).

A precipitação na montanha é de cerca de 1.200 a 2.000 mm por ano, com pico entre Janeiro e Março (Manuel 2007). Não há dados de temperatura para a própria montanha, apesar de que na vila vizinha de Milange a temperatura média mais alta é de 27° C em Outubro e Novembro, e a média baixa é de 19° C em Junho e Julho (World Weather Online 2021). É provável que as encostas superiores da montanha sejam mais frias e onde possivelmente ocorrem neblinas como observado no Monte Chiperone ao sul (Timberlake *et al.* 2007).

Questões de Conservação

Esta IPA não se enquadra em uma área protegida, Área Importante de Aves (IBA) ou Área Chave de Biodiversidade. Tem havido pouca pesquisa científica sobre os animais na Serra Tumbine, no entanto, o vizinho Monte Mulanje é uma IBA pelo que é possível que algumas das espécies importantes de aves de Mulanje ocupem a Serra Tumbine nem que seja transitoriamente. Como resultado da Guerra Civil Moçambicana, pessoas de vários lugares fugindo do conflito estabeleceram-se na Serra Tumbine, e começaram a ocupar as encostas da serra e a cultivar. A menor densidade de raízes das culturas, em comparação com as da floresta que anteriormente ocupava essas encostas, proporciona uma menor estabilização do solo e acredita-se que tenha contribuído para um deslizamento de terras catastrófico neste local em 1998 (Manuel 2007). Estas práticas agrícolas nas encostas da montanha continuaram desde o último deslizamento de terra (Achar 2012). Outras causas do deslizamento de terra de 1998 também estão ligadas ao desmatamento, incluindo altos níveis de derruba de árvores para produção de carvão e queimadas (Manuel 2007). Não está claro se o aumento da frequência das queimadas é devido à queima antrópica. As queimadas são usadas no Monte Mulanje por caçadores para limpar a vegetação (Wisborg & Jumbe 2010) e no Monte Chiperone tanto para caçar como para limpar áreas para cultivo em pequena escala (Timberlake *et al.* 2007); podemos, portanto, esperar que pelo menos algumas das queimadas na Serra Tumbine tenham sido relacionadas a actividades humanas.

Os próprios deslizamentos de terra, dos quais houve quatro entre 1940 e 2000, provavelmente causaram grandes perturbações na vegetação, pois os registos do deslizamento de 1998 sugerem que grandes volumes de detritos foram levados montanha abaixo (Banco Mundial 2019). Este deslizamento de terra mais recente teve um enorme impacto na paisagem local – é relatado que 1.000 hectares de culturas foram destruídos. A extensão dos danos nos povoamentos de floresta de média altitude não está bem documentada, no entanto, sabe-se que troncos de árvores foram levados pela montanha com os detritos e que grandes deslizamentos de terra têm o potencial de derrubar florestas, remover o solo superficial e tornar a terra menos produtiva (Forbes & Broadhead 2013), esta última consequência possivelmente agravando o problema da conversão da floresta para a agricultura na montanha.

O apoio à produção sustentável de alimentos e madeira é necessário para evitar novas catástrofes de deslizamentos de terra, ao mesmo tempo permite que a população local possa atender às suas necessidades de consumo. Um projecto executado pelas ONGs Legado e Nitidae no Monte Namuli tem trabalhado com as comunidades para estabelecer uma área de protecção comunitária, garantir direitos à terra para a população local e promover o desenvolvimento económico sustentável dessas comunidades. Parte deste trabalho inclui um processo de delimitação de uma zona central, onde a conservação é uma prioridade, ao mesmo tempo em que se utiliza a pesquisa agro-ecológica para aumentar a produção de culturas fora desta zona central (Nitidae 2021). Uma abordagem semelhante na Serra Tumbine poderia ajudar a proteger e a regenerar as florestas na montanha, o que beneficiaria as comunidades locais e as espécies ameaçadas que ocorrem neste habitat.

Serviços Ecossistémicos Chaves

As áreas de florestas da Serra Tumbine são importantes para a estabilização dos solos, devido à alta densidade de raízes proporcionada pela vegetação florestal. Acredita-se que o desmatamento, combinado com as fortes chuvas e a geologia da montanha, tornem mais prováveis os deslizamentos de terra na Serra Tumbine (Banco Mundial 2019). Como resultado do deslizamento de terra de 1998, 200 pessoas morreram, 4.000 foram deslocadas e os surtos de doenças seguiram-se rápidamente. Além disso, 1.000 hectares de culturas foram perdidos, grande parte da área ficou inundada e houve danos de casas, estradas, pontes e do abastecimento de água (Manuel 2007). Fica claro, portanto, que os povoamentos de florestas na montanha desempenham um papel importante na protecção da vida e do bem-estar das pessoas que vivem nas proximidades.

É provável que os muitos aquíferos na Serra Tumbine sejam uma importante fonte de água, fornecendo a humidade necessária para a agricultura e possivelmente também como fonte de água potável, especialmente quando os refugiados começaram a ocupar a montanha na década de 1990. A madeira é extraída da serra para a produção de carvão (Manuel 2007). Não foi documentado se a caça ocorre aqui, mas é relatado que é praticada nas outras montanhas na área, Mulanje e Chiperone (Timberlake *et al.* 2007; Wisborg & Jumbe 2010), pelo que é provável que alguma caça também ocorra na Serra Tumbine. No entanto, com muito pouca floresta, o número de animais disponíveis para caça provavelmente terá diminuído. A produção de alimentos na montanha é em grande parte do cultivo em pequena escala de culturas como milho, feijão, banana, mandioca e sorgo. Embora a continuação dessas práticas agrícolas torne mais prováveis futuros deslizamentos de terra (Achar 2012), e a sua expansão levará à perda adicional das florestas de média altitude já ameaçadas nacionalmente, a população local depende desta produção para alimentação e, portanto, alternativas sustentáveis devem ser encontradas.

Categorias de Serviços Ecossistémicos

- Provisionamento – Matérias-primas
- Provisionamento – Alimentos
- Provisionamento – Água doce
- Serviços de Regulação – Moderação de eventos extremos
- Serviços de Regulação – Prevenção de erosão e manutenção da fertilidade do solo

Justificativa da Avaliação da IPA

A Serra Tumbine qualifica-se como IPA pelo critério A. Três espécies do sub-critério A(i) estão registadas nesta IPA: *Encephalartos gratus* (VU), *Pavetta chapmanii* (VU) e *Streptocarpus leptopus* (EN). A Serra Tumbine é particularmente importante para esta última espécie como um dos dois únicos locais a nível mundial, e a única IPA moçambicana do qual *S. leptopus* é conhecida.

Espécies Prioritárias (Critérios IPA A e B)

FAMÍLIA	TÁXON	IPA CRITÉRIO A	IPA CRITÉRIO B	≥ 1% DA POPULAÇÃO GLOBAL	≥ 5% DA POPULAÇÃO NACIONAL	É 1 DOS 5 MELHORES LOCAIS NACIONAL	TODA A POPULAÇÃO GLOBAL	ESPÉCIES DE IMPORTÂNCIA SÓCIO-ECONÓMICA	ABUNDÂNCIA NO LOCAL
Gesneriaceae	*Streptocarpus leptopus*	A(i)		✓	✓	✓			desconhecida
Rubiaceae	*Pavetta chapmanii*	A(i)			✓	✓			desconhecida
Zamiaceae	*Encephalartos gratus*	A(i)			✓	✓			desconhecida
		A(i): 3 ✓							

Habitats Ameaçados (IPA Critério C)

TIPO DE HABITAT	IPA CRITÉRIO C	≥ 5% DO RECURSO NACIONAL	≥ 10% DO RECURSO NACIONAL	É 1 DOS 5 MELHORES LOCAIS NACIONAL	ÁREA ESTIMADA DO LOCAL (SE CONHECIDO)
Floresta Húmida de Média Altitude [MOZ-02]					1.8

Áreas Protegidas e Outras Designações de Conservação

TIPO DE ÁREA DE CONSERVAÇÃO	NOME DA ÁREA DE CONSERVAÇÃO	RELAÇÃO DA IPA COM A ÁREA PROTEGIDA
Sem protecção formal	Não indicado	

Ameaças

AMEAÇA	SEVERIDADE	SITUAÇÃO
Agricultura de pequena escala	alta	ocorrendo – tendência desconhecida
Aumento da frequência/intensidade de queimadas	desconhecida	ocorrendo – tendência desconhecida
Exploração de madeira e colecta de produtos florestais	baixa	ocorrendo – tendência desconhecida

PROVÍNCIA DA ZAMBÉZIA

MONTE MABU

Avaliador: Iain Darbyshire

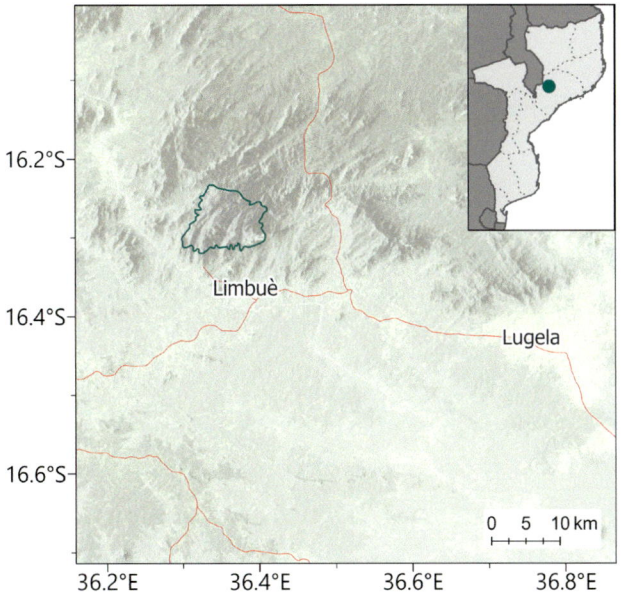
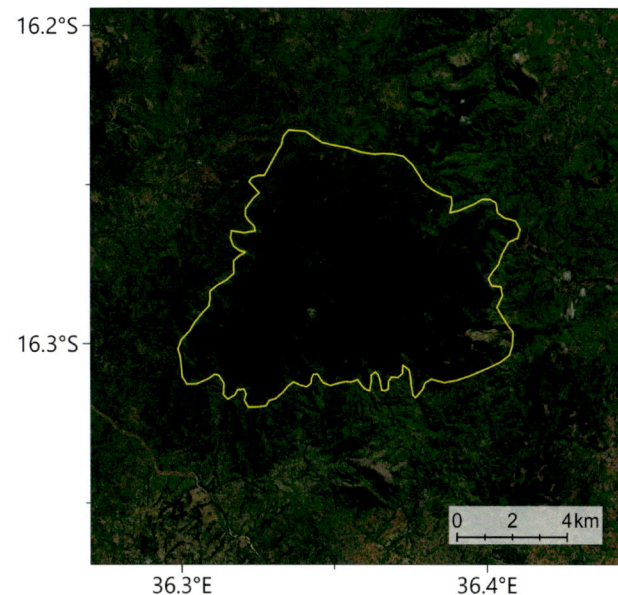

NOME INTERNACIONAL DO LOCAL		Mount Mabu	
NOME LOCAL (CASO DIFERENTE)		Monte Mabu	
CÓDIGO DO LOCAL	MOZTIPA012	PROVÍNCIA	Zambézia

LATITUDE	-16.27430	LONGITUDE	36.35680
ALTITUDE MINIMA (m a.s.l.)	640	ALTITUDE MÁXIMA (m a.s.l.)	1.650
ÁREA (km²)	75	CRITÉRIO IPA	A(i), C(iii)

Vista do Monte Mabu ao amanhecer (TH)

Floresta ribeirinha no Monte Mabu (TH)

Transição da Floresta de Média Altitude para afloramentos rochosos dominados por *Coleochloa* em Mabu (TH)

Descrição do Local

A IPA do Monte Mabu cobre uma área de 75 km² no distrito de Lugela, na província central da Zambézia. Está localizada aproximadamente a 120 km a sudoeste do Monte Namuli, e 80 km a leste-sudeste do Monte Mulanje no Malawi. O local é bastante isolado, sendo a vila Lugela a mais próxima, a 45 km a leste. Mabu é um de uma série de inselbergues e maciços que formam uma ampla cadeia semelhante a um arquipélago, que vai do sul do Malawi até às províncias da Zambézia e Nampula, no norte de Moçambique, e que juntos formam o proposto Centro de Endemismo de Plantas de Mulanje-Namuli-Ribáuè (Darbyshire *et al.* 2019a). Este local foi foco de publicidade significativa no final dos anos 2000, quando uma série de pesquisas de biodiversidade revelou a importância biológica das florestas; às vezes é rotulado como "Google Forest/a floresta Google", pois foi identificado a partir de imagens do Google Earth, como um local-chave de importância potencialmente alta para a biodiversidade, durante uma revisão dos principais locais montanhosos no norte de Moçambique.

Importância Botânica

A importância botânica primária no Monte Mabu é a presença de extensas áreas de floresta húmida intacta, estimada em 78,8 km². A grande maioria desta floresta (cerca de 53 km²) está em altitudes de 950 – 1.400 m, e é reconhecido que Mabu detém a maior extensão contínua de floresta húmida de média altitude na África Austral (Bayliss *et al.* 2014). Esta IPA também contém uma área menor (cerca de 10 km²) de floresta húmida de montanha. Juntas, estas florestas sustentam uma flora variada com várias espécies raras e ameaçadas. Até o momento, apenas uma espécie endémica potencial foi descoberta, uma espécie ainda não descrita de *Vepris* relacionada a *V. trichocarpa* que é localmente comum nas florestas a 980 – 1600 m. No entanto, Mabu também é considerado o local mais importante globalmente para uma série de espécies de floresta de distribuição restrita e ameaçadas, incluindo *Helixanthera schizocalyx* (EN), *Pavetta gurueensis* (VU) e *Polysphaeria harrisii* (EN), todas elas globalmente ameaçadas. (Darbyshire *et al.* 2019h). É também um local crítico para a árvore rara de floresta

Asystasia malawiana (TH)

Pavetta gurueensis (TH)

afro-montanhosa *Faurea racemosa* (EN), uma espécie que é explorada para madeira em outros locais da sua distribuição, mas é uma componente importante do estrato arbóreo da floresta de montanha em Mabu, onde é considerada segura (Darbyshire *et al.* 2018b). Uma segunda espécie do estrato arbóreo de importância para a conservação aqui é *Maranthes goetzeniana* (NT), que é bastante comum em altitudes de até 1.400 m (Dowsett-Lemaire & Dowsett 2009).

O local também é notável por várias populações atípicas de espécies de plantas. Espécies anteriormente consideradas endémicas do Monte Mulanje foram recentemente descobertas aqui, notávelmente os taxa rochosos *Senecio peltophorus* (LC) e *Streptocarpus milanjianus* (VU), o primeiro também agora conhecido do Monte Namuli. *Cryptostephanus vansonii* (LC) é conhecida apenas das Montanhas de Chimanimani-Nyanga na fronteira de Moçambique-Zimbabwe. Vários outros taxa têm o seu limite sul em Mabu, como *Justicia asystasioides* e *Crotonogynopsis australis*, esta última conhecida apenas das montanhas Udzungwa e Mahenge do sul da Tanzânia. Uma situação semelhante é observada na fauna de Mabu (Bayliss *et al.* 2014). Outras espécies raras registadas a nível nacional nesta IPA incluem o bambu, *Oreobambos buchwaldii* também conhecido em Moçambique apenas na Reserva Florestal de Moribane, no sopé de Chimanimani, e a diminuta orquídea *Polystachya songaniensis* também conhecida apenas em Mulanje e Zomba no Malawi, e no Maciço de Ribáuè na província de Nampula; as populações moçambicanas desta última espécie podem revelar-se uma sub-espécie distinta (A. Schuiteman, comunicação pessoal 2018).

Durante levantamentos botânicos na montanha em 2008, foram registadas 249 espécies de plantas (Timberlake *et al.* 2012). No entanto, apenas uma pequena parte do local no lado leste foi até agora pesquisada em termos botânicos, e há uma grande probabilidade de que novas descobertas de espécies raras e potencialmente novas sejam feitas, se pesquisas futuras forem realizadas, particularmente visando outras partes do local.

Habitat e Geologia

O Monte Mabu é um maciço granítico, formado a partir de uma intrusão ígnea de granito-sienito do Grupo Namarroi (cerca de 1.100 – 850 milhões de anos), rodeado por migmatitos da mesma série (Instituto Nacional de Geológia 1987; Timberlake *et al.* 2012). O maciço é cortado por uma série de vales íngremes. A maior parte do local é coberta por florestas, mas com pequenas áreas de afloramentos graníticos expostos nos picos mais altos.

Os dados climáticos do maciço não estão disponíveis, mas dados limitados das propriedades de chá da Madal próximas, a cerca de 400 m de altitude regista uma precipitação média anual alta de 2.119 mm, com a principal estação chuvosa de Novembro a Março. A temperatura média anual foi de 23,7°C e sempre superior a 20°C; é provável que a ocorrência de geadas na montanha seja rara (Timberlake *et al.* 2012).

Relatos detalhados da vegetação e das comunidades de espécies do Monte Mabu são fornecidos por Dowsett-Lemaire & Dowsett (2009) e Timberlake *et al.* (2012) e são resumidas aqui. As encostas inferiores, principalmente abaixo de 1.000 m, mas subindo para elevações mais altas no lado norte mais seco, são matas de baixa diversidade dominadas por *Pterocarpus angolensis* nas zonas mais baixas, e *Syzygium cordatum* à medida que a elevação aumenta. O estrato inferior desta mata de transição é dominada por *Aframomum* sp. com algumas manchas do bambu *Oxytenanthera abyssinca*. Ocorrem algumas pequenas áreas de floresta de baixa altitude, principalmente ao longo de riachos, onde *Albizia adianthifolia* pode dominar junto com *Macaranga capensis*. As florestas húmidas de média altitude (950 – 1.400 m) são altas, com o estrato arbóreo até 40 – 45 (– 50) m de altura, frequentemente com árvores de *Cryptocarya liebertiana*, *Drypetes gerrardii*, *Gambeya* (anteriormente *Chrysophyllum*) *gorongosana*, *Maranthes goetzeniana*, *Newtonia buchananii* e *Strombosia scheffleri*, sendo a última frequentemente a dominante. O estrato inferior é diverso, com frequentes árvores pequenas incluindo *Drypetes natalensis*, *Pavetta gurueensis*, *Rawsonia lucida*, *Rinorea ferruginea* e *Synsepalum muelleri*. As lianas são numerosas, sendo a *Millettia lasiantha* particularmente comum. Em altitudes mais elevadas (1.350 – 1.650 m), domina uma floresta afro-montanhosa com um estrato arbóreo até 25 m de altura. *Newtonia buchananii* deixa de ocorrer acima de 1.400 m, enquanto *Albizia adianthifolia* é substituída por *A. gummifera*. As espécies arbóreas comuns, incluem *Olea capensis* e *Podocarpus milanjianus*, com *Aphloia theiformis*, *Faurea racemosa*, *Macaranga capensis*, *Myrsine* (anteriormente *Rapanea*) *melanophloeos*, *Prunus africana* e *Syzygium* ocorrem em altitudes mais elevadas. As encostas e picos granítico-migmatíticos expostos suportam uma flora litofítica dominada por *Coleochloa setifera*. As manchas de matagal montanhoso são frequentes em direcção aos picos, onde *Aeollanthus buchnerianus*, *Aeschynomene nodulosa*, *Kotschya recurvifolia* e *Tetradenia riparia* estão entre os arbustos comuns e *Myrsine melanophloeos* é frequente como uma pequena árvore. Grande parte do habitat está intacto e não perturbado. No entanto, existem áreas de plantações de chá abandonadas nas encostas sudeste da montanha, que estão em processo de conversão em mata secundária e floresta, com *Albizia adianthifolia* como uma árvore comum de altura dominante (Dowsett-Lemaire & Dowsett 2009). Existem áreas agrícolas de machamba de subsistência nesta área.

Questões de Conservação

Embora não esteja formalmente protegido de momento, o Monte Mabu está actualmente em processo de ser estabelecido como uma área de conservação. O Projeto de Conservação do Monte Mabu, liderado pela Flora e Fauna Internacional, e a Justiça Ambiental apoiado pelo CEPF, decorreu entre 2013 e 2016, com o objectivo de estabelecer esforços de conservação e educação com as comunidades, como passos para o estabelecimento de uma Área de Conservação Comunitária (CCA), e delimitar áreas para conservação florestal e ecoturismo; um plano de gestão foi desenvolvido como parte deste trabalho (CEPF 2021). Um consórcio de organizações de conservação foi agora encarregado de estabelecer uma área de conservação e rever e implementar um plano de gestão, no âmbito do projecto PROMOVE Biodiversidade (Biofund 2021). As ameaças significativas no Monte Mabu são mínimas, em parte devido à relativa inacessibilidade da maior parte da floresta, por ser um terreno rochoso íngreme e em parte por a população humana nas proximidades deste local ser pequena (Bayliss *et al.* 2014). O significado espiritual do local para as comunidades locais também contribuiu para a sua protecção. Várias ameaças de nível baixo, ou potenciais à biodiversidade e integridade ecológica de Mabu foram observadas por Timberlake *et al.* (2012). Estas incluem a expansão

Helixanthera schizocalyx (CC)

potencial da agricultura nas zonas mais baixas da floresta de média altitude, caso a população humana local aumente; o aumento da frequência de queimadas até o limite da floresta, o que pode inibir a regeneração da floresta nas margens; um pequeno perigo na exploração de madeira, particularmente na mata húmida circundante, e nas zonas de baixa altitude da floresta; e o nível insustentável de procura de carne de caça na floresta pela população local. Alguma invasão recente (pós-2010) da floresta nas encostas do sudoeste observa-se em imagens de satélite disponíveis no Google Earth (2021). Além da importância para as plantas, o Monte Mabu é um local importante para uma variedade de grupos faunísticos. Pesquisas na década de 2000 revelaram várias espécies novas de répteis e borboletas, como a bush viper *Atheris mabuensis* (EN), conhecida apenas em Mabu e Namuli, e o endémico Camaleão Pigmeu do Monte Mabu (*Rhampholeon maspictus*, NT). A avifauna é particularmente importante e o Monte Mabu é uma Área Importante de Aves (BirdLife International 2021b), com sete espécies globalmente ameaçadas ou quase ameaçadas registadas, incluindo o Namuli Apalis (*Apalis lynesi*, EN), anteriormente considerado endémico do Monte Namuli (Dowsett-Lemaire & Dowsett 2009). O espectáculo das borboletas no topo da colina pode ser observado no cume do Monte Mabu em Outubro e Novembro (Timberlake *et al.* 2012; Bayliss *et al.* 2014). Este local foi recentemente designado como Área Chave de Biodiversidade (WCS *et al.* 2021).

Serviços Ecossistémicos Chaves

Bayliss *et al.* (2014) observaram que as florestas extensas de Mabu são importantes para o armazenamento de carbono, estimando que o valor total de armazenamento de carbono da área florestal é de 3,6 Tg, dos quais 2,7 Tg seriam libertados se a floresta fosse convertida em mata e terras de agrícolas. As florestas também fornecem outros serviços regulatórios importantes, especialmente na prevenção da erosão do solo nas encostas montanhosas, e eventos de inundação nas terras baixas adjacentes. O Monte Mabu e os rios presentes têm significado espiritual para as comunidades locais. O local tem algum potencial para o ecoturismo liderado pela comunidade, particularmente para entusiastas de caminhadas e vida selvagem, embora o seu afastamento e terreno íngreme possam limitar a escala das opções de ecoturismo. Bayliss *et al.* (2014) também sugeriram que a água mineral engarrafada poderia ser um empreendimento comercial viável em Mabu.

Categorias de Serviços Ecossistémicos

- Provisionamento – Água doce
- Serviços de Regulação – Clima local e qualidade do ar
- Serviços de Regulação – Sequestro e armazenamento de carbono
- Serviços de Regulação – Moderação de eventos extremos
- Serviços de Regulação – Prevenção de erosão e manutenção da fertilidade do solo
- Habitat ou serviços de apoio – Habitats para espécies
- Habitat ou serviços de apoio – Manutenção da diversidade genética
- Serviços Culturais – Turismo
- Serviços Culturais – Experiência espiritual e sentido de pertença do lugar

Justificativa da Avaliação da IPA

O Monte Mabu qualifica-se como IPA sob o critério A(i), pois contém populações importantes de três espécies globalmente ameaçadas, e quatro espécies globalmente vulneráveis. Mabu é considerado provavelmente a melhor área global para a maioria destas espécies, devido à excelente qualidade do habitat neste local, e aos altos níveis de ameaça nos outros locais conhecidos. Além disso, contém uma população importante a nível nacional da espécie de afro-montanha, dispersa mas globalmente vulnerável, *Prunus africanus*, que é explorada em partes da sua área de distribuição para extração da casca pelo seu valor medicinal. O Monte Mabu também qualifica-se no critério C(iii) por conter a maior extensão contínua de Floresta Húmida de Média Altitude em Moçambique. Ele também contém uma extensão menor de Floresta Húmida de Montanha, mas este local não é considerado como atendendo aos limites para estes habitats sob o critério C(iii). Até o momento, 10 das espécies prioritárias sob o critério B(ii) foram encontradas no Monte Mabu, o que equivale a 2% da lista nacional de espécies B(ii), ficando abaixo do limite de 3% para este sub-critério. No entanto, esse número provavelmente aumentará à medida que novas pesquisas deste local forem realizadas no futuro.

Espécies Prioritárias (Critérios IPA A e B)

FAMÍLIA	TÁXON	IPA CRITÉRIO A	IPA CRITÉRIO B	≥ 1% DA POPULAÇÃO GLOBAL	≥ 5% DA POPULAÇÃO NACIONAL	É 1 DOS 5 MELHORES LOCAIS NACIONAL	TODA A POPULAÇÃO GLOBAL	ESPÉCIES DE IMPORTÂNCIA SÓCIO-ECONÓMICA	ABUNDÂNCIA NO LOCAL
Acanthaceae	*Asystasia malawiana*	A(i)		✓	✓	✓			ocasional
Acanthaceae	*Sclerochiton hirsutus*	A(i)	B(ii)	✓	✓	✓			desconhecida
Asteraceae	*Senecio peltophorus*		B(ii)						rara
Euphorbiaceae	*Crotonogynopsis australis*		B(ii)						desconhecida
Gesneriaceae	*Streptocarpus milanjianus*	A(i)	B(ii)	✓	✓	✓			rara
Iridaceae	*Freesia grandiflora* subsp. *occulta*		B(ii)						desconhecida
Loranthaceae	*Helixanthera schizocalyx*	A(i)	B(ii)	✓	✓	✓			ocasional
Orchidaceae	*Polystachya songaniensis*		B(ii)						frequente
Proteaceae	*Faurea racemosa*	A(i)		✓	✓	✓		✓	frequente
Rosaceae	*Prunus africana*	A(i)			✓	✓		✓	frequente
Rubiaceae	*Pavetta gurueensis*	A(i)	B(ii)	✓	✓	✓			comum
Rubiaceae	*Polysphaeria harrisii*	A(i)	B(ii)	✓	✓	✓			comum
Rutaceae	*Vepris* sp. nov.		B(ii)				✓		comum
		A(i): 8 ✓	B(ii): 10						

Habitats Ameaçados (IPA Critério C)

TIPO DE HABITAT	IPA CRITÉRIO C	≥ 5% DO RECURSO NACIONAL	≥ 10% DO RECURSO NACIONAL	É 1 DOS 5 MELHORES LOCAIS NACIONAL	ÁREA ESTIMADA DO LOCAL (SE CONHECIDO)
Floresta Húmida de Montanha [MOZ-01]	C(iii)				10.1
Floresta Húmida de Média Altitude [MOZ-02]	C(iii)		✓	✓	53.0

Colecta de plantas nas florestas de Mabu   (TH)

Áreas Protegidas e Outras Designações de Conservação

TIPO DE ÁREA DE CONSERVAÇÃO	NOME DA ÁREA DE CONSERVAÇÃO	RELAÇÃO DA IPA COM A ÁREA PROTEGIDA
Sem protecção formal (mas com publicação oficial em andamento)	Não indicado	
Área Importante de Aves	Monte Mabu	Área protegida/de conservação que engloba a IPA
Área Chave de Biodiversidade	Monte Mabu	Área protegida/de conservação que engloba a IPA

Ameaças

AMEAÇA	SEVERIDADE	SITUAÇÃO
Agricultura de pequena escala	baixa	ocorrendo – tendência desconhecida
Aumento da frequência/intensidade de queimadas	baixa	ocorrendo – tendência desconhecida
Caça e colecta de animais terrestres	baixa	ocorrendo – tendência desconhecida

MONTE CHIPERONE

Avaliadores: Sophie Richards, Iain Darbyshire, Hermenegildo Matimele

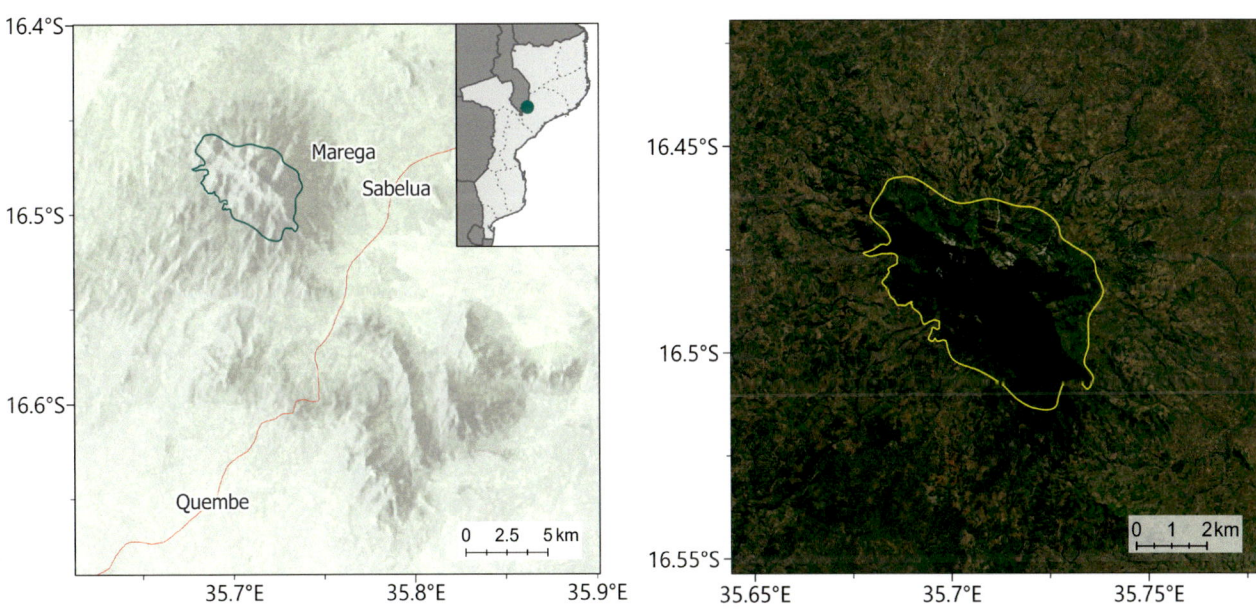

NOME INTERNACIONAL DO LOCAL		Mount Chiperone	
NOME LOCAL (CASO DIFERENTE)		Monte Chiperone	
CÓDIGO DO LOCAL	MOZTIPA035	PROVÍNCIA	Zambézia

LATITUDE	-16.48144	LONGITUDE	35.71007
ALTITUDE MINIMA (m a.s.l.)	850	ALTITUDE MÁXIMA (m a.s.l.)	2.054
ÁREA (km²)	24.2	CRITÉRIO IPA	A(i), C(iii)

Vista dos picos do Monte Chiperone (TH)

Florestas montanhosas de altitude média no Monte Chiperone (TH)

Descrição do Local

A IPA do Monte Chiperone é um pico isolado localizado no distrito de Milange, província da Zambézia, Moçambique. Este inselbergue situa-se no centro de endemismo de Mulanje-Namuli-Ribáuè – uma cadeia de montanhas do sul do Malawi ao norte de Moçambique, onde ocorre um elevado número de espécies de plantas endémicas ou quase endémicas (Darbyshire et al. 2019a). Duas aldeias estão situadas a sul da montanha, Sabelua e Marega, cada uma com terras agrícolas associadas nas áreas ao seu redor. A drenagem da montanha dá origem ao Rio Macololo e ao Rio Muse no sudoeste, ambos afluentes do rio Shire no Malawi. A IPA tem 24,2 km² de área e abrange as florestas de montanha de média e alta altitude nas encostas da montanha. As florestas neste local são de importância para a conservação, devido à grande extensão de vegetação predominantemente intacta, ao longo de um gradiente altitudinal. A maioria desta área está acima de 900 m de altitude, com o pico de 2.054 m acima do nível do mar. A mata de miombo ao redor da floresta húmida foi em grande parte excluída. Esta área é utilizada pela população local para agricultura de subsistência, particularmente nas encostas sul e oeste, e em alguns vales ao norte. No entanto, os fragmentos de matas remanescentes fornecem uma importante zona tampão ecológica para a floresta na IPA situada acima (Timberlake et al. 2007).

Importância Botânica

A importância botânica principal do Monte Chiperone é a extensa área de floresta húmida não perturbada de média a alta altitude, proporcionando uma transição de floresta ininterrupta a cerca de 1.000 a 2.000 m acima do nível do mar. Como grande parte das florestas neste local são consideradas sagradas pela população local, elas estão em grande parte em bom estado de conservação. O Monte Chiperone representa um dos cinco melhores locais nacionais de floresta de montanha, com uma extensão de cerca de 1,7 km² de floresta acima de 1.600 m de altitude, enquanto também está apenas um pouco abaixo do limite para se qualificar como um dos cinco melhores locais para floresta de média altitude, com uma estimativa de 9,4 km² de habitat. Mesmo que actualmente não existam espécies de plantas conhecidas apenas deste local, algumas das espécies são globalmente ameaçadas. Duas dessas espécies ameaçadas são usadas directamente pelas pessoas: Prunus africana (VU) e Coffea salvatrix (EN). A casca medicinal de P. africana foi anteriormente exportada em grandes volumes para a Europa e os Estados Unidos, para tratar a hiperplasia benigna da próstata, antes de uma proibição de exportação ser implementada. Esta espécie tem uma longa história de uso na cura tradicional e como árvore madeireira em toda a sua área de distribuição natural, embora neste local não esteja actualmente ameaçada pela extracção comercial (Jimu 2011). Coffea salvatrix, ou

Mukofi, é um parente ancestral selvagem dos cafés comerciais Arábica e Robusta, e pode ter algum potencial como café especializado, principalmente por ser uma espécie tolerante à seca (O'Sullivan & Davis 2017; Timberlake et al. 2016). Uma terceira espécie ameaçada, *Pavetta chapmanii* (VU), é conhecida apenas em seis locais dentro da cadeia de montanhas Mulanje-Namuli-Ribáuè (Timberlake 2020). Estas três espécies de floresta estão ameaçadas pela conversão do habitat em agricultura. Além disso, Chiperone representa as únicas populações moçambicanas confirmadas de três espécies ainda não avaliadas para a Lista Vermelha da IUCN, *Erica microdonta*, *Cyperus amauropus* e *Pollia condensata*, representando as colecções mais meridionais dentro das respectivas áreas de distribuição, enquanto as colecções de *Abrus melanospermus* subsp. *suffruticosus* e *Cyrtorchis arcuata* subsp. *whytei* em Chiperone representam extensões da distribuição para estas sub-espécies (Harris et al. 2011). Um total de 229 espécies foram incluídas numa lista de plantas acima de 800 m em Chiperone, compilada por Timberlake et al. (2007), após uma expedição científica em 2006. As expedições científicas anteriores a Chiperone, tiveram enfoque na avifauna, com quatro visitas registadas entre 1950 e 2005. Ainda existem grandes áreas desta montanha, particularmente a noroeste, onde o inventário botânico ainda não foi realizado, sendo provável que a lista de espécies continue a crescer e inclua espécies de plantas mais ameaçadas e raras.

Habitat e Geologia

O trabalho de inventário foi realizado em 2006 por Timberlake et al. (2007), documentando muitas das espécies-chave nos ecossistemas da montanha. A seguinte descrição do habitat é baseada neste inventário. A vegetação em Chiperone varia com a altitude. A floresta de média altitude, entre 1.000 – 1.600 m, é dominada por espécies arbóreas como *Newtonia buchananii*, *Strombosia scheffleri*, *Rinorea convallarioides* e *Gambeya (*anteriormente *Chrysophyllum) gorungosana*. O estrato inferior é aberto e dominado por *Dracaena fragrans* e *Pseuderanthemum subviscosum*. As encostas médias apresentam solos pouco profundos devido às encostas íngremes, o que pode explicar a dominância observada de árvores com tronco de diâmetros pequenos. Em altitudes mais elevadas, acima de 1.600 m, a composição da floresta muda,

Florestas de montanha em altitude alta, com fetos e epífitas de líquens no estrato inferior (TH)

Limpeza de terras ao redor da IPA para agricultura de subsistência (TH)

com espécies de árvores mais baixas e esclerófilas dominando, incluindo Peddiea africana, Diospyros whyteana, Maytenus undata, M. acuminata, Myrsine africana, Ochna holstii, Vepris bachmannii e Olea capensis subsp. macrocarpa. Há uma maior incidência de líquens fruticosos (pensa-se que seja Usnea spp.) e fetos no estrato inferior, provavelmente devido às temperaturas mais baixas e ar húmido frequente derivado da cobertura de nuvens baixas. No pico exposto, entre 1.900 e 2.000 m, há uma vegetação de brenha densa, principalmente de Erica microdonta, com Aloe arborescens formando massas prostradas. Os líquenes fruticosos também são comuns nesta altitude, mais uma vez, acredita-se que sejam Usnea. Outros afloramentos expostos são raros, pois mesmo os cumes mais inacessíveis são cobertos por vegetação lenhosa. Onde a rocha está exposta, a comunidade de plantas consiste em Aloe, gramíneas, ciperaceas (particularmente Coleochloa, provavelmente C. setifera) e arbustos baixos. Há uma pequena mancha de mata de Acacia abyssinica, que está confinada a uma cordilheira sudeste. Esta mata destaca-se pelo elevado número de fetos epifitos, orquídeas e líquenes. O parasita de raiz Sarcophyte sanguinea subsp. piriei também é comum. Nas margens desta IPA, e em torno dos seus limites, domina a mata de miombo. Grande parte desta vegetação consiste em espécies de Brachystegia e, embora essa comunidade de plantas seja comum em toda a África Austral, ela desempenha um papel importante como zona tampão para as áreas de floresta acima. Onde os solos são férteis, esta mata foi desmatada para agricultura. Foi observado um extenso desmatamento perto dos assentamentos nas encostas sul e leste, no entanto, grande parte desta área foi excluída da IPA. À medida que os solos se esgotam, pode ocorrer a expansão para as áreas de floresta em altitudes mais altas, que actualmente não são perturbadas.

Os solos em toda a IPA são pouco profundos. O Monte Chiperone é composto de sienito (período Jurássico/Cretáceo, cerca de 150 milhões de anos) e é uma intrusão ígnea na rocha circundante, migmatitos da Série Namarroi (850 – 1.100 milhões de anos). Esta geologia é diferente da maioria dos maciços e colinas do norte de Moçambique, que são compostos maioritariamente por granitos e migmatitos. Dito isto, esta geologia é partilhada com o Monte Tembe, Morrumbala e Serra Tumbine em Milange, juntamente com secções do Monte Mulanje, do outro lado da fronteira no Malawi, e Serra da Gorongosa no centro de Moçambique. Os dados climáticos do próprio Chiperone não estão disponíveis. As temperaturas na vila vizinha de Milange variam de 17,1 ° C a 28,9 ° C, com precipitação anual média de 1.734 mm, embora se pense que a precipitação anual nas encostas mais baixas de Chiperone seja muito menor em torno de 1.000 mm.

Questões de Conservação

Esta IPA não se enquadra numa área protegida e não está sob medidas formais de conservação. A floresta e fauna são abrangidas pela Lei de Florestas e Fauna Bravia (Lei. 10/99 de 1999) e, na maioria das áreas, pela Lei do Meio Ambiente (Lei. 20/97 de 1997), esta última proibindo o cultivo de culturas anuais em encostas mais íngremes que 7°, e culturas perenes em encostas mais íngremes que 14° (Timberlake et al. 2007; ECOLEX.org 2020). O Monte Chiperone foi designado como uma Área Importante de Aves (IBA), com a IPA descrita aqui completamente dentro dos limites da IBA. Em termos de diversidade de aves, este local alberga a única população conhecida de White-winged Apalis (Apalis chariessa – NT) em Moçambique (BirdLife International 2020a). Além disso, a maior população de Thyolo Alethe (Chamaetylas choloensis – VU) é globalmente conhecida de Chiperone. Nos outros locais, esta espécie está muito ameaçada pelo desmatamento, particularmente no Malawi (BirdLife International 2018). Este local também é reconhecido como uma Área Chave de Biodiversidade (KBA) com espécies que a despoletam, incluindo C. choloensis e três espécies de répteis que são conhecidas apenas do Monte Chiperone. Uma dessas espécies, Camaleão Pigmeu do Monte Chiperone (Rhampholeon nebulauctor), foi avaliada como globalmente vulnerável (Tolley et al. 2019c). As duas espécies restantes são a recentemente descrita Nadzikambia chiperone e Lygodactylus chiperone (Tolley 2017, 2018). A presença destas espécies únicas de répteis permite que o local se qualifique como KBA sob o critério de insubstituivel (Tolley 2017). Vários mamíferos pequenos foram registados no maciço, e o leopardo (Panthera pardus – VU) é relatado como comum (Timberlake et al. 2007). Em altitudes mais baixas, abaixo de 800 m, grande parte da mata foi desmatada para agricultura. No entanto, a exploração de madeira acima de cerca de 1.300 m é limitada devido ao terreno ser íngreme e inacessível, e por haver uma relutância local em entrar na floresta densa devido a crenças espirituais na área (Spottiswoode et al. 2008). Nas margens da floresta, no entanto, houve pequenas quantidades de árvores derrubadas, mas uma ameaça maior é representada pelas queimadas descontroladas, principalmente nas ravinas. As queimadas são usadas para limpar áreas para agricultura de subsistência em altitudes mais baixas. Contudo, sabe-se que essas queimadas se espalham pela montanha, chegando a 50 m das margens da floresta húmida (Timberlake et al. 2007). Estas queimadas descontroladas resultam na perda de húmus e humidade nos solos, e na limpeza das plantas do estrato inferior. As espécies das margens e clareiras, como Trema orientalis e Albizia gummifera, podem então se estabelecer e prevenir a regeneração florestal competindo com as espécies de árvores de floresta (Timberlake et al. 2007). Apesar dos solos pouco profundos e rochosos, a população local estabelece machambas nas encostas íngremes da montanha para o cultivo de milho e feijão. Com boas chuvas, os campos de maior área ao redor da montanha, produzem rendimentos mais altos do que as pequenas clareiras acima. No entanto, quando há pouca chuva, as machambas nas encostas ainda produzem algum alimento, devido ao ar mais húmido e evapotranspiração reduzida nas encostas das montanhas, enquanto as culturas na planície circundante estão sujeitas por vezes a condições adversas (Timberlake et al. 2007). Portanto, pode haver uma ameaça crescente de expansão da agricultura, principalmente se a seca se tornar mais comum na área. Como o Chiperone está ligado aos padrões climáticos na área local (consulte "Serviços Ecossistémicos Chaves") e drenagem de água limpa em rios próximos, a expansão da agricultura pode exacerbar ainda mais a escassez de água e, portanto, as pressões ambientais na área local e mais além.

Serviços Ecossistémicos Chaves

As aldeias locais ao sul e leste, com uma população total de 1.000 a 2.000 habitantes, dependem dos riachos que vêm da montanha como a sua única fonte de água limpa numa extensão de vários quilómetros (Timberlake et al. 2007). A população local também depende desta fonte de água para apoiar a agricultura de subsistência, particularmente nas machambas em encostas mais íngremes, que são uma importante fonte de alimento durante os anos mais secos. No Malawi, "chiperone" refere-se a um sistema climático nebuloso que se forma sobre o Monte Chiperone e atravessa o Malawi. Pensa-se que este sistema climático é uma importante fonte de humidade para as plantações de chá no Malawi durante a estação seca (Timberlake *et al.* 2007). Devido às crenças espirituais mantidas localmente, as pessoas das aldeias vizinhas geralmente relutam em entrar nas áreas de florestas acima de cerca 1.300 m (Spottiswoode *et al.* 2008). A floresta húmida de Chiperone pode, portanto, ser considerada uma floresta sagrada usando os critérios sugeridos por Virtanen (2002). A madeira raramente é explorada dentro do limite da IPA, e a colecta de plantas com propriedades medicinais ocorre principalmente nas áreas de matas circundantes. As espécies de caça, no entanto, ocorrem em encostas mais altas, embora essa prática seja limitada a um pequeno grupo de moradores locais. Imbabala (*Tragelaphus scriptus*), porco do mato (*Potamochoerus larvatus*) e cabrito do mato (*Cephalophus* spp.) são capturados usando armadilhas (Timberlake *et al.* 2007). O mel também é colectado na floresta (Spottiswoode *et al.* 2008). O desmatamento na vizinha Serra Tumbine resultou em deslizamentos catastróficos acima da vila de Milange, sugerindo que a floresta em Chiperone também pode desempenhar um papel importante na estabilização do substrato na montanha (Timberlake *et al.* 2007). Não há turismo conhecido nesta área.

Categorias de Serviços Ecossistémicos

- Provisionamento – Alimentos
- Provisionamento – Água doce
- Provisionamento – Recursos medicinais
- Serviços de Regulação – Clima local e qualidade do ar
- Serviços de Regulação – Prevenção de erosão e manutenção da fertilidade do solo
- Serviços Culturais – Experiência espiritual e sentido de pertença do lugar

Justificativa da Avaliação da IPA

O Monte Chiperone qualifica-se como IPA segundo os critérios A e C. O maciço suporta três espécies do sub-critério A(i): *Coffea salvatrix* (EN), *Prunus africana* (VU) e *Pavetta chapmanii* (VU). Grande parte dos estudos de Timberlake *et al.* (2007), incluindo a lista de espécies de plantas, ainda não foi avaliada para a Lista Vermelha da IUCN e, portanto, é provável que mais espécies atendam ao critério A(i), mas precisem de avaliação. Este local também se qualifica sob o subcritério C(iii) como um dos cinco melhores locais para florestas húmidas de montanha a nível nacional. Embora as floresta de média altitude neste local não despoletam o subcritério C(iii), o habitat aqui é de alta qualidade e de importância para a conservação.

Espécies Prioritárias (Critérios IPA A e B)

FAMÍLIA	TÁXON	IPA CRITÉRIO A	IPA CRITÉRIO B	≥ 1% DA POPULAÇÃO GLOBAL	≥ 5% DA POPULAÇÃO NACIONAL	É 1 DOS 5 MELHORES LOCAIS NACIONAL	TODA A POPULAÇÃO GLOBAL	ESPÉCIES DE IMPORTÂNCIA SÓCIO-ECONÓMICA	ABUNDÂNCIA NO LOCAL
Rosaceae	*Prunus africana*	A(i)				✓		✓	desconhecida
Rubiaceae	*Coffea salvatrix*	A(i)			✓	✓		✓	frequente
Rubiaceae	*Pavetta chapmanii*	A(i)			✓	✓			desconhecida
		A(i): 3 ✓							

Habitats Ameaçados (IPA Critério C)

TIPO DE HABITAT	IPA CRITÉRIO C	≥ 5% DO RECURSO NACIONAL	≥ 10% DO RECURSO NACIONAL	É 1 DOS 5 MELHORES LOCAIS NACIONAL	ÁREA ESTIMADA DO LOCAL (SE CONHECIDO)
Floresta Húmida de Montanha [MOZ-01]	C(iii)			✓	1.7
Floresta Húmida de Média Altitude [MOZ-02]	C(iii)				9.4

PROVÍNCIA DA ZAMBÉZIA

Áreas Protegidas e Outras Designações de Conservação

TIPO DE ÁREA DE CONSERVAÇÃO	NOME DA ÁREA DE CONSERVAÇÃO	RELAÇÃO DA IPA COM A ÁREA PROTEGIDA
Área Importante de Aves	Monte Chiperone	Área protegida/de conservação que engloba a IPA
Área Chave de Biodiversidade	Monte Chiperone	Área protegida/de conservação que engloba a IPA

Ameaças

AMEAÇA	SEVERIDADE	SITUAÇÃO
Agricultura de pequena escala	baixa	ocorrendo – tendência desconhecida
Aumento da frequência/intensidade de queimadas	média	ocorrendo – tendência desconhecida

MONTE MORRUMBALA

Avaliadores: Sophie Richards, Iain Darbyshire

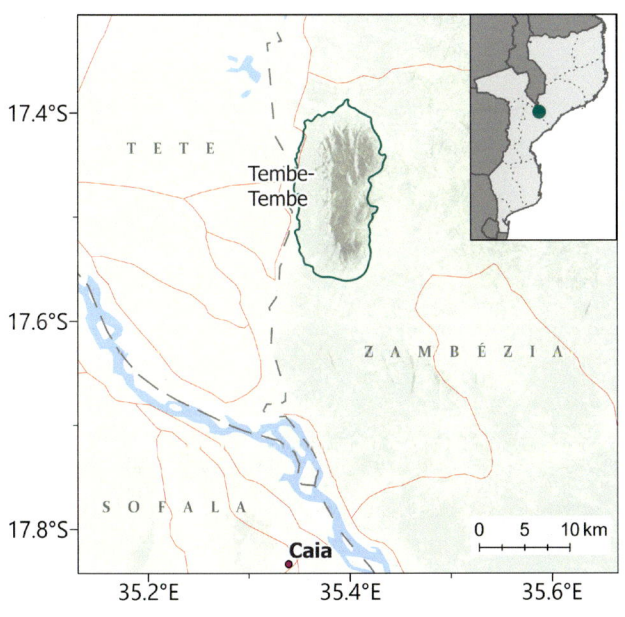
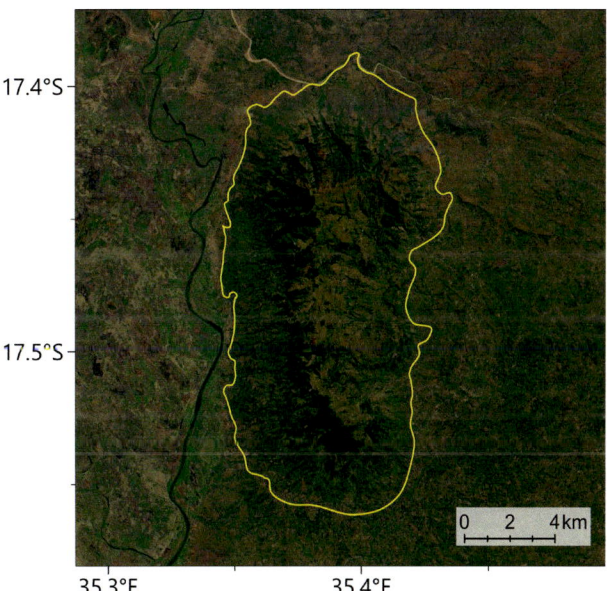

NOME INTERNACIONAL DO LOCAL		Mount Morrumbala	
NOME LOCAL (CASO DIFERENTE)		Monte Morrumbala	
CÓDIGO DO LOCAL	MOZTIPA052	PROVÍNCIA	Zambézia

LATITUDE	-17.48000	LONGITUDE	35.38500
ALTITUDE MINIMA (m a.s.l.)	45	ALTITUDE MÁXIMA (m a.s.l.)	1.172
ÁREA (km²)	135	CRITÉRIO IPA	A(i), C(iii)

MONTE MORRUMBALA 209

Descrição do Local

O Monte Morrumbala, conhecido por vezes como Monte Tembe, é uma IPA que está localizada no Distrito de Morrumbala, Província da Zambézia, adjacente ao limite com a Província de Tete, e 30 km a sul da fronteira Moçambique-Malawi. O nome "Morrumbala" provavelmente significa barreira, referindo-se à posição da montanha que separa o distrito do rio Shire a oeste (Inguaggiato *et al.* 2002). A IPA cobre uma área de 135 km² com o rio Shire correndo a oeste e o rio Nambuur a norte deste local. A vila de Morrumbala, centro do distrito, fica a uma curta distância da IPA, 20 km a nordeste, e existem várias comunidades que vivem ao longo do rio Shire. Tembe-Tembe é a aldeia mais próxima e, embora na sua maioria se encontre fora desta IPA, um pequeno número de machambas nas encostas mais baixas está dentro do limite do local.

Poucas pesquisas botânicas foram realizadas nas últimas décadas no Monte Morrumbala, mas a partir de colecções botânicas anteriores, é claro que existem espécies de plantas de interesse de conservação neste local.

Importância Botânica

O Monte Morrumbala é a único local conhecido para a espécie criticamente ameaçada, *Crassula morrumbalensis*. Esta espécie é conhecida a partir de uma única colecção feita em 1942 por A.R. Torre. Ainda que pouco se conheça sobre *C. morrumbalensis*, o seu habitat descrito como sendo "savana húmida", presumivelmente seja a escarpa de miombo que domina as encostas orientais. Este habitat está actualmente a sofrer degradação contínua através da abertura de machambas (Google Earth 2021; World Resources Institute 2021), e por isso são necessárias pesquisas urgentes para confirmar se a presença desta espécie continua, e estabelecer o impacto desta perda de habitat no tamanho da população.

Uma espécie adicional ameaçada foi registada nesta IPA. A espécie vulnerável *Celosia pandurata* é endémica do centro de Moçambique, ocorrendo nas florestas das terras baixas do Monte Morrumbala, e está ameaçada em vários locais pela expansão da agricultura (Richards, no prelo [a]). Há também um registo duvidoso de *Coffea zanguebariae* (VU), colectada numa ravina íngreme no lado oeste da montanha (GBIF.org 2021b). A etiqueta afirma que este espécime é uma árvore de caules múltiplos de 12 m de altura com "casca clara e escamas longitudinais", enquanto em contraste *C. zanguebariae* geralmente tem até 6 m e tende a ter uma casca lisa (A. Davis, pers. comm. 2021). Este espécime pode potencialmente ser de *C. salvatrix* (EN), que ocorre em florestas húmidas de montanha semelhantes, incluindo o Monte Chiperone [MOZTIPA035], outra montanha da província ocidental da Zambézia. *C. salvatrix* é conhecida por ter casca de cor castanho amarelado e com rachas semelhante à descrição do espécime, embora, como *C. zanguebariae*, também seja um arbusto ou árvore pequena (Bridson & Verdcourt *et al.* 2003). Colecções adicionais de *Coffea* em Morrumbala são necessárias para identificar o táxon, pois há uma forte possibilidade de que possa ser uma espécie ameaçada. Além dessas espécies ameaçadas, existem duas espécies Quase Ameaçadas, *Searsia* (anteriormente *Rhus*) *acuminatissima* e *Cola mossambicensis*, que foram registadas nesta IPA. Apesar de que não sejam endémicas, as áreas de distribuição destas duas espécies situam-se predominantemente em Moçambique.

No geral, existem quatro endémicas moçambicanas conhecidas desta IPA, incluindo as duas espécies ameaçadas *C. morrumbalensis* e *Celosia pandurata* conjuntamente a *Bothriocline moramballae* (LC) e *Pavetta gardeniifolia* var. *apendiculata*. O Monte Morrumbala é o local mais meridional para estes dois últimos taxa, ambos conhecidos em menos de cinco locais em todo o mundo.

As colectas botânicas realizadas dentro desta IPA são limitadas às últimas décadas, com muitas das colecções feitas na década de 1940 (F.A. Mendonça e A.R. Torre) e na década de 1970 (T. Müller e G. Pope). Mais levantamentos botânicos são necessários para caracterizar completamente os habitats e estabelecer se as presenças continuam e o tamanho das populações de espécies ameaçadas, como *Crassula morrumbalensis*. Investigações adicionais também podem revelar mais espécies ameaçadas ou raras.

Existem dois tipos de habitats nacionalmente ameaçados e restritos, presentes nesta IPA, floresta húmida de baixa altitude e floresta húmida de média altitude. É improvável que haja floresta de média altitude suficiente para despoletar C(iii), já que o pico de Morrumbala atinge apenas 1.172 m e, portanto, este tipo de habitat está limitado a uma pequena área abaixo do pico. Há uma área muito maior de floresta húmida de baixa altitude dentro desta IPA, provavelmente entre 10 e 15 km². No geral, Morrumbala é um dos cinco melhores locais para floresta de baixa altitude a nível nacional e, portanto, despoleta o sub-critério C(iii) dos critérios da IPA, ainda que seja necessária mais pesquisa para delinear e medir com precisão esse habitat fragmentado neste local. A norte desta IPA, do outro lado do rio Nambuur, há uma floresta das terras baixas intacta adicional. Esta área vizinha é actualmente pouco estudada podendo ser incluída na IPA se for considerada de interessante botânico.

Habitat e Geologia

O Monte Morrumbala é o resultado de múltiplas intrusões, predominantes de sienito, na planície circundante (Coelho 1959; Araújo et al. 1973). A montanha atinge um pico de 1.172 m e tem 15 km de norte a sul e 5 km de leste a oeste. Os solos não foram totalmente classificados, mas as encostas mais baixas são conhecidas por terem solos pouco profundos e rochosos (Andrada #1570), enquanto os solos a oeste da IPA, junto ao rio Shire, são argilosos (Dungo #185). É provável que os solos nas ravinas sejam profundos e com maior fertilidade e humidade do que em outras partes desta IPA.

O local possui uma estação seca de inverno, entre Abril e Outubro, com temperaturas registadas na vila vizinha de Morrumbala variando de uma média baixa de 17,2°C e uma alta de 29,8°C no verão (MAE 2005a). A precipitação média mensal no distrito é de 1.017 mm, no entanto, dada a topologia desta IPA, é provável que haja uma diferença grande da precipitação e da temperatura em comparação com a planície circundante, em que na montanha se registam temperaturas mais baixas e maior precipitação – algumas das quais provavelmente ocorrem através de neblinas frequentes.

Segundo análise de Lötter et al. (em prep.), as terras baixas a norte e oeste do Monte Morrumabala podem ser classificadas como "Floresta Húmida das Terras Baixas". Apesar da composição de espécies neste local ainda não esteja documentada, algumas das colectas feitas nesta área incluem espécies típicas deste tipo de vegetação (GBIF.org 2021b). As espécies do estrato arbóreo incluem *Albizia adianthifolia*, *Bersama abyssinica*, *Newtonia buchananii*, *Macaranga capensis* e *Terminalia* (anteriormente *Pteleopsis*) *myrtifolia*, enquanto árvores e arbustos do estrato inferior incluem *Cola greenwayi* e *Vangueria esculenta* conjuntamente com a herbácea *Celosia pandurata* (VU). As lianas e trepadeiras como *Landolphia buchananii*, *Gouania longispicata* e *Tiliacora funifera* também foram registadas nestas florestas. Em altitudes mais elevadas nas encostas norte e oeste, Lötter et al. (2021) delinearam uma pequena faixa de vegetação de Floresta Húmida de Média Altitude abaixo do pico. Não está claro como é que estas florestas podem diferir das florestas das terras baixas neste local, no entanto, nestas florestas *Newtonia buchananii* pode ser mais dominante, como é o caso em outras florestas húmidas de média altitude.

Nas encostas orientais da montanha, a vegetação é predominantemente miombo húmido, semelhante ao encontrado nas escarpas a sul da Serra da Gorongosa (Lötter et al. em prep.). Pouco se sabe desta vegetação no Monte Morrumbala. Uma colecção descreve a mata na montanha dominada por *Brachystegia tamarindoides* subsp. *microphylla* (Müller & Pope #1973), uma espécie típica de áreas com solos pouco profundos os quais também dominam na escarpa de miombo da Serra da Gorongosa. Ainda que esta colecta tenha sido realizada nas encostas ocidentais da monthanha, é muito provável que o miombo oriental seja também dominado por *B. tamarindoides* subsp. *microphylla* e que este tipo de vegetação também ocorra num mosaico no interior das florestas nas encostas ocidentais. O estrato inferior desta mata não foi documentado; no entanto, sabe-se que hospeda a única população conhecida da espécies criticamente ameaçadas *Crassula morrumbalensis*, uma erva suculenta perene. Como as espécies de *Crassula* estão frequentemente associadas a áreas rochosas, é muito provável que esta espécie ocorra em áreas de miombo nas rochas neste local.

Existem várias florestas ribeirinhas em desfiladeiros profundos na montanha pelo que é muito possível que a espécie vulnerável *Khaya anthotheca* ocorra nessas áreas, como é o caso de várias outras florestas de galeria nas montanhas. A espécie herbácea *Impatiens oreocallis* foi colectada numa cascata na montanha, crescendo na zona em que a água cai como "spray". Esta espécie nativa do Malawi, Moçambique e Tanzânia, é provavelmente uma das colecções mais a sul de *I. oreocallis*.

A vegetação do cume ainda não foi descrita. *Decorsea schlechteri* é conhecida por estar associada a afloramentos rochosos na montanha, embora esta espécie provavelmente ocorra nas encostas abaixo do cume.

Questões de Conservação

O Monte Morrumbala não se enquadra em uma área protegida, Área Chave de Biodiversidade ou Área Importante de Aves. No entanto, com a presença de toda a população global da espécies criticamente ameaçada *Crassula morrumbalensis*, o local qualifica-se como um local da "Alliance for Zero Extintion" e KBA sob o sub-critério A1e.

Muitas das encostas deste local são teoricamente protegidas pela Lei do Meio Ambiente (Lei 20/97 de 1997) que proíbe o cultivo de culturas anuais em encostas superiores a 7° e culturas perenes em encostas superiores a 14° (Timberlake *et al.* 2007). No entanto, na prática, esta lei parece ter pouco impacto na prevenção do cultivo nesta montanha, com um aumento contínuo da expansão agrícola em Morrumbala. A expansão agrícola afecta particularmente o miombo nas encostas orientais e a floresta das terras baixas nas encostas ocidentais, sendo provavelmente devido ao terreno mais plano nesses locais. Tanto a floresta como o miombo nestas áreas acessíveis estão fortemente fragmentados, com uma taxa acelerada de perda da cobertura arbórea nesta IPA, desde 2001 (World Resources Institute 2021). Apenas as áreas menos acessíveis, incluindo florestas em encostas íngremes e ravinas, permanecem completamente intactas.

Esta perda de habitats chaves será inevitavelmente uma grande ameaça para as espécies raras e de distribuição restrita que ocorrem no Monte Morrumbala. Pesquisas urgentes e acções de conservação são necessárias para proteger estes habitats e as espécies que neles residem. Uma razão para o aumento da pressão sobre a terra dentro desta IPA pode ser resultado de disputas de terra em outros lugares, que são particularmente evidentes no vale do rio Shire e em torno da vila vizinha de Morrumbala (MAE 2005a). Trabalhar com as comunidades locais para resolver esses problemas pode levar tempo para ajudar a minimizar a expansão agrícola em Morrumbala. Por outro lado, a terra do Distrito de Morrumbala é muito favorável à agricultura e a mais produtiva em toda a Província da Zambézia. Há evidências de que resolver disputas de terra, pode ser uma estratégia eficaz pelo que esta é uma das principais acções implementadas pelo projecto de conservação e desenvolvimento, Legado: Namuli, no Monte Namuli liderado por Legado e Nitidae (Nitidae 2021). Este projecto ajudou a garantir os direitos à terra para a população local como uma acção fundamental para proteger os valiosos habitats montanhosos da expansão da agricultura. A aplicação desta abordagem no Monte Morrumbala poderia igualmente aliviar as pressões sobre os habitats montanhosos deste local.

Retardar a taxa de expansão agrícola no Monte Morrumbala, juntamente com a restauração de habitats, também pode ser de grande importância para as comunidades locais, pois a perda de matas e florestas, principalmente em altitudes mais altas, pode aumentar o risco de deslizamentos de terra. A perda de floresta estabilizadora de substrato na Serra Tumbine, uma montanha 150 km a nordeste desta IPA com uma geologia de sienito semelhante, levou a um deslizamento de terra catastrófico após fortes chuvas em 1998 (ver MOZTIPA036). O Banco Mundial categoriza o risco de deslizamento de terra causado pela chuva como "muito alto" dentro desta IPA (Banco Mundial 2019). Mais pesquisas são urgentemente necessárias para entender se a manutenção de ecossistemas complexos florestais e matas nesta montanha pode ajudar a mitigar o risco de deslizamento de terra.

Dado o número de ameaças, incluindo eventos catastróficos, como deslizamentos de terra, a conservação ex situ deve ser considerada para *Crassula morrumbalensis* juntamente com acções in situ. Prevê-se que a semente de *C. morrumbalensis* seja ortodoxa e permita a conservação de sementes a longo prazo (Wyse & Dickie 2018) e, portanto, a colheita de sementes para banco de sementes é muito recomendada.

Assim como os taxa de plantas deste local, os taxa de animais de Morrumbala ainda não foram inventariados. O trabalho de inventário para taxa de aves foi descrito como urgente por Spottiswoode *et al.* (2008), devido à presença de floresta sempre verde, conhecida por fornecer habitat para aves raras e ameaçadas em outras partes de Moçambique.

Serviços Ecossistémicos Chaves

Há uma série de riachos com origem no Monte Morrumbala que são afluentes do rio Shire. A agricultura no vale do rio Shire tem sido comercialmente importante, incluindo plantações de açúcar e algodão (Inguaggiato *et al.* 2002), e continua a ser importante para a subsistência. No entanto, a agricultura deve ser realizada de forma sustentável para evitar a perturbação dos habitats montanhosos que podem, por sua vez, aumentar a evapotranspiração e diminuir a disponibilidade de água, e aumentar o risco de erosão.

As florestas e matas nesta montanha são provavelmente valorizadas localmente para madeira e combustível – o material lenhoso é a principal fonte de combustível para cozinhar no Distrito de Morrumbala (MAE 2005a).

Esta IPA também pode conter importantes recursos genéticos devido à presença potencial de um parente ancestral selvagem da cultura de *Coffea* que poderia apoiar o melhoramento de espécies comerciais de café. Esta espécie também pode, por si só, ter valor comercial como bebida.

Categorias de Serviços Ecossistémicos

- Provisionamento – Alimentos
- Provisionamento – Matérias-primas
- Provisionamento – Água doce
- Serviços de Regulação – Moderação de eventos extremos
- Serviços de Regulação – Prevenção de erosão e manutenção da fertilidade do solo
- Habitat ou serviços de apoio – Manutenção da diversidade genética

Justificativa da Avaliação da IPA

O Monte Morrumbala qualifica-se como uma Área Importante de Plantas sob o sub-critério A(i), com duas espécies ameaçadas dentro deste limite. O local abriga a única população conhecida da espécie criticamente ameaçada *Crassula morrumbalensis*. Pesquisa e planeamento de conservação urgentes são necessários para proteger esta espécie de extinção. Além disso, um táxon vulnerável, *Celosia pandurata*, também despoleta A(i) dos critérios IPA, e é muito provável que mais espécies ameaçadas sejam documentadas neste local. O Monte Morrumbala também se qualifica em C(iii), pois é um dos cinco principais locais nacionais para florestas húmidas de baixa altitude. Embora outro tipo de habitat ameaçado e restrito, a floresta húmida de média altitude de montanha, também esteja presente nesta IPA, existe apenas uma área muito limitada deste habitat e, portanto, é improvável que despolete C(iii).

Espécies Prioritárias (Critérios IPA A e B)

FAMÍLIA	TÁXON	IPA CRITÉRIO A	IPA CRITÉRIO B	≥ 1% DA POPULAÇÃO GLOBAL	≥ 5% DA POPULAÇÃO NACIONAL	É 1 DOS 5 MELHORES LOCAIS NACIONAL	TODA A POPULAÇÃO GLOBAL	ESPÉCIES DE IMPORTÂNCIA SÓCIO-ECONÓMICA	ABUNDÂNCIA NO LOCAL
Amaranthaceae	*Celosia pandurata*	A(i)	B(ii)	✓	✓				desconhecida
Asteraceae	*Bothriocline moramballae*		B(ii)	✓	✓	✓			desconhecida
Crassulaceae	*Crassula morrumbalensis*	A(i)	B(ii)	✓	✓	✓	✓		desconhecida
Rubiaceae	*Pavetta gardeniifolia* var. *appendiculata*		B(ii)	✓	✓	✓			desconhecida
		A(i). 2 ✓	B(ii). 4						

Habitats Ameaçados (IPA Critério C)

TIPO DE HABITAT	IPA CRITÉRIO C	≥ 5% DO RECURSO NACIONAL	≥ 10% DO RECURSO NACIONAL	É 1 DOS 5 MELHORES LOCAIS NACIONAL	ÁREA ESTIMADA DO LOCAL (SE CONHECIDO)
Floresta Húmida de Baixa Altitude [MOZ-03]	C(iii)			✓	10.0
Floresta Húmida de Média Altitude 900–1400 m [MOZ-02]	C(iii)				2.0

Áreas Protegidas e Outras Designações de Conservação

TIPO DE ÁREA DE CONSERVAÇÃO	NOME DA ÁREA DE CONSERVAÇÃO	RELAÇÃO DA IPA COM A ÁREA PROTEGIDA
Sem protecção formal	Não indicado	

PROVÍNCIA DA ZAMBÉZIA

Ameaças

AMEAÇA	SEVERIDADE	SITUAÇÃO
Agricultura de pequena escala	alta	ocorrendo – tendência crescente
Habitação e áreas urbanas	baixa	ocorrendo – tendência desconhecida
Aumento da frequência/intensidade de queimadas	desconhecida	ocorrendo – tendência desconhecida
Exploração de madeira e colecta de produtos florestais	desconhecida	ocorrendo – tendência desconhecida
Avalanches/deslizamentos de terra	alta	futuro – ameaça deduzida

MOEBASE

Avaliadores: Iain Darbyshire, Alice Massingue

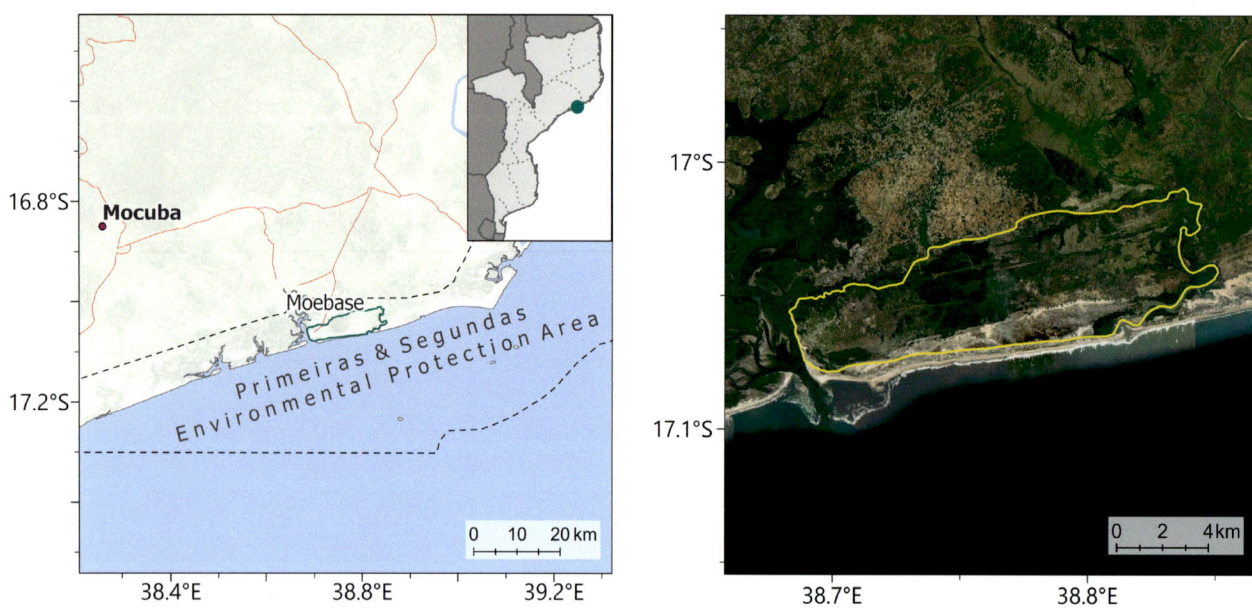

NOME INTERNACIONAL DO LOCAL		Moebase	
NOME LOCAL (CASO DIFERENTE)		–	
CÓDIGO DO LOCAL	MOZTIPA032	PROVÍNCIA	Zambézia

LATITUDE	-17.04510	LONGITUDE	38.75080
ALTITUDE MINIMA (m a.s.l.)	0	ALTITUDE MÁXIMA (m a.s.l.)	60
ÁREA (km²)	71	CRITÉRIO IPA	A(i), C(iii)

Descrição do Local

A IPA de Moebase está localizada no Distrito de Pebane da Província da Zambézia. Situa-se imediatamente ao sul da vila costeira de Moebase, a cerca de 215 km ENE do porto de Quelimane. O local situa-se na extensão sul do proposto Centro de Endemismo de Plantas do Rovuma [CoE] (Burrows & Timberlake 2011; Darbyshire et al. 2019a), e compreende uma pequena área de sistemas de dunas com manchas de floresta seca costeira, e depressões interdunais húmidas sobre areias costeiras ricas em minerais pesados.

Importância Botânica

Este local é de grande importância botânica pela presença de três espécies raras e ameaçadas do CoE do Rovuma. Em primeiro lugar, é o local mais a sul da árvore endémica globalmente ameaçada *Icuria dunensis* ('icuri' ou 'ncuri'). A IPA de Moebase possui as maiores manchas confirmadas de floresta dominada pela *Icuria*, totalizando cerca de 9 km², e é uma das três únicas florestas de *Icuria* avaliadas como em "muito bom estado", usando um Índice de Condição Ecológica Florestal (A. Massingue, dados não publicados). Este também é o primeiro local em que *Icuria* foi reconhecida como uma árvore de floresta distinta durante pesquisas realizadas em Agosto de 1995 (Lubke *et al.* 2018). Em segundo lugar, as terras húmidas sazonais nas depressões das dunas de Moebase detêm a única população existente conhecida da pequena erva das terras húmidas *Triceratella drummondii*, que é avaliada como Criticamente em Perigo (S. Richards, no prelo [b]). Esta espécie também era conhecida anteriormente na área de Gwanda, no Zimbábue, a mais de 1.000 km do interior de Moebase, mas não foi observada naquele local desde a década de 1960, apesar de três pesquisas realizadas entre 1996 e 2001 sem sucesso (Barker *et al.* 2001). Cerca de vinte indivíduos foram observados numa única população durante uma Avaliação de Impacto Ambiental em Moebase em 1997 (Barker *et al.* 2001). Finalmente, recentemente surgiram evidências de que o arbusto endémico criticamente ameaçado *Warneckea sessilicarpa* ocorre dentro das florestas de *Icuria* – este é derivado de um espécime (Boana #154) colectado em 1997, que havia sido anteriormente identificado erroneamente como *W. sousae*, mas confirmado como sendo *W. sessilicarpa* pelo especialista global neste grupo, R.D. Stone (comunicação pessoal). É provável que novas descobertas de espécies raras sejam feitas com a exploração dessas manchas florestais.

Habitat e Geologia

A floresta de *Icuria* é muito impressionante neste local, formando povoamentos de florestas secas densas e monodominantes com muitos indivíduos adultos, alguns atingindo até 40 m de altura (A. Msssingue, obs. pess.), e com recrutamento substancial visível. Estas florestas ocorrem em sistemas de dunas de areia antigas, baixas e sazonalmente húmidas atrás das dunas frontais, entre 1 km e 4 km da costa (Lubke *et al.* 2018). As areias dessas dunas são ricas em minerais pesados, incluindo ilmenita (minério de titânio), que pode ser de interesse para mineração (URS/Scott Wilson 2011). As manchas de *Icuria* são cercadas por vegetação arbustiva aberta das dunas e matas com espécies típicas, incluindo *Garcinia livingstonei* e *Strychnos spinosa* (Barker *et al.* 2001). As depressões húmidas interdunais têm um lençol freático alto e incluem áreas de água estagnada na estação chuvosa. As espécies dominantes registadas nestas terras húmidas incluem *Eragrostis ciliaris*, *Xyris anceps* e *Utricularia* sp.; *Triceratella drummondii* foi encontrada nestas depressões abertas crescendo em areias húmidas junto com *Digitaria eriantha* e *Bulbostylis hispidula* (Barker *et al.* 2001).

Extensas áreas de mata de miombo foram anteriormente encontradas em áreas de depósitos de areias elevadas e de drenagem livre a leste da aldeia e a norte das manchas de *Icuria*, mas esta mata foi seriamente perturbada nas últimas décadas, à medida que a aldeia e a agricultura de subsistência associada se expandiram – estas matas de miombo foram excluídas da delimitação da IPA. A oeste, o Estuário de Moebase possui extensos mangais, havendo também mangais ao longo do limite leste. Um levantamento do habitat foi realizado como parte de uma Avaliação de Impacto Ambiental inicial realizada na concessão de exploração mineira de Moebase (consulte Questões de Conservação), mas um inventário completo de espécies seria desejável e pode descobrir outras espécies raras e ameaçadas.

O clima em Moebase é muito sazonal, com picos de chuva em Dezembro a Março; a precipitação média anual é de aproximadamente 1350 mm.

Questões de Conservação

Esta IPA insere-se na extensa Área de Protecção Ambiental das Ilhas Primeiras e Segundas (APAIPS) (>8.000 km²) das Primeiras e Segundas, que se estende ao longo da costa sul até Pebane e norte até Angoche. No entanto, a ênfase aqui é na protecção da biodiversidade marinha, pelo que há pouca evidência de acções de conservação em Moebase de momento.

A área circundante está sujeita a alta pressão populacional devido à expansão do assentamento de Moebase, e à invasão da agricultura de subsistência em habitats naturais. Uma área anteriormente grande de mata de miombo no limite leste da aldeia foi muito destruída nos últimos 30 – 40 anos, pelo que teme-se agora que este recurso madeireiro está bastante sobexplorado, a população local possa ter como alvo as manchas de *Icuria* com mais frequência (Darbyshire *et al.* 2019e). No entanto, actualmente as manchas de *Icuria* estão práticamente intactas. As principais ameaças actualmente são a limpeza para abertura das vias de acesso à praia, as queimadas descontroladas e a retirada da casca de *Icuria* para a confecção de cordas (A. Massingue, obs. pess.). As áreas de dunas fixas tanto a oeste quanto a leste da IPA foram convertidas em machambas.

Uma ameaça futura significativa a esta IPA é que ela se enquadra em uma concessão de mineração (licença 4623C, depósitos Moebase e Naburi, actualmente propriedade da Pathfinder Minerals plc), e possui concentrações comercialmente viáveis de minerais pesados (URS/Scott Wilson 2011). Continua a existir interesse na exploração destes depósitos.

A Região de Moebase foi anteriormente reconhecida como uma Área Importante de Aves (IBA) centrada no Estuário de Moebase (Parker 2001), mas desde então foi expandida para a extensa Área de Protecção Ambiental das Ilhas Primeiras e Segundas (APAIPS) IBA e Área de Biodiversidade Chave (BirdLife International 2021c). A área também é de interesse para outros grupos faunísticos, incluindo répteis. Como Moebase é o único local existente conhecido para a espécie criticamente ameaçada, *Triceratella drummondii*, também se qualifica como um local da "Alliance for Zero Extinction".

Serviços Ecossistémicos Chaves

Considera-se que esta IPA fornece uma série de serviços ecossistémicos. Os povoamentos de *Icuria*, em particular, ajudam a estabilizar e proteger os depósitos de areias costeira e, assim, evitar a erosão excessiva durante eventos climáticos extremos. A floresta também fornece serviços de abastecimento para a comunidade local, que podem ser geridos a níveis sustentáveis. Também fornece habitat importante e serviços de apoio para uma variedade de fauna.

Categorias de Serviços Ecossistémicos

- Provisionamento – Matérias-primas
- Serviços de Regulação – Sequestro e armazenamento de carbono
- Serviços de Regulação – Moderação de eventos extremos
- Serviços de Regulação – Prevenção de erosão e manutenção da fertilidade do solo
- Habitat ou serviços de apoio – Habitats para espécies
- Habitat ou serviços de apoio – Manutenção da diversidade genética
- Serviços Culturais – Recreação e saúde mental e física

Justificativa da Avaliação da IPA

Moebase qualifica-se como uma Área Importante de Plantas sob o critério A(i), pois é o único local existente conhecido da *Triceratella drummondii* (CR), e possui uma população globalmente importante de *Icuria dunensis* (EN). Também considera-se que contém mais de 5% da população global de *Warneckea sessilicarpa* (CR), que é conhecida em apenas quatro locais, um dos quais pode não existir mais – Moebase é provável que seja um local crítico para a sobrevivência desta espécie. Também qualifica-se no critério C(iii) porque a floresta seca costeira dominada pela *Icuria*, do Centro de Endemismo do Rovuma, é um habitat nacionalmente ameaçado e de distribuição restrita, pelo que a IPA de Moebase contém o maior exemplo conhecido deste tipo de floresta.

Espécies Prioritárias (Critérios IPA A e B)

FAMÍLIA	TÁXON	IPA CRITÉRIO A	IPA CRITÉRIO B	≥ 1% DA POPULAÇÃO GLOBAL	≥ 5% DA POPULAÇÃO NACIONAL	É 1 DOS 5 MELHORES LOCAIS NACIONAL	TODA A POPULAÇÃO GLOBAL	ESPÉCIES DE IMPORTÂNCIA SÓCIO-ECONÓMICA	ABUNDÂNCIA NO LOCAL
Commelinaceae	*Triceratella drummondii*	A(i)	B(ii)	✓	✓	✓	✓		rara
Fabaceae	*Icuria dunensis*	A(i)	B(ii)	✓	✓	✓			abundante
Melastomataceae	*Warneckea sessilicarpa*	A(i)	B(ii)	✓	✓	✓			desconhecida
		A(i): 3 ✓	B(ii): 3						

Floresta de *Icuria dunensis* em Moebase (AM)

Habitats Ameaçados (IPA Critério C)

TIPO DE HABITAT	IPA CRITÉRIO C	≥ 5% DO RECURSO NACIONAL	≥ 10% DO RECURSO NACIONAL	É 1 DOS 5 MELHORES LOCAIS NACIONAL	ÁREA ESTIMADA DO LOCAL (SE CONHECIDO)
Floresta Costeira Seca de *Icuria* do Rovuma [MOZ-12c]	C(iii)	No	Yes	Yes	8.95

Áreas Protegidas e Outras Designações de Conservação

TIPO DE ÁREA DE CONSERVAÇÃO	NOME DA ÁREA DE CONSERVAÇÃO	RELAÇÃO DA IPA COM A ÁREA PROTEGIDA
Área de Protecção Ambiental	Área de Protecção Ambiental das Ilhas Primeiras e Segundas (APAIPS)	Área protegida/de conservação que engloba a IPA
Área Importante de Aves	Área de Protecção Ambiental das Ilhas Primeiras e Segundas (APAIPS)	Área protegida/de conservação que engloba a IPA
Área Chave de Biodiversidade	Área de Protecção Ambiental das Ilhas Primeiras e Segundas (APAIPS)	Área protegida/de conservação que engloba a IPA

Ameaças

AMEAÇA	SEVERIDADE	SITUAÇÃO
Agricultura de pequena escala	média	ocorrendo – tendência desconhecida
Colecta de plantas terrestres	média	ocorrendo – tendência crescente
Mineração e pedreiras	desconhecida	futuro – ameaça deduzida

PROVÍNCIA DE SOFALA

CATAPÚ

Avaliadores: Sophie Richards, Iain Darbyshire

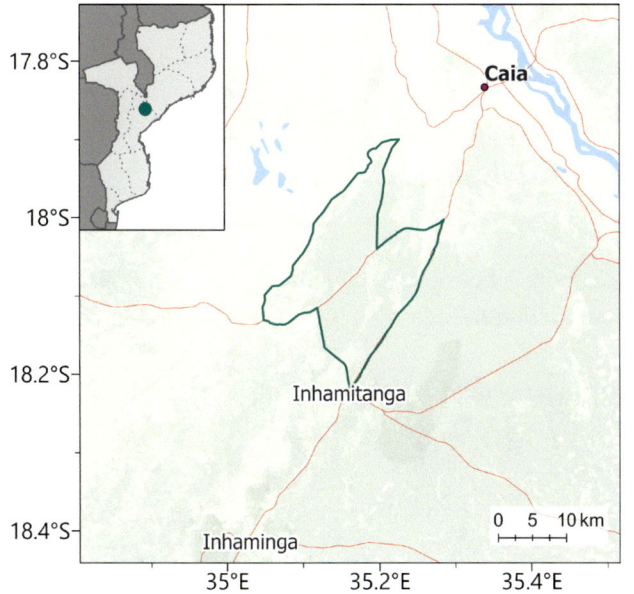
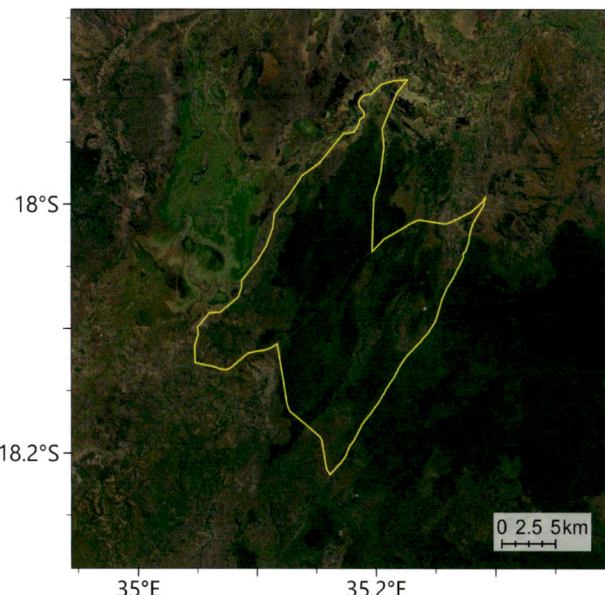

NOME INTERNACIONAL DO LOCAL		Catapú	
NOME LOCAL (CASO DIFERENTE)		–	
CÓDIGO DO LOCAL	MOZTIPA033	PROVÍNCIA	Sofala

LATITUDE	-18.03630	LONGITUDE	35.17030
ALTITUDE MÍNIMA (m a.s.l.)	30	ALTITUDE MÁXIMA (m a.s.l.)	190
ÁREA (km²)	352	CRITÉRIO IPA	A(i), C(iii)

Descrição do Local

Catapú é uma concessao florestal no distrito de Cheringoma, província de Sofala, no extremo norte do planalto de Cheringoma. O local é administrado pela TCT-Dalmann Furniture desde 1996 e foi uma das primeiras concessões em África a obter a certificação do Forest Stewardship Council (Remane & Therrell 2019). Catapú fica a cerca de 20 km a sudoeste do rio Zambeze, com o rio Zangue e a planície de inundação a oeste. A este, encontra-se a antiga linha férrea Caia – Dondo, e a sul, a aldeia de Inhamitanga. As aldeias locais Mutondo, Pungué e Santove, estão envolvidas nas actividades da concessão, estando as duas últimas parcialmente abrangidas pela concessão (Catapú.net 2020). A IPA tem 352 km² de área e segue o limite da concessão florestal. A altitude varia de 30 m, em direção ao Vale Chirimadzi, no norte, a 190 m nas florestas secas, em direcção ao limite sul. Dentro de Catapú, o rio Tissadze corre de norte a sul, extendendo-se a sudeste da estrada EN-1 que atravessa o local. Embora o local seja uma concessão florestal, a exploração madeireira é direcionada para espécies selecionadas que podem ser cortadas, e é complementada por um plano de replantio, portanto, é considerada uma operação sustentável. A vegetação de Catapú é um mosaico de floresta arenosa, brenha decídua seca e mata.

Importância Botânica

A concessão de Catapú é de importância botânica devido à extensa área de Floresta Arenosa de Inhamitanga de alta qualidade, um tipo de floresta restrito de Moçambique. Esta floresta faz parte do extenso hotspot de Biodiversidade das Florestas Costeiras da África Oriental, reconhecido por ser muito biodiverso e muito ameaçado (Burgess et al. 2004b).

De acordo com o estatuto de hotspot, o local em si é rico em termos botânicos. Um levantamento da vegetação lenhosa encontrou aqui 238 espécies e taxa infra-específicos de 167 géneros e 59 famílias (Coates Palgrave et al. 2007). Embora a maioria (64,5%) das espécies registadas neste local sejam compartilhadas com a flora da região mais ampla da África Austral, dez espécies registadas são endémicas de Moçambique. Essas endémias incluem uma espécie ainda não descrita de Dovyalis, Dovyalis sp. A de Árvores e Arbustos Moçambique (Burrows et al. 2018), que é conhecida apenas deste local e da vizinha Reserva Florestal de Inhamitanga; esta espécie foi anteriormente confundida com a espécie tanzaniana D. xanthocarpa.

Além disso, várias espécies globalmente ameaçadas ocorrem em Catapú, com dez espécies registadas até o momento. Para algumas dessas espécies, com ameaças de conversão para agricultura em outros locais dentro das áreas de distribuição restritas, Catapú é de grande importância para a prevenção de mais declínios e extinção. Esta IPA cobre grande parte da distribuição de duas espécies Vulneráveis, *Cordia megiae* e *Dorstenia zambesiaca*, ambas conhecidas apenas no Distrito de Cheringoma (Coates Palgrave et al. 2014a; Mynard & Rokni 2019). Em contraste, *Khaya anthotheca* (Mogno da África Oriental – VU) é encontrada em toda a África tropical, mas está ameaçada pela exploração de madeira (Hawthorne 1998). Além disso, *Coffea racemosa* (café Inhambane – NT), uma cultura de parente ancestral selvagem do café comercial, é registado nesta IPA, e é torrado e moído localmente para fazer café (Rodrigues et al. 1975). Um pequeno número de espécies de madeira dura são exploradas para madeira, incluindo *Millettia stuhlmannii*, *Afzelia quanzensis* (LC) e *Cordyla africana* (LC) (Coates Palgrave et al. 2007).

Habitat e Geologia

Os solos deste local são predominantemente solos arenosos, subjacentes por areias sub-litorais, sobrepostos por arenitos e conglomerados calcários. As areias do sub-litoral são de grande importância, pois acumulam a água necessária para sustentar as árvores altas da floresta (Coates Palgrave et al. 2007). Ao redor das depressões e planícies de inundação, particularmente a oeste ao longo do rio Zangue, existem solos aluviais de argila preta que são sazonalmente húmidos (Coates Palgrave et al. 2014b).

A descrição do habitat abaixo é com base em levantamentos realizados na concessão por Coates Palgrave et al. (2007) – listas de espécies podem ser visualizadas nesse artigo. A vegetação de Catapú é descrita como um mosaico de florestas, matas e brenhas. A mata pode ainda ser sub-dividida em miombo, que ocorre em direcção à aldeia de Inhamitanga, no limite sudeste da concessão, e a mata indiferenciada, que não possui as associações micorrízicas e espécies dominantes que definem o miombo (B. Wursten, pers. comm. 2020), esta última vegetação cobre uma área maior da IPA. A variação nas comunidades de plantas pode estar relacionada aos níveis de humidade e nutrientes nos solos. Na vizinha Reserva Florestal de Inhamitanga, por exemplo, é relatado que a composição florística varia com o teor de argila do solo, que tem maior capacidade de armazenamento de água (Müller et al. 2005).

Este local contém uma área significativa do tipo de floresta restrita, Floresta Arenosa de Inhamitanga.

Mildbraedia carpinifolia (BW)

Dorstenia zambesiaca (MH)

Esta floresta é muitas vezes irregular dentro do mosaico, mas é mais dominante ao longo da estrada Via Pungué (-18.021°, 35.171°), e na parte sul da IPA, entre o rio Tissadze e a EN-1 (-18.125°, 35.150°). As espécies dominantes do estrato superior arbóreo incluem: *Afzelia quanzensis*, *Balanites maughamii*, *Cordyla africana*, *Fernandoa magnifica*, *Terminalia sambesiaca* e *Xylia torreana*. As árvores emergentes acima do estrato arbóreo incluem *Adansonia digitata* e *Millettia stuhlmannii*, enquanto o estrato herbáceo é esparso, quase sem fetos, ervas ou gramíneas. Esta ausência de estrato herbáceo é típica da Floresta Arenosa de Inhamitanga (B. Wursten, comunicação pessoal 2020). Existem, no entanto, arbustos do estrato inferior, incluindo o endémico moçambicano *Millettia mossambicensis*, *Drypetes reticulata* e muitas espécies de lianas (conforme listado em Coates Palgrave *et al.* 2007). Na vizinha Inhamitanga tem sido relatado que, em áreas com maior disponibilidade de humidade, existem elementos sempreverdes, onde árvores como *Celtis Milbraedii* e *Drypetes gerrardii* são mais prevalescentes (Müller *et al.* 2005). Tal padrão provavelmente também se reflete na Floresta Arenosa de Inhamitanga dentro desta IPA.

A leste do rio Tissadze, a variação no mosaico é mais proeminente com composição de espécies e densidade de vegetação variando entre floresta, brenha e matal. Grande parte das manchas de mata são indiferenciadas, em vez de miombo, com árvores emergentes incluindo *Rhodognaphalon mossambicense*, *Newtonia hildebrandtii* e *Millettia stuhlmannii*. Espécies de florestas como *Dalbergia boehmii*, *Drypetes reticulata* e *Strychnos madagascariensis* formam povoamentos densos. A vegetação de brenha, igualmente densa, mas com um estrato superior arbóreo mais baixo, também apresenta *D. reticulata* e *S. madagascariensis* e espécies como *Albizia anthelmintica*, *Diospyros loureiriana* e *D. senensis* que são mais típicas de áreas de matagal.

Em direcção à ponte sobre o rio Tissadze (-18.184°, 35.149°), no extremo sul da IPA, regista-se a área mais bem definida de mata de miombo. A vegetação é dispersa com pouca cobertura de capim e poucos arbustos, sugerindo solos mais pobres nesta área (Coates Palgrave *et al.* 2007). *Brachystegia spiciformis* é a espécie dominante de miombo. As árvores são muito espaçadas, ainda que alguma vegetação esteja concentrada em torno de termiteiras, depressões ou margens de rios, onde as espécies típicas incluem *Cleistochlamys kirkii*, *Dovyalis hispidula*, *Flueggea virosa* e *Strychnos potatorum*. As depressões são numerosas dentro do mosaico floresta/brenha/mata. Estas aparecem como depressões cobertas de capim de 0,5 hectares ou mais, e muitas vezes são cercadas por árvores como *Combretum imberbe* e *Acacia robusta* subsp. *usambarensis*.

A precipitação média anual no local está entre 700 e 1.400 mm, com a estação chuvosa ocorrendo entre Novembro e Março, enquanto as temperaturas na vila vizinha de Inhamitanga atingem uma média alta de 28°C entre Outubro e Dezembro, e uma baixa de 21°C em Junho e Julho (Coates Palgrave *et al.* 2007; World Weather Online 2021). Durante vários anos na década de 2000, chuvas abaixo da média foram registadas no local e, durante esse período específico de escassez hídrica, observou-se que *A. robusta* subsp. *usambarensis* estava morrendo porque as depressões permaneceram secas (Coates Palgrave *et al.* 2007). A oeste do local está o rio Zangue e a planície de inundação. As pradarias em solo aluvial aqui são de grande importância, pois é um dos poucos locais em que a *Acacia torrei* (LC) de distribuição muito restrita foi registada (Coates Palgrave *et al.* 2014b). Embora grande parte do habitat esteja fora do limite da IPA e não haja colecções neste local, é possível que *Acacia torrei* ocorra em direcção ao limite leste.

Habenaria stylites (MH)

Questões de Conservação

Esta IPA não se sobrepõe a nenhuma área protegida, no entanto, enquadra-se na vasta Área Chave de Biodiversidade da Gorongosa-Marromeu, e as espécies despoletadoras deste local incluem quatro espécies prioritárias para esta IPA (*Acacia torrei*, *Cordia stuhlmannii*, *Dorstenia zambesiaca* e *Tarenna longipedicellata*). O local é também adjacente à antiga concessão de caça Coutada 12, recentemente adquirida por uma parceria entre o Parque Nacional da Gorongosa e o Entreposto, com vista à futura integração da área no Parque Nacional da Gorongosa (Mozambique News Agency 2016). Catapú faria então parte de uma rede abrangente de concessões florestais e áreas do Projecto da Gorongosa, proporcionando corredores de habitats seguros e resiliência ecológica numa grande parte da Província de Sofala (Parque Nacional da Gorongosa 2020).

TCT Dalmann, os proprietários de Catapú, descrevem as actividades florestais como focadas na "gestão sustentável e responsável da concessão e no uso de recursos" (TCT Dalmann 2020). O corte está limitado a três espécies: *Millettia stuhlmannii*, *Afzelia quanzensis* e *Cordyla africana* (Coates Palgrave *et al.* 2007). *Millettia stuhlmannii*, que é a principal espécie madeireira neste local em termos de volumes extraídos, não foi avaliada para a Lista Vermelha da IUCN e, ainda que a *M. stuhlm*annii seja comum e frequente no sudeste da África, grande parte da população encontra-se em Moçambique onde há preocupações de sobre-exploração devido à alta demanda do mercado (Remane & Therrell 2019). No entanto, a concessão Catapú é uma das primeiras em África a obter a certificação Forest Stewardship Council, e existe um regime de replantio de *M. stuhlmannii* e outras espécies comerciais nativas (Catapú.net 2020; Coates Palgrave *et al.* 2007; Remane & Therrell 2019).

A prática florestal no local segue um ciclo de rotação de 27 anos com 2.400 m³ de madeira explorada por ano. As limpezas pós-corte são usadas para minimizar a perturbação e as árvores cortadas estão sujeitas a uma gestão manual intensiva para garantir que a rebrota produza madeira utilizável. Como resultado, 55% das árvores derrubadas rebrotam com sucesso, com todas as três principais espécies de árvores exploradas com capacidade de rebrota (TCT Dalmann 2020).

Num esforço para diversificar as actividades e promover a sustentabilidade, a TCT Dalmann fez uma parceria com a Premier African Minerals para iniciar a exploração de mineração de cal no norte da concessão. Conforme mencionado na seção de habitat, Catapú possui vários conglomerados de calcários na estrtutura geológica, alguns dos quais com teores aceitáveis de carbonato de cálcio para permitir a produção de cimento, cal agrícola e agregado (Premier African Minerals 2020). Actualmente, não está claro até que ponto a actividade de mineração pode ameaçar as comunidades de plantas no local, pelo que em 2017, o trabalho de definição dos objectivos estava em andamento.

A TCT Dalmann, como um grande empregador local, colabora estreitamente com as comunidades locais e, como tal, os esforços de conservação aqui têm sido bem-sucedidos, com pouca perturbação antropogênica (além do maneio florestal) no local. Isso contrasta com as áreas vizinhas, onde a invasão da agricultura geralmente leva à degradação do habitat (Cheek *et al.* 2019).

Uma grande ameaça ao local de Catapú é o aumento da intensidade e frequência de queimadas. Por exemplo, uma queimada florestal devastadora em 1994 resultou na proliferação agressiva do arbusto *Acacia adenocalyx*, formando brenhas densas e impedindo a regeneração de espécies de florestas. Alguns dos povoamentos de *A. adenocalyx* já foram desmatados, permitindo o estabelecimento de espécies pioneiras como *Fernandoa magnifica* (Coates Palgrave *et al.* 2007). Ao redor da serração também foi estabelecido um aceiro dentro da qual está protegida uma floresta sensível de 4.000 ha. Embora alguns elementos da vegetação de miombo e mata estejam adaptados ao fogo, foi relatado que a comunidade de plantas dentro desta área de floresta sensível é intolerante à queima (Coates Palgrave *et al.* 2007). Uma intolerância semelhante ao fogo foi observada noutra IPA, a Reserva Florestal do Licuáti [MOZTIPA009], onde a frequência de queimadas aumentou devido à agricultura de corte e queima (Coates Palgrave *et al.* 2007). O aceiro de Catapú pode, portanto, estar protegendo comunidades de plantas que, de outra forma, seriam perdidas.

Além da alta biodiversidade de plantas, há uma fazenda do bravio dentro da concessão de 9.960 ha. Não está claro se os animais estão sendo criados especificamente para a caça; no entanto, o TCT Dalmann afirma que a fauna bravia ainda está se recuperando em relação aos níveis anteriores (TCT Dalmann 2020) e, portanto, é improvável que a área esteja sobre-povoada com animais, de modo a causar danos às comunidades de plantas. Uma grande variedade de espécies de mamíferos foi registada no local, bem como alguns taxa de mamíferos ameaçados, como o Samango Monkey (*Cercopithecus mitis* ssp. *labiatus* – VU) e, muito raramente, o leopardo (*Panthera pardus* – EN) e o cão selvagem (*Lycaon pictus* – VU) (TCT Dalmann 2020). Em termos de espécies de aves, Catapú é um dos 200 melhores locais de observação de aves na África Austral (Hardaker & Sinclair 2001). O TCT Dalmann registou mais de 120 espécies de aves em Catapú, incluindo observações da Martial Eagle (*Polemaetus bellicosus* – VU), do White-headed Vulture (*Trigonoceps occipitalis* – CR) e do white-backed Vulture (*Gyps africanus* – CR) (Riddell *et al.* s. d.). Dado o alto valor de conservação deste local, tanto para a flora como para a fauna, recebeu várias visitas de pesquisadores que realizam estudos científicos (por exemplo Symes 2012; Remane & Therrell 2019) enquanto um herbário, o Herbário TCT-Catapu Cheringoma, foi instalado nas proximidades para abrigar espécimes do local e arredores.

Serviços Ecossistémicos Chaves

Esta IPA é valorizada principalmente pelo fornecimento de madeira de acordo com a lei, algumas das quais são transformadas no local em móveis sob medida, e artefactos de madeira para os quais há mercado no Reino Unido e na Alemanha (Premier African Minerals 2020). Além disso, a madeira de Catapú é usada para construir colméias para apicultura no local, e o mel produzido é vendido a nível nacional (TCT Dalmann 2020). A própria floresta, juntamente com outras manchas de florestas no planalto de Cheringoma, foram reportadas como sendo importantes para a captação de água (Timberlake & Chidumayo 2011).

Paralelamente a estes serviços de abastecimento, a TCT Dalmann gere uma fazenda do bravio de 9.960 hectares que está centrada no rio Tissadze a sul da estrada EN-1 (TCT Dalmann 2020). A grande variedade de animais na fazenda do bravio atrai tanto o ecoturismo quanto os safáris de caça para a reserva. A receita gerada pelo turismo e a exploração florestal são importantes para a subsistência da população local, proporcionando emprego e o financiamento necessário para a construção de escolas nas aldeias vizinhas (Catapú.net 2020). Juntamente com o apoio da população local, os vários fluxos de renda permitem que Catapú seja um negócio auto-sustentável (Premier African Minerals 2020), que incorpora um importante trabalho de conservação, reconhecido pelo Forest Stewardship Council, e apresenta um modelo de sucesso de gestão florestal sustentável. Existem algumas áreas culturalmente importantes dentro da IPA, como cemitérios. Esforços foram feitos pela TCT Dalmann para mapear esses locais de forma a garantir que estes sejam protegidos das actividades destrutivas ou culturalmente insensíveis (TCT Dalmann 2020).

Categorias de Serviços Ecossistémicos

- Provisionamento – Alimentos
- Provisionamento – Matérias-primas
- Provisionamento – Água doce
- Habitat ou serviços de apoio – Habitats para espécies
- Serviços Culturais – Turismo
- Serviços Culturais – Património Cultural

Justificativa da Avaliação da IPA

Catapú qualifica-se como IPA tanto no critério A quanto no critério C. Foi sugerido por Coates Palgrave *et al.* (2007) e Smith (2004) que todo o Planalto de Cheringoma seja designado como IPA. No entanto, com base na gestão diferenciada de Catapú e Inhamitanga, sendo esta última uma reserva florestal recentemente colocada sob a gestão do Parque Nacional da Gorongosa, foram reconhecidas como IPAs separadas.

Dez espécies atendem ao sub-critério A(i) com três espécies ameaçadas (*Cola clavata*, *Cordia torrei* e *Vepris myrei*) e seis espécies vulneráveis (*Cordia stuhlmannii*, *Cordia megiae*, *Dorstenia zambesiaca*, *Habenaria stylites*, *Monodora stenopetala* e *Tarenna longipedicellata*). Adicionalmente uma espécie Vulnerável, *Khaya anthotheca*, ocorre dentro desta IPA, mas não tem os requisitos exigidos para despoletar o sub-critério A(i) devido à sua ampla distribuição. Catapú contém áreas de alta qualidade da Floresta de Inhamitanga, nacionalmente importante, atendendo ao limite do sub-critério C(iii). Dez das espécies qualificadas do sub-critério B(ii) em Moçambique estão registadas neste local, que não atinge o requesito de abranger 3% de espécies de importância para a conservação, mas a sua presença é relevante, particularmente porque muitas dessas espécies têm uma distribuição restrita.

Espécies Prioritárias (Critérios IPA A e B)

FAMÍLIA	TÁXON	IPA CRITÉRIO A	IPA CRITÉRIO B	≥ 1% DA POPULAÇÃO GLOBAL	≥ 5% DA POPULAÇÃO NACIONAL	É 1 DOS 5 MELHORES LOCAIS NACIONAL	TODA A POPULAÇÃO GLOBAL	ESPÉCIES DE IMPORTÂNCIA SÓCIO-ECONÓMICA	ABUNDÂNCIA NO LOCAL
Acanthaceae	*Justicia gorongozana*		B(ii)	✓	✓	✓			ocasional
Annonaceae	*Monodora stenopetala*	A(i)		✓	✓	✓			desconhecida
Boraginaceae	*Cordia megiae*	A(i)	B(ii)	✓	✓	✓			ocasional
Boraginaceae	*Cordia stuhlmannii*	A(i)	B(ii)	✓	✓	✓			ocasional
Boraginaceae	*Cordia torrei*	A(i)		✓	✓	✓			rara
Capparaceae	*Maerua brunnescens*		B(ii)	✓	✓				desconhecida
Fabaceae	*Millettia mossambicensis*		B(ii)	✓	✓	✓			comum
Malvaceae	*Cola clavata*	A(i)	B(ii)	✓	✓	✓			comum
Meliaceae	*Khaya anthotheca*	A(i)						✓	desconhecida
Moraceae	*Dorstenia zambesiaca*	A(i)	B(ii)	✓	✓	✓			frequente
Orchidaceae	*Habenaria stylites*	A(i)		✓	✓	✓			desconhecida
Polygalaceae	*Carpolobia suaveolens*		B(ii)	✓	✓				desconhecida
Rubiaceae	*Tarenna longipedicellata*	A(i)	B(ii)	✓	✓	✓			rara
Rutaceae	*Vepris myrei*	A(i)		✓	✓	✓			desconhecida
Salicaceae	*Dovyalis* sp. A of T.S.M.		B(ii)	✓	✓	✓			ocasional
		A(i): 9 ✓	B(ii): 10						

Habitats Ameaçados (IPA Critério C)

TIPO DE HABITAT	IPA CRITÉRIO C	≥ 5% DO RECURSO NACIONAL	≥ 10% DO RECURSO NACIONAL	É 1 DOS 5 MELHORES LOCAIS NACIONAL	ÁREA ESTIMADA DO LOCAL (SE CONHECIDO)
Floresta Arenosa de Inhamitanga [MOZ-04]	C(iii)		✓	✓	

Áreas Protegidas e Outras Designações de Conservação

TIPO DE ÁREA DE CONSERVAÇÃO	NOME DA ÁREA DE CONSERVAÇÃO	RELAÇÃO DA IPA COM A ÁREA PROTEGIDA
Reserva Florestal (conservação)	Inhamitanga	Área protegida/de conservação é adjacente à IPA
Área Importante de Aves	Delta do rio Zambeze	Área protegida/de conservação é adjacente à IPA
Área Chave de Biodiversidade	Gorongosa e Complexo de Marromeu	Área protegida/de conservação que engloba a IPA
Ramsar	Delta do rio Zambeze	Área protegida/de conservação é adjacente à IPA

Ameaças

AMEAÇA	SEVERIDADE	SITUAÇÃO
Aumento da frequência/intensidade de queimadas	média	passado, provável que volte

FLORESTA DE INHAMITANGA

Avaliadores: Sophie Richards, Iain Darbyshire

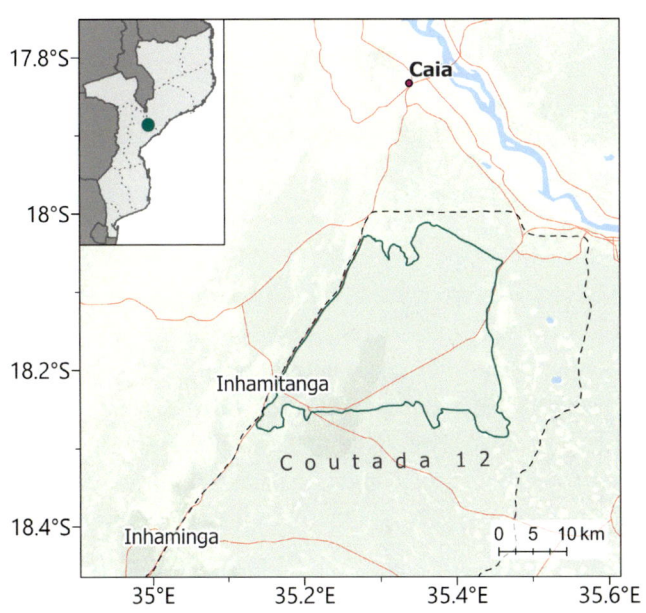
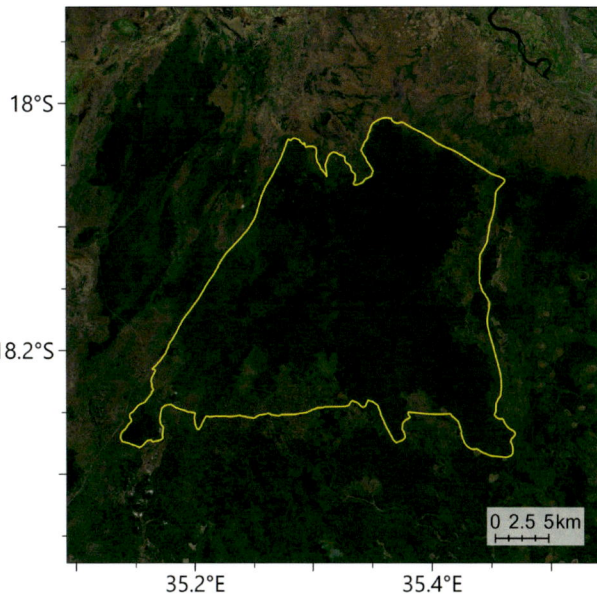

NOME INTERNACIONAL DO LOCAL		Inhamitanga Forest	
NOME LOCAL (CASO DIFERENTE)		Floresta de Inhamitanga	
CÓDIGO DO LOCAL	MOZTIPA034	PROVÍNCIA	Sofala

LATITUDE	-18.12590	LONGITUDE	35.40260
ALTITUDE MINIMA (m a.s.l.)	65	ALTITUDE MÁXIMA (m a.s.l.)	290
ÁREA (km²)	622	CRITÉRIO IPA	A(i), C(iii)

Descrição do Local

A Área Importante de Plantas de Inhamitanga é uma área de floresta e mata que atravessa a fronteira entre os Distritos de Cheringoma e Marromeu da Província de Sofala. A IPA abrange uma área de 622 km², enquadrada na antiga concessão de caça Coutada 12. A fronteira norte é de 15 a 20 km ao sul do rio Zambeze. A oeste está a concessão florestal de Catapú, uma IPA separada [MOZTIPA033], enquanto o limite sul fica a sul da estrada Inhamitanga-Chupanga (E1002) e da linha férrea que segue a leste da vila de Inhamitanga. A leste, a IPA é delimitada pelas terras húmidas do Delta do Zambeze, incluindo o Lago Nharica e a aldeia do Camacho. A leste deste local (-18.124°, 35.612°), e a sul da estrada 215, existe uma outra área de Floresta Arenosa de Inhamitanga de alta qualidade, conforme delineado por Lötter *et al.* (2021). Recomenda-se uma investigação mais aprofundada nesta última área, pois, se provar ser de importância botânica, pode justificar a inclusão nesta IPA ou o delineamento de uma IPA separada.

Inhamitanga é dominada pelo Mosaico Floresta-mata de Cheringoma, um tipo de habitat muito restrito em Moçambique. Situa-se no sítio Ramsar do Delta do Rio Zambeze e na Área Importante de Aves, e na Área Chave de Biodiversidade da Gorongosa-Marromeu. Há muito que o local é reconhecido pela sua importância biológica, com o estabelecimento de uma reserva florestal, a Reserva Florestal de Inhamitanga (seguindo a estrada 213), há mais de 50 anos (Müller *et al.* 2005), enquanto a floresta e toda a Coutada 12 é agora gerido pelo Parque Nacional da Gorongosa (Parque Nacional da Gorongosa 2020).

Importância Botânica

A Floresta de Inhamitanga é de grande importância pela presença de uma serie de espécies globalmente ameaçadas, com onze registadas até o momento, incluindo dez espécies Vulneráveis e uma espécie Ameaçada. Este local é particularmente importante para *Tarenna longipedicellata* (VU) e *Dorstenia zambesiaca* (VU); ambas as espécies estão em grande parte confinadas ao Planalto de Cheringoma e este último está restrito a uma área global de apenas 50 km². Além disso, esta IPA é um dos dois únicos locais dos quais *Cephalophis lukei* (EN) é conhecida em Moçambique. Uma outra espécie ameaçada, a *Cola clavata*, é endémica das Províncias de Sofala e Zambézia e ameaçada pela expansão da agricultura e pela queima de terras associadas à agricultura (Cheek & Lawrence 2019). Inhamitanga é uma área relativamente segura onde as ameaças de desmatamento das matas são consideravelmente menos severas do que em muitas áreas vizinhas de Moçambique, actualmente com extensas áreas de vegetação intacta remanescentes (Darbyshire et al. 2019j) e, portanto, é um local importante para a continuação da existência das espécies ameaçadas.

Além de várias espécies ameaçadas que ocorrem nesta IPA, uma consulta à base de dados da Flora de Moçambique indica que foram colectadas 177 espécies de plantas diferentes neste local (Hyde et al. 2021), e pelo menos dez espécies são endémicas de Moçambique. Isso inclui a espécie quase ameaçada *Ochna angustata* e uma espécie ainda não descrita, *Dicliptera* sp. B da Flora Zambesiaca (Darbyshire et al. 2015). Esta última foi registada na floresta de Inhamitanga, e só é conhecida na área entre as aldeias de Inhamitanga e Lacérdonia, com grande parte da área entre essas duas aldeias enquadrada nesta IPA.

A Floresta Arenosa de Inhamitanga que cobre grande parte desta IPA é de importância nacional, pois este tipo de vegetação limita-se apenas ao Planalto de Cheringoma. A IPA também se enquadra no extenso hotspot de biodiversidade das Florestas Costeiras da África Oriental, assim definido devido à combinação de alta biodiversidade e altos níveis de ameaça (Burgess et al. 2004b). Em particular, a comunidade florestal desta IPA destaca-se pela invulgar riqueza em plantas lenhosas, com uma mistura de espécies de florestas húmidas e espécies mais associadas a habitats mais secos (Müller et al. 2005).

Habitat e Geologia

Um levantamento da Reserva Florestal de Inhamitanga dentro desta IPA foi realizado por Müller et al. (2005) e desde então há colectas botânicas associadas ao Herbário local de TCT-Catapú Cheringoma.

A Floresta Arenosa de Inhamitanga é a vegetação dominante dentro desta IPA. Este tipo de floresta tem uma cobertura de copa fechada e tem sido sempre descrita como "floresta decídua seca" (Lötter et al. em preparação) a uma mistura de floresta "sempreverde húmida" e "decídua seca" (Müller et al. 2005). A floresta dentro desta IPA é um mosaico de diferentes elementos, e embora haja uma longa estação seca e a composição de espécies seja principalmente decídua, existem componentes marcadamente sempreverdes nesta floresta; por exemplo, a árvore sempreverde *Celtis mildbraedii* é comum neste local (B. Wursten, comunicação pessoal 2020). A estação seca ocorre entre Maio e Outubro, com precipitação anual de cerca de 1.000 mm, enquanto as temperaturas na área atingem um pico de 21 a 36°C em Novembro descendo para 15 a 26°C em Julho (Burrows et al. 2018; World Weather Online 2021).

A IPA tem uma topografia predominantemente plana, e a geologia varia entre areias e franco-argilas. Tem sido sugerido que a variação espacial do teor de argila nos solos, é resultado da disponibilidade variável de humidade, e pode ser parcialmente responsável pela diversidade de espécies neste local, com mais espécies sempreverdes encontradas em solos com maior teor de argila. Em áreas onde os solos retêm mais humidade, espécies como *Celtis Mildbraedii* e *Drypetes gerrardii* são comuns, enquanto *Khaya anthotheca* (VU) ocorre nas manchas com solo com maior húmidade (Müller et al. 2005). Nestas áreas, ainda existe um grande número de espécies decíduas que dominam todas as florestas desta área, incluindo *Millettia stuhlmannii* e *Terminalia* (*Pteleopsis*) *myrtifolia*, enquanto *Afzelia quanzensis* é comum.

A endémica moçambicana *Millettia mossambicensis* (LC) é frequente no estrato arbustivo, e também ocorre a *Monodora stenopetala* (VU). O estrato arbustivo desta floresta também varia em tendências decíduas dependendo da disponibilidade de humidade, com o arbusto semi-deciduo *Rinorea elliptica* comum em áreas com maior húmidade ao lado de lianas como *Tiliacora funifera* e *Landolphia kirkii* (Müller et al. 2005). Uma característica que pode definir a Floresta Arenosa de Inhamitanga é a escassez de plantas

Mildbraedia carpinifolia (BW)

Monodora stenopetala (BW)

herbáceas no estrato inferior e epífitas (B. Wursten, comunicação pessoal 2020). A cobertura do solo é escassa, quase sem gramíneas e, em vez disso, a matéria orgânica cobre o solo (Müller *et al.* 2005).

Áreas mais abertas de mata ocorrem em direcção à margem leste da floresta. Esta vegetação é dominada por espécies arbóreas semelhantes às da floresta, incluindo *Millettia stuhlmannii* e *Afzelia quanzensis*, com arbustos muito dispersos e uma camada de capim densa principalmente de espécies de *Panicum* (Müller *et al.* 2005). A sudoeste da IPA e da aldeia de Inhamitanga, existem cerca de 50 km² de mata aberta degradada com árvores isoladas até 100 m, e alguns aglomerados de vegetação mais densa (Müller *et al.* 2005). É provável que, antes da perturbação, a parte mais ocidental da mata fosse anteriormente de miombo, como sugerido pela presença ocasional de árvores de *Brachystegia spicifoirmis* e a mata de miombo próxima no canto sudeste da vizinha concessão de Catapú (Coates Palgrave *et al.* 2007; Müller *et al.* 2005).

Embora este local se enquadre no sítio Ramsar do Delta do Zambeze, as terras húmidas estão em grande parte a sul e sudeste do limite do local.

Questões de Conservação

A importância da Floresta de Inhamitanga é reconhecida há muito tempo, com a Reserva Florestal de Inhamitanga estabelecida há mais de 50 anos, abrangendo apenas 18 km² desta IPA, seguindo a estrada E213 da aldeia de Inhamitanga. No entanto, poucas pessoas sabiam da sua existência e pouca protecção formal foi concedida ao local (Coates Palgrave *et al.* 2007). Como resultado, a parte sudoeste da reserva e a mata circundante foram fortemente degradadas por queimadas intensas e frequentes, com algumas árvores isoladas até 100 m (Müller *et al.* 2005). Na vizinha Catapú, há uma área de floresta sensível a leste da concessão que é descrita como intolerante ao fogo e, portanto, é protegida por um aceiro (Coates Palgrave *et al.* 2007). Pode haver, portanto, semelhanças na ecologia entre a vegetação intolerante ao fogo dentro de Catapú e as matas no sudoeste de Inhamitanga que podem explicar a intensa degradação nesta parte da IPA.

Apesar das perturbações provadas no passado pelo fogo, existe uma baixa pressão populacional sobre a área como um todo, com as actividades antropogénicas principalmente limitadas à aldeia de Inhamitanga, no canto sudoeste, e terras agrícolas fora do canto noroeste da IPA. As áreas florestais no centro da reserva foram sujeitas a alguma exploração enquanto a estrada Inhamitanga-Chupanga, que atravessa a reserva florestal no sul, pode aumentar o risco de perturbação pelo fogo, ciclones e ventos extremos; no entanto, a maior parte da floresta no interior da reserva está em boas condições (Müller *et al.* 2005). Parece que grande parte da vegetação dentro da IPA de Inhamitanga é praticamente intacta, como é observado nas imagens de satélite do Google Earth e pela inacessibilidade geral de grande parte da floresta (Google Earth 2021).

Em 2017, o Parque Nacional da Gorongosa, em parceria com o Entreposto, assumiu formalmente a antiga concessão de caça Coutada 12 como Projecto da Gorongosa (Parque Nacional da Gorongosa 2020). Estes parceiros estão a realizar avaliações ecológicas, envolvimento da comunidade e análise do potencial turístico com vista a propor ao governo que o local se torne parte do Parque Nacional da Gorongosa (Mozambique News Agency 2016). As actividades de conservação aqui também são realizadas em colaboração com a vizinha Catapú (M. Stalmans, com. pess. 2021), fornecendo uma abordagem em escala de paisagem para a conservação do importante habitat da Floresta Arenosa de Inhamitanga. A IPA de Inhamitanga também se insere na vasta Área Chave de Biodiversidade da Gorongosa-Marromeu (KBA), com três espécies despoletadoras para esta KBA (*Cordia stuhlmannii*, *Dorstenia zambesiaca* e *Tarenna longipedicellata*) Também reconhecidas como espécies prioritárias para esta IPA.

Serviços Ecossistémicos Chaves

As florestas do planalto de Cheringoma, incluindo Inhamitanga, são conhecidas pela sua importância na captação de água (Timberlake & Chidumayo 2011). Embora a exploração de madeira dentro da reserva florestal seja ilegal, há algumas evidências do corte de árvores dentro e ao redor da área em direcção à vila de Inhamitanga (Müller *et al.* 2005). A IPA possui várias árvores de madeira dura, incluindo *Millettia stuhlmannii* e *Afzelia quanzensis*, sendo esta última conhecida por ser sobre-explorada em Moçambique devido à alta demanda do mercado (Remane & Therrell 2019). Um esquema florestal sustentável bem-sucedido foi desenvolvido na vizinha concessão de Catapú (Coates Palgrave *et al.* 2007) e os métodos de exploração sustentável podem ser replicados com cuidado em partes de Inhamitanga, particularmente em direcção à vila de Inhamitanga, onde a terra já está sendo utilizada. Não está claro como a gestão no Parque Nacional da Gorongosa irá impactar a exploração de madeira no local. Houve tentativas anteriores de monetizar os serviços de sequestro de carbono fornecidos pelas florestas na forma de créditos de carbono vendidos pela Envirotrade. No entanto, não se pensa que os objetivos deste projecto foram realizados (Kill, 2013). Pode haver potencial turístico no local, particularmente porque a vizinha Catapú acolhe safaris de vida selvagem, e com a Coutada 12 agora sob gestão do Parque Nacional da Gorongosa, a expansão do turismo aqui pode tornar-se mais viável. O sul da IPA é particularmente acessível devido à estrada Inhamitanga-Chupanga.

Categorias de Serviços Ecossistémicos

- Provisionamento – Matérias-primas
- Provisionamento – Água doce
- Serviços de Regulação – Sequestro e armazenamento de carbono

Tarenna longipedicellata (BW)

Justificativa da Avaliação da IPA

Inhamitanga qualifica-se como uma IPA sob o sub-critério A(i), com dez espécies Vulneráveis e uma espécie Ameaçada registadas nesta IPA, obedecendo ao limite A(i). No geral, há dez espécies endémicas e restritas presentes neste local, no entanto, como este total representa apenas 2% das espécies endémicas e de distribuição restrita e, como tal, este local não se qualifica de momento como IPA sob o critério B. Como grande parte deste local não foi extensivamente inventariado, pode haver mais taxa encontrados no futuro que qualifiquem para A(i) ou B(ii). Uma espécie Vulnerável adicional, *Khaya anthotheca*, ocorre dentro desta IPA, mas não atende aos limites exigidos para despoletar o sub-critério A(i) devido à sua ampla distribuição. Com uma área extensa e práticamente intacta de habitat da Floresta Arenosa de Inhamitanga, Inhamitanga também se qualifica sob o sub-critério C(iii) da IPA e é o local nacional e globalmente mais importante para este tipo de habitat.

Cephalophis lukei (MH)

Espécies Prioritárias (Critérios IPA A e B)

FAMÍLIA	TÁXON	IPA CRITÉRIO A	IPA CRITÉRIO B	≥ 1% DA POPULAÇÃO GLOBAL	≥ 5% DA POPULAÇÃO NACIONAL	É 1 DOS 5 MELHORES LOCAIS NACIONAL	TODA A POPULAÇÃO GLOBAL	ESPÉCIES DE IMPORTÂNCIA SÓCIO-ECONÓMICA	ABUNDÂNCIA NO LOCAL
Acanthaceae	*Cephalophis lukei*	A(i)		✓	✓	✓			desconhecida
Acanthaceae	*Dicliptera* sp. B of F.Z.		B(ii)	✓	✓	✓			desconhecida
Amaranthaceae	*Celosia pandurata*	A(i)	B(ii)	✓	✓	✓			desconhecida
Annonaceae	*Monodora stenopetala*	A(i)		✓	✓	✓			desconhecida
Apocynaceae	*Pleioceras orientale*	A(i)			✓	✓			desconhecida
Boraginaceae	*Cordia megiae*	A(i)	B(ii)	✓	✓	✓			rara
Boraginaceae	*Cordia stuhlmannii*	A(i)	B(ii)	✓	✓	✓			ocasional
Capparaceae	*Maerua brunnescens*		B(ii)	✓					desconhecida
Euphorbiaceae	*Mildbraedia carpinifolia*	A(i)			✓	✓			comum
Fabaceae	*Millettia mossambicensis*		B(ii)	✓	✓				frequente
Malvaceae	*Cola clavata*	A(i)	B(ii)	✓	✓	✓			frequente
Meliaceae	*Khaya anthotheca*	A(i)						✓	desconhecida
Moraceae	*Dorstenia zambesiaca*	A(i)	B(ii)	✓	✓	✓			ocasional
Ochnaceae	*Ochna angustata*		B(ii)	✓					desconhecida
Rubiaceae	*Tarenna longipedicellata*	A(i)	B(ii)	✓	✓	✓			rara
		A(i): 11 ✓	B(ii): 10						

Habitats Ameaçados (IPA Critério C)

TIPO DE HABITAT	IPA CRITÉRIO C	≥ 5% DO RECURSO NACIONAL	≥ 10% DO RECURSO NACIONAL	É 1 DOS 5 MELHORES LOCAIS NACIONAL	ÁREA ESTIMADA DO LOCAL (SE CONHECIDO)
Floresta Arenosa de Inhamitanga [MOZ-04]	C(iii)		✓	✓	350.0

Áreas Protegidas e Outras Designações de Conservação

TIPO DE ÁREA DE CONSERVAÇÃO	NOME DA ÁREA DE CONSERVAÇÃO	RELAÇÃO DA IPA COM A ÁREA PROTEGIDA
Reserva de Caça	Coutada 12	Área protegida/de conservação que engloba a IPA
Reserva Florestal (conservação)	Inhamitanga	Área protegida/de conservação que engloba a IPA
Área Chave de Biodiversidade	Gorongosa e Complexo de Marromeu	Área protegida/de conservação que engloba a IPA
Ramsar	Delta do rio Zambeze	Área protegida/de conservação que engloba a IPA
Área Importante de Aves	Delta do rio Zambeze	Área protegida/de conservação que engloba a IPA

Ameaças

AMEAÇA	SEVERIDADE	SITUAÇÃO
Aumento da frequência/intensidade de queimadas	média	ocorrendo – tendência desconhecida
Exploração de madeira e colecta de produtos florestais	baixa	ocorrendo – tendência desconhecida

SERRA DA GORONGOSA

Avaliadores: Iain Darbyshire, Jo Osborne, Bart Wursten

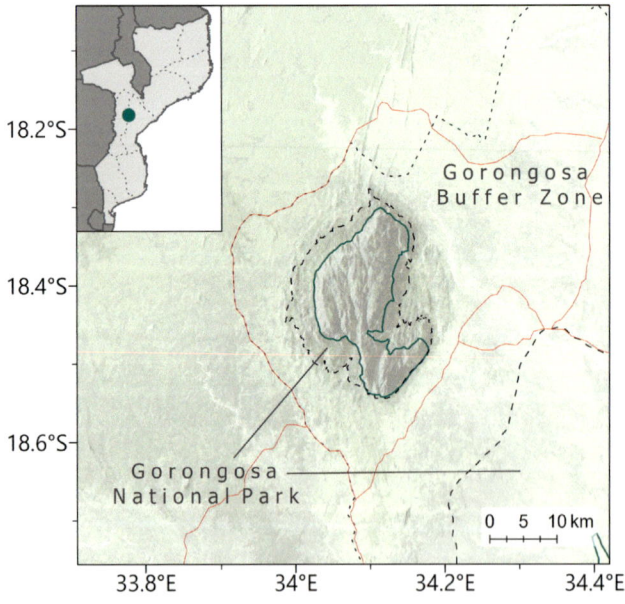
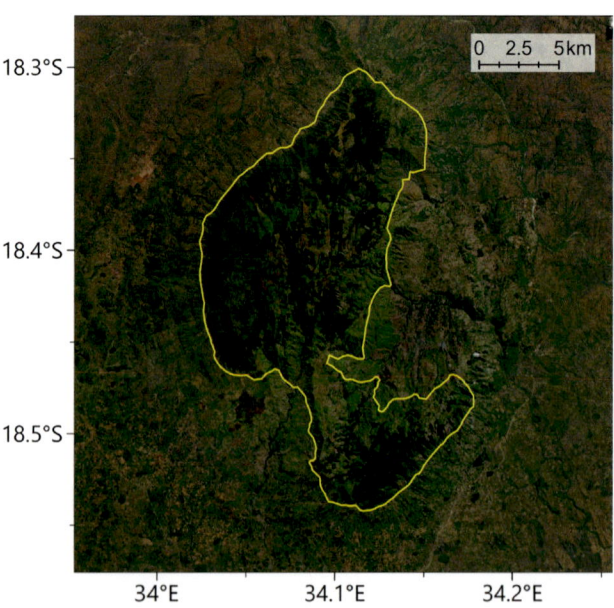

NOME INTERNACIONAL DO LOCAL		Mount Gorongosa	
NOME LOCAL (CASO DIFERENTE)		Serra da Gorongosa	
CÓDIGO DO LOCAL	MOZTIPA002	PROVÍNCIA	Sofala

Vista da Serra da Gorongosa a partir do sudeste (BW)

LATITUDE	-18.39833	LONGITUDE	34.08556
ALTITUDE MINIMA (m a.s.l.)	580	ALTITUDE MÁXIMA (m a.s.l.)	1.863
ÁREA (km²)	216	CRITÉRIO IPA	A(i), B(ii), C(iii)

Descrição do Local

A Serra da Gorongosa é um maciço isolado no Distrito da Gorongosa, Província de Sofala, no centro de Moçambique, a cerca de 180 km para o interior da costa do Oceano Índico. A serra atinge cerca de 400 – 450 m de elevação na base, e acima de 1.850 m no cume. Existem três picos principais, sendo o mais alto o Monte Gogogo, no sudoeste do maciço, a 1.863 m de altitude. Entre os picos encontra-se uma extensa área de planalto com três vales fluviais principais e com um terreno variado e ondulado, por vezes referido como o "planalto". A Serra da Gorongosa tem encostas cobertas de florestas, enquanto o cume compreende um mosaico de pradarias de montanha, matagal e afloramentos rochosos com manchas de florestas em ravinas e áreas sob sombra; as encostas mais baixas anteriormente suportavam extensas matas de miombo, mas agora estão sem cobertura de vegetação lenhosa. Este local é considerado uma excepção do proposto Centro de Endemismo de Plantas de Chimanimani-Nyanga (Darbyshire et al. 2019a).

Importância Botânica

A Serra da Gorongosa suporta duas espécies de plantas endémicas, ambas consideradas ameaçadas: *Impatiens wuerstenii* (VU) e *Streptocarpus brachynema* (EN). Uma espécie de *Justicia* ainda não descrita – *Justicia* sp. B da Flora Zambesiaca (EN) – é conhecida com certeza apenas a partir das florestas da Serra da Gorongosa, mas também é provisoriamente registada do Monte Namuli. Várias outras espécies de plantas globalmente ameaçadas são registadas neste local, incluindo *Aloe rhodesiana* (VU) e *Rhinacanthus submontanus* (VU) para as quais a Serra da Gorongosa é o único local conhecido em Moçambique.

A Serra tem ligações fito-geográficas com as Terras Altas de Chimanimani-Nyanga (Manica) que ocorrem ao longo da fronteira Zimbabué-Moçambique por mais de 100 km a oeste, e suporta populações atípicas de várias endémicas de Chimanimani-Nyanga, incluindo *Cineraria pulchra*, *Cynorkis anisoloba* (LC), *Euphorbia citrina*, *Jamesbrittenia carvalhoi* (LC), *Lysimachia gracilipes*, *Pavetta comostyla* subsp. *comostila* var. *inyangensis*, *Pelargonium mossambicense*, *Polystachya subumbellata* (LC), *Protea caffra* subsp. *gazensis*, *Tephrosia montana* e *Vernonia calvoana* subsp. *meridional*. Algumas destas, como as duas espécies de orquídeas, têm populações grandes e importantes na Gorongosa. Algumas dessas espécies ainda não foram avaliadas na Lista Vermelha da IUCN pelo que podem vir a ser globalmente ameaçadas – estas incluem a recentemente descrita erva entrelaçada *Vincetoxicum monticolum*, conhecida apenas de Bvumba no Zimbábue, e de Tsetserra e Gorongosa em Moçambique (Goyder et al. 2020).

Um levantamento botânico da montanha em 2007 registou 605 espécies de plantas vasculares em altitudes de 700 m e acima (Müller et al. 2012), que é significativamente menor do que a flora de algumas outras áreas montanhosas do sul da África tropical, mas os autores observam que esta lista provavelmente aumentará significativamente quando novas pesquisas forem realizadas em diferentes estações do ano. É muito provável que as adições à lista de plantas incluam mais populações atípicas de endémicas das terras altas de Chimanimani-Nyanga e/ou de novas espécies endémicas. A Serra da Gorongosa é também importante pelas suas extensas florestas de montanha e sub-montanas (ver Questões de Conservação) e pelas áreas de pradarias de montanhas e áreas de rocha e matagais no planalto do cume, dois habitats muito restritos em Moçambique e que suportam espécies raras e ameaçadas.

Habitat e Geologia

O maciço da Serra da Gorongosa compreende principalmente granitos do Jurássico Superior, mas com intrusões de gabro nos lados oeste e sul. Os gabros formam terrenos suaves e ondulados, enquanto os granitos formam declives mais acentuados, com algumas faces extensamente escarpadas e muita rocha exposta. O padrão de chuvas em altitudes mais baixas é marcadamente sazonal com pico de chuva no verão austral (Dezembro-Março) derivado do ar húmido do Oceano Índico e com uma estação seca prolongada. No entanto, chuvas orográficas e neblinas em altitudes mais elevadas mantêm a disponibilidade de humidade mais constante durante todo o ano (Müller et al. 2012).

As encostas mais baixas e sazonalmente secas teriam originalmente sustentado extensas áreas de mata de miombo dominada por *Brachystegia*, com floresta confinada a vales de rios e ravinas, mas grande parte desse habitat foi agora transformado em terras agrícolas.

O habitat dominante nas encostas superiores com maior precipitação e neblina é a floresta húmida sempreverde. A composição da floresta é variável, com três faixas altitudinais principais reconhecidas – estas são documentadas em detalhe por Müller et al. (2012), de onde deriva o seguinte resumo. A floresta de montanha (mais de 1.600 m) é caracterizada pela dominância de *Syzygium afromontanum*, com *Aphloia theiformis*, *Macaranga mellifera*, *Maesa lanceolata*, *Olea capensis* subsp. *hochstetteri*, *Podocarpus milanjianus* e *Myrsine melanophloeos* também importantes como co-dominantes. A Floresta Mista Sub-montana (1.300-1.600 m) é tipicamente dominada por *Craibia brevicaudata*, com várias das espécies de floresta de montanha também comuns, juntamente com *Cassipourea malosana*, *Gambeya gorungosana* e *Strombosia scheffleri*. A Floresta de Média Altitude (900-1.300 m) é caracterizada pela presença de *Newtonia buchananii*, muitas vezes como a espécie dominante, com outras espécies frequentes incluindo *Albizia gummifera*, *Drypetes gerrradii*, *Ficus* spp. e *Trichilia dregeana*, bem como várias espécies de floresta sub-montana.

Em altitudes de mais de 1.700 m, as pradarias de montanha são extensas e suportam pradarias ricas e flora geofítica. As encostas rochosas suportam áreas arbustivas e pradarias lenhosas, por vezes dominadas por *Erica hexandra* e *Widdringtonia nodiflora*.

Questões de Conservação

Em 2010, a Serra da Gorongosa foi incorporada no Parque Nacional da Gorongosa, uma das principais áreas protegidas de Moçambique. Antes disso,

Topo do Vale de Nhanda com *Kniphofia splendida* (BW)

No interior da floresta de montanha Elfin na Gorongosa (BW)

Streptocarpus brachynema (BW)

a montanha não era formalmente protegida. As encostas mais baixas (abaixo de 1.100 m e particularmente abaixo de 700 m) foram povoadas extensivamente e a maior parte da vegetação natural – matas de miombo e floresta das terras baixas – há muito foi desmatada. Nas últimas décadas, tem havido uma ameaça crescente às florestas húmidas nas encostas médias devido à invasão da agricultura de subsistência em pequena escala e da agricultura comercial, usando queimadas para limpar a floresta. Isso está a afectar particularmente as encostas ocidentais da montanha que sofreram perdas severas (ver Müller *et al.* 2012, figura 19). Esta perda continuou a um ritmo crescente nos últimos 10 anos, com problemas particulares durante o conflito entre o governo e a oposição da Renamo que eclodiu em 2014 – 2015. As forças da Renamo usaram a montanha como base e os combates decorrentes na montanha, resultaram em grandes áreas de floresta queimadas, que foram posteriormente desmatadas e usadas para cultivo. Tal desmatamento levou à perda, por exemplo, da mancha de floresta dentro da qual *Justicia* sp. B foi registada anteriormente na Gorongosa (Darbyshire *et al.* 2019k), e também levou à perda da população global mais a sul da erva de floresta *Brachystephanus africanus* (B. Wursten, obs. pers.).

As encostas superiores são consideradas locais sagrados por algumas comunidades locais e por isso recebem alguma protecção, mas imagens de satélite recentes mostram que mesmo no topo do planalto e nos vales internos as florestas estão agora fragmentadas, onde ainda eram quase intactas em 2007, quando foram realizados os últimos levantamentos de vegetação. O aumento da frequência de queimadas também é uma preocupação, e isso pode penetrar mais no planalto à medida que a fragmentação da floresta continua.

Espera-se que a sua inclusão neste Parque Nacional emblemático – e os seus ambiciosos programas de conservação, investigação científica e educação sob a alçada do Projecto de Restauração da Gorongosa – resultem na protecção e reabilitação a longo prazo da Serra da Gorongosa. Como parte desses esforços, um esquema agro-florestal foi lançado recentemente com cultivo de sombra de café arábica, consorciado com árvores nativas como *Albizia adianthifolia*, *Khaya anthotheca* e *Millettia stuhlmannii*, para ajudar a reflorestar algumas das encostas mais baixas, além de fornecer uma fonte significativa de renda para as comunidades locais, através da venda do "Café da Gorongosa" nos mercados nacional e internacional.

O Parque Nacional da Gorongosa é também uma Área Importante de Aves (BirdLife International 2021d), sendo a Serra da Gorongosa citada como de maior importância dentro da IBA porque suporta espécies de floresta raras como a Chirinda Apalis (*Apalis chirindensis*, LC), a Plain-backed Sunbird (*Anthreptes reichenowi*, NT) e Robin de Swynnerton (*Swynnertonia swynnertoni*, VU), além de ter uma população disjunta de Green-headed Oriole (*Oriolus chlorocephalus*). O camaleão pigmeu *Rhampholeon gorongosae* (EN) é endémico da montanha; este, juntamente com o *Streptocarpus brachynema*, qualificaria a montanha como um local da "Alliance for Zero Extinction". Este local está incluído na vasta Área Chave de Biodiversidade da Gorongosa-Marromeu.

Serviços Ecossistémicos Chaves

A Serra da Gorongosa, e os habitats naturais que suporta, são importantes para uma série de serviços ecossistémicos, incluindo: protecção dos recursos do solo e do clima local; fornecer a maior parte do fluxo de água para as planícies circundantes e, assim, manter o funcionamento ecológico regional; provisão de recursos para as comunidades locais; e património cultural. Existe um forte potencial para o eco-turismo na Serra da Gorongosa, uma vez que o acesso seguro pode ser garantido; passeios a pé pela montanha combinados com passeios de safári nas terras baixas do Parque Nacional podem ser um pacote ideal de eco-turismo.

Categorias de Serviços Ecossistémicos

- Provisionamento – Matérias-primas
- Provisionamento – Água doce
- Serviços de Regulação – Clima local e qualidade do ar
- Serviços de Regulação – Sequestro e armazenamento de carbono
- Serviços de Regulação – Prevenção de erosão e manutenção da fertilidade do solo
- Habitat ou serviços de apoio – Habitats para espécies
- Habitat ou serviços de apoio – Manutenção da diversidade genética
- Serviços Culturais – Turismo
- Serviços Culturais – Experiência espiritual e senso de lugar
- Serviços Culturais – Património cultural

Justificativa da Avaliação da IPA

A Serra da Gorongosa qualifica-se como IPA nos três critérios. De acordo com o critério A(i) da IPA, contém dez espécies de plantas globalmente ameaçadas, quatro das quais só estão representadas neste local dentro da rede IPA de Moçambique, incluindo duas endémicas deste maciço: *Impatiens wuerstenii* (VU) e *Streptocarpus brachynema* (EN). Qualifica-se no critério B da IPA, pois suporta pouco mais de 3% (16 espécies) da lista nacional de espécies prioritárias no critério B(ii). Como observado acima, este maciço teve poucos levantamentos botânicos e pesquisas adicionais provavelmente permitirão encontrar mais espécies endémicas e com destribuição restrita e, portanto, o número do espécies no critério B(ii) neste local provavelmente aumentará, além de ter mais espécies ameaçadas. Este local também qualifica-se de acordo com o critério C(iii) da IPA, pois suporta aproximadamente 80 km² de floresta húmida sempre verde, com povoamentos de Floresta de Média Altitude e Montanha, ambas ameaçadas e muito restritas em Moçambique. Também possui extensas áreas de pradarias de montanha. É considerado um dos cinco melhores locais a nível nacional para estes habitats.

Justicia sp. A da *Flora Zambesiaca* (BW)

Impatiens wuerstenii (BW)

Espécies Prioritárias (Critérios IPA A e B)

FAMÍLIA	TÁXON	IPA CRITÉRIO A	IPA CRITÉRIO B	≥ 1% DA POPULAÇÃO GLOBAL	≥ 5% DA POPULAÇÃO NACIONAL	É 1 DOS 5 MELHORES LOCAIS NACIONAL	TODA A POPULAÇÃO GLOBAL	ESPÉCIES DE IMPORTÂNCIA SÓCIO-ECONÓMICA	ABUNDÂNCIA NO LOCAL
Acanthaceae	*Justicia* sp. A of F.Z.	A(i)	B(ii)	✓	✓	✓			rara
Acanthaceae	*Rhinacanthus submontanus*	A(i)		✓	✓	✓			desconhecida
Apocynaceae	*Vincetoxicum monticola*		B(ii)						desconhecida
Asphodelaceae	*Aloe rhodesiana*	A(i)		✓	✓	✓			frequente
Asteraceae	*Cineraria pulchra*		B(ii)						desconhecida
Asteraceae	*Vernonia calvoana* subsp. *meridionalis*		B(ii)						desconhecida
Balsaminaceae	*Impatiens wuerstenii*	A(i)	B(ii)	✓	✓	✓	✓		frequente
Dioscoreaceae	*Dioscorea sylvatica*	A(i)			✓	✓			desconhecida
Euphorbiaceae	*Euphorbia citrina*		B(ii)						desconhecida
Euphorbiaceae	*Tannodia swynnertonii*	A(I)			✓	✓			desconhecida
Fabaceae	*Lotus wildii*		B(ii)						frequente
Fabaceae	*Tephrosia montana*		B(ii)						desconhecida
Geraniaceae	*Pelargonium mossambicense*		B(ii)						desconhecida
Gesneriaceae	*Streptocarpus brachynema*	A(i)	B(ii)	✓	✓	✓	✓		ocasional
Lauraceae	*Ocotea kenyensis*	A(i)			✓	✓		✓	rara
Meliaceae	*Khaya anthotheca*	A(i)			✓	✓		✓	ocasional
Orchidaceae	*Cynorkis anisoloba*		B(ii)						frequente
Orchidaceae	*Polystachya subumbellata*		B(ii)						frequente
Primulaceae	*Lysimachia gracilipes*		B(ii)						desconhecida
Proteaceae	*Protea caffra* subsp. *gazensis*		B(ii)						frequente
Rubiaceae	*Pavetta comostyla* var. *inyangensis*		B(ii)						frequente
Sapindaceae	*Allophylus chirindensis*	A(i)		✓	✓	✓			desconhecida
Scrophulariaceae	*Jamesbrittenia carvalhoi*		B(ii)						frequente
		A(i): 10 ✓	**B(ii): 16** ✓						

Habitats Ameaçados (IPA Critério C)

TIPO DE HABITAT	IPA CRITÉRIO C	≥ 5% DO RECURSO NACIONAL	≥ 10% DO RECURSO NACIONAL	É 1 DOS 5 MELHORES LOCAIS NACIONAL	ÁREA ESTIMADA DO LOCAL (SE CONHECIDO)
Floresta Húmida de Montanha [MOZ-01]	C(iii)		✓	✓	9
Floresta Húmida de Média Altitude [MOZ-02]	C(iii)		✓	✓	71
Pradaria de Montanha [MOZ-09]	C(iii)			✓	

Áreas Protegidas e Outras Designações de Conservação

TIPO DE ÁREA DE CONSERVAÇÃO	NOME DA ÁREA DE CONSERVAÇÃO	RELAÇÃO DA IPA COM A ÁREA PROTEGIDA
Parque Nacional	Parque Nacional da Gorongosa	Área protegida/de conservação que engloba a IPA
Área Importante de Aves	Serra da Gorongosa e Parque Nacional	Área protegida/de conservação que engloba a IPA
Área Chave de Biodiversidade	Gorongosa e Complexo de Marromeu	Área protegida/de conservação que engloba a IPA

Ameaças

AMEAÇA	SEVERIDADE	SITUAÇÃO
Agricultura itinerante	alta	ocorrendo – tendência crescente
Agricultura de pequena escala	alta	ocorrendo – tendência crescente
Aumento da frequência/intensidade de queimadas	média	ocorrendo – tendência crescente

Habitats de montanha na Serra da Gorongosa (BW)

VALE UREMA E FLORESTA SANGRASSA

Avaliadores: Sophie Richards, Iain Darbyshire

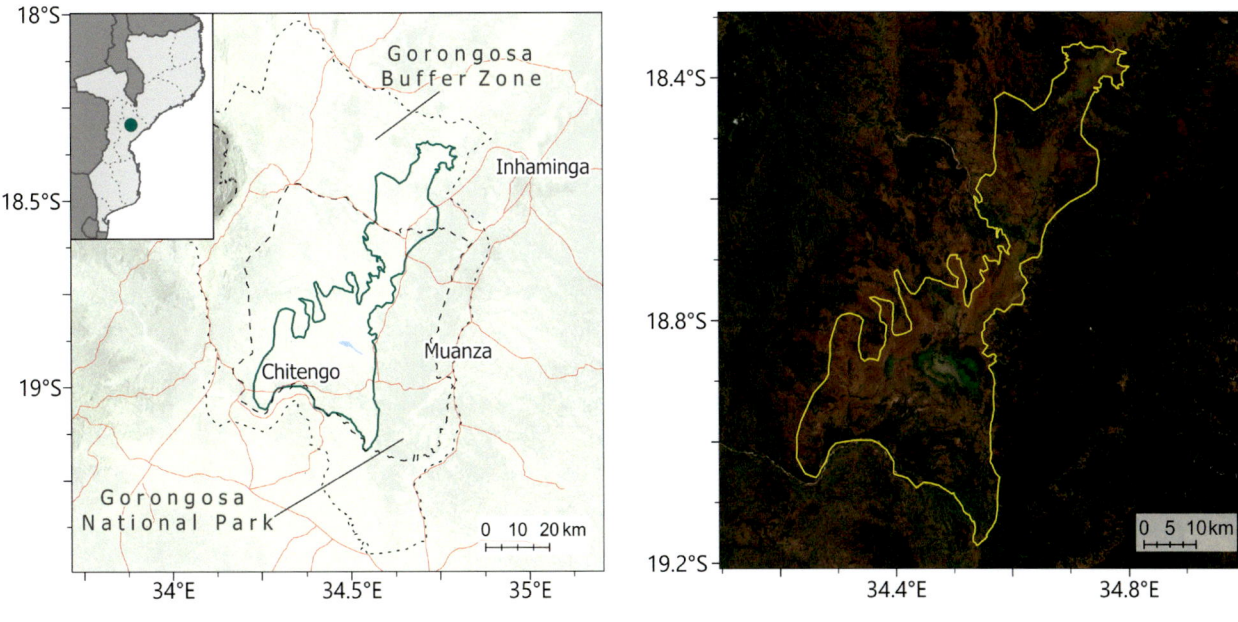

NOME INTERNACIONAL DO LOCAL		Urema Valley and Sangarassa Forest	
NOME LOCAL (CASO DIFERENTE)		Vale Urema e Floresta Sangrassa	
CÓDIGO DO LOCAL	MOZTIPA038	PROVÍNCIA	Sofala

LATITUDE	-18.57350	LONGITUDE	34.83650
ALTITUDE MINIMA (m a.s.l.)	18	ALTITUDE MÁXIMA (m a.s.l.)	110
ÁREA (km²)	1594	CRITÉRIO IPA	A(i), B(ii), C(iii)

Descrição do Local

A IPA do Vale do Urema e da Floresta Sangrassa enquadra-se no Parque Nacional da Gorongosa (PNG) e na Zona Tampão. Abrangendo quatro distritos da Província de Sofala, Maringue no noroeste, Cheringoma no nordeste, Muanza no leste e a grande maioria dentro do Distrito da Gorongosa, este local está centrado no extremo sul do Grande Vale do Rift Africano. Com níveis de água muito sazonais, a vegetação é uma mistura complexa de pradarias arborizadas inundáveis a matas fechadas e floresta seca (Stalmans & Beilfuss 2008; Parque Nacional da Gorongosa 2019). A mancha mais distinta de floresta seca dentro desta IPA é a Floresta Sangrassa (-18,97°, 34,33°), 2 km a norte do Rio Pungue. Existem várias espécies de importância de conservação registadas nesta pequena mancha de floresta seca e, como tal, recebe destaque especial neste relatório. A IPA tem 1.594 km² de área e foi delineada para abranger grande parte da planície de inundação do vale dentro do Parque Nacional da Gorongosa. O limite norte é adjacente à aldeia de Chipanha, 7 km a sul do limite da Zona Tampão da Gorongosa, e o limite sul segue o rio Pungué ao longo do limite sul da zona central do parque nacional. Embora haja habitat de planícies inundáveis tanto ao norte quanto ao sul desta IPA, na zona tampão do parque nacional, esta área é mais densamente povoada e por isso foi excluída. No entanto, esta IPA poderá ser expandida se espécies de interesse para a conservação forem encontradas nestas áreas no futuro.

Importância botânica

O Vale Urema e a Floresta Sangrassa abrigam várias espécies endémicas e ameaçadas. Por exemplo, *Vepris myrei* (EN) é conhecida deste local, ocorrendo nas manchas de floresta seca a nordeste de Chitengo, onde é descrita como comum (Tinley #2777), e na Floresta Sangrassa. Esta espécie está ameaçada noutros lugares pela conversão de habitat, pelo que a presença neste local relativamente seguro é importante para evitar a extinção de *V. myrei*. Apesar de existirem registos não confirmados de *V. myrei* tanto no Malawi como no Zimbabué, pensa-se que estes podem ser espécimes de uma espécie intimamente relacionada, *V. rogersii*, e assim *V. myrei* pode muito bem ser endémica de Moçambique, contudo é necessário uma investigação mais aprofundada para confirmar (Timberlake 2021).

Duas espécies vulneráveis também foram registadas neste local. *Erythrococca zambesiaca* (VU) é de particular importância. Embora também seja nativa do Malawi, *E. zambesiaca* é uma espécie de distribuição restrita (sob o sub-critério B(ii) dos critérios IPA), com uma EOO (extensão de ocorrência) de 788 km² de área. Ameaçada em outros lugares pela conversão do habitat para a agricultura, a presença de *E. zambesiaca* na Floresta Sangrassa não é apenas importante para a sobrevivência contínua desta espécie, mas é o único local conhecido em Moçambique e representa o limite sul da área de distribuição (Timberlake 2019).

Celosia pandurata (VU), uma espécie endémica, também é registada na floresta Sangrassa. Um total de quatro endémicas moçambicanas ocorrem nesta mancha florestal e, portanto, a Floresta Sangrassa é de particular importância nesta IPA.

Na IPA como um todo, foram registadas 12 endémicas moçambicanas. Uma dessas espécies, *Acacia torrei* (LC) está limitada apenas a uma faixa de cerca 1.700 km² sobre os solos aluviais de argila negra dos vales do Urema e do Zangue. Esta espécie é localmente comum no norte da IPA e actualmente é avaliada como Pouco Preocupante; a protecção contínua que a *A. torrei* recebe no Parque Nacional da Gorongosa é fundamental para evitar que se torne globalmente ameaçada de extinção (Coates Palgrave *et al.* 2014b). O Vale do Urema também abriga a maior população conhecida de outra espécie endémica, *Gyrodoma hispida* (LC). *G. hispida* foi descrita como comum nesta IPA e, portanto, este é um local chave para evitar que esta espécie seja ameaçada de extinção (Richards 2021b).

Os mais de 700 km² de pradarias de inundação sazonal dentro desta IPA representam um tipo de habitat de interesse de conservação para Moçambique (Stalmans & Beilfuss 2008). Além de albergar populações significativas das duas espécies endémicas acima mencionadas, este tipo de habitat tem uma distribuição limitada em Moçambique. As pradarias de inundação sazonal deste local representam um dos maiores e mais elevados exemplos deste habitat a nível nacional e, portanto, despoletam o sub-critério C(iii) dos critérios IPA para este local.

Habitat e Geologia

As comunidades de plantas dentro desta IPA são muito variáveis, o que provavelmente reflete a estrutura subjacente do solo e a disponibilidade de humidade na paisagem (Stalmans & Beilfuss 2008). Grande parte da IPA possui solos arenosos, com leque coluvial de argila preta ao norte (Steinbruch 2010). *Acacia torrei* em particular é dependente destas áreas de argila preta e está restrita a este substrato na Província de Sofala (Coates Palgrave *et al.* 2014b).

O Lago Urema, a sul do centro do vale, é abastecido pela drenagem tanto da Serra da Gorongosa e do planalto circundante a oeste, como do Planalto de Cheringoma a leste, com o alagamento unindo o Rio Pungué no limite sul desta IPA (Stalmans & Beilfuss 2008). Durante a estação chuvosa, de Dezembro a Março, os níveis de água do Lago Urema e rios associados aumentam para cobrir até 40% da área

Limite da floresta Sangrassa com *Newtonia hildebrandtii* (BW)

da Gorongosa (Stahl 2020), com grande parte do troço central desta IPA, juntamente com o limite sul pelo Rio Pungué, a ser inundado com água (Parque Nacional da Gorongosa 2019).

Os tipos de vegetação do Parque Nacional da Gorongosa são categorizados em Stalmans & Beilfuss (2008) e um resumo dos tipos de vegetação relevantes é fornecido abaixo.

A região da planície de inundação é uma paisagem vasta e aberta, dominada por pradarias de inundação sazonal de vários tipos, incluindo: comunidades de *Echinochloa – Chrysopogon*, *Setaria* e *Cynodon dactylon – Digitaria didactyla*; esta última comunidade está concentrada ao redor do Lago Urema e quase não tem plantas lenhosas. Nas encostas mais baixas e nas linhas de drenagem ao sul do Lago Urema, há áreas de savana de palmeiras que consistem em povoamentos de *Hyphaene* abertos a fechados com um estrato inferior herbáceo. Os povoamentos de *Acacia xanthophloea*, mistos de *Acacia-Combretum* e *Faidherbia albida* também formam áreas abertas a fechadas de mata dentro da planície de inundação e aluvial.

A oeste do Acampamento de Chitengo está a Floresta Sangrassa, uma área de vegetação de 1,6 km² que é descrita nas etiquetas dos espécimes como sendo floresta Arenosa densa (por exemplo, Wursten #911). A floresta é dominada por espécies como *Newtonia hildebrandtii* e *Xylia torreana* (Tinley #2331). O estrato inferior inclui a endémica moçambicana *Millettia mossambicensis*, enquanto algumas espécies estão associadas às termiteiras que limitam as lagoas sazonais, como a *Cola mossambicensis* (NT).

A sul da IPA, seguindo o rio Pungué, encontra-se Mata fechada/floresta seca dominada por *Piliostigma thonningii* e, em áreas sazonalmente inundadas, *Borassus aethiopium* (Stalmans & Beilfuss 2008; Hyde et al. 2021).

Questões de Conservação

A totalidade do Vale do Urema e Floresta Sangrassa está dentro do Parque Nacional da Gorongosa e da Zona Tampão, com apenas os 220 km² mais a norte da IPA dentro da zona tampão. Esta IPA está também inclusa na Serra da Gorongosa, na Área Importante de Aves do Parque Nacional, e na Área Chave de Biodiversidade da Gorongosa-Marromeu. As zonas húmidas do Vale do Urema são de particular importância para as espécies de aves; Grou-coroado-cinzento (*Balearica regulorum*- EN) que foi registado aqui, enquanto a área é possivelmente um importante local de permanência durante o inverno para a Narceja Grande (*Gallinago media*- NT) (BirdLife International 2021d). Além disso, uma contagem de 2014 descobriu que os tamanhos populacionais de dois taxa de aves atendem aos critérios do sítio Ramsar; A cegonha-de-bico-amarelo (*Mycteria ibis*- LC) ultrapassou o limite de 1% da população na África subsariana (870 indivíduos), e a população de Darter Africano (*Anhinga rufa*- LC) ultrapassou 1% dos indivíduos desta espécie no sul e leste de África (1.000 indivíduos) (Stalmans et al. 2014), embora a área não esteja actualmente listada como um sítio Ramsar.

Mimosa pigra, uma espécie que aparece nas "100 piores espécies exóticas invasoras do mundo" da IUCN (van der Weijden et al. 2004), é uma grande ameaça para as terras húmidas dentro desta IPA, e se estabeleceu na planície de inundação (Stalmans & Beilfuss 2008). Esta espécie forma brenhas densas, excluindo outras espécies e convertendo as planícies inundáveis em vegetação arbustiva (Beilfuss 2007). No entanto, acredita-se que a re-introdução de ruminantes a pastar está ajudando a conter a invasão

Pradarias arborizadas na planície de inundação de Urema (MS)

Pradarias ao redor do escoamento do Lago Urema (MS)

Acacia torrei (BW)

Orbea halipedicola (BW)

de arbustos (Guyton *et al.* 2020).

A estratégia de gestão para o local inclui queimadas controladas no vale no início da estação seca para reduzir a carga de combustível para as queimadas do final da estação (Stahl 2020). A pesquisa sobre a dinâmica do fogo e da herbívoria foi realizada (ver Stahl 2020) para melhorar o uso do fogo para a restauração contínua do parque após a Guerra Civil Moçambicana.

Durante a guerra civil, as grandes populações de herbívoros diminuíram mais de 90% no Parque Nacional da Gorongosa (Stalmans *et al.* 2019). Hoje, à medida que as populações continuam a recuperar, várias espécies dentro do parque nacional estão centradas na região do Vale Urema. Os hipopótamos foram soltos ao redor do Lago Urema em 2008 e o cão selvagem africano lançado em 2018, enquanto a recuperação do orgulho do leão Sungwe está centrado nos riachos a sudoeste do Lago Urema. A vegetação dentro desta IPA, como um importante componente do ecossistema, portanto, dá uma contribuição relevante para a conservação dos mamíferos no parque nacional, bem como o turismo que essas espécies de mamíferos atraem.

No entanto, à medida que o número de grandes herbívoros dentro do parque aumenta, uma mudança nas espécies dominantes foi registada. Elefantes, hipopótamos e búfalos africanos dominavam anteriormente a biomassa de grandes herbívoros do pré-guerra, enquanto em 2018 mais de 74% da biomassa de grandes herbívoros registada era de waterbuck (Stalmans *et al.* 2019). Seria informativo monitorar como essas mudanças na dinâmica da herbivoria podem estar impactando as comunidades de plantas, particularmente os habitats vitais para espécies de plantas raras ou ameaçadas.

Grande parte desta IPA não foi afectada pela conversão do habitat para a agricultura, uma grande ameaça para as espécies de plantas em Moçambique (Darbyshire *et al.* 2019a), provavelmente porque a grande maioria da área da IPA está dentro do Parque Nacional da Gorongosa. Um total de ca. 200.000 pessoas vivem dentro da zona tampão e o Parque Nacional da Gorongosa faz parcerias com estas comunidades para construir oportunidades de subsistência sustentáveis (Parque Nacional da Gorongosa 2019). Para tal, o PNG está a trabalhar para ter uma grande Área de Conservação Comunitária proclamada no limite nordeste, que incluiria parte desta IPA (M. Stalmans, comunicação pessoal 2021). O monitoramento das populações de *Acacia torrei* nesta área pode ser considerado dentro das acções de conservação, para salvaguardar contra ameaças a uma área chave de habitat para esta endemica restrita.

Serviços Ecossistémicos Chaves

A região do Vale Urema é regularmente inundada com água (Stalmans & Beilfuss 2008). No entanto, após o ciclone Idai em 2019, um dos piores eventos meteorológicos registados no hemisfério sul (Warren 2019), grande parte do Parque Nacional da Gorongosa ficou submersa. Embora o ciclone tenha atingido a costa perto da Beira, a área da Gorongosa foi perturbada por fortes chuvas e extensas inundações, com comunidades que vivem ao sul do parque nacional severamente afectadas (Parque Nacional da Gorongosa 2019). No entanto, acredita-se que a vegetação dentro do parque tenha mitigado alguns dos impactos do ciclone nas comunidades locais, com a água sendo escoada gradualmente por mais de cinco meses após o evento, devido à complexidade da paisagem na área do Vale do Urema (Parque Nacional da Gorongosa 2019).

As paisagens do Vale do Urema, particularmente as pradarias ao redor do Lago Urema, são as mais adequadas para apoiar os pastos em todo o Parque Nacional da Goronogosa e Zona Tampão (Stalmans & Beilfuss 2008). Assim, ao apoiar alguns dos mamíferos mais carismáticos, a vegetação desta IPA contribui fortemente para a atracção turística da região.

Gyrodoma hispida (BW)

Categorias de Serviços Ecossistémicos

- Serviços de Regulação – Moderação de eventos extremos
- Habitat ou serviços de apoio – Habitats para espécies
- Serviços Culturais – Turismo

Justificativa da Avaliação da IPA

O Vale do Urema e a Floresta Sangrassa qualificam-se como Área Importante de Plantas no critério A(i), devido à presença de uma espécie ameaçada, *Vepris myrei*, e duas espécies vulneráveis *Erythrococca zambesiaca* e *Celosia pandurata*. Além disso, existem 13 espécies endémicas e quase endémicas dentro desta IPA e, portanto, o local qualifica-se no sub-critério B(ii) como um dos 15 principais locais a nível nacional para espécies restritas e endémicas. A presença de uma grande extensão de pradarias de inundação sazonal de alta qualidade, um tipo de habitat restrito nacionalmente associado a espécies endémicas, no local despoleta o sub-critério C(iii).

Espécies Prioritárias (Critérios IPA A e B)

FAMÍLIA	TÁXON	IPA CRITÉRIO A	IPA CRITÉRIO B	≥ 1% DA POPULAÇÃO GLOBAL	≥ 5% DA POPULAÇÃO NACIONAL	É 1 DOS 5 MELHORES LOCAIS NACIONAL	TODA A POPULAÇÃO GLOBAL	ESPÉCIES DE IMPORTÂNCIA SÓCIO-ECONÓMICA	ABUNDÂNCIA NO LOCAL
Amaranthaceae	*Celosia pandurata*	A(i)	B(ii)	✓	✓				desconhecida
Apocynaceae	*Orbea halipedicola*		B(ii)	✓	✓	✓			frequente
Asparagaceae	*Dracaena subspicata*		B(ii)	✓	✓				desconhecida
Asteraceae	*Gyrodoma hispida*		B(ii)	✓	✓	✓			comum
Capparaceae	*Maerua brunnescens*		B(ii)	✓	✓				desconhecida
Euphorbiaceae	*Erythrococca zambesiaca*	A(i)	B(ii)	✓	✓	✓			desconhecida
Euphorbiaceae	*Euphorbia ambroseae* var. *ambrosae*		B(ii)	✓	✓				desconhecida
Euphorbiaceae	*Jatropha scaposa*		B(ii)	✓	✓				desconhecida
Fabaceae	*Acacia torrei*		B(ii)	✓	✓	✓			comum
Fabaceae	*Millettia mossambicensis*		B(ii)	✓	✓				desconhecida
Malvaceae	*Grewia transzambesica*		B(ii)	✓					desconhecida
Polygalaceae	*Carpolobia suaveolens*		B(ii)	✓					rara
Rubiaceae	*Psydrax moggii*		B(ii)	✓	✓				desconhecida
Rutaceae	*Vepris myrei*	A(i)		✓	✓	✓			frequente
		A(i): 3 ✓	B(ii): 13						

Habitats Ameaçados (IPA Critério C)

TIPO DE HABITAT	IPA CRITÉRIO C	≥ 5% DO RECURSO NACIONAL	≥ 10% DO RECURSO NACIONAL	É 1 DOS 5 MELHORES LOCAIS NACIONAL	ÁREA ESTIMADA DO LOCAL (SE CONHECIDO)
Pradaria de Inundação sazonal [MOZ-10]	C(iii)			✓	780.0

Áreas Protegidas e Outras Designações de Conservação

TIPO DE ÁREA DE CONSERVAÇÃO	NOME DA ÁREA DE CONSERVAÇÃO	RELAÇÃO DA IPA COM A ÁREA PROTEGIDA
Parque Nacional	Parque Nacional da Gorongosa e Zona Tampão	Área protegida/de conservação que engloba a IPA
Área Importante de Aves	Serra da Gorongosa e Parque Nacional	Área protegida/de conservação que engloba a IPA
Área Chave de Biodiversidade	Gorongosa e Complexo de Marromeu	Área protegida/de conservação que engloba a IPA

Ameaças

AMEAÇA	SEVERIDADE	SITUAÇÃO
Agricultura de pequena escala	baixa	ocorrendo – tendência desconhecida
Tempestades e inundação	alta	passado, provável que volte
Aumento da frequência e intensidade de queimadas	desconhecida	ocorrendo – estável

DESFILADEIROS DE CALCÁRIO DE CHERINGOMA

Avaliadores: Sophie Richards, Iain Darbyshire

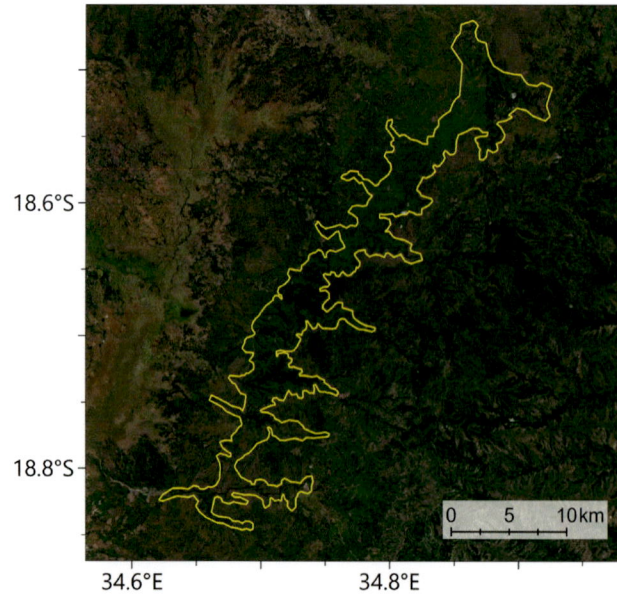

NOME INTERNACIONAL DO LOCAL		Cheringoma Limestone Gorges	
NOME LOCAL (CASO DIFERENTE)		Desfiladeiros de Calcário de Cheringoma	
CÓDIGO DO LOCAL	MOZTIPA037	PROVÍNCIA	Sofala

LATITUDE	-18.64661	LONGITUDE	34.76241
ALTITUDE MINIMA (m a.s.l.)	30	ALTITUDE MÁXIMA (m a.s.l.)	326
ÁREA (km²)	182	CRITÉRIO IPA	A(i), C(iii)

Descrição do Local

Os Desfiladeiros de Calcário de Cheringoma atravessam a fronteira entre os Distritos de Muanza e Cheringoma da Província de Sofala. Situada principalmente no Parque Nacional da Gorongosa e na Zona Tampão, esta IPA engloba o sistema de desfiladeiros onde o Planalto de Cheringoma encontra o extremo sul do Grande Vale do Rift Africano. As condições húmidas dentro desses desfiladeiros abrigam florestas que, embora ainda não muito estudadas, são conhecidas por serem bio-diversas e de grande valor de conservação (Byrne 2013). Esta IPA é única, cobrindo a maior parte da única floresta calcária conhecida com certeza em Moçambique. Este habitat é raro e ameaçado em toda a África tropical, onde só se sabe que ocorre no Quénia, Tanzânia e Moçambique (Cheek *et al.* 2019).

O limite do local segue de perto o habitat do desfiladeiro, delineado por Stalmans & Beilfuss (2008), excluindo algumas das manchas mais degradadas no extremo norte, e tem 182 km² de área. O norte da IPA estende-se para além do sistema do desfiladeiro de Khodzhue (-18,52°, 34,90°), e o limite sul está logo a seguir do desfiladeiro de Muanza (-18,82°, 34,68°).

A menos de 10 km a oeste encontra-se uma IPA separada, Vale da Urema [MOZTIPA038], que engloba as zonas húmidas do Parque Nacional da Gorongosa.

Importância Botânica

As florestas de calcário são raras na África tropical, com locais conhecidos limitados apenas ao Quénia, Tanzânia e Moçambique, enquanto os Desfiladeiros de Calcário de Cheringoma são a única área conhecida por suportar floresta de calcário em Moçambique (Cheek *et al.* 2019). Globalmente, o calcário está associado a espécies de plantas estritamente endémicas, pois os desafios fisiológicos do substrato fornecem uma pressão de selecção através da qual as adaptações podem-se desenvolver, algumas das quais restringem essas espécies a um único ou um pequeno número de manchas de calcário (Cheek *et al.* 2019). Um exemplo de uma endémica de distribuição restrita dentro desta IPA é a *Cola cheringoma*. Espécie globalmente ameaçada, *C. cheringoma* é descrita como localmente comum, mas está restrita apenas às florestas de calcário de Cheringoma, com pelo menos um local conhecido desta IPA. É provável que a população dentro dos desfiladeiros seja maior do que se sabe actualmente,

Vista das florestas da garganta de Nhanfisse no centro da IPA (JEB)

Vista do desfiladeiro de calcário e do planalto de Cheringoma (MS)

Lábio do desfiladeiro exibindo o arenito sobreposto no planalto e o calcário por baixo (MS)

com vários espécimes de *Cola mossambicensis* colectados aqui, possivelmente representando indivíduos erroneamente identificados de *C. cheringoma* (Cheek *et al.* 2019). Além desta endémica de distribuição restrita, uma espécie ainda não descrita de *Justicia*, *Justicia* sp. B da Flora Zambesiaca (LC), pensa-se também ser endémica dos afloramentos calcários do desfiladeiro de Cheringoma e, apesar de comum nos dois locais de que é conhecida, não foram efectuadas colectas fora desta IPA (Darbyshire *et al.* 2019k). Com uma investigação mais aprofundada, é possível que mais endémicas de calcário de Cheringoma sejam documentadas nestes desfiladeiros.

No total, seis taxa endémicos nacionais foram registados nesta IPA e, incluindo *C. cheringoma* (EN), duas espécies ameaçadas. *Khaya anthotheca*, a segunda espécie ameaçada, é conhecida do habitat da margem do desfiladeiro e, apesar de ser avaliada como globalmente vulnerável, não se qualifica no sub-critério A(i) dos critérios IPA, devido à sua extensa área de distribuição cobrindo partes do oeste, centro e África do Sul. Uma espécie vulnerável adicional, *Diplocyclos tenuis*, foi registada neste local (Wursten s.n.). No entanto, a avaliação da Lista Vermelha da IUCN não leva em consideração este local, com o intervalo considerado incluindo apenas a Tanzânia, Quênia e apenas local na província de Cabo Delgado em Moçambique. Portanto, podemos esperar que esta avaliação da Lista Vermelha desça de categoria, caso esse local adicional seja considerado.

Não obstante estudos botânicos limitados do local tenham sido realizados até o momento, dois levantamentos das florestas de calcário de Cheringoma foram concluídos desde 2004, com uma lista de espécies não publicada de Burrows *et al.* (2012) totalizando cerca de 320 espécies. Esta lista de espécies regista vários taxa de plantas interessantes dentro dos desfiladeiros, incluindo *Mondia whitei*, uma espécie medicinal classificada como Ameaçada na África do Sul e na África Oriental (Aremu *et al.* 2011). *Antiaris toxicaria* subsp. *usambarensis* var. *welwitschia*, um táxon nativo de Moçambique, Tanzânia, Quênia, Zâmbia e República Democrática do Congo, também é registado nesses desfiladeiros. Esta espécie é usada para fazer tecido de casca de árvore na África Ocidental, enquanto o látex é usado para veneno de flecha (Burrows *et al.* 2018). Embora frequente nos Desfiladeiros de Cheringoma, *A. toxicaria* subsp. *usambarensis* var. *welwitschia* é rara em Moçambique, conhecida apenas em dois outros locais na província de Cabo Delgado (Burrows *et al.* 2018). Estes locais do norte estão ameaçados, com algumas áreas já transformadas e, por isso, esta IPA é de grande importância para a população nacional, representando a única protecção legal para esta espécie na área da Flora Zambesiaca (J. Burrows, com. pess. 2021).

Floresta na base da garganta de Khodzue no norte da IPA (JEB)

Além disso, a presença de duas espécies de fetos, *Thelypteris opulenta* (*Amblovenatum opulentum*) e *T. unita* (*Sphaerostephanos unitus*), dentro dos Desfiladeiros de Calcário de Cheringoma representam as únicas colecções para cada espécie respectiva na região da Flora Zambesiaca (Burrows *et al.* 2012).

Habitat e Geologia

A geologia é um dos principais contribuintes para a diversidade de plantas desta IPA. A drenagem do planalto de Cheringoma erodiu o arenito sobrejacente, esculpindo os desfiladeiros profundos e revelando o calcário eoceno subjacente (Cheek *et al.* 2019). Os desfiladeiros, alguns dos quais com 70 m de profundidade, proporcionam um ambiente protegido em que as condições são quentes e húmidas (Byrne 2013; Burrows *et al.* 2018). A temperatura média anual é de 34°C e a precipitação média anual, superior a 1.100 mm, é relativamente alta para a área (Stalmans & Beilfuss 2008; Burrows *et al.* 2018). Estas condições produzem uma flora distinta da mata dominada por *Androstachys johnsonii* na borda do desfiladeiro (Burrows *et al.* 2018). A floresta de calcário do desfiladeiro é de particular interesse de conservação devido à associação de endémicas de distribuição restrita, notadamente *Cola cheringoma*. As espécies de árvores dentro da floresta do desfiladeiro incluem *Albizia glaberrima* (LC), *Celtis philippensis* (LC) e *Khaya anthotheca* (VU), enquanto arbustos grandes incluem *Pavetta klotzschiana*, *Grandidiera boivinii* (LC) e *Combretum pisoniiflorum* (Burrows *et al.* 2018).

As pequenas áreas de planalto incluídas nesta IPA são povoadas por matas de miombo, dominadas por *Brachystegia spiciformis* e *Julbernardia globiflora*, e sustentadas por calcário (Lötter *et al.* em prep.). Níveis relativamente baixos de transformação de habitats foram observados no planalto, embora haja algumas terras agrícolas em direcção ao Desfiladeiro de Muanza, em direcção a sudeste da IPA (Stalmans & Beilfuss 2008).

Questões de Conservação

Grande parte desta IPA enquadra-se no Parque Nacional da Gorongosa (PNG) e na Zona Tampão. O foco da Gorongosa foi definido no Plano Estratégico 2020 – 2050 e envolve a melhoria da capacidade do parque nacional para "preservar, proteger e gerir os diversos ecossistemas dentro do Parque" ao mesmo tempo que trabalha com as comunidades dentro da zona tampão, fazendo um esforço particular para envolver as mulheres nestas comunidades, para melhorar as oportunidades económicas sustentáveis (Parque Nacional da Gorongosa 2019). Esta IPA enquadra-se também na Área Chave de Biodiversidade de Gorongosa Complexo de Marromeu, e na Área Importante de Aves da Serra da Gorongosa e do Parque Nacional.

Uma das principais ameaças à biodiversidade dentro do PNG é a expansão da agricultura e assentamentos (Biofund 2013), mas em relação às áreas fora do parque nacional, o maneio do local oferece maior segurança para as comunidades de plantas. Fora do parque nacional e zona tampão, a norte desta IPA, a vegetação do desfiladeiro foi degradada pela agricultura, no entanto, o PNG está a trabalhar para ter uma grande Área de Conservação Comunitária declarada nesta área (M. Stalmans, com. pess. 2021). Essa protecção adicional pode, no futuro, oferecer maior protecção ao habitat do desfiladeiro mais a norte.

A inacessibilidade dos desfiladeiros maiores provavelmente oferece protecção adicional contra as perturbações antropogénicas. Há, no entanto, alguma transformação em torno do Desfiladeiro de Muanza (-18,82, 34,68) dentro do PNG (Stalmans & Beilfuss 2008). Grande parte dessa terra agrícola circunda a estrada para a vila de Muanza, embora a taxa de conversão de habitat aqui pareça ter atingido o pico na década de 2000 e desde então diminuiu (World Resources Institute 2019; Google Earth 2021).

Na zona tampão, o foco do PNG é o desenvolvimento económico e social das comunidades, com cerca de 200.000 pessoas a viver em toda a zona tampão (Parque Nacional da Gorongosa 2019). O desenvolvimento de meios de subsistência sustentáveis contribui para a redução da pressão sobre a terra e os recursos naturais ao redor das comunidades da área.

Se bem que a geologia deste local esteja fortemente ligada à sua biodiversidade única, o calcário também é um material valioso que é extraído na área. A extração de calcário foi observada perto de Condué, a montante do Desfiladeiro de Antiaris (-18,71°, 34,83°), com desmatamento para mineração e infraestrutura associada, como estradas de acesso (Cheek et al. 2019). Parece que uma extração semelhante está ocorrendo a leste do desfiladeiro de Muanza (-18.815°, 34.735°) (Google Earth 2021).

A fauna do desfiladeiro Calcário de Cheringoma ainda não foi estudada extensivamente, no entanto, alguns taxa de vertebrados interessantes foram registados, incluindo várias espécies de morcegos e uma espécie não descrita de rã do género *Kassina* (Conneely 2013; Parque Nacional da Gorongosa 2016).

Serviços Ecossistémicos Chaves

Apesar de serem em grande parte inacessíveis, o valor estético dos desfiladeiros contribui para a experiência turística do Parque Nacional da Gorongosa. O Planalto de Cheringoma é conhecido por ser uma importante área de captação de água na região. Além disso, a regulação da água e a estabilização dos solos fornecidos pela floresta ribeirinha nos desfiladeiros provavelmente regulam a hidrologia e evitam a acumulação de sedimentos a jusante no Vale do Urema. O vale é o lar de várias espécies carismáticas de mamíferos, que são importantes para a conservação e grandes atracções turísticas. A contínua regulação da água no planalto de Cheringoma e nos desfiladeiros pode ser importante para a manutenção da qualidade deste habitat a jusante.

Categorias de Serviços Ecossistémicos

- Provisionamento – Água doce
- Serviços de Regulação – Prevenção de erosão e manutenção da fertilidade do solo
- Serviços Culturais – Turismo

Justificativa da Avaliação da IPA

Os Desfiladeiros de Calcários de Cheringoma qualificam-se como Área Importante de Plantas sob o sub-critério A(i), devido à presença de *Cola cheringoma* (EN), uma espécie conhecida apenas na área de Cheringoma. Um total de seis espécies endémicas moçambicanas são conhecidas nesta IPA, caindo abaixo do limite de 3% de espécies moçambicanas (equivalente a 16 espécies) de alta importância de conservação dentro do local, necessário para despoletar o sub-critério B(ii). No entanto, como esta área ainda não foi muito estudada, é possível que mais espécies de importância para a conservação sejam registadas dentro dos desfiladeiros com mais pesquisa. Esta IPA abrange também a única floresta calcária conhecida em Moçambique (Cheek et al. 2019). Dada a singularidade deste habitat e a sua associação com espécies endémicas de distribuição restrita, a floresta calcária de desfiladeiro enquadra-se no sub-critério C(iii) dos critérios IPA.

PROVÍNCIA DE SOFALA

Justicia sp. B da *Flora Zambesiaca* (BW)

Euphorbia ambroseae var. *ambroseae* (JEB)

Espécies Prioritárias (Critérios IPA A e B)

FAMÍLIA	TÁXON	IPA CRITÉRIO A	IPA CRITÉRIO B	≥ 1% DA POPULAÇÃO GLOBAL	≥ 5% DA POPULAÇÃO NACIONAL	É 1 DOS 5 MELHORES LOCAIS NACIONAL	≥ 10% DA POPULAÇÃO GLOBAL	TODA A POPULAÇÃO GLOBAL	ESPÉCIES DE IMPORTÂNCIA SÓCIO-ECONÓMICA	ABUNDÂNCIA NO LOCAL
Acanthaceae	*Justicia gorongozana*		B(ii)	✓	✓	✓				ocasional
Acanthaceae	*Justicia* sp. B of F.Z.		B(ii)	✓	✓	✓	✓	✓		frequente
Asparagaceae	*Dracaena subspicata*		B(ii)	✓	✓					desconhecida
Euphorbiaceae	*Euphorbia ambroseae* var. *ambrosae*		B(ii)	✓	✓	✓	✓			ocasional
Euphorbiaceae	*Euphorbia bougheyi*		B(ii)	✓	✓	✓	✓			ocasional
Malvaceae	*Cola cheringoma*	A(i)	B(ii)	✓	✓	✓	✓			frequente
Meliaceae	*Khaya anthotheca*	A(i)								desconhecida
		A(i): 1 ✓	B(ii): 6							

Habitats Ameaçados (IPA Critério C)

TIPO DE HABITAT	IPA CRITÉRIO C	≥ 5% DO RECURSO NACIONAL	≥ 10% DO RECURSO NACIONAL	É 1 DOS 5 MELHORES LOCAIS NACIONAL	ÁREA ESTIMADA DO LOCAL (SE CONHECIDO)
Floresta de Calcário de Cheringoma [MOZ-13]	C(iii)	✓	✓	✓	150.0

Áreas Protegidas e Outras Designações de Conservação

TIPO DE ÁREA DE CONSERVAÇÃO	NOME DA ÁREA DE CONSERVAÇÃO	RELAÇÃO DA IPA COM A ÁREA PROTEGIDA
Parque Nacional	Parque Nacional da Gorongosa e Zona Tampão	Área protegida/de conservação que engloba a IPA
Área Importante de Aves	Serra da Gorongosa e Parque Nacional	Área protegida/de conservação que engloba a IPA
Área Chave de Biodiversidade	Gorongosa e Complexo de Marromeu	Área protegida/de conservação que engloba a IPA

Ameaças

AMEAÇA	SEVERIDADE	SITUAÇÃO
Pastoreio, pecuária ou agricultura de pequena escala	baixa	ocorrendo – tendência desconhecida
Mineração e pedreiras	baixa	ocorrendo – tendência desconhecida

PROVÍNCIA DE MANICA

PROVÍNCIA DE MANICA

MONTE URUERI E MONTE BOSSA

Avaliadores: Sophie Richards, Iain Darbyshire

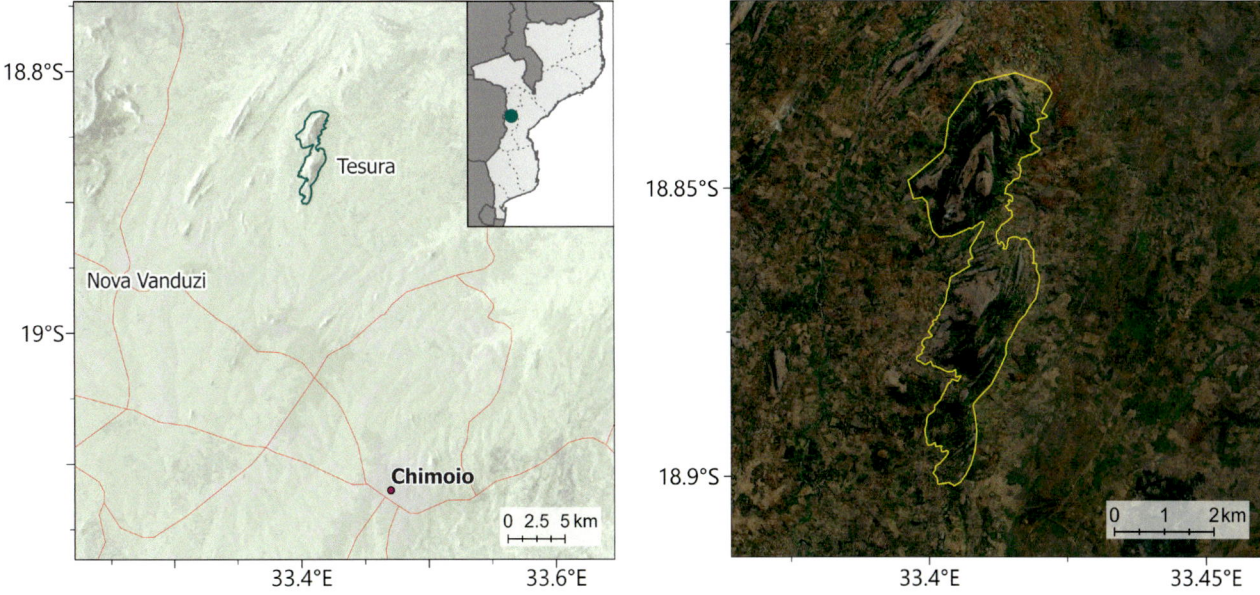

NOME INTERNACIONAL DO LOCAL		Mount Muruwere-Bossa	
NOME LOCAL (CASO DIFERENTE)		Monte Urueri e Monte Bossa	
CÓDIGO DO LOCAL	MOZTIPA040	PROVÍNCIA	Manica

LATITUDE	-18.85969	LONGITUDE	33.40989
ALTITUDE MÍNIMA (m a.s.l.)	490	ALTITUDE MÁXIMA (m a.s.l.)	1.030
ÁREA (km²)	10	CRITÉRIO IPA	A(i)

Vista do Monte Urueri, cercado por terras agrícolas (TR)

Descrição do Local

A IPA do Monte Urueri e Monte Bossa compreende dois inselbergues 30 km a norte-noroeste da cidade de Chimoio no Distrito de Manica, Província de Manica. O local inclui o Monte Urueri no norte, com um pico de 1.030 m, e o Monte Bossa a sudeste com um pico de 870 m. A IPA tem uma área de 10 km² e a leste da fronteira está a aldeia de Tesura, com um pequeno número de casas e terrenos agrícolas ao redor desses inselbergues.

A diversidade de plantas da IPA ainda não foi inventariada de forma abrangente. No entanto, os afloramentos de gnaisse expostos do Monte Urueri são conhecidos por serem um habitat muito importante, abrigando a única população confirmada da cicadacea criticamente ameaçada, *Encephalartos pterogonus*.

Importância Botânica

O Monte Urueri é de grande importância para a conservação por ser o único local do qual se conhece com certeza *que ocorre a Encephalartos pterogonus* (CR). *E. pterogonus* habita os afloramentos graníticos do inselbergue. Embora as encostas íngremes dificultem o acesso ao inselbergue, esta espécie está ameaçada devido ao excesso de colecta. Como uma cicadacea atraente e rara, é procurada por colecionadores como ornamental e está listada, juntamente com todas as outras espécies de *Encephalartos*, no Anexo I da CITES (UNEP 2021). Em 2006, foram reportados pelo menos 246 plantas adultas e recrutamento razoável de mudas (300-400 de 1.000 plantadas) após esforços de re-introdução pelo projecto "Plantas de Moçambique" em 2004 (Capela 2006). Há relatos de que esta espécie também pode ocorrer no Monte Dengalenga (Donaldson 2010b), 5 km a oeste desta IPA, mas ainda não foi confirmado.

Alguns autores (ver Capela 2006) argumentam que *E. pterogonus* não apresenta consistência de caracteres suficiente para justificar o reconhecimento como espécie, sendo, em vez disso, uma forma dentro do complexo *E. manikensis*. No entanto, como esta espécie é actualmente aceite pela maioria das autoridades, aceitamos a espécie aqui. Se, no entanto, *E. pterogonus* for no futuro aceite como uma forma de *E. manikensis*, este local ainda poderá qualificar-se como IPA, pois *E. manikensis* é globalmente vulnerável, mesmo que o local provavelmente seja de menor prioridade.

Outra espécie de interesse, *Euphorbia graniticola* (LC), foi observada no Monte Urueri crescendo entre as fendas na rocha de gneisse (T. Rulkens, pers. comm. 2021). A endémica moçambicana, *E. graniticola* é conhecida apenas nos inselbergues da Província de Manica (Darbyshire *et al.* 2019l) e esta IPA é uma das duas únicas, juntamente com o Monte Zembe [MOZTIPA011], conhecido por albergar esta espécie. Além disso, uma espécie ainda não descrita de *Jatropha* foi colectada ligeiramente a leste desta IPA, e pode representar uma endémica moçambicana adicional (T. Rulkens, comunicação pessoal 2021). Esta espécie requer mais investigação; se provar ser nova para a ciência, é provável que seja globalmente ameaçada, pois esta área está sob pressão da expansão da agricultura. Neste caso, deve-se estabelecer se esta espécie ocorre dentro desta IPA, e caso não ocorra, uma mudança de limite poderia ser considerada para englobar esta espécie e destacá-la como prioridade de conservação.

Dracaena (anteriormente Sansevieiria) pedicellata (LC) ocorre em grandes colónias nas florestas húmidas sazonais do Monte Urueri. Esta é uma espécie de importância medicinal; as folhas e o rizoma de *D. pedicellata* são usados em partes da Província de Manica para tratar uma série de doenças em pessoas e aves (Rulkens & Baptista 2009).

Habitat e Geologia

A geologia do local é descrita como gneisse derivado do granito. Ambos os inselbergues compreendem afloramentos rochosos expostos que, no Monte Urueri, particularmente aqueles nas margens da floresta, são um importante habitat para *Encephalartos pterogonous* (Donaldson 2010b). Ainda não há um levantamento abrangente da diversidade botânica neste local e as visitas mais recentes foram feitas no final dos anos 2000. A seguinte descrição da vegetação no Monte Urueri é baseada em comunicação pessoal com T. Rulkens (2021).

As áreas de florestas ocorrem principalmente ao longo dos rios dentro de ravinas e em planaltos onde os solos são suficientemente profundos. A composição de espécies do estrato superior arbóreo não foi descrito, entretanto, grandes grupos de *Dracaena pedicellata* (LC) ocorrem no estrato inferior. *D. pedicellata* é conhecido por ocorrer com espécies de árvores como *Albizia gummifera* e *Millettia stuhlmannii*, esta última espécie foi observada no Monte Urueri e pode ser dominante em alguns lugares. Enquanto a área de Chimoio experimenta uma estação seca entre Maio e Outubro, pensa-se que as áreas onde cresce *D. pedicellata* tendem a ser húmidas devido às neblinas e chuviscos frequentes nas montanhas nesta área, e escoamento nos afloramentos rochosos (Rulkens & Baptista 2009). A grande árvore aloe *Aloidendron barberae*, também foi observada nestas florestas. Nas áreas mais expostas da montanha, áreas de floresta-brenha seca e matas de miombo habitam as encostas, sugerindo que um mosaico de tipos de vegetação tenha-se desenvolvido na montanha de acordo com a disponibilidade de humidade. As encostas mais íngremes do Monte Urueri retêm uma camada rasa de solo, com gramíneas pequenas (cuja composição de espécies ainda não foi documentada) e o junco litofítico *Coleochloa setifera* habitando essas áreas. Nas pradarias também ocorrem espécies como *Aloe chabaudii*, *A. cameronii* (LC), *Euphorbia graniticola* (LC) e uma espécie de *Drimia*, possivelmente *Drimia intricata* var. *intricata*. A *Bulbine latifolia* cresce em altitudes mais altas perto do cume. Onde os solos são mais profundos, as comunidades de gramíneas são mais altas, e numerosos *Aloe excelsa* podem ser observados. Existem poucos riachos no inselbergue, no entanto, existem pequenos charcos de água em planaltos rochosos em altitudes médias, que provavelmente são sazonais. A planície circundante tem solos profundos e arenosos e era anteriormente miombo, dominada por *Brachystegia boehmii*, que é relatado formar povoamentos na área (Rulkens #2010/1) (GBIF.org 2021c). No entanto, grande parte desta terra está agora entregue à agricultura, com cultivo de sorgo e outras culturas (Rulkens #2010/1) e, portanto, foi excluída desta IPA.

Questões de Conservação

O Monte Urueri não se enquadra numa área protegida, Área Chave de Biodiversidade ou Área Importante para Aves. No entanto, dado que toda a população confirmada de *Encephalartos pterogonus* ocorre dentro desta IPA, e que esta espécie está críticamente ameaçada, Urueri poderia se qualificar como um local da "Alliance for Zero Extinction", e também como um KBA sob o sub-critério Ae1.

Devido às encostas íngremes desses inselbergues, muitas partes de Urueri são de difícil acesso, provavelmente fornecendo alguma protecção passiva à maioria das áreas com vegetação. Embora haja uma grande conversão para a agricultura na planície circundante, em particular a extensão das terras agrícolas entre 2004 e 2009 (Google Earth 2021), as encostas das montanhas permanecem intactas. No entanto, sabe-se que a mata de miombo actua como um tampão para a vegetação mais densa nas montanhas em outras partes de Moçambique (Timberlake *et al.* 2007), e a perda dessa vegetação ao redor do Monte Urueri pode resultar em maior exposição das florestas na montanha, por exemplo com maior evapo-transpiração, e mudanças na comunidade de plantas ao longo das margens da floresta.

Há uma ameaça específica de colecta excessiva da espécie *Encephelartos pterogonus*. Como uma ornamental atraente com uma distribuição muito restrita, a ameaça de colecta excessiva é alta e existe o risco de falha reprodutiva devido à diminuiçao do tamanho da população (Donaldson 2010b). Um programa de re-introdução foi iniciado em 2003 quando 1.000 mudas foram plantadas

Euphorbia graniticola (TR)

Aloidendron barberae nas encostas do Monte Urueri (TR)

Dracena subspicata, uma planta medicinal, comum no estrato inferior da floresta do Monte Muruwere (TR)

pelo projecto "Plantas de Moçambique" como medida de conservação, com 300 – 400 mudas que sobreviveram após esta re-introdução e a população total composta por cerca de 246 indivíduos adultos quando pesquisados em meados dos anos 2000 (Capela 2006). Não há registo de como as mudas e a população evoluíram desde essa época. No entanto, isso deve ser pesquisado num futuro próximo como parte de um projecto liderado pela Universidade de Kent e apoiado pelo Fundo Mohamed Bin Zayed (D. Roberts, comunicação pessoal 2021).

Serviços Ecossistémicos Chaves

A espécie medicinal *Dracaena pedicellata* foi registada dentro da IPA, usada para tratar uma variedade de doenças em humanos e aves (Rulkens & Baptista 2009).

Embora existam poucos riachos no Monte Urueri (T. Rulkens, comunicação pessoal 2021), pode haver alguma regulação da humidade do solo fornecida pela vegetação desses inselbergues que beneficia as terras agrícolas abaixo, enquanto as florestas provavelmente estabilizam o solo nas encostas e evitam a erosão do solo.

Estruturas antigas de muralhas no Monte Urueri podem ser de interesse arqueológico e antropológico (T. Rulkens, per. comm. 2021) e, portanto, este local também pode ter significado cultural.

Categorias de Serviços Ecossistémicos

- Provisionamento – Recursos medicinais
- Serviços de Regulação – Prevenção de erosão e manutenção da fertilidade do solo
- Serviços Culturais – Património cultural

Justificativa da Avaliação da IPA

A IPA Monte Urueri e Monte Bossa qualifica-se como Área Importante de Plantas sob o sub-critério A(i) devido à presença da única população confirmada da espécie Criticamente Ameaçada *Encephalartos pterogonus*. Como esta área não foi extensivamente inventariada para espécies de plantas, é possível que espécies A(i) adicionais sejam registadas.

Espécies Prioritárias (Critérios IPA A e B)

FAMÍLIA	TÁXON	IPA CRITÉRIO A	IPA CRITÉRIO B	≥ 1% DA POPULAÇÃO GLOBAL	≥ 5% DA POPULAÇÃO NACIONAL	É 1 DOS 5 MELHORES LOCAIS NACIONAL	TODA A POPULAÇÃO GLOBAL	ESPÉCIES DE IMPORTÂNCIA SÓCIO-ECONÓMICA	ABUNDÂNCIA NO LOCAL
Euphorbiaceae	Euphorbia graniticola		B(ii)	✓	✓			✓	frequente
Zamiaceae	Encephalartos pterogonus	A(i)	B(ii)	✓	✓	✓	✓	✓	frequente
		A(i): 1 ✓	B(ii): 2						

Áreas Protegidas e Outras Designações de Conservação

TIPO DE ÁREA DE CONSERVAÇÃO	NOME DA ÁREA DE CONSERVAÇÃO	RELAÇÃO DA IPA COM A ÁREA PROTEGIDA
Sem protecção formal	Não indicado	

Ameaças

AMEAÇA	SEVERIDADE	SITUAÇÃO
Agricultura de pequena escala	baixa	ocorrendo – tendência desconhecida
Colecta de plantas terrestres	média	ocorrendo – tendência desconhecida

SERRA GARUZO

Avaliadores: Jo Osborne, Iain Darbyshire

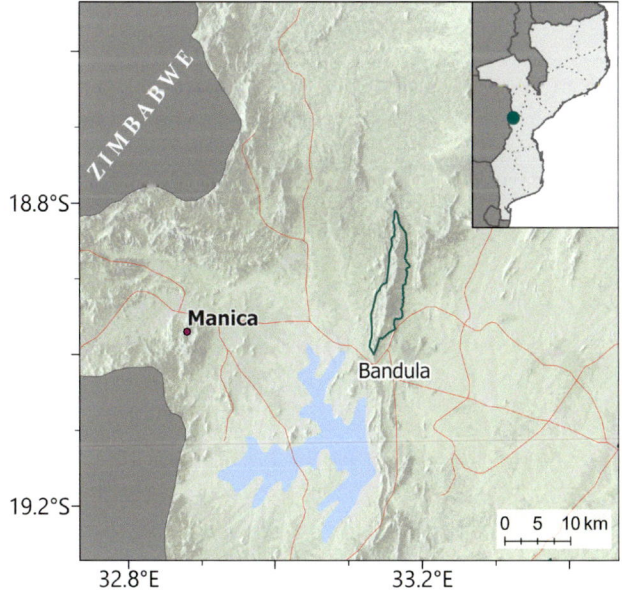
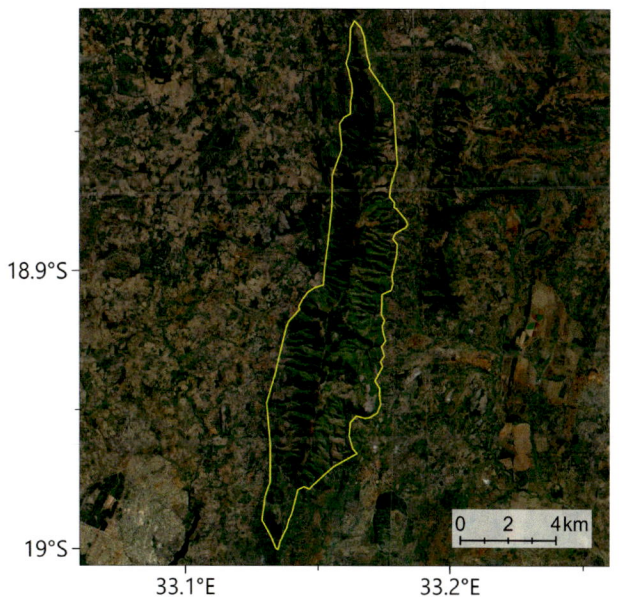

NOME INTERNACIONAL DO LOCAL		Serra Garuzo	
NOME LOCAL (CASO DIFERENTE)		–	
CÓDIGO DO LOCAL	MOZTIPA014	PROVÍNCIA	Manica

Serra Garuzo (JO)

LATITUDE	-18.91859	LONGITUDE	33.15576
ALTITUDE MINIMA (m a.s.l.)	700	ALTITUDE MÁXIMA (m a.s.l.)	1.486
ÁREA (km²)	51	CRITÉRIO IPA	A(i)

Descrição do Local

A Serra Garuzo é um cume de montanha na Província de Manica, a leste da cidade de Manica e a norte de Bandula, abrangendo os distritos de Manica e Vanduzi. O cume corre norte-sul por aproximadamente 20 km, surgindo de uma planície com cerca de 700 m de altitude, e atingindo um pico de pouco menos de 1.500 m. Numerosas ravinas correm da crista para o leste e oeste. A IPA abrange toda a extensão da serra, de largura até 4 km e cobrindo uma área de aproximadamente 50 km². O local não está formalmente protegido e as encostas de ambos os lados da serra são geridas por diferentes comunidades.

Importância Botânica

A IPA da Serra Garuzo situa-se nas terras altas do (sub-)Centro de Endemismo de Plantas de Chimanimani-Nyanga (Darbyshire et al. 2019a). Áreas significativas de floresta húmida de média altitude podem ser encontradas neste local, embora este habitat tenha se tornado fragmentado, particularmente no lado leste da serra. A floresta húmida de média altitude é um habitat rico em espécies, mas restrito e ameaçado em Moçambique. Em Garuzo, a floresta suporta a espécie de árvore ameaçada *Tannodia swynnertonii* (VU) em um dos dois únicos locais conhecidos nacionalmente, e a quase ameaçada erva do estrato inferior *Cyathula divulsa* (NT) em seu único local conhecido em Moçambique. Também ocorrem na floresta espécies quase endémicas de Moçambique, nomeadamente a árvore *Maranthes goetzeniana* (NT; Timberlake et al. 2018) e o arbusto do estrato inferior *Pavetta comostyla* var. *inyangensis*. A floresta não é bem estudada botanicamente e é provável que outras espécies interessantes podem ocorrer aqui; um táxon digno de realçar é uma espécie não descrita de *Dracaena* (anteriormente *Sansevieira*) (T. Rulkens, comunicação pessoal 2019). Garuzo é particularmente notável por sustentar uma população saudável da ameaçada cicadacea *Encephalartos manikensis* (VU), que é encontrada em locais rochosos abertos e nas margens da floresta. Esta cicadacea é conhecida apenas em alguns locais em Moçambique e Zimbábue e está ameaçada pela colecta ilegal de plantas silvestres para uso na ornamentação (Donaldson 2010c). Outras espécies de destaque em áreas rochosas e matas associadas em Garuzo são *Aeschynomene* sp. B da Flora Zambesiaca em seu único local conhecido (Verdcourt 2000), *Huernia volkartii* var. *repens* para o qual Garuzo é um dos quatro únicos locais conhecidos globalmente, e o endémico *Plectranthus chimanimanensis* (LC) das Terras Altas de Chimanimani-Nyanga.

Habitat e Geologia

A cadeia montanhosa norte-sul da Serra Garuzo faz parte da Formação Fronteira do Grupo Pré-cambriano de Gairezi, composta por micaxistos e quartzitos; esta formação não foi datada com precisão (Instituto Nacional de Geologia 1987; Manhiça 2012).

Nas encostas da montanha, o estrato arbóreo da floresta húmida de média altitude atinge uma altura de 25 a 30 m, com árvores grandes incluindo *Strombosia scheffleri*, *Myrianthus holstii*, *Vepris bachmannii* e *Zanthoxylum gilletii*. O estrato inferior da floresta inclui tanto manchas nuas como áreas densas de arbustos com espécies de Acanthaceae e Rubiaceae frequentemente dominantes. No topo do cume, pradarias de montanha e áreas rochosas fornecem habitat para diversas ervas, arbustos, suculentas e gramíneas; A *Loudetia simplex* é localmente dominante na pradaria, enquanto as encostas mais abertas contêm manchas do junco *Coleochloa setifera*. Suculentas conspícuas incluem *Aloe cameronii* e *A. chabaudii*. Manchas de mata de miombo baixo (*Brachystegia*) também são encontradas aqui e se estendem pelas encostas ocidentais da cordilheira. Há uma maior extensão de vegetação lenhosa remanescente nas encostas ocidentais do que nas encostas orientais, incluindo florestas e matas. Os riachos nas ravinas das encostas das montanhas proporcionam maior diversidade de habitats neste local, ao longo de gradientes de inclinação e humidade do solo.

Questões de Conservação

A IPA da Serra Garuzo não está actualmente protegida ou incluída em nenhum esquema de conservação. As seguintes informações sobre ameaças foram colectadas durante o trabalho de campo no lado leste da cordilheira em 2018 (Osborne & Matimele 2018). No lado leste da serra do Garuzo, grande parte da floresta foi desmatada para agricultura de subsistência, incluindo cultivo de milho e inhame (*Colocasia esculenta*). Os fragmentos florestais remanescentes são saudáveis, com apenas baixos níveis de perturbação do corte seletivo de madeira para uso local. Algumas áreas anteriormente cultivadas nas encostas foram recentemente abandonadas após a proibição de cultivo pelo administrador do governo (Chefe do Posto) em Vanduzi. Várias manchas densas do arbusto invasor *Vernonanthura polyanthes* foram registadas numa encosta rochosa a cerca de 1.350 m de altitude. Este arbusto da América do Sul foi introduzido em Moçambique como fonte de néctar para as abelhas. É uma ameaça potencial para a vegetação de pastagem e matagal montanhoso, pois pode formar povoamentos densos em terrenos perturbados e abertos.

Margem da floresta na Serra Garuzo (JO)

Mata de miombo no cume (JO)

Serviços Ecossistémicos Chaves

A Serra Garuzo tem um alto valor de biodiversidade vegetal e fornece uma ilha de habitat natural para flora e fauna dentro da planície agrícola circundante. O cume da montanha fornece um reservatório de águas para a área local e a vegetação contribui para o sequestro e armazenamento de carbono. A floresta remanescente tem valor espiritual e cultural para as comunidades locais e fornece madeira para uso local. Além disso, o local suporta populações de pelo menos duas plantas de importância sócio-económica, *Encephalartos manikensis*, uma cicadácea valorizada no comércio de plantas ornamentais, e *Coffea mufindiensis* subsp. *australis*, um parente selvagem do café.

Categorias de Serviços Ecossistémicos

- Provisionamento – Matérias-primas
- Provisionamento – Água doce
- Serviços de Regulação – Sequestro e armazenamento de carbono
- Habitat ou serviços de apoio – Habitats para espécies
- Habitat ou serviços de apoio – Manutenção da diversidade genética
- Serviços Culturais – Experiência espiritual e sentido de pertença de lugar
- Serviços Culturais – Património cultural

Afloramentos rochosos em Garuzo com *Aloe chabaudii* (JO)

Justificativa da Avaliação da IPA

A Serra Garuzo qualifica-se como IPA pelo critério A(i), apoiando duas espécies globalmente ameaçadas: *Tannodia swynnertonii* (VU) e *Encephalartos manikensis* (VU). Existe uma população grande e saudável desta última espécie para a qual Garuzo é o único local dentro da rede IPA de Moçambique. O local também suporta áreas significativas de Floresta Húmida de Média Altitude, um habitat restrito e ameaçado nacionalmente, visto não ser considerado entre os cinco melhores locais para esse habitat, a Serrra garuzo não se qualifica no critério C(iii).

Encephalartos manikensis em Garuzo (JO)

Espécies Prioritárias (Critérios IPA A e B)

FAMÍLIA	TÁXON	IPA CRITÉRIO A	IPA CRITÉRIO B	≥ 1% DA POPULAÇÃO GLOBAL	≥ 5% DA POPULAÇÃO NACIONAL	É 1 DOS 5 MELHORES LOCAIS NACIONAL	TODA A POPULAÇÃO GLOBAL	ESPÉCIES DE IMPORTÂNCIA SÓCIO-ECONÓMICA	ABUNDÂNCIA NO LOCAL
Euphorbiaceae	*Tannodia swynnertonii*	A(i)			✓	✓			desconhecida
Rubiaceae	*Pavetta comostyla* var. *inyangensis*		B(ii)						ocasional
Zamiaceae	*Encephalartos manikensis*	A(i)		✓	✓	✓		✓	frequente
		A(i): 2 ✓	B(ii): 1						

Habitats Ameaçados (IPA Critério C)

TIPO DE HABITAT	IPA CRITÉRIO C	≥ 5% DO RECURSO NACIONAL	≥ 10% DO RECURSO NACIONAL	É 1 DOS 5 MELHORES LOCAIS NACIONAL	ÁREA ESTIMADA DO LOCAL (SE CONHECIDO)
Floresta Húmida de Média Altitude [MOZ-02]	C(iii)				

PROVÍNCIA DE MANICA

Áreas Protegidas e Outras Designações de Conservação

TIPO DE ÁREA DE CONSERVAÇÃO	NOME DA ÁREA DE CONSERVAÇÃO	RELAÇÃO DA IPA COM A ÁREA PROTEGIDA
Sem protecção formal	Não indicado	

Ameaças

AMEAÇA	SEVERIDADE	SITUAÇÃO
Agricultura de pequena escala	alta	ocorrendo – tendência desconhecida
Exploração de madeira e colecta de produtos florestais	média	ocorrendo – tendência desconhecida
Espécies invasoras não nativas/espécie exótica	média	ocorrendo – tendência crescente

TSETSERRA

Avaliadores: Jo Osborne, Iain Darbyshire

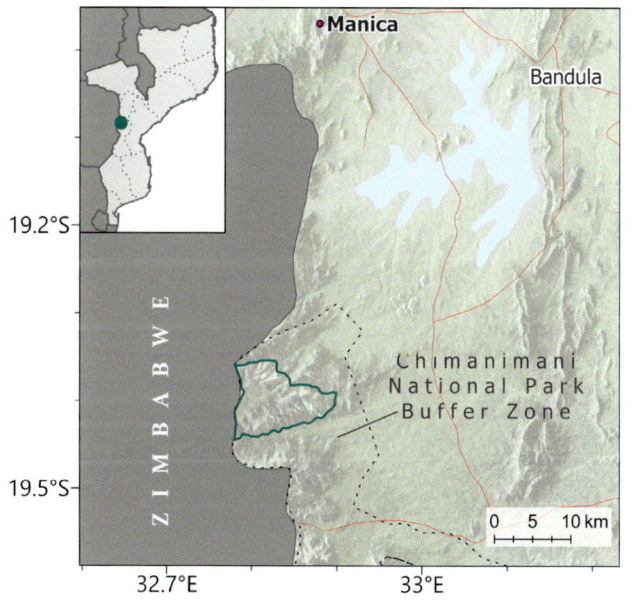
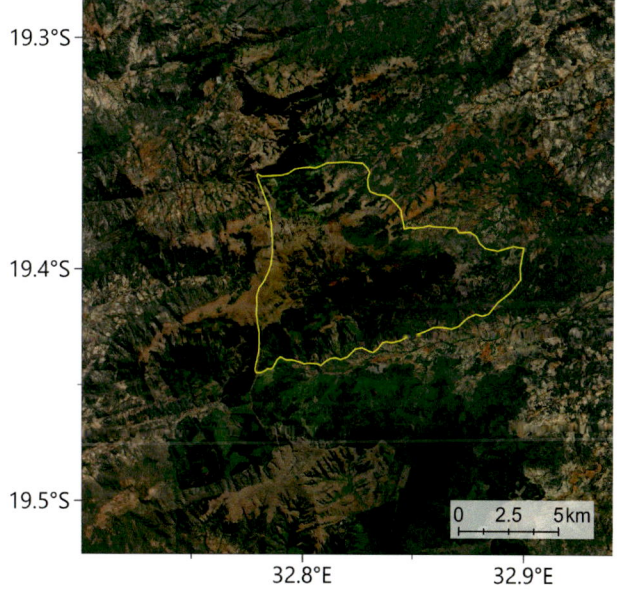

NOME INTERNACIONAL DO LOCAL		Tsetserra	
NOME LOCAL (CASO DIFERENTE)		–	
CÓDIGO DO LOCAL	MOZTIPA007	PROVÍNCIA	Manica

LATITUDE	-19.39326	LONGITUDE	32.79879
ALTITUDE MINIMA (m a.s.l.)	890	ALTITUDE MÁXIMA (m a.s.l.)	2.274
ÁREA (km²)	77	CRITÉRIO IPA	A(i), A(iii), A(iv), B(ii), C(iii)

Matagal arbustivo de montanha no planalto de Tsetserra, com antigas construções agrícolas e plantações de pinheiros ao fundo (JO)

Descrição do Local

Tsetserra (ou Tsetsera) é um planalto montanhoso nas Terras Altas de Manica ao norte das Montanhas de Chimanimani, no Distrito de Sussendenga da Província de Manica. Está situado a cerca 70 km a WSW da cidade de Chimoio. Faz parte de um planalto trans-fronteiriço que se estende até Moçambique a partir da província de Manicaland, no Zimbabué, onde é conhecido como Himalaia. Em Moçambique, o planalto atinge uma altitude superior a 2.200 m e tem um histórico de uso durante o período colonial. As ruínas de vários edifícios permanecem junto com remanescentes de plantações de pinheiros. O acesso é feito por uma única estrada que sobe para o planalto pelo leste. O local inclui o planalto montanhoso e as encostas íngremes e arborizadas abaixo. Encontra-se dentro da zona tampão do Parque Nacional de Chimanimani, também conhecida como Área de Conservação Trans-fronteiriça de Chimanimani (TFCA).

Importância Botânica

Tsetserra é um local muito importante para a diversidade e endemismo de plantas em Moçambique, sendo uma componente importante do (sub-) Centro de Endemismo de Plantas [CoE] de Chimanimani-Nyanga (Darbyshire *et al.* 2019a). Suporta áreas nacionalmente significativas de pradarias de montanha e matagais no planalto e floresta húmida de montanha nas encostas abaixo, que são habitats muito restritos em Moçambique. Apenas quatro espécies de plantas são conhecidas deste local: a gramínea perene rizomatosa *Digitaria fuscopilosa* (DD), as ervas *Phyllanthus manicaensis* (VU) e *Phyllanthus tsetserrae* (CR) e o sub-arbusto *Pterocephalus centennii* (CR). Dois outros taxa, *Euphorbia depaupereta* var. *tsetserraensis* e *Geranium exellii* (EN) são endémicos do planalto de Tsetserra-Himalaya. Outras espécies globalmente ameaçadas que ocorrem aqui incluem a erva *Dierama inyangense*, para a qual este é o único local conhecido em Moçambique, e o arbusto *Myrica* (anteriormente *Morella*) *chimanimaniana* no único local conhecido longe das Montanhas de Chimanimani (Osborne & Matimele 2018). No geral, o local suporta populações importantes de 15 espécies que estão globalmente ameaçadas e muitas espécies restritas do CoE de Chimanimani-Nyanga. A maioria destes taxa ocorre nas pradarias de planalto, matagais e margens superiores da floresta. No entanto, uma série de espécies de floresta de montanha de distribuição restritas são dignas de referência, incluindo a taxa Rubiaceae lenhosa *Pavetta comostyla* var. *inyangensis*, *Pavetta umtalensis* (LC) e *Tricalysia ignota*, bem como a trepadeira de floresta recentemente descrita *Vincetoxicum monticolum*, que provavelmente está globalmente ameaçada (Darbyshire *et al.* 2019a; Goyder *et al.* 2020).

A diversidade de plantas de Tsetserra foi explorada apenas parcialmente até o momento pelo que outras espécies raras e ameaçadas podem ser encontradas em futuras expedições. Uma espécie actualmente não descrita e observada neste local: *Sericanthe* sp. A (táxon *Nyanga*) da Flora Zambesiaca (Bridson 1998), que ocorre em afloramentos rochosos nos limites da floresta.

Habitat e Geologia

O planalto de alta altitude em Tsetserra é sustentado por solos argilosos arenosos vermelhos derivados de rocha xistosa. A geologia superficial é do tempo pré-cambriana. O planalto é dominado por pradarias de montanha e vegetação arbustiva com afloramentos rochosos ocasionais e áreas mal drenadas que aumentam a diversidade de plantas. As pradarias suportam uma flora variada com muitas ervas e geófitas. Espécies arbustivas frequentes incluem *Helichrysum* spp., com *Hypericum revolutum* também abundante, e *Erica hexandra* ocasional.

Nas encostas abaixo do planalto existem grandes áreas intactas de floresta húmida de montanha sempreverde, com riachos nas ravinas e áreas rochosas nas encostas proporcionando uma diversidade de habitats. A floresta acima de 1.600 m é da unidade de vegetação Floresta de Montanha Central (Central Montane Forest) de Lötter *et al.* (em preparação). A composição da floresta em Tsetserra não foi totalmente inventariada até o momento. Uma parcela de floresta pesquisada a 1.794 m de altitude (J. Osborne *et al.* dados não publicados 2018) registou *Macaranga mellifera* e *Vepris bachmannii* como as espécies dominantes, com árvores de *Kiggelaria africana*, *Tabernaemontana stapfiana* e *Erythroxylum emarginatum* também registadas. Outras espécies de árvores registadas como importantes durante pesquisas recentes e/ou por colectores botânicos anteriores incluem *Aphloia theiformis*, *Myrsine* (anteriormente *Rapanea*) *melanophloeos*, *Pittosporum viridiflorum*, *Podocarpus milanjianus*, *Rauvolfia caffra* e *Syzygium afromontanum*. Componentes comuns do estrato inferior incluem *Peddiea africana*, *Psychotria zombamontana* enquanto *Dracaena* sp. *Halleria lucida*, *Nuxia congesta* e *Polyscias fulva* estão entre as espécies das margens e clareiras da floresta. O estrato herbáceo é dominado por pteridófitas, com a *Selaginella kraussiana* muitas vezes abundante. Os riachos das ravinas sustentam as populações de *Ensete ventricosum*, uma importante planta alimentar na Etiópia. *Strelitzia caudata* é vista nas encostas rochosas (J. Osborne *et al.* pers. obs.).

Questões de Conservação

Tsetserra está dentro da extensa zona tampão do Parque Nacional de Chimanimani e TFCA, e tanto o núcleo quanto a zona tampão desta área protegida foram recentemente designados como Área Chave de Biodiversidade Parque Nacional de Chimanimani. A zona tampão da TFCA não é considerada bem protegida ou gerida para a biodiversidade de momento, pelo que Tsetserra enfrenta uma série de ameaças em curso e potenciais no futuro. A vegetação no planalto é muito perturbada em alguns lugares. A espécie *Pinus patula*, uma espécie de pinheiro mexicano plantada comercialmente para madeira a partir da década de 1950, está se regenerando em grandes áreas tornando-se uma invasora na área. Alguns esforços anteriores foram feitos aqui para limpar áreas de plantação de pinheiro, e Ghiurghi *et al.* (2010) notaram a recolonização positiva de *Chironia gratissima*, uma

Encostas arborizadas em Tsetserra (JO)

Planalto de Tsetserra (JO)

Jamesbrittenia carvalhoi (JO)

Gladiolus zimbabweensis (BW)

erva de distribuição restrita, em áreas onde o pinheiro foi derrubado, mas essa remoção não parece ter continuado. Ao redor dos edifícios abandonados crescem eucaliptos e várias espécies ornamentais não nativas, incluindo *Fuchsia* e *Hydrangea*. O pastoreio de gado e cabritos está impactando fortemente algumas áreas, e as espécies invasoras de ervas daninhas europeias *Hypochaeris radicata* são abundantes. Os eventos de queimadas anteriores foram evidentes durante as pesquisas de campo no planalto em 2018 (Osborne & Matimele 2018) e é possível que o aumento da frequência das queimadas também possa estar impactando os habitats de pradarias de montanha e matagais arbustivos, embora não existam dados disponíveis sobre a frequência e o maneio de queimadas.

Apesar destes altos níveis de perturbação, existem bons exemplos de habitats remanescentes de pradarias de montanha e de matagal. Num plano de gestão para a Reserva Nacional de Chimanimani, Ghiurghi *et al.* (2010) observaram que o solo arenoso-argiloso e o isolamento das pradarias do Planalto de Tsetserra fornecem um potencial único para a produção de semente de batata livre de doenças, e que planos estavam sendo desenvolvidos pelo Ministério da Agricultura e Desenvolvimento Rural para usar cerca de 50 ha da pradaria actual. Acrescentaram que, se isso acontecer, a agricultura nas encostas precisaria de ser proibida para manter o isolamento, impactando positivamente na conservação da vegetação nas encostas. Apesar de nenhuma evidência de cultivo tenha sido observada durante o trabalho de campo em Tsetserra em 2018 (J. Osborne *et al.* obs. pess.), e a área proposta fosse pequena, a produção de semente de batata continua sendo uma potencial ameaça futura ao habitat de pradaria no planalto. A agricultura comercial foi previamente estabelecida em Tsetserra antes da independência de Moçambique (Timberlake *et al.* 2016a), e Ghiurghi *et al.* (2010) descrevem o local como tendo sido fortemente transformado no passado pela intervenção humana.

Ao longo da berma da estrada nas encostas mais baixas até 1.500 m de altitude, existem indivíduos dispersos do arbusto invasor *Vernonanthura polyanthes*, uma planta da América do Sul originalmente introduzida em Moçambique como fonte de néctar para as abelhas. Este arbusto é uma ameaça potencial para as pradarias de montanha e a vegetação de matagal, pois pode formar povoamentos densos em terrenos perturbados (Timberlake *et al.* 2016b). Nas encostas abaixo do planalto, as florestas de montanha são extensas e em boas condições, com apenas baixos níveis de perturbação. A população local com matilhas de burros segue trilhas pela floresta para cruzar a fronteira do Zimbábue para comércio e há alguma caça de animais selvagens dentro da floresta (Osborne & Matimele 2018). Recentemente, foram debatidos planos para o cultivo de café como cultura de sombra nas encostas florestais de Tsetserra como parte de um plano de restauração de habitat para a TFCA de Chimanimani sob o projecto "Plano de Restauração da Paisagem de Chimanimani" (C. de Sousa, comunicação pessoal. 2021). Tal esquema precisaria ser cuidadosamente gerido e direcionado a áreas florestais degradadas para evitar danos ao ecossistema florestal intacto. Ghiurghi et al. (2010) relatam alguns problemas com o aumento da frequência de queimadas florestais impactando as margens da floresta neste local, e também se notaram alguns problemas com o desmatamento de algumas encostas para agricultura. Eles recomendaram que os acordos de uso da terra com as comunidades de Tsetserra sejam tratados como uma prioridade para o maneio deste local, com o objetivo final de criar uma "Reserva Comunitária Tsetserra" que inclua tanto as florestas de montanha quanto o planalto.

Serviços Ecossistémicos Chaves

Tsetserra fornece um serviço ecossistémico essencial para a área local, protegendo uma parte da bacia hidrográfica que fornece água aos vales abaixo do planalto. Os habitats naturais intactos, em particular as encostas com florestas, protegem os solos da erosão. Além disso, a vegetação contribui para o sequestro e armazenamento de carbono e fornece habitat para a flora e fauna de montanha. O local tem um elevado potencial turístico, uma vez que tem o acesso rodoviário muito bom em relação a outros pontos de Moçambique, proporcionando fácil acesso a uma vasta gama de habitats e fauna associada, bem como o apelo paisagístico e potencial para caminhadas (Ghiurghi et al. 2010).

Categorias de Serviços Ecossistémicos

- Provisionamento – Água doce
- Serviços de Regulação – Sequestro e armazenamento de carbono
- Serviços de Regulação – Prevenção de erosão e manutenção da fertilidade do solo
- Habitat ou serviços de apoio – Habitats para espécies
- Serviços Culturais – Turismo

Justificativa da Avaliação da IPA

Tsetserra qualifica-se como uma Área Importante de Plantas em todos os três critérios. Sob o critério A(i), o local suporta populações de catorze espécies de plantas globalmente ameaçadas que são deduzidas para atender o limite da população requerido; a *Prunus africana* globalmente ameaçada também está aqui registada mas não está claro se esta espécie cumpre qualquer um dos limiares do critério A(i) neste local. Além disso, quatro endémicas potencialmente ameaçadas ocorrem aqui, sendo uma muito restrita (com uma distribuição de <100 km^2) e três de distribuição restrita (distribuição >100 km^2 mas <5000 km^2), qualificando assim o local sob os sub-critérios A(iii) e A(iv) respectivamente. Tsetserra é um local botânico rico que suporta um número excepcional de espécies de alta importância para a conservação, que se enquadram no critério B(ii). O local suporta 36 taxa de plantas de alta importância para a conservação, incluindo quatro espécies endémicas a nível nacional, e 32 endémicas regionais com uma distribuição restrita de menos de 10.000 km^2. De acordo com o critério C(iii) o local inclui áreas significativas de floresta húmida de montanha e pradarias de montanha, dois dos habitats nacionais prioritários de Moçambique reconhecidos durante o primeiro workshop de TIPAs de Moçambique em Maputo, em Janeiro de 2018.

Habitats rochosos à beira da estrada nas encostas de Tsetserra (JO)

Espécies Prioritárias (Critérios IPA A e B)

FAMÍLIA	TÁXON	IPA CRITÉRIO A	IPA CRITÉRIO B	≥ 1% DA POPULAÇÃO GLOBAL	≥ 5% DA POPULAÇÃO NACIONAL	É 1 DOS 5 MELHORES LOCAIS NACIONAL	TODA A POPULAÇÃO GLOBAL	ESPÉCIES DE IMPORTÂNCIA SÓCIO-ECONÓMICA	ABUNDÂNCIA NO LOCAL
Apocynaceae	*Asclepias cucullata* subsp. *scabrifolia*		B(ii)						desconhecida
Apocynaceae	*Vincetoxicum monticola*		B(ii)						desconhecida
Asphodelaceae	*Aloe inyangensis* var. *kimberleyana*		B(ii)						desconhecida
Asteraceae	*Cineraria pulchra*		B(ii)						desconhecida
Asteraceae	*Helichrysum acervatum*	A(iv)	B(ii)						desconhecida
Asteraceae	*Helichrysum chasei*	A(iv)	B(ii)						desconhecida
Asteraceae	*Lopholaena brickellioides*	A(iv)	B(ii)						desconhecida
Asteraceae	*Schistostephium oxylobum*	A(i)	B(ii)	✓	✓	✓			desconhecida
Caprifoliaceae	*Pterocephalus centennii*	A(i)	B(ii)	✓	✓	✓	✓		desconhecida
Euphorbiaceae	*Euphorbia citrina*		B(ii)						desconhecida
Euphorbiaceae	*Euphorbia depauperata* var. *tsetserrensis*	A(iii)	B(ii)	✓	✓	✓	✓		desconhecida
Fabaceae	*Crotalaria insignis*	A(i)	B(ii)	✓	✓	✓			desconhecida
Fabaceae	*Indigofera vicioides* subsp. *excelsa*		B(ii)						desconhecida
Fabaceae	*Tephrosia praecana*	A(i)	B(ii)	✓	✓	✓			desconhecida
Geraniaceae	*Geranium exellii*	A(i)	B(ii)	✓	✓	✓			desconhecida
Geraniaceae	*Pelargonium mossambicense*		B(ii)						desconhecida
Gesneriaceae	*Streptocarpus michelmorei*		B(ii)						desconhecida
Gesneriaceae	*Streptocarpus umtaliensis*		B(ii)						desconhecida
Iridaceae	*Dierama inyangense*	A(i)	B(ii)	✓	✓	✓			desconhecida
Iridaceae	*Gladiolus zimbabweensis*	A(i)	B(ii)	✓	✓	✓			desconhecida
Lamiaceae	*Coleus sessilifolius*		B(ii)						desconhecida
Loranthaceae	*Englerina oedostemon*		B(ii)						desconhecida
Myricaceae	*Myrica chimanimaniana*	A(i)	B(ii)	✓	✓	✓			desconhecida
Orchidaceae	*Disa zimbabweensis*	A(i)	B(ii)	✓	✓	✓			desconhecida
Orchidaceae	*Schizochilus lepidus*	A(i)	B(ii)	✓	✓	✓			desconhecida
Phyllanthaceae	*Phyllanthus manicaensis*	A(i)	B(ii)	✓	✓	✓	✓		desconhecida
Phyllanthaceae	*Phyllanthus tsetserrae*	A(i)	B(ii)	✓	✓	✓	✓		desconhecida
Poaceae	*Digitaria fuscopilosa*		B(ii)				✓		desconhecida
Polygalaceae	*Polygala zambesiaca*	A(i)	B(ii)	✓	✓	✓			desconhecida
Proteaceae	*Faurea rubriflora*		B(ii)						desconhecida

Espécies Prioritárias (Critérios IPA A e B)

FAMÍLIA	TÁXON	IPA CRITÉRIO A	IPA CRITÉRIO B	≥ 1% DA POPULAÇÃO GLOBAL	≥ 5% DA POPULAÇÃO NACIONAL	É 1 DOS 5 MELHORES LOCAIS NACIONAL	TODA A POPULAÇÃO GLOBAL	ESPÉCIES DE IMPORTÂNCIA SÓCIO-ECONÓMICA	ABUNDÂNCIA NO LOCAL
Rosaceae	*Prunus africana*	A(i)						✓	desconhecida
Rubiaceae	*Anthospermum zimbabwense*		B(ii)						desconhecida
Rubiaceae	*Otiophora inyangana* subsp. *inyangana*		B(ii)						desconhecida
Rubiaceae	*Pavetta comostyla* var. *inyangensis*		B(ii)						desconhecida
Rubiaceae	*Pavetta umtalensis*		B(ii)						desconhecida
Rubiaceae	*Tricalysia ignota*		B(ii)						desconhecida
Sapindaceae	*Allophylus chirindensis*	A(i)			✓	✓			ocasional
Scrophulariaceae	*Jamesbrittenia carvalhoi*		B(ii)						ocasional
		A(i): 14 ✓ A(iii): 1 ✓ A(iv): 3 ✓	B(ii): 36 ✓						

Habitats Ameaçados (IPA Critério C)

TIPO DE HABITAT	IPA CRITÉRIO C	≥ 5% DO RECURSO NACIONAL	≥ 10% DO RECURSO NACIONAL	É 1 DOS 5 MELHORES LOCAIS NACIONAL	ÁREA ESTIMADA DO LOCAL (SE CONHECIDO)
Floresta Húmida de Montanha [MOZ-01]	C(iii)		✓	✓	11.5
Floresta Húmida de Média Altitude [MOZ-02]	C(iii)				
Pradaria de Montanha [MOZ-09]	C(iii)			✓	

Áreas Protegidas e Outras Designações de Conservação

TIPO DE ÁREA DE CONSERVAÇÃO	NOME DA ÁREA DE CONSERVAÇÃO	RELAÇÃO DA IPA COM A ÁREA PROTEGIDA
Parque Nacional (zona tampão)	Parque Nacional de Chimanimani	Área protegida/de conservação que engloba a IPA
Área Chave de Biodiversidade	Parque Nacional de Chimanimani	Área protegida/de conservação que engloba a IPA

Ameaças

AMEAÇA	SEVERIDADE	SITUAÇÃO
Agricultura industrial	desconhecida	futuro – ameaça deduzida
Plantações agro-industriais	baixa	passada, provavelmente não voltará
Pastoreio, pecuária ou agricultura de pequena escala	média	ocorrendo – estável
Aumento da frequência/intensidade de queimadas	média	ocorrendo – tendência desconhecida
Espécies invasoras não nativas/espécie exótica	alta	ocorrendo – tendência desconhecida

PROVÍNCIA DE MANICA

MONTE ZEMBE

Avaliadores: Jo Osborne, Iain Darbyshire

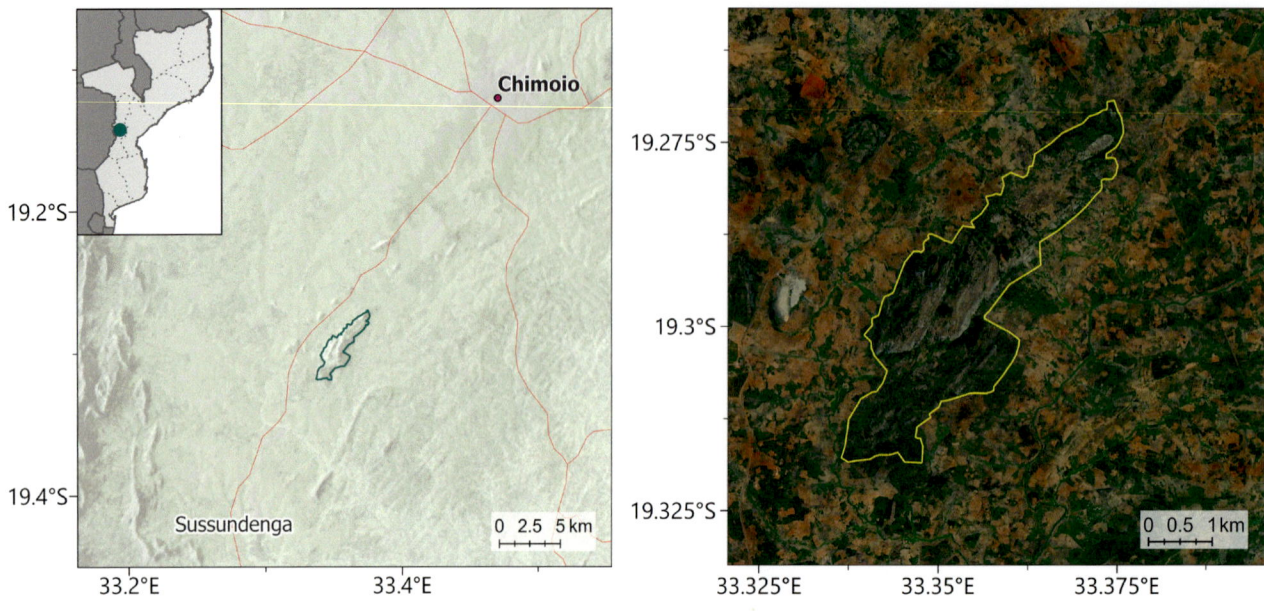

NOME INTERNACIONAL DO LOCAL		Mount Zembe	
NOME LOCAL (CASO DIFERENTE)		Monte Zembe	
CÓDIGO DO LOCAL	MOZTIPA011	PROVÍNCIA	Manica

LATITUDE	-19.29845	LONGITUDE	33.35312
ALTITUDE MINIMA (m a.s.l.)	575	ALTITUDE MÁXIMA (m a.s.l.)	1.203
ÁREA (km²)	7.6	CRITÉRIO IPA	A(i)

Descrição do Local

O monte Zembe é um inselbergue granítico no distrito de Macate da província de Manica, 22 km a sudoeste de Chimoio. Atinge 1.200 m de altitude, elevando-se das planícies circundantes a cerca de 600 metros de altitude. O local tem aproximadamente 6 km de comprimento por 2 km de largura e compreende uma série de rochas graníticas que se estendem de nordeste a sudoeste. Este local é importante pela sua interessante flora xerófita nos afloramentos rochosos expostos, bem como pelas manchas de floresta húmida nas ravinas.

Importância Botânica

O Monte Zembe é significativo, pois é o único local conhecido para duas espécies de plantas, a cicadacea *Encephalartos munchii* e o aloe formador de rosetas e de baixo crescimento, *Aloe decurva*. Estas duas plantas endémicas são avaliadas como Criticamente Ameaçadas na Lista Vermelha da IUCN (Donaldson 2010d; Osborne *et al.* 2019g). Ambas estão em grande parte confinadas ao cume do Monte Zembe, a cicadacea crescendo em matagal nos riachos e entre rochas e pedregulhos, sendo o aloe encontrado apenas em encostas rochosas íngremes expostas. Outras espécies suculentas interessantes incluem a euphorbia endémica moçambicana arbustiva ou arbórea, *Euphorbia graniticola* (LC), e a estapélia rara e quase endémica, *Huernia leachii* (LC). O local também suporta uma população da espécie ameaçada de café silvestre *Coffea salvatrix*, ou "mukofi" (O'Sullivan & Davis 2017), que ocorre nas pequenas manchas de floresta húmida. Estas manchas de floresta também matêm no estrato herbáceo uma população da quase endémica moçambicana *Dracaena* (anteriormente *Sansevieria*) *pedicellata* (LC).Um inventário botânico

Encephalartos munchii (OB)

Aloe decurva (TR)

mais completo deste local pode revelar outras espécies de interesse de conservação.

Habitat e Geologia

O Monte Zembe é um inselbergue granítico que oferece uma variedade de habitats diferentes de acordo com a inclinação, aspecto, profundidade do solo e disponibilidade de humidade. As fendas nas rochas e solos pouco profundos sobre as rochas graníticas formam o habitat dominante, sustentando uma variedade de ervas, incluindo a ciperacea *Coleochloa setifera*, geófitas como *Drimia intricata* e *Ledebouria* spp., e suculentas, incluindo *Euphorbia* spp. e *Huernia leachii*. A pradaria aberta cobre áreas planas de solos mais profundos. A vegetação lenhosa, incluindo pequenas manchas de floresta húmida, é encontrada onde a humidade suficiente está disponível em fendas rochosas mais profundas e nos riachos nas ravinas. A composição de espécies dos diferentes habitats no Monte Zembe não foi totalmente documentada até o momento, e isso deve ser considerado uma prioridade como linha de base para monitoramento futuro.

Questões de Conservação

O Monte Zembe não está actualmente protegido e não está incluído em nenhum outro esquema de priorização de conservação, com a excepção de estar listado como um local da "Alliance for Zero Extinction" pela presença de *Encephalartos munchii* (AZE 2018). Um aumento na frequência de queimadas no Monte Zembe representa uma séria ameaça à vegetação, danificando particularmente as plantas jovens. Houve alguma extração de rocha para materiais de construção no sopé do Monte Zembe e, embora isso não seja considerado uma grande ameaça de momento, pode-se expandir no futuro e ameaçar este local (Osborne *et al.* 2019g). Há também uma ameaça potencial de extracção excessiva por colectores de plantas para colecções particulares e para o comércio de plantas ornamentais, particularmente da cicadacea *Encephalartos munchii* e do aloe *Aloe decurva*, ambas são plantas expectaculares com o apelo adicional da sua raridade. Também podem ser um alvo outras suculentas atraentes, como *Euphorbia graniticola* e *Huernia leachii*.

Um programa de re-introdução de *E. munchii* foi iniciado em 2003 quando 1.000 – 1.300 mudas foram estabelecidas pelo projecto Plantas de Moçambique como medida de conservação (Capela 2006). Não há registos de como as mudas e a população se desenvolveram desde essa época. No entanto, tal deve ser pesquisado num futuro próximo como parte de um projecto liderado pela Universidade de Kent e apoiado pelo Fundo Mohamed Bin Zayed (D. Roberts, comunicação pessoal).

Serviços Ecossistémicos Chaves

O Monte Zembe tem um alto valor de biodiversidade de plantas e fornece uma ilha de habitat natural para flora e fauna dentro de uma planície agrícola. Um parente ancestral selvagem do café, *Coffea salvatrix*, ocorre aqui e, portanto, o local contribui para a manutenção da diversidade genética da cultura. O inselbergue fornece uma bacia hidrográfica para a área local e a vegetação contribui para o sequestro e armazenamento de carbono. Além disso, o Monte Zembe tem significado espiritual e valor cultural para a população local.

Categorias de Serviços Ecossistémicos

- Provisionamento – Água doce
- Serviços de Regulação – Sequestro e armazenamento de carbono
- Habitat ou serviços de apoio – Habitats para espécies
- Habitat ou serviços de apoio – Manutenção da diversidade genética
- Serviços Culturais – Experiência espiritual e sentido de pertença do lugar
- Serviços Culturais – Património cultural

Justificativa da Avaliação da IPA

O Monte Zembe qualifica-se como uma Área Importante de Plantas sob o critério A(i), suportando populações de três espécies de plantas globalmente ameaçadas: *Encephalartos munchii* (CR), *Aloe decurva* (CR) e *Coffea salvatrix* (EN). As únicas populações conhecidas de *Encephalartos munchii* e *Aloe decurva* ocorrem neste local.

Vista do Monte Zembe (TR)

Flora litofítica nas encostas do Monte Zembe (TR)

Espécies Prioritárias (Critérios IPA A e B)

FAMÍLIA	TÁXON	IPA CRITÉRIO A	IPA CRITÉRIO B	≥ 1% DA POPULAÇÃO GLOBAL	≥ 5% DA POPULAÇÃO NACIONAL	É 1 DOS 5 MELHORES LOCAIS NACIONAL	TODA A POPULAÇÃO GLOBAL	ESPÉCIES DE IMPORTÂNCIA SÓCIO-ECONÓMICA	ABUNDÂNCIA NO LOCAL
Asphodelaceae	*Aloe decurva*	A(i)	B(ii)	✓	✓	✓	✓	✓	rara
Euphorbiaceae	*Euphorbia graniticola*		B(ii)						desconhecida
Rubiaceae	*Coffea salvatrix*	A(i)		✓	✓	✓		✓	desconhecida
Zamiaceae	*Encephalartos munchii*	A(i)	B(ii)	✓	✓	✓	✓	✓	frequente
		A(i): 3 ✓	B(ii): 3						

Áreas Protegidas e Outras Designações de Conservação

TIPO DE ÁREA DE CONSERVAÇÃO	NOME DA ÁREA DE CONSERVAÇÃO	RELAÇÃO DA IPA COM A ÁREA PROTEGIDA
Sem protecção formal	Não indicado	
Local da "Alliance for Zero Extinction"	Mount Zembe	área protegida/de conservação corresponde à IPA

Ameaças

AMEAÇA	SEVERIDADE	SITUAÇÃO
Colecta de plantas terrestres	desconhecida	futuro – ameaça deduzida
Mineração e pedreiras	baixa	futuro – ameaça deduzida
Aumento da frequência/intensidade de queimadas	alta	ocorrendo – tendência crescente

SERRA MOCUTA

Avaliadores: Jo Osborne, Iain Darbyshire

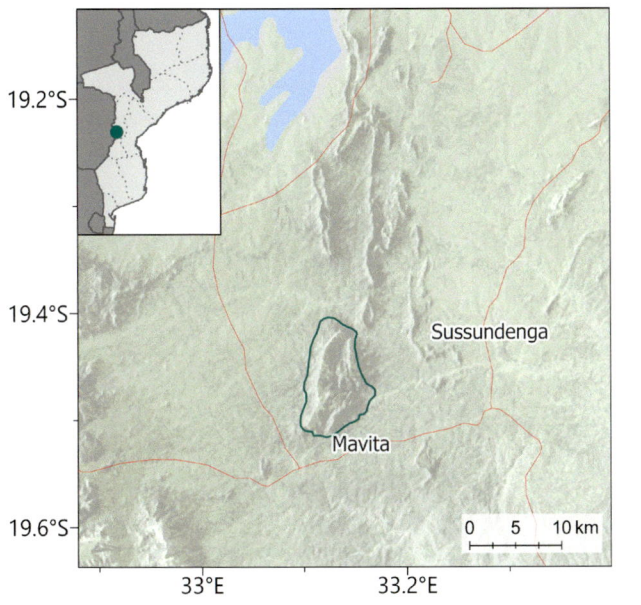
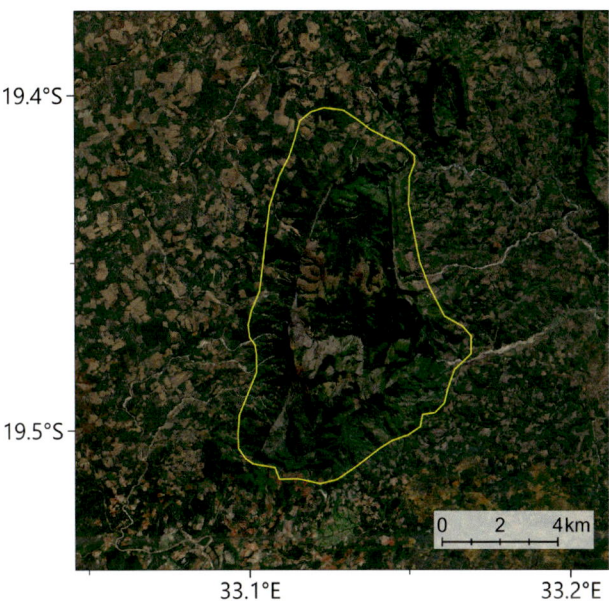

NOME INTERNACIONAL DO LOCAL		Serra Mocuta	
NOME LOCAL (CASO DIFERENTE)		–	
CÓDIGO DO LOCAL	MOZTIPA015	PROVÍNCIA	Manica

LATITUDE	-19.46191	LONGITUDE	33.13061
ALTITUDE MINIMA (m a.s.l.)	700	ALTITUDE MÁXIMA (m a.s.l.)	1.573
ÁREA (km²)	62	CRITÉRIO IPA	A(i), C(iii)

Descrição do Local

A Serra Mocuta é uma montanha no Distrito de Sussundenga na Província de Manica, situada a cerca de 20 km a norte das montanhas de Chimanimani, e a 15 km a oeste da vila de Sussundenga. Situa-se no extremo sul de uma série de cumes montanhosos que se estendem para norte até à Floresta Garuzo [MOZTIPA014], e faz parte do extenso (sub-) Centro de Endemismo de Plantas de Chimanimani-Nyanga (Darbyshire et al. 2019a), que atravessa a fronteira entre Moçambique e Zimbábue. A montanha forma uma cratera oval com cerca de 7 km de comprimento por 4 km de largura, atingindo uma altitude de 1.573 m na borda sudoeste. A IPA inclui toda a cratera e partes

Habitats variados na Serra Mocuta (OB)

das encostas externas até cerca de 700 m de altitude, cobrindo uma área de aproximadamente 62 km². O local não está formalmente protegido de momento, mas suporta uma série de habitats intactos.

Importância Botânica

Áreas significativas de floresta húmida de média altitude, pradarias de montanha e vegetação arbustiva de montanha podem ser encontradas na Serra Mocuta; estes habitats são restritos e ameaçados em Moçambique e suportam vários taxa de plantas raras. É provável que este local seja de importância global para a *Raphionacme pulchella* globalmente ameaçada, que é avaliada como Ameaçada (Osborne *et al.* 2019h). O habitat de rochas de quartzito na Serra Mocuta suporta a erva perene ameaçada *Gutenbergia westii* (VU) em um dos seus poucos locais conhecidos longe das Montanhas de Chimanimani, e o arbusto *Tephrosia chimanimaniana* (LC) que também é conhecido apenas das áreas altas de Chimanimani. Um aloe endémico muito restrito, *Aloe cannellii* (LC), também ocorre aqui nas falésias íngremes de quartzito, embora não seja actualmente considerado ameaçado, é globalmente conhecido em apenas dois locais, pelo que a integridade contínua de seu habitat favorecido neste local da IPA é fundamental, para a sobrevivência desta espécie (Osborne *et al.* 2019i). Outras quase endémicas registadas nos quartzitos de Chimanimani são *Asclepias cucullata* subsp. *scabrifolia* e *Wahlenbergia subaphylla* subsp. *escopária*. A erva epífita ou litofítica *Streptocarpus michelmorei* de distribuição restrita, avaliada provisoriamente como Quase Ameaçada (I. Darbyshire, dados não publicados), é registada aqui, enquanto as áreas de floresta húmida suportam duas espécies actualmente não descritas e de distribuição muito restrita: *Diospyros* sp. 2 e *Rytigynia* sp. E da Flora Zambesiaca, sendo esta última conhecida apenas de uma única colecção (T. Müller & T. Gordon #1785) deste local (White 1983b; Bridson 1998). A Serra Mocuta não é bem estudada botanicamente pelo que outras espécies de plantas interessantes são prováveis de ocorrer aqui, potencialmente incluindo espécies que são restritas aos quartzitos de Chimanimani. As colecções botânicas deste local datam principalmente das décadas de 1960 e 1970, e das poucas expedições conhecidas que ocorreram recentemente. Há, portanto, uma necessidade urgente de realizar um levantamento botânico completo do local, para confirmar a presença contínua das espécies de alto interesse de conservação, e um inventário completo da flora.

Habitat e Geologia

A paisagem da Serra Mocuta consiste predominantemente em afloramentos quartzíticos acidentados e terrenos ondulados sobre um solo vermelho, provavelmente derivado de xisto (Google Earth 2021), como o encontrado nas Montanhas de Chimanimani (Timberlake *et al.* 2016). Os quartzitos de Chimanimani são derivados de arenitos da Série Frontier do Grupo Umkondo, datando do Proterozóico cerca de 1.875 milhões de anos (Timberlake *et al.* 2016) dos quais a Serra Mocuta pode ser considerada isolada. Afloramentos de quartzito ocorrem ao redor da borda da cratera e em toda a parte sul mais acidentada do local. Em solos de pouca profundidade no quartzito, ocorrem matas abertas, vegetação arbustiva de montanha e pradarias de montanha. Com base em notas de colecções botânicas feitas nas décadas de 1960 e 1970 (e.g., A. Marques & A. Pereira #995, 1006; A. Sarmento *et al.* #1219; G.V. Pope & W.M. Biegel #3521) as matas são dominadas por *Brachystegia* spp., incluindo *B. tamarindoides* subsp. *microphylla* e/ou *Uapaca sansibarica*, com outras espécies arbóreas dignas de nota como *Cussonia* sp. e *Parinari curatellifolia*.

Dentro da cratera há uma paisagem ondulada de floresta húmida, matagal denso e pradarias, com as pradarias ocorrendo principalmente em áreas elevadas e as florestas húmidas ocorrendo em depressões e ao longo de ravinas de drenagem. Não é do nosso conhecimento que a composição de espécies desses habitats tenha sido documentada, mas é provável que sejam semelhantes às das Montanhas de Chimanimani [MOZTIPA003 & 006] em altitudes comparáveis. As encostas externas da cratera são cobertas principalmente por vegetação arbustiva, embora alguma floresta húmida ocorra em ravinas protegidas.

Questões de Conservação

Pouca informações está disponível sobre os actuais problemas de conservação enfrentados na Serra Mocuta. Algumas áreas foram registadas como utilizadas para pasto (Osborne *et al.* 2019h) e queimadas anteriormente nas pradarias foram visíveis em imagens de satélite (Google Earth 2021). Nas encostas externas em direcção à base da cratera, houve um desbravamento considerável para a agricultura e as queimadas espalharam-se em direcção às Matas a partir da área agrícola. No entanto, a vegetação em grande parte das encostas superiores e da cratera parece estar praticamente intacta. Uma ameaça emergente é a propagação contínua do arbusto invasor *Vernonanthura polyanthes* no distrito de Sussendenga (J. Massunde, comunicação pessoal 2021); no sopé próximo de Chimanimani, esta espécie invadiu grandes extensões de terra após queimadas, superando a vegetação natural.

Serviços Ecossistémicos Chaves

A cratera montanhosa da Serra Mocuta tem um alto valor de diversidade de plantas e fornece importantes áreas de habitat natural intacto para flora e fauna dentro de uma planície agrícola. A montanha fornece uma bacia hidrográfica para a área local e a vegetação contribui para o sequestro e armazenamento de carbono.

Categorias de Serviços Ecossistémicos

- Provisionamento – Água doce
- Serviços de Regulação – Sequestro e armazenamento de carbono
- Habitat ou serviços de apoio – Habitats para espécies

Aloe cannellii na Serra Mocuta (OB)

Afloramentos de quartzitos na Serra Mocuta (OB)

Justificativa da Avaliação da IPA

A Serra Mocuta qualifica-se como Área Importante de Plantas segundo o critério A(i), suportando populações de duas espécies globalmente ameaçadas, *Raphionacme pulchella* (EN) e *Gutenbergia westii* (VU). O local também enquadra-se no critério C(iii), possuindo áreas significativas de floresta húmida de média altitude, que é um habitat restrito e ameaçado a nível nacional. A serra também contém áreas de pradarias de montanha, um outro habitat do critério C(iii), mas não é considerado entre os cinco melhores locais nacionais para esse habitat.

Gutenbergia westii (MC)

Espécies Prioritárias (Critérios IPA A e B)

FAMÍLIA	TÁXON	IPA CRITÉRIO A	IPA CRITÉRIO B	≥ 1% DA POPULAÇÃO GLOBAL	≥ 5% DA POPULAÇÃO NACIONAL	É 1 DOS 5 MELHORES LOCAIS NACIONAL	TODA A POPULAÇÃO GLOBAL	ESPÉCIES DE IMPORTÂNCIA SÓCIO-ECONÓMICA	ABUNDÂNCIA NO LOCAL
Apocynaceae	*Raphionacme pulchella*	A(i)		✓	✓	✓			desconhecida
Asphodelaceae	*Aloe cannellii*		B(ii)						desconhecida
Asteraceae	*Gutenbergia westii*	A(i)	B(ii)	✓	✓	✓			desconhecida
Fabaceae	*Tephrosia chimanimaniana*		B(ii)						desconhecida
Gesneriaceae	*Streptocarpus michelmorei*		B(ii)						desconhecida
		A(i): 2 ✓	B(ii): 4						

Habitats Ameaçados (IPA Critério C)

TIPO DE HABITAT	IPA CRITÉRIO C	≥ 5% DO RECURSO NACIONAL	≥ 10% DO RECURSO NACIONAL	É 1 DOS 5 MELHORES LOCAIS NACIONAL	ÁREA ESTIMADA DO LOCAL (SE CONHECIDO)
Floresta Húmida de Média Altitude [MOZ-02]	C(iii)			✓	
Pradaria de Montanha [MOZ-09]	C(iii)				

Áreas Protegidas e Outras Designações de Conservação

TIPO DE ÁREA DE CONSERVAÇÃO	NOME DA ÁREA DE CONSERVAÇÃO	RELAÇÃO DA IPA COM A ÁREA PROTEGIDA
Sem protecção formal	Não indicado	

Ameaças

AMEAÇA	SEVERIDADE	SITUAÇÃO
Pastoreio, pecuária ou agricultura de pequena escala	desconhecida	ocorrendo – tendência desconhecida
Agricultura de pequena escala	baixa	ocorrendo – tendência desconhecida
Aumento da frequência e intensidade de queimadas	desconhecida	ocorrendo – tendência desconhecida
Espécies invasoras não nativas/espécie exótica	desconhecida	ocorrendo – tendência desconhecida

TERRAS BAIXAS DE CHIMANIMANI

Avaliadores: Iain Darbyshire, Jo Osborne, Camila de Sousa

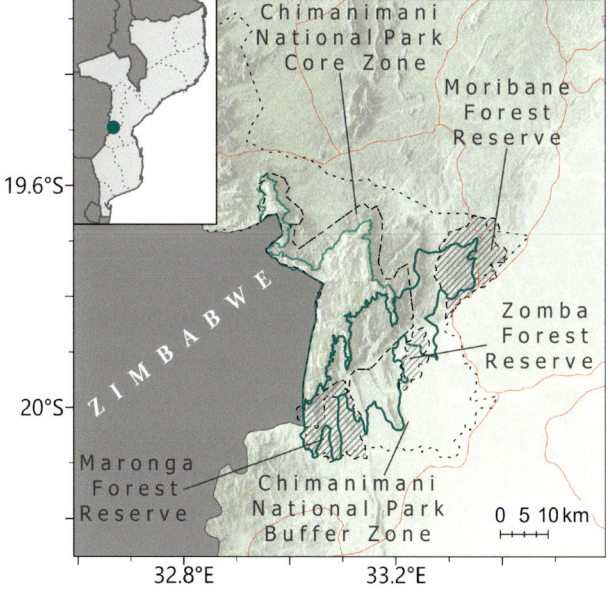
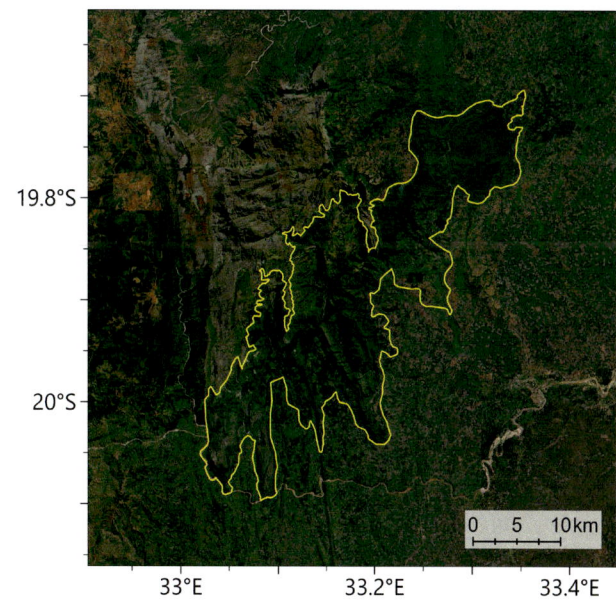

Encostas arborizadas no sopé de Chimanimani, Maronga (ID)

Floresta ribeirinha com afloramentos de quartzito em Maronga (ID)

NOME INTERNACIONAL DO LOCAL		Chimanimani Lowlands	
NOME LOCAL (CASO DIFERENTE)		Terras Baixas de Chimanimani	
CÓDIGO DO LOCAL	MOZTIPA003	PROVÍNCIA	Manica

LATITUDE	-19.90778	LONGITUDE	33.16472
ALTITUDE MINIMA (m a.s.l.)	147	ALTITUDE MÁXIMA (m a.s.l.)	1200
ÁREA (km²)	514	CRITÉRIO IPA	A(i), A(iii), A(iv), B(ii), C(iii)

Descrição do Local

Esta IPA abrange as terras baixas e sopés associados aos flancos sul e leste das Montanhas de Chimanimani no Distrito de Sussundenga na Província de Manica, Moçambique. O local começa a oeste na fronteira com o Zimbábue, nas Cascatas de Makurupini e no rio Lucite, depois estende-se para nordeste através de porções das Reservas Florestais de Maronga, Zomba e Moribane, e também na porção sul de baixa elevação do núcleo do Parque Nacional de Chimanimani (PNC). Grande parte desta área teria sido originalmente coberta por floresta húmida de baixa altitude, intercalada com matas de miombo e com terras húmidas naturais e afloramentos rochosos. Houve transformação e fragmentação significativa de habitats naturais fora do núcleo do PNC, mas remanescentes significativos dos habitats-chave ainda estão intactos. É imediatamente limitada ao norte e oeste pela IPA das Montanhas de Chimanimani, com a curva de nível de 1.200 m formando o limite; aqui elas são separadas para chamar atenção às suas floras diferenciadas e aspectos de gestão (Rokni et al. 2019), mas podem ser tratadas juntas como a IPA de Chimanimani.

Importância Botânica

As Terras Baixas De Chimanimani são de importância botânica principalmente pelas extensas áreas de floresta húmida sempreverde e semi-decídua de baixa altitude, a maior extensão deste tipo de floresta muito ameaçada em Moçambique (Timberlake et al. 2016; Rokni et al. 2019). Embora com baixa riqueza de espécies, estas florestas contêm um número significativo de espécies de plantas raras regional e globalmente, várias das quais estão restritas a estas florestas juntamente com as florestas contíguas de Haroni-Rusitu no Zimbábue. Estas incluem a erva espectacular *Streptocarpus acicularis* (CR), que só é conhecida do local tipo dentro desta IPA, o arbusto do estrato inferior *Vepris drummondii* (VU) e a árvore do estrato inferior recentemente descrita *Synsepalum chimanimani* (EN) (Rokni et al. 2019). Elas também suportam uma série de populações isoladas e no limite da distribuição. Por exemplo, a figueira *Ficus mucuso* (LC) e a trepadeira *Raphidiocystis chrysocoma* são ambas espécies da África Ocidental que são conhecidas na região da Flora Zambesiaca, apenas a partir dessas florestas, enquanto *Phyllanthus myrtaceus* é principalmente uma espécie sul-africana,

Clareira pantanosa na Floresta Moribane, com a invasora Vernonanthura polyanthes ao redor das margens do pântano (MC)

mas com uma população atípica nas terras baixas de Chimanimani (Timberlake *et al.* 2016; Rokni *et al.* 2019). As áreas de floresta entre a fronteira do Zimbábue e a área de Thekeza da comunidade Zomba na porção ocidental da IPA são particularmente importantes para a maioria dessas espécies raras.

Também de grande importância botânica são os afloramentos de quartzito de baixa altitude que sustentam uma flora rochosa interessante, diferente dos quartzitos de alta altitude que são tão famosos pelo seu endemismo de plantas nas Terras Altas de Chimanimani. Espécies particularmente notáveis incluem a endémica *Ficus muelleriana* (EN), uma pequena figueira que sobe nas superfícies rochosas, e *Otiophora lanceolata* (VU), um arbusto localmente abundante. Outras espécies raras deste habitat incluem *Gutenbergia westii* (VU) e uma população separada de *Sclerochiton caeruleus* (NT). Onde os quartzitos afloram junto dos vales sombreados dos rios, o capim endémico de Chimanimani *Danthoniopsis chimanimaniensis* (EN) pode ser frequente, juntamente com o arbusto *Vernonia muelleri* subsp. *muelleri* (NT).

Pequenas áreas de pradarias húmidas de inundação sazonal nas areias suportam uma flora herbácea interessante, embora não diversificada, incluindo *Crepidorhopalon flavus* (VU), cuja distribuição está centrada no sopé sul de Chimanimani, e *Mesanthemum africanum* (LC), uma endémica de Chimanimani encontrada principalmente nas montanhas altas, mas ocorre em abundância muito menor nestas pradarias húmidas das terras baixas.

No total, 532 taxa de plantas foram registadas durante levantamentos recentes desses habitats das terras baixas, mesmo que estes estivessem longe de ser exaustivos (Timberlake *et al.* 2016) é provável que outras espécies interessantes sejam descobertas no futuro. Um levantamento mais completo dos afloramentos de quartzito das terras baixas após a principal estação chuvosa pode ser particularmente produtivo, uma vez que os quartzitos de Chimanimani são tão ricos em endemismos em altitudes mais elevadas.

Habitat e Geologia

Esta área é geologicamente complexa, com afloramentos quartzíticos na metade ocidental do local, e com áreas de micaxisto e, a leste, formações granitóides e migmatíticas, todas de idade pré-cambriana (Instituto Nacional de Geológia 1987). Esta complexidade dá origem a uma topografia e tipos de solo variados, com as áreas de quartzito dando origem a solos arenosos grosseiros enquanto solos argilosos mais finos e profundos são registados em Moribane (Timberlake *et al.* 2016). O sopé das montanhas de Chimanimani é cortado por numerosos vales de rios íngremes. O clima é variável, com precipitação média anual variando de ca. 1.000 mm a > 1.500 mm por ano dependendo da localização, com a maioria das chuvas caindo entre o final de Novembro e o final de Março; temperaturas médias anuais são cerca de 19 – 22°C (Ghiurghi *et al.* 2010).

As florestas de baixa altitude variam consideravelmente na composição de espécies e na extensão relativa de componentes sempreverde versus decíduas, dependendo da disponibilidade de humidade e tipo de solo. A maior proporção de elementos sempreverdes é tipicamente encontrada em vales, com uma transição gradual a mais abrupta para elementos de folha caduca nos cumes; este último pode fazer a transição para a mata de miombo. O estrato arbóreo da floresta varia de 20 a 30 m de altura com emergentes ocasionais de 40 m. De particular interesse botânico são as florestas sempreverdes e as margens ribeirinhas de Makurupini, Maronga e a parte mais a sudoeste de Zomba (Thekeza). Entre as árvores dominantes, essas áreas abrigam potencialmente a maior população global de *Maranthes goetzeniana*. No geral, a espécie dominante é *Newtonia buchananii*, com *Albizia adianthifolia*, *Celtis gomphophylla*, *Erythrophleum suaveolens* e *Millettia stuhlmannii* entre as outras espécies comuns. *Terminalia* (anteriormente *Pteleopsis*) *myrtifolia* é restrita principalmente à floresta semi-decídua, por exemplo, na Reserva Florestal de Moribane. As árvores comuns do estrato arbóreo inferior incluem *Funtumia africana* – particularmente abundante em Moribane – e *Aidia micrantha*, *Rawsonia lucida* e *Tabernaemontana* spp. Em Maronga, outras espécies comuns do estrato arbóreo inferior incluem *Alchornea hirtella*, *Craterispermum schweinfurthii*, *Drypetes arguta* e *Synsepalum chimanimani*. As lianas são frequentes por toda parte. A composição de espécies dessas florestas é discutida em detalhe por Timberlake *et al.* (2016), com observações adicionais de Müller *et al.* (2005).

Ao longo das margens rochosas dos rios de Maronga, é frequente a *Uapaca lissopyrena*, facilmente identificada pelas raízes de palafitas. Este habitat tem um estrato arbóreo inferior característico com pequenas árvores e arbustos de *Cleistanthus polystachyus* subsp. *milleri*, *Diospyros natalensis*, *Mascarenhasia arborescens*, *Nuxia oppositifolia*, *Tricalysia coriacea* subsp. *angustifolia* e uma espécie anã de *Podocarpus* que já foi equiparada ao sul-africano *P. elongatus* ou *P. latifolius*, mas pode vir a ser uma espécie distinta restrita aos quartzitos de Chimanimani (Rokni *et al.* 2019). *Khaya anthotheca* também ocorre ao longo das margens ribeirinhas.

As florestas são intercaladas com áreas de mata de miombo, dominadas por espécies de *Brachystegia* e *Uapaca*, particularmente *B. spiciformis* e *U. kirkiana*. Outras árvores comuns de miombo incluem *Burkea africana*, *Maprounea africana* e *Pterocarpus angolensis*. Embora importante ecologicamente, o miombo não contém um grande número de espécies de plantas raras ou ameaçadas. Afloramentos de baixa altitude de quartzitos deficientes em nutrientes (arenitos Chimanimani) são mais frequentes na área de Makurupini-Maronga, mas também são encontrados mais a leste na comunidade de Zomba. Essas áreas geralmente estão associadas a matas dominadas por *Brachystegia tamarindoides* subsp. *microphylla*, e com uma interessante flora herbácea e suculenta nas rochas e solos pouco profundos que permanece pouco estudada.

Pequenas áreas de pradarias de inundação sazonal com solos arenosos-turfosos ocorrem dentro do mosaico floresta-mata. As gramíneas comuns incluem *Hyparrhenia* spp., *Themeda triandra*, *Panicum dregeanum* e *Imperata cylindrica*, com arbustos dispersos, incluindo *Dissotis princeps* e *Eriosema psoraleoides*. Estas terras húmidas podem sustentar uma interessante comunidade herbácea de terras húmidas, bem como manchas de floresta pantanosa com *Garcinia imperialis*, *Uapaca lissopyrena* e *Voacanga thouarsii* entre as espécies comuns. Na comunidade de Zomba, existem também grandes áreas de pântano

Afloramentos de quartzito nas terras baixas de Chimanimani em Maronga, habitat de *Ficus muelleriana* (ID)

Destruição da floresta em Maronga (ID)

Synsepalum chimanimani (BW)

Vepris drummondii (ID)

e cursos de água nas terras baixas que são limitadas por grandes povoamentos da impressionante árvore *Pandanus livingstonianus* que, apesar de bastante dispersa, tem populações muito isoladas e localizadas e pensa-se que está ameaçada pela perda de habitat. O Pântano Central de Zomba é particularmente importante para esta espécie, e também suporta extensos povoamentos de papiro (*Cyperus papyrus*) (Timberlake *et al.* 2016).

Questões de Conservação

A totalidade desta IPA insere-se no Parque Nacional de Chimanimani (PNC) e na Área de Conservação Trans-fronteiriça (TFCA): a parte norte do local está dentro do núcleo PNC/TFCA, enquanto as Reservas Florestais de Maronga, Moribane e Zomba e as terras da comunidade circundante estão dentro da zona tampão. O PNC possui um plano de gestão abrangente (Ghiurghi *et al.* 2010), mas ainda não foi totalmente implementado. Os habitats naturais dentro do núcleo PNC/TFCA estão em grande parte intactos, com apenas pequenas áreas de invasão humana no momento, mesmo que seja desejável uma melhor demarcação do limite da reserva principal para evitar novas invasões (Timberlake *et al.* 2016). No entanto, as ameaças são severas dentro da zona tampão, inclusive dentro das três Reservas Florestais que não são manejadas em relação à sua biodiversidade, tendo sido originalmente estabelecidas em 1953 para produção de madeira e possivelmente para protecção de bacias hidrográficas (Müller *et al.* 2005). Grandes áreas de floresta foram desmatadas ou degradadas para agricultura de subsistência, usando o fogo como meio de limpar a vegetação dos estratos arbustivo e herbáceo, depois das árvores de grande porte terem sido derrubadas. A queima excessiva e indiscriminada impede o crescimento da floresta e também afecta outros habitats importantes. As queimadas regulares também incentivam a propagação contínua do arbusto da invasora Sul Americana *Vernonanthura polyanthes*, que agora é dominante em muitos hectares de antigos habitats de floresta perturbados no sopé de Chimanimani, superando as espécies nativas e impedindo a regeneração de habitats naturais, e invadindo as margens da floresta. Outra ameaça é o impacto da mineração de ouro ao longo de alguns dos principais rios que correm no maciço, que polui os cursos de água e também desnuda a vegetação das margens dos rios. A acção de conservação é urgentemente necessária nesta IPA, particularmente na área que está fora do núcleo do PNC. O trabalho com líderes comunitários para tentar equilibrar melhor os meios de subsistência com a conservação da biodiversidade está em andamento, liderado pela Fundação Micaia, e isso levou ao estabelecimento de áreas informais de conservação comunitária nas comunidades de Maronga, Zomba e Mpunga (Timberlake *et al.* 2016); essas áreas estão incluídas na delineação central da IPA. Recentemente, foram discutidos planos para cultivar café como uma cultura de sombra na Floresta de Moribane como parte de um plano de restauração de habitat para a TFCA de Chimanimani sob o projecto "Plano de Restauração paisagem de Chimanimani" (C. de Sousa, comunicação pessoal 2021). Tal esquema precisaria ser cuidadosamente gerido e direcionado a áreas de florestas degradadas, para evitar danos no ecossistema florestal intacto. O local está incluído na Área Importante de Aves das Montanhas de Chimanimani (IBA) e na Área de Biodiversidade Chave do Parque Nacional de Chimanimani (KBA), em que ambas incluem tanto o núcleo do PNC como a zona tampão – este local é provavelmente a área de maior diversidade de aves em Moçambique, embora não existam espécies de aves endémicas (BirdLife 2021e). As florestas também têm uma população importante de Elefante Africano (*Loxodonta africana*), sendo estes mais frequentes na Reserva Florestal de Moribane. A IPA qualificaria-se como um local da "Alliance for Zero Extinction" (AZE) com base na presença de *Ficus muelleriana* e *Streptocarpus acicularis*.

Serviços Ecossistémicos Chaves

As florestas de baixa altitude e matas fornecem uma série de serviços ecossistémicos essenciais, incluindo o fornecimento e regulação de recursos hídricos regionais, prevenção de erosão severa das encostas íngremes dos vales do sopé e fornecimento de uma série de materiais importantes para as comunidades locais, como madeiras e fibras para construção e produção local de mel. Várias espécies de plantas com potencial para uso económico sustentável foram identificadas durante pesquisas de campo em 2015 (Timberlake *et al.* 2016); estes incluem as sementes plumosas de *Funtumia africana* para fabricação de papel especializado, o café silvestre *Coffea salvatrix*, os frutos de *Uapaca kirkiana*, os caules de *Cyperus papyrus* e *Phragmites* sp. para fabricação de tapetes e potencialmente *Khaya anthotheca* para carpintaria local, mesmo que esta última possa não ser sustentável. Como parte da ampla paisagem de Chimanimani, esta área tem alto potencial de eco-turismo, principalmente para passeios a pé que combinam trilhos na floresta e observação da vida selvagem com montanhismo. O Acampamento Ndzou, dentro da Reserva Florestal de Moribane (Comunidade de Mpunga), é um centro eco-turístico estabelecido, com a observação de elefantes uma atração particular. As Cascatas de Makurupini, perto da fronteira com o Zimbábue, são de beleza cénica particularmente alta, e embora sejam remotas podem ser mais uma atracção turística.

Crepidorhopalon flavus (BW)

Categorias de Serviços Ecossistémicos

- Provisionamento – Alimentos
- Provisionamento – Matérias-primas
- Provisionamento – Água doce
- Provisionamento – Recursos medicinais
- Serviços de Regulação – Clima local e qualidade do ar
- Serviços de Regulação – Sequestro e armazenamento de carbono
- Serviços de Regulação – Prevenção de erosão e manutenção da fertilidade do solo
- Serviços de Regulação – Polinização
- Habitat ou serviços de apoio – Habitats para espécies
- Habitat ou serviços de apoio – Manutenção da diversidade genética
- Serviços Culturais – Turismo

Justificativa da Avaliação da IPA

As terras baixas de Chimanimani qualificam-se como IPA sob todos os três critérios. Esta área suporta populações importantes de 14 espécies do critério A(i) globalmente ameaçadas, das quais uma está críticamente ameaçada, seis estão ameaçadas e sete são vulneráveis. Duas dessas espécies – *Streptocarpus acicularis* (CR) e *Ficus muelleriana* (EN) – são conhecidas apenas dentro desta IPA, e todas, excepto *Coffea salvatrix* (EN), são bastante restritas. O local também contém populações importantes de uma espécie A(iii) e três espécies A(iv) que ainda não foram avaliadas na Lista Vermelha da IUCN. O local também qualifica-se no Critério B(ii) pela excepcional riqueza de espécies restritas, com 20 espécies com distribuição de 10.000 km², incluindo duas endémicas nacionais, significativamente acima do limite de 3% da lista nacional de espécies prioritárias. Qualifica-se sob o Critério C(iii) por conter a maior extensão de Floresta Húmida de Baixa Altitude em Moçambique, e importantes áreas intactas de Floresta Húmida de Média Altitude, ambos habitats muito restritos e ameaçados no país.

Espécies Prioritárias (Critérios IPA A e B)

FAMÍLIA	TÁXON	IPA CRITÉRIO A	IPA CRITÉRIO B	≥ 1% DA POPULAÇÃO GLOBAL	≥ 5% DA POPULAÇÃO NACIONAL	É 1 DOS 5 MELHORES LOCAIS NACIONAL	TODA A POPULAÇÃO GLOBAL	ESPÉCIES DE IMPORTÂNCIA SÓCIO-ECONÓMICA	ABUNDÂNCIA NO LOCAL
Asphodelaceae	*Aloe ballii* var. *makurupiniensis*	A(i)	B(ii)	✓	✓	✓			rara
Asteraceae	*Gutenbergia westii*	A(i)	B(ii)	✓	✓	✓			frequente
Asteraceae	*Kleinia chimanimaniensis*	A(iv)	B(ii)						desconhecida
Asteraceae	*Vernonia muelleri* subsp. *muelleri*		B(ii)						ocasional
Commelinaceae	*Cyanotis chimanimaniensis* ined.	A(iv)	B(ii)	✓	✓	✓			desconhecida
Cyperaceae	*Scleria pachyrrhyncha*	A(i)			✓	✓			desconhecida
Eriocaulaceae	*Mesanthemum africanum*		B(ii)						ocasional
Fabaceae	*Tephrosia longipes* var. *swynnertonii*	A(iv)	B(ii)		✓	✓			desconhecida
Gesneriaceae	*Streptocarpus acicularis*	A(i)	B(ii)	✓	✓	✓	✓		rara
Lamiaceae	*Syncolostemon flabellifolius*		B(ii)						rara
Linderniaceae	*Crepidorhopalon flavus*	A(i)	B(ii)	✓	✓	✓			ocasional
Loranthaceae	*Englerina swynnertonii*	A(iii)	B(ii)	✓	✓	✓			desconhecida
Moraceae	*Ficus muelleriana*	A(i)	B(ii)	✓	✓	✓	✓		ocasional
Phyllanthaceae	*Phyllanthus bernierianus* var. *glaber*		B(ii)	✓	✓	✓			desconhecida
Poaceae	*Danthoniopsis chimanimaniensis*	A(i)	B(ii)	✓	✓	✓			ocasional
Rubiaceae	*Afrocanthium ngonii*	A(i)	B(ii)		✓	✓			desconhecida
Rubiaceae	*Coffea salvatrix*	A(i)		✓	✓	✓			ocasional
Rubiaceae	*Otiophora lanceolata*	A(i)	B(ii)	✓	✓	✓			frequente
Rubiaceae	*Sericanthe chimanimaniensis*	A(i)	B(ii)	✓	✓	✓			ocasional
Rutaceae	*Vepris drummondii*	A(i)	B(ii)	✓	✓	✓			ocasional
Sapotaceae	*Synsepalum chimanimani*	A(i)	B(ii)	✓	✓	✓			frequente
Zamiaceae	*Encephalartos chimanimaniensis*	A(i)	B(ii)	✓	✓	✓			rara
		A(i): 14 ✓ A(iii): 1 ✓ A(iv): 3 ✓	B(ii): 20 ✓						

Habitats Ameaçados (IPA Critério C)

TIPO DE HABITAT	IPA CRITÉRIO C	≥ 5% DO RECURSO NACIONAL	≥ 10% DO RECURSO NACIONAL	É 1 DOS 5 MELHORES LOCAIS NACIONAL	ÁREA ESTIMADA DO LOCAL (SE CONHECIDO)
Floresta Húmida de Média Altitude [MOZ-02]	C(iii)			✓	
Floresta Húmida de Baixa Altitude [MOZ-03]	C(iii)		✓	✓	

PROVÍNCIA DE MANICA

Áreas Protegidas e Outras Designações de Conservação

TIPO DE ÁREA DE CONSERVAÇÃO	NOME DA ÁREA DE CONSERVAÇÃO	RELAÇÃO DA IPA COM A ÁREA PROTEGIDA
Parque Nacional	Chimanimani	Área protegida/de conservação que engloba a IPA
Área de Conservação Trans-Fronteiriça	Chimanimani	Área protegida/de conservação que engloba a IPA
Reserva Florestal	Maronga	Área protegida/de conservação que engloba a IPA
Reserva Florestal	Moribane	Área protegida/de conservação que engloba a IPA
Reserva Florestal	Zomba	Área protegida/de conservação que engloba a IPA
Área Importante de Aves	Montes Chimanimani (Moçambique)	Área protegida/de conservação que engloba a IPA
Área Chave de Biodiversidade	Parque Nacional de Chimanimani	Área protegida/de conservação que engloba a IPA

Ameaças

AMEAÇA	SEVERIDADE	SITUAÇÃO
Agricultura de pequena escala	alta	ocorrendo – tendência crescente
Exploração de madeira e colecta de produtos florestais	baixa	ocorrendo – estável
Aumento da frequência/intensidade de queimadas	alta	ocorrendo – tendência crescente
Espécies invasoras não nativas/espécie exótica	alta	ocorrendo – tendência crescente

MONTANHAS DE CHIMANIMANI

Avaliadores: Jo Osborne, Iain Darbyshire

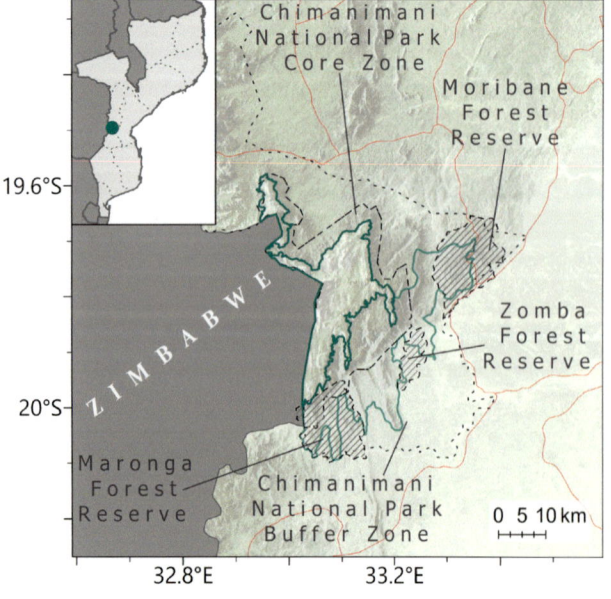
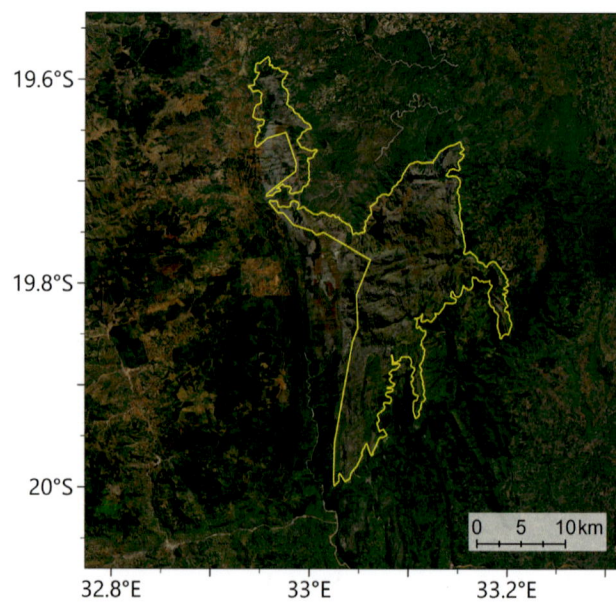

278 AS ÁREAS IMPORTANTES DE PLANTAS DE MOÇAMBIQUE

NOME INTERNACIONAL DO LOCAL		Chimanimani Mountains	
NOME LOCAL (CASO DIFERENTE)		Montanhas de Chimanimani	
CÓDIGO DO LOCAL	MOZTIPA003B	PROVÍNCIA	Manica

LATITUDE	-19.80678	LONGITUDE	33.11202
ALTITUDE MINIMA (m a.s.l.)	1.200	ALTITUDE MÁXIMA (m a.s.l.)	2.436
ÁREA (km²)	319	CRITÉRIO IPA	A(i), A(iv), B(ii), C(iii)

Descrição do Local

As Montanhas de Chimanimani estendem-se através da fronteira Moçambique-Zimbábue, desde o Distrito de Sussendenga, na Província de Manica, em Moçambique, até à Província de Manicaland, no Zimbabué. A IPA Montanhas Chimanimani de Moçambique abrange a área montanhosa com mais de 1.200 m de altitude, até à fronteira com o Zimbábue, incluindo o maciço principal e uma área conhecida como "The Corner" a norte, que é separada do maciço principal pela Garganta do Mussapa (Mussapa Gap). O local da IPA inclui a montanha mais alta de Moçambique, o Monte Binga com 2.436 m de altitude. As montanhas de Chimanimani são protegidas em ambos os lados da fronteira por Parques Nacionais, que juntos formam a Área de Conservação Transfronteiriça de Chimanimani (TFCA). Imediatamente ao sul e leste da IPA As Montanhas de Chimanimani, abaixo de 1.200 m, as encostas mais baixas do Parque Nacional de Chimanimani e as Reservas Florestais adjacentes bem como as terras comunitárias estão incluídas na IPA das Terras Baixas de Chimanimani.

Importância Botânica

As montanhas de Chimanimani são o local mais valioso de Moçambique para o endemismo de plantas e têm um alto significado internacional de conservação. A IPA inclui as maiores áreas de pradarias e matagais de montanha de Moçambique, aqui ocorrendo principalmente em rocha quartzítica mas também com extensas áreas de pradarias em xisto. Na paisagem montanhosa acidentada, penhascos, saliências e pedregulhos de quartzito íngremes formam habitats que sustentam comunidades ricas em espécies de plantas litofíticas e com muitas espécies endémicas. Das 74 plantas endémicas registadas até agora nas áreas trans-fronteiriças das Montanhas de Chimanimani, 61 foram encontradas nesta IPA até à data, muitas tendo sido encontradas apenas recentemente no lado moçambicano da fronteira, durante pesquisas em meados da década de 2010 (Timberlake et al. 2016; Wursten et al. 2017). Muitas das endémicas são de grupos de plantas típicas de solos pobres em nutrientes, incluindo três espécies de Thesium, uma endémica e duas espécies quase endémicas de Erica, e uma das poucas espécies Restio tropicais africanas, Platycaulos quartziticola (Cheek et al. 2018). Entre a grande variedade de outras famílias e géneros de plantas representadas na flora endémica, o genero Aloe é particularmente notável por possuir cinco taxa endémicos. Actualmente, três espécies de plantas são conhecidas apenas dentro deste limite da IPA: Streptocarpus montis-bingae (DD), uma pequena erva conhecida apenas do Monte Binga; Dianthus chimanimaniensis (VU), uma erva perene em tufos; e Centella obtriangularis (VU), uma pequena erva rasteira, mesmo que existam registos não confirmados desta última do lado do Zimbábue. Também ocorrem muitas outras espécies de distribuição restrita do (sub-) Centro de Endemismo de Plantas de Chimanimani-Nyanga, no total, 95 espécies com uma distribuição inferior a 10.000 km² foram registadas dentro desta IPA.

Trinta plantas que ocorrem dentro da IPA foram avaliadas como globalmente ameaçadas, das quais oito estão ameaçadas de extinção, incluindo duas pequenas árvores endémicas recentemente descritas Empogona jenniferae e Olinia chimanimani, a orquídea Neobolusia ciliata e a gramínea Danthoniopsis chimanimaniensis (Timberlake et al. 2016; Wursten et al. 2017; Cheek et al. 2018; Shah et al. 2018). Das espécies Vulneráveis, muitas estão ameaçadas em outras partes da sua distribuição e as Montanhas de Chimanimani são consideradas o local mais seguro para esses taxa. Uma proporção significativa das espécies estritamente endémicas não está ameaçada, pois os habitats estão em grande parte intactos e pouco perturbados. Uma lista de espécies recente das plantas vasculares do maciço acima de 1.200 m de altitude de ambos os lados da fronteira Moçambique-Zimbabué registou um total de 977 taxa e observou que, embora a riqueza total de espécies não seja particularmente alta em comparação com outros locais de montanha na Flora Zambesiaca, este local possui números significativamente mais elevados de endémicas, com 7,7% da flora total sendo endémica, em comparação com 5,4% no Monte Mulanje no Malawi, 1,7% no Planalto de Nyika no Malawi e 1,4% nas Terras Altas de Nyanga do Zimbabué (Wursten et al. 2017).

Novas espécies para a ciência ainda estão a ser descobertas e descritas neste local, como a recentemente publicada *Sericanthe chimanimaniensis* (Wursten et al. 2020), e pesquisas em meados da década de 2010 descobriram um novo potencial *Streptocarpus* aliado a *S. grandis*, juntamente com inigualáveis *Erica*, *Coleus* e *Syncolostemon* spp. entre outras novidades potenciais (I. Darbyshire et al. obs. pers.).

Habitat e Geologia

A IPA Montanhas de Chimanimani é dominada por pradarias de montanha e habitats de matagais dentro de uma paisagem acidentada de picos de montanhas, penhascos íngremes e pedregulhos. A geologia superficial é predominantemente um quartzito deficiente em nutrientes, com uma menor proporção de xistos mais ricos em nutrientes; essas formações são principalmente da Série Fronteira (Fronteira) do Grupo Umkondo, datando do Pré-Cambriano posterior (Timberlake et al. 2016). Afloramentos rochosos de quartzito, penhascos e pedregulhos dão origem a uma grande variedade de micro-habitats e suportam uma alta diversidade de espécies. O habitat e a geologia deste local são discutidos em detalhe em Timberlake et al. (2016) e estão resumidas aqui.

Pradarias de montanha ocupam uma área de cerca 200 – 250 km^2 nas terras altas, ocorrendo principalmente em áreas de terreno plano ou ondulado. As de quartzito ocorrem em solo arenoso fino e branco e são muitas vezes intercaladas com matagais e afloramentos rochosos, ocorrendo em áreas mais extensas em amplos vales; a espécie de gramínea dominante é a *Loudetia simplex*. As de xistos tendem a formar colinas ondulantes em solo vermelho e *Themeda triandra* é a espécie mais característica, embora *L. simplex* permaneça comum. Arbustos dispersos ocorrem no interior das pradarias sob xisto, podendo tornar-se mais frequentes em algumas zonas formando um matagal, com 1 – 2 m de altura, com várias *Protea* spp. e *Leucospermum saxosum* entre os arbustos mais comuns, sendo a quase endémica *Myrica chimanimaniana* também localmente frequente. Um arbusto Ericacea de 0,5 a 3 m de altura é frequente no quartzito e é uma combinação rica de espécies em que ocorrem muitas das endémicas; uma variedade de espécies de *Erica* são notadas, com *E. hexandra* particularmente comum nos afloramentos rochosos, juntamente com outras espécies arbustivas e suculentas, incluindo o impressionante *Aloe munchii*. Estes matagais ericaceos são considerados sensíveis às

Pradarias extensas sob xistos com afloramentos de quartzito ao longe   (TS)

Pradarias de montanha e afloramentos de quartzito nas montanhas Chimanimani (TS)

As montanhas Chimanimani com floresta de montanha e matagal (TS)

queimadas, mas estão um pouco protegidos das piores queimadas pelas áreas de rocha nua. Extensas áreas de quartzito exposto sustentam uma comunidade litofítica, onde a ciperacea *Coleochloa setifera* é comum juntamente com as endémicas *Xerophyta argentea* e *Aloe hazeliana*. As áreas sob sombra entre as rochas podem abrigar espécies herbáceas interessantes, como *Impatiens salpinx*, *Streptocarpus* spp., orquídeas e fetos.

Ao longo da IPA, áreas alagadas e riachos são frequentes, drenando para vários rios maiores, o maior deles é o Rio Mufomodzi na parte centro-norte do maciço. Largos vales fluviais suportam áreas planas de pradarias e vegetação de áreas alagadas em solos aluviais e turfa pobres em nutrientes. Áreas de infiltração e depressões húmidas podem sustentar uma flora de ervas interessante, incluindo *Xyris* spp., as endémicas *Mesanthemum africanum* e *Platycaulos quartziticola*, e várias orquídeas e juncus.

Ravinas protegidas e desfiladeiros fluviais suportam áreas de floresta húmida sempreverde, classificada aqui como floresta húmida de média altitude (ocorrendo abaixo de 1400 m) com algumas manchas menores de floresta húmida de montanha (a maioria ocorrendo acima de 1600 m). Embora sejam muito pequenas em área, a maior mancha observada por Timberlake *et al.* (2016) mede cerca de 4,2 km². Estas florestas não foram bem pesquisadas em todo o local, mas algumas das manchas em altitudes mais altas foram encontradas como florestas típicas "Afromontane", com um estrato arbóreo fechado de ca. 10 – 15 m e com espécies características incluindo *Ilex mitis*, *Macaranga mellifera*, *Podocarpus milanjianus*, *Schefflera umbellifera* e *Syzygium cordatum*. Lianas e epífitas são frequentes, e o estrato herbáceo é composto por muitos fetos e musgos.

Ainda que faltem dados climáticos precisos para as montanhas altas, a precipitação é estimada em cerca de 1.500 – 2.000 mm por ano, mas pode chegar a ca. 3.000 mm nos picos mais altos. A precipitação ocorre durante todo o ano, mas os picos de Novembro a Abril. Nevoeiros são frequentes e fornecem humidade adicional durante os períodos secos. As temperaturas médias estão abaixo de 18°C, e as geadas são frequentes acima de 1.500 m de altitude (Ghiurghi *et al.* 2010; Timberlake *et al.* 2016).

Questões de Conservação

A IPA Montanhas de Chimanimani encontra-se quase inteiramente dentro da zona central do Parque Nacional de Chimanimani (PNC) e da Área de Conservação Trans-fronteiriça (TFCA), uma área protegida essencialmente desabitada e designada como não-uso. Esta área tem um plano de gestão abrangente (Ghiurghi *et al.* 2010), apesar de nem tudo ter sido implementado. A vegetação dentro do local da IPA está práticamente intacta e considerada livre de qualquer grande ameaça de momento. No entanto, a mineração ilegal de ouro em pequena escala, a frequência de queimadas e as espécies invasoras representam ameaças potenciais à vegetação, pelo que a monitorização e gestão são recomendadas. O turismo também precisa ser considerado como uma questão de conservação para este local.

A mineração ilegal de ouro foi registada pela primeira vez no PNC em 2004 e aumentou rápidamente a um total de 10.000 garimpeiros operando em 2006; em 2016, o grupo havia reduzido para cerca de 1.000 garimpeiros, devido principalmente ao esgotamento do ouro mais acessível (Dondeyne *et al.* 2009; Timberlake *et al.* 2016). A mineração tem-se concentrado ao longo dos cursos de água e não tem impactado directamente as populações da maioria das espécies de plantas endémicas e ameaçadas, a maioria das quais ocorre em diferentes habitats. No entanto, o sério impacto negativo da mineração de ouro na hidrologia e ecologia das terras altas não pode ser negligenciado. Um provável impacto indirecto da mineração ilegal de ouro tem sido o aumento da frequência de queimadas florestais em que o fogo é usado para caça pelos mineiros ou posto acidentalmente. Embora alguns dos habitats de montanha, como as pradarias nos xistos e os matagais, possam estar em certa medida adaptados ao fogo, é provável que o aumento da frequência das queimadas acima dos níveis naturais tenha impacto nos matagais e limites da floresta húmida, impedindo a recuperação entre queimadas e afectando o recrutamento de plantas jovens. Outras questões associadas à actividade de mineração e a presença associada de comerciantes nas terras altas, incluem o uso de cavernas e áreas rochosas como abrigos temporários a permanentes, que podem danificar a flora rochosa sob sombra, incluindo *Streptocarpus* spp., e a colecta de lenha, embora esta última ameaça pareça ter sido mínima (Timberlake *et al.* 2016). O arbusto invasor *Vernonanthura polyanthes* foi originalmente introduzido em Moçambique da América do Sul como fonte de néctar para as abelhas e agora está-se espalhando nas encostas mais baixas das montanhas de Chimanimani. Recentemente, vários indivíduos foram registados na área montanhosa a 1200 – 1400 m de altitude. Este arbusto é uma ameaça potencial para a margem da floresta e vegetação de matagais nas áreas de baixa altitude desta IPA, pois pode formar povoamentos densos em terrenos perturbados e áreas danificadas pelas queimadas. Esta é uma ameaça muito mais séria na IPA das terras baixas de Chimanimani.

O turismo nas montanhas de Chimanimani é considerado um potencial problema de conservação, pois pode ter um impacto positivo e negativo. As montanhas de Chimanimani têm um forte potencial para o eco-turismo, proporcionando uma experiência de vida selvagem e uma oportunidade para as comunidades locais se beneficiarem da conservação do PNC. No entanto, o turismo deve ser bem administrado para evitar danos aos habitats e à vegetação por pisoteio, queimadas e poluição.

A IPA Montanhas de Chimanimani fica dentro da área importante para Aves das montanhas de Chimanimani, que inclui o maciço de altitude alta e as terras baixas circundantes. A totalidade da área central e tampão do PNC também é designada como Área Chave de Biodiversidade do Parque Nacional de Chimanimani (KBA), com base principalmente na sua flora rica. As Montanhas qualificariam-se como um local da "Alliance for Zero Extinction" com base nas espécies de plantas endémicas ameaçadas mencionadas acima.

Danos ao habitat causados pela mineração artesanal de ouro (TS)

PROVÍNCIA DE MANICA

Serviços Ecossistémicos Chaves

Além de seu alto valor de biodiversidade de plantas, as montanhas de Chimanimani têm um valor económico como área selvagem para o ecoturismo e muito desse potencial ainda não foi explorado. A vegetação contribui para o sequestro e armazenamento de carbono e fornece habitat para a flora e fauna de montanha. As montanhas e florestas também são uma bacia hidrográfica importante para a área circundante.

Categorias de Serviços Ecossistémicos

- Provisionamento – Água doce
- Serviços de Regulação – Sequestro e armazenamento de carbono
- Habitat ou serviços de apoio – Habitats para espécies
- Serviços Culturais – Turismo

Justificativa da Avaliação da IPA

As Montanhas Chimanimani qualificam-se como IPA sob todos os três critérios. De acordo com o Critério A(i), o local suporta populações importantes de 29 taxa de plantas globalmente ameaçadas. Metade destas são endémicas desta cordilheira, sendo as restantes principalmente endémicas restritas de Chimanimani-Nyanga, seis das quais são apenas registadas neste local dentro da rede IPA de Moçambique. Além disso, cinco endémicas potencialmente ameaçadas de distribuição restrita ocorrem aqui, qualificando o local sob o Critério A(iv). As montanhas de Chimanimani suportam um número excepcional de espécies de alta importância para a conservação com três endémicas locais e 93 endémicas regionais com uma distribuição restrita de menos de 10.000 km^2 – muitas delas são endémicas de Chimanimani que ocorrem em ambos os lados da fronteira Moçambique-Zimbabué. Este total de 96 taxa qualificados é pouco menos de 20% da lista total de espécies qualificadas do sub-critério B(ii) para Moçambique, tornando este local o mais rico botânicamente em Moçambique. De acordo com o critério C(iii) o local inclui a maior extensão de pradarias de montanha em Moçambique, sendo este um dos habitats nacionais prioritários de Moçambique reconhecidos durante o primeiro workshop de TIPAs de Moçambique em Maputo em Janeiro de 2018. Além disso, o local suporta pequenas áreas de floresta húmida de média altitude e floresta húmida de montanha, mais dois habitats nacionais prioritários, mas não se qualifica como um dos cinco melhores locais para estes dois habitats.

Myrica chimanimaniana (TS)

Espécies Prioritárias (Critérios IPA A e B)

FAMÍLIA	TÁXON	IPA CRITÉRIO A	IPA CRITÉRIO B	≥ 1% DA POPULAÇÃO GLOBAL	≥ 5% DA POPULAÇÃO NACIONAL	É 1 DOS 5 MELHORES LOCAIS NACIONAL	TODA A POPULAÇÃO GLOBAL	ESPÉCIES DE IMPORTÂNCIA SÓCIO-ECONÓMICA	ABUNDÂNCIA NO LOCAL
Apiaceae	*Centella obtriangularis*	A(i)	B(ii)	✓	✓	✓	✓		comum
Apocynaceae	*Asclepias cucullata* subsp. *scabrifolia*		B(ii)						ocasional
Apocynaceae	*Asclepias graminifolia*		B(ii)						rara
Apocynaceae	*Aspidoglossum glabellum*	A(i)	B(ii)	✓	✓	✓			rara
Apocynaceae	*Ceropegia chimanimaniensis*		B(ii)						rara
Apocynaceae	*Raphionacme pulchella*	A(i)		✓	✓	✓			rara

MONTANHAS DE CHIMANIMANI

Espécies Prioritárias (Critérios IPA A e B)

FAMÍLIA	TÁXON	IPA CRITÉRIO A	IPA CRITÉRIO B	≥ 1% DA POPULAÇÃO GLOBAL	≥ 5% DA POPULAÇÃO NACIONAL	É 1 DOS 5 MELHORES LOCAIS NACIONAL	TODA A POPULAÇÃO GLOBAL	ESPÉCIES DE IMPORTÂNCIA SÓCIO-ECONÓMICA	ABUNDÂNCIA NO LOCAL
Asparagaceae	*Asparagus chimanimanensis*		B(ii)						frequente
Asparagaceae	*Chlorophytum pygmaeum* subsp. *rhodesianum*		B(ii)						ocasional
Asparagaceae	*Eriospermum mackenii* subsp. *phippsii*		B(ii)						ocasional
Asphodelaceae	*Aloe hazeliana* var. *hazeliana*		B(ii)						ocasional
Asphodelaceae	*Aloe hazeliana* var. *howmanii*		B(ii)						ocasional
Asphodelaceae	*Aloe munchii*		B(ii)						frequente
Asphodelaceae	*Aloe plowesii*	A(i)	B(ii)	✓	✓	✓			ocasional
Asphodelaceae	*Aloe rhodesiana*	A(i)				✓			rara
Asphodelaceae	*Aloe wildii*		B(ii)						desconhecida
Asteraceae	*Anisopappus paucidentatus*		B(ii)						comum
Asteraceae	*Aster chimanimaniensis*		B(ii)						desconhecida
Asteraceae	*Cineraria pulchra*		B(ii)						frequente
Asteraceae	*Gutenbergia westii*	A(i)	B(ii)	✓	✓	✓			rara
Asteraceae	*Helichrysum africanum*		B(ii)						comum
Asteraceae	*Helichrysum moorei*		B(ii)						comum
Asteraceae	*Helichrysum rhodellum*		B(ii)						ocasional
Asteraceae	*Kleinia chimanimaniensis*	A(iv)	B(ii)			✓			rara
Asteraceae	*Lopholaena brickellioides*	A(iv)	B(ii)			✓			ocasional
Asteraceae	*Schistostephium oxylobum*	A(i)	B(ii)	✓	✓	✓			ocasional
Asteraceae	*Senecio aetfatensis*		B(ii)						rara
Asteraceae	*Vernonia muelleri* subsp. *muelleri*		B(ii)						frequente
Asteraceae	*Vernonia nepetifolia*		B(ii)						ocasional
Balsaminaceae	*Impatiens salpinx*		B(ii)						ocasional
Campanulaceae	*Lobelia cobaltica*		B(ii)						frequente
Campanulaceae	*Wahlenbergia subaphylla* subsp. *scoparia*	A(iv)	B(ii)	✓	✓	✓			ocasional
Caryophyllaceae	*Dianthus chimanimaniensis*	A(i)	B(ii)	✓	✓	✓	✓		desconhecida
Commelinaceae	*Cyanotis chimanimaniensis* ined.	A(iv)	B(ii)	✓	✓	✓			desconhecida
Crassulaceae	*Kalanchoe velutina* subsp. *chimanimaniensis*		B(ii)						ocasional
Ericaceae	*Erica lanceolifera*	A(i)	B(ii)	✓	✓	✓			ocasional
Ericaceae	*Erica pleiotricha* var. *blaerioides*		B(ii)						frequente

Espécies Prioritárias (Critérios IPA A e B)

FAMÍLIA	TÁXON	IPA CRITÉRIO A	IPA CRITÉRIO B	≥ 1% DA POPULAÇÃO GLOBAL	≥ 5% DA POPULAÇÃO NACIONAL	É 1 DOS 5 MELHORES LOCAIS NACIONAL	TODA A POPULAÇÃO GLOBAL	ESPÉCIES DE IMPORTÂNCIA SÓCIO-ECONÓMICA	ABUNDÂNCIA NO LOCAL
Ericaceae	*Erica pleiotricha* var. *pleiotricha*	A(i)	B(ii)	✓	✓	✓			rara
Ericaceae	*Erica wildii*		B(ii)						desconhecida
Eriocaulaceae	*Mesanthemum africanum*		B(ii)						comum
Euphorbiaceae	*Euphorbia crebrifolia*		B(ii)						ocasional
Fabaceae	*Aeschynomene aphylla*	A(i)	B(ii)	✓	✓	✓			desconhecida
Fabaceae	*Aeschynomene chimanimaniensis*		B(ii)						rara
Fabaceae	*Aeschynomene grandistipulata*		B(ii)						frequente
Fabaceae	*Aeschynomene inyangensis*		B(ii)						frequente
Fabaceae	*Crotalaria phylicoides*		B(ii)						ocasional
Fabaceae	*Otholobium foliosum* subsp. *gazense*		B(ii)						desconhecida
Fabaceae	*Pearsonia mesopontica*		B(ii)						rara
Fabaceae	*Rhynchosia chimanimaniensis*	A(i)	B(ii)	✓	✓	✓			desconhecida
Fabaceae	*Rhynchosia stipata*		B(ii)						desconhecida
Fabaceae	*Rhynchosia swynnertonii*		B(ii)						desconhecida
Fabaceae	*Tephrosia chimanimaniana*		B(ii)						rara
Fabaceae	*Tephrosia longipes* var. *drummondii*	A(iv)	B(ii)				✓		ocasional
Gesneriaceae	*Streptocarpus grandis* subsp. *septentrionalis*	A(iv)	B(ii)	✓	✓	✓			ocasional
Gesneriaceae	*Streptocarpus hirticapsa*	A(i)	B(ii)	✓	✓	✓			ocasional
Gesneriaceae	*Streptocarpus montis-bingae*		B(ii)				✓		rara
Iridaceae	*Dierama plowesii*	A(i)	B(ii)	✓	✓	✓			rara
Iridaceae	*Gladiolus zimbabweensis*	A(i)	B(ii)	✓	✓	✓			ocasional
Iridaceae	*Hesperantha ballii*		B(ii)						rara
Lamiaceae	*Aeollanthus viscosus*		B(ii)						frequente
Lamiaceae	*Coleus caudatus*		B(ii)						ocasional
Lamiaceae	*Coleus sessilifolius*		B(ii)						frequente
Lamiaceae	*Stachys didymantha*		B(ii)						desconhecida
Lamiaceae	*Syncolostemon flabellifolius*		B(ii)						frequente
Lamiaceae	*Syncolostemon oritrephes*	A(i)	B(ii)	✓	✓	✓			rara
Melastomataceae	*Dissotis pulchra*	A(i)	B(ii)	✓	✓	✓			ocasional
Melastomataceae	*Dissotis swynnertonii*	A(i)	B(ii)	✓	✓	✓			ocasional
Melianthaceae	*Bersama swynnertonii*		B(ii)						rara

Espécies Prioritárias (Critérios IPA A e B)

FAMÍLIA	TÁXON	IPA CRITÉRIO A	IPA CRITÉRIO B	≥ 1% DA POPULAÇÃO GLOBAL	≥ 5% DA POPULAÇÃO NACIONAL	É 1 DOS 5 MELHORES LOCAIS NACIONAL	TODA A POPULAÇÃO GLOBAL	ESPÉCIES DE IMPORTÂNCIA SÓCIO-ECONÓMICA	ABUNDÂNCIA NO LOCAL
Myricaceae	Myrica chimanimaniana	A(i)	B(ii)	✓	✓	✓			frequente
Oleaceae	Olea chimanimani		B(ii)						ocasional
Orchidaceae	Disa chimanimaniensis		B(ii)						desconhecida
Orchidaceae	Neobolusia ciliata	A(i)	B(ii)	✓	✓	✓			ocasional
Orchidaceae	Polystachya subumbellata		B(ii)						desconhecida
Orchidaceae	Schizochilus lepidus	A(i)	B(ii)	✓	✓	✓			desconhecida
Orobanchaceae	Buchnera chimanimaniensis		B(ii)						comum
Orobanchaceae	Buchnera subglabra	A(i)	B(ii)	✓	✓	✓			frequente
Penaeaceae	Olinia chimanimani	A(i)	B(ii)	✓	✓	✓			ocasional
Peraceae	Clutia sessilifolia		B(ii)						ocasional
Phyllanthaceae	Phyllanthus bernierianus var. glaber		B(ii)						desconhecida
Poaceae	Danthoniopsis chimanimaniensis	A(i)	B(ii)	✓	✓	✓			desconhecida
Poaceae	Eragrostis desolata		B(ii)						frequente
Polygalaceae	Polygala zambesiaca	A(i)	B(ii)	✓	✓	✓			ocasional
Proteaceae	Faurea rubriflora		B(ii)						ocasional
Proteaceae	Protea caffra subsp. gazensis		B(ii)						frequente
Proteaceae	Protea enervis	A(i)	B(ii)	✓	✓	✓			rara
Restionaceae	Platycaulos quartziticola		B(ii)						frequente
Rubiaceae	Empogona jenniferae	A(i)	B(ii)	✓	✓	✓			rara
Rubiaceae	Oldenlandia cana		B(ii)						ocasional
Rubiaceae	Otiophora inyangana subsp. inyangana		B(ii)						desconhecida
Rubiaceae	Otiophora inyangana subsp. parvifolia		B(ii)						ocasional
Rubiaceae	Pavetta umtalensis		B(ii)						desconhecida
Rubiaceae	Sericanthe chimanimaniensis	A(i)	B(ii)	✓	✓	✓			ocasional
Santalaceae	Thesium chimanimaniense		B(ii)						comum
Santalaceae	Thesium dolichomeres		B(ii)						ocasional
Santalaceae	Thesium pygmeum		B(ii)						ocasional
Scrophulariaceae	Selago anatrichota		B(ii)						ocasional
Thymelaeaceae	Struthiola montana		B(ii)						desconhecida
Velloziaceae	Xerophyta argentea		B(ii)						comum
Xyridaceae	Xyris asterotricha	A(i)	B(ii)	✓	✓	✓			rara
		A(i): 29 ✓ A(iv): 6 ✓	B(ii): 96 ✓						

Lobelia cobaltica (BW)

Impatiens salpinx (TS)

Habitats Ameaçados (IPA Critério C)

TIPO DE HABITAT	IPA CRITÉRIO C	≥ 5% DO RECURSO NACIONAL	≥ 10% DO RECURSO NACIONAL	É 1 DOS 5 MELHORES LOCAIS NACIONAL	ÁREA ESTIMADA DO LOCAL (SE CONHECIDO)
Floresta Húmida de Montanha [MOZ-01]	C(iii)				
Floresta Húmida de Média Altitude [MOZ-02]	C(iii)				
Pradaria de Montanha [MOZ-09]	C(iii)		✓	✓	

Áreas Protegidas e Outras Designações de Conservação

TIPO DE ÁREA DE CONSERVAÇÃO	NOME DA ÁREA DE CONSERVAÇÃO	RELAÇÃO DA IPA COM A ÁREA PROTEGIDA
Parque Nacional	Parque Nacional de Chimanimani	Área protegida/de conservação que engloba a IPA
Área de Conservação Trans-Fronteiriça (zona central)	Área de Conservação Trans-fronteiriça de Chimanimani	Área protegida/de conservação que engloba a IPA
Área Importante de Aves	Montes Chimanimani (Moçambique)	Área protegida/de conservação que engloba a IPA
Área Chave de Biodiversidade	Parque Nacional de Chimanimani	Área protegida/de conservação que engloba a IPA

Ameaças

AMEAÇA	SEVERIDADE	SITUAÇÃO
Mineração e pedreiras	baixa	ocorrendo – tendência desconhecida
Actividades recreativas	baixa	futuro – ameaça deduzida
Aumento da frequência/intensidade de queimadas	desconhecida	ocorrendo – tendência desconhecida
Espécies invasoras não nativas/exóticas	desconhecida	futuro – ameaça deduzida
Infiltração pela mineração	média	ocorrendo – tendência desconhecida

PROVÍNCIA DE INHAMBANE

PROVÍNCIA DE INHAMBANE

TEMANE

Avaliadores: Castigo Datizua, Clayton Langa, Iain Darbyshire, Sophie Richards

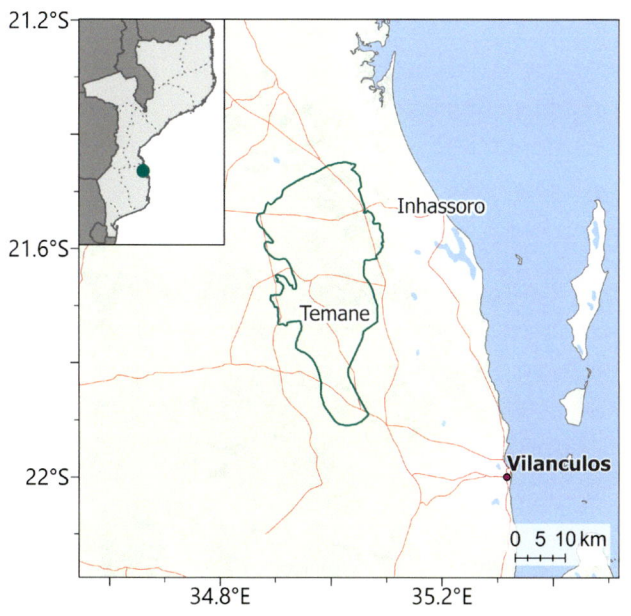
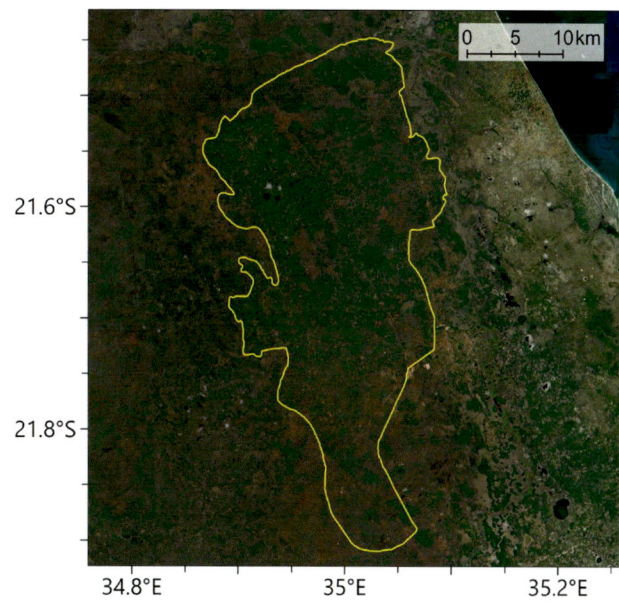

NOME INTERNACIONAL DO LOCAL		Temane	
NOME LOCAL (CASO DIFERENTE)		–	
CÓDIGO DO LOCAL	MOZTIPA055	PROVÍNCIA	Inhambane

LATITUDE	-21.67864	LONGITUDE	34.98088
ALTITUDE MINIMA (m a.s.l.)	20	ALTITUDE MÁXIMA (m a.s.l.)	65
ÁREA (km²)	678	CRITÉRIO IPA	A(i)

Descrição do Local

A IPA de Temane siua-se por completo no Distrito de Inhassoro, no norte da Província de Inhambane e cobre uma área de 678 km² entre as latitudes -21,49° a -21,91° e longitudes 34,89° a 35,04°. Os limites desta IPA foram principalmente delineados para abranger habitats importantes que suportam tanto um número notável de espécies de plantas endémicas de Moçambique, incluindo cinco espécies ameaçadas, como uma série de serviços ecossistémicos que os habitats fornecem.

O Distrito de Inhassoro tem, nos últimos anos, despertado um interesse económico significativo relacionado com a exploração de recursos minerais. As áreas críticas para a biodiversidade na IPA de Temane situam-se num dos maiores depósitos de gás natural e areia pesada em Moçambique, centrado nas aldeias de Temane, Maimelane e Cometela (MAE 2005b; Impacto Lda. 2018). Esses desenvolvimentos, além das actividades das comunidades locais, estão impactando negativamente a IPA por meio da transformação e degradação dos ecossistemas (MICOA 2012a).

Importância Botânica

Esta IPA é de grande importância botânica principalmente devido à presença de brenhas e habitats de Mata seca que suportam várias espécies endémicas de distribuição restrita do norte de Inhambane e de importância para a conservação. Cinco destas espécies estão avaliadas como globalmente ameaçadas na Lista Vermelha da IUCN: *Bauhinia burrowsii* (EN; restrita a Inhambane nas áreas de Inhassoro, Vilanculos e Mapinhane), *Croton aceroides* (EN; encontrada em dois locais no Distrito de Inhassoro, e entre Mabote e Funhalouro no norte de Inhambane, e perto de Panda e Homoine mais ao sul de Inhambane), a trepadeira lenhosa *Triaspis suffulta* (EN: restrita às áreas de Inhassoro e Vilanculos), *Croton inhambanensis* (VU; restrita a Inhassoro e Mapinhane) e *Ozoroa gomesiana* (VU; encontrada apenas no norte de Inhambane, principalmente concentrada nas áreas de Inhassoro, Mapinhane e Vilanculos). Todas estas espécies são endémicas do proposto (sub-) Centro de Endemismo de Plantas de Inhambane (Darbyshire *et al.* 2019a).

Esta IPA é até agora conhecida por suportar seis taxa de plantas endémicas nacionais e um taxa de planta quase endémica. As espécies endémicas de Moçambique consistem nas cinco espécies globalmente ameaçadas anteriormente mencionadas, mais a espécie de menor preocupação *Dolichandrone alba*.

Habitat e Geologia

De um modo geral, a região de Temane situa-se dentro da região fito-geográfica da Zona de Transição Regional Swahilian-Maputaland de acordo com Clarke (1998), que cobre grande parte da faixa costeira de Moçambique, ou de acordo com Schipper e Burgess (2015), na Ecorregião do mosaico de floresta costeira do sul de Zanzibar-Inhambane que se estende por cerca de 2.200 km ao longo da costa oriental do continente africano, desde o sul da Tanzania até Xai-Xai (Província de Gaza) em Moçambique. Num sentido fito-geográfico mais restrito, esta IPA enquadra-se na extensão norte do Centro de Endemismo de Maputaland, recentemente proposto como o (sub-) Centro de Endemismo de Inhambane (Darbyshire *et al.* 2019a).

O clima é influenciado pela corrente quente do Canal de Moçambique e é caracterizado como tropical húmido pelo litoral e tropical seco no interior. O local é afectado por duas estações; a estação chuvosa que vai de Agosto a Fevereiro, enquanto a estação seca e relativamente fria vai de Fevereiro a Julho. Na estação chuvosa, as temperaturas médias variam entre 28 – 30°C, enquanto na estação seca as temperaturas variam entre 18 – 27°C. A precipitação média anual varia entre 865 – 936 mm, com maior precipitação na costa (Governo do Distrito de Inhassoro 2011; World Resources Institute 2021). A elevação da IPA varia de 20 a 65 m de altitude acima do nível do mar. A região faz parte das grandes planícies costeiras que se estendem ao longo de vasta extensão do litoral moçambicano, e é caracterizada por solos argilosos vermelhos e solos sódicos (solos de mananga) dominando as zonas do interior (MICOA 2012a).

O Distrito de Inhassoro tem sido alvo de vários levantamentos botânicos recentes, que ajudaram a construir a nossa compreensão da diversidade de plantas na região da IPA de Temane. Três tipos principais de vegetação podem ser distinguidos neste local. (1) Ocorre a sul da IPA um mosaico de matas de miombo e pradarias, constituído por mata aberta de árvores de tamanho médio e arbustos (com cerca de 35% de cobertura de copa), sendo as espécies dominantes *Julbernardia globiflora* e *Brachystegia spiciformis* acompanhadas por espécies como *Afzelia quanzensis*, *Albizia adianthifolia*, *Garcinia livingstonei* e *Pterocarpus angolensis*. As pradarias com cerca de 50% de cobertura do solo, com por exemplo, *Eragrostis chapelieri*, *Melinis*

Matagal de *Guibourtia conjugata* (WM)

Agricultura de corte e queima no interior da brenha de *Spirostachys* (WM)

repens, *Perotis patens*, *Schizachyrium sanguineum* e *Sporobolus pyramidalis* dominando a paisagem (Deacon 2014). (2) Floresta mista seca-mata, que é o tipo de vegetação mais extenso encontrado neste local, e também apresenta espécies de miombo, mas o estrato arbóreo aqui é dominado por espécies de árvores como *Afzelia quanzensis*, *Albizia adianthifolia*, *Balanites maughamii*, *Garcinia livingstonei*, *Guibourtia conjugata*, *Pterocarpus angolensis* e *Suregada zanzibariensis* (MICOA 2012a; Deacon 2014). Este habitat é um mosaico de mata aberta de árvores de tamanho médio e arbustos (com cerca de 30% de cobertura de copas) e um estrato herbáceo (cerca de 60% de cobertura), com gramíneas comuns, incluindo *Megathyrsus maximus*, *Schizachyrium sanguineum* e *Sporobolus pyramidalis*. (3) Brenha arenosa, por vezes intercalada com mata de miombo e com os tipos de vegetação de floresta mista seca-mata, este habitat encontra-se generalizado na IPA, particularmente no nordeste, e compreende uma vegetação densa de espécies semi-decíduas de pequeno porte e dominadas por *Hymenocardia ulmoides* e *Spirostachys africana*, com árvores emergentes de *Adansonia digitata*, *Balanites maughamii* e *Cordyla africana*. As trepadeiras são numerosas e incluem *Ancylobotrys petersiana*, *Apodostigma pallens*, *Artabotrys brachypetalus*, *Artabotrys monteiroae* e *Monodora junodii* var.

junodii entre outras (Deacon 2014; Lötter *et al.* in prep.). Estas áreas de Brenha têm uma cobertura arbórea variando de 25 a 45% e uma cobertura herbácea do solo de 3 a 10% (Deacon 2014). Este último tipo de vegetação corresponde à Brenha Arenosa de Panda (Pande Sand Thicket) de Lötter *et al.* (em prep.), uma unidade de vegetação muito restrita, a maior parte da qual se encontra dentro da IPA de Temane, e é de particular importância para a maioria das espécies restritas e ameaçadas deste local.

Questões de Conservação

A IPA de Temane não se encontra dentro de uma área protegida formal. No entanto, a região é abrangida pela Área Chave de Biodiversidade de Inhassoro-Vilanculos recentemente identificada (WCS *et al.* 2021).

Esta IPA está actualmente sob alta pressão e degradação pelas comunidades locais devido à colheita de lenha, produção de carvão, pastagem de gado, agricultura associada ao aumento da frequência de queimadas e expansão dos assentamentos (A. Massingue, com. pess. 2020; World Instituto de Recursos 2021; Google Earth 2021). Além disso, partes da IPA também estão a sofrer degradação do habitat devido a actividades relacionadas com a exploração de gás natural em torno da aldeia de Temane, e a exploração de areias pesadas nas aldeias de Maimelane e Cometela.

As áreas cultivadas estão concentradas ao longo das estradas e caminhos de acesso, e também perto das linhas de fluxo de petróleo da Sasol, que ocorrem ao longo dos mosaicos de vegetação desta IPA, e causam um nível de degradação do habitat (Deacon 2014; Google Earth 2021).As brenhas dominadas por *Spirostachys* são particularmente visadas para a agricultura de corte e queima pelas comunidades locais, pois os solos associados têm um valor nutricional mais alto do que os dos habitats adjacentes. No entanto, essas brenhas são resistentes e logo retornam ao seu estado anterior após cerca de 10 anos de abandono dos campos (W. McCleland, comunicação pessoal 2021).

Serviços Ecossistémicos Chaves

A vegetação da IPA de Temane é de grande importância como área bio-diversa tanto para espécies de plantas como para uma variedade de fauna (por exemplo, répteis endémicos como *Panaspis* e *Atractaspis* spp.) (Deacon 2014). As florestas contribuem significativamente para o armazenamento de carbono e regulação do clima, principalmente relacionado ao ciclo de precipitação. Além disso, as comunidades locais também aproveitam esses habitats terrestres, onde extraem lenha, frutas silvestres e plantas medicinais, materiais de construção (areia, pedra, cal e madeira) e material lenhoso para produção de combustível ou carvão (A. Massingue, pers. com. 2020). Actualmente, no entanto, a extração de bens fornecidos por este local constitui uma ameaça aos ecossistemas devido à alta demanda e falta de maneio sustentável.

Categorias de Serviços Ecossistémicos

- Provisionamento – Alimentos
- Provisionamento – Recursos medicinais
- Serviços de Regulação – Clima local e qualidade do ar
- Serviços de Regulação – Sequestro e armazenamento de carbono
- Serviços de Regulação – Moderação de eventos extremos
- Serviços de Regulação – Prevenção de erosão e manutenção da fertilidade do solo
- Habitat ou serviços de apoio – Habitats para espécies
- Habitat ou serviços de apoio – Manutenção da diversidade genética

Justificativa da Avaliação da IPA

Temane qualifica-se como IPA sob o Critério A(i), uma vez que esta área suporta populações importantes de cinco espécies globalmente ameaçadas: *Bauhinia burrowsii* (EN), *Croton aceroides* (EN), *Triaspis suffulta* (EN), *Croton inhambanensis* (VU) e *Ozoroa gomesiana* (VU). Até agora, sabe-se que esta IPA suporta seis espécies endémicas nacionais (Darbyshire *et al.* 2019a); isto está abaixo do limiar de 3% de espécies endémicas moçambicanas e de espécies restritas necessárias para qualificar este local no Critério B(ii).

Triaspis suffulta (WM)

Bauhinia burrowsii (WM)

PROVÍNCIA DE INHAMBANE

Brenha baixa dominada por *Spirostachys africanus* (WM)

Croton inhambanensis (WM)

Espécies Prioritárias (Critérios IPA A e B)

FAMÍLIA	TÁXON	IPA CRITÉRIO A	IPA CRITÉRIO B	≥ 1% DA POPULAÇÃO GLOBAL	≥ 5% DA POPULAÇÃO NACIONAL	É 1 DOS 5 MELHORES LOCAIS NACIONAL	TODA A POPULAÇÃO GLOBAL	ESPÉCIES DE IMPORTÂNCIA SÓCIO-ECONÓMICA	ABUNDÂNCIA NO LOCAL
Anacardiaceae	*Ozoroa gomesiana*	A(i)	B(ii)	✓	✓	✓			abundante
Bignoniaceae	*Dolichandrone alba*		B(ii)						abundante
Euphorbiaceae	*Croton aceroides*	A(i)	B(ii)	✓	✓	✓			rara
Euphorbiaceae	*Croton inhambanensis*	A(i)	B(ii)	✓	✓	✓			frequente
Fabaceae	*Bauhinia burrowsii*	A(i)	B(ii)	✓	✓	✓			abundante
Malpighiaceae	*Triaspis suffulta*	A(i)	B(ii)	✓	✓	✓			rara
		A(i): 5 ✓	B(ii): 6						

Áreas Protegidas e Outras Designações de Conservação

TIPO DE ÁREA DE CONSERVAÇÃO	NOME DA ÁREA DE CONSERVAÇÃO	RELAÇÃO DA IPA COM A ÁREA PROTEGIDA
Sem protecção formal	Não indicado	
Área Chave de Biodiversidade	Inhassoro-Vilankulos	Área protegida/de conservação que engloba a IPA

TEMANE

Ameaças

AMEAÇA	SEVERIDADE	SITUAÇÃO
Habitação e áreas urbanas	alta	ocorrendo – tendência desconhecida
Áreas industriais e comerciais	alta	ocorrendo – tendência desconhecida
Agricultura itinerante	alta	ocorrendo – tendência desconhecida
Agricultura de pequena escala	baixa	ocorrendo – tendência desconhecida
Pastoreio, pecuária ou agricultura de pequena escala	baixa	ocorrendo – tendência desconhecida
Perfuração de petróleo e gás	alta	ocorrendo – tendência desconhecida
Mineração e pedreiras	desconhecida	ocorrendo – tendência desconhecida
Estradas e ferrovias	alta	ocorrendo – tendência desconhecida
Exploração de madeira e colecta de produtos florestais	alta	ocorrendo – tendência desconhecida
Aumento da frequência/intensidade de queimadas	desconhecida	ocorrendo – tendência desconhecida
Espécies invasoras não nativas/espécie exótica	média	ocorrendo – tendência desconhecida

INHASSORO-VILANCULOS

Avaliadores: Clayton Langa, Castigo Datizua, Iain Darbyshire, Sophie Richards

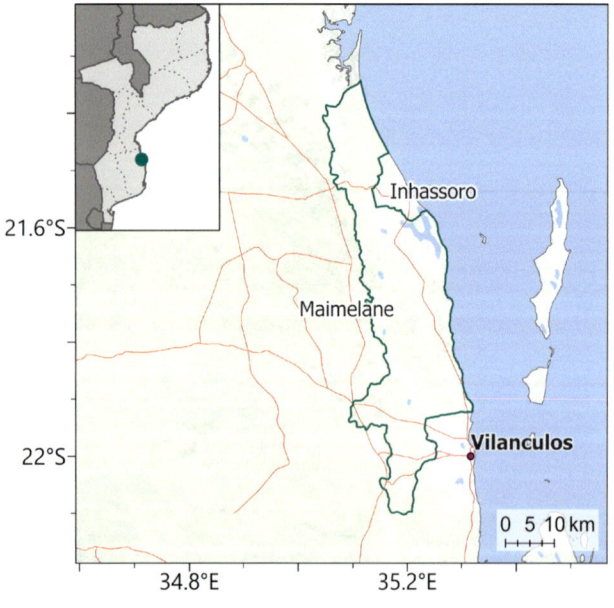
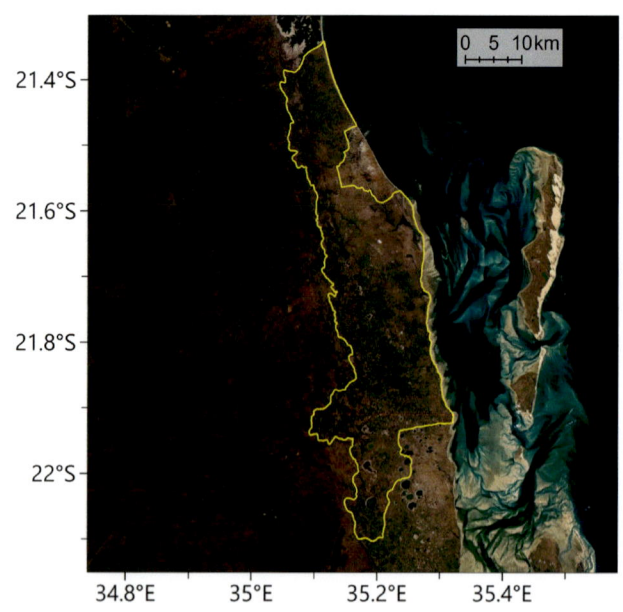

NOME INTERNACIONAL DO LOCAL		Inhassoro-Vilanculos	
NOME LOCAL (CASO DIFERENTE)		–	
CÓDIGO DO LOCAL	MOZTIPA053	PROVÍNCIA	Inhambane

Floresta costeira com *Xylia mendoncae* (AM)

Rio Govuro e planície de inundação (WM)

LATITUDE	-21.72211	LONGITUDE	35.18269
ALTITUDE MÍNIMA (m a.s.l.)	0	ALTITUDE MÁXIMA (m a.s.l.)	55
ÁREA (km²)	953	CRITÉRIO IPA	A(i), A(iv), B(ii)

Descrição do Local

A IPA Inhassoro-Vilanculos está localizada ao longo da costa norte da Província de Inhambane nos Distritos de Inhassoro e Vilanculos. Abrange uma área de 953 km² entre as latitudes -21,34° a -22,11° e longitudes 35,09° a 35,4°. Esta IPA enquadra-se no proposto (sub-) Centro de Endemismo de Plantas (CoE) de Inhambane (Darbyshire *et al.* 2019a). O local limita-se a este pela costa do Oceano Índico, a sul pela vila de Vilanculos, a norte pelos mangais do distrito de Govuro e a oeste o limite do local corre largamente paralelo à estrada EN1. A vila de Inhassoro foi excluída do limite do local. Apesar de uma série de pressões humanas, este local contém uma rica variedade de habitats terrestres que suportam um número notável de espécies de plantas endémicas de Moçambique.

Vizinhos deste local são a IPA de Temane [MOZTIPA055] a oeste e a IPA de Mapinhane [MOZTIPA056] a sudoeste, enquanto a aproximadamente 30 – 35 km da costa está a IPA do Arquipélago de Bazaruto [MOZTIPA042]. O local também se sobrepõe à Área Chave de Biodiversidade de Inhassoro-Vilanculos (KBA), mas não está formalmente protegida no momento.

Importância Botânica

A IPA de Inhassoro-Vilanculos hospeda sete espécies de plantas com distribuição restrita e globalmente ameaçadas. Tal inclui três espécies ameaçadas de extinção: *Ecbolium hastatum* e o parente selvagem da berinjela, *Solanum litoraneum* (ambos endémicos do sul de Moçambique); e a trepadeira lenhosa, *Triaspis suffulta* (uma endémica restrita do CoE de Inhambane). Além disso, são conhecidas quatro espécies Vulneráveis deste local: *Elaeodendron fruticosum* (endémica do CoE de Inhambane, ocorrendo em áreas costeiras das Províncias de Gaza e Inhambane); *Ozoroa gomesiana* (uma endémica estrita do norte da Província de Inhambane, principalmente dentro dos IPAs Mapinhane, Inhassoro e Vilanculos); *Psychotria amboniana* subsp. *mosambicensis* (endémica do sul de Moçambique) e *Xylia mendoncae* (uma endémica restrita do norte da Província de Inhambane, ocorrendo nos Distritos de Vilanculos, Inhassoro e Govuro). A maior população global de *X. mendoncae* ocorre dentro desta IPA, que é, portanto, o reduto global para esta espécie, com mais de 65% da população estimada dentro desta IPA. A partir de imagens de satélite (Google Earth 2021), é notável que esta espécie prefere florestas de miombo decíduas costeiras, com *Brachystegia* sp. e *Julbernardia globiflora*, próximo a depressões de água doce. Os habitats em torno das depressões de água doce são as áreas preferidas para as machambas. Apesar disso, *X. mendoncae* parece ser capaz de se regenerar em rebrota secundária após a agricultura itinerante.

Outra espécie de interesse de conservação é a cicadácea *Encephalartos ferox* subsp. *emersus*. Provisoriamente avaliada como Ameaçada, esta sub-espécie foi agora confirmada como endémica do CoE de Inhambane, nos distritos costeiros de Inhambane de Inhassoro, Vilanculos e Jangamo (Massingue 2019), ocorrendo em termitárias antigas em planícies costeiras sazonalmente inundadas (Burrows *et al.* 2018). Esta IPA contém a maioria da população global. Esta sub-espécie foi anteriormente sugerida como Críticamente Ameaçada (Rousseau *et al.* 2015), mas agora é conhecida por ocorrer numa área mais ampla dos distritos costeiros de Inhambane (Massingue 2019). Esta IPA possui dentro de seus limites 12 espécies endémicas nacionais e seis espécies quase endémicas. As endémicas moçambicanas compreendem as sete espécies globalmente ameaçadas ou potencialmente ameaçadas mencionadas anteriormente, além de quatro espécies menos preocupantes, *Ammannia fernandesiana* (para a qual este pode ser o local mais importante globalmente), *Chamaecrista paralias*, *Triainolepis sancta* e *Zanthoxylum delagoense*.

Taxas de plantas quase endémicas conhecidas deste local incluem *Commiphora schlechteri* (LC), *Crotalaria dura* subsp. *mozambica*, *Cussonia arenicola* e *Pavetta gracillima*. Também de interesse é a espécie de sapal *Caroxylon littoralis*, restrita às costas do Canal de Moçambique com uma Área de Ocupação de cerca de 48 km² (Friis & Holt 2017). Esta IPA representa um dos três únicos locais para esta espécie em Moçambique.

Além disso, Vilanculos-Inhassoro alberga áreas significativas de miombo costeiro em dunas primárias. Na maior parte de Moçambique, o miombo costeiro ocorre na parte posterior do sistema dunar; no entanto, nesta IPA o miombo também ocorre em dunas primárias. A nível nacional este habitat é muito restrito, limitado a uma pequena área em torno dos Distritos de Vilanculos e Inhassoro, e também está ameaçado pela invasão da agricultura e expansão dos municípios (Massingue 2019). Esta IPA é, portanto, de grande importância para a conservação deste tipo de habitat.

Habitat e Geologia

De um modo geral, a região da IPA Inhassoro-Vilanculos encontra-se dentro da região fito-geográfica da Zona de Transição Regional Swahilian-Maputaland de acordo com Clarke (1998), cobrindo grande parte da faixa costeira de Moçambique, e na Eco-região do Mosaico de Floresta Costeira do Sul de Zanzibar-Inhambane de acordo com Schipper & Burgess (2015), que se estende por cerca 2.200 km ao longo da costa oriental do continente africano, desde o sul da Tanzania até Xai-Xai (província de Gaza) em Moçambique. Num sentido

Matagal de dunas costeiras na IPA de Inhassoro-Vilanculos (WM)

fito-geográfico mais restrito, esta IPA enquadra-se na extensão norte do Centro de Endemismo de Maputaland, recentemente proposto como o (sub-)Centro de Endemismo de Inhambane (Darbyshire *et al.* 2019a), que foi proposto devido à elevada concentração de endemismo de plantas encontrado apenas nesta área (Massingue 2019).

O clima é influenciado pela corrente quente do Canal de Moçambique e caracteriza-se por ser um clima tropical húmido a sub-húmido, com duas estações (Lambrechts 2003; Cumbe 2007; Massingue 2019): uma estação chuvosa quente de Agosto a Fevereiro, e uma estação seca e relativamente fresca de Fevereiro a Julho. Na estação chuvosa, as temperaturas médias variam entre 28 – 30°C, enquanto na estação seca as temperaturas variam entre 18 – 27°C. A precipitação média anual varia de 865 a 936 mm, com maior precipitação na costa (Lambrechts 2003, Governo do Distrito de Inhassoro 2011, EOH 2015a, World Resources Institute 2021). A elevação da IPA varia de 0 a 55 m. Faz parte das grandes planícies costeiras que se estendem ao longo de uma grande extensão do litoral de Moçambique e caracteriza-se por solos arenosos não consolidados de textura fina, com teor de argila muito baixo, originários de actividades eólicas e/ou marinhas, intercalados com áreas de solos hidromórficos e solos derivados de sedimentos marinhos encontrados ao longo da costa. Solos argilosos vermelhos e solos sódicos (solos de mananga) dominam as zonas do interior (MICOA 2012a).

A vegetação costeira da IPA Inhassoro-Vilanculos encontra-se muito fragmentada devido a uma combinação de ameaças (ver abaixo). Apesar disso, ainda existem áreas significativas de habitats costeiros intactos que são de alta preocupação de conservação. Nos últimos anos, esta IPA tem sido alvo de vários levantamentos botânicos, que ajudaram a acrescentar, actualizar e confirmar o nosso conhecimento da diversidade de plantas na região da IPA de Inhassoro, e melhorar a compreensão do mosaico de habitats desta IPA. A IPA encontra-se dentro de uma paisagem frequentemente inundada e, portanto, apresenta uma variedade de tipos de terras húmidas, notadamente: planícies de inundação ribeirinhas com pântanos, riachos costeiros sazonais, lagos e lagoas costeiras e florestas de mangal na costa. Entre estas terras húmidas as mais importantes são a ribeirinha de Nhangonzo junto à costa no canto mais oriental desta IPA (-21,72°, 35,24°) e a planície de inundação do Rio Govuro mais para o interior a sul (-21,75°, 35,14°), dominada por vegetação emergente e inundada e caracterizada pela presença de *Phragmites australis* e *Nymphaea* dentro dos corpos d'água, e pela abundância de *Hyphaene coriacea* e *Phoenix reclinata*, associados com termiteiras (MICOA 2012a; Deacon 2014).

A leste da IPA, há uma pequena extensão de mangais com *Rhizophora mucronata*, *Bruguiera gymnorrhiza*, *Avicennia marina* e *Ceriops tagal*. Associados a este habitat estão os sapais costeiros, com "samphires" dispersas a densas (*Sarcocornia sp.*) (MICOA 2012a; Lötter *et al.* em prep.).

As dunas costeiras suportam um mosaico de brenhas semi-decíduas a sempreverdes e florestas, variando em densidade e estrutura. Este tipo de vegetação é dominado por *Acacia kraussiana*, *A. robusta* var. *usambarensis*, *Acokanthera oblongifolia* e *Acridocarpus natalitius*, com plantas de interesse de conservação incluindo *Commiphora schlechteri* e, notadamente, *Ecbolium hastatum* (Lötter *et al.* in prep.).

A mata litoral de miombo cobre áreas significativas da IPA, dominada por *Brachystegia spiciformis*, *B. torrei* e *Julbernardia globiflora* (Lötter *et al.* em prep.). Em direcção ao litoral, o estrato arbóreo é mais fechado (75% de cobertura arbórea e arbustiva) e o o estrato inferior é dominado pela gramínea *Halopyrum mucronatum* juntamente com a arbustiva *Scaevola plumieri*. Mais para o interior, o estrato arbóreo é mais aberto (35% de cobertura arbórea) e a cobertura herbácea é maior, apresentando gramíneas como *Eragrostis chapelieri*, *Melinis repens*, *Perotis patens*, *Schizachyrium sanguineum* e *Sporobolus pyramidalis* (Deacon 2014; EOH 2015b). Curiosamente, este local também hospeda miombo em dunas primárias, um habitat nacionalmente escasso e ameaçado conhecido apenas de Vilanculos a Inhassoro, que é dominado por *Julbernardia globiflora* e raramente *Brachystegia spiciformis* (Massingue 2019). Este importante habitat protege os ecossistemas terrestres do interior de influências marinhas excessivas, e contém plantas importantes para o interesse de conservação, incluindo a ameaçada *Triaspis suffulta* e *Ecbolium hastatum*, entre outras.

Mais para o interior encontram-se mosaicos de floresta decídua e matas, muitas vezes com uma mata aberta de árvores e arbustos de tamanho médio (de 30% de cobertura) e com um estrato herbaceo (com

Ecbolium hastatum (WM)

Xylia mendoncae (WM)

uma cobertura de 60%) de *Megathyrsus maximus*, *Schizachyrium sanguineum* e *Sporobolus pyramidalis*. Este habitat contém espécies arbóreas semelhantes ao miombo, com *Brachystegia spiciformis* e *Julbernardia globiflora*, mas é dominado por espécies de folha caduca como *Afzelia quanzensis*, *Balanites maughamii*, *Sideroxylon inerme* subsp. *diospiroides*, e *Suregada zanzibariensis* (MICOA 2012a; Lötter *et al.* em preparação). Além disso, este habitat possui várias plantas de interesse de conservação, nomeadamente *Chamaecrista paralias*, *Commiphora schlechteri*, *Psychotria amboniana* subsp. *mosambicensis* e *Zanthoxylum delagoense*. A oeste deste local existem várias terras húmidas sazonais, associadas à vegetação de savana. A componente lenhosa é dominada por *Hyphaene coriacea* acompanhada por *Albizia versicolor*, *Annona senegalensis*, *Dichrostachys cinerea*, *Ozoroa obovata* e *Sclerocarya birrea*, juntamente com as espécies endémicas *Chamaecrista paralias*; nestas terras húmidas também se encontra a erva arbustiva endémica *Ammannia fernandesiana*.

Questões de Conservação

Apesar de sua importância para a diversidade de plantas e endemismo, a IPA Inhassoro-Vilanculos não se encontra dentro de uma área protegida formal. No entanto, a maior parte da região está incluída na KBA de Inhassoro-Vilankulos recentemente identificada (WCS *et al.* 2021). A área não é actualmente reconhecida como um sítio Ramsar, apesar da diversidade de terras húmidas que são adequadas para aves aquáticas e migratórias (Lambrechts 2003; Golder Associates 2014; EOH 2015a; EOH 2015b; Google Earth 2021). Impacto Lda. (2018) determinaram que 63,4 ha de brenha/floresta de dunas costeiras localizadas numa faixa estreita ao longo da parte norte e sul do estuário de Nhangonzo qualifica-se como "Habitat Crítico". Além disso, a duna primária restrita de miombo, um tipo de habitat de importância para a conservação, também ocorre dentro da vegetação de dunas costeiras (Massingue 2019).

Ao longo da costa, a terra húmida de Nhangonzo foi recentemente submetida à perfuração para prospecção de petróleo e gás natural e pesquisa sísmica. Essas actividades aumentaram os danos à vegetação, abrindo novas vias de acesso e intensificando o uso da terra pelas comunidades locais. No entanto, de acordo com o recente relatório da Impacto Lda. (2018), estas áreas deixarão de ser exploradas, pois iria contrariar os requisitos presentes na actual licença de exploração da Sasol Lda, que proíbe actividades relacionadas com a exploração de petróleo e gás numa faixa de 500 m da costa.

Levantamentos botânicos realizados em algumas áreas deste local, especialmente na área crítica de Nhangonzo, realçaram a existência de espécies de plantas invasoras nas proximidades das aldeias e áreas agrícolas, como *Agave sisalana*, *Lantana camara*, *Melinis repens* e *Opuntia ficus-indica*. Existem também algumas árvores exóticas, como cajueiro, mangueira e *Casuarina equisetifolia*, que ocorrem em pequeno número em áreas perturbadas (EOH 2015a, 2015b).

De um modo mais geral, esta IPA está actualmente sob alta pressão e degradação pelas comunidades locais devido à colecta de lenha, produção de carvão, pastagem de gado, agricultura associada ao aumento da frequência de queimadas, e expansão dos assentamentos (MICOA 2012a; Massingue 2019; Google Earth 2021; Instituto de Recursos Mundiais 2021). As áreas cultivadas estão concentradas em terras húmidas e ao longo de estradas e caminhos de acesso, e nomeadamente perto das linhas de fluxo de petróleo da Sasol que se espalham ao longo da faixa costeira da IPA de Inhassoro, e causam um nível de degradação do habitat (Deacon 2014; EOH 2015a 2015b; Google Earth 2021). É também provável que a expansão da infraestrutura turística observada nesta IPA, especialmente ao longo da linha de costa, também esteja a afectar negativamente a integridade dos ecossistemas dunares, ao substituir gradualmente a vegetação primária de miombo das dunas (Massingue 2019).

A restauração de florestas e matas costeiras e a prevenção de mais perda ou degradação de habitats devem ser consideradas como altas prioridades para permitir a conservação das espécies de plantas ameaçadas desta IPA. É necessária uma acção urgente para proteger a vegetação remanescente, dada a escala de perda de habitat até ao momento presente.

Serviços Ecossistémicos Chaves

Os serviços ecossistémicos desta IPA podem ser divididos em serviços terrestres e marinhos/aquáticos. Do lado terrestre (foco da IPA), as matas e florestas costeiras contribuem significativamente para o armazenamento de carbono e regulação do clima, particularmente relacionado ao ciclo de precipitação. Adicionalmente, ajudam a manter a integridade natural da costa protegendo contra a erosão costeira do oceano e dos ventos, além de serem importantes bacias de captação na protecção dos processos hidrológicos das águas subterrâneas (EOH 2015a; 2015b; Massingue 2019). Ademais, esses habitats também são importantes para uma variedade de fauna (por exemplo, répteis endémicos, como *Panaspis* e *Atractaspis* spp.). Além disso, as populações humanas locais também aproveitam esses habitats terrestres, onde coletam lenha, frutas silvestres e plantas medicinais (EOH 2015a 2015b; A. Massingue, comunicação pessoal 2020).

Os ecossistemas aquáticos/marinhos estão representados na IPA Inhassoro-Vilanculos por planícies de inundação ribeirinhas, riachos costeiros, lagos e lagoas costeiras e mangais. As florestas de mangal estão principalmente associadas a estuários e fornecem diversos serviços ambientais, económicos e sociais. Eles são importantes na prevenção da erosão costeira, aliviando inundações e nos ciclos de reprodução de várias espécies. Os mangais também têm valor sócio-económico, não só pela sua associação com as actividades de pesca, mas também porque são utilizados pelas famílias locais para estacas para construção, como fonte de medicamentos tradicionais e lenha (MICOA 2012a; EOH 2015a, 2015b). Alguns ecossistemas estuarinos desempenham importantes papéis ecológicos devido à sua alta produtividade, fornecendo uma fonte de nutrientes e matéria orgânica para outros ecossistemas, e fornecendo abrigo para muitas espécies e viveiros para espécies migratórias (MICOA 2012a). As planícies húmidas também actuam como corredores para a fauna que utiliza cobertura densa para se mover ou migrar (Deacon 2014).

O potencial turístico da região da IPA concentra-se na costa e nas dunas (Governo do Distrito de Inhassoro 2011; MICOA 2012a). No entanto, existem também áreas notáveis de interesse nos ecossistemas interiores, por exemplo, as terras húmidas que suportam aves migratórias e, portanto, podem ter algum valor como local de observação de aves.

Categorias de Serviços Ecossistémicos

- Provisionamento – Alimentos
- Provisionamento – Água doce
- Provisionamento – Recursos medicinais
- Serviços de Regulação – Clima local e qualidade do ar
- Serviços de Regulação – Moderação de eventos extremos
- Serviços de Regulação – Prevenção de erosão e manutenção da fertilidade do solo
- Habitat ou serviços de apoio – Habitats para espécies
- Habitat ou serviços de apoio – Manutenção da diversidade genética
- Serviços Culturais – Recreação e saúde mental e física
- Serviços Culturais – Turismo

Justificativa da Avaliação da IPA

Inhassoro-Vilanculos qualifica-se como IPA no critério A(i), pois esta área suporta importantes populações de sete espécies globalmente ameaçadas, nomeadamente *Ecbolium hastatum* (EN), *Elaeodendron fruticosum (VU), Ozoroa gomesiana (VU), Psychotria amboniana* subsp. *mosambicensis (VU), Solanum litoraneum* (EN), *Triaspis suffulta* (EN) e *Xylia mendoncae* (VU). Também se enquadra no Critério A(iv), devido à ocorrência de *Encephalartos ferox* subsp. *emersus*, pois esta subespécie é restrita e potencialmente ameaçada e a maioria de sua população global conhecida está dentro desta IPA. Esta IPA contém 12 espécies endémicas nacionais e está entre os 15 principais locais a nível nacional para espécies endémicas e restritas; Inhassoro-Vilanculos, portanto, qualifica-se sob o subcritério B(ii) dos critérios IPA. O miombo costeiro nas dunas primárias é um habitat restrito e ameaçado abrangido por esta IPA que suporta sete espécies endémicas. Com mais pesquisas, este local pode no futuro se qualificar nos critérios IPA como C(iii), devido à presença deste tipo de habitat.

Encephalartos ferox subsp. *emersus* (WM)

Espécies Prioritárias (Critérios IPA A e B)

FAMÍLIA	TÁXON	IPA CRITÉRIO A	IPA CRITÉRIO B	≥ 1% DA POPULAÇÃO GLOBAL	≥ 5% DA POPULAÇÃO NACIONAL	É 1 DOS 5 MELHORES LOCAIS NACIONAL	TODA A POPULAÇÃO GLOBAL	ESPÉCIES DE IMPORTÂNCIA SÓCIO-ECONÓMICA	ABUNDÂNCIA NO LOCAL
Acanthaceae	*Ecbolium hastatum*	A(i)	B(ii)	✓	✓	✓			desconhecida
Anacardiaceae	*Ozoroa gomesiana*	A(i)	B(ii)	✓	✓	✓			comum
Celastraceae	*Elaeodendron fruticosum*	A(i)	B(ii)	✓	✓	✓			desconhecida
Fabaceae	*Chamaecrista paralias*		B(ii)						comum
Fabaceae	*Xylia mendoncae*	A(i)	B(ii)	✓	✓	✓			ocasional
Lythraceae	*Ammannia fernandesiana*		B(ii)						desconhecida
Malphigiaceae	*Triaspis suffulta*	A(i)	B(ii)	✓	✓	✓			rara
Rubiaceae	*Psychotria amboniana* subsp. *mosambicensis*	A(i)	B(ii)	✓	✓	✓			ocasional
Rubiaceae	*Triainolepis sancta*		B(ii)						comum
Rutaceae	*Zanthoxylum delagoense*		B(ii)						rara
Solanaceae	*Solanum litoraneum*	A(i)	B(ii)	✓	✓	✓			comum
Zamiaceae	*Encephalartos ferox* subsp. *emersus*	A(iv)	B(ii)	✓	✓	✓			rara
		A(i): 7 ✓ A(iv): 1 ✓	B(ii): 12						

PROVÍNCIA DE INHAMBANE

Áreas Protegidas e Outras Designações de Conservação

TIPO DE ÁREA DE CONSERVAÇÃO	NOME DA ÁREA DE CONSERVAÇÃO	RELAÇÃO DA IPA COM A ÁREA PROTEGIDA
Sem protecção formal	Não indicado	
Área Chave de Biodiversidade	Inhassoro-Vilankulos	Área protegida/de conservação que engloba a IPA

Ameaças

AMEAÇA	SEVERIDADE	SITUAÇÃO
Habitação e áreas urbanas	média	ocorrendo – tendência desconhecida
Áreas industriais e comerciais	média	ocorrendo – tendência desconhecida
Áreas de turismo e recreação	média	ocorrendo – tendência desconhecida
Agricultura itinerante	média	ocorrendo – tendência desconhecida
Pastoreio, pecuária ou agricultura de pequena escala	baixa	ocorrendo – tendência desconhecida
Perfuração de petróleo e gás	média	ocorrendo – tendência desconhecida
Mineração e pedreiras	desconhecida	ocorrendo – tendência desconhecida
Estradas e ferrovias	alta	ocorrendo – tendência desconhecida
Exploração de madeira e colecta de produtos florestais	baixa	ocorrendo – tendência desconhecida
Actividades recreativas	alta	ocorrendo – tendência desconhecida
Aumento da frequência/intensidade de queimadas	desconhecida	ocorrendo – tendência desconhecida
Espécies invasoras não nativas/exóticas	média	ocorrendo – tendência desconhecida

ARQUIPÉLAGO DE BAZARUTO

Avaliadores: Castigo Datizua, Clayton Langa, Iain Darbyshire, Sophie Richards

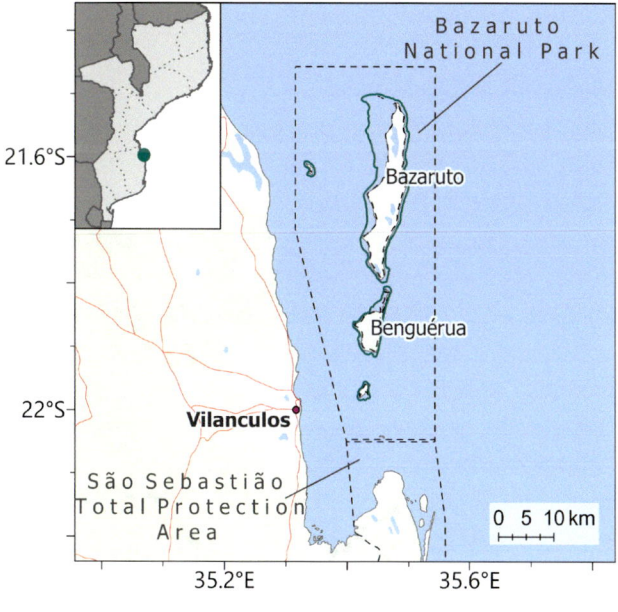
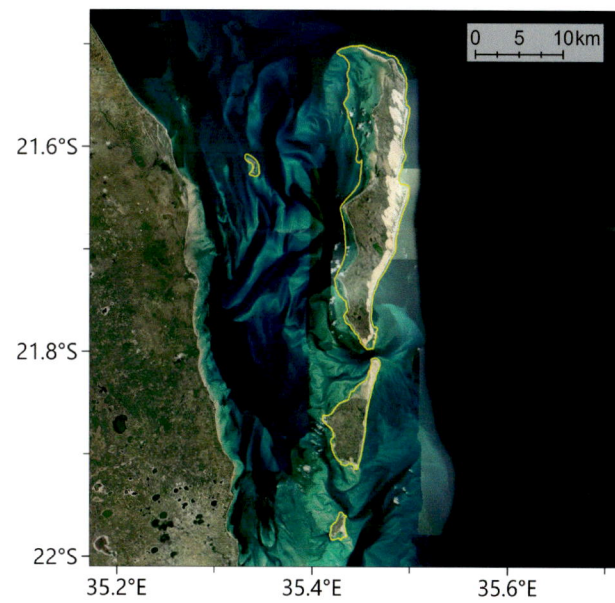

NOME INTERNACIONAL DO LOCAL		Bazaruto Archipelago	
NOME LOCAL (CASO DIFERENTE)		Arquipélago de Bazaruto	
CÓDIGO DO LOCAL	MOZTIPA042	PROVÍNCIA	Inhambane

LATITUDE	-21.73061	LONGITUDE	35.44182
ALTITUDE MINIMA (m a.s.l.)	0	ALTITUDE MÁXIMA (m a.s.l.)	90
ÁREA (km²)	190	CRITÉRIO IPA	A(i)

Descrição do Local

O Arquipélago do Bazaruto está localizado entre as latitudes 21°30' – 22°10' S e longitudes 35°22' – 35°30' E, ao largo da costa do Oceano Índico da província norte de Inhambane, entre os distritos de Vilanculos e Inhassoro no sul de Moçambique. É composto por cinco ilhas, Bazaruto (120,5 km²), Benguerra (32,86 km²), Magaruque (2,96 km²), Santa Carolina (2,10 km²) e Bangue (0,66 km²) (Everett et al. 2008; Díaz-Pelegrín et al. 2016). Este Arquipélago forma uma Área Importante de Plantas (IPA) localizada dentro da área marinha protegida do Parque Nacional do Arquipélago do Bazaruto (PNAB), que se estende por 1.430 km² (African Parks 2021).

Estas ilhas contêm uma variedade de habitats terrestres e marinhos e proporcionam refúgio a uma grande variedade de espécies vegetais e animais (Everett et al. 2008), incluindo um grupo de espécies endémicas e quase endémicas de Moçambique. Apenas quatro das ilhas, Bazaruto, Benguerra, Magaruque e Santa Carolina estão incluídas na IPA, conforme Everett et al. (2008). A Ilha de Bangue compreende apenas praia e vegetação de dunas pioneiras, portanto é improvável que seja de grande importância botânica.

Importância Botânica

Este local é de grande importância botânica, pois contém várias espécies de distribuição restrita de elevada preocupação de conservação, das quais três são espécies globalmente ameaçadas e endémicas de Moçambique: *Memecylon insulare* (CR; restrito à Ilha de Magaruque), *Jatropha subaequiloba* (VU; encontrada na Ilha do Bazaruto e nas proximidades da Península de São Sebastião), e *Ochna beirensis* (EN; possivelmente encontrada nestas ilhas e também nas proximidades da Beira e Cheringoma). *Ochna beirensis* foi documentada como presente no PNAB por Everett et al. (2008), mas este registo requer confirmação, pois nenhum espécime de herbário deste local foi visto pelos presentes autores. Embora no PNAB a componente botânica seja actualmente pouco explorada, sabe-se que as ilhas suportam até agora oito táxons de plantas endémicas nacionais (plantas que só ocorrem em Moçambique), e 10 táxons de plantas quase endémicas (plantas que estão restritas a Moçambique e países vizinhos). O endemismo consiste nas três espécies globalmente ameaçadas mencionadas anteriormente, mais quatro espécies de menor preocupação, *Chamaecrista paralias*, *Psydrax moggii*, *Triainolepis sancta* e *Zanthoxylum delagoense*, e uma que ainda não foi avaliada, mas é considerada de menor preocupação, *Spermacoce kirkii*. Até à data, apenas as três ilhas Bazaruto, Magaruque e Santa Carolina são conhecidas por deter espécies de plantas de grande importância para a conservação, mas dado que a Ilha de Benguerra tem uma composição vegetal semelhante à Ilha de Bazaruto, pesquisas futuras provavelmente revelarão que Benguerra também abriga populações de algumas dessas espécies prioritárias.

As comunidades de ervas marinhas ao redor das ilhas também são importantes e contêm uma população de *Zostera capensis* globalmente vulnerável.

Habitat e Geologia

Esta IPA resulta de um processo dinâmico de dunas sobrepostas, com origem em depósitos costeiros do Oceano Índico. Podem ser reconhecidas três formas dunares, nomeadamente dunas antigas, cordão dunar oceânico e formações costeiras recentes (Díaz Pelegrín et al. 2016). Os solos são arenosos, rochosos e brancos e são pobres para a actividade agrícola intensiva devido aos factores limitantes da baixa capacidade de retenção de água e baixa fertilidade (Díaz Pelegrín et al. 2016). O clima é classificado como Tropical Húmido Costeiro, que é bi-sazonal, com o pico da estação seca de Junho a Agosto e o pico da estação húmida de Dezembro a Março. As ilhas

Duna costeira e flora de praia na Ilha de Bazaruto (OB)

têm uma precipitação anual de aproximadamente 1.200 mm e uma temperatura média anual variando de 20° a 26°C de acordo com a estação do ano. A elevação geográfica varia de 0 a 4 m na linha do mar e nas zonas húmidas interiores até 90 m nas dunas mais altas perto da costa. A combinação desses diferentes elementos físicos tem efeitos significativos na composição e diversidade biótica desta IPA.

Esta IPA foi mapeada e descrita em 11 comunidades de vegetação natural terrestre (Dutton & Drummond 2008): (1) pradarias de savana, mantidas principalmente pelo nível do lençol freático com espécies lenhosas dominadas por *Garcinia livingstonei* e *Ozoroa obovata*; (2) pântanos ou pradarias edáficas, com uma variedade de gramíneas dominantes, incluindo *Sporobolus virginicus*, *Diplachne fusca* e *Andropogon eucomus*; (3) floresta sempreverde das dunas, muito degradada e conhecida apenas de três pequenas manchas remanescentes em Benguerra e Magaruque, com ocorrência de *Balanites maughamii* e *Ozoroa obovata*; (4) floresta secundária das dunas, dominada por *Mimusops caffra*, *Olax dissitiflora* e *Bourreria petiolaris*; (5) Brenha arbustiva, dominado por *Eugenia* spp. e *Euclea racemosa*; (6) floresta pantanosa, severamente danificada pela agricultura; (7) mata dominada por *Dialium schlechteri* e *Julbernardia globiflora*; (8) brenha associada ao nível do lençol freático na base das dunas costeiras viradas a oeste, dominada por *Olax dissitiflora*, *Bourreria petiolaris* e *Acacia karroo*; (9) flora pioneira das dunas, dominada por espécies como *Ipomoea pes-caprae*, *Scaevola plumieri* e *Cyperus crassipes*; (10) mangais, apenas conhecidos de Bazaruto, Benguerra e Santa Carolina, dominados por *Rhizophora mucronata*, *Bruguiera cylindrica* e *Ceriops tagal*; e (11) sapais ou salinas, também conhecidos apenas de Bazaruto, Benguerra e Santa Carolina, dominados por *Sesuvium portulacastrum*, *Salicornia perennis* e *Salicornia perrieri*.

A Ilha do Bazaruto suporta as maiores áreas de habitat natural, onde ocorrem nove dos 11 tipos de vegetação, com apenas a floresta sempreverde das dunas e a mata de *Dialium-Julbernardia* ausentes. Quatro tipos de vegetação podem ser encontrados em toda a Ilha de Magaruque, nomeadamente floresta sempreverde das dunas, floresta secundárias das dunas, brenha arbustiva e vegetação pioneira das dunas. A Ilha de Santa Carolina possui uma grande comunidade de mangais, floresta secundária das dunas e sapais (Dutton & Drummond 2008), enquanto a floresta sempreverde das dunas e a mata de *Dialium-Julbernardia* ocorrem na Ilha de Benguerra (Downs & Wirminghaus 1997; Dutton & Drummond 2008). Destes 11 conjuntos de vegetação terrestre no PNAB, três são de maior importância botânica, pois possuem espécies de importância para conservação: *Memecylon insulare* ocorre em floresta sempreverde das dunas, enquanto *Jatropha subaequiloba* é encontrada em floresta secundária das dunas e pradariass edáficas. As florestas secundárias das dunas também são adequadas para *Ochna beirensis*. Existe também uma extensão significativa de comunidades de ervas marinhas dentro da IPA, associadas às planícies arenosas das marés e dominadas por *Thalassodendron ciliatum*, *Cymodocea rotundata*, *Halodule uninervis* e *Zostera capensis* (Bandeira *et al.* 2008).

Questões de Conservação

O Parque Nacional do Arquipélago de Bazaruto (PNAB) foi designado principalmente para proteger mamíferos marinhos (dugongos, golfinhos, baleias), tubarões, tartarugas marinhas, corais, equinodermos (Holotúrias), moluscos e espécies de peixes (Vaz *et al.* 2008). No entanto, os ecossistemas marinhos e terrestres estão agora a beneficiar das medidas de conservação realizadas pela African Parks (African Parks 2021).

Desde 2017, o PNAB é gerido pela African Parks em parceria com o governo de Moçambique ao abrigo de um acordo de 25 anos. As prioridades declaradas da African Parks são fortalecer a aplicação da lei para reduzir as ameaças à biodiversidade do PNAB e criar apoio para as acções de conservação por meio do envolvimento da comunidade, treinamento e emprego local. Cerca de 34 novos guardas florestais foram contratados e treinados como parte deste processo (African Parks 2021).

No que diz respeito à biodiversidade terrestre, as aves são o grupo faunístico mais estudado até o momento, que também se beneficia do status de protecção internacional, pois muitas são migratórias (Díaz Pelegrín *et al.* 2016). A maioria dos principais habitats terrestres do PNAB, incluindo florestas de mangais e algumas lagoas e pântanos, receberam a designação de Zonas de Protecção Total Terrestre (ZPTT) (Díaz Pelegrín *et al.* 2016). No entanto, algumas dessas áreas estão actualmente sob pressão devido ao turismo insustentável e ao crescimento da população humana. Portanto, a integridade da biodiversidade terrestre desta IPA está ameaçada pela expansão dos assentamentos e infraestruturas e fluxo turístico, actividades insustentáveis de subsistência e consumo, como colecta intensiva de lenha, agricultura, pastagem de gado (cabras) e colecta de plantas medicinais (Dutton 1990); Downs & Wirminghaus 1997; Everett *et al.* 2008; Díaz Pelegrín *et al.* 2016). Há também muitos casos de queimadas descontroladas relatadas nas florestas, às vezes sendo estas intencionais para a agricultura itinerante de pequena escala e áreas de pastagem (Díaz Pelegrín *et al.* 2016). Estas questões devem ser abordadas para que a importância botânica dessas ilhas seja mantida.

As comunidades de ervas marinhas também são protegidas, designadas como Zonas Marinhas de Protecção Total (ZMPT).

Serviços Ecossistémicos Chaves

Além do papel do PNAB na regulação e manutenção dos processos ecológicos marinhos e no fornecimento de recursos naturais às comunidades locais, os ecossistemas terrestres também fornecem importantes serviços ecossistémicos. Eles ajudam a manter a integridade natural das ilhas, protegendo contra a erosão costeira do oceano e dos ventos. As florestas terrestres e costeiras também contribuem significativamente para o armazenamento de carbono e regulação do clima, particularmente relacionado ao ciclo de precipitação. Tapetes de ervas marinhas também são importantes para o armazenamento de carbono (Fourqurean *et al.* 2012). As florestas de mangal, além de armazenar carbono, constituem um importante micro-ecossistema e papel ecológico (sendo o terreno reprodutivo e um refúgio para a fauna marinha), e têm valor sócio-económico. As comunidades locais também aproveitam os habitats terrestres, onde extraem lenha e praticam agricultura de subsistência, colecta de frutos silvestres e plantas medicinais (Díaz Pelegrín *et al.* 2016). O potencial turístico do Arquipélago do Bazaruto é também elevado devido à beleza dos recursos naturais, praias, recifes de coral, tapetes de ervas marinhas, águas cristalinas para mergulho e mega-fauna marinha; por causa destes factores, as Ilhas são consideradas uma área chave para o turismo de natureza em Moçambique (Banco Mundial 2018).

Jatropha subaequiloba (OB)

Categorias de Serviços Ecossistémicos

- Provisionamento – Alimentos
- Provisionamento – Matérias-primas
- Provisionamento – Recursos medicinais
- Serviços de Regulação – Clima local e qualidade do ar
- Serviços de Regulação – Sequestro e armazenamento de carbono
- Serviços de Regulação – Moderação de eventos extremos
- Serviços de Regulação – Prevenção de erosão e manutenção da fertilidade do solo
- Habitat ou serviços de apoio – Habitats para espécies
- Habitat ou serviços de apoio – Manutenção da diversidade genética
- Serviços Culturais – Recreação e saúde mental e física
- Serviços Culturais – Turismo

Prados de savana e matagal de dunas na Ilha de Bazaruto (OB)

Justificativa da Avaliação da IPA

O Arquipélago do Bazaruto qualifica-se como IPA ao abrigo do Critério A(i), uma vez que estas ilhas suportam populações de duas, e potencialmente três espécies endémicas e globalmente ameaçadas. A Ilha de Bazaruto é considerada provavelmente o principal reduto global da Vulnerável *Jatropha subaequiloba* e a Ilha de Magaruque é o único local conhecido globalmente da Críticamente Ameaçada *Memecylon insulare*. Everett *et al.* (2008) documentaram a presença da *Ochna beirensis* ameaçada globalmente em brenhas arbustivas nas dunas secundárias desta IPA, mas este registo requer confirmação. Além disso, as comunidades de ervas marinhas que cercam as ilhas sustentam uma população da Vulnerável *Zostera capensis*, que se estende ao redor da costa da África Austral; a população do Bazaruto é de importância nacional. Globalmente, esta IPA suporta populações de 18 espécies endémicas ou quase endémicas de Moçambique, de acordo com Darbyshire *et al.* (2019a), embora apenas sete delas se qualifiquem no sub-critério B(ii) e, portanto, este local não atende actualmente ao limite desse sub-critério. No entanto, mais pesquisas botânicas são necessárias, pois é provável que haja mais espécies de plantas raras e ameaçadas presentes em habitats sub-explorados nesta IPA.

Espécies Prioritárias (Critérios IPA A e B)

FAMÍLIA	TÁXON	IPA CRITÉRIO A	IPA CRITÉRIO B	≥ 1% DA POPULAÇÃO GLOBAL	≥ 5% DA POPULAÇÃO NACIONAL	É 1 DOS 5 MELHORES LOCAIS NACIONAL	TODA A POPULAÇÃO GLOBAL	ESPÉCIES DE IMPORTÂNCIA SÓCIO-ECONÓMICA	ABUNDÂNCIA NO LOCAL
Euphorbiaceae	*Jatropha subaequiloba*	A(i)	B(ii)	✓	✓	✓			desconhecida
Fabaceae	*Chamaecrista paralias*		B(ii)						comum
Melastomataceae	*Memecylon insulare*	A(i)	B(ii)	✓	✓	✓	✓		desconhecida
Ochnaceae	*Ochna beirensis*	A(i)	B(ii)			✓			desconhecida
Rubiaceae	*Psydrax moggii*		B(ii)						comum
Rubiaceae	*Spermacoce kirkii*		B(ii)						desconhecida
Rubiaceae	*Triainolepis sancta*		B(ii)						comum
Rutaceae	*Zanthoxylum delagoense*		B(ii)						rara
Zosteraceae	*Zostera capensis*	A(i)			✓	✓			comum
		A(i): 4 ✓	B(ii): 8						

Áreas Protegidas e Outras Designações de Conservação

TIPO DE ÁREA DE CONSERVAÇÃO	NOME DA ÁREA DE CONSERVAÇÃO	RELAÇÃO DA IPA COM A ÁREA PROTEGIDA
Parque Nacional	Parque Nacional do Arquipélago de Bazaruto	Área protegida/de conservação que engloba a IPA
Área Chave de Biodiversidade	Grande Bazaruto	Área protegida/de conservação que engloba a IPA
Área Importante de Aves	Greater Bazaruto	Área protegida/de conservação que engloba a IPA

Ameaças

AMEAÇA	SEVERIDADE	SITUAÇÃO
Habitação e áreas urbanas	média	ocorrendo – tendência crescente
Áreas de turismo e recreação	alta	ocorrendo – tendência crescente
Agricultura itinerante	desconhecida	ocorrendo – tendência desconhecida
Pastoreio, pecuária ou agricultura de pequena escala	baixa	ocorrendo – tendência desconhecida
Estradas e ferrovias	média	ocorrendo – tendência desconhecida
Colecta de plantas terrestres	baixa	ocorrendo – tendência desconhecida
Exploração de madeira e colecta de produtos florestais	baixa	ocorrendo – tendência desconhecida
Actividades recreativas	alta	ocorrendo – tendência crescente
Aumento da frequência/intensidade de queimadas	desconhecida	ocorrendo – tendência desconhecida

PENÍNSULA DE SÃO SEBASTIÃO

Avaliadores: Sophie Richards, Iain Darbyshire

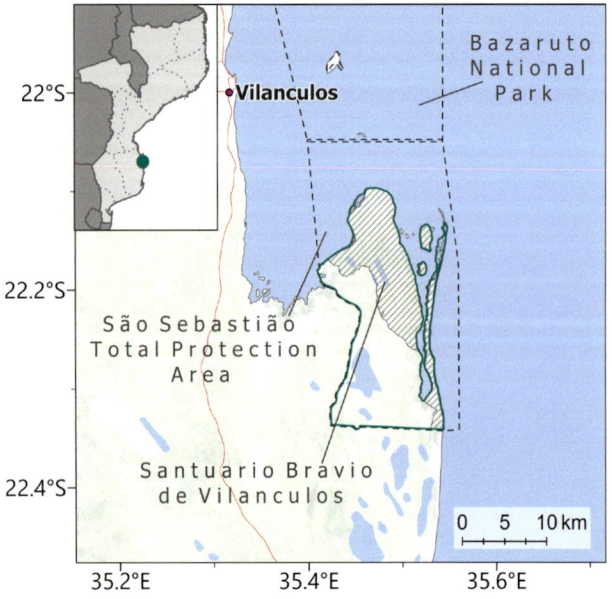
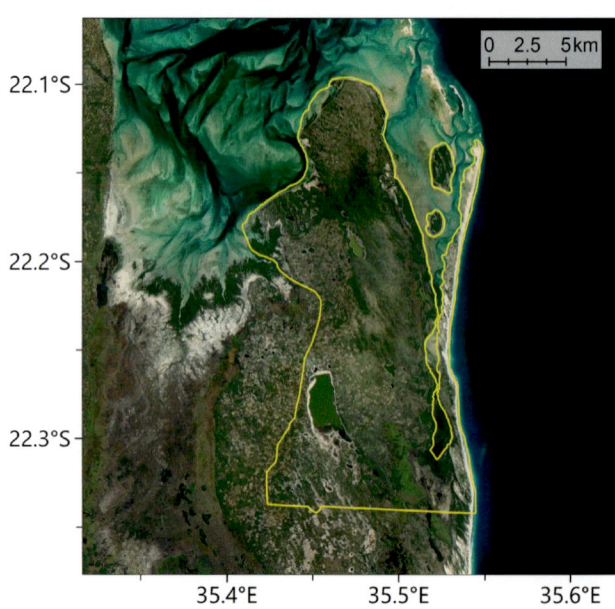

NOME INTERNACIONAL DO LOCAL		São Sebastião Pennisula	
NOME LOCAL (CASO DIFERENTE)		Península de São Sebastião	
CÓDIGO DO LOCAL	MOZTIPA045	PROVÍNCIA	Inhambane

LATITUDE	-22.13190	LONGITUDE	35.47420
ALTITUDE MINIMA (m a.s.l.)	0	ALTITUDE MÁXIMA (m a.s.l.)	92
ÁREA (km²)	227.0	CRITÉRIO IPA	A(i)

Descrição do Local

A IPA da Península de São Sebastião está localizada no distrito costeiro de Vilanculos, a sudeste da vila de Vilanculo. A IPA abrange uma área total de 227 km² e é constituído pelas zonas terrestres da Área de Protecção Total de São Sebastião, incluindo as ilhas Luene e Chilonzuíne. Este local está situado a sul da IPA do Arquipélago do Bazaruto [MOZTIPA042]. A Península de São Sebastião contém uma série de habitats costeiros importantes, incluindo mangais, sapais, miombo e brenhas das dunas, que suportam um conjunto de espécies raras e ameaçadas. Não obstante toda a IPA esteja dentro de uma área protegida, apenas o noroeste da península parece estar sob gestão de conservação. O Santuário Bravio de Vilanculos ("Santuário de Vilanculos"), que cobre 105 km² desta IPA, recebeu o status de reserva privada em 2003 (SBV 2017a). A restauração do habitat está sendo realizada no Santuário de Vilanculos e, após este trabalho, há agora uma diferença marcante entre a cobertura vegetal de cada lado do limite da reserva privada (Google Earth 2021). Apesar de muitos dos habitats fora do Santuário de Vilanculos estejam degradados, foram incluídos nesta IPA, pois também fazem parte da Área de Protecção Total. O trabalho de restauração e a introdução de iniciativas de desenvolvimento sustentável nesta parte da IPA podem permitir a conservação de espécies e habitats, proporcionando meios de subsistência seguros para as comunidades locais.

Importância Botânica

A Península de São Sebastião abriga várias espécies de plantas de importância para a conservação, incluindo quatro espécies globalmente ameaçadas. Destaca-se a *Ecbolium hastatum* (EN), conhecida apenas nas áreas costeiras do sul de Moçambique e ameaçada em outros lugares pela limpeza de habitat para turismo e agricultura de subsistência. *E. hastatum* é localmente comum onde ocorre nesta IPA (Jacobsen # 6082), mas em geral é escasso em todo o local (Massingue *et al.* 2021), conhecido apenas em alguns locais. São Sebastião representa o local mais seguro de *E. hastatum* e, portanto, é crucial evitar a extinção desta espécie.

Além desta espécie Ameaçada, ocorrem mais três espécies Vulneráveis neste local: *Elaeodendron fruticosum*, *Jatropha subaequiloba* e *Millettia ebenifera*. A *Jatropha subaequiloba* é particularmente importante, pois é conhecida apenas a partir deste local e da Ilha do Bazaruto, cobrindo uma área de apenas 75 km². Embora seja comum, ocorrendo em todo o litoral sul de Moçambique, *M. ebenifera* e *E. fruticosum* enfrentam ameaças como expansão de áreas urbanas, turismo e conversão de terras para agricultura nas respectivas áreas de distribuição. Para *M. ebenifera*, São Sebastião representa a única área protegida dentro da área de distribuição e, portanto, é de grande importância para a conservação desta espécie.

Um táxon Vulnerável adicional, *Psychotria amboniana* subsp. *mosambicensis*, pode ocorrer dentro desta IPA. Um espécime com grande probabilidade de ser esta sub-espécie foi colectado neste local, no entanto, mais investigações são necessárias para confirmar a presença em São Sebastião (Massingue *et al.* 2021). *P. amboniana* subsp. *mosambicensis* é restrita ao litoral do sul de Moçambique e, portanto, a presença também representaria uma espécie endémica adicional dentro desta IPA.

Ao todo, são nove espécies endémicas conhecidas desta IPA, incluindo as três espécies ameaçadas juntamente com *Carpolobia suaveolens*, *Chamaecrista paralias*, *Triainolepis sancta*, *Tritonia moggii* e *Zanthoxylum delagoense* (todas LC). Embora não seja endémica, ou considerada ameaçada de extinção, a espécie de sapais *Caroxylon littoralis* também é de interesse.

C. littoralis tem uma distribuição limitada, restrita à costa ao longo do Canal de Moçambique, com uma área de ocupação de cerca de 48 km² (Friis & Holt 2017). Anteriormente, pensava-se que o material desta espécie de São Sebastião fosse uma espécie não descrita, *Salsola* sp. A. No entanto, Friis e Holt (2017) descobriram que esta população é co-específica com *C. littoralis*, uma espécie então considerada limitada a Madagascar e à Ilha Europa. São Sebastião representa uma das três únicas localizações desta espécie em Moçambique.

A presença de *Pavetta uniflora* também pode ser de importância para a conservação. Apesar da extensa distribuição desta espécie, desde a província de Inhambane em Moçambique até à Somália no norte, *P. uniflora* é escassa ao longo da costa leste africana e ainda não foi avaliada para a Lista Vermelha da IUCN, mas pode muito bem ser uma espécie ameaçada.

A espécie Quase Ameaçada, *Encephalartos ferox*, ocorre dentro desta IPA (Read 2020), é provavelmente a sub-espécie *ferox* que ocorre em dunas costeiras abrigadas. Outra espécie quase ameaçada, *Coffea racemosa*, é conhecida deste local (Read 2020). Também conhecida como café de Inhambane, esta espécie é um parente terciário e pode ser um doador de genes útil para espécies comerciais de café, enquanto as próprias sementes de *C. racemosa* também podem ser torradas e usadas para fazer café. (O'Sullivan *et al.* 2017).

Apesar de não estar associado a espécies raras ou ameaçadas, os mangais deste local são de grande importância como comunidade ecológica pelos habitats que proporcionam à vida marinha e à protecção costeira, principalmente durante a temporada de ciclones.

Habitat e Geologia

São Sebastião alberga uma variedade de habitats costeiros sobre solos arenosos (Massingue *et al.* 2021). As temperaturas médias no verão (Outubro a Março) são de 28 a 33°C e no inverno (Abril a Setembro) de 22 a 27°C. A precipitação média nesta IPA é de cerca de 750 mm por ano, maioritariamente caindo entre Dezembro e Março, coincidindo em grande parte com

Mangais dominados por árvores de *Rhizophora mucronata* e junco *Juncus kraussii* (CL)

Vista de dunas frontais e matagal costeiro (SV)

Lagoas costeiras rodeadas por miombo aberto (SV)

a época de ciclones (Janeiro a Março), onde as marés vivas são particularmente altas (SBV 2017b).

Anteriormente, uma colecta botânica limitada foi realizada neste local em 1958 (A.O.D. Mogg) e em 2002 (A.H.G. Jacobsen). No entanto, no âmbito do trabalho de conservação realizado no Santuário de Vilanculos, foi compilada uma lista de espécies por Mark Read (2020), um residente privado no Santuário de Vilanculos, estando agora em curso um levantamento botânico pelo Instituto de Investigação Agrária de Moçambique, Universidade Eduardo Mondlane e Royal Botanic Gardens, Kew para alargar o conhecimento dos habitats terrestres e da diversidade de plantas associadas (Massingue et al. 2021).

Devido às ondas de maré anuais durante a estação de ciclones, os mangais são de grande importância na prevenção da inundação da península. A mancha mais extensa de floresta de mangal é encontrada ao longo da costa leste da península, enquanto há manchas menores na Ilha Luene e nas terras húmidas da costa oeste (Google Earth 2021). Espécies comuns de mangal como *Avicennia marina*, *Ceriops tagal*, *Rhizophora mucronata* e *Sonneratia alba* estão presentes nesses habitats (Leia 2020). Associados a estes habitats de mangais e entradas das marés ocorrem numerosos sapais. Estas áreas têm solos arenosos brancos com a carismática *Caroxylon littoralis*, que foi descrita na década de 1950 como "muito prevalente" neste local (Mogg #29153). Outras espécies dos sapais registadas por Read (2020) incluem *Salicornia perennis* e *S. perrieri*, enquanto *Sesuvium portulacastrum* provavelmente ocorre em mangais e pântanos. A vegetação das dunas litorais, em direcção à linha da costa, inclui pequenas árvores e arbustos como *Barleria delagoensis*, *Diospyros rotundifolia*, *Ochna natalitia* e *Tricalysia delagoensis* e árvores maiores como *Hyphaene coriacea* e *Mimosops caffra*. Lotter et al. (em prep.) classifica grande parte do habitat neste local como parte do tipo mais extenso de brenha de Dunas de Inhambane, um tipo de vegetação semi-decídua a sempreverde encontrada ao longo das dunas costeiras desta província. Brenhas costeiras ocorrem no interior das dunas litorais, mas incluem muitas das mesmas espécies. As espécies endémicas e vulneráveis *Elaeodendron fruticosum* e *Millettia ebenifera* foram registadas nestas brenhas, assim como *Grewia occidentalis*, que é muito provável que seja a variedade endémica, litoral, típica das dunas costeiras nesta parte de Moçambique (Read 2020; Lötter et al., em preparação). Manchas de *Ecbolium hastatum* (EN) são conhecidas por ocorrer na sombra desta brenha (Jacobsen #6082), enquanto *Encephalartos ferox* (VU) também foi registado neste local, provavelmente ocorrendo dentro das áreas abrigadas das dunas.

O miombo ocorre intercalado com vegetação de brenha, variando de manchas densas de até 10 m de altura a manchas abertas com estrato arboreo em torno de 2 m (Massingue et al. 2021). Apesar da estrutura variada da floresta de miombo nesta IPA, *Julbernadia globiflora* domina por toda parte, seguida por *Brachystegia spiciformis* e *B. torrei*. *Coffea racemosa* provavelmente ocorre no estrato inferior, ao lado de espécies endémicas como *Chamaecrista paralias*, *Elaeodendron fruticosum* e *Triainolepis sancta* (Massingue et al. 2021). Um estrato herbáceo cobre escassamente o miombo aberto, com espécies de gramíneas registadas neste local, incluindo *Andropogon schirensis*, *Eragrostis inamoena*, *Panicum maximum* e *Tricholaena monachme* (Read 2020).

De particular interesse de conservação são as áreas de miombo sobre dunas primárias que ocorrem dentro desta IPA. Identificado pela primeira vez por Massingue (2019), este tipo de habitat tem uma copa baixa e é frequentemente associado a terras húmidas. Restrito às costas dos Distritos de Inhassoro e Vilanculos, o miombo nas dunas primárias é incomum, pois, nacionalmente, o miombo costeiro é tipicamente confinado a dunas mais antigas. Este tipo de habitat foi identificado nesta IPA em trabalhos de pesquisa recentes (Massingue *et al.* 2021) e é dominado por *Brachystegia spiciformis*, enquanto a espécie endémica *Chamaecrista paralias* (LC) ocorre em grandes populações no estrato inferior (Massingue *et al.* 2021).

Ao longo do limite sudoeste do Santuário de Vilanculos existem várias lagoas salobras com espécies associadas de Cyperaceae nas margens.

Fora dos limites do Santuário de Vilanculos, grande parte da terra dentro desta área protegida foi fragmentada pela agricultura, apesar de alguns habitats permanecerem intactos, particularmente no leste da península. Poucas colectas botânicas foram realizadas nesta área da IPA e, portanto, não está claro se as espécies de importância para a conservação permanecem. As culturas cultivadas nestas áreas incluem mandioca, milho, trigo, feijão e amendoim (SBV 2017b). Antes do estabelecimento do Santuário de Vilanculos em 2000, as partes norte e oeste desta península também eram cultivadas para agricultura de subsistência. Evidência disso permanece hoje com cajueiros, coqueiros e mangueiras ainda crescendo dentro do Santuário (Massingue *et al.* 2021).

Questões de Conservação

Embora a totalidade desta IPA se enquadre na Área de Protecção Total (APT) de São Sebastião, algumas áreas da península não estão bem protegidas e têm sofrido degradação do habitat. O norte e leste da península, abrangendo cerca de 105 km² de áreas terrestres e marinhas, é vedado como uma propriedade privada do Santuário Bravio de Vilanculos ("Santuário de Vilanculos"), enquanto o restante da APT está fortemente degradada pela agricultura de subsistência, colecta de lenha e madeira. As únicas áreas de habitat de alta qualidade que permanecem fora do Santuário de Vilanculos são os cemitérios, onde os costumes locais permitem apenas uma colecta limitada de lenha (Massingue *et al.* 2021). O Santuário de Vilanculos é uma concessão concedida pelo governo moçambicano a um consórcio privado de promotores em 2000 (Ashley & Wolmer 2003). As três funções principais declaradas do Santuário são a conservação, o desenvolvimento das comunidades e o desenvolvimento do eco-turismo. Para limitar a densidade populacional da área, existem limites na capacidade de alojamento residencial e turístico, e o Santuário de Vilanculos encontra-se actualmente abaixo destes limites (SBV 2017b). Embora haja inevitavelmente alguma perturbação do habitat através do desenvolvimento, o número limitado de visitantes e o ênfase na natureza e conservação dentro da experiência turística minimizam ameaças como a abertura e perturbação de habitats que são enfrentadas em centros turísticos em outras partes de Moçambique.

Jatropha subaequiloba fotografada na Ilha de Bazaruto (OB)

Diospyros rotundifolia (CL)

Em 2003, a área recebeu o estatuto de reserva privada. Anteriormente, a área era cultivada para agricultura de subsistência, resultando na degradação dos habitats (SBV 2017b). Além de restringir a agricultura, a pesca e a extracção de outros recursos, o trabalho de conservação no Santuário de Vilanculos também inclui actividades de restauração de habitat, como o controle de invasão de arbustos, regular o regime de queimadas e re-introdução de herbívoros (SBV 2017a). O controle de espécies de plantas problemáticas, como a parasita *Cassytha filiformis*, também é realizado dentro da reserva por meio de erradicação selectiva (Massingue *et al.* 2021).

Chamaecrista paralias nas dunas frontais (CD)

Brachystegia spiciformis em matas costeiras (SV)

Há um forte contraste entre a cobertura vegetal dentro do Santuário de Vilanculos em comparação com as áreas vizinhas (Google Earth 2021). Fora do limite da reserva, a área remanescente da APT de São Sebastião continua degradada, com uma redução de 33% na cobertura de árvores desde 2000 (World Resources Institute 2021). Massingue *et al.* (2021) também observaram alguns sinais de extracção contínua de madeira e de fibras dentro dos limites do Santuário de Vilanculos, pelo que concluíram que ainda há alguma dependência da população local dos recursos nesta área, possivelmente porque os recursos são mais escassos nos habitats degradados em outros lugares. Embora tenha havido muitos sucessos de conservação e restauração no Santuário de Vilanculos, uma estratégia em todo o APT de São Sebastião é desejável, para equilibrar a conservação da natureza e atender às necessidades da população local, ou seja, a capacidade de produzir alimentos suficientes e acesso a combustível.

Já houve algum progresso nas oportunidades de desenvolvimento económico para a população local, com a criação de empregos no turismo e apoio à saúde, segurança hídrica e educação. Um esquema de compensação também foi estabelecido para colheitas perdidas ou oportunidades de pesca devido à conservação (SBV 2017a). Apesar dos grandes investimentos tenham sido feitos nas comunidades locais, com mais de USD 3,5 milhões de investimentos relatados até 2017 (SBV 2017a), e os esforços de conservação estejam obtendo sucesso, inevitavelmente alguns perderam oportunidades de subsistência e se opuseram às restrições associadas ao estabelecimento do Santuário de Vilanculos (Ashley & Wolmer 2003; O'Connor 2006). É de importância crítica, portanto, que quaisquer outras iniciativas de conservação dentro da APT sejam feitas em colaboração com as comunidades locais.

Esta IPA insere-se na Área Chave de Biodiversidade do Grande Bazaruto, que abrange a Península de São Sebastião, o Arquipélago do Bazaruto e as águas costeiras a norte até ao estuário do Save. A maior parte desta KBA cobre áreas marinhas e foi despoletada por espécies marinhas. No entanto, *Jatropha subaequiloba* (VU) também é um despoletador para este KBA local, com toda a distribuição desta espécie dentro desta KBA (em termos de IPAs, esta espécie está dividida entre este local e o Arquipélago de Bazaruto [MOZTIPA042]). Além disso, esta KBA contém toda a população global conhecida de duas espécies de répteis *Lygosoma lanceolatum* (LC) e *Scelotes insularis* (LC). Ambas as espécies foram registadas em São Sebastião dentro da brenha das dunas desta IPA (Jacobsen *et al.* 2010), pelo que a protecção destes habitats é crucial para a conservação destes taxa de répteis.

Espécies de aves de interesse para a conservação incluem a águia-cobreira (*Circaetus fasciolatus-* NT) e o Abelharuco-de-oliva (*Merops superciliosus-* LC). Para as últimas espécies, o noroeste do Santuário de Vilanculos acolhe a segunda maior ocorrência de reprodução em África (SBV 2017b). O inventário de taxa de aves pelo Santuário de Vilanculos registou até agora 300 espécies (SBV 2017a). Isto inclui novos registos de taxa de aves para Moçambique neste local, incluindo a andorinha-do-mar-de-saunder (*Sternula saundersi-* LC) e a andorinha-do-mar-damara (*Sternula balaenarum-* VU); a última espécie reproduz-se principalmente na Namíbia e era efectivamente desconhecida na costa leste de África, mas mais de 100 indivíduos foram observados dentro desta IPA entre 2019 e 2020 (C. Read pers. comm. 2020).

Serviços Ecossistémicos Chaves

Os extensos mangais deste local fornecem uma série de serviços ecossistémicos, particularmente na protecção costeira quando as marés vivas estão altas. Como um clima em mudança pode aumentar a frequência e a gravidade dos ciclones (Banco Mundial 2019), estas florestas de mangal podem desempenhar um papel cada vez mais importante na mitigação de ventos fortes e tempestades. Sabe-se que os elandes visitam os mangais e foram observados usando as folhas dessas árvores como fonte de sal (SBV 2017b), enquanto também há várias espécies de aves e marinhas que dependem desse habitat. A comunidade Kewene, que reside na costa noroeste da península fora do Santuário de Vilanculos, depende fortemente dos mangais, pescando nas águas e explorando as árvores para lenha e postes de construção, havente sinais dos mangais estarem fortemente degradados nesta área (Massingue *et al.* 2021). A madeira e a lenha também são exploradas nas matas de miombo e brenhas costeiras fora do santuário privado.

Os habitats terrestres dentro do Santuário de Vilanculos desempenham um papel importante na atracção de moradores e turistas, bem como no apoio à conservação da fauna. Existem regras estritas sobre capacidade e actividades turísticas no local, para evitar distúrbios desnecessários dentro do Santuário de Vilanculos.

Categorias de Serviços Ecossistémicos

- Provisionamento – Alimentos
- Provisionamento – Matérias-primas
- Serviços de Regulação – Moderação de eventos extremos
- Habitat ou serviços de apoio – Habitats para espécies
- Serviços Culturais – Recreação e saúde mental e física
- Serviços Culturais – Turismo

Justificativa da Avaliação da IPA

A Península de São Sebastião qualifica-se como IPA sob o sub-critério A(i). Uma espécie ameaçada, *Ecbolium hastatum*, e três espécies vulneráveis, *Jatropha subaequiloba*, *Millettia ebenifera* e *Elaeodendron fruticosum*, foram registadas neste local. Nove espécies atendem ao sub-critério B(ii), representando menos de 3% das espécies de plantas endémicas e de distribuição restrita de Moçambique, necessárias para que este local se qualifique sob este sub-critério.

Zanthoxylum delagoense (CL)

Miombo denso dominado por *Julbernardia globiflora* (CL)

Espécies Prioritárias (Critérios IPA A e B)

FAMÍLIA	TÁXON	IPA CRITÉRIO A	IPA CRITÉRIO B	≥ 1% DA POPULAÇÃO GLOBAL	≥ 5% DA POPULAÇÃO NACIONAL	É 1 DOS 5 MELHORES LOCAIS NACIONAL	TODA A POPULAÇÃO GLOBAL	ESPÉCIES DE IMPORTÂNCIA SÓCIO-ECONÓMICA	ABUNDÂNCIA NO LOCAL
Acanthaceae	*Ecbolium hastatum*	A(i)	B(ii)	✓	✓	✓			rara
Euphorbiaceae	*Jatropha subaequiloba*	A(i)	B(ii)	✓	✓	✓			rara
Iridaceae	*Tritonia moggii*		B(ii)	✓	✓				desconhecida
Fabaceae	*Millettia ebenifera*	A(i)	B(ii)	✓	✓	✓			frequente
Fabaceae	*Chamaecrista paralias*		B(ii)	✓	✓	✓			abundante
Celastraceae	*Elaeodendron fruticosum*	A(i)	B(ii)	✓	✓	✓			frequente
Polygalaceae	*Carpolobia suaveolens*		B(ii)	✓					ocasional
Rubiaceae	*Triainolepis sancta*		B(ii)	✓	✓	✓			ocasional
Rutaceae	*Zanthoxylum delagoense*		B(ii)	✓					ocasional
		A(i): 4 ✓	B(ii): 9						

Áreas Protegidas e Outras Designações de Conservação

TIPO DE ÁREA DE CONSERVAÇÃO	NOME DA ÁREA DE CONSERVAÇÃO	RELAÇÃO DA IPA COM A ÁREA PROTEGIDA
Área de Protecção Total	Área de Protecção Total de São Sebastião	Área protegida/de conservação que engloba a IPA
Santuário da Vida Selvagem	Santuario Bravio de Vilanculos	Área protegida/de conservação que engloba a IPA
Área Chave de Biodiversidade	Grande Bazaruto	Área protegida/de conservação que engloba a IPA

Ameaças

AMEAÇA	SEVERIDADE	SITUAÇÃO
Áreas de turismo e recreação	baixa	ocorrendo – tendência desconhecida
Agricultura de pequena escala	média	ocorrendo – tendência desconhecida
Exploração de madeira e colecta de produtos florestais	baixa	ocorrendo – tendência desconhecida
Espécies invasoras e outras problemáticas, genes e doenças	baixa	Ocorrendo – tendência decrescente

PROVÍNCIA DE INHAMBANE

MAPINHANE

Avaliadores: Castigo Datizua, Clayton Langa, Iain Darbyshire, Sophie Richards

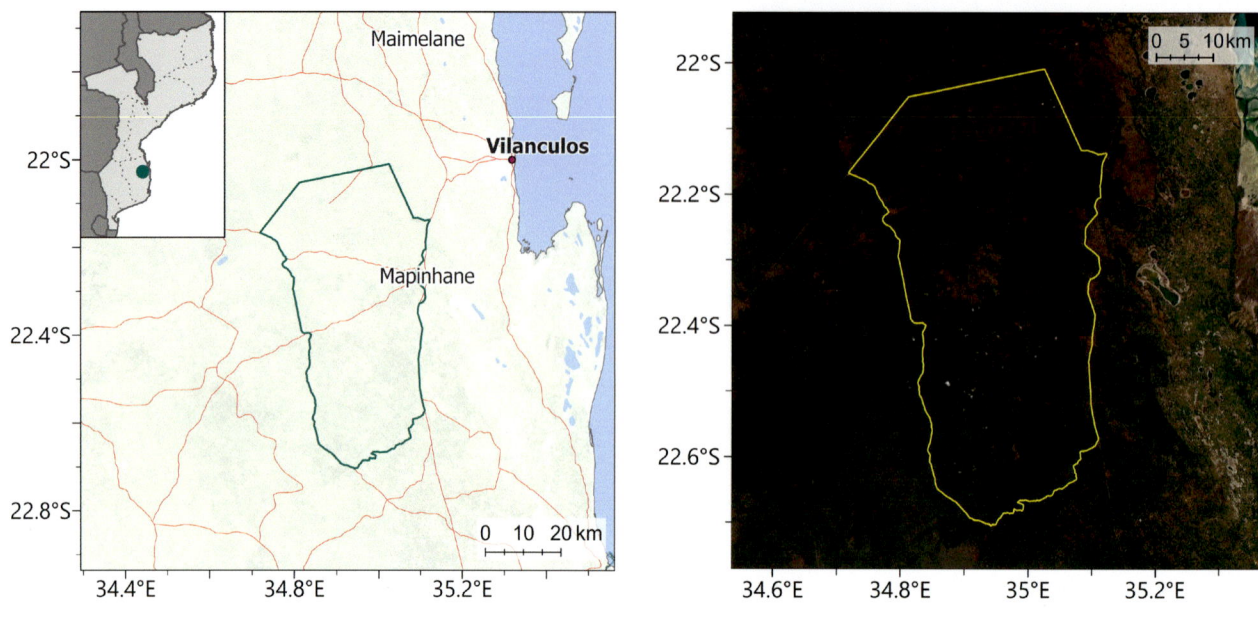

NOME INTERNACIONAL DO LOCAL		Mapinhane	
NOME LOCAL (CASO DIFERENTE)		–	
CÓDIGO DO LOCAL	MOZTIPA056	PROVÍNCIA	Inhambane

LATITUDE	-22.44511	LONGITUDE	35.05208
ALTITUDE MINIMA (m a.s.l.)	20	ALTITUDE MÁXIMA (m a.s.l.)	150
ÁREA (km²)	2070	CRITÉRIO IPA	A(i)

Descrição do Local

A IPA de Mapinhane é partilhada pelos Distritos de Vilanculos e Massinga no norte da Província de Inhambane. Situa-se a oeste da estrada EN1, estendendo-se para além da aldeia de Mapinhane a norte e da aldeia de Chicomo a sul, e abrange uma área de 2.070 km² entre as latitudes -22,01° a -22,71° e longitudes 35,72° a 35,33°. Os limites desta IPA foram delineados para abranger habitats importantes que suportam um número notável de espécies de plantas endémicas de Moçambique, incluindo quatro espécies ameaçadas, e uma veriedade de serviços ecossistémicos que os habitats fornecem. Este local é fortemente impactado pelo desmatamento devido à exploração madeireira, agricultura de subsistência e expansão de assentamentos, e é ainda impactado por eventos de queimadas associadas às comunidades locais, resultando na transformação e degradação de seus ecossistemas.

Importância Botânica

Esta IPA é de grande importância botânica devido à presença, ao longo das matas de miombo e florestas mistas decíduas e matas, de várias espécies endémicas e restritas do proposto (sub-) Centro de Endemismo de Plantas de Inhambane (Darbyshire *et al.* 2019a). Mapinhane detém algumas das populações mais extensas de quatro espécies ameaçadas endémicas do norte da Província de Inhambane: *Bauhinia burrowsii* (EN), *Croton inhambanensis* (VU), *Ozoroa gomesiana* (VU) e *Xylia mendoncae* (VU), embora esta última seja bastante escassa aqui.

No geral, esta IPA suporta oito taxa de plantas endémicas nacionais e seis taxa de plantas quase endémicas. As espécies endémicas consistem nas quatro espécies ameaçadas mencionadas anteriormente, além de outras quatro endémicas de menor interesse.

Habitat e Geologia

No sentido lato, a região de Mapinhane encontra-se dentro da região fitogeográfica da Zona de Transição Regional Swahilian-Maputaland de acordo com Clarke (1998), que cobre grande parte da faixa costeira central de Moçambique, e a Eco-região do Mosaico da Floresta Costeira do Sul Zanzibar-Inhambane, de acordo com Schipper & Burgess (2015), que se estende por cerca 2.200 km a sul da Tanzânia até Xai-Xai (Província de Gaza) em Moçambique. Num sentido fito-geográfico mais restrito, esta área constitui a extensão norte do Centro de Endemismo de Maputaland, recentemente proposto como o (sub-) Centro de Endemismo de Inhambane (Darbyshire et al. 2019a).

O clima na IPA é influenciado pela corrente quente do Canal de Moçambique, e caracteriza-se como tropical seco, com duas estações. A estação quente e chuvosa ocorre de Outubro a Março, enquanto a estação fria e seca ocorre de Abril a Setembro. A média anual de precipitação varia de 1.000 – 1.200 mm, enquanto as temperaturas atingem o pico em Janeiro (28,6°C) e atingem um mínimo em Julho (19,0°C) (MAE 2005c, 2005d; MICOA 2012b, 2012c). A elevação geográfica da IPA Mapinhane varia de 20 a 150 m (Google Earth 2021). Uma variedade de solos estão presentes, classificados em três grupos: (1) solos sódicos (solos de mananga), (2) solos arenosos e (3) solos argilosos vermelhos (MICOA 2012a, 2012b).

Os relatórios de Avaliação do Perfil Ambiental do MICOA (2012b, 2012c) para os Distritos de Vilanculos e Massinga, respectivamente, fornecem uma visão geral dos mosaicos de habitats e diversidade de plantas do IPA de Mapinhane. Dois tipos principais de vegetação podem ser distinguidos neste local. (1) Matas de miombo dominadas por *Julbernardia globiflora* e *Brachystegia spiciformis* e associadas por uma série de outras espécies de árvores como *Afzelia quanzensis*, *Albizia adianthifolia*, *Garcinia livingstonei*, *Pterocarpus angolensis* e a palmeira *Hyphaene coriacea*. (2) Florestas decíduas intercaladas com matas também apresentando espécies de miombo mencionadas acima, mas com vários taxa adicionais, incluindo *Acacia nigrescens*, *Balanites maughamii*, *Cordyla africana*, *Kirkia acuminata*, *Sterculia africana* e *Suregada zanzibariensis* (MICOA 2012b). As comunidades de gramíneas da IPA são variadas, mas as espécies particularmente dominantes incluem *Chloris gayana*, *C. virgata*, *Dactyloctenium aegyptium*, *D. giganteum*, *Melinis repens* e *Pogonarthria squarrosa* (A. Massingue, comunicação pessoal 2021). Além disso, como é observado na IPA de Temane (aproximadamente 11 km a norte), os tipos de vegetação de mata de miombo e os tipos de vegetação floresta mista e matas deste local são por vezes intercalados com pequenas manchas do mosaico de brenhas arenosas (Lötter et al. em prep.). De forma mais geral, a área de abrangência da IPA Mapinhane engloba três habitats de acordo com a classificação de Lötter et al. (em preparação): principalmente Mata Seca das Terras Baixas de Urronga e o Miombo Costeiro de Vilanculos com pequenas áreas de Brenha Arenosa de Pande.

Questões de Conservação

A IPA de Mapinhane não está dentro de uma área protegida formal. No entanto, a porção norte da IPA é coberta pela Área Chave de Biodiversidade de Inhassoro-Vilankulos recentemente identificada (WCS et al. 2021).

Esta IPA está fortemente sujeita à perda de habitat (desmatamento) e fragmentação devido à exploração madeireira, e à agricultura de subsistência através de métodos de corte e queima. As culturas mais

Brenha na IPA de Mapinhane (AM)

cultivadas são milho, amendoim, feijão e mandioca (MAE 2005c, 2005d). A expansão de assentamentos e o aumento da frequência de queimadas, através de queimadas deliberadas pelas comunidades locais, são outras ameaças (MICOA 2012b, 2012c; A. Massingue. pers. comm. 2021). O relatório do MICOA (2012b) observa que os eventos de queimadas registados em toda IPA de Mapinhane também são derivados da extração de sura da palmaeira *Hyphaene coriacea*, onde o fogo é usado para limpar a brenha de folhas de palmeira e extrair a seiva mais fácilmente. A sura da palmeira constitui uma das principais fontes de rendimento das famílias locais. Não há informações disponíveis sobre a ameaça de espécies de plantas invasoras no local. No entanto, há uma variedade de árvores exóticas plantadas, como o coqueiro, citrinos, cajueiro e mangueira, que ocorrem em pequena quantidade em áreas abandonadas. Todas essas actividades acima mencionadas impactam negativamente a IPA por meio da transformação e degradação de seus ecossistemas.

Serviços Ecossistémicos Chaves

Esta IPA de habitats inteiramente terrestres contribui significativamente para o armazenamento de carbono e regulação do clima, particularmente relacionado com o ciclo de precipitação. Além disso, as florestas e matas que se estendem ao longo da IPA também fornecem uma variedade de serviços às comunidades locais, que podem ser geridos a níveis sustentáveis, notadamente a colecta de lenha, frutas silvestres, plantas medicinais e extração de sura da palmeira *Hyphaene coriacea*. Estes habitats também são importantes e fornecem serviços de apoio a uma variedade de fauna.

Categorias de Serviços Ecossistémicos

- Aprovisionamento – Alimentos
- Aprovisionamento – Recursos medicinais
- Serviços de Regulação – Clima local e qualidade do ar
- Serviços de Regulação – Sequestro e armazenamento de carbono
- Habitat ou serviços de apoio – Habitats para espécies
- Habitat ou serviços de apoio – Manutenção da diversidade genética
- Serviços Culturais – Educação

Justificativa da Avaliação da IPA

Mapinhane qualifica-se como IPA no critério A(i) tendo em vista que o local possui populações globalmente importantes de quatro espécies de alta importância para conservação, a saber *Bauhinia burrowsii* (EN), *Croton inhambanensis* (VU), *Ozoroa gomesiana* (VU) e *Xylia mendoncae* (VU). No total, esta IPA suporta 14 espécies endémicas ou quase endémicas de Moçambique de acordo com Darbyshire *et al.* (2019a). No entanto, como apenas oito delas se qualificam sob o sub-critério B(ii), este local não atinge o limite (3%) de espécies moçambicanas de alta importância para conservação, mas é possível que outras espécies B(ii) sejam descobertas após pesquisas botânicas mais intensivas.

Espécies Prioritárias (Critérios IPA A e B)

FAMÍLIA	TÁXON	IPA CRITÉRIO A	IPA CRITÉRIO B	≥ 1% DA POPULAÇÃO GLOBAL	≥ 5% DA POPULAÇÃO NACIONAL	É 1 DOS 5 MELHORES LOCAIS NACIONAL	TODA A POPULAÇÃO GLOBAL	ESPÉCIES DE IMPORTÂNCIA SÓCIO-ECONÓMICA	ABUNDÂNCIA NO LOCAL
Anacardiaceae	*Ozoroa gomesiana*	A(i)	B(ii)	✓	✓	✓			frequente
Bignoniaceae	*Dolichandrone alba*		B(ii)						abundante
Euphorbiaceae	*Croton inhambanensis*	A(i)	B(ii)	✓	✓	✓			comum
Fabaceae	*Baphia massaiensis* subsp. *gomesii*		B(ii)						rara
Fabaceae	*Bauhinia burrowsii*	A(i)	B(ii)	✓	✓	✓			frequente
Fabaceae	*Chamaecrista paralias*		B(ii)						comum
Fabaceae	*Xylia mendoncae*	A(i)	B(ii)	✓	✓	✓			rara
Loranthaceae	*Englerina schlechteri*		B(ii)						desconhecida
		A(i): 4 ✓	B(ii): 8						

PROVÍNCIA DE INHAMBANE

Áreas Protegidas e Outras Designações de Conservação

TIPO DE ÁREA DE CONSERVAÇÃO	NOME DA ÁREA DE CONSERVAÇÃO	RELAÇÃO DA IPA COM A ÁREA PROTEGIDA
Sem protecção formal	Não indicado	
Área Chave de Biodiversidade	Inhassoro-Vilankulos	Área protegida/de conservação que engloba a IPA

Ameaças

AMEAÇA	SEVERIDADE	SITUAÇÃO
Habitação e áreas urbanas	alta	ocorrendo – tendência crescente
Agricultura itinerante	alta	ocorrendo – tendência crescente
Agricultura de pequena escala	baixa	ocorrendo – tendência desconhecida
Pastoreio, pecuária ou agricultura de pequena escala	média	ocorrendo – tendência desconhecida
Estradas e ferrovias	média	ocorrendo – tendência desconhecida
Colecta de plantas terrestres	alta	ocorrendo – tendência desconhecida
Exploração de madeira e colecta de produtos florestais	alta	ocorrendo – tendência crescente
Aumento da frequência/intensidade de queimadas	alta	ocorrendo – tendência desconhecida
Espécies invasoras não nativas/exóticas	desconhecida	ocorrendo – tendência desconhecida

POMENE

Avaliadores: Sophie Richards, Iain Darbyshire

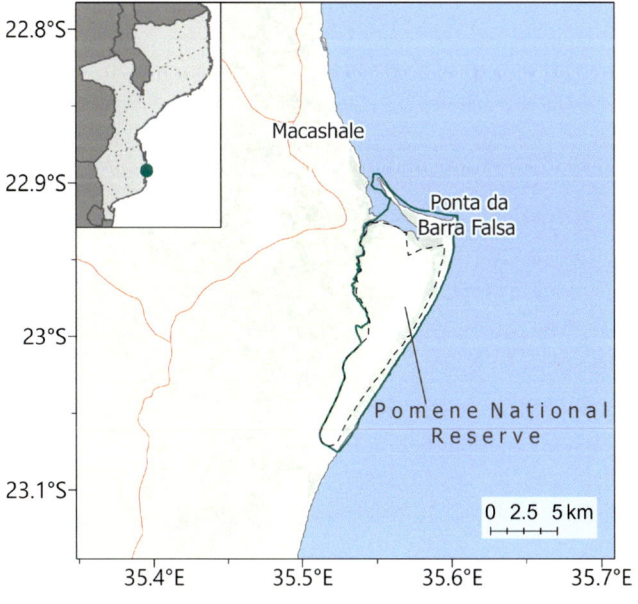
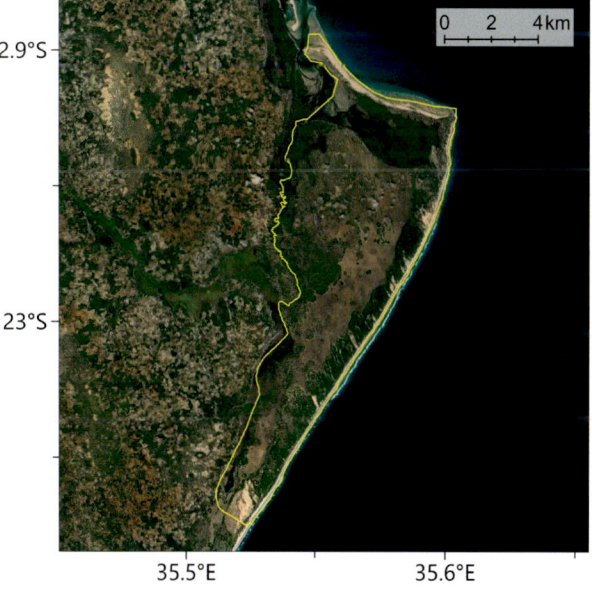

NOME INTERNACIONAL DO LOCAL		Pomene	
NOME LOCAL (CASO DIFERENTE)		–	
CÓDIGO DO LOCAL	MOZTIPA041	PROVÍNCIA	Inhambane

Vegetação arbustiva das dunas com sufratex *Salacia kraussii* (JEB)

LATITUDE	-22.99790	LONGITUDE	35.55960
ALTITUDE MINIMA (m a.s.l.)	0	ALTITUDE MÁXIMA (m a.s.l.)	120
ÁREA (km²)	74	CRITÉRIO IPA	A(i), A(iv), B(ii)

Descrição do Local

A IPA de Pomene situa-se no distrito de Massinga na Província de Inhambane. O local é predominantemente costeiro e fica a leste do rio Muducha, abrangendo uma área de 74 km² desde a vila de Guma, ao sul, até o estuário da Baía de Pomene, a noroeste, e a Ponta Barra Falsa (Ponto da Barra Falsa) a nordeste. O limite desta IPA segue em grande parte o da Reserva Nacional de Pomene, porém, a secção mais a norte, incluindo a floresta de mangal e lagoas a oeste do estuário da Muducha, e o limite leste, seguindo a linha de costa para incorporar o habitat de dunas intacto, estão para além do limite de reserva.

A existência da Reserva Nacional em Pomene manteve uma grande área de vegetação intacta, particularmente das dunas costeiras, em contraste com grande parte da costa desde Maputo até ao Rio Save que foi desmatada para agricultura de subsistência (BirdLife International 2020b). O local enquadra-se no proposto (sub-) Centro de Endemismo de Plantas de Inhambane (Darbyshire *et al.* 2019a), e ocorrem pelo menos 11 espécies endémicas de Moçambique na IPA de Pomene.

Importância Botânica

Pomene enquadra-se no proposto (sub-) Centro de Endemismo de Plantas de Inhamabane (Darbyshire *et al.* 2019a). Um total de 11 espécies endémicas de Moçambique foram registadas nesta IPA. Uma dessas espécies endémicas, *Elaeodendron fruticosum* (VU), só é conhecida deste Centro de Endemismo (CoE) e foi descrita como comum na Baía de Pomene. *E. fruticosum* é uma das três espécies globalmente ameaçadas, registadas neste local conjuntamente com a *Euphorbia baylissi* e *Solanum litoraneum*. Todas as três espécies vulneráveis estão ameaçadas em todas as suas áreas de distribuição pela conversão do habitat para agricultura de subsistência (Matimele *et al.* 2018a; Richards, no prelo [c]). Actualmente, estas espécies ameaçadas são conhecidas apenas fora do limite da Reserva Nacional de Pomene dentro desta IPA, em direcção à Ponta da Barra Falsa, onde a terra é moderadamente ameaçada pelo turismo.

A espécie *Salicornia mossambicensis*, uma das onze endémicas deste local, ocorre nos pantanos salgados a norte. Actualmente avaliada como Dados Insuficientes, esta espécie só é conhecida de um outro local que, devido à sua proximidade com a cidade de Inhambane, está muito ameaçada nesta área. A extensão de *S. mossambicensis*, com base na extensão de ocorrência calculada usando uma abordagem de área de habitat (Brooks *et al.* 2019), é de aproximadamente 200 km², inferior ao limite de 5.000 km² para se qualificar como uma área restrita endémica sob o sub-critério IPA A(iv).

Várias espécies registadas neste local também são encontradas no CoE de Maputaland, no sentido mais amplo; por exemplo, *Trichoneura schlechteri*, foi registada nesta IPA e representa a única colecção na Província de Inhambane e a extremidade mais a norte da distribuição conhecida desta espécie. Além disso, *Encepharlartos ferox* subsp. *ferox* (avaliado como NT ao nível de espécie) tem uma distribuição de Inhambane a KwaZulu-Natal, na África do Sul, e ocorre dentro da mata costeira perto da Ponta da Barra Falsa. Esta cicadacea é comum em toda a sua extensão, mas está ameaçada pela colecta excessiva, e pela perda de habitat costeiro (Donaldson 2010e). Os habitats costeiros intactos neste local, incluindo a vegetação de dunas e as áreas de mangal nos pântanos salgados a norte, são muito importantes para várias espécies com distribuições limitadas.

O habitat costeiro de Pomene é de particular importância, pois grande parte desta vegetação está ameaçada ou já foi desmatada noutros locais para dar lugar à agricultura de subsistência, com esta IPA representando a maior extensão de floresta costeira intacta entre o Rio Save e Maputo (BirdLife International 2020b).

Habitat e Geologia

Pomene, como local costeiro, é sustentado por solos arenosos com pouca matéria orgânica ou capacidade de retenção de água (Macandza *et al.* 2015). A área de 1 a 2 km a oeste do litoral é dominada por tipos de vegetação de dunas costeiras, com comunidades pioneiras das dunas frontais incluindo espécies como *Ipomoea pes-caprae*, *Cyperus crassipes* e *Canavalia rosea* (Macandza *et al.* 2015). Mais para o interior encontra-se uma brenha densa costeira dominada por *Diospyros rotundifolia* e *Mimusops caffra*, albergando a endémica *Elaeodendron fruticosum* (VU) e a cicadacea quase endémica *Encephalartos ferox* subsp. *ferox* (avaliada como NT a nível de espécie). Na secção mais interior das dunas costeiras, a brenha densa transita para miombo dominado por *Brachystegia spiciformis* e *Afzelia quanzensis* (Macandza *et al.* 2015).

Vista da savana aberta de miombo em Pomene (JEB)

A oeste das dunas, de nordeste a sudoeste da reserva nacional, encontra-se uma área de pradarias arbustivas. As espécies arbustivas comuns nestas áreas incluem *Salacia kraussii*, *Hyphaene coriacea* e *Garcinia livingstonei*, enquanto as gramíneas dominantes incluem *Heteropogon contortus* e *Imperata cylindrica* (Macandza et al. 2015). Várias espécies endémicas habitam o mosaico de pradarias arbustivas, incluindo *Dracaena subspicata* e *Chamaecrista paralias*.

Ao norte da IPA, circundando a lagoa e as margens do rio Muducha, encontra-se uma área de mangal, na sua maioria situa-se fora dos limites da Reserva Nacional. Cinco espécies de mangal são conhecidas nesta área, sendo em ordem de dominância: *Rhizophora mucronata*, *Avicennia marina*, *Ceriops tagal*, *Bruguiera gymnorhiza* e *Sonneratia alba* (Louro et al. 2017). As espécies de mangal são usadas pelas comunidades locais para construção, pois a madeira é resistente a danos causados por insectos (Macandza et al. 2015). Os pântanos salgados associados aos mangais são habitats importantes para as espécies endémicas *Psydrax moggii* (LC) e *Salicornia mossambicensis* (DD). Esta IPA foi delineada para incluir apenas os mangais a leste do rio Muducha, no entanto, deve-se notar também que há um trecho de floresta de mangal de 3 km a norte deste local, em direcção a Macashale, que também é provável que seja de importância ecológica.

As pradarias de inundação sazonal são encontradas nas margens dos mangais do rio Muducha quando este se aproxima do estuário. Essas áreas não foram muito estudadas, mas sabe-se que são dominadas por várias espécies de *Cyperus* e gramíneas, tais como *Imperata cylindrica* e *Dichanthium* (provavelmente *D. annulatum*) (Macandza et al. 2015). A sul dos mangais, as margens dos rios são dominadas por canaviais principalmente da espécie *Phragmites mauritianus*, enquanto espécies do género *Cyperus* são comuns. *Coix lacryma-jobi* é descrito por Macandza et al. (2015) como dominante nos canaviais. No entanto, como uma espécie não nativa que não é comumente conhecida desta parte de Moçambique, não está claro se isso representa um erro de identificação ou uma introdução ainda não registada. A herbácea Rubiaceae *Oldenlandia corymbosa* também foi registada nessas áreas e provavelmente está associada a áreas perturbadas. Existem algumas árvores de grande porte nas margens dos rios, incluindo espécies de *Ficus* (Macandza et al. 2015).

Tanto as pradarias de inundação sazonal como a vegetação ribeirinha estão em solos ricos em argila, com alto teor de matéria orgânica e alta retenção de água, em contraste com os solos arenosos que cobrem o restante da IPA (Macandza et al. 2015).

Do centro ao limite oeste da IPA, a vegetação é predominantemente de miombo, cobrindo cerca de 40% da Reserva Nacional (Macandza et al. 2015). O miombo aqui é dominado por *Julbernardia globiflora*, embora, como o miombo das dunas, tanto *Brachystegia spiciformis* quanto *Afzelia quanzensis* contribuem em grande peso na composição de espécies. A maior parte desta mata é aberta com lagoas sazonais e um estrato herbaceo dominado por *Heteropogon contortus*, *Digitaria eriantha* e, em áreas mais húmidas, *Imperata cylindrica* (Macandza et al. 2015). Pode ser interessante estudar estas lagoas para a presença de espécies efémeras das terras húmidas como *Ammannia*, um género conhecido por incluir várias espécies endémicas e quase endémicas em Moçambique (Darbyshire et al. 2019a). Manchas mais densas de miombo, predominantemente ao sul dos assentamentos dentro da reserva (centrados em -22,98°, 35,55°), têm um estrato herbáceo mais fino e mostram muito menos perturbação do que o miombo aberto.

Questões de Conservação

A IPA de Pomene expande-se sobre o actual limite da Reserva Nacional de Pomene, onde os mangais e dunas ao norte perto da Baía de Pomene e as dunas ao longo da costa leste não estão actualmente protegidas. A Reserva Nacional foi estabelecida em 1964 com 200 km² de área originalmente designados; no entanto, actualmente a reserva cobre apenas 50 km² (Macandza et al. 2015). As estruturas de gestão da reserva só foram criadas em 2009, e posteriormente foi definido o primeiro plano de gestão, abrangendo o período 2016 – 2020. Este plano incluía uma proposta de expansão da reserva que abrangeria todas as dunas orientais e as dunas e mangais a norte desta IPA dentro da zona núcleo, com os mangais a norte desta IPA, em direcção a Macashale, na zona tampão (Impacto Lda. 2016). Separadamente, o desenvolvimento de uma reserva marinha, incluindo a paisagem marinha e costeira desta IPA até à Baía de Vilanculos, foi também proposto recentemente por uma iniciativa conjunta público-privada. De qualquer forma, as expansões propostas incorporariam a totalidade desta IPA, o que seria de particular importância para a continuidade da integridade das dunas e mangais do norte.

A reserva em si não é tão densamente povoada quanto as áreas circundantes, no entanto, havia cerca de 500 moradores registados pela administração da reserva, concentrados principalmente no norte (Impacto Lda. 2016). A terra na área mais ampla de Massinga, como grande parte da reserva, é coberta por solos arenosos com baixa fertilidade, permitindo apenas 2 a 3 ciclos agrícolas antes de serem abandonadas (Macandza et al. 2015). A resultante escassez de terras agrícolas fora da reserva levou as pessoas a se mudarem para dentro dos seus limites. No entanto, algumas das terras, particularmente no sul, foram anteriormente abandonadas, com fontes sugerindo que as pessoas saíram devido às restrições às actividades permitidas dentro da reserva, ou para encontrar trabalho em outro lugar (Impacto Lda. 2016). As machambas a norte da reserva estão espalhadas pela área e a maioria dos agregados familiares depende da agricultura de subsistência cultivando milho, feijão-frade e mandioca, bem como da criação de aves, cabras e porcos. Embora os solos pobres da região possam ter levado as pessoas a cultivar as terras dentro da reserva cujo os solos são igualmente pobres, há uma grande ameaça de agricultura intenerante dentro da reserva, pois os solos se esgotam rápidamente e as pessoas são forçadas a se mudar para obter uma colheita satisfatória. A pesquisa agronómica e o apoio à população local na transição para técnicas agrícolas mais sustentáveis em todo o distrito, podem ajudar a aliviar a pressão da terra dentro e fora desta IPA.

Ligada à agricultura está a ameaça de queimadas descontroladas, a maioria das quais decorrem do uso do fogo para limpar a terra para agricultura (Macandza et al. 2015). Com altas cargas de combustível e a maior densidade de pessoas, o miombo e as pradarias arbustivas ao norte estão em maior risco de queimadas descontroladas. A madeira para combustível doméstico é extraída do miombo, enquanto a madeira extraída dos mangais, particularmente de árvores de maior diâmetro, serve para construção de casas e acampamentos de pescadores que visitam o local na estação chuvosa (Louro et al. 2017). Acredita-se que a floresta de mangal também sofra degradação devido à pesca de invertebrados marinhos, como o caranguejo de mangal (Scylla serrata). Um estudo de Louro et al. (2017) descobriram que até 41% das árvores próximas à beira da água foram cortadas; no entanto, alguma regeneração também foi observada após o corte. Os mangais de Pomene são de grande valor ecológico, com várias espécies marinhas interessantes, incluindo espécies de tartarugas marinhas e golfinhos, juntamente com tubarões-baleia e possivelmente dugongos (Louro et al. 2017). Os mangais também são conhecidos por fornecer protecção contra tempestades. Portanto, é de grande importância que este ecossistema seja integrado à rede de áreas protegidas, e que apenas o uso sustentável seja permitido.

O estabelecimento de um zoneamento para regular a perturbação antropogénica foi sugerido no plano de gestão 2016 – 2020 (ver Impacto Lda. 2016). Sob esta proposta, grande parte dos mangais do leste, incluindo áreas actualmente fora da reserva, seriam colocados sob uma zona de "uso comunitário e de recursos", permitindo o uso contínuo da área para actividades de subsistência sustentáveis, mas impedindo o uso de recursos para fins comerciais. Grande parte do restante da reserva, consistindo principalmente de miombo aberto e pradarias arbustivas, seria colocado sob "Gestão de Recursos", o que sugere mais limitações nas actividades permitidas em comparação com a zona acima, num esforço para restaurar os pastos para os mamíferos, e promover o turismo. As zonas de "Protecção Especial" cobrem o miombo denso e a vegetação ribeirinha/estuário, incluindo as pradarias de inundação sazonal, margens ribeirinhas e algumas das manchas de mangal ocidentais. Nessas áreas, propõe-se que não haja extracção de recursos, sendo permitida apenas a colecta de plantas medicinais e a pesca artesanal para fins locais com autorização por escrito da reserva.

Anteriormente ao primeiro plano de maneio, foram estabelecidas iniciativas locais com vista à conservação da fauna local. O Comité de Co-gestão de Pomene e o Conselho Comunitário de Pescas são duas organizações comunitárias que trabalham em parceria com a administração da reserva. Ambos os comités promovem o envolvimento da comunidade na conservação dos ecossistemas costeiros e marinhos por meio da educação da população local sobre as ameaças à biodiversidade local e os benefícios de proteger essa biodiversidade para os meios de subsistência e as gerações futuras. Além da educação, são realizadas patrulhas para detectar actividades ilegais, como queimadas descontroladas ou corte de mangal ou junco para venda (Macandza *et al.* 2015). O envolvimento da comunidade antes da implementação dos planos de maneio parece ter tido um impacto significativo nas actividades das comunidades locais, com uma pesquisa constatando que 67% dos entrevistados estavam cientes de que existem leis que restringem o uso de recursos dentro da reserva (Macandza *et al.* 2015). Além disso, a reserva é um dos trechos de costa mais intactos do sul de Moçambique, o que sugere ainda um nível de suporte local.

O habitat costeiro de alta qualidade é de particular importância para taxa de aves, fornecendo habitat para espécies como a globalmente quase-ameaçada Plain-backed Sunbird (*Cyanomitra verreauxii*) e as espécies restritas (definidas pelos critérios das Área Importante de Aves) Rudd's Apalis (*Apalis rudi*; LC). Com um número de espécies ameaçadas e restritas, o local foi reconhecido em 2001 como uma Área Importante de Aves.

Serviços Ecossistémicos Chaves

Os mangais no norte da IPA fornecem uma série de serviços ecossistémicos, incluindo madeira para construção, alimentos (principalmente mariscos) e medicamentos, bem como regulação ambiental por meio da protecção de habitats costeiros e mitigação das tempestades que podem se tornar mais frequentes e extremas com as mudanças climáticas (Macandza *et al.* 2015). A vida marinha que habita os mangais proporciona emprego na estação chuvosa para os pescadores itinerantes; no entanto, esta prática pode ser restringida no futuro se o limite da reserva se expandir para incluir o trecho leste de floresta de mangal.

A madeira dos mangais é preferida para a construção devido às suas propriedades resistentes a insectos, no entanto, a madeira também é extraída do miombo para ser utilizada como combustível, com cerca de 80% dos inquiridos a um inquérito aos moradores locais afirmando que a lenha é a sua principal fonte de energia doméstica. Juncos e papiros obtidos das terras húmidas são fontes úteis de fibra para fazer esteiras e peneiras, e colecta de frutos silvestres, tubérculos e raízes são importantes fontes de alimento em tempos de fome (Macandza *et al.* 2015).

A interessante avifauna e a diversidade de habitats conferem ao local potencial turístico. Apesar que já existam três pousadas estabelecidas a norte da reserva, e cerca de 20% da população local tenha recebido alguma renda do turismo em 2015 (Macandza *et al.* 2015), de momento o local não recebe grande número de turistas, com uma média de apenas 19 visitantes por mês em 2015 (Impacto Lda. 2016). Actualmente, a Reserva Nacional de Pomene ganha receita com a taxa de entrada e, portanto, não recebe receitas substânciais do turismo. No entanto, o plano de gestão 2016 – 2020 reconheceu o potencial do turismo planificado de forma responsável para criar maior sustentabilidade financeira para a reserva, e estabelece ambições de longo prazo para esse fim. O turismo, em particular, pode dar uma contribuição importante para a renda da população local, muitas das quais vivem abaixo da linha de pobreza, conforme definido pelo Banco Mundial (Macandza *et al.* 2015; Banco Mundial 2020). Não se sabe quanto progresso foi feito na expansão do turismo; no entanto, em 2017, o local tornou-se uma nova paragem para navios da MSC Cruzeiros, com excursões incluindo passeios pelos mangais e mergulho (South Africa Travel Online 2021). Embora o turismo crie renda muito necessária para a área local, as actividades devem ser monitoradas para garantir que não haja perturbação indevida dos habitats e o planeamento deve ser feito em colaboração com as comunidades locais.

Três locais sagrados foram registados dentro da IPA, dois dos quais estão localizados nas dunas a norte. Segundo entrevistas com líderes locais, os locais representam famílias fundadoras do local e estas áreas são usadas para realizar cerimónias, incluindo de pedido de chuva, pedido de cura e boas-vindas aos visitantes (Macandza *et al.* 2015).

Categorias de Serviços Ecossistémicos

- Provisionamento – Alimentos
- Provisionamento – Matérias-primas
- Provisionamento – Recursos medicinais
- Serviços de Regulação – Moderação de eventos extremos
- Habitat ou serviços de apoio – Habitats para espécies
- Serviços Culturais – Turismo
- Serviços Culturais – Experiência espiritual e sentido de pertença do lugar
- Serviços Culturais – Património Cultural

Justificativa da Avaliação da IPA

Pomene qualifica-se no sub-critério A(i) da IPA com três espécies vulneráveis: *Euphorbia baylissii*, *Elaeodendron fruticosum* e *Solanum litoraneum*. Este local também qualifica-se sob o sub-critério A(iv) para a espécie endémica de distribuição restrita *Salicornia mossambicensis* (DD). Com 11 taxa endémicos registados até o momento, Pomene também qualifica-se no sub-critério B(ii), enquadrando-se nos 15 principais locais a nível nacional para as espécies endémicas e de distribuição restritas. Embora não existam actualmente informações suficientes para avaliar este local sob o critério C(iii), deve-se notar também que Pomene abriga uma extensa área de habitat intacto de dunas costeiras. Grande parte deste habitat no sul de Moçambique foi degradado através da conversão para a agricultura, no entanto, a Reserva Natural de Pomene contribuiu para a protecção deste habitat dentro da IPA.

Triainolepis sancta nas dunas frontais (JEB)

Espécies Prioritárias (Critérios IPA A e B)

FAMÍLIA	TÁXON	IPA CRITÉRIO A	IPA CRITÉRIO B	≥ 1% DA POPULAÇÃO GLOBAL	≥ 5% DA POPULAÇÃO NACIONAL	É 1 DOS 5 MELHORES LOCAIS NACIONAL	TODA A POPULAÇÃO GLOBAL	ESPÉCIES DE IMPORTÂNCIA SÓCIO-ECONÓMICA	ABUNDÂNCIA NO LOCAL
Amaranthaceae	*Salicornia mossambicensis*	A(iv)	B(ii)	✓	✓	✓			desconhecida
Asparagaceae	*Dracaena subspicata*		B(ii)	✓	✓	✓			desconhecida
Celestraceae	*Elaeodendron fruticosum*	A(i)	B(ii)	✓	✓	✓			frequente
Euphorbiaceae	*Euphorbia baylissii*	A(i)	B(ii)	✓	✓	✓			ocasional
Fabaceae	*Chamaecrista paralias*		B(ii)	✓	✓	✓			frequente
Malvaceae	*Grewia occidentalis* var. *littoralis*		B(ii)	✓	✓	✓			desconhecida
Rubiaceae	*Psydrax moggii*		B(ii)	✓	✓				desconhecida
Rubiaceae	*Spermacoce kirkii*		B(ii)	✓	✓	✓			desconhecida
Rubiaceae	*Triainolepis sancta*		B(ii)	✓	✓	✓			desconhecida
Rutaceae	*Zanthoxylum delagoense*		B(ii)	✓					desconhecida
Solanaceae	*Solanum litoraneum*	A(i)	B(ii)	✓	✓	✓		✓	desconhecida
		A(i): 3 ✓ A(iv): 1 ✓	B(ii): 11						

Áreas Protegidas e Outras Designações de Conservação

TIPO DE ÁREA DE CONSERVAÇÃO	NOME DA ÁREA DE CONSERVAÇÃO	RELAÇÃO DA IPA COM A ÁREA PROTEGIDA
Reserva Nacional	Pomene Reserva Nacional	Área protegida/de conservação que engloba a IPA
Área Importante de Aves	Pomene	Área protegida/de conservação que engloba a IPA

Ameaças

AMEAÇA	SEVERIDADE	SITUAÇÃO
Áreas de turismo e recreação	média	ocorrendo – tendência desconhecida
Agricultura itinerante	média	ocorrendo – tendência desconhecida
Aquacultura de subsistência/artesanal	baixa	ocorrendo – tendência desconhecida
Exploração de madeira e colecta de produtos florestais	baixa	ocorrendo – tendência desconhecida
Aumento da frequência/intensidade de queimadas	alta	ocorrendo – tendência desconhecida

PANDA-MANJACAZE

Avaliadores: Jo Osborne, Iain Darbyshire

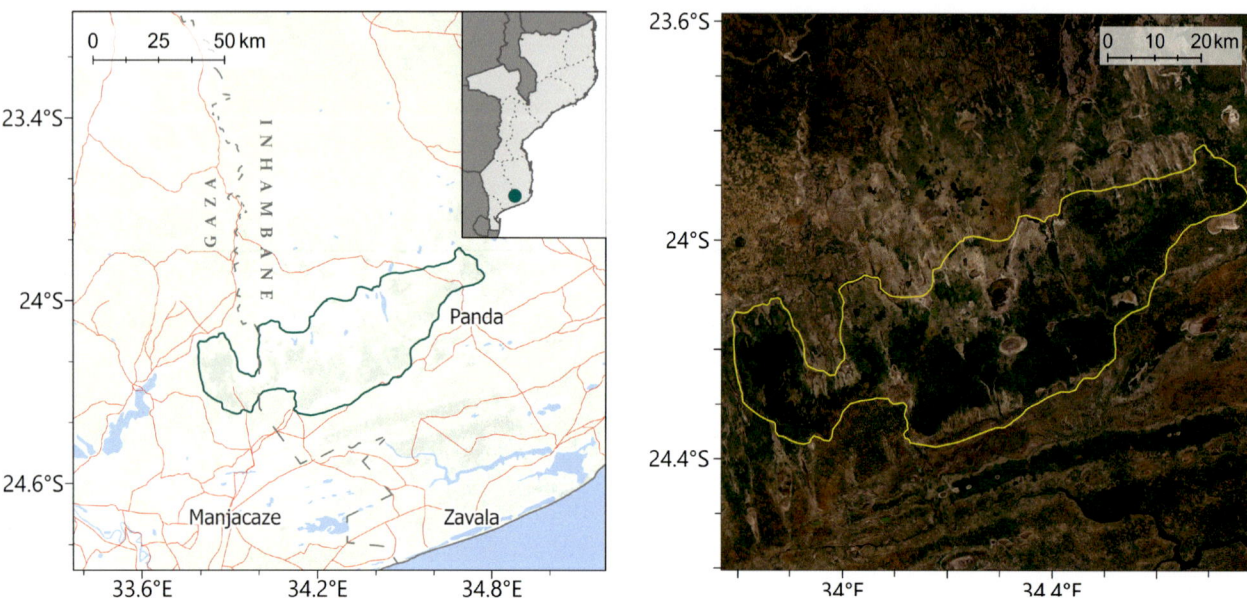

NOME INTERNACIONAL DO LOCAL		Panda-Manjacaze	
NOME LOCAL (CASO DIFERENTE)		–	
CÓDIGO DO LOCAL	MOZTIPA016	PROVÍNCIA	Inhambane

LATITUDE	-24.18378	LONGITUDE	34.12489
ALTITUDE MINIMA (m a.s.l.)	20	ALTITUDE MÁXIMA (m a.s.l.)	150
ÁREA (km²)	2.599	CRITÉRIO IPA	A(i), A(iv)

Descrição do Local

A IPA de Panda-Manjacaze cobre uma área de cerca 2.600 km², no distrito de Panda, no sudoeste da província de Inhambane e nos distritos de Manjacaze (Mandlakazi) e Chibuto, no sudeste da província de Gaza. Situa-se a noroeste da estrada Panda-Manjacaze (E417), a oeste da vila de Panda e ao norte da vila de Manjacaze, cerca de 60 – 120 km para o interior da costa do Oceano Índico. Esta grande área suporta um rico mosaico de habitats, incluindo áreas consideráveis de florestas secas em areias profundas, que são importantes para uma variedade de espécies de plantas raras e ameaçadas, algumas das quais aqui estão nos limites norte da sua área de distribuição. O local sobrepõe-se a uma Área Importante de Aves, a IBA Mata de Brachystegia de Panda, mas não está formalmente protegida no momento.

Importância Botânica

Áreas significativas de floresta seca dominada por Androstachys johnsonii ocorrem no local Panda-Manjacaze. Esta árvore madeireira, a única espécie do género Androstachys, ocorre no sul de África e em Madagascar, onde forma aglomerados densos, geralmente em áreas rochosas bem drenadas. Em Inhambane forma uma floresta seca distinta em areais elevados. A madeira, conhecida localmente como 'mecrusse' ou 'cimbirre', é durável e procurada para construção e, como resultado, a floresta de Androstachys fragmentou-se tanto nacionalmente quanto dentro desta IPA. O habitat de floresta arenosa de Panda-Manjacaze suporta várias espécies de plantas globalmente ameaçadas. Estas incluem a Guibourtia sousae críticamente ameaçada, uma espécie arbórea aparentemente endémica desta IPA, onde é conhecida apenas a partir da colecção tipo de 1936 (Gomes e Sousa #1927; Darbyshire et al. 2018c). Esta espécie não foi re-descoberta apesar dos esforços recentes (Osborne et al. 2019a; J.E. Burrows, pers. comm.), mas pode ser facilmente ignorada, pois é vegetativamente semelhante a G. conjugata, que é uma componente comum destas florestas secas. Duas espécies endémicas de Maputaland ameaçadas de extinção, Cola dorrii e Xylopia torrei, foram descobertas pela primeira vez dentro desta IPA durante o trabalho de campo botânico em 2019 (Osborne et al. 2019a), e este local representa os limites mais ao norte de sua distribuição respectiva. As taxa vulneráveis Acridocarpus natalitius var. linearifolius e Euphorbia baylissii também são registadas nestas florestas, e várias outras espécies arbustivas notáveis ocorrem, incluindo a localizada e incomum Ephippiocarpa orientalis, a quase endémica moçambicana Microcos (Grewia) microthyrsa e a endémica de Maputaland Psydrax fragrantissima (NT).

As pradarias de inundação sazonais que ocorrem extensivamente entre as areias levantadas, também suportam uma série de espécies interessantes, incluindo a pouco conhecida endémica nacional Indigofera mendoncae (DD) e a rara Striga junodii para a qual esta é, novamente, um dos locais mais ao norte conhecidos. Outras espécies significativas que ocorrem dentro do IPA incluem a rara e endémica nacional Celosia nervosa (DD), e populações importantes de duas espécies quase endémicas que são avaliadas como Quase Ameaçadas, o arbusto raro erecto ou trepador Sclerochiton coeruleus e a cicadacea Encephalartos ferox subsp. ferox. Grandes áreas do local não estão bem estudadas em termos botânicos pelo que outras espécies de plantas notáveis são prováveis de ocorrer aqui. Além do habitat da floresta de areia, a IPA de Panda-Manjacaze inclui valiosas matas, terras húmidas e pradarias de savana de inundação sazonais.

Habitat e Geologia

A IPA de Panda-Manjacaze encontra-se numa área de baixa altitude de terreno predominantemente plano em solos arenosos sobre depósitos de dunas quaternárias suavemente onduladas, com altitudes variando de 20 a 150 m acima do nível do mar. O local consiste num mosaico de habitats dependendo da variação gradual da altitude, com grandes areas

Floresta dominada por Androstachys no distrito de Panda (ID)

Floresta sobre água subterrânea dominada por Syzygium cordatum com o feto trepador Stenochlaena tenuifolia (JO)

Sclerochiton coeruleus (ID)

Cola dorrii (ID)

de mata e pradarias de savana de inundação sazonal, e áreas menores de floresta seca, floresta de águas subterrâneas, lagos e terras húmidas. Grande parte do trabalho de pesquisa do qual derivam as seguintes notas de habitat foi realizado na área entre Chichococha e Chihuwane, a sudoeste de Panda (Osborne *et al.* 2019a).

Em imagens de satélite (Google Earth 2021), os fragmentos de floresta seca dominados por *Androstachys* distinguem-se claramente pela cor verde muito escura em comparação com a floresta secundária e mata de cor verde clara. A floresta de *Androstachys* tende a suportar poucas espécies de árvores, com excepção de *Guibourtia conjugata*, que pode ser co-dominante e também é a espécie dominante na floresta secundária circundante. Uma variedade de arbustos do estrato inferior é frequente, incluindo *Croton pseudopulchellus*, *Drypetes arguta*, *Hyperacanthus microphyllus*, *Salacia leptoclada*, *Suregada zanzibarensis* e *Vepris* sp., com *Boscia foetida*, *Combretum celastroides* e *Margaritaria discoidea* comuns ao longo das margens e clareiras. A espécie *Warneckea sansibarica* pode ser frequente no estrato inferior da floresta dominada por *Guibourtia*. Algumas pequenas manchas de mata arbustiva com *Diospyros rotundifolia*, *Mimusops caffra* e *Ochna natalitia* são observadas em areias profundas, parecendo reminiscências das matas costeiras e brenhas de Maputaland.

As extensas matas de miombo aqui são quase exclusivamente dominadas por *Brachystegia spiciformis*, muitas vezes em povoamentos puros. Grande parte da mata é secundária com uma altura do estrato arbóreo de cerca 8 m, embora ocasionalmente permaneçam árvores maiores de até 15 m de altura e 50 cm de DAP (Diâmetro Altura do Peito). Uma variedade de ervas e arbustos ocorrem no estrato inferior, e a cicadacea *Encephalartos ferox subsp. ferox* é frequente em algumas manchas de mata. Uma mata de miombo mais seca, o miombo seco de Pangue de Lötter *et al.* (em prep.), é registado no norte da IPA.

Extensas pradarias de savana ocorrem em áreas baixas de inundação sazonais e são intercaladas com pequenas manchas de mata. Estas áreas sofrem queimadas naturais na estação seca, como indicado pela abundância de espécies perenes "suffruticose" com sinais nas bases do caule de queimadas anteriores. As espécies de gramíneas comuns registadas incluem *Chrysopogon serrulatus*, *Cymbopogon caesius*, *Diheteropogon amlectens*, *Eragrostis* sp. e *Setaria sphacelata*. As espécies lenhosas comuns incluem as palmeiras *Hyphaene coriacea* e *Phoenix reclinata*, juntamente com *Acacia* sp., *Syzygium cordatum* e *Terminalia sericea*, enquanto *Brachystegia spiciformis* ocorre em áreas mais secas. O arbusto "suffruticose" *Salacia kraussii* é abundante na transição entre manchas de matas e pradarias. As pradarias abrigam uma variedade de espécies herbáceas, como *Bergia decumbens*, *Chamaecrista paralias*, *Leucas milanjiana* e *Vahlia capensis* subsp. *vulgaris*.

As áreas de floresta sobre água subterrânea (pântano) que ocorrem nas áreas mais baixas geralmente em faixas ao longo de rios e riachos sazonais. Estas são dominadas por *Syzygium cordatum*, enquanto o estrato inferior da floresta é dominado por feto trepadores gigantes *Stenochlaena tenuifolia*. Outras espécies de árvores notáveis neste habitat são *Ficus trichopoda* e *Voacanga thouarsii*. Grandes áreas de terras húmidas ocorrem no local, com caniçais e lagos permanentes ou sazonais, mas estas não foram bem pesquisadas botânicamente até à data.

Questões de Conservação

A extração contínua e insustentável de *Androstachys johnsonii* levou à fragmentação da floresta seca de *Androstachys* dentro da IPA Panda-Manjacaze. Como é evidente a partir de imagens de satélite (Google Earth 2021), a fragmentação é particularmente aparente no distrito de Panda na Província de Inhambane, enquanto parece haver manchas de florestas remanescentes maiores e mais intactas na província vizinha de Gaza a norte de Manjacaze, embora seja necessário um levantamento botânico para confirmar a qualidade desta floresta. A regeneração de *Androstachys* em áreas desmatadas e dentro de manchas de floresta secundária, não foi observada durante o trabalho de campo em 2019 (Osborne *et al*. obs. pess.). A extração de madeira das matas de miombo para produção de madeira e carvão também está resultando em declínios neste habitat, ainda que miombo permaneça extenso de momento.

Actualmente, há muito poucos assentamentos dentro do local, apesar que os campos agrícolas cerquem o local a leste, sul e oeste e possam expandir-se para a IPA no futuro. Outros potenciais problemas de conservação incluem o pastoreio de baixa intensidade de bovinos e caprinos nas pradarias de savana, e a presença ocasional da invasora *Opuntia* sp. em algumas áreas da mata de miombo, particularmente nas margens (Osborne *et al*. 2019a). No entanto, de momento estes não parecem representar uma ameaça séria a este local. A extensão da IPA em duas Províncias, Inhambane (Panda) e Gaza (Manjacaze-Chibuto) pode apresentar desafios para a gestão e, portanto, esta IPA pode precisar ser dividida no futuro para fins de gestão da conservação.

A IPA sobrepõe-se a uma Área Importante de Aves, à Mata de *Brachystegia* de Panda (Birdlife International 2021f), reforçando o valor da biodiversidade e o caso de protecção formal deste local. As matas de miombo aqui são de particular importância para manter uma população disjunta de Olive-headed Weaver (*Ploceus olivaceiceps*, NT). Uma população de Elefante Africano (*Loxodonta africana*, EN) é digna de nota, e a evidência da sua presença nas florestas a sudoeste de Panda foi observada durante o trabalho de campo recente (Osborne *et al*. 2019a). Esta área também se qualificaria como um local da "Alliance for Zero Extinction" (AZE) com base na presença de *Guibourtia sousae*, embora não esteja na actual rede AZE e também não tenha sido incluída na recente avaliação das Áreas Chave de Biodiversidade para Moçambique.

Serviços Ecossistémicos Chaves

A IPA de Panda-Manjacaze suporta uma população significativa da importante espécie de árvores madeireira, *Androstachys johnsonii*, conhecida como 'mecrusse', 'cimbirre' ou 'Lebombo ironwood', que forma um habitat de floresta seca distinto e valioso para a flora e a fauna. O local também contém grandes áreas de floresta e habitats de pradarias de savana de inundação sazonais, em geral suportando uma alta diversidade de plantas em um mosaico de

Floresta seca de *Guibourtia conjugata* e *Androstachys johnsonii* (JO)

habitats e fornecendo habitat diversificado para a vida selvagem. Além de *Androstachys johnsonii*, uma variedade de outras plantas de importância sócio-económica ocorre no local, incluindo duas espécies de palmeiras *Hyphaene coriacea* e *Phoenix reclinata*; o arbusto *Salacia kraussii*; e as espécies arbóreas *Brachystegia spiciformis*, *Dolichandrone alba*, *Guibourtia conjugata*, *Syzygium cordatum* e *Terminalia sericea*. A vegetação contribui para o sequestro e armazenamento de carbono.

Categorias de Serviços Ecossistémicos

- Provisionamento – Matérias-primas
- Serviços de Regulação – Sequestro e armazenamento de carbono
- Habitat ou serviços de apoio – Habitats para espécies

Justificativa da Avaliação da IPA

A área de Panda-Manjacaze qualifica-se como IPA sob os critérios A e C. De acordo com o critério A(i), o local suporta populações importantes de cinco plantas globalmente ameaçadas – é o único local conhecido globalmente de *Guibourtia sousae* (CR) e é o único local dentro da rede IPA de Moçambique de *Cola dorrii* (EN). Sob o critério A(iv), a endémica de Moçambique de distribuição restrita *Indigofera mendoncae* (DD) ocorre neste local; novamente, este é o único local para esta espécie dentro da rede IPA.

Encephalartos ferox subsp. *ferox* no interior da mata de miombo (JO)

Espécies Prioritárias (Critérios IPA A e B)

FAMÍLIA	TÁXON	IPA CRITÉRIO A	IPA CRITÉRIO B	≥ 1% DA POPULAÇÃO GLOBAL	≥ 5% DA POPULAÇÃO NACIONAL	É 1 DOS 5 MELHORES LOCAIS NACIONAL	TODA A POPULAÇÃO GLOBAL	ESPÉCIES DE IMPORTÂNCIA SÓCIO-ECONÓMICA	ABUNDÂNCIA NO LOCAL
Amaranthaceae	*Celosia nervosa*		B(ii)						desconhecida
Annonaceae	*Xylopia torrei*	A(i)	B(ii)	✓	✓	✓			rara
Bignoniaceae	*Dolichandrone alba*		B(ii)					✓	desconhecida
Euphorbiaceae	*Euphorbia baylissii*	A(i)	B(ii)	✓					desconhecida
Fabaceae	*Chamaecrista paralias*		B(ii)						desconhecida
Fabaceae	*Guibourtia sousae*	A(i)	B(ii)				✓		rara
Fabaceae	*Indigofera mendoncae*	A(iv)	B(ii)	✓	✓	✓			desconhecida
Malpighiaceae	*Acridocarpus natalitius* var. *linearifolius*	A(i)							desconhecida
Malvaceae	*Cola dorrii*	A(i)		✓	✓	✓			ocasional
Rubiaceae	*Psydrax moggii*		B(ii)						ocasional
		A(i): 5 ✓ A(iv): 1 ✓	B(ii): 8						

Áreas Protegidas e Outras Designações de Conservação

TIPO DE ÁREA DE CONSERVAÇÃO	NOME DA ÁREA DE CONSERVAÇÃO	RELAÇÃO DA IPA COM A ÁREA PROTEGIDA
Sem protecção formal	Não indicado	
Área Importante de Aves	Mata de *Brachystegia* de Panda	Área protegida/de conservação que engloba a IPA

Campo de savana com *Hyphaene coriacea* (ID)

Ameaças

AMEAÇA	SEVERIDADE	SITUAÇÃO
Agricultura de pequena escala	baixa	ocorrendo – tendência desconhecida
Pastoreio, pecuária ou agricultura de pequena escala	baixa	ocorrendo – tendência desconhecida
Exploração de madeira e colecta de produtos florestais	alta	ocorrendo – tendência desconhecida
Espécies invasoras não nativas/espécie exótica	baixa	ocorrendo – tendência desconhecida

INHARRIME-ZÁVORA

Avaliadores: Sophie Richards, Iain Darbyshire, Jo Osborne

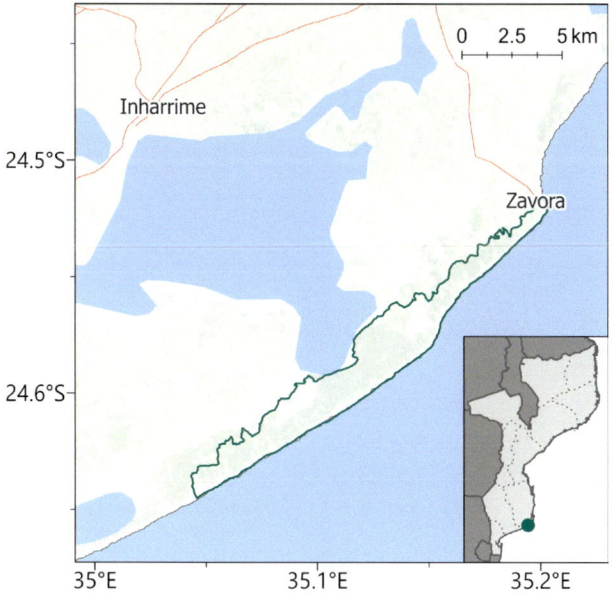
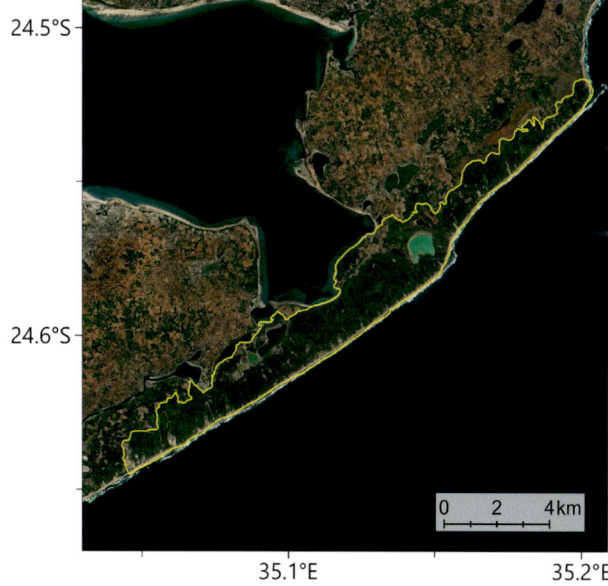

NOME INTERNACIONAL DO LOCAL		Inharrime-Závora	
NOME LOCAL (CASO DIFERENTE)		–	
CÓDIGO DO LOCAL	MOZTIPA044	PROVÍNCIA	Inhambane

LATITUDE	-24.58704	LONGITUDE	35.13056
ALTITUDE MINIMA (m a.s.l.)	0	ALTITUDE MÁXIMA (m a.s.l.)	170
ÁREA (km²)	31.9	CRITÉRIO IPA	A(i)

Descrição do Local

Inharrime-Závora é uma IPA costeira que abrange ambos os lados da fronteira entre os Distritos de Inharrime e Zavala, na Província de Inhambane. O local tem 31,9 km² de área e enquadra-se no proposto (sub-) Centro de Endemismo de Inhambane (Darbyshire *et al.* 2019a). Como grande parte da região costeira deste (sub-) Centro de Endemismo, o local está sob pressão da conversão de habitat para agricultura. No entanto, a vegetação das dunas costeiras aqui está praticamente intacta. A IPA estende-se desde a Ponta Závora a nordeste, 20 km na direcção sudoeste em direcção à Lagoa Maiene, e com a Lagoa Poelela a sudoeste do local.

Importância Botânica

A vegetação costeira do sul de Inhambane está sob forte pressão da agricultura pelo que grandes áreas já foram degradadas. O trecho de dunas costeiras práticamente intactas dentro desta IPA é, portanto, de importância botânica. Este habitat alberga três espécies globalmente vulneráveis: *Euphorbia baylissii*, uma espécie endémica restrita às áreas costeiras do sul de Moçambique, juntamente com *Allophyllus mossambicensis* e *Elaeodendron fruticosum*, ambas endémicas das Províncias de Gaza e Inhambane. Todas as três espécies estão ameaçadas em toda a área de distribuição pela conversão do habitat costeiro em machambas e, em menor grau, pela expansão do turismo. Embora ambas as ameaças estejam presentes nesta IPA, ainda há um trecho significativo de habitat costeiro intacto neste local e, portanto, é um local globalmente significativo para a conservação destas espécies.

No total, existem cinco espécies endémicas dentro desta IPA. A maioria destas espécies concentra-se nas dunas costeiras no núcleo da zona. Uma espécie de interesse é uma *Eugenia* ainda não descrita, a *Eugenia* sp. A de *Árvores e Arbustos de Moçambique* (Burrows *et al.* 2018). Registada na Ponta Závora, esta espécie só é conhecida do litoral das Províncias de Inhambane, Gaza e Maputo.

Fora da IPA, foram registadas quatro espécies endémicas na vila de Inharrime. Duas espécies, *Baphia ovata* (NT) e *Psydrax moggii* (LC), foram registadas recentemente, em 2007 (Tocas #10109) e 2009 (Tocas

Matagal de dunas costeiras (JO)

Borda da floresta costeira (JO)

Vegetação de dunas frontais (JO)

#11082), respectivamente, em fragmentos de vegetação de brenha nas margens do lago. No entanto, duas outras endémicas registadas à volta da Lagoa Poelela, *Spermacoce kirkii* e *Millettia ebenifera* (VU), foram registadas em 1955 (Exell #666) e 1944 (Mendonça #3372). Devido ao habitat muito degradado além da floresta costeira, estes locais ao redor da Lagoa Poelela foram excluídos da IPA, mas algumas dessas espécies podem ser encontradas dentro dos limites do local com mais investigação.

Habitat e Geologia

A geologia subjacente a este local é de arenito quaternário e os solos são predominantemente arenosos, com alguns aluviões recentes distribuídos pelos rios (Impacto Lda. 2012a). As temperaturas médias variam de 19°C em Julho a 28,6°C em Janeiro. A estação seca é entre Maio e Outubro, enquanto 74% da precipitação anual cai entre Novembro e Abril (MAE 2005e).

Levantamentos botânicos muito limitados foram realizados nesta IPA, embora colectas botânicas recentes tenham sido feitas na Ponta Závora em 2005 (J.E. Burrows e S.M. Burrows), e ao redor do Lago Tsene em 2019 (ver Osborne *et al.* 2019a). O local é dominado por floresta brenhosa densa de dunas. Tal como acontece com a maior parte da vegetação costeira, existe um gradiente de sucessão desde as dunas frontais até as dunas mais antigas mais para o interior. As comunidades pioneiras consistem em espécies como *Sesuvium portulacastrum*, *Cyperus crassipes*, *Scaevola plumieri* e *Ipomoea pes-caprae*, enquanto arbustos como *Eugenia capensis* subsp. *capensis* e *Diospyros rotundifolia* ocorrem mais atrás da linha de costa no topo da praia (Impacto Lda. 2012a; Osborne *et al.* 2019a).

Movendo-se para o interior para além destas comunidades pioneiras, árvores como *Craibia zimmermanii* e *Afzelia quanzensis* ocupam as encostas das dunas, com a ocasional *Euphorbia baylissii* no estrato inferior sob sombra (Osborne *et al.* 2019a). No meio do sistema dunar, a brenha domina a vegetação. A composição de espécies destas brenhas inclui *Olax dissitiflora* e *Cassia abbreviata*, e nas dunas mais antigas o estrato arbóreo da brenha tem cerca de 4 m de altura (Osborne #1670). A topologia das dunas proporciona uma variedade de micro-habitats, incluindo trechos de dunas abrigados que hospedam pequenos números de *Encephalartos ferox* subsp. *ferox* (NT). À medida que a brenha transita para a floresta seca costeira nas dunas mais antigas, com uma altura de copa de cerca de 5 m, *Mimusops caffra* começa a dominar, enquanto outras espécies como *Suregada zanzibariensis* e *Drypetes natalensis* são comuns (Osborne *et al.* 2019a).

Elaeodendron fruticosum (JO)

À beira da Lagoa Poelela com matas costeiras ao longe (JO)

Na parte posterior do sistema dunar e mais para o interior, existem várias lagoas e canais presentes em Inharrime-Závora. As lagoas desta IPA são salobras, porém menos salina que a água do mar (Hill *et al.* 1975). A maior massa de água, a Lagoa Poelela, está ligada ao Oceano Índico através de 75 km de canais e outras lagoas. As margens destes lagos apresentam comunidades herbáceas constituídas principalmente por Cyperaceae, incluindo *Cyperus laevigatus*, *C. natalensis* e *Fimbristylis dichotoma*, juntamente com *Phragmites* (provavelmente *P. mauritianus*) (Impacto Lda. 2012a).

Tem havido uma extensa limpeza da vegetação para machambas na parte posterior do sistema dunar. Osborne *et al.* (2019a) observaram que, embora as clareiras fossem mais frequentes no interior, também havia algumas clareiras menores mais próximas das dunas frontais. As culturas cultivadas na zona costeira de Inharrime incluem arroz, milho, mandioca, amendoim, caju, feijão e ananás (Impacto Lda. 2012a). As plantações de coqueiros em pequena escala também são frequentes, com algumas ocorrendo perto da Lagoa Poelela dentro desta IPA (J. Osborne, com. pess. 2021). Onde as machambas foram abandonadas, a vegetação secundária inclui cajueiros (*Anacardium occidentale*), *Salacia kraussii* e *Chrysocoma mozambicensis* (Osborne *et al.* 2019a).

Questões de Conservação

O local não se enquadra numa área protegida, Área Chave de Biodiversidade, Área Importante para Aves ou sítio Ramsar.

A principal ameaça à vegetação dentro desta IPA é a agricultura itinerante. Grande parte da área entre a vila de Inharrime e o litoral já foi convertida em machambas, restando apenas fragmentos de miombo. A própria IPA está sob intensa pressão de uma maior expansão das terras agrícolas. O desmatamento da floresta costeira na margem sudeste da Lagoa Poelela começou em meados dos anos 2000, com os desmatamentos mais significativos ocorrendo entre 2010 e 2013 (World Resources Institute 2021). Em 2019, foram observadas pequenas manchas de vegetação queimada, em processo de limpeza, em direcção às dunas frontais, destacando ainda mais a ameaça contínua às dunas costeiras (Osborne *et al.* 2019a). É provável que o uso de queimadas para limpeza de vegetação também represente uma ameaça adicional de queimadas descontroladas, limpando áreas de vegetação mais amplas do que o pretendido.

Além da agricultura, a extração de árvores ameaça a integridade dos remanescentes de vegetação natural da área. A principal fonte de combustível doméstico no distrito de Inharrime é a lenha, enquanto a madeira local é utilizada para a construção. Para alguns moradores de Inharrime, o esgotamento dos recursos chegou a tal ponto que eles devem percorrer mais de 5 km para encontrar lenha (MAE 2005e). Estratégias de uso sustentável de recursos nos distritos de Inharrime e Zavala ajudariam a aliviar a pressão sobre a IPA, ao mesmo tempo em que garantiriam recursos essenciais para a população local no futuro. De acordo com um relatório de 2012 da zona costeira de Inharrime, havia planos para introduzir um plano de gestão do uso do solo no distrito (Impacto Lda. 2012a), no entanto, não está claro quanto progresso foi alcançado para esse fim.

Em direcção à Ponta Závora, o desenvolvimento do turismo pode ser uma ameaça aos habitats (Matimele et al. 2018a). A floresta densa costeira já foi desmatada para dar lugar a alojamento turístico. No entanto, o cenário florestal contribui para a experiência do visitante (Nhanombe Lodge 2021) que pode, em certa medida, limitar a degradação do habitat.

Os taxa de vertebrados deste local ainda não foram inventariados; no entanto, existe um laboratório marinho sediado em Závora.

Euphorbia baylissii crescendo no sub-bosque da floresta costeira (JO)

Serviços Ecossistémicos Chaves

Os frutos de espécies costeiras como *Diospyros rotundifolia*, *Phoenix reclinata* e *Salacia kraussii* são colhidos pela população local (Osborne et al. 2019a). O material lenhoso também é usado como fonte de madeira e combustível, porém esses recursos estão sendo extraídos de forma insustentável em algumas áreas (MAE 2005e).

Tanto a Ponta Závora como a Lagoa Poelea acolhem turistas e, embora o foco seja principalmente os desportos aquáticos e a fauna marinha, a vegetação das dunas em que se situa o alojamento provavelmente contribui para a experiência do visitante (Nhanombe Lodge 2021). Poderá haver margem para expandir a oferta turística, com a inclusão de paisagens terrestres.

Um farol na Ponta Závora, construído em 1910, é um dos poucos faróis remanescentes e operacionais em Moçambique (Harrison & Finnegan 2021). Há uma série de edifícios antigos na Ponta Závora construídos durante o domínio colonial português, que podem ser de interesse histórico.

Categorias de Serviços Ecossistémicos

- Provisionamento – Alimentos
- Provisionamento – Matérias-primas
- Serviços Culturais – Turismo

Justificativa da Avaliação da IPA

Inharrime-Závora qualifica-se como IPA ao abrigo do sub-critério A(i), critério de Áreas Importantes de Plantas, devido à presença de três espécies globalmente Vulneráveis. Cinco espécies endémicas também foram registadas; no entanto, isso representa apenas 1% das espécies B(ii) qualificadas, menos do que o limite de 3% exigido. O habitat costeiro intacto neste local também é de importância botânica, pois grande parte desta vegetação foi transformada ou degradada na Província de Inhambane e no Centro de Endemismo de Inhambane. De momento, no entanto, não há dados suficientes para avaliar este local sob o sub-critério C(iii).

Margem salobra do Lago Tsene (JO)

Espécies Prioritárias (Critérios IPA A e B)

FAMÍLIA	TÁXON	IPA CRITÉRIO A	IPA CRITÉRIO B	≥ 1% DA POPULAÇÃO GLOBAL	≥ 5% DA POPULAÇÃO NACIONAL	É 1 DOS 5 MELHORES LOCAIS NACIONAL	TODA A POPULAÇÃO GLOBAL	ESPÉCIES DE IMPORTÂNCIA SÓCIO-ECONÓMICA	ABUNDÂNCIA NO LOCAL
Celastraceae	*Elaeodendron fruticosum*	A(i)	B(ii)	✓	✓				desconhecida
Euphorbiaceae	*Euphorbia baylissii*	A(i)	B(ii)	✓	✓	✓			ocasional
Malvaceae	*Grewia occidentalis* var. *littoralis*		B(ii)	✓	✓	✓			desconhecida
Myrtaceae	*Eugenia* sp. A of T.S.M.		B(ii)	✓	✓	✓			desconhecida
Sapindaceae	*Allophylus mossambicensis*	A(i)	B(ii)	✓	✓	✓			rara
		A(i): 3 ✓	B(ii): 5						

Áreas Protegidas e Outras Designações de Conservação

TIPO DE ÁREA DE CONSERVAÇÃO	NOME DA ÁREA DE CONSERVAÇÃO	RELAÇÃO DA IPA COM A ÁREA PROTEGIDA
Sem protecção formal	Não indicado	

Ameaças

AMEAÇA	SEVERIDADE	SITUAÇÃO
Agricultura de pequena escala	alta	ocorrendo – tendência desconhecida
Áreas de turismo e recreação	média	ocorrendo – tendência desconhecida
Habitação e áreas urbanas	baixa	ocorrendo – tendência desconhecida
Exploração de madeira e colecta de produtos florestais	baixa	ocorrendo – tendência desconhecida

PROVÍNCIA DE GAZA

PROVÍNCIA DE GAZA

CHIDENGUELE

Avaliadores: Sophie Richards, Iain Darbyshire

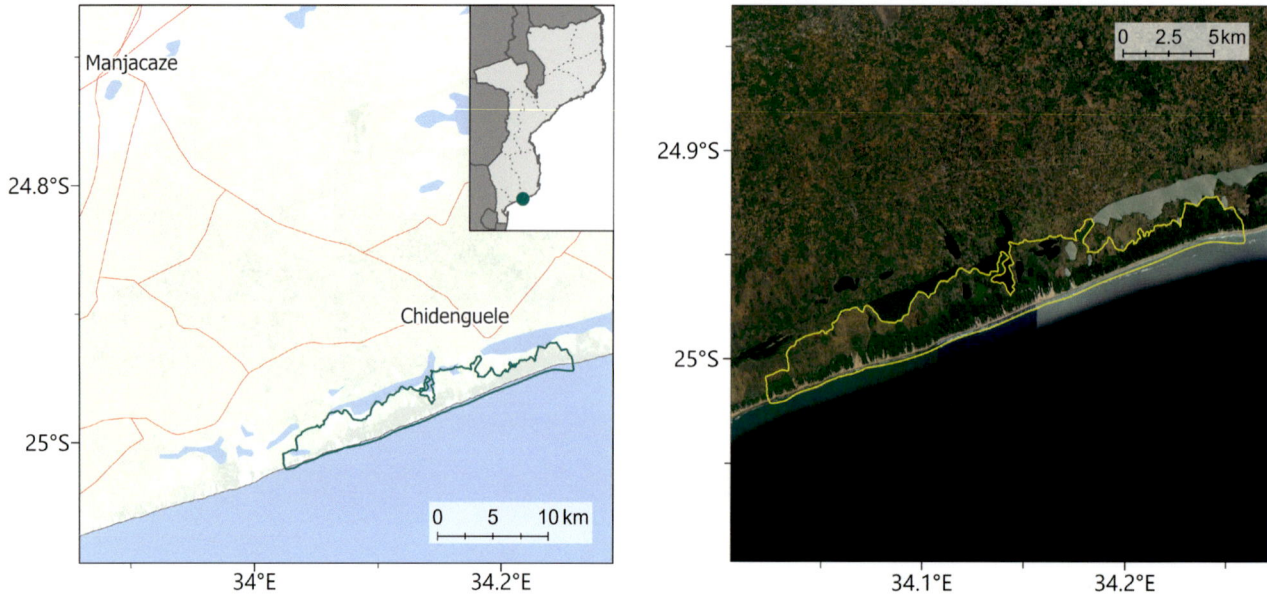

NOME INTERNACIONAL DO LOCAL		Chidenguele	
NOME LOCAL (CASO DIFERENTE)		–	
CÓDIGO DO LOCAL	MOZTIPA050	PROVÍNCIA	Gaza

LATITUDE	-24.96651	LONGITUDE	34.15002
ALTITUDE MINIMA (m a.s.l.)	0	ALTITUDE MÁXIMA (m a.s.l.)	75
ÁREA (km²)	60.3	CRITÉRIO IPA	A(i)

Plataformas rochosas entremarés em Chidenguele com *Thalassodendron leptocaule* (SB com Vera Bandeira)

336 AS ÁREAS IMPORTANTES DE PLANTAS DE MOÇAMBIQUE

Descrição do Local

Chidenguele é uma IPA costeira, no distrito de Manjacaze, na província de Gaza. O local está situado a cerca de 2 km a sudoeste da vila de Chidenguele e cobre uma área de pouco menos de 60 km². Esta IPA abrange um habitat de florestas costeiras de alta qualidade, numa extensão de 25 km ao longo da costa desde o Lago Matsambe, a leste, até à Praia de Chiziane, a oeste. Grande parte deste habitat está ameaçado em todo o sul de Moçambique por desmatamento para agricultura, enquanto as florestas ao redor de Chidenguele estão, em contraste, em grande parte intactas e, portanto, oferecem uma oportunidade para conservar este tipo de habitat.

Para além das florestas costeiras, o IPA de Chidenguele estende-se até à zona intertidal, incluindo as plataformas de arenito em que cresce a erva marinha Quase Ameaçada, *Thalassodendron leptocaule*. A zona costeira, na Praia de Chidenguele, é também um pequeno local turístico com várias pousadas nas florestas a oeste desta IPA.

O local também foi delineado para incluir a planície de inundação do interior e o habitat de terras húmidas associadas às espécies de palmeiras globalmente vulneráveis, *Raphia australis*. Apesar de apenas uma pequena população desta espécie esteja presente neste local, Chidenguele é um dos poucos locais onde esta espécie é conhecida globalmente e por isso é de grande importância para a conservação de *R. australis*. Enquanto apenas pequenas áreas da IPA suportam *R. australis*, a integridade ecológica da paisagem como um todo é importante para proteger esta espécie e a biodiversidade em geral de Chidenguele.

Importância Botânica

Chidenguele foi delineado para cobrir um dos poucos locais conhecidos por hospedar a palmeira vulnerável, *Raphia australis*. Curiosamente, ao contrário de outros locais mais a sul, onde esta espécie habita pântanos ou florestas de galeria, *Raphia australis* cresce dentro de canaviais em Chidenguele (Matimele *et al.* 2016b). Este local também é único como o local mais setentrional dentro da distribuição da espécie. Até à data, apenas 10 indivíduos foram observados neste local, no entanto, a área é pouco amostrada e estima-se que existam mais de 20 indivíduos presentes (H. Matimele, comunicação pessoal 2021). Chidenguele representa um dos cinco melhores locais em Moçambique para esta espécie, todos sob forte pressão da expansão das terras agrícolas (Matimele 2016). A presença contínua de *R. australis* neste local é de grande importância para a resiliência geral da espécie. As florestas de dunas de Chidenguele também são de importância para a conservação, particularmente por fornecerem habitat a duas espécies globalmente ameaçadas – *Ecbolium hastatum* (EN) e *Elaeodendron fruticosum* (VU). *E. hastatum* é uma espécie rara com uma distribuição irregular, conhecida apenas do sul de Moçambique em 5 a 7 locais. A brenha costeira das dunas ao qual esta espécie está restrita, é conhecida por estar ameaçada pela expansão das cidades e infraestrutura turística (Darbyshire *et al.* 2018d). Apesar de apenas três indivíduos tenham sido observados em direcção à Praia de Chiziane (McCleland & Massingue 2018), provavelmente há mais indivíduos em torno de Chidenguele que ainda não foram registados. Esta IPA representa um dos três únicos locais relativamente seguros para esta espécie e, dado que a AOO (área de ocupação) está apenas ligeiramente acima do limite da categoria Críticamente Ameaçada, é de grande importância na prevenção da extinção desta espécie.

Outra endémica ameaçada *Elaeodendron fruticosum* (VU), também restrita às dunas costeiras do sul de Moçambique, está presente nesta IPA. Esta espécie, como *Ecbolium hastatum* e *Raphia australis*, também está ameaçada pela perda de habitat através da conversão do habitat das dunas costeiras para agricultura.

No total, existem cinco espécies endémicas registadas nesta IPA, incluindo *Elaeodendron fruticosum* e *Ecbolium hastatum*, todas ocorrendo no habitat de dunas costeiras. Para uma dessas endémicas, *Baphia ovata* (NT), Chidenguele pode abrigar uma das maiores populações em toda a área de distribuição desta espécie (Langa *et al.* 2019a).

Chidenguele enquadra-se no proposto (sub-) Centro de Endemismo de Plantas (CoE) de Inhambane (Darbyshire *et al.* 2019a) e algumas endémicas presentes neste local, como *Baphia ovata* e *Elaeodendron fruticosum*, têm distribuições limitadas apenas a este CoE. Numa escala mais ampla, Chidenguele também se enquadra no Hotspot de Biodiversidade da Floresta Costeira da África Oriental, cobrindo algumas das florestas mais meridionais e ocidentais deste hotspot. Embora as florestas costeiras e as brenhas deste local estejam em grande parte intactas e abriguem um número de espécies endémicas, possivelmente mais do que é actualmente conhecido, não há dados suficientes neste momento para avaliar este tipo de habitat em todo o CoE de Inhambane proposto, de acordo com os critérios da IPA. No entanto, é possível que este local também possa se qualificar no critério C da IPA no futuro.

A delimitação desta IPA incluiu também a zona entremarés, para cobrir o habitat da erva marinha quase ameaçada *Thalassodendron leptocaule*. Esta espécie é conhecida por formar povoamentos ecologicamente dominantes em plataformas de arenito com várias algas epífitas e invertebrados marinhos dependentes do habitat criado pela *T. leptocaule*. No entanto, devido à perturbação humana e às alterações climáticas, esta espécie poderá em breve estar ameaçada de extinção (Darbyshire *et al.* 2020b). Em Chidenguele a população pode estar relativamente segura, no entanto, o aumento do pisoteio devido ao turismo no local pode representar uma ameaça para esta espécie ecologicamente importante.

Habitat e Geologia

Existem poucos estudos botânicos realizados na área de Chidenguele, e que incidiram principalmente sobre um pequeno número de espécies endémicas ou ameaçadas. No entanto, um inventário botânico em larga escala ainda não foi realizado. A descrição do habitat que se segue baseia-se principalmente num relatório da Impacto Lda. (2012b) no distrito de Manjacaze.

Chidenguele abrange uma variedade de habitats que abrangem a zona intertidal/entremarés e as dunas costeiras até às matas de miombo no interior, intercaladas com várias lagoas e terras húmidas associadas a estas lagoas.

Subjacente a este local encontra-se a geologia sedimentar quaternária, com solos maioritariamente arenosos e alguns depósitos aluviais recentes em redor das terras húmidas nas zonas centrais e associadas às lagoas. Mais afastado do mar estão as comunidades de ervas marinhas da zona intertidal média. Dominadas pelas ervas marinhas *Thalassodendron leptocaule* (NT), essas comunidades ocorrem em plataformas de arenito e estão sempre submersas ou levemente expostas na maré baixa (Darbyshire *et al.* 2020b). *T. leptocaule* fornece habitat para várias espécies – um estudo desta espécie na África do Sul encontrou 52 taxa de macro-algas e 204 macro-invertebrados vivendo numa população desta erva marinha (Browne *et al.* 2013). Portanto, é provável que as ervas marinhas ao redor de Chidenguele também suportem uma complexa rede de interações ecológicas.

Movendo-se para a zona costeira, a vegetação dunar segue um gradiente de sucessão, com espécies pioneiras

Palmeira *Raphia australis* crescendo em canavial (HM)

comuns como *Cyperus crassipes*, *Ipomoea pes-caprae*, *Scaevola thunbergii* e *Sesuvium portulacastrum* habitando as dunas frontais. Movendo-se mais para o interior, predomina a vegetação arbustiva, incluindo espécies como *Diospyros rotundifolia* e *Grewia occidentalis* var. *litoralis*. *Encephalartos ferox* subsp. *ferox*, avaliado como Quase Ameaçado a nível de espécie, foi registado em vales abrigados dentro do sistema de dunas. A brenha das dunas em direcção à Praia de Chiziane tem um estrato superior baixo e inclui espécies como *Croton pseudopulchellus*, *Zanthoxylum delagoense*, *Manilkara concolor* e *Mimusops caffra* e com um estrato inferior esparso com *Barleria repens*. É provável que a brenha das dunas com estas características esteja presente ao longo das dunas desta IPA. A floresta costeira densa está presente em algumas áreas a seguir ao sistema dunar. As florestas costeiras neste distrito são dominadas pelas espécies *Afzelia quanzensis*, *Mimopsus caffra*, *Sideroxylon inerme* e *Ficus*.

Por trás da floresta-brenha costeira encontra-se o habitat caracterizado por Lötter *et al.* (em prep.) como "Pradaria costeira de palmeiras de Inharrime", uma área mal drenada de pradaria arborizada aberta. As espécies incluem palmeiras como *Phoenix reclinata*, *Hyphaene coriacea* e *Borassus aethiopum*, ao lado de várias espécies de gramíneas, incluindo vários géneros *Andropogon*, *Eragrostis* e *Hyparrhenia* (Lötter *et al.* em prep.). Em áreas mais secas, *Brachystegia spiciformis* domina com espécies como *Albizia adianthifolia* e *Afzelia quanzensis* ocorrendo a rebrotar pela toiça após perturbação (Impacto 2012b). Manchas de terras húmidas de caniçais, algumas das quais estão associadas às lagoas, são dominadas por *Phragmites australis* e *Typha capensis*. Estes canaviais fornecem um habitat importante para *Raphia australis* (VU) e este é o único local a partir do qual se sabe que *R. australis* cresce em caniçais (Matimele *et al.* 2016b).

Existem várias lagoas ao redor das terras húmidas da IPA, algumas das quais parecem ser sazonais a partir de imagens de satélite (Google Earth 2021). Nas margens de algumas destas lagoas registou-se a ocorrência de *Pandanus livingstonianus* (Impacto 2012b), não obstante esta ser restrita a corpos de água maiores que retêm água durante todo o ano. Esta espécie pode ser digna de nota, pois algumas fontes relatam que é endémica de Moçambique (ver Burrows *et al.* 2018), ainda que a delimitação desta espécie seja contestada.

As terras húmidas e lagoas são importantes fontes de água para a agricultura e, como tal, uma parte significativa das terras circunvizinhas a estas áreas é utilizada para a agricultura em pequena escala de culturas como o açúcar e o arroz. Grande parte do miombo no norte e leste desta IPA, associado à expansão urbana de Chidenguele, também foi convertido em terras agrícolas. A agricultura nesta área é em grande parte para fins de subsistência e as culturas comuns incluem milho, feijão, amendoim, mandioca e batata-doce.

Questões de Conservação

Chidenguele não se enquadra numa área protegida, Área Chave de Biodiversidade ou sítio Ramsar. Não existem planos de gestão de terras conhecidos ou iniciativas locais de conservação dentro desta IPA (Impacto Lda. 2012b). No entanto, entre 2009 e 2010, foi realizado um projecto financiado pelo Global Environment Facility para promover a sensibilização da comunidade sobre o valor da biodiversidade, com foco específico na margem da Lagoa Inhampavala, a leste desta IPA. Embora grande parte do terreno ao redor deste lago esteja a nordeste desta IPA, pode haver alguns benefícios indirectos para uma maior consciencialização da comunidade local.

A principal ameaça à flora deste local é a conversão de habitats para a agricultura, principalmente nas áreas norte e leste desta IPA. A maior parte desta agricultura é de pequena escala para fins de subsistência, com culturas de milho, feijão, amendoim, mandioca e batata-doce. No entanto, há um pequeno número de empresas agrícolas familiares que vendem culturas como arroz, castanha de cajú e hortícolas. Ainda que seja verdade que o desmatamento para expansão agrícola neste local tenha sido limitado na última década, continua a haver desmatamento e degradação em pequena escala de matas e florestas costeiras dentro da IPA (Google Earth 2021; World Resources Institute 2021). A maior preocupação é o cultivo da terra dentro e ao redor das terras húmidas deste local, com culturas de subsistência, como arroz e cana-de-açúcar (H. Matimele, com. pess. 2021). Embora o fornecimento de água nestas terras húmidas sustente maiores rendimentos agrícolas, a demanda de água para agricultura também altera a hidrologia, reduzindo o recrutamento de plântulas de *Raphia australis* (VU) e enfraquecendo a resiliência a longo prazo da população, principalmente porque esta espécie floresce apenas uma vez na vida (Matimele *et al.* 2016b).

Outro factor importante que contribui para a perda de habitat é o estabelecimento do turismo nas florestas das dunas a sudeste desta IPA. O desmatamento dessa vegetação densa para estradas de acesso e novas instalações ocorreu nas últimas décadas (Google Earth 2021). Além disso, o aumento da actividade e do movimento na zona intertidal, ligado às actividades de turismo marinho, potencialmente degradará os habitats de *Thalassodendron leptocaule* (NT), uma erva marinha da qual dependem muitas espécies marinhas (Darbyshire *et al.* 2020b). Embora o local tenha um grande potencial turístico e a expansão do turismo possa apoiar os meios de subsistência da população local, a expansão deste sector perto de Chidenguele deve ser feita com responsabilidade para evitar danos desnecessários ao ambiente natural – principalmente porque os habitats aqui são um grande atrativo para os turistas. Vários hotéis dentro e ao redor desta IPA já promovem a paisagem natural como parte de sua oferta turística. O turismo poderia, portanto, incentivar a protecção dos habitats locais, com as empresas dependentes desses habitats para continuar a atrair visitantes.

A fauna desta IPA não foi inventariada ainda que as zonas costeiras e as terras húmidas possam ser importantes para a avifauna.

Serviços Ecossistémicos Chaves

Actualmente, esta IPA engloba vários hotéis e pousadas (Google Earth 2021). Grande parte do turismo concentra-se na praia e actividades marinhas; no entanto, alguns desses hotéis mencionam o cenário rico da natureza em materiais promocionais, com as florestas costeiras intactas de particular interesse. Embora seja improvável que existam grandes mamíferos carismáticos na área (Impacto Lda. 2012b), pode haver algum potencial para observação de aves associada a espécies florestais costeiras, como o Apalis de Rudd (*Apalis ruddi* – LC) e o Sunbird de Neergaard (*Cinnyris neergaardi* – NT). Um inventário de espécies de aves locais pode ajudar a promover o potencial de turismo de natureza no local.

As lagoas e as terras húmidas são importantes fontes de água tanto para uso doméstico como para a agricultura, porém possa ocorrer em detrimento dos habitats das terras húmidas desta IPA (Impacto Lda. 2012b; Matimele *et al.* 2016b).

A erva marinha, *Thalassodendron leptocaule*, fornece habitat a numerosos organismos marinhos (Darbyshire *et al.* 2020b). Este habitat, juntamente com os recifes de coral na zona subtidal, pode contribuir para ecossistemas marinhos ricos em recursos, dos quais dependem as actividades de pesca artesanal no distrito (Impacto Lda. 2012b). Não existem operações florestais formais na área, no entanto, a madeira é colhida para as necessidades domésticas de madeira e combustível (Impacto Lda. 2012b).

Categorias de Serviços Ecossistémicos

- Provisionamento – Alimentos
- Provisionamento – Matérias-primas
- Provisionamento – Água doce
- Habitat ou serviços de apoio – Habitats para espécies
- Serviços Culturais – Recreação e saúde mental e física
- Serviços Culturais – Turismo

Vista para a lagoa e vegetação circundante "Pradaria depalmeiras de Inharrime" (HM)

Justificativa da Avaliação da IPA

Chidenguele qualifica-se como uma IPA sob o sub-critério A(i), pois abriga importantes populações de uma espécie ameaçada, *Ecbolium hastatum*, e duas espécies vulneráveis, *Raphia australis* e *Elaedendron fruitcosum*. Como um dos poucos locais de onde se conhece a *R. australis*, e como o local mais setentrional e único em que esta espécie ocorre em caniçais, Chidenguele é de grande importância para a conservação desta espécie de palmeira vulnerável. Seis espécies endémicas são conhecidas desta IPA, representando 1% das espécies da lista nacional de importância alta para conservação, abaixo do limite de 3% exigido para atender ao sub-critério B(ii).

Regeneração de *Raphia australis* (HM)

Espécies Prioritárias (Critérios IPA A e B)

FAMÍLIA	TÁXON	IPA CRITÉRIO A	IPA CRITÉRIO B	≥ 1% DA POPULAÇÃO GLOBAL	≥ 5% DA POPULAÇÃO NACIONAL	É 1 DOS 5 MELHORES LOCAIS NACIONAL	TODA A POPULAÇÃO GLOBAL	ESPÉCIES DE IMPORTÂNCIA SÓCIO-ECONÓMICA	ABUNDÂNCIA NO LOCAL
Acanthaceae	*Ecbolium hastatum*	A(i)	B(ii)	✓	✓	✓			rara
Arecaceae	*Raphia australis*	A(i)				✓			ocasional
Celestraceae	*Elaeodendron fruticosum*	A(i)	B(ii)	✓	✓	✓			desconhecida
Fabaceae	*Baphia ovata*		B(ii)	✓	✓	✓			frequente
Malvaceae	*Grewia occidentalis* var. *littoralis*		B(ii)	✓					desconhecida
Myrtaceae	*Eugenia* sp. A of T.S.M.		B(ii)	✓	✓	✓			ocasional
Rubiaceae	*Psydrax moggii*		B(ii)	✓					desconhecida
		A(i): 3 ✓	B(ii): 6						

Áreas Protegidas e Outras Designações de Conservação

TIPO DE ÁREA DE CONSERVAÇÃO	NOME DA ÁREA DE CONSERVAÇÃO	RELAÇÃO DA IPA COM A ÁREA PROTEGIDA
Sem protecção formal	Não indicado	

Ameaças

AMEAÇA	SEVERIDADE	SITUAÇÃO
Habitação e áreas urbanas	média	ocorrendo – tendência desconhecida
Áreas de turismo e recreação	baixa	ocorrendo – tendência desconhecida
Agricultura de pequena escala	alta	ocorrendo – tendência desconhecida
Actividades recreativas	baixa	ocorrendo – tendência desconhecida

BILENE-CALANGA

Avaliadores: Sophie Richards, Iain Darbyshire, Hermenegildo Matimele, Castigo Datizua

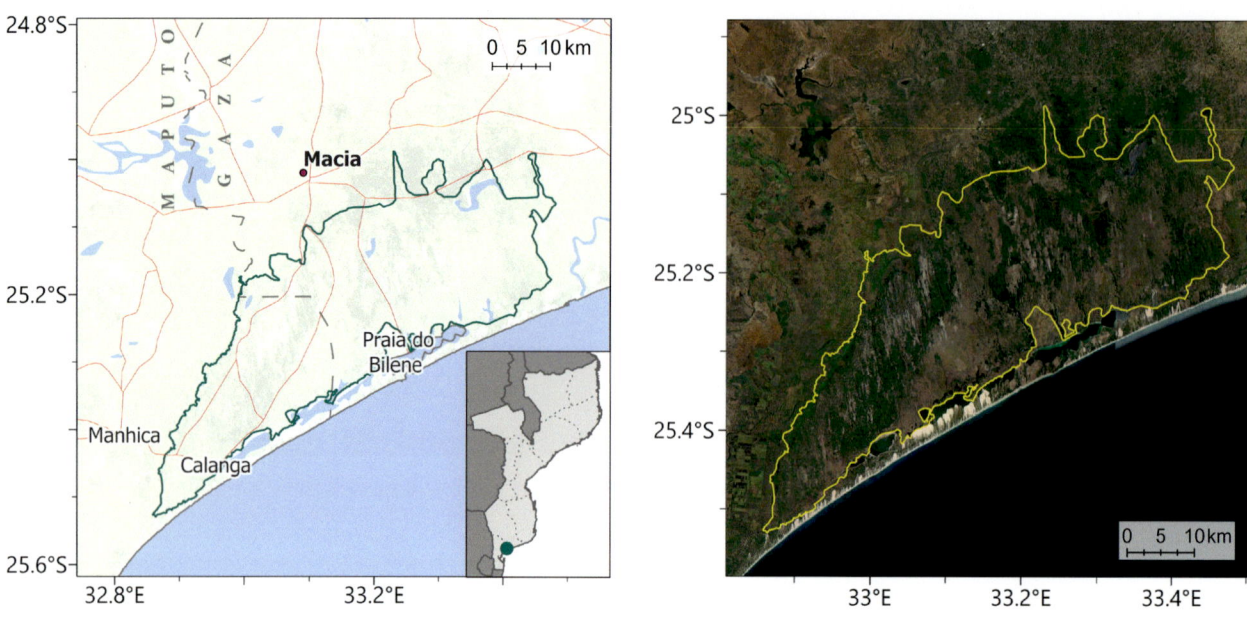

NOME INTERNACIONAL DO LOCAL		Bilene-Calanga	
NOME LOCAL (CASO DIFERENTE)		–	
CÓDIGO DO LOCAL	MOZTIPA049	PROVÍNCIA	Gaza

LATITUDE	-25.21076	LONGITUDE	33.16372
ALTITUDE MINIMA (m a.s.l.)	10	ALTITUDE MÁXIMA (m a.s.l.)	90
ÁREA (km²)	1366	CRITÉRIO IPA	A(i)

Descrição do Local

Bilene-Calanga é uma IPA que abrange a fronteira entre duas províncias, Gaza, que se insere nos Distritos de Xai-Xai e Bilene, e Maputo, que se insere no Distrito da Manhiça. Delimitada a nordeste pelo rio Limpopo, este local representa a margem leste do Centro de Endemismo de Plantas de Maputaland no sentido estrito (Darbyshire et al. 2019a) e do Hotspot de Biodiversidade de Maputaland-Pondoland-Albany (CEPF 2010).

Este local ocupa uma área de 1.400 km² desde o estuário do Limpopo a leste até Calanga, e pelo rio Incomati a oeste. A sudeste o local é delimitado por várias lagoas, incluindo a Lagoa Uembje, que correm paralelas à costa da Praia do Bilene. A própria Praia do Bilene foi excluída da IPA. A norte, o limite segue a sul da estrada EN1.

Este local foi delineado para incluir uma série de manchas de habitat de importância para duas espécies-chave: *Memecylon incisilobum*, uma espécie criticamente ameaçada conhecida apenas neste local globalmente, e *Raphia australis*, uma espécie vulnerável com a maioria da população global ocorrendo nas terras húmidas deste local (Matimele et al. 2016b, 2018b). Os habitats-chave para estas duas espécies foram delineados no mapa do local para informação, mas não devem ser tratados como zonas centrais, pois toda a paisagem é importante para a integridade deste local, particularmente para *Raphia australis*, que depende da hidrologia além do seu habitat.

Importância Botânica

Bilene-Calanga é de alta importância botânica como o único local do qual a espécie criticamente ameaçada *Memecylon incisilobum* é conhecida. Limitada a um fragmento denso de floresta costeira (-25.190°, 33.208°) dentro da floresta sagrada de Chihacho, esta espécie é conhecida por ter uma distribuição global de 4 km² composta por menos de 250 indivíduos (Matimele *et al.* 2018b). Pesquisas foram realizadas em manchas de floresta vizinhas que parecem igualmente intactas; no entanto, *M. incisilobum* nunca foi registado em outro lugar (Matimele 2016). Embora as crenças locais em torno desta floresta sagrada tenham evitado a degradação, tais práticas não são observadas por pessoas de fora da área. Em 2010, uma torre de comunicação de telefone celular foi erguida no centro da floresta, com uma estrada de acesso, causando degradação adicional, enquanto as margens da floresta continua sendo degradada por queimadas usadas para limpar terras agrícolas adjacentes (Matimele *et al.* 2018b). A acção de conservação para evitar uma maior degradação deste fragmento de floresta é fundamental para evitar a extinção de *Memecylon incisilobum*.

A IPA como um todo foi delineada para incluir o melhor habitat para outra espécie globalmente ameaçada, *Raphia australis* (VU). Esta espécie, conhecida comumente como Rafia ou Kosi Palm, floresce uma vez a cada 20 – 30 anos e morre logo depois (Burrows *et al.* 2018). O melhor habitat concentra-se nas terras húmidas de pântano, com várias manchas de habitat incluidas na IPA. No entanto, são necessárias acções de conservação em todo o local para garantir que a integridade dessas terras húmidas não sejam degradadas indirectamente. *R. australis* é dependente de linhas de drenagem em florestas pantanosas costeiras (Burrows *et al.* 2018), e a interrupção da disponibilidade de água, através da conversão de terras para agricultura, teria um forte impacto negativo sobre *R. australis* neste local. As estimativas sugerem que cerca de 4.000 indivíduos adultos, de uma população global de 5.500 – 7.000 indivíduos, estão presentes neste local (Matimele *et al.* 2016b). Bilene-Calanga é, portanto, de primordial importância na prevenção da extinção da *Raphia australis*.

Outro táxon globalmente vulnerável, *Psychotria amboniana* subsp. *mosambicensis*, é conhecido nesta IPA, ocorrendo na floresta sagrada de Chihacho. Este táxon é endémico do sul de Moçambique, desde a cidade de Maputo a sul até ao Rio Save a norte. A última espécie vulnerável presente neste local é *Millettia ebenifera* que, como *P. amboniana* subsp. *mosambicensis*, também é endémica da costa de Moçambique, onde o habitat é muito ameaçado pela limpeza da área (Richards, no prelo [d]). Existem oito espécies endémicas conhecidas deste local no total; isso inclui duas espécies ainda não descritas, *Pachystigma* sp. A da *Flora Zambesiaca* (Bridson 1998), que é conhecida apenas desta IPA, e *Eugenia* sp. A de *Árvores e Arbustos de Moçambique* (Burrows *et al.* 2018) que é conhecida em toda a região costeira do sul de Moçambique.

Habitat e Geologia

A IPA de Bilene-Calanga é predominantemente coberta por dunas de interior, do quaternário com solos arenosos, e alguns depósitos aluviais recentes subjacentes aos pântanos e rios a sudoeste (MAE 2005f; Impacto Lda. 2012c). As temperaturas médias variam entre 24 – 26°C e a precipitação média para o Distrito Bilene-Macia está entre 800 e 1.000 mm anuais (MAE 2005f).

Em direcção à Praia do Bilene, no limite sudeste, a vegetação é predominantemente de pradarias costeiras dominadas por espécies dos géneros

Palmeiras *Raphia australis* nas zonas húmidas do Bilene (JEB)

Raquis de *Raphia australis*, cortadas para a fabricação de barcos (CD)

Florestas dos pântanos com *Pandanus livingstonianus* (CD)

Eragrostis, *Triraphis* e *Urelytrum*. No interior, existem também manchas de matas, com espécies incluindo *Albizia adianthifolia*, *Sclerocarya caffra* e *Terminalia sericea* (Impacto Lda. 2012c).

Áreas de floresta costeira semi-decídua ocorrem dentro do mosaico de habitats, incluindo a floresta sagrada de Chihacho (-25.183°, 33.178°) e a floresta de Ngondze (-25.086°, 33.172°). Estas duas florestas foram amostradas como parte de parcelas permanentes por Fernandes *et al.* (2020). Os autores descobriram que espécies arbóreas comuns incluem *Afzelia quanzensis*, *Albizia adianthifolia*, *Apodytes dimidiata*, *Dialium schlechteri* e *Strychnos gerrradii*, enquanto arbustos como *Psydrax locuples*, *Eugenia mossambicensis* e *Artabotrys monteiroae* ocorrem no estrato inferior. A cobertura herbácea varia dependendo da sombra do estrato arbóreo – em áreas com muita sombra, as espécies de *Asparagus* e o feto *Polypodium scolopendria* foram registadas a crescer em abundância.

Embora muitas das manchas florestais nesta IPA pareçam semelhantes, pesquisas minuciosas descobriram que apenas uma, um fragmento denso da floresta sagrada de Chihacho, abriga a espécie críticamente ameaçada *Memecylon incisilobum*, fornecendo o único habitat conhecido globalmente para esta espécie. Esta mancha de floresta é conhecida por ter uma boa camada de matéria orgânica de folhas cobrindo o solo e numerosas lianas (Matimele *et al.* 2018b).

Existem várias terras húmidas neste local, ocorrendo ao longo das linhas de drenagem, com florestas pantanosas associadas que são habitats importantes para *Raphia australis* (VU) (Matimele 2016). A espécie *Pandanus livingstonianus* é frequente dentro dessas florestas pantanosas que ocorrem em grandes colónias em todo a IPA (C. Datizua, comunicação pessoal 2021); isso pode ser de interesse de conservação, pois algumas fontes reconhecem *P. livingstonianus* como endémica de Moçambique (Burrows *et al.* 2018), no entanto, outras fontes contestam essa delimitação da espécie. Outras espécies de árvores nas florestas pantanosas incluem *Syzygium cordatum* e *Voacanga thouarsii*, enquanto o estrato inferior apresenta a espécie de feto *Stenochlaena tenuifolia* – uma espécie característica destas florestas pantanosas em Moçambique (Burrows *et al.* 2018; Hyde *et al.* 2021). Nas margens destes pântanos desenvolve-se a mata aberta de *Syzygium cordatum*, com a erva *Asparagus densiflorus* e o arbusto *Vangueria monteiroi* registados como disperso no estrato inferior de algumas dessas manchas de florestas (Hyde *et al.* 2021).

Em direcção ao rio Limpopo e Incomati são áreas de planícies de inundação. Muitas dessas áreas foram transformadas pela agricultura, pois a população local, dependente da agricultura de sequeiro, procura por terras com níveis de humidade mais confiáveis. O habitat remanescente é maioritariamente de pradarias e, embora a composição desta área não tenha sido totalmente documentada, a espécie endémica *Tritonia moggii* é conhecida por ocorrer na planície de inundação ligeiramente a nordeste desta IPA (Rulkens #s.n.).

Questões de Conservação

A IPA de Bilene-Calanga não se enquadra em uma área protegida. No entanto, este local representa a margem leste do centro de biodiversidade Maputaland-Pondoland-Albany. Este centro cobre as costas orientais da África Austral, identificadas com base no alto nível de biodiversidade e alto nível de ameaça a esta biodiversidade (CEPF 2010). A Parceria Fundo para Ecossistemas Críticos (CEPF) foi mais longe ao destacar a importância da área Bilene-Calanga, designando duas Áreas-Chave de Biodiversidade (KBAs) adjacentes que se sobrepõem a esta IPA: Manhiça, a sudoeste, e a Planície de inundação do Xai e Limpopo, a nordeste. Os locais foram identificados em 2008 como parte de uma rede em todo o centro de biodiversidade Maputaland-Pondoland-Albany de áreas prioritárias para conservação, com as duas KBAs em Bilene-Calanga reconhecidas pela prestacção de serviços ecossistémicos, e a alta pressão sobre essas áreas de conversão da terra para a agricultura (CEPF 2010). Juntas, as duas KBAs de Bilene-Calanga faziam parte do "corredor da Faixa Costeira de Moçambique", reconhecido pelo seu potencial para fornecer resiliência ecológica e conectividade, face a perturbações futuras, particularmente as alterações climáticas.

Memecylon incisilobum (JEB)

Em 2021, foi realizada uma avaliação revista dos locais de KBA em Moçambique, que resultou na unificação de grande parte da área coberta pelas KBAs da Manhiça e Xai-Xai, e da Área de inundação do Limpopo numa única KBA (Manhiça-Bilene). Este local é despoletado por três espécies, incluindo as espécies prioritárias da IPA, *Memecylon incisilobum* (CR) e *Raphia australis* (VU), juntamente com a dourada (*Chetia brevis*- EN), uma espécie muito ameaçada e limitada apenas ao sistema fluvial do Incomati (Roux e Hoffman 2017).

A variedade de habitats inundados, incluindo as planícies de inundação em ambos os lados desta IPA e as florestas pantanosas, são muito adequadas para a agricultura, como o cultivo de arroz ou cana-de-açúcar (Matimele *et al.* 2016b). A leste desta IPA, nas planícies do rio Limpopo, extensas áreas de terra já foram convertidas para o cultivo de arroz, enquanto Xinavane, a noroeste da IPA no Distrito da Manhiça, tem vários hectares de plantação de cana- de-açúcar (Impacto Lda. 2012d). O Ministério da Agricultura e Desenvolvimento Rural está planeando novas concessões agrícolas como parte de seu desenvolvimento, além de incentivar o cultivo da cana-de-açúcar como cultura alimentar e para bio-combustível (CEPF 2010; Matimele 2016). A IPA Bilene-Calanga está, portanto, sob grande pressão da expansão agrícola, particularmente das terras húmidas das quais a *Raphia australis* (VU) depende.

Associadas a esta expansão da agricultura, as queimadas usadas pela população local para limpar terras para agricultura, ou para renovar pastagens também ameaçam *Raphia australis*, e outras espécies das florestas pantanosas, como *Pandanus livingstonianus*. A *Raphia australis* também enfrenta uma ameaça adicional de colheita para comercialização. Há uma demanda crescente pelos

Floresta sagrada de Chihacho, uma floresta costeira semidecídua (JEB)

ráquis das folhas de *R. australis* que, devido à sua flutuabilidade, são usadas para construir barcos. Os ráquis deste local são muitas vezes enviados para sul para as aldeias costeiras em torno de Maputo (C. Datizua, comunicação pessoal 2021).

A floresta de Chihacho, como floresta sagrada, foi um pouco protegida da degradação. No entanto, essas crenças não são observadas por pessoas de fora da área local. A terra nesta área foi convertida para agricultura, com queimadas observadas numa visita em 2015 (Matimele 2016). A queima contínua de terras adjacentes irá degradar as margens das florestas que, dada a natureza já fragmentada deste local, pode reduzir a disponibilidade de humidade e alterar a composição de espécies dentro desta floresta. Além disso, a exploração de *Afzelia quanzensis* e o subsequente processamento de madeira foram observados durante as pesquisas no local em 2019 (Fernandes *et al.* 2020). À medida que a população do Bilene se expandiu, houve maior extração de madeira para carvão e, juntamente com a queima para abertura de machambas, isso causou uma perda de cerca 20% da área florestal entre 2011 e 2016 (Matimele *et al.* 2018b).

Embora a mancha da floresta de *Memecylon* seja surpreendentemente densa em comparação com a vegetação circundante, a construção de uma torre de telecomunicações no centro desta floresta em 2010, juntamente com uma estrada de acesso, levou à degradação dentro desta mancha de floresta (Matimele 2016). Com a presença de *M. incisilobum*, uma espécie criticamente ameaçada conhecida apenas neste local, Bilene-Calanga atende aos critérios da "Alliance for Zero Extinction". Estima-se que toda a população global de *M. incisilobum* pode ser perdida em cerca de 20 anos na taxa actual de degradação (Matimele *et al.* 2018b). Para prevenir a extinção desta espécie, acções urgentes de conservação são necessárias para evitar mais perdas, e restaurar as áreas degradadas deste local único. Uma colaboração entre a Botanic Gardens Conservation International e o Instituto de Investigação Agrária de Moçambique, financiada pela Franklinia Foundation e pela Global Trees Campaign, está a investigar como conservar *M. incisilobum* neste local. Estes parceiros planeiam fazer um levantamento de habitat e avaliar o tamanho da população de *M. incisilobum* para elaborar um plano de conservação apropriado para esta espécie (C. de Sousa, comunicação pessoal 2021). A conservação ex situ por meio de banco de sementes, uma vez que se prevê que *M. incisilobum* tenha um comportamento ortodoxo de armazenamento de sementes (Wyse & Dickie 2018), e o cultivo em jardins botânicos também poderia complementar a conservação in situ.

Serviços Ecossistémicos Chaves

A floresta sagrada de Chihacho fica dentro desta IPA e é um lugar onde as pessoas locais se comunicam com os ancestrais. Esta mancha de floresta permaneceu praticamente intacta, apesar da conversão agrícola na área circundante, devido à sua importância espiritual para a população local.

A extração de madeira nestas florestas costeiras é para a produção de carvão e madeira – *Afzelia quanzensis*, em particular, foi explorada selectivamente para madeira (Fernandes *et al.* 2020; Matimele *et al.* 2018b). Embora avaliada como de pouca preocupação, a exploração excessiva da *A. quanzensis* é uma ameaça em toda a sua extensão (Hills 2019) e pode impactar negativamente os números da população local se extraída a uma taxa insustentável. Além disso, esta espécie madeireira é extraída da floresta de Chihacho, na qual *M. incisilobum* está presente, o que pode ter graves consequências para esse ecossistema e a sobrevivência contínua da única população conhecida de *M. incisilobum*. O apoio a práticas florestais sustentáveis beneficiaria muito tanto a população local quanto a conservação dentro da IPA.

As terras húmidas são conhecidas por desempenharem um papel na prevenção de cheias e também podem ser importantes na mitigação de futuras perturbações, particularmente relacionadas com as alterações climáticas (CEPF 2010).

A Praia do Bilene é uma área turística popular. Embora esteja concentrada na área costeira fora desta IPA, poderá haver alguma oportunidade para o turismo de natureza dentro da IPA.

Categorias de Serviços Ecossistémicos

- Provisionamento – Matérias-primas
- Serviços de Regulação – Moderação de eventos extremos
- Serviços de Regulação – Prevenção de erosão e manutenção da fertilidade do solo
- Serviços Culturais – Turismo
- Serviços Culturais – Experiência espiritual e senso de lugar
- Serviços Culturais – Património cultural

Justificativa da Avaliação da IPA

Bilene-Calanga qualifica-se como IPA sob o sub-critério A(i) com quatro espécies neste local que atendem ao limite exigido: uma espécie críticamente ameaçada, *Memecylon incisilobum*, e três taxa vulneráveis, *Raphia australis*, *Millettia ebenifera* e *Psychotria amboniana* subsp. *mosambicense*. Com toda a população de *M. incisilobum* conhecida da IPA de Bilene-Calanga, a conservação deste local é primordial para evitar a extinção desta espécie muito ameaçada. Além disso, como esta IPA também abriga a maior população conhecida de *Raphia australis*, a protecção do habitat das terras húmidas também seria uma contribuição importante para a resiliência geral desta espécie. A conservação do local Bilene-Calanga é incrivelmente urgente devido às pressões resultantes da expansão da agricultura e do desmatamento enfrentado, particularmente enquanto habitats importantes permanecem em grande parte intactos e podem recuperar de distúrbios. Actualmente, apenas sete espécies que atendem ao critério B(ii) são conhecidas neste local. Isso representa menos de 2% das espécies endémicas e de distribuição restritas de Moçambique, o que é inferior ao limite de 3% exigido para este local se qualificar sob o sub-critério B(ii).

Espécies Prioritárias (Critérios IPA A e B)

FAMÍLIA	TÁXON	IPA CRITÉRIO A	IPA CRITÉRIO B	≥ 1% DA POPULAÇÃO GLOBAL	≥ 5% DA POPULAÇÃO NACIONAL	É 1 DOS 5 MELHORES LOCAIS NACIONAL	TODA A POPULAÇÃO GLOBAL	ESPÉCIES DE IMPORTÂNCIA SÓCIO-ECONÓMICA	ABUNDÂNCIA NO LOCAL
Arecaceae	*Raphia australis*	A(i)		✓	✓	✓			frequente
Fabaceae	*Millettia ebenifera*	A(i)	B(ii)	✓	✓	✓			desconhecida
Iridaceae	*Tritonia moggii*		B(ii)	✓					frequente
Melastomataceae	*Memecylon incisilobum*	A(i)	B(ii)	✓	✓	✓	✓		ocasional
Myrtaceae	*Eugenia* sp. A of T.S.M.		B(ii)	✓	✓	✓			desconhecida
Rubiaceae	*Pachystigma* sp. A of F.Z.		B(ii)	✓	✓	✓	✓		rara
Rubiaceae	*Psychotria amboniana* subsp. *mosambicensis*	A(i)	B(ii)	✓	✓	✓			desconhecida
Rubiaceae	*Psydrax moggii*		B(ii)	✓					desconhecida
		A(i): 4 ✓	B(ii): 7						

Áreas Protegidas e Outras Designações de Conservação

TIPO DE ÁREA DE CONSERVAÇÃO	NOME DA ÁREA DE CONSERVAÇÃO	RELAÇÃO DA IPA COM A ÁREA PROTEGIDA
Área Chave de Biodiversidade	Manhiça-Bilene	Área protegida/de conservação que engloba a IPA

Ameaças

AMEAÇA	SEVERIDADE	SITUAÇÃO
Habitação e áreas urbanas	média	ocorrendo – tendência desconhecida
Áreas de turismo e recreação	baixa	ocorrendo – tendência crescente
Agricultura itinerante	alta	ocorrendo – tendência crescente
Estradas e ferrovias	média	passado, provável que volte
Aumento da frequência/intensidade de queimadas	alta	ocorrendo – tendência desconhecida
Exploração de madeira e colecta de produtos florestais	alta	ocorrendo – tendência desconhecida
Agricultura industrial	desconhecida	futuro – ameaça deduzida

PROVÍNCIA DE MAPUTO

BOBOLE

Avaliadores: Sophie Richards, Iain Darbyshire, Camila de Sousa

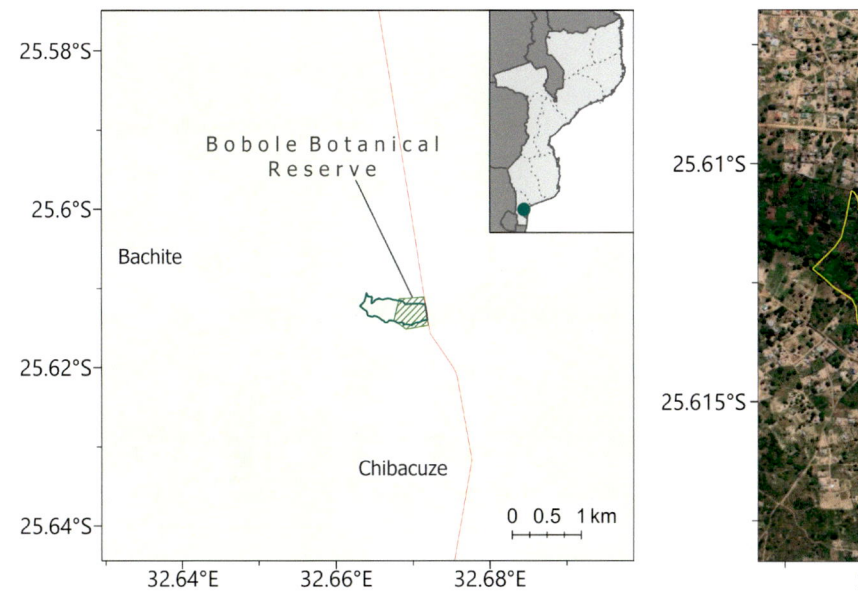

NOME INTERNACIONAL DO LOCAL		Bobole	
NOME LOCAL (CASO DIFERENTE)		–	
CÓDIGO DO LOCAL	MOZTIPA054	PROVÍNCIA	Maputo

LATITUDE	-25.61386	LONGITUDE	32.67010
ALTITUDE MINIMA (m a.s.l.)	10	ALTITUDE MÁXIMA (m a.s.l.)	20
ÁREA (km²)	0.23	CRITÉRIO IPA	A(i)

Descrição do Local

A IPA de Bobole no Distrito de Marracuene, Província de Maputo, está baseada na Reserva Botânica de Bobole, a única reserva botânica designada em Moçambique. Localizada a 30 km a norte da cidade de Maputo no riacho de Bobole, afluente do Rio Incomáti, esta IPA está históricamente associada à vegetação de planícies de inundação, no entanto, grande parte desta foi desmatada para dar lugar à agricultura. A IPA é cerca do dobro do tamanho da Reserva Botânica de Bobole. Não obstante esta IPA se estenda para além da reserva botânica a oeste, continuando ao longo do riacho de Bobole por mais 450 m além do limite da reserva, também exclui as margens norte e sul da reserva botânica para evitar as áreas residenciais já estabelecidas na área.

Importância Botânica

O principal aspecto de importância botânica dentro desta IPA é a população da espécie globalmente vulnerável *Raphia australis*. Existem 85 indivíduos desta espécie quase endémica presentes em 19 localizações dentro da Reserva Botânica de Bobole (Pais 2011). Não há informações sobre o tamanho da população de *R. australis* fora da reserva e parece haver poucos, ou possivelmente nenhum indivíduo adulto, visível a partir de imagens de satélite (Google Earth 2021). No entanto, a integridade contínua das populações conhecidas na reserva botânica depende de uma maior integridade da paisagem e hidrologia, portanto, o trabalho de conservação a montante ajudará a apoiar a resiliência desses indivíduos de *R. australis*.

Embora este local não abrigue a maior população desta espécie, existe uma grande oportunidade para a conservar aqui, dado o seu estatuto de reserva botânica. Esta espécie também é de particular importância sócio-económica, pois a população local tem uma longa história de uso de *R. australis* na construção e para fins culturais.

A população de *Raphia australis* em Bobole está sob grande pressão da agricultura, pois a reserva já está fortemente degradada e os distúrbios persistentes causados pela agricultura circundante estão a ter um impacto negativo sobre esta população, inibindo particularmente a regeneração desta espécie (Pais 2011). Como resultado, a sua densidade dentro da Reserva Botânica de Bobole diminuiu de 160 indivíduos por hectare em 1999 para 39 indivíduos por hectare em 2010 (Pais 2011).

Habitat e Geologia

Bobole é um local de terra húmida, centrado em torno do riacho de Bobole, e é sustentado por solos de aluvião de turfa com alguns solos arenosos em dunas interiores. As temperaturas médias variam de 18 a 25°C em Junho e Julho e de 26 a 32°C em Dezembro e Janeiro, enquanto a precipitação média anual é de 654 mm, sendo a maioria entre Novembro e Março (Lötter *et al.* em preparação). A humidade neste local também é obtida através da infiltração lateral de aquíferos nas dunas de areia. Isso ajuda a manter um lençol freático alto ao longo do ano, com irrigação sub-superficial dos solos de turfa (machongos) também contribuindo para um aumento da taxa de decomposição e ciclagem de nutrientes, resultando em solos de alta fertilidade (Pais 2011).

Raphia australis ocorre nestes solos de turfa (machongos), juntamente com outras espécies de árvores como *Afzelia quanzensis*, *Bridelia cathartica*, *Myrica serrata*, *Strychnos spinosa*, *Syzigium cordatum*, *Trichilia emetica* e *Voacanga thouarsii* (Pais 2011). As próprias palmeiras *Raphia* criam micro-habitats, pois a água que se acumula nas axilas das folhas permite o desenvolvimento do húmus. Várias epífitas, particularmente fetos, crescem neste húmus (João 2011). No estrato inferior, os arbustos incluem *Barringtonia racemosa*, *Phyllanthus reticulatus* e *Sesbania sesban* conjuntamente com vários arbustos não nativos, como *Cajanus cajan*, *Lantana camara* e *Ricinus communis*, enquanto o estrato herbaceo é dominado por *Typha capensis* (Pais 2011).

Devido à alta produtividade dos solos desta IPA, no entanto, grande parte deste habitat foi transformado pela agricultura. São cultivadas várias hortícolas, como cebola, cenoura, tomate, feijão verde, alface e repolho. As palmeiras *Raphia australis* estabelecidas ocorrem dentro das machambas enquanto as bordas desses campos são delineados por canais de drenagem, onde a cana-de-açúcar e a banana são cultivadas (João 2011).

Questões de Conservação

A IPA de Bobole inclui grande parte da Reserva Botânica de Bobole. Designada pela primeira vez em 1945, sob a governação portuguesa, a Reserva Botânica do Bobole foi criada em reconhecimento

Raphia australis em Bobole (DN)

da necessidade de proteger a floresta pantanosa, e proporcionar oportunidades para o estudo deste habitat ecológicamente interessante. As florestas pantanosas eram anteriormente extensas ao redor do rio Incomáti, mas foram desmatadas para agricultura, incluindo machambas comerciais de arroz e banana (Pais 2011). Uma área de 200 ha foi inicialmente designada, para proteger os habitats e proporcionar uma oportunidade para a pesquisa ecológica, particularmente para o estudo da *Raphia australis* ecológicamente interessante. No entanto, a área foi reduzida para 12 ha em 1967 devido à contínua degradação do habitat. Embora o local seja referido como uma reserva botânica, não faz parte da rede de áreas protegidas. Com esta falta de protecção formal, o local está bastante degradado, com toda a área transformada para agricultura.

Anteriormente, havia actividades de conservação limitadas na área, incluindo guardas (ainda que existam poucos e com funções não remuneradas) e uma cerca de rede instalada nas últimas décadas que foi rápidamente danificada e removida pela população local (Manhice 2010). Os guardas e alguns moradores aumentaram a consciencialização sobre a importância da *Raphia australis* dentro da comunidade local (Manhice 2010). Numa pesquisa com moradores locais, com 47 respondentes, mais de metade afirmou que eles cuidam activamente para evitar danos ou destruição desta espécie ao realizar actividades agrícolas dentro da reserva (João 2011). Estes dados sugerem que há um bom nível de consciencialização em torno da importância da *Raphia australis* dentro desta IPA.

Apesar dessa consciência, a espécie ainda está exposta a uma série de ameaças devido à dependência económica dos moradores locais em cultivar estas terras (Manhice 2010). A queima para limpar a terra para um novo ciclo agrícola muitas vezes danifica as folhas e troncos de *R. australis* estabelecidas, enquanto as plântulas são activamente removidas durante o processo de capina e deixadas à beira da estrada (Manhice 2010; João 2011). As plântulas também são afectadas negativamente pela criação de canais de drenagem que aumentam o escoamento da água e diminuem a taxa de recrutamento (Matimele 2016). O baixo recrutamento de plântulas foi considerado um problema particular nesta IPA, com mais de 902 sementes registadas por hectare de habitat e apenas 147 plântulas por hectare, constituindo a maior queda na abundância entre os estágios do ciclo de vida da *Raphia australis* (Pais 2011). Isto é particularmente preocupante para uma espécie monocárpica que só atinge a maturidade após 20 – 40 anos; a perda de plântulas pode ter um impacto profundamente prejudicial na viabilidade da população, cujos efeitos completos podem não ser revelados por muitas décadas devido ao seu longo ciclo de vida.

Sendo a única reserva botânica em Moçambique, há muito interesse em conservar este local e um projecto de restauração, liderado pelo Instituto de Investigação Agrária de Moçambique e financiado pela Biofund, começou em 2021. Não obstante este projecto ainda esteja em estágios iniciais, com pesquisas sendo realizadas para apoiar acções de conservação futuras, o objectivo final é estabelecer um sistema de agricultura sintrópica neste local (C. de Sousa, comunicação pessoal 2021). Como a população local é fortemente dependente da terra muito produtiva de Bobole, não é viável impedi-la de cultivar a área. No entanto, o desenvolvimento de práticas agrícolas ecológicamente sensíveis, particularmente no que diz respeito à regeneração de *Raphia australis*, poderia permitir a integração de meios de subsistência e conservação dentro desta IPA.

Os taxa faunísticos desta IPA não foram totalmente documentados, embora se saiba que o abutre (*Gypohierax angolensis*), que dispersa sementes de *Raphia australis*, ocorre dentro da Reserva Botânica de Bobole. Apesar de ser avaliada globalmente de menor preocupação, acredita-se que a presença desta espécie de ave ecologicamente importante esteja em risco nesta reserva, o que pode exacerbar ainda mais a regeneração das espécies de palmeiras (Pais 2011).

Serviços Ecossistémicos Chaves

Dada a proximidade de Bobole a Maputo existem grandes oportunidades para trazer o turismo ao local, particularmente se a restauração trouxer também

Entrada para a reserva botânica de Bobole (DN)

Machambas rodeando as palmeiras de *Raphia* (DN)

o regresso das espécies de aves das terras húmidas. Também poderia haver uso recreativo do local para a população local, se a área fosse restaurada. No entanto, essa restauração de habitats provavelmente exigiria a re-alocação de terras para aqueles que actualmente cultivam a área. Actualmente, o riacho é de grande importância para as comunidades locais, não só contribuindo para a produtividade agrícola da área através da irrigação, mas também é usado para pesca, higiene pessoal e lavagem de roupas e utensílios domésticos (João 2011).

A *Raphia australis* presta ela própria uma série de serviços, fornecendo materiais necessários à construção e ornamentos de valor cultural. As folhas também são tecidas em gaiolas para animais, que um pequeno número de moradores locais vende no mercado. Caso contrário, os produtos de *Raphia australis* são produzidos principalmente para uso doméstico (João 2011).

Esta espécie de palmeira também é conhecida por desempenhar uma série de papéis nos ecossistemas em que reside, incluindo habitat para epífitas e alimento para aves, particularmente o abutre-da-palmeira (Pais 2011).

Categorias de Serviços Ecossistémicos

- Provisionamento – Matérias-primas
- Provisionamento – Água doce
- Provisionamento – Recursos medicinais
- Habitat ou serviços de apoio – Habitats para espécies
- Serviços Culturais – Património Cultural

Justificativa da Avaliação da IPA

Bobole qualifica-se como IPA sob o sub-critério A(i), como um dos cinco melhores locais a nível nacional para a espécie vulnerável *Raphia australis*. Como este local é reconhecido como reserva botânica há várias décadas, há uma grande oportunidade para restaurar habitats e proteger *R. australis* neste local.

Espécies Prioritárias (Critérios IPA A e B)

FAMÍLIA	TÁXON	IPA CRITÉRIO A	IPA CRITÉRIO B	≥ 1% DA POPULAÇÃO GLOBAL	≥ 5% DA POPULAÇÃO NACIONAL	É 1 DOS 5 MELHORES LOCAIS NACIONAL	TODA A POPULAÇÃO GLOBAL	ESPÉCIES DE IMPORTÂNCIA SÓCIO-ECONÓMICA	ABUNDÂNCIA NO LOCAL
Arecaceae	*Raphia australis*	A(i)	B(iii)			✓		✓	frequente

Áreas Protegidas e Outras Designações de Conservação

TIPO DE ÁREA DE CONSERVAÇÃO	NOME DA ÁREA DE CONSERVAÇÃO	RELAÇÃO DA IPA COM A ÁREA PROTEGIDA
Reserva Botânica	Reserva Botânica de Bobole	Área protegida/de conservação corresponde à IPA

Ameaças

AMEAÇA	SEVERIDADE	SITUAÇÃO
Agricultura de pequena escala	alta	ocorrendo – estável
Extracção de plantas terrestres	média	ocorrendo – estável

PROVÍNCIA DE MAPUTO

ILHA DA INHACA

Avaliadores: Hermenegildo Matimele, Sophie Richards, Salomão Bandeira, Iain Darbyshire

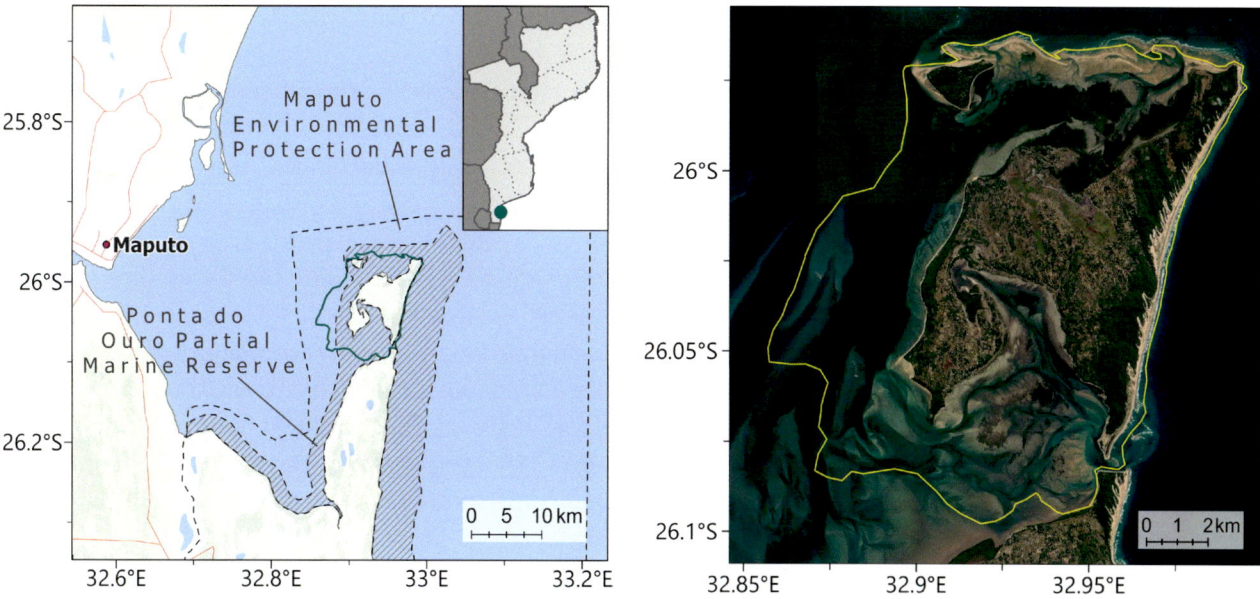

NOME INTERNACIONAL DO LOCAL		Inhaca Island	
NOME LOCAL (CASO DIFERENTE)		Ilha da Inhaca	
CÓDIGO DO LOCAL	MOZTIPA051	PROVÍNCIA	Maputo

LATITUDE	-26.02860	LONGITUDE	32.92730
ALTITUDE MÍNIMA (m a.s.l.)	-25	ALTITUDE MÁXIMA (m a.s.l.)	100
ÁREA (km²)	132	CRITÉRIO IPA	A(i), B(ii)

Descrição do Local

KaNyaka (também conhecida como Ilha da Inhaca), está situada na Baía de Maputo (-26,02°, 32,94°) ao largo da costa no sudeste de Moçambique. A ilha forma uma barreira que separa a Baía de Maputo do Oceano Índico (Mogg 1967). A sul encontra-se a Península de Machangulo separada da Ilha por um canal com cerca de 800 m de largura e até 15 m de profundidade (Hobday 1977). A noroeste, encontra-se a Ilha dos Portugueses com cerca de 3,7 km² que se insere no limite desta IPA. A zona entre marés da Inhaca dentro da Baía de Maputo também está incluída dentro do limite desta IPA, pois abriga importantes comunidades de ervas marinhas. Em termos administrativos, a Ilha da Inhaca, juntamente com a Ilha dos Portugueses, está sob o município de Maputo e é reconhecida como um distrito municipal separado.

A Ilha da Inhaca tem uma costa voltada para o mar dominada por ventos e ondas de alta energia, com uma praia de areia e dunas costeiras altas e íngremes com vegetação. Em termos de elevação, o ponto mais alto, o Monte Inhaca, tem mais de 100 m de altitude (Hobday 1977). A área total da Ilha, que se assemelha a um "N" distorcido (Muacanhia 2004), é de pouco mais de 40 km², com uma extensão máxima de cerca de 12 km desde a Ponta Mazondue até à Ponta Torres no sul. A área total da IPA, que inclui também a Ilha dos Portugueses e a faixa litoral da Ilha da Ihanca, é de cerca de 132 km². Tem uma população de 6100 habitantes distribuídos em três áreas principais, incluindo Nhaquene (mais de 1.500 moradores), Ribjene (2.100) e Ingwane (2.500) (Sörbom & Gasim 2018). A par dos habitantes locais, a ilha e a península adjacente de Machangulo são um destino turístico privilegiado no sul de Moçambique, com particular destaque para o turismo de navios de cruzeiros, pelo que se estabeleceram várias facilidades turísticas, principalmente ao longo da costa.

Durante o domínio colonial, as Ilhas (Inhaca e dos Portugueses) e a Baía de Maputo tiveram uma presença europeia, especialmente britânica e holandesa-portuguesa e, como resultado, a Ilha dos Portugueses é conhecida por vários nomes diferentes (Adam et al. 2014). A Ilha da Inhaca foi ocupada pelos britânicos por mais de meio século, de 1823 a 1875 (Portugal & Matos 2018). A Ilha foi utilizada para patrulhar e controlar as actividades relacionadas ao comércio de marfim e escravos na região.

Importância Botânica

Existem 455 espécies registadas na Ilha da Inhaca (Matimele & Timberlake 2020). Darbyshire et al. (2019a) coloca Inhaca entre os locais com mais de 20 taxa endémicos ou de distribuição restrita em Moçambique, reconhecendo-a como um dos locais mais importantes nacionalmente para a riqueza botânica.

A Ilha da Inhaca está inteiramente dentro do Centro de Endemismo de Maputaland (CoE) e várias espécies de plantas endémicas ou quase endémicas de Maputaland foram registadas. Uma espécie particularmente significativa é *Helichrysum moggii* (LC), conhecida apenas da Ilha da Inhaca e do Cabo de Santa Maria na Península de Machangulo. Outras espécies endémicas ou quase endémicas de Maputaland incluem o "Coastal jakal-berry" (*Diospyros inhacaensis*), o "Coastal Bitter-tea" (*Distephanus inhacensis*), a "Tritonia" (*Tritonia moggii*) e o "Dune Knobwood" (*Zanthoxylum delagoense*). Ainda que a *T. moggii* tenha sido registada a norte até Inhambane, a espécie está muito concentrada na Ilha da Inhaca. *Zanthoxylum delagoense*, uma quase endémica de Maputaland e uma endémica moçambicana (Matimele 2016), também está presente nas florestas abertas desta IPA.

Existem oito espécies globalmente ameaçadas presentes na Ilha da Inhaca. Uma destas espécies, *Ecbolium hastatum* (EN), só é conhecida em cerca de cinco locais, todas restritas a sul de Moçambique, incluindo a Ponta Ponduíne desta ilha. Uma segunda espécie ameaçada, *Solanum litoraneum*, também é endémica da costa sul de Moçambique e está ameaçada por actividades de desenvolvimento no seu habitat de dunas costeiras (Knapp 2021), embora a população desta IPA esteja relativamente segura e, portanto, pode representar uma importante oportunidade para conservar o *S. litoraneum*.

Conjuntamente com estas espécies ameaçadas estão seis taxa vulneráveis, incluindo duas sub-espécies de *Tephrosia forbesii*, subsp. *forbesii* e subsp. *inhacensis*. O último táxon, *Tephrosia forbesii* subsp. *inhacensis*, é conhecido apenas das dunas ocidentais da Ilha da Inhaca e, portanto, é endémica desta IPA. Ainda que grande parte do habitat desta sub-espécie pareça intacto, a invasão da agricultura e da habitação (tanto residencial quanto turística) ameaçam este táxon de extinção (Langa et al. 2019b). Dois outros taxa vulneráveis, *Psychotria amboniana* subsp. *mosambicensis* e *Adenopodia schlechteri*, também têm distribuição restrita, sendo ambas as espécies endémicas da costa sul de Moçambique (Burrows 2018).

Vista do sudeste da Ilha da Inhaca (ID)

Thalassodendron leptocaule na zona intertidal ao largo da Ilha da Inhaca (JP)

Comunidades de mangais no sudeste da Ilha da Inhaca (ID)

A espécie *Dioscorea sylvatica* (VU), em contraste, tem uma distribuição ampla, ocorrendo desde a África do Sul até à Zâmbia, e foi colectada em matas e ao redor de machambas abandonadas dentro desta IPA. Apesar da distribuição ampla, esta espécie tem um histórico de sobre-exploração. Os tubérculos desta espécie possuem propriedades medicinais e, na década de 1950, foram colhidos em escala industrial para a fabricação de cortisona e outras hormonas esteróides (Williams *et al.* 2008). Hoje esta espécie ainda é colhida e vendida localmente, particularmente na África do Sul, embora não haja registo que esta espécie esteja sendo colhida neste local.

Embora as comunidades das dunas costeiras da Inhaca sejam de grande importância botânica, abrigando a maioria das espécies ameaçadas e endémicas deste local, as comunidades de ervas marinhas na zona entre-marés também são significativas. A espécie vulnerável, *Zostera capensis*, ocorre tanto a sul (Saco e Banco) e a norte da baía da Inhaca, bem como nas áreas entre-marés a norte da cidade de Maputo, em áreas com sedimentos finos e lamacentos expostos na maré baixa. Embora encontrada em áreas costeiras da África Austral e Oriental, esta espécie coloniza áreas lentamente e é sensível à poluição e sedimentação, enquanto em Moçambique existe uma ameaça específica de perturbação associada à colheita de mariscos (Short 2010; Bandeira e Gell 2003). O prado de *Z. capensis* na baía meridional da Inhaca é o maior do mundo, e está inserido na Reserva Parcial Marinha da Ponta do Ouro, pelo que esta IPA oferece uma grande oportunidade de conservação desta espécie (Bandeira *et al.* 2014a).

Noutra parte da zona entre-marés, na costa oeste da ilha, há uma população de ervas marinhas quase endémicas *Thalassodendron leptocaule*. Esta espécie foi avaliada como Quase Ameaçada e, embora ameaçada noutros lugares pelo turismo e outras actividades costeiras, as populações da Inhaca são relativamente seguras, pois todas as águas desta ilha estão dentro da Reserva Parcial Marinha da Ponta do Ouro (Duarte *et al.* 2014). No entanto, esta espécie ocorre apenas num local da Inhaca, no ponto mais a norte sobre o farol (Farol da Inhaca). Tanto *Z. capensis* quanto *T. leptocaule* são de grande importância ecológica, fornecendo habitat, abrigo, viveiros e áreas de forragem para invertebrados marinhos e peixes (Adams 2016; Browne *et al.* 2013). No total, foram registadas nove espécies diferentes de ervas marinhas em torno da Inhaca, representando mais de três quartos das espécies moçambicanas e mais de 16% das espécies globais de ervas marinhas (Bandeira 2002).

Há uma série de espécies úteis presentes nesta IPA. Embora nenhuma dessas espécies seja de preocupação de conservação ou restrita na Inhaca, elas são muito importantes para as comunidades locais. Os mangais, encontrados na costa da Baía de Maputo e da Inhaca, consistem em espécies comuns em todos estes habitats em Moçambique, mas são localmente importantes como fonte de madeira e lenha, ao mesmo tempo que proporcionam estabilização costeira, prevenindo a erosão, regulando a sedimentação e protegendo contra as marés (Paula et al. 2014). Além disso, várias espécies são protegidas voluntáriamente na ilha, incluindo *Strychnos spinosa*, *Syzygium cordatum*, *Sclerocarya birrea* subsp. *caffra* (Marrula), pois os frutos dessas árvores são consumidos localmente. Destas espécies, destaque especial é dado à árvore Marrula, que tem uma longa história de ser incentivada pela população local. Os frutos desta espécie são usados para fazer uma bebida tradicional associada a festas na comunidade, por isso é considerada uma das árvores indígenas mais importantes (Mogg 1967).

Embora a ilha tenha sido bem estudada ao longo dos anos, pesquisas botânicas ainda fornecem novos registos para Inhaca; por exemplo, a espécie de árvore africana comum *Cassipourea malosana*, foi registada apenas recentemente na ilha (Massingue 2019). Isto sugere que novos registos, potencialmente incluindo mais espécies de interesse de conservação, podem ser descobertos no futuro.

Habitat e Geologia

O surgimento da Ilha da Inhaca está ligado à formação da Baía de Maputo que resultou de uma transgressão recente do Holoceno (Achimo et al. 2014). Esta ilha é constituída por uma base de arenito calcário que foi coberta por cumes de dunas notavelmente altas (Muacanhia 2004). A dinâmica geomorfológica dos sistemas dunares costeiros da Inhaca juntamente com uma deposição de areia existente, e dinâmica de erosão em águas pouco profundas, continua a moldar estas ilhas e toda a Baía de Maputo.

A paisagem da ilha é constituída por duas longas cristas (Monte da Inhaca a nordeste e a Barreira Vermelha a oeste) de norte a sul com uma planície ondulada entre elas apresentando cristas menores separadas por bancos de areia ou terrenos pantanosos (Macnae & Kalk 1967; Hobday 1977). Os cumes menores podem atingir 40 m de altura, e estão separados por cerca de 5 a 6 km de oeste a leste. Os solos são principalmente arenosos, que variam de castanho em manchas florestais não perturbadas, a castanho-amarelado claro em outros tipos de vegetação em diferentes fases de desenvolvimento (Campbell et al. 1988).

O clima da Ilha da Inhaca é tropical (Macnae & Kalk 1962) com duas estações principais ao longo do ano, incluindo uma estação chuvosa e quente de Outubro a Março, seguida por uma estação seca e mais fria que varia de Abril a Setembro (Muacanhia 2004). A ilha é geralmente húmida, mas tem uma precipitação surpreendentemente baixa de cerca de 600 mm por ano. A temperatura média anual é de 22 a 23°C, embora a temperatura varie consideravelmente durante todo o ano, com máxima de 37°C e mínima em torno de 12°C (Muacanhia 2004).

A vegetação das dunas é mais dominante na costa leste da Inhaca, não obstante esteja presente em menor grau nas costas ocidentais (Bandeira et al. 2014b). Na praia superior, na magem da brenha das dunas, foram registadas espécies como *Canavalia rosea*, *Cissus quadrangularis* e *Cynanchum gerrardii* (Hyde 2021). Esta vegetação transita para o tipo matagal arbustivo costeiro mais para o interior, apresentando *Diospyros rotundifolia* e *Euclea natalensis*. Dentro desta IPA, este tipo de vegetação é mais definido em torno da Ponta Torres, o ponto mais sudeste da ilha, no entanto, o matagal dunar é geralmente contínuo com a brenha costeira adjacente (Bandeira et al. 2014b). A brenha costeira apresenta as espécies Quase Ameaçadas *Encephalartos ferox* conjuntamente com espécies como *Brexia madagascariensis* e *Brachylaena discolor*. Esta última espécie também ocorre na floresta de dunas mais para o interior, onde predominam espécies como *Afzelia quanzensis*, *Eugenia capensis*, *Mimusops caffra* e *Sideroxylon inerme* (Bandeira et al. 2014b).

De acordo com Paula et al. (2014), na Baía de Maputo ocorrem seis espécies de mangal: *Avicennia marina*, Rhizophora mucronata, *Ceriops tagal*, *Bruguiera gymnorhiza*, *Xylocarpus granatum* e *Lumnitzera racemosa*. As costas orientais da Baía de Maputo na Inhaca (e Península de Machangulo a sul) suportam extensas comunidades de mangais. Uma forma anã da espécie de mangal *A. marina* é a espécie dominante que cobre as margens externas da ilha, particularmente nas áreas menos inundadas. Já as áreas lamacentas com salinidade bem menos variável foram colonizadas por *Rhizophora mucronata*. Existem também formações de brenha, dentro do mosaico de mangais, que são dominadas por *C. tagal* e *B. gymnorhiza*.

Os mangais são delimitados no interior por sapais (Lötter *et al.* em preparação), que incluem juncos como *Cyperus papyrus*, gramíneas como *Phragmites australis* conjuntamente com outras ervas, incluindo *Hibiscus cannabinus* e *Persicaria decipiens* e a suculenta *Sesuvium portulacastrum* (Hyde *et al.* 2021).

Grande parte do resto da Inhaca consiste em mata aberta e savana (Bandeira *et al.* 2014b). Árvores como *Acacia*, provavelmente *A. karroo*, pois existem inúmeras menções a esta espécie nas descrições de habitats neste local (Groenendijk #1353, #1532, #1942), *Afzelia quanzensis*, *A. adianthifolia*, *A. versicolor* e *Dichrostachys cinerea* dominam este habitat em torno da Baía de Maputo, com gramíneas no estrato herbaceo incluindo *Hiperthelia dissoluta* e *Cymbopogon* sp. (Bandeira *et al.* 2014b). Mogg (1967) notou a ausência conspícua de espécies de *Brachystegia* na mata da Inhaca, com apenas um indivíduo de *B. tamaridoides* presente na ilha dos Portugueses, sugerindo que a ausência deste género, onipresente em grande parte de Moçambique, foi devido ao relativamente recente surgimento desta ilha. A mata neste local é a mais perturbada pela conversão de terras para agricultura e inclui áreas de matagal que foram anteriormente usadas para agricultura de subsistência, mas foram posteriormente abandonadas (Campbell *et al.* 1988). Nessas áreas, as espécies dominantes incluem arbustos baixos e ervas como *Helichrysum kraussii*, *Cassytha filiformis*, *Digitaria eriantha*, *Tephrosia purpurea*, *Dicerocaryum zanguebarium* e *Imperata cylindrica* (Campbell *et al.* 1988).

Na zona intertidal que circunda a Inhaca existem extensos prados de ervas marinhas, cobrindo cerca de metade das áreas da costa desta ilha (Bandeira *et al.* 2014a). No total existem nove espécies de ervas marinhas documentadas nestas águas, ocorrendo em grande parte na Baía de Maputo (ver Bandeira *et al.* 2014a para um zoneamento completo dos padrões de distribuição das espécies). O mais significativo é a grande área de *Zostera capensis* (VU) na baía e banco de areia entre a Inhaca e a Península de Machangulo.

Questões de Conservação

A Ilha da Inhaca é uma área com uma importância de conservação significativa, que há muito foi reconhecida como como uma área de conservação formal estabelecida em 1965. A importância desta IPA vai para além do nível nacional, enquadrando-se no CoE de Maputaland (van Wyk 1996), que faz parte de um hotspot de biodiversidade global Maputaland-Pondoland-Albany (CEPF 2010). Em reconhecimento à biodiversidade tropical da ilha, uma Estação de Pesquisa de Biologia Marinha foi estabelecida em 1951 (Muacanhia 2004).

No entanto, apesar de ser um santuário para a biodiversidade, esta ilha sofre uma pressão contínua há muitos anos. Há mais de meio século, Mogg

Praia e brenha das dunas no norte da Ilha da Inhaca (ID)

(1967) descobriu que as florestas juntamente com os pântanos de água doce estavam sob ameaça devido à invasão humana, principalmente para a agricultura de subsistência. Além disso, a ilha possui um ambiente dinâmico que apresenta taxas variadas de erosão e sedimentação. Por exemplo, a erosão contínua resultante do vento forte está progressivamente esgotando o ponto sul do leste conhecido como Ponta Torres. O trecho oeste da Barreira Vermelha está sofrendo degradação devido à erosão das marés e da água doce que causa deslizamentos de terra, particularmente durante a estação de chuvas (Muacanhia 2004).

Após o estabelecimento da base de investigação na ilha da Inhaca em 1951 e, dado o contínuo aumento da população local nesta ilha, as autoridades portuguesas durante a era colonial estabeleceram as Reservas Florestais e Marinhas em 1965 para proteger os ecossistemas e a riqueza biológica da ilha (Muacania 2004). No entanto, um aumento da população local juntamente com a extrema pobreza vivida pelas comunidades locais, solos pobres e terras limitadas devido ao estabelecimento de reservas florestais, aumentaram a pressão sobre a terra e os recursos na IPA (Muacanhia 2004). Para resolver estas questões, em 2009 as Reservas da Inhaca foram incorporadas na recém-criada RPMPO (Reserva Parcial Marinha da Ponta do Ouro) e posteriormente, no final de 2021, foi aprovada a fusão da RPMPO com a Reserva Especial de Maputo para formar um novo parque, Parque Nacional de Maputo. Esta alteração de estatuto deverá conferir maior protecção aos habitats de dunas e entre-marés na IPA.

RPMPO começa na fronteira com a África do Sul e estende-se a norte por 86 km, seguindo a costa até à Baía de Maputo, incluindo a Ilha da Inhaca, e cobrindo a base das dunas até três milhas náuticas ao largo (Lucrezi *et al.* 2016). Em 2019, foi designada a Área de Protecção Ambiental de Maputo (APA), cobrindo a área desde a RPMPO a norte através da Reserva Especial de Maputo, até ao extremo norte da Ilha da Inhaca. Uma APA é uma categoria de conservação sob o que é considerado uma "Área de Conservação para o Desenvolvimento Sustentável" de acordo com a nova Lei de Conservação 5/2017. Esta categoria de conservação abrange uma ampla paisagem dentro da qual podem ser incluídas algumas áreas protegidas e comunidades existentes. Portanto, permite uma gestão integrada de paisagens (incluindo a gestão de áreas protegidas existentes ou o estabelecimento de novas dentro dela) para facilitar a implementação de acções de conservação, desenvolvimento industrial, entre outras iniciativas de desenvolvimento. Foi preparada uma candidatura à UNESCO propondo que a área da Ponta do Ouro à Inhaca seja reconhecida como Património Mundial (Matimele & Timberlake 2020). A aplicação completa abrange vários habitats (terrestres e marinhos) e naturalmente se ligaria ao Património Mundial iSimangaliso do outro lado da fronteira na África do Sul.

Serviços Ecossistémicos Chaves

Tal como acontece com outras ilhas em Moçambique, as comunidades na Ilha da Inhaca dependem da pesca artesanal e do turismo como seu principal meio de subsistência (Livro 2012). Como a ilha faz parte da Reserva Parcial Marinha da Ponta do Ouro (RPMPO), existem "zonas de uso múltiplo" onde as comunidades pesqueiras estão localizadas.

Em termos ecológicos, os mangais fornecem habitat para uma ampla gama de espécies da fauna, incluindo peixes e mariscos costeiros e de alto mar, que têm os mangais como seu principal santuário para reprodução, desova e incubação. As comunidades de mangal, juntamente com a vegetação primária das dunas, fornecem uma protecção entre as áreas marinhas e terrestres, além de proteger as linhas costeiras de ventos e ondas destrutivas. As comunidades de mangais e ervas marinhas também contribuem para a regulação do clima devido ao seu papel no sequestro de carbono.

Para os dugongos que ainda existem em torno da Inhaca, a dieta consiste principalmente de espécies de ervas marinhas encontradas nos prados ao redor da ilha. As florestas de mangal melhoram a qualidade da água através da filtragem de poluentes e sedimentos terrestres. Além disso, os mangais e a vegetação das dunas da ilha constituem a principal barreira de protecção contra a erosão costeira. A presença de manchas florestais contribui para o sequestro de carbono proporcionando ar limpo.

Frutos das árvores *Strychnos spinosa*, *Syzygium cordatum*, *Sclerocarya birrea* subsp. *caffra* são consumidos localmente, enquanto espécies naturalizadas como a goiaba (*Psidium guajava*) também são cultivadas pelos frutos ou podem ser usadas como árvores de sombra ou para protecção do vento. Conforme mencionado na secção "Importância Botânica", *Sclerocarya birrea* subsp. *caffra* (Marrula) juntamente com *Vangueria infausta*, *Strychnos spinosa*, *Garcinia livingstonei*, são de importância cultural para as comunidades locais. A marrula tem uma história de ser deliberadamente incentivada pela população local, é usada para fazer uma bebida associada a festas, como uma árvore de sombra e sua madeira macia usada para fazer utensílios (Mogg 1967).

Categorias de Serviços Ecossistémicos

- Provisionamento – Alimentos
- Provisionamento – Matérias-primas
- Provisionamento – Recursos medicinais
- Serviços de Regulação – Sequestro e armazenamento de carbono
- Serviços de Regulação – Moderação de eventos extremos
- Serviços de Regulação – Prevenção de erosão e manutenção da fertilidade do solo
- Serviços Culturais – Turismo
- Serviços Culturais – Património cultural

Justificativa da Avaliação da IPA

A Ilha da Inhaca qualifica-se como IPA sob o critério A. Com sua reconhecida importância botânica a nível nacional e internacional, a ilha abriga oito taxa ameaçados que despoletam o critério A(i), incluindo duas espécies ameaçadas, *Ecbolium hastatum* e *Solanum litoraneum*, e seis taxa vulneráveis, *Adenopodia schlechteri*, *Dioscorea sylvatica*, *Psychotria amboniana* subsp. *mosambicensis*, *Tephrosia forbesii* subsp. *forbesii*, *Tephrosia forbesii* subsp. *inhacensis* e *Zostera capensis*. Embora não despolete a IPA, é importante destacar a presença de uma cicadácea quase endémica, *Encephalartos ferox* subsp. *ferox*, avaliado como Quase Ameaçado a nível de espécie. No geral, existem 12 espécies endémicas nesta IPA, enquadrando-se nos 15 locais principais para as espécies endémicas e restritas de Moçambique e, portanto, despoletando o sub-critério B(ii) para esta IPA.

Espécies Prioritárias (Critérios IPA A e B)

FAMÍLIA	TÁXON	IPA CRITÉRIO A	IPA CRITÉRIO B	≥ 1% DA POPULAÇÃO GLOBAL	≥ 5% DA POPULAÇÃO NACIONAL	É 1 DOS 5 MELHORES LOCAIS NACIONAL	TODA A POPULAÇÃO GLOBAL	ESPÉCIES DE IMPORTÂNCIA SÓCIO-ECONÓMICA	ABUNDÂNCIA NO LOCAL
Acanthaceae	*Ecbolium hastatum*	A(i)	B(ii)	✓	✓	✓			desconhecida
Asparagaceae	*Dracaena subspicata*		B(ii)	✓					desconhecida
Asteraceae	*Helichrysum moggii*		B(ii)	✓	✓	✓			rara
Dioscoreaceae	*Dioscorea sylvatica*	A(i)			✓	✓		✓	desconhecida
Euphorbiaceae	*Tragia glabrata* var. *hispida*		B(ii)	✓	✓				desconhecida
Fabaceae	*Adenopodia schlechteri*	A(i)	B(ii)	✓	✓	✓			desconhecida
Fabaceae	*Tephrosia forbesii* subsp. *forbesii*	A(i)		✓	✓				desconhecida
Fabaceae	*Tephrosia forbesii* subsp. *inhacensis*	A(i)	B(ii)	✓	✓	✓	✓		ocasional
Hydrocharitaceae	*Halophila ovalis* subsp. *linearis*		B(ii)	✓	✓	✓			desconhecida
Iridaceae	*Tritonia moggii*		B(ii)	✓	✓	✓			frequente
Rubiaceae	*Psychotria amboniana* subsp. *mosambicensis*	A(i)	B(ii)	✓	✓				comum
Rubiaceae	*Psydrax moggii*		B(ii)	✓					desconhecida
Rutaceae	*Zanthoxylum delagoense*		B(ii)	✓					desconhecida
Solanaceae	*Solanum litoraneum*	A(i)	B(ii)	✓	✓	✓			ocasional
Zosteraceae	*Zostera capensis*	A(i)		✓					abundante
		A(i): 8 ✓	B(ii): 12 ✓						

Áreas Protegidas e Outras Designações de Conservação

TIPO DE ÁREA DE CONSERVAÇÃO	NOME DA ÁREA DE CONSERVAÇÃO	RELAÇÃO DA IPA COM A ÁREA PROTEGIDA
Reserva Nacional	Reserva Marinha Parcial da Ponta do Ouro	Área protegida/de conservação que engloba a IPA
Área Chave de Biodiversidade	Reserva Marinha Parcial da Ponta do Ouro	Área protegida/de conservação que engloba a IPA

Ameaças

AMEAÇA	SEVERIDADE	SITUAÇÃO
Habitação e áreas urbanas	média	ocorrendo – tendência desconhecida
Áreas industriais e comerciais	média	ocorrendo – tendência desconhecida
Agricultura de pequena escala	alta	ocorrendo – tendência crescente
Aquacultura de subsistência/artesanal	baixa	ocorrendo – tendência desconhecida
Exploração de madeira e colecta de produtos florestais	média	ocorrendo – tendência desconhecida

NAMAACHA

Avaliadores: Hermenegildo Matimele, Jo Osborne, Clayton Langa

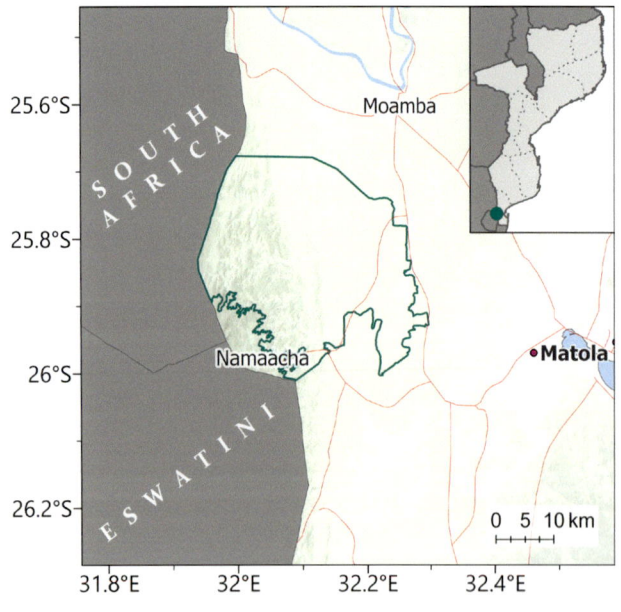
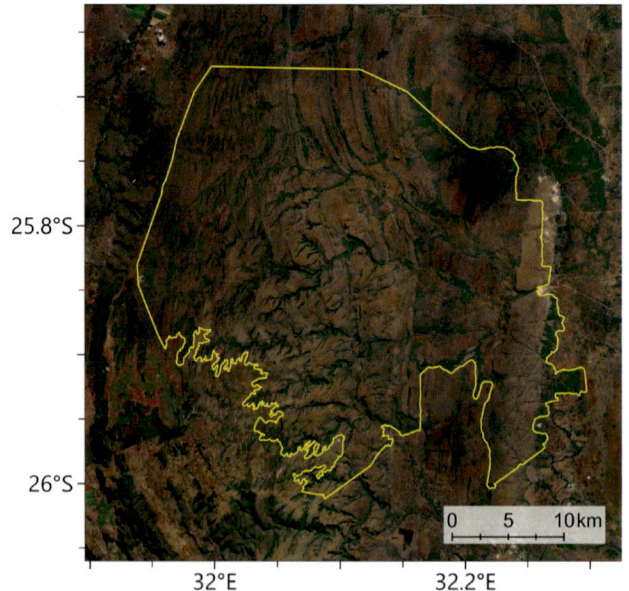

NOME INTERNACIONAL DO LOCAL		Namaacha	
NOME LOCAL (CASO DIFERENTE)		–	
CÓDIGO DO LOCAL	MOZTIPA006	PROVÍNCIA	Maputo

LATITUDE	-25.84061	LONGITUDE	32.11057
ALTITUDE MINIMA (m a.s.l.)	30	ALTITUDE MÁXIMA (m a.s.l.)	630
ÁREA (km²)	854.0	CRITÉRIO IPA	A(i), A(iv)

Afloramentos rochosos com suculentas na Namaacha (JO)

Descrição do Local

A IPA de Namaacha situa-se no Distrito de Namaacha, Província de Maputo, junto à fronteira com Eswatini a sudoeste, e com a África do Sul a oeste. Esta forma a parte oriental das Montanhas dos Libombos que se enquadram no Centro de Endemismo de Maputaland, onde se sabe que ocorre um elevado número de plantas endémicas (van Wyk 1996). Maputaland é um centro de endemismo (CoE) dentro do hotspot de biodiversidade global Maputaland-Pondoland-Albany (CEPF 2010). Uma análise de Darbyshire et al. (2019a) tratou as Montanhas dos Libombos como um potencial sub-Centro do CoE de Maputaland com 17 espécies moçambicanas endémicas e quase endémicas restritas a este sub-CoE trans-fronteiriço. Os limites desta IPA foram principalmente delineados para abranger a maioria dos registos conhecidos de espécies que despoletaram a IPA nesta região, e foram posteriormente refinados usando o Google Earth Engine (Gorelick et al. 2017) para identificar e excluir áreas degradadas.

Esta IPA abrange 854 km², cobrindo uma paisagem montanhosa que varia de 40 a 550 m de altitude, suportando um mosaico de floresta em encostas rochosas e falésias, juntamente com matas áridas e afloramentos rochosos. Existem várias nascentes, incluindo Bobo, Chambadejovo, Maxibobo, Movene, Gumbe e Impaputo que descem pelas rochas, particularmente durante a estação chuvosa entre Outubro e Março. O rio Bobo, situado na parte norte do local, desagua no rio Major que, por sua vez, é afluente do importante rio Incomati. Na parte central da área proposta, três rios – Chambadejovo, Maxibobo e Gumbe – desaguam no rio Movene, afluente do Umbelúzi, outro grande rio desta região. O Rio Impamputo atravessa a secção mais a sul do local proposto até à barragem dos Pequenos Libombos, que é o fornecedor principal do abastecimento de água à cidade de Maputo. O Distrito da Namaacha é famoso pelas suas cascatas, que atraem turistas a esta parte da Província de Maputo.

Importância Botânica

Apesar desta secção dos Libombos ter sido negligenciada botanicamente, a principal importância botânica da IPA da Namaacha são as manchas florestais intactas ao longo das encostas rochosas e rios, juntamente com as espécies suculentas que ocorrem nos afloramentos rochosos, incluindo espécies de *Aloe* e *Euphorbia*. Esta IPA abriga espécies de interesse de conservação, incluindo a cicadacea *Encephalartos umbeluziensis* (EN), uma espécie restrita às montanhas dos Libombos (particularmente ao longo do rio

Umbeluzi) que está ameaçada pela contínua remoção ilegal de plantas e perda de habitat. A espécie *Ceropegia aloicola* (EN) também está ameaçada como resultado da degradação do habitat, esta espécie só é conhecida a partir desta IPA. A espécie *Barleria oxyphylla* (VU globalmente, mas avaliada nacionalmente como EN na África do Sul), uma espécie de distribuição restrita, está ameaçada devido à perda e degradação do habitat (von Staden & Lötter 2018).

A espécie *Adenium swazicum*, avaliada como Vulnerável para a Lista Vermelha de Plantas da África do Sul, também está ameaçada devido à perda de habitat e colecta para usos medicinais e ornamentais (Lötter & von Staden 2018). A IPA suporta a maior sub-população de *Adenium swazicum* em toda a distribuição conhecida da espécie no sul de Moçambique (H. Matimele, obs. pessoal). Espécies adicionais de distribuição muito restricta incluem *Jatropha latifolia* var. *subeglandulosa*, endémica de Moçambique, e *Tragia glabrata* var. *hispida* também uma espécie endémica conhecida apenas da Província de Maputo, sul de Moçambique. A espécie *Cyphostemma barbosae*, uma endémica dos Montes Libombos, também ocorre dentro da IPA.

A Namaacha também contém várias espécies endémicas do CoE de Maputaland, em sentido amplo, de alto valor de conservação, incluindo *Asparagus radiatus*, *Australluma ubomboensis* e *Blepharis swaziensis*. As matas da área contêm *Acacia swazica*, *Caesalpinia rostrata* e *Erythroxylum delagoense* que, embora não sejam endémicas, são conhecidas só da região sul de Moçambique (Burrows *et al.* 2018). Diversas espécies de plantas são valorizadas pelas pessoas como fonte de renda, nutrição, medicamentos e para usos estéticos. As espécies úteis incluem: *Warburgia salutaris* (EN, colectado para uso medicinal) (Senkoro *et al.* 2019, 2020), *Androstachys johnsonii* (bastante utilizado na construção e estacas para vedação de grandes áreas para gado), *Acacia swazica* (usada para carvão), *Sclerocarya birrea* (usada para fazer uma bebida tradicional e também fornece uma amêndoa comestíveis) e *Adenium swazicum* (usos medicinais e ornamentais).

Habitat e Geologia

A vegetação da parte norte da IPA Namaacha varia dependendo da proximidade de um curso de água e elevação. A área oriental da IPA situa-se no sopé das Montanhas dos Libombos com altitudes tão baixas quanto 30 m ao longo do rio Movene. Sob o sistema de classificação de cobertura da terra de Smith *et al.* (2008), a vegetação dominante da IPA é a mata dos Libombos. A altura das árvores varia entre 4 e 8 m, sendo as espécies de *Acacia* e *Combretum* dominantes em algumas secções. As espécies encontradas incluem *Acacia swazica*, *A. exuvialis*, *A. burkei*, *A. caffra*, *A. davyi*, *A. nigrescense*, *A. senegal* var. *rostrata*, juntamente com *Combretum apiculatum*, *C. molle*, *C. zeyheri*, *Lannea discolor*, *Pterocarpus rotundifolius*, *Sclerocarya birrea* e *Terminalia phanerophlebia*.

Jatropha latifolia var. *subeglandulosa* (TR)

Ceropegia aloicola (JO)

Floresta de *Androstachys johnsonii* (JO)

Há também afloramentos rochosos dominados por espécies suculentas como *Euphorbia cooperi*, *Cussonia natalensis* e *Aloe* spp. As margens do rio e as falésias são dominadas por florestas e brenhas com várias espécies, incluindo cicadaceas, *Asparagus* spp., e espécies económicamente importantes como *Androstachys johnsonii*, que é valorizada pela madeira. Ao longo do rio Movene, a leste, em altitudes mais baixas, existem zonas aluviais com florestas ribeirinhas ou matas, tipicamente com espécies arbóreas como *Acacia xanthophloea* e *Ficus sycomorus*.

Os estudos geológicos do local da IPA são limitados, mas as Montanhas dos Libombos são compostas por uma sequência de rochas vulcânicas – lavas basálticas e fluxos riolíticos – do período Jurássico há cerca de 180 a 179 milhões de anos (du Randt 2018). Estas rochas encontram-se em rochas sedimentares horizontais do supergrupo Karoo a oeste e sobrepostas pelo Cretáceo em sedimentos recentes a leste. Riolito, uma rocha resistente, está disposto de forma alternada com o basalto, uma rocha mais facilmente erodida, resultando em uma série de cumes agudos paralelos com um declive suave de um lado separados por planícies ou cursos de água. Toda a área das Montanhas dos Libombos é relativamente baixa, com o pico mais alto a não mais de 800 m de altitude (du Randt 2018). Dentro da IPA a altitude média é de cerca de 270 m, sendo a maior de 630 m.

Os solos no local da IPA da Namaacha são derivados de riolito e basalto e são relativamente férteis com altos teores de argila (du Randt 2018). Solos vermelhos dominam o local, mas argilas pretas com aluvião também estão presentes a leste nas planícies. A agricultura de subsistência é comum nas proximidades das áreas dos assentamentos da população, particularmente no sudoeste perto da Vila da Namaacha e nas áreas perto da cascata da Namaacha. O clima é tropical húmido com duas estações principais, incluindo uma estação seca e fria que vai de Abril a Setembro, seguida por uma estação húmida, quente e chuvosa de Outubro a Março.

Questões de Conservação

A IPA não está sob nenhum tipo de conservação formal, pois está totalmente fora da rede de áreas de conservação existente no país. No entanto, faz parte da proposta de uma área de conservação de Goba, parte de uma iniciativa regional mais ampla, a Lubombo Conservancy–Goba, que é uma "Área de Conservação Trans-fronteiriça" de Eswatini a Moçambique e África do Sul (Üllenberg *et al.* 2014, 2015).

As ameaças à biodiversidade dentro desta IPA são bem compreendidas. No passado, a área foi fortemente perturbada pela produção de carvão e, embora actualmente nenhuma das espécies despoletadoras

Warburgia salutaris (JEB)

da IPA seja direcionada para a produção de carvão, espera-se que o impacto da destruição do habitat associado na vegetação e na biodiversidade mais ampla cause declínios significativos no número de espécies. A produção de carvão aqui consiste em cortar caules lenhosos e limpar áreas para empilhamento e queima dos mesmos. As áreas que foram desmatadas para fornos de carvão tornam-se o ponto de entrada para plantas invasoras, incluindo *Agave sisalana*, *Lantana camara*, *Opuntia ficus-indica* e *Zinnia peruviana*. Isto é particularmente proeminente na área ocidental de Macuacua e na área norte de Livevene (H. Matimele, pess. obs.). No entanto, os regulamentos impostos pelo governo, aliados à escassez de espécies adequadas e acessíveis para a produção de carvão, reduziram grande parte dessa produção.

Uma outra ameaça de particular preocupação é o pastoreio de gado. A observação de campo sugere que houve um aumento considerável nos últimos 15 anos no número de áreas de pastoreio para o gado. Além disso, a caça de animais como o porco-do-mato tem sido relatada, juntamente com a colecta de plantas medicinais para garantir a subsistência básica, mas também como fonte de renda para as comunidades da área. Na zona de Matsequenha, a leste, localizava-se uma das maiores bases militares de soldados da RENAMO. Com o acordo de paz alcançado em 1992, algumas comunidades voltaram para a produção de carvão e agricultura de subsistência. Outros membros das comunidades foram empregados na indústria pecuária, que se expandiu consideravelmente desde o acordo de paz.

Na zona de Bemassango, na zona norte da IPA, Mike Persson tem uma concessão para produção de gado. Ele empregou membros das comunidades locais, proporcionando-lhes assim alguma renda para cobrir os custos de alimentação, saúde e educação para as crianças. Essa geração de renda, por sua vez, aliviou algum nível de pressão sobre a vegetação natural. Persson também mostrou a vontade de transformar a fazenda de gado num negócio orientado para a conservação da biodiversidade com ênfase no ecoturismo. Além disso, há um zoológico privado da Namaacha localizado no sudoeste da IPA, que se tornou uma atracção turística para as pessoas das cidades e vilas vizinhas. A inclusão desta IPA na rede de áreas de conservação de Moçambique não traria só benefícios para a biodiversidade, mas também uma oportunidade para promover meios de subsistência sustentáveis nas comunidades locais. A maioria dos remanescentes de florestas nativa e matas estão confinados a falésias, desfiladeiros e outros locais com acesso limitado. A IPA possui um número relativamente elevado de rios e falésias, portanto, a extensão de áreas naturais em bom estado de conservação é grande. Alguns dos maiores rios da região, como o Incomati e o Umbeluzi, têm os afluentes dentro desta IPA. Para além das espécies de plantas que despoletaram a IPA, este local alberga o *Platysaurus lebomboensis* (Lebombo Flat Lizard), um lagarto endémico apenas conhecido das montanhas dos Libombos. Esta secção das montanhas dos Libombos, particularmente na área de Matsequenha a nordeste, forma um dos melhores locais para espécies de flora e fauna, como *Asparagus radiatus*, *Pyrenacantha kaurabassana*, *Adenium swazicum*, *Warburgia salutaris* e o Lebombo Flat Lizard.

Com base nas características da biodiversidade do local, esta IPA teria o maior benefício se fosse conservado ao abrigo da Lei de Protecção, Conservação e Uso Sustentável da Diversidade Biológica (Decreto n.º 16/2014 de 20 de junho). Por estar localizado perto da cidade capital Maputo (a 75 km), tem um potencial alto para o ecoturismo. Além disso, por existirem comunidades residentes na área, esta IPA poderia ser potencialmente protegida por uma das categorias de Unidades de Conservação de Uso Sustentável, que permite o maneio integrado, permitindo algum nível de extracção de acordo com os limites a serem estabelecidos pela autoridade de gestão. Essas categorias incluem, por exemplo, Santuário, Área de Protecção Ambiental (APA) ou Área de Conservação Comunitária.

Serviços Ecossistémicos Chaves

Sendo uma área rural, onde as infraestruturas de prestacção de serviços são limitadas, comunidades inteiras dentro da IPA da Namaacha e nas suas imediações dependem dos riachos que vêm das montanhas como única fonte de água potável. A água dos riachos também é essencial para apoiar a agricultura de subsistência, usando baldes para a rega de hortícolas, principalmente na estação seca de Abril a Setembro. Os riachos ou pequenos rios que nascem dentro do local da IPA também são muito importantes para a agricultura comercial e abastecimento de água para as cidades vizinhas. Por exemplo, os riachos desta IPA, incluindo Chambadejovo, Maxibobo e Gumbe, que drenam a água para o rio Movene, um dos rios afluentes do rio Umbeluzi. Outro curso de água, o rio Bobo, drena a água para o rio Major, que é um dos rios afluentes do rio Incomati. Além disso, o Rio Impaputo atravessa o local da IPA antes de drenar água para a barragem dos Pequenos Libombos, que é a principal fonte de água que abastece as cidades de Maputo, Matola e Boane. O rio Umbeluzi é a principal fonte de água de apoio à irrigação para a agricultura de maior escala nas áreas de Boane e Goba. O Rio Incomati é muito importante porque sustenta a agricultura de pequena e grande escala nos distritos de Moamba e Marracuene.

As cascatas da Namaacha enquadram-se na IPA e são uma atracção turística. O turismo tem o potencial de criar um efeito cascata económico onde as comunidades locais podem encontrar oportunidades de prestacção de serviços, incluindo a venda de bebidas e alimentos.

A presença de manchas florestais contribui para o sequestro de carbono proporcionando ar limpo. Além disso, dado o acesso limitado a hospitais, as comunidades dependem da colheita de plantas medicinais para combater doenças. A madeira raramente é colhida dentro do limite da IPA, e a colecta de plantas para propriedades medicinais ocorre principalmente nas áreas florestais circundantes. A caça, no entanto, ocorre nas encostas mais altas, embora essa prática seja limitada a um pequeno grupo de moradores locais. O Imbabala (*Tragelaphus scriptus*), Porco do mato (*Potamochoerus larvatus*) e Cabrito do mato (*Cephalophus* spp.) são capturados usando armadilhas tradicionais. O mel também é colectado na floresta.

Charcos em áreas rochosas da serra da Namaacha (LL)

Categorias de Serviços Ecossistémicos

- Provisionamento – Alimentos
- Provisionamento – Matérias-primas
- Provisionamento – Água doce
- Provisionamento – Recursos medicinais
- Serviços de Regulação – Clima local e qualidade do ar
- Serviços de Regulação – Sequestro e armazenamento de carbono
- Habitat ou serviços de apoio – Habitats para espécies
- Serviços Culturais – Turismo

Justificativa da Avaliação da IPA

A Namaacha qualifica-se como IPA segundo o critério A. A paisagem de colinas onduladas com declives acentuados e outros suaves, desfiladeiros, falésias e planícies, alberga quatro espécies de preocupação de conservação que despoletam o critério A(i): *Encephalartos umbeluziensis* (EN), *Ceropegia aloicola* (EN), *Warburgia salutaris* (EN) e *Barleria oxyphylla* (VU). No geral, existem seis espécies endémicas e quase endémicas que se qualificam no critério B(ii), com duas dessas espécies, *Asparagus radiatus* e *Jatropha latifolia* var. *subeglandulosa*, com uma distribuição muito restrita que despoletam o critério A(iv).

Vista das colinas da Namaacha mostrando florestas e pradarias arborizadas (CL)

Espécies Prioritárias (Critérios IPA A e B)

FAMÍLIA	TÁXON	IPA CRITÉRIO A	IPA CRITÉRIO B	≥ 1% DA POPULAÇÃO GLOBAL	≥ 5% DA POPULAÇÃO NACIONAL	É 1 DOS 5 MELHORES LOCAIS NACIONAL	TODA A POPULAÇÃO GLOBAL	ESPÉCIES DE IMPORTÂNCIA SÓCIO-ECONÓMICA	ABUNDÂNCIA NO LOCAL
Acanthaceae	*Barleria oxyphylla*	A(i)	B(ii)	✓	✓	✓			desconhecida
Apocynaceae	*Ceropegia aloicola*	A(i)	B(ii)	✓	✓	✓	✓		desconhecida
Asparagaceae	*Asparagus radiatus*	A(iv)	B(ii)	✓					desconhecida
Canellaceae	*Warburgia salutaris*	A(i)		✓				✓	ocasional
Euphorbiaceae	*Jatropha latifolia* var. *subeglandulosa*	A(iv)	B(ii)	✓	✓	✓	✓		desconhecida
Euphorbiaceae	*Tragia glabrata* var. *hispida*		B(ii)	✓					desconhecida
Zamiaceae	*Encephalartos umbeluziensis*	A(i)	B(ii)	✓	✓	✓			desconhecida
		A(i): 4 ✓ A(iv): 2 ✓	B(ii): 6						

Áreas Protegidas e Outras Designações de Conservação

TIPO DE ÁREA DE CONSERVAÇÃO	NOME DA ÁREA DE CONSERVAÇÃO	RELAÇÃO DA IPA COM A ÁREA PROTEGIDA
Sem protecção formal	Não indicado	

Ameaças

AMEAÇA	SEVERIDADE	SITUAÇÃO
Exploração de madeira e colecta de produtos florestais – subsistência/pequena escala	média	Ocorrendo – tendência decrescente
Colecta de plantas terrestres	média	ocorrendo – tendência desconhecida
Pastoreio, pecuária ou agricultura de pequena escala	média	ocorrendo – tendência crescente
Agro-indústria pastoreio, pecuária ou agricultura	baixa	ocorrendo – estável
Áreas de turismo e recreação	baixa	ocorrendo – tendência desconhecida

GOBA

Avaliadores: Hermenegildo Matimele, Linda Loffler

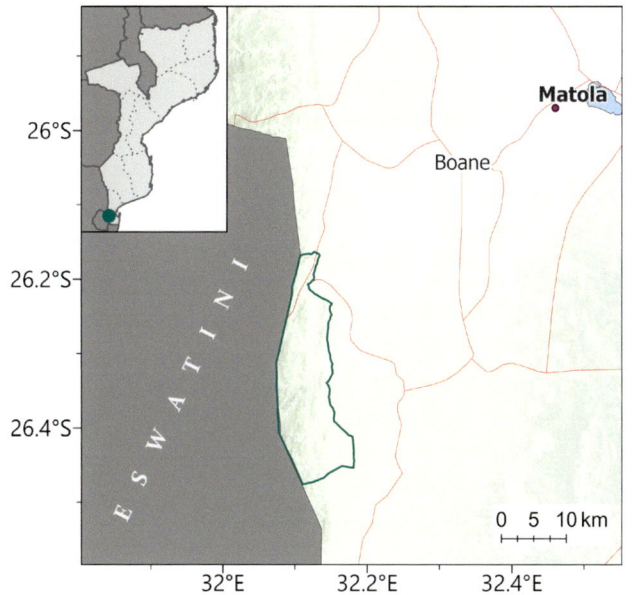
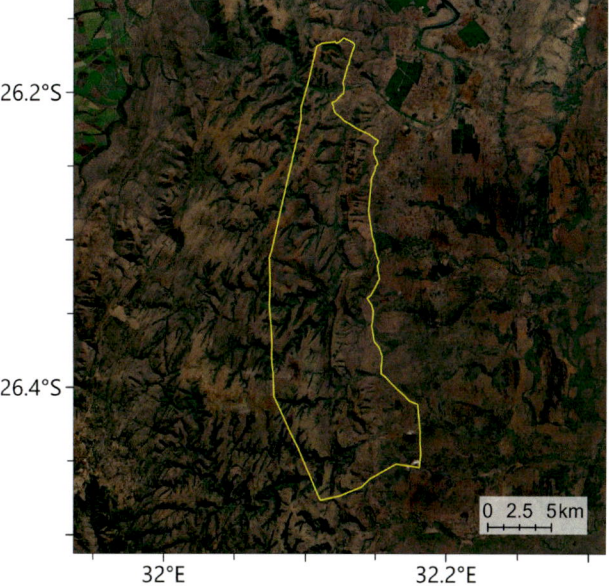

NOME INTERNACIONAL DO LOCAL		Goba	
NOME LOCAL (CASO DIFERENTE)		–	
CÓDIGO DO LOCAL	MOZTIPA043	PROVÍNCIA	Maputo

LATITUDE	-26.35252	LONGITUDE	32.10925
ALTITUDE MINIMA (m a.s.l.)	70	ALTITUDE MÁXIMA (m a.s.l.)	520
ÁREA (km²)	217	CRITÉRIO IPA	A(i), B(ii), C(iii)

Descrição do Local

A IPA de Goba situa-se no Distrito da Namaacha, Província de Maputo, na fronteira com Eswatini a oeste (-26,35°, 32,10°). Esta ocupa a parte oriental das Montanhas dos Libombos, uma área central dentro do Centro de Endemismo de Maputaland, onde ocorrem várias plantas endémicas (van Wyk 1996). Os limites desta IPA foram principalmente delineados para abranger a maioria dos registos conhecidos das espécies que despoletaram a IPA nesta região, e foram posteriormente refinados usando o Google Earth Engine (Gorelick et al. 2017) para identificar e excluir áreas degradadas ou transformadas e urbanizadas.

Esta IPA de 217 km² estende-se por aproximadamente 35 km de norte a sul, abrangendo uma paisagem montanhosa de 70 a 520 m de altitude, com a maioria das áreas a cerca de 250 m. A IPA suporta um mosaico de floresta em encostas rochosas e falésias, juntamente com matas, pradarias arborizadas e afloramentos rochosos. Há um rio grande e regionalmente importante que atravessa a secção norte da IPA, o rio Umbeluzi, além de dois riachos, o Changalane e o Mazeminhane, na secção sul. Os dois riachos drenam a sua água para o Rio Tembe, outra importante fonte de água que corre para nordeste em direcção à Baía de Maputo.

Importância Botânica

As montanhas dos Libombos como um todo são de reconhecida importância botânica; elas se enquadram no Centro de Endemismo de Maputaland, onde se presume ocorrerem 203 espécies de plantas endémicas ou taxa infra-específicos (van Wyk 1996; van Wyk & Smith 2001). Uma análise completa de

Darbyshire *et al.* (2019a) propôs as Montanhas dos Libombos como um (sub-) centro separado de endemismo de plantas dentro de Maputaland, e acredita-se que contenha 17 espécies moçambicanas endémicas e quase endémicas restritas apenas a este sub-Centro. Dos 17 taxa, três são conhecidos apenas em Moçambique.

As espécies de importância para a conservação na IPA de Goba incluem *Indigofera gobensis* (CR), apenas conhecida deste local em todo o mundo; as cicadaceas *Encephalartos lebomboensis* (EN), *Encephalartos senticosus* (EN), *Encephalartos umbeluziensis* (EN) e *Encephalartos aplanatus* (VU), todas endémicas dos Libombos. Estas cicadaceas estão ameaçadas devido à perda de habitat e à colecta excessiva como resultado da extração ilegal para diferentes fins. *Encephalartos umbeluziensis* está muito concentrado na IPA de Goba, que tem a segunda maior população desta espécie depois de Mlawula Game Resrve em Eswatini. *Euphorbia baylissii* (VU), ameaçada devido à destruição de habitat, também ocorre dentro desta IPA e não é conhecida em nenhuma área protegida. *Asparagus radiatus* e *Tephrosia gobensis* estão entre as outras espécies endémicas dos Libombos, confinadas às florestas dos Montes Libombos, incluídas nesta IPA. Este local também abriga a *Warburgia salutaris* (EN) que está ameaçada devido à perda de habitat e extracção excessiva de partes da planta, como casca, caules e raízes, para uso medicinal (Senkoro *et al.* 2019; 2020). *Thesium jeaniae*, que foi avaliada regionalmente como Rara (Raimondo & Scott-Shaw 2007), também ocorre aqui e é uma espécie muito restrita das montanhas do sul dos Libombos. Espécies adicionais a destacar incluem *Stapelia unicornis*, *Euphorbia keithii* (conhecida com uma distribuição inferior a 1.500 km^2), *Gladiolus brachyphyllus* (com uma distribuição inferior a 10.000 km^2) e *Cyphostemma barbosae*. Estas espécies são endémicas ou quase endémicas dos Montes Libombos.

Outra espécie de interesse encontrada na IPA de Goba, embora não endémica ou de distribuição restrita nem de preocupação de conservação conforme a Lista Vermelha da IUCN, é a *Excoecaria madagascariensis* (LC), anteriormente conhecida de Madagascar e Tanzânia e, portanto, representando aqui uma ocorrência bastante disjunta. Existem também várias espécies que são importantes por razões sócio-económicas, incluindo *Acacia swazica* (usada para carvão), *Androstachys johnsonii* (muito utilizada na construção e vedação de grandes áreas para pecuária) e *Sclerocarya birrea* (fonte de uma bebida tradicional e amêndoa), entre outras.

Habitat e Geologia

Os padrões da vegetação na IPA de Goba estão de acordo com a topografia, variando conforme a área se localise nas proximidades de um curso de água ou em encostas de livre drenagem, sendo a elevação também um factor importante. As florestas estão confinadas às margens dos rios e falésias ou encostas, com espécies de interesse de conservação, como *Asparagus radiatus*, *Encephalartos umbeluziensis* e *Erythrophleum lasianthum*, juntamente com espécies

Vista das colinas de Goba (HM)

Pradarias arborizada aberta no planalto (LL)

Área rochosa com cicadáceas, provavelmente *Encephalartos senticosus*, em primeiro plano (LL)

económicamente importantes, como *Androstachys johnsonii*. Distante dos cursos de água, a paisagem é composta por matas dominadas por espécies de *Acácia* e *Combretum*, incluindo *Acacia swazica*, *A. exuvialis*, *A. burkei*, *A. caffra*, *A. davyi*, *A. nigrescens* e *A. senegal* var. *rostrata*, juntamente com *Combretum apiculatum*, *C. molle* e *C. zeyheri*. Outras espécies arbóreas importantes incluem *Lannea discolor*, *Pterocarpus rotundifolius*, *Sclerocarya birrea* e *Terminalia phanerophlebia*.

Em termos geológicos, a IPA de Goba faz parte dos Montes Libombos que consiste numa sequência de rochas vulcânicas – lavas basálticas e fluxos riolíticos – do período Jurássico há cerca de 180 a 179 milhões de anos (du Randt 2018). O riolito, uma rocha resistente, está disposto de forma alternada com o basalto, uma rocha mais facilmente erodida, resultando numa série de cumes agudos paralelos com um declive suave de um lado separados por planícies ou cursos de água. Toda a área dos Montes Libombos é relativamente baixa, com o pico mais alto não superior a 800 m de altitude (du Randt 2018). Com base nas imagens do Google Earth, a IPA de Goba atinge o pico a cerca de 500 m de altitude.

Os solos no local da IPA de Goba são derivados de riolito e basalto, e são relativamente férteis com altos teores de argila (du Randt 2018). Os solos vermelhos são dominantes em toda a área, mas as argilas aluviais pretas estão associadas às linhas de drenagem. A área tem um clima tropical húmido com duas estações principais, incluindo uma estação seca e fria de Abril a Setembro, seguida por uma estação húmida, quente e chuvosa que vai de Outubro a Março.

Questões de Conservação

A IPA de Goba não faz parte da actual rede de áreas de conservação de Moçambique. No entanto, este local engloba o Goba Ntava Yedzu que é uma área de cerca de 9.000 ha gerida pela comunidade, embora sem estatuto legal de conservação. Além disso, está inteiramente dentro de uma proposta de conservação de Goba que faz parte de uma iniciativa regional mais ampla, a Lubombo Conservancy–Goba, que é uma Área de Conservação Trans-fronteiriça de Eswatini a Moçambique e África do Sul (Üllenberg *et al.* 2014, 2015).

A IPA de Goba enfrenta a destruição do habitat resultante principalmente da produção de carvão. Actualmente, nenhuma das espécies que despoletaram a IPA são alvo para a produção de carvão, no entanto, espera-se que o impacto da limpeza do habitat, para empilhamento e queima do material lenhoso no processo de produção, cause declínios significativos nas espécies de importância para a conservação neste local. As áreas que foram desmatadas para os fornos de carvão tornam-se então o ponto de entrada para plantas invasoras, incluindo *Agave sisalana*, *Lantana camara*, *Opuntia ficus-indica* e *Zinnia peruviana*.

Uma outra ameaça de particular preocupação é a colecta ilegal de espécies de plantas para a comercialização nos mercados das cidades, incluindo Maputo, Matola e Boane. Com a rápida expansão urbana nos últimos 15 anos, a demanda por essas plantas para fins ornamentais aumentou de forma constante, o que provavelmente causará declínios severos em algumas espécies, particularmente as espécies de cicadaceas de crescimento lento, como *Encephalartos umbeluziensis* (EN) e *Encephalartos lebomboensis* (EN). Algumas plantas nesta IPA também são colectadas pelas suas propriedades medicinais, por exemplo, *Encephalartos lebomboensis* (Donaldson 2010f) e *Warburgia salutaris* (Senkoro *et al*. 2019, 2020).

Além da produção de carvão e da colecta ilegal de plantas, tem havido um aumento contínuo ao longo dos últimos 15 anos de concessões concedidas para a pastagem de gado. As áreas de pastagem foram cercadas, aumentando a demanda de estacas de espécies de madeira dura e resistente, como *Androstachys johnsonii*, que, por sua vez, está causando uma destruição significativa do habitat.

Estando nas proximidades de áreas protegidas em Eswatini, em particular a Reserva Natural de Mlawula, há um movimento ocasional de animais para as terras desprotegidas de Moçambique e, em alguns casos, esses animais são caçados ilegalmente. Além disso, há relatos de que a pesca artesanal ocorre nos rios maiores, como o Umbeluzi.

Aproveitando a iniciativa comunitária existente, o Goba Ntava Yedzu, este local tem potencial para ser protegido por uma das categorias de Áreas de Conservação de Uso Sustentável, alinhada com a Lei de "Protecção, Conservação e Uso Sustentável da Diversidade Biológica" (Decreto No. 16/2014), que permitem uma gestão integrada, e algum nível de aproveitamento dos recursos naturais de acordo com os limites a definir pela autoridade de gestão.

Serviços Ecossistémicos chaves

O fornecimento de água potável para satisfazer as necessidades das comunidades locais e ao redor da IPA de Goba está entre os serviços chaves prestados pelos ecossistemas encontrados neste local. As populações locais obtêm água fresca dos riachos de Changalane e Mazeminhane, para beber, cozinhar e lavar. Além disso, a água também é utilizada para a agricultura de subsistência, principalmente na estação seca, por meio da irrigação com baldes nas hortas próximas às margens dos rios.

Encephalartos aplanatus (LL)

Asparagus radiatus (LL)

Além disso, o Umbeluzi fornece água para apoiar a irrigação da agricultura de larga escala, no cultivo de banana, arroz e vegetais em Moçambique. Em Eswatini, o rio Umbeluzi é a principal fonte de água para irrigação das plantações de açúcar de grande escala (H. Matimele, obs. pess.). Os riachos de Changalane e Mazeminhane, fornecem água às comunidades rurais nas áreas de Changalane na parte sul da IPA de Goba. Os dois riachos são afluentes do Rio Tembe que desagua na Baía de Maputo e fornece água às comunidades que vivem à volta deste rio em algumas secções dos Distritos de Matutuíne e Boane.

As espécies como *Warburgia salutaris* são muito conhecidas e colhidas pelas suas propriedades medicinais. As florestas são localmente a fonte primária de materiais de construção para habitação, bem como cercas para o gado. No entanto, a madeira raramente é extplorada dentro do limite da IPA porque as espécies de árvores madeireiras preferidas não estão disponíveis e acessíveis pois estão confinadas a áreas rochosas ou de ravinas.

Categorias de Serviços Ecossistémicos

- Provisionamento – Matérias-primas
- Provisionamento – Água doce
- Provisionamento – Recursos medicinais

Justificativa da Avaliação da IPA

Goba qualifica-se como IPA sob o critério A, pois suporta espécies de interesse global de conservação. Um total de 7 espécies despoletaram o critério A(i): *Indigofera gobensis* (CR), *Warburgia salutaris* (EN), *Encephalartos lebomboensis* (EN), *Encephalartos senticosus* (EN), *Encephalartos umbeluziensis* (EN), *Encephalartos aplanatus* (VU) e *Euphorbia baylissii* (VU). Embora ainda não tenha sido formalmente avaliada pela IUCN, *Asparagus radiatus*, *Euphorbia keithii*, *Tephrosia gobensis* e *Thesium jeaniae*, são espécies endémicas de distribuição restrita que despoletam o critério A(iv).

Espécies Prioritárias (Critérios IPA A e B)

FAMÍLIA	TÁXON	IPA CRITÉRIO A	IPA CRITÉRIO B	≥ 1% DA POPULAÇÃO GLOBAL	≥ 5% DA POPULAÇÃO NACIONAL	É 1 DOS 5 MELHORES LOCAIS NACIONAL	TODA A POPULAÇÃO GLOBAL	ESPÉCIES DE IMPORTÂNCIA SÓCIO-ECONÓMICA	ABUNDÂNCIA NO LOCAL
Asparagaceae	*Asparagus radiatus*	A(iv)	B(ii)	✓	✓	✓			desconhecida
Canellaceae	*Warburgia salutaris*	A(i)			✓	✓		✓	desconhecida
Euphorbiaceae	*Euphorbia baylissii*	A(i)	B(ii)	✓		✓			desconhecida
Euphorbiaceae	*Euphorbia keithii*	A(iv)	B(ii)	✓	✓	✓			desconhecida
Fabaceae	*Indigofera gobensis*	A(i)	B(ii)	✓	✓	✓	✓		desconhecida
Fabaceae	*Tephrosia gobensis*	A(iv)	B(ii)	✓	✓	✓			desconhecida
Iridaceae	*Gladiolus brachyphyllus*		B(ii)	✓	✓	✓			desconhecida
Santalaceae	*Thesium jeaniae*	A(iv)	B(ii)	✓	✓	✓			desconhecida
Zamiaceae	*Encephalartos aplanatus*	A(i)	B(ii)	✓	✓	✓			desconhecida
Zamiaceae	*Encephalartos lebomboensis*	A(i)		✓	✓	✓			desconhecida
Zamiaceae	*Encephalartos senticosus*	A(i)	B(ii)	✓	✓	✓			desconhecida
Zamiaceae	*Encephalartos umbeluziensis*	A(i)	B(ii)	✓	✓	✓			frequente
		A(i): 7 ✓ A(iv): 4 ✓	B(ii): 10						

PROVÍNCIA DE MAPUTO

Vista da floresta de *Androstachys johnsonii* nas encostas das colinas (LL)   Áreas rochosas e charcos no planalto (CL)

Áreas Protegidas e Outras Designações de Conservação

TIPO DE ÁREA DE CONSERVAÇÃO	NOME DA ÁREA DE CONSERVAÇÃO	RELAÇÃO DA IPA COM A ÁREA PROTEGIDA
Sem protecção formal	Não indicado	
Área de conservação comunitária não legislada	Goba Ntava Yedzu	Área protegida/de conservação que engloba a IPA

Ameaças

AMEAÇA	SEVERIDADE	SITUAÇÃO
Pastoreio, pecuária ou agricultura de pequena escala	média	ocorrendo – tendência crescente
Exploração de madeira e colecta de produtos florestais – subsistência/pequena escala	média	ocorrendo – tendência desconhecida
Colecta de plantas terrestres	média	ocorrendo – tendência crescente
Espécies invasoras não nativas/exóticas	média	ocorrendo – tendência crescente

FLORESTA DE LICUÁTI

Avaliadores: Hermenegildo Matimele, Jonathan Timberlake

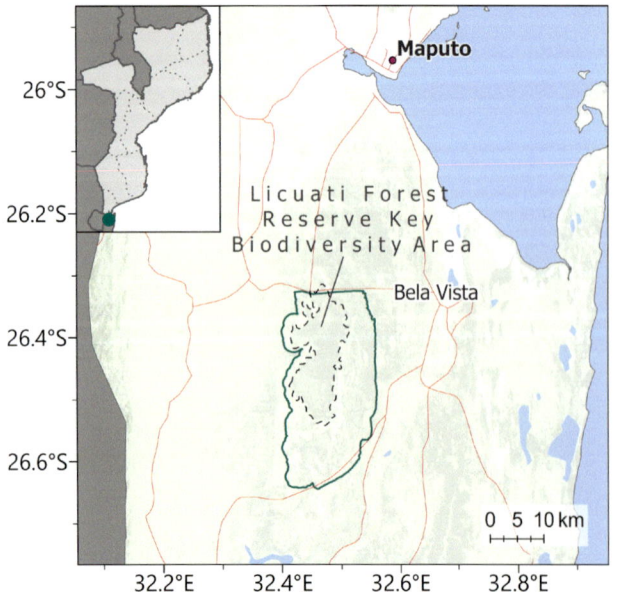 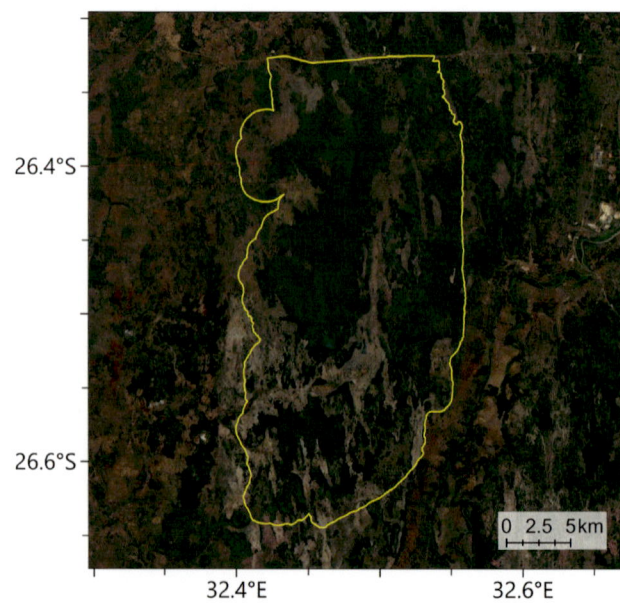

NOME INTERNACIONAL DO LOCAL		Licuáti Forest	
NOME LOCAL (CASO DIFERENTE)		Floresta de Licuáti	
CÓDIGO DO LOCAL	MOZTIPA009	PROVÍNCIA	Maputo

LATITUDE	-26.46680	LONGITUDE	32.46030
ALTITUDE MINIMA (m a.s.l.)	30	ALTITUDE MÁXIMA (m a.s.l.)	75
ÁREA (km²)	470	CRITÉRIO IPA	A(i), C(iii)

Descrição do Local

A Floresta do Licuáti, que inclui parte da Reserva Florestal do Licuáti, está situada no Distrito de Matutuine, Província de Maputo no sul de Moçambique. Localizada a aproximadamente -26,47°, 32,46° com altitude variando entre 30 e 75 m, esta IPA tem uma extensão total de cerca de 470 km². Os Montes Libombos e a fronteira com Eswatini situam-se a cerca de 40 km a oeste, a Reserva Especial de Maputo na costa do Oceano Índico fica a 30 km a leste, e a cidade de Maputo a cerca de 50 km a norte. O limite norte é formado pela Estrada Porto Henrique-Bela Vista. Esta IPA contém uma nascente sazonal, Puchene Esculo, que desagua no Rio Tembe, um dos rios mais importantes do sul da Província de Maputo.

"Licuáti" significa um mato extremamente denso e impenetrável em Ronga, a língua local (Izidine et al. 2009). Em termos biológicos, a Floresta Licuáti encontra-se dentro da zona central do Centro de Endemismo de plantas de Maputaland (CoE) que abriga um grande número de espécies de plantas endémicas e quase endémicas (van Wyk 1996).

Importância Botânica

A IPA de Licuáti faz parte da zona central do CoE de Maputaland. Enquanto o CoE como um todo abriga um grande número de plantas endémicas e quase endémicas, esta IPA é de particular importância, com 32 endémicas de Maputaland (excluindo o sub-Centro dos Libombos) e um total de 2.500 taxa de plantas (van Wyk 1996). Darbyshire et al. (2019a) indicam que 13 destas são restritas à área de Moçambique deste CoE.

Embora a IPA de Licuáti seja de particular importância botânica devido aos seus taxa endémicos (Matimele 2016), é também a melhor e maior extensão remanescente de um tipo de vegetação única – Brenha do Licuáti. Exemplos de taxa endémicos e ameaçados neste habitat incluem *Xylopia torrei* (EN), *Empogona maputensis* (EN), *Warneckea parvifolia* (EN), *Sclerochiton apiculatus* (VU), *Acridocarpus natalitius* var. *linearifolius* (VU), *Polygala francisci* (VU) e *Psychotria amboniana* subsp. *mosambicense* (VU). No geral, estas espécies estão ameaçadas devido à perda de habitat. Além disso, *Acridocarpus natalitius*

Pradarias que rodeiam a Brenha de Licuáti (HM)

Brenha do Licuáti (HM)

var. *linearifolius* é colhida e comercializada para uso medicinal em Maputo em Moçambique, e Durban e Joanesburgo na África do Sul.

Exemplos adicionais de espécies de plantas endémicas de Maputaland (num sentido amplo) registadas na IPA de Licuáti incluem *Psydrax fragrantissima* (NT), *Encephalartos ferox* (NT), *Dicerocaryum forbesii* (LC), *Diospyros inhacaensis* (LC), *Pavetta vanwykiana* (LC), *Vangueria monteiroi* (LC) e *Zanthoxylum delagoense* (LC). Juntamente com os taxa ameaçados listados anteriormente, estas espécies estão principalmente confinadas ao tipo de vegetação brenha do Licuáti, em toda a sua área de distribuição conhecida em Moçambique, e logo após a fronteira na província de KwaZulu-Natal, na África do Sul.

Queimadas recentes na brenha (HM)

As espécies de importância económica encontradas na IPA de Licuáti incluem *Afzelia quanzensis* para madeira de alta qualidade; *Dialium schlechteri* (LC), *Garcinia livingstonei* e *Vangueria monteiroi* (LC) para frutos comestíveis; *Acridocarpus natalitius* var. *linearifolius* (VU), *Warburgia salutaris* (EN), *Dicerocaryum forbesii* (LC), *Bridelia cathartica* (LC), *Securidaca longipedunculata*, *Erythrophleum lasianthum* (NT), *Brachylaena huillensis* (NT) e *Xylotheca kraussiana* (LC) para medicamentos. Embora também esteja ameaçada pela perda de habitat, a maior ameaça à *Warburgia salutaris* é a exploração humana, pois é colhida pelos seus usos medicinais populares (Dludlu et al. 2017; Senkoro et al. 2019, 2020).

Habitat e Geologia

A área da IPA de Licuáti é uma mistura de savana e mata, florestas arenosas e manchas de pradarias (Myre 1971; Matimele & Timberlake 2020). A IPA é dominada pela brenha de Licuáti, também conhecida como floresta baixa arenosa na África do Sul (du Randt 2018), que é principalmente uma vegetação lenhosa densa de 4 a 6 m de altura. As espécies características da brenha de Licuáti incluem *Warneckea parvifolia*, *Psydrax fragrantissima*, *Sclerochiton apiculatus*, *Croton pseudopulchellus*, *Brachylaena huillense*, *Hymenocardia ulmoides*, *Terminalia* (*Pteleopsis*) *myrtifolia* e *Monodora junodii*. Estas brenhas principalmente sempreverdes estão associadas a um estrato arbóreo emergente característico de *Afzelia quanzensis*, *Balanites maughamii*, *Dialium schlechteri* e *Newtonia hildebrandtii*.

Pavetta vanwykiana (JEB)

Empogona maputensis (JEB)

Esta brenha é intercalada com "floresta alta arenosa" como é conhecida na África do Sul (du Randt 2018), também conhecida como Floresta Licuáti (Tokura *et al.* 2020), que tem uma estrutura mais aberta, com mais espécies no estrato arbóreo e com uma altura acima dos 8 m. Espécies características incluem *Ptaeroxylon obliquum*, *Erythrophleum lasianthum*, *Cleistanthus schlechteri* e *Uvaria lucida*. Tanto a brenha de Licuáti (floresta baixa arenosa) como a Floresta de Licuáti (floresta alta arenosa), são encontradas dentro de uma matriz de mata aberta dominada por *Albizia adianthifolia* var. *adianthifolia*, *Albizia versicolor* e *Terminalia sericea* (Myre 1971; Siebert *et al.* 2002; Izidine 2003). Outras espécies comuns dispersas pelas áreas de mata incluem *Strychnos spinosa*, *Strychnos madagascariensis* e *Vangueria infausta*. A pradaria não é extensa dentro da IPA de Licuáti, mas onde ocorre contém árvores dispersas de *Syzygium cordatum* e a palmeira *Hyphaene coriacea*. As pradarias também são locais favorecidos para *Dicerocaryum forbesii*, uma erva prostrada com a raiz principal perene.

Em termos geológicos, a área do Licuáti encontra-se sobre dunas antigas resultantes de processos geomorfológicos que operaram por milénios ao longo do período Plioceno ao Pleistoceno há cerca de 3 a 5 milhões de anos (du Randt 2018). O clima é tropical húmido com duas estações principais, uma estação seca e fria de Abril a Setembro, seguida por uma estação húmida, quente e chuvosa de Outubro a Março. A IPA de Licuáti apresenta um gradiente altitudinal crescente de leste a oeste com precipitação anual de cerca de 600 mm (Izidine *et al.* 2003; van Wyk 1996). Como a pluviosidade é baixa, a vegetação é mantida pela humidade obtida dos ventos de sudeste que carregam o ar húmido costeiro do mar (Matimele 2016). As espécies encontradas na IPA de Licuáti são adaptadas a solos arenosos bem drenados e pobres em nutrientes.

Questões de Conservação

Partes da Reserva Florestal do Licuáti (LFR), e a maior parte da Área Chave de Biodiversidade associada se enquadram na IPA do Licuáti. Em termos gerais, as reservas florestais em Moçambique não são consideradas áreas de conservação e, portanto, não são geridas pela Administração Nacional das Áreas de Conservação (ANAC), o órgão governamental que supervisiona a conservação da natureza no país. Em vez disso, elas se enquadram na Direcção Nacional de Florestas com foco muito limitado em relação à biodiversidade.

A brenha do Licuáti, a vegetação mais singular desta IPA, não ocorre em nenhum outro lugar, excepto em pequenas manchas no Parque Nacional Tembe no KwaZulu-Natal, e forma o núcleo do Centro de Endemismo de Maputaland (van Wyk & Smith 2001). A brenha do Licuáti representa a única área de grande extensão deste tipo de brenha, pelo que este local é insubstituível. A Reserva Florestal do Licuáti foi proclamada Reserva Florestal em 1943, com foco em proteger os povoamentos de Chanfuta (*Afzelia quanzensis*) e garantir a sua exploração sustentável (Gomes e Sousa 1968). Apesar de ser uma reserva florestal, concessões históricas de exploração de madeira, para agricultura, e pastos para gado foram emitidas devido a definições pouco claras dos limites de onde a reserva estava situada. Nos últimos 10 anos, a brenha do Licuáti tornou-se uma das fontes mais próximas de Maputo de árvores e arbustos para carvão, com a exploração de espécies de grande porte como *Newtonia hildebrandtii*, *Erythrophleum lasianthum*, *Balanites maughamii* e *Manilkara discolor*. A produção de carvão envolve o corte de troncos e ramos lenhosos, empilhando-os e cobrindo-os com areia e capim e depois acendendo os fornos tradicionais de carvão (Tokura *et al.* 2020). No processo de corte e limpeza de grandes troncos, muitos ramos e galhos pequenos são deixados na floresta. Estes secam e criam uma fonte de combustível para as queimadas. A combinação de uma seca sazonal, aumento da carga de combustível do material lenhoso deixados durante a produção de carvão e ignição dos fornos de carvão, resultam em queimadas mais frequentes na brenha do Licuáti. Este tipo de vegetação não é tolerante ao fogo, e a natureza de crescimento lento das espécies dentro deste sistema sugere que as queimadas e o corte para

carvão resultarão em degradação severa do habitat, e possivelmente numa mudança ecológica em savanas, como as encontradas em áreas perturbadas que foram cultivadas anteriormente ao redor da brenha do Licuáti (Matimele 2016).

Com 80% da população de Moçambique dependendo do carvão vegetal como fonte de energia, e todo o material lenhoso para fazer carvão proveniente da vegetação nativa com pouca indicação de mudança desta tendência (Chavana 2014), mais perda e degradação severa de pelo menos 80% da brenha do Licuáti é previsto nos próximos 25 anos (Matimele 2016).

As espécies de aves importantes encontradas na IPA incluem Cape Vulture (*Gyps coprotheres*, EN) (BirdLife International 2017b). O Neergaard's Sunbird (*Cinnyris neergaardi*, NT), conhecido apenas em Moçambique e na África do Sul, é uma espécie incomum encontrada particularmente na floresta arenosa de Maputaland (du Randt 2018).

Serviços Ecossistémicos Chaves

Os ecossistemas da IPA de Licuáti fornecem vários serviços essenciais, como fornecimento de ar limpo, regulação do clima, sequestro de carbono e abrigo para uma variedade de espécies de fauna e flora (Tokura *et al.* 2020). Como infraestruturas essenciais para a prestacção de serviços básicos não está prontamente disponível, as comunidades dependem da colecta de plantas como sua principal fonte de medicamentos. Por ser um lugar sagrado, Licuáti apoia os valores tradicionais e a inspiração das pessoas locais, valorizando o orgulho das comunidades locais. Além disso, apoia os meios de subsistência através do fornecimento de alimentos, lenha e materiais de construção (Matimele 2016).

Sclerochiton apiculatus (JEB)

Xylopia torrei (JEB)

Dada a localização geográfica do Licuáti nas dunas entre os rios Maputo e Tembe, a IPA desempenha um papel importante na filtragem da água antes de chegar aos dois rios. O Rio Maputo é a principal fonte para a população local e para a agricultura em grande escala, particularmente a produção de arroz em Zitundo e Litchi a sul de Tinonganine. O riacho Puchene Esculo, com a sua bacia hidrográfica nesta IPA, é uma importante fonte de água para as comunidades locais e para o gado. Ao longo das margens dos rios, algumas comunidades locais cultivam hortícolas e usam regadores para regar as plantas manualmente.

Categorias de Serviços Ecossistémicos

- Provisionamento – Alimentos
- Provisionamento – Matérias-primas
- Provisionamento – Recursos medicinais
- Serviços de Regulação – Clima local e qualidade do ar
- Serviços de Regulação – Sequestro e armazenamento de carbono
- Serviços de Regulação – Prevenção de erosão e manutenção da fertilidade do solo
- Serviços de Regulação – Polinização
- Habitat ou serviços de apoio – Habitats para espécies
- Habitat ou serviços de apoio – Manutenção da diversidade genética
- Serviços Culturais – Recreação e saúde mental e física
- Serviços Culturais – Valorização estética e inspiração para cultura, arte e desenho
- Serviços Culturais – Experiência espiritual e sentido de pertença do lugar
- Serviços Culturais – Património cultural

Justificativa da Avaliação da IPA

Licuáti qualifica-se como IPA sob os critérios A e C. A brenha do Licuáti é única e também abriga espécies de plantas de interesse de conservação, incluindo espécies ameaçadas, raras e de distribuição restrita que despoletam o critério A(i): *Empogona maputensis* (EN), *Warneckea parvifolia* (EN), *Xylopia torrei* (EN), *Sclerochiton apiculatus* (VU), *Acridocarpus natalitius* var. *linearifolius* (VU), *Polygala francisci* (VU), *Psychotria amboniana* subsp. *mosambicensis* (VU), *Rytigynia celastroides* var. *australis* (VU), *Tephrosia forbesii* subsp. *forbesii* (VU) e *Warburgia salutaris* (EN). O Licuáti também qualifica-se no critério C(iii) já que as brenhas de Licuáti são um habitat de distribuição restrita e ameaçado nacionalmente que não ocorre em nenhum outro lugar do país.

Pilha de madeira em preparação para produção de carvão (HM)

Espécies Prioritárias (Critérios IPA A e B)

FAMÍLIA	TÁXON	IPA CRITÉRIO A	IPA CRITÉRIO B	≥ 1% DA POPULAÇÃO GLOBAL	≥ 5% DA POPULAÇÃO NACIONAL	É 1 DOS 5 MELHORES LOCAIS NACIONAL	TODA A POPULAÇÃO GLOBAL	ESPÉCIES DE IMPORTÂNCIA SÓCIO-ECONÓMICA	ABUNDÂNCIA NO LOCAL
Acanthaceae	*Sclerochiton apiculatus*	A(i)	B(ii)	✓	✓	✓			frequente
Annonaceae	*Xylopia torrei*	A(i)	B(ii)	✓	✓	✓			frequente
Canellaceae	*Warburgia salutaris*	A(i)			✓	✓			ocasional
Fabaceae	*Tephrosia forbesii* subsp. *forbesii*	A(i)		✓					desconhecida

Espécies Prioritárias (Critérios IPA A e B)

FAMÍLIA	TÁXON	IPA CRITÉRIO A	IPA CRITÉRIO B	≥ 1% DA POPULAÇÃO GLOBAL	≥ 5% DA POPULAÇÃO NACIONAL	É 1 DOS 5 MELHORES LOCAIS NACIONAL	TODA A POPULAÇÃO GLOBAL	ESPÉCIES DE IMPORTÂNCIA SÓCIO-ECONÓMICA	ABUNDÂNCIA NO LOCAL
Malpighiaceae	*Acridocarpus natalitius* var. *linearifolius*	A(i)		✓	✓	✓			comum
Melastomataceae	*Warneckea parvifolia*	A(i)	B(ii)	✓	✓	✓			frequente
Pedaliaceae	*Dicerocaryum forbesii*		B(ii)	✓	✓	✓			comum
Polygalaceae	*Polygala franciscii*	A(i)	B(ii)	✓	✓	✓			desconhecida
Rubiaceae	*Empogona maputensis*	A(i)	B(ii)	✓	✓	✓			rara
Rubiaceae	*Pavetta vanwykiana*		B(ii)	✓	✓				rara
Rubiaceae	*Psychotria amboniana* subsp. *mosambicensis*	A(i)	B(ii)	✓	✓	✓			frequente
Rubiaceae	*Rytigynia celastroides* var. *australis*	A(i)		✓	✓	✓			desconhecida
Rutaceae	*Zanthoxylum delagoense*		B(ii)	✓					desconhecida
		A(i): 10 ✓	B(ii): 9						

Habitats Ameaçados (IPA Critério C)

TIPO DE HABITAT	IPA CRITÉRIO C	≥ 5% DO RECURSO NACIONAL	≥ 10% DO RECURSO NACIONAL	É 1 DOS 5 MELHORES LOCAIS NACIONAL	ÁREA ESTIMADA DO LOCAL (SE CONHECIDO)
MOZ: Brenha do Licuáti de Moçambique [MOZ-07]	C(iii)		✓	✓	

Áreas Protegidas e Outras Designações de Conservação

TIPO DE ÁREA DE CONSERVAÇÃO	NOME DA ÁREA DE CONSERVAÇÃO	RELAÇÃO DA IPA COM A ÁREA PROTEGIDA
Reserva Florestal	Reserva Florestal do Licuáti	IPA abrange área protegida/conservação
Área Chave de Biodiversidade	Reserva Florestal do Licuáti	IPA abrange área protegida/conservação

Ameaças

AMEAÇA	SEVERIDADE	SITUAÇÃO
Exploração de madeira e colecta de produtos florestais – em grande escala	alta	ocorrendo – estável
Exploração de madeira e colecta de produtos florestais – subsistência/pequena escala	média	ocorrendo – estável
Aumento da frequência/intensidade de queimadas	alta	ocorrendo – tendência crescente
Agricultura itinerante	alta	ocorrendo – tendência crescente
Pastoreio, pecuária ou agricultura de pequena escala	média	ocorrendo – tendência crescente
Colecta de plantas terrestres	alta	ocorrendo – estável

LOCAIS ADICIONAIS DE INTERESSE BOTÂNICO

Durante o desenvolvimento da rede IPA em Moçambique, foram considerados os seguintes locais com potencial de numa futura iteracção deste trabalho receber o estatuto de IPA mas para tal requerem uma investigação mais aprofundada:

Península de Cabo Delgado (-10.68, 40.62)
Esta península, situada a nordeste de Palma na Província de Cabo Delgado, suporta um dos mais intactos e extensos exemplos de brenha sob rocha coralina no continente moçambicano. Até à data, apenas foi registada uma espécie ameaçada, *Erianthemum lindense* (VU), mas estudos adicionais podem revelar outras espécies raras específicas de rocha coralina. Também é assinalada como o local tipo para *Clerodendrum cephalanthum* var. *torrei*. A sul, as ilhas vizinhas de Tecomaji e Rongui, também têm uma boa brenha intacta sob rocha coralina, e a primeira ilha tem um registo de *Paracephalis trichantha* (VU). Estes três locais podem protencialmente ser combinados com a IPA da Ilha Vamizi, pois partilham habitats comuns sob rocha coralina.

Planalto de Sakaje (-11.91, 40.24)
Este local a sudoeste da IPA de Quiterajo no norte da Província de Cabo Delgado suporta extensas áreas intactas de vegetação lenhosa densa, que provavelmente incluirá áreas de floresta costeira seca, e suporta algumas das espécies raras e ameaçadas registadas em Quiterajo (Timberlake *et al*. 2010). Como os dois locais são ± contíguos, pode ser apropriado estender a IPA de Quiterajo no futuro. Porém, quase nenhuma exploração botânica do Planalto de Sakaje foi realizada até o momento.

Monte Mareja (-12.86, 40.14)
Este pequeno inselbergue está situado dentro do Parque Nacional das Quirimbas, na província de Cabo Delgado, e tem um acampamento turístico nas proximidades. Numa visita de dois dias em 2016, acompanhando um levantamento entomológico da Academia de Ciências da Califórnia, a entusiasta botânica Tracey Parker registou neste local populações de *Allophylus torrei* (EN) e *Pavetta mocambicensis* (EN). A Faculdade de Ciências Naturais da Universidade do Lúrio (Pemba) pretende realizar mais pesquisas botânicas neste local, que poderão revelar outras espécies de interesse (M.I. Caravela, com. pess. 2021).

Serra Mesa (-14.75, 40.65)
Este inselbergue de cume plano, a oeste da estrada de Nacala para Matibane na província de Nampula, tem uma floresta seca bem preservada, com um povoamento extenso de *Icuria dunensis* (EN) registada no local pela primeira vez no início de 2022 (Massingue *et al*. in. prep.), em consoação com *Androstachys johnsonii* e *Brachystegia oblonga* (EN). Outras áreas do inselbergue têm uma formação florestal mais húmida. Este local certamente se qualificará como IPA após um reconhecimento botânico mais detalhado.

Monte Ile, Errego (-16.02, 37.21)
Este consiste numa pequena série de inselbergues perto da vila de Errego na província da Zambézia. É o único local conhecido para a erva *Oldenlandia verrucitesta* (DD), e foram registadas uma série de outras espécies raras, incluindo *Euphorbia ramulosa* (provisoriamente DD), *Faroa involucrata* (DD) e *Searsia acuminatissima* (NT). É também um dos dois únicos locais conhecidos para o arbusto de floresta *Polysphaeria harrisii* (EN). Porém, a área ao redor destes inselbergues é densamente povoada e evidências de imagens de satélite sugerem que muita vegetação natural foi desmatada, particularmente as florestas e matas. Os registos deste local são todos das décadas de 1940 a 1960, sendo necessário colher informações adicionais sobre o estado actual deste local e da sua flora.

Mocuba (-16.90, 36.83)
Os pequenos inselbergues a oeste da cidade de Mocuba na província da Zambézia são notáveis por serem o único local conhecido para a suculenta *Euphorbia stenocaulis* (EN) recentemente descrita. Outra espécie suculenta a ser aqui registada é a endémica de Moçambique *Huernia erectiloba* (LC) sendo provável que outras espécies de interesse sejam descobertas após novas pesquisas.

Gobene (-17.41, 37.70)
Este local, situado nas planícies baixas costeiras da Província da Zambézia entre as vilas de Maganja

da Costa (Olinga) a noroeste, e Bajone e Pebane a leste, suportava anteriormente uma extensa floresta semi-decídua e brenha numa série de dunas lineares (dunas chenier). Esta floresta foi o único local conhecido globalmente de *Huberantha mossambicensis* (CR), e também abrigou importantes populações de *Brachystegia oblonga* (EN), *Pavetta dianeae* (EN) e *Scorodophloeos torrei* (EN). No entanto, a grande maioria do habitat natural foi substituído por plantações de coqueiros, cajueiros, mangueiras e outras culturas. As *Brachystegia* e *Scorodophloeos* ainda estão presentes nas pequenas manchas remanescentes de vegetação natural, mas são muito cortadas para lenha (Alves *et al.* 2014b; Darbyshire & Rokni 2020b). A *Huberantha* não foi localizada durante pesquisas recentes e pode estar extinta. À luz destas questões, o local não é aqui reconhecido como IPA, mas ainda haveria mérito em conservar as pequenas manchas remanescentes de matas e brenhas.

Desfiladeiro e Planalto de Lupata
(-16.69, 34.07)

O Rio Zambeze corta o Planalto de Lupata (Serra de Lupata) como um estreito desfiladeiro entre Capesse e Tambara na fronteira das Províncias de Tete e Manica. Este local foi visitado por John Kirk durante as suas viagens pelo Zambeze com o Dr. Livingstone, onde encontraram pela primeira vez a *Bussea xylocarpa* (VU) que é endémica desta área; esta não foi colectada recentemente, mas tal é mais um resultado da inacessibilidade da área. O planalto suporta extensas áreas de vegetação do tipo brenha, com um potencial de interesse alto e digno de futuras explorações botânicas (J. Burrows, comunicação pessoal, 2021).

Levasflor (-18.72, 34.95)

Levasflor é uma concessão florestal sustentável no planalto de Cheringoma, vizinha ao Parque Nacional da Gorongosa (PNB). A operação florestal é um bom exemplo de equilíbrio entre iniciativas de conservação com os meios de subsistência e bem-estar da população local; A Levasflor é certificada pelo Forest Stewardship Council e também apoia as comunidades locais por meio de emprego, educação e saúde (Hyde *et al.* 2021). O habitat é predominantemente miombo húmido, dominado por *Brachystegia spiciformis*, com registos de três espécies endémicas: *Grewia transzambesica*, *Ochna angustata* (NT) e *Pavetta* sp. I da Flora Zambesiaca (Bridson & Verdcourt 2003). Além disso, a espécie de distribuição ampla e ameaçada *Khaya anthotheca* (VU) ocorre neste local em habitat ribeirinho. Levasflor é de particular interesse de conservação pois supeita-se a presença da *Cola cheringoma* (EN), uma endémica da área de Cheringoma. Esta espécie foi registada em 1957 por

Habitats de montanha na Serra Choa (JO)

uma serração de Condué (Gomes e Sousa #4441), possivelmente referindo-se a este local, embora a localização exacta permaneça incerta. De qualquer forma, as florestas de galeria na área da Levasflor provavelmente fornecem habitat adequado para *C. cheringoma*, pois o substrato calcário no local, no qual a espécie se desenvolve, fica exposto pelo corte do rio (Cheek *et al.* 2019). Mais pesquisas são necessárias para confirmar a presença de *C. cheringoma* em Levasflor.

Serra Choa (-17.99, 33.04)

Esta extensa área montanhosa a noroeste de Catandica na Província de Manica compreende a porção moçambicana do maciço de Nyanga, uma área melhor conhecida no lado Zimbabueano da fronteira. (Clark *et al.* 2017). O local é topograficamente complexo e suporta um mosaico de florestas húmidas, matas, afloramentos rochosos e extensas áreas ondulantes de pradarias montanhosas (Osborne & Matimele 2018). Como tal, contém alguns dos habitats montanhosos mais extensos de Moçambique, embora algumas áreas sejam perturbadas pelo pastoreio do gado e agricultura. O maciço de Nyanga suporta vinte e um taxa de endémicas restritas, mas de momento a maioria é conhecida apenas no Zimbábue (Clark *et al.* 2017). Nenhuma espécie de planta ameaçada foi registada até agora na Serra Choa, mas há uma série de espécies interessantes presentes que são restritas ao Centro de Endemismo Chimanimani-Nyanga, incluindo *Maytenus chasei* (NT), *Tulbaghia friesii* e *Justicia subcordatifolia*. Esta última foi encontrada em Moçambique pela primeira vez durante o trabalho de campo realizado em 2018. É provável que muitas outras espécies restritas sejam encontradas aqui após mais pesquisas de campo.

Planalto de Tandara (-19.62, 32.88)

Este planalto montanhoso, acima de 2.000 m de altitude, abrange a fronteira Moçambique-Zimbabué a oeste das montanhas do norte de Chimanimani. Fica dentro da zona tampão do Parque Nacional de Chimanimani. O local está sobre depósitos de dolerito/xisto, e compreende escarpas íngremes com algumas áreas de floresta intacta, e pradarias a cobrir um extenso planalto suavemente ondulado. Várias espécies restritas ao Centro de Endemismo Chimanimani-Nyanga foram registadas aqui durante expedições botânicas realizadas nas décadas de 1940 e 1960, incluindo *Rhynchosia chimanimaniensis* (EN) e o único local conhecido em Moçambique para *Afrosciadium rhodesicum* (VU). No entanto, as pradarias que sustentam estas espécies foram perturbadas tanto pelo cultivo de batata assim como pelo pastoreio de gado, não se sabendo se essas espécies raras persistem.

Serra Vumba (-18.99, 32.88)

O maciço de Bvumba, parte do Centro de Endemismo de Plantas de Chimanimani-Nyanga, situa-se principalmente no leste do Zimbabué, mas estende-se até à província de Manica como Serra Vumba. Situa-se imediatamente a sul da vila de Manica, mas apesar da proximidade de um extenso assentamento populacional, as encostas superiores parecem suportar extensas áreas de floresta húmida e pradarias de montanha rochosa. São conhecidas muito poucas colecções botânicas deste local, mas sabe-se que a porção do maciço do Zimbabué, muito melhor estudada, contém várias espécies de distribuição restrita, incluindo a orquídea epífita endémica *Aeranthes africana* (CR) e a erva rara *Barleria fissimuroides* (EN), que de outra forma é apenas conhecida em terras agrícolas privadas a noroeste da cidade de Manica em Moçambique (Timberlake *et al.* 2020).

Reserva Especial de Maputo e Ponta do Ouro (-26.19, 32.72, sul a -26.86, 32.89)

Esta grande área de planície costeira entre a Baía de Maputo e a fronteira com KwaZulu Natal engloba um rico mosaico de habitats, incluindo brenhas de dunas intactas, florestas arenosas, pradarias e pradarias arborizadas, zonas húmidas permanentes e sazonais e lagoas, vegetação ribeirinha e mangais (WCS *et al.* 2021). Os habitats estão particularmente bem preservados dentro da Reserva Especial de Maputo, local de renome internacional pela sua importante população de elefantes migratórios (*Loxodonta africana*) entre outras espécies. Há também alguns habitats intactos e em boas condições a sul da reserva, principalmente ao redor de Zitundo e da Ponta do Ouro. A Reserva é avaliada como KBA, essencialmente com base na sua fauna mas com o arbusto *Sclerochiton apiculatus* (VU) incluso na avaliação. Várias outras espécies de plantas interessantes ocorrem nesta vasta região; é o local chave em Moçambique para a erva *Dicliptera quintasii* (EN) e suporta outras espécies raras como *Ceropegia vahrmeijeri* e *Thesium vahrmeijeri*, enquanto a Ponta do Ouro é o único local conhecido em Moçambique para a cicadacea *Stangeria eriopus* (VU). No entanto, a cobertura botânica desta vasta área é actualmente limitada sendo necessário mais informações sobre quais os locais específicos de maior importância. Pode ser que uma ou várias IPAs possam ser identificadas após pesquisas adicionais.

BIBLIOGRAFIA

Achar, J. (2012). ZAMBÉZIA – Queimadas e agricultura rudimentar podem provocar aluimento de terras em Gúruè. In: J. Hanlon (ed.), *MOZAMBIQUE: News reports & clippings*. Available at: https://www.open.ac.uk/technology/mozambique/sites/www.open.ac.uk.technology.mozambique/files/pics/d136953.pdf

Achimo, M., Mugabe, J.A, Momade, F. & Haldorsen, S. (2014). Geomorphology and evolution of Maputo Bay. In: Bandeira, S. & Paula, J. (eds.). *The Maputo Bay Ecosystem*. WIOMSA, Zanzibar Town.

Achten, W.M.J., Dondeyne, S., Mugogo, S., Kafiriti, E., Poesen, J., Deckers, J. & Muys, B. (2008). Gully erosion in South Eastern Tanzania: spatial distribution and topographic thresholds. *Zeitschrift für Geomorphologie* 52: 225 – 235. https://doi.org/10.1127/0372-8854/2008/0052-0225

Adam, I., Machele J. & Saranga, O. (2014). Human setting in Maputo Bay. pp. 67 – 86 in: Bandeira, S. & Paula, J. (eds.). The Maputo Bay Ecosystem. WIOMSA, Zanzibar Town.

Adams, J.B. (2016). Distribution and status of *Zostera capensis* in South African estuaries – A Review. *South African Journal of Botany* 107: 63 – 73.

African Parks (2021). Bazaruto. Available at: https://www.africanparks.org/the-parks/bazaruto

Agencia de Informacao de Mocambique (2020). Mozambique: Forestry Company to Abandon Rights to 54,000 Hectares. AllAfrica. Available at: https://allafrica.com/stories/202011060844.html

Alves, T. & Sousa, C. (2007). Preliminary assessment of the coastal vegetation and mangrove forests of the proposed conservation area of the Primeiras (1as) and Segundas (2as) Island Archipelago. IIAM, Mozambican Institute for Agrarian Research, Maputo. Available at: http://www.biofund.org.mz/biblioteca_virtual/preliminary-assessment-of-the-coastal-vegetation-and-mangrove-forests-of-the-proposed-conservation-area-of-the-primeiras-1as-and-segundas-2as-islands-archipelago/

Alves, M.T., Burrows, J.E., Coates Palgrave, F.M., Hyde, M.A., Luke, W.R.Q., Massingue, A.O., Matimele, H.A., Raimondo, D., Timberlake, J. & von Staden, L. (2014a). *Viscum littorum*. The IUCN Red List of Threatened Species 2014: e.T62497268A62497282. https://dx.doi.org/10.2305/IUCN.UK.2014-3.RLTS.T62497268A62497282.en

Alves, M.T., Burrows, J.E., Timberlake, J., Coates Palgrave, F.M., Hyde, M.A., Massingue, A.O., Matimele, H.A., Raimondo, D., Hadj-Hammou, J. & Osborne, J. (2014b). *Brachystegia oblonga*. The IUCN Red List of Threatened Species 2014: e.T62494198A62494201. https://dx.doi.org/10.2305/IUCN.UK.2014-3.RLTS.T62494198A62494201.en

ANAC (2018). Nature-based Tourism: Mozambique Conservation Areas. Available at: http://pubdocs.worldbank.org/en/881051531337811300/Fichário-ENG-LOW.pdf

Anderson, S. (2002). Identifying Important Plant Areas: a site selection manual for Europe. Plantlife International, Salisbury. Available at: www.plantlife.org.uk/publications/identifying_important_plant_areas_a_site_selection_manual_for_europe.

Araújo, J.R., Afonso, R.S., & Pinto, M.S. (1973). Contribuição para o conhecimento da geologia da área de Morrumbala-Mutarara (Folha SUL-E-36/L, Grau Quadrado 1735). *Boletim Dos Serviços de Geologia e Minas 37*: 1 – 76.

Aremu, A.O., Cheesman, L., Finnie, J.F., Van Staden, J. (2011). *Mondia whitei* (Apocynaceae): a review of its biological activities, conservation strategies and economic potential. *South African Journal of Botany* 77: 960 – 971.

Ashley, C. & Wolmer, W. (2003). Transforming or Tinkering? New Forms of Engagement between Communities and the Private Sector in Tourism and Forestry in Southern Africa. *Sustainable Livelihoods in Southern Africa* 18. Institute of Development Studies, Brighton.

AZE (2018). Alliance for Zero Extinction 2018 Global AZE map. Available at: https://zeroextinction.org/site-identification/2018-global-aze-map/

Bachman, S., Moat, J., Hill, A.W., de la Torre, J. & Scott, B. (2011). Supporting red list threat assessments with GeoCAT: geospatial conservation assessment tool. *ZooKeys* 150: 117 – 126. https://doi.org/10.3897/zookeys.150.2109

Bandeira, S.O. (2002). Diversity and distribution of seagrasses around Inhaca Island, Southern Mozambique. *South African Journal of Botany* 68: 191 – 198.

Bandeira, S.O. & Gell, F. (2003). The seagrasses of Mozambique and southeastern Africa. pp. 93 – 100 in: E.P. Green & F.T. Short (eds.), World Atlas of Seagrasses. Prepared by the UNEP World Conservation Monitoring Centre, University of California Press, Berkeley, USA.

Bandeira, S., Muiocha, D. & Schleyer, M. (2008). Seagrass beds. In: Everett, B.I., van der Elst, R.P. & Schleyer, M.H. (eds.), A Natural History of the Bazaruto Archipelago, Mozambique. Oceanographic Research Institute, Special publication No. 8: 65 – 69, Durban. Available at: https://biofund.org.mz/wp-content/uploads/2015/03/Je02-275.pdf

Bandeira, S., Gullström, M., Balidy, H., Davide, S. & Cossa, D. (2014). Seagrass meadows in Maputo Bay. pp. 147 – 186 in: Bandeira, S. & Paula, J. (eds.). The Maputo Bay Ecosystem. WIOMSA, Zanzibar Town.

Barker, N.P., Faden, R.B., Brink, E. & Dold, A.P. (2001). Rediscovery of *Triceratella drummondii*, and comments on its relationships and position within the family. *Bothalia* 31: 37 – 39.

Barnes, D.K.A. (2001). Hermit crabs, humans and Mozambique mangroves. *African Journal of Ecology* 39: 241 – 248. https://doi.org/10.1046/j.1365-2028.2001.00304.x

Bayliss, J., Monteiro, J., Fishpool, L., Congdon, T.C., Bampton, I., Bruessow, C., Matimele, H., Banze, A. & Timberlake, J. (2010). Biodiversity and conservation of Mount Inago, Mozambique. Available at: https://www.researchgate.net/publication/302973476

Bayliss, J., Timberlake, J., Branch, W., Bruessow, C., Collins, S., Congdon, C., Curran, M., de Sousa, C., Dowsett, R., Dowsett-Lemaire, F., Fishpool, L., Harris, T., Herrmann, E., Georgiadis, S., Kopp, M., Liggitt, B., Monadjem, A., Patel, H., Ribeiro, D., Spottiswoode, C., Taylor, P., Willcock, S. & Smith, P. (2014). The discovery, biodiversity and conservation of Mabu forest – the largest medium-altitude rainforest in southern Africa. *Oryx* 48: 177 – 185. https://doi.org/10.1017/S0030605313000720

Bayliss, J., Brattström, O., Bampton, I. & Collins, S.C. (2019). A new species of *Leptomyrina* Butler, 1898 (Lepidoptera: Lycaenidae) from Mts Mecula, Namuli, Inago, Nallume and Mabu in Northern Mozambique. *Metamorphosis* 30: 19 – 24.

Available at: https://metamorphosis.org.za/articlesPDF/1498/Bayliss%20et%20al.%20Leptomyrina%20congdoni.pdf

Beilfuss, R. (2007). Adaptive management of the invasive shrub *Mimosa pigra* at Gorongosa National Park. Parque Nacional da Gorongosa. Available at: https://www.biofund.org.mz/biblioteca_virtual/adaptive-management-of-the-invasive-shrub-mimosa-pigra-at-gorongosa-national-park/

BGCI (2021). State of the World's Trees. BGCI, Richmond, UK. Available at: https://www.bgci.org/our-work/projects-and-case-studies/global-tree-assessment/

Bingen, B., Bjerkgård, T., Boyd, R., Grenne, T., Henderson, I., Lutro, O., Melezhik, V., Motuza, G., Nordgulen, Ø., Often, M., Sandstad, J.S., Smelror, M., Solli, A., Stein, H., Sæther, O.M., Thorsnes, T., Tveten, E., Bauer, W., Dunkley, P., Gonzalez, E., Hollick, L., Jacobs, J., Key, R., Smith, R., Thomas, R.J., Jamal, D., Catuane, F., de Azavedo, S., Feitio, P., Manhica, V., Manuel, S., Moniz, A., Njange, F., Rossi, de S., Soares, H., Tembe, D., Uachave, B., Viola, G. & Zandamela, E. (2007). The geology of Niassa and Cabo Delgado Provinces with parts of Zambesia and Nampula Provinces, Mozambique. Ministry of Mineral Resources and Energy, National Directorate of Geology. Maputo. Available at: http://nora.nerc.ac.uk/id/eprint/6673/

Biofund (2013). Gorongosa. Platform of the Conservation Areas. Available at: http://www.biofund.org.mz

Biofund (2021). "PROMOVE Biodiversidade" project presents implementation partner to the Zambezia provincial government and to Lugela district. Available at: https://www.biofund.org.mz/en/promove-biodiversidade-project-presents-implementation-partner-to-the-zambezia-provincial-government-and-to-lugela-district/

BirdLife International (2017a). *Sheppardia gunningi* (amended version of 2016 assessment). The IUCN Red List of Threatened Species 2017: e.T22709650A111057443. https://dx.doi.org/10.2305/IUCN.UK.2017-1.RLTS.T22709650A111057443.en.

BirdLife International (2017b). *Gyps coprotheres* (amended version of 2016 assessment). The IUCN Red List of Threatened Species 2017: e.T22695225A118592987. https://dx.doi.org/10.2305/IUCN.UK.2017-3.RLTS.T22695225A118592987.en

BirdLife International (2018). *Chamaetylas choloensis*. The IUCN Red List of Threatened Species 2018: e.T22709004A131333396. https://dx.doi.org/10.2305/IUCN.UK.2018-2.RLTS.T22709004A131333396.en.

BirdLife International (2019). Important Bird Areas factsheet: Njesi plateau. Available at: http://www.birdlife.org

BirdLife International (2020a). Important Bird Areas factsheet: Mount Chiperone. Available at: http://www.birdlife.org/

BirdLife International (2020b). Important Bird Areas factsheet: Pomene. Available at: http://www.birdlife.org/

BirdLife International (2021a). Important Bird Areas factsheet: Mount Namuli. Available at: http://datazone.birdlife.org/site/factsheet/mount-namuli-iba-mozambique/details

BirdLife International (2021b). Important Bird Areas factsheet: Mount Mabu. Available at: http://datazone.birdlife.org/site/factsheet/mount-mabu-iba-mozambique

BirdLife International (2021c). Important Bird Areas factsheet: Primeiras and Segundas Environmental Protection Area (APAIPS). Available at: http://datazone.birdlife.org/site/factsheet/primeiras-and-segundas-environmental-protection-area-(apaips)-iba-mozambique

BirdLife International (2021d). Important Bird Areas factsheet: Gorongosa Mountain and National Park. Available at: http://datazone.birdlife.org/site/factsheet/gorongosa-mountain-and-national-park-iba-mozambique

BirdLife International (2021e). Important Bird Areas factsheet: Chimanimani Mountains (Mozambique). Available at: http://datazone.birdlife.org/site/factsheet/chimanimani-mountains-(mozambique)-iba-mozambique

BirdLife International (2021f). Important Bird Areas factsheet: Panda *Brachystegia* woodlands. Available at: http://datazone.birdlife.org/site/factsheet/panda-brachystegia-woodlands-iba-mozambique

Book, F. (2012). Possible impacts of a marine protected area on the artisanal fisheries on Inhaca Island, with a focus on fishing grounds and transportation. Miljövetenskapligt Program, Göteborgs Universitet. Available at: https://biofund.org.mz/wp-content/uploads/2019/01/1548938303-F0844.Possible%20impacts%20of%20%20a%20marine%20protected%20area%20on%20the%20artisanal%20fisheries%20on%20Inhaca%20Island,%20Mozambique.pdf

Borghesio, L. & Gagliardi, A. (2015). A waterbird survey on the coast of Quirimbas National Park, northern Mozambique. *Bulletin of the African Bird Club* 18: 61 – 67.

Bösenberg, J.D. (2010). *Encephalartos turneri*. The IUCN Red List of Threatened Species 2010: e.T41946A10608314. https://dx.doi.org/10.2305/IUCN.UK.2010-3.RLTS.T41946A10608314.en.

Boyd, R., Nordgulen, Ø., Thomas, R.J., Bingen, B., Bjerkgard, T., Grenne, T., Henderson, I., Melezhik, V.A., Often, M., Sandstad, J.S., Solli, A., Tveten, E., Viola, G., Key, R.M., Smith, R.A., Gonzalez, E., Hollick, L.J., Jacobs, J., Jamal, D., Motuza, G., Bauer, W., Daudi, E., Feitio, P., Manhica, V., Moniz A. & Rosse, D. (2010). The Geology and Geochemistry of The East African Orogen In Northeastern Mozambique. *African Journal of Geology* 113: 1 – 87. https://doi.org/10.2113/gssajg.113.1.87

Bridson, D. (1998). Rubiaceae (part 2). In: G.V. Pope (ed.), *Flora Zambesiaca,* Vol. 5(2). Royal Botanic Gardens, Kew.

Bridson, D. & Verdcourt, B. (2003). Rubiaceae (part 3). In: G.V. Pope (ed.), *Flora Zambesiaca,* Vol. 5(3). Royal Botanic Gardens, Kew.

Brooks, T.M., Pimm, S.L., Akçakaya, H.R., Buchanan, G.M., Butchart, S.H.M., Foden, W., Hilton-Taylor, C., Hoffmann, M., Jenkins, C.N., Joppa, L., Li, B.V., Menon, V., Ocampo-Peñuela, N. & Rondinini, C. (2019). Measuring Terrestrial Area of Habitat (AOH) and Its Utility for the IUCN Red List. *Trends in Ecology and Evolution* 34: 977 – 986. https://doi.org/10.1016/j.tree.2019.06.009

Browne, C.M., Milne, R., Griffiths, C., Bolton, J.J. & Anderson, R.J. (2013). Epiphytic seaweeds and invertebrates associated with South African populations of the rocky shore seagrass *Thalassodendron leptocaule* — a hidden wealth of biodiversity. *African Journal of Marine Sciences* 35: 523 – 531.

Burgess, N., D'Amico Hales, J., Underwood, E., Dinerstein, E., Olson, D., Itoua, I., Schipper, J., Ricketts, T. & Newman, K. (2004a). Terrestrial ecoregions of Africa and Madagascar: a conservation assessment. WWF/Island Press, Washington, USA.

Burgess, N., Salehe, J., Doggart, N., Clarke, G.P., Gordon, I., Sumbi, P. & Rodgers, A. (2004b). Coastal Forests of Eastern Africa. In: Mittermeier, R.A., Robles Gil, P. Hoffman, M., Pilgrim, J., Brooks, T., Goettsch Mittermeier, C., Lamoreux, J. & da Fonseca, G.A.B. (eds.) Hotspots revisited: Earth's biologically richest and most endangered eco-systems. Conservation International.

Burrows, J.E. & Timberlake, J.R. (2011). Mozambique's centres of endemism, with special reference to the Rovuma Centre of Endemism of NE Mozambique and SE Tanzania. *South African Journal of Botany* 77: 518. https://doi.org/10.1016/j.sajb.2011.03.003

Burrows, J.E. & Burrows, S.M. (2012). A preliminary report on the vegetation of Vamizi Island. Unpubl. report. Buffelskloof Herbarium, Lydenburg.

Burrows, J.E., McCleland, W., Bester, P. & Schmidt, E. (2012). Check-list of the plants recorded at the limestone gorges, Cheringoma Plateau. Unpubl. report. Gorongosa National Park.

Burrows, J.E., Timberlake, J., Alves, M.T., Coates Palgrave, F.M., Hyde, M.A., Luke, W.R.Q., Massingue, A.O., Matimele, H.A., Raimondo, D., Osborne, J. & Hadj-Hammou, J. (2014a). *Micklethwaitia carvalhoi*. The IUCN Red List of Threatened Species 2014: e.T62494244A62494265. https://dx.doi.org/10.2305/IUCN.UK.2014-3.RLTS.T62494244A62494265.en

Burrows, J.E., Timberlake, J., Alves, M.T., Coates Palgrave, F.M., Hyde, M.A., Luke, W.R.Q., Massingue, A.O., Matimele, H.A., Raimondo, D., Osborne, J. & Hadj-Hammou, J. (2014b). *Acacia latispina*. The IUCN Red List of Threatened Species 2014: e.T62494299A62494308. https://dx.doi.org/10.2305/IUCN.UK.2014-3.RLTS.T62494299A62494308.en

Burrows, J. E., Burrows, S., Lötter, M. & Schmidt, E. (2018). Trees and Shrubs Mozambique. Print Matters Heritage, Cape Town.

Byfield, A., Atay, S. & Özhatay, N. (2010). Important Plant Areas in Turkey: 122 key Turkish botanical sites. WWF Turkey, Istanbul (first published in Turkish in 2005).

Byrne, J. (2013). An Expedition Back in Time in Mozambique. National Geographic. Available at: https://blog.nationalgeographic.org/2013/05/15/an-expedition-back-in-time-in-mozambique/

Cabo, F. (2020). Mozambique: Gilé and Chimanimani become National Parks, Niassa becomes Special Reserve. WCS Mozambique: In the News. Available at: https://mozambique.wcs.org/About-Us/News/ID/14236.aspx

Campbell B.M., Attwell C.A.M., Hatton J.C., de Jager P., Gambiza J., Lynam T., Mizutani F. & Wynter P. (1988). Secondary Dune Succession on Inhaca Island, Mozambique. *Vegatatio* 78: 3 – 11. https://doi.org/10.1007/BF00045633

Capela, P. (2006). Speculations on *Encephalartos* Species of Mozambique. Ndjira.

Carvalho, A.M. & Bandeira, S.O. (2003). Seaweed flora of Quirimbas Archipelago, northern Mozambique. pp: 319 – 324 in: Chapman, A.R.O., Anderson, R.J., Vreeland, I.R. & Davison, V.J. (eds.). *Proceedings of the XVIIth International Seaweed Symposium*, Cape Town, South Africa. 28 Jan. – 2 Feb. 2001. Oxford University Press, Oxford.

catapu.net (2020). Catapú. Available at: https://www.catapu.net/index.php?id=415&lang=en.

CEPF (2010). Ecosystem Profile: Maputaland-Pondoland-Albany Biodiversity Hotspot. Available at: https://www.cepf.net/sites/default/files/apo_mpah_2011.pdf

CEPF (2020). Critical Ecosystems Partnership Fund. Coastal Forests of Eastern Africa. Available at: https://www.cepf.net/our-work/biodiversity-hotspots/coastal-forests-eastern-africa

CEPF (2021). Grantee projects: Mount Mabu Conservation Project. Available at: https://www.cepf.net/grants/grantee-projects/mount-mabu-conservation-project

Chavana, R. (2014). Estudo da cadeia de valor de carvão vegetal no sul de Moçambique. Relatório preliminar de pesquisa No. 10P IIAM, Maputo.

Cheek, M. & Lawrence, P. (2019). *Cola clavata*. The IUCN Red List of Threatened Species 2019: e.T34975A111448906. https://dx.doi.org/10.2305/IUCN.UK.2019-1.RLTS.T34975A111448906.en.

Cheek, M., Chipanga, H. & Darbyshire, I. (2018). Notes on the plant endemics of the quartzitic slopes of Mt Chimanimani (Mozambique & Zimbabwe), and a new, Critically Endangered species, *Empogona jenniferae* (Rubiaceae-Coffeeae). *Blumea* 63: 87 – 92. https://doi.org/10.3767/blumea.2018.63.01.08

Cheek, M., Luke, Q., Matimele, H., Banze, A. & Lawrence, P. (2019). *Cola* species of the limestone forests of Africa, with a new, endangered species, *Cola cheringoma* (Sterculiaceae), from Cheringoma, Mozambique. *Kew Bulletin* 74: 1 – 14. https://doi.org/10.1007/s12225-019-9840-3

Chevallier, R. (2018). Livelihood interventions and biodiversity conservation in Quirimbas National Park. South African Institute for International Affairs (SAIIA), *Policy Insights* 57. Available at: https://www.africaportal.org/publications/livelihood-interventions-and-biodiversity-conservation-quirimbas-national-park/#:~:text=Livelihood%20Interventions%20and%20Biodiversity%20Conservation%20in%20Quirimbas%20National%20Park,-Romy%20Chevallier&text=Coastal%20livelihood%20interventions%20can%20help,maintaining%20resources%20and%20the%20environment.

Clarke, G.P. (1998). A new regional centre of endemism in Africa. pp. 53 – 65 in: D.F. Cutler, C.R. Huxley, J.M. Lock. (eds.) Aspects of the ecology, taxonomy and chorology of the floras of Africa and Madagascar. *Kew Bulletin Additional Series*. Royal Botanic Gardens, Kew.

Clarke, G.P. (2001). The Lindi local centre of endemism in SE Tanzania. *Systematics and Geography of Plants* 71: 1063 – 1072. https://doi.org/10.2307/3668738

Clarke, G.P. (2010). Report on a reconnaissance visit to Lupangua Hill, Quissanga District, Cabo Delgado Province, Mozambique, with notes about *Micklethwaitia carvalhoi*. ProNatura International & Instituto de Investigação Agrária de Moçambique Cabo Delgado Expedition 2009. Available at: http://www.coastalforests.org/LupanguaReconnaissanceReport2010medium.pdf

Clarke, G.P. (2011). Observations on the Vegetation and Ecology of Palma and Nangade Districts, Cabo Delgado Province, Mozambique. Available at: http://coastalforests.org/PalmaNangadeVegetationEcologyReport2011medium.pdf

Clark, V.R., Timberlake, J.R., Hyde, M.A., Mapaura, A., Coates Palgrave, M., Wursten, B.T., Ballings, P., Burrows, J.E., Linder, H.P., McGregor, G.K., Chapano, C., Plowes, D.C.H., Childes, S.L., Dondeyne, S., Müller, T. & Barker, N.P. (2017). A first comprehensive account of floristic diversity and endemism on the Nyanga Massif, Manica Highlands (Zimbabwe–Mozambique). *Kirkia* 19: 1 – 53.

Coates Palgrave, M., Van Wyk, A.E., Jordaan, M., White, J.A. & Sweet, P. (2007). A reconnaissance survey of the woody flora and vegetation of the Catapú logging concession, Cheringoma District, Mozambique. *Bothalia*, 37: 57 – 73. https://doi.org/10.4102/abc.v37i1.303

Coates Palgrave, F.M., Hyde, M.A., Alves, M.T., Burrows, J.E., Massingue, A.O., Matimele, H.A., Raimondo, D. & Timberlake, J. (2014a). *Dorstenia zambesiaca*. The IUCN Red List of Threatened Species 2014: e.T63707797A63707800. https://dx.doi.org/10.2305/IUCN.UK.2014-3.RLTS.T63707797A63707800.en.

Coates Palgrave, F.M., Burrows, J.E., Timberlake, J., Alves, M.T., Contu, S., Hyde, M.A., Luke, W.R.Q., Massingue, A.O., Matimele, H.A., Raimondo, D., Osborne, J. & Hadj-Hammou, J. (2014b). *Acacia torrei*. The IUCN Red List of Threatened Species 2014: e.T19891788A63707954. https://dx.doi.org/10.2305/IUCN.UK.2014-3.RLTS.T19891788A63707954.en.

Coelho, A.V.P. (1959). Reconhecimentos petrográficos sumários dos maciços da Lupata, Morrumbala, Chiperone-Derre e Milange. *Boletim Dos Serviços de Geologia e Minas 26*: 1 – 47.

Congdon, T.C.E. & Bayliss, J. (2013). Butterflies of Mt Mecula and Mt Yao, Niassa Province, Northern Mozambique. *Metamorphosis* 23: 26 – 34.

Conneely, B. (2013). Uncharted Territory: Scientists Discover New and Incredible Species. National Geographic. Available at: https://blog.nationalgeographic.org/2013/06/05/uncharted-territory-scientists-discover-new-and-incredible-species/

Couch, C., Cheek, M., Haba, P., Molmou, D., Williams, J., Magassouba, S., Doumbouya, S. & Diallo, M.Y. (2019). Threatened habitats and Tropical Important Plant Areas (TIPAs) of Guinea, West Africa. Royal Botanic Gardens, Kew.

Cumbe, A.N.F. (2007). O Património Geológico de Moçambique: Proposta de Metodologia de Inventariação, Caracterização e Avaliação. Tese de Mestrado em Património Geológico e Geoconservação. Departamento de Ciências da Terra. Universidade do Minho. Braga.

Crawford, F.M. & Darbyshire, I. (2015). *Ochna dolicharthros* (Ochnaceae): a new species from northern Mozambique. *Kew Bulletin* 70: 1-7.

Dani Sanchez, M., Clubbe, C. & Hamilton, M.A. (eds.) (2019). Identifying and Conserving Tropical Important Plant Areas in the British Virgin Islands (2016-2019): Final technical report. Royal Botanic Gardens, Kew.

Daniels, S.R., Phiri, E.E. & Bayliss, J. (2014). Renewed sampling of inland aquatic habitats in southern Africa yields two novel freshwater crab species (Decapoda: Potamonautidae: Potamonautes). *Zoological Journal of the Linnean Society* 171: 356 – 369. https://doi.org/10.1111/zoj.12139

Darbyshire, I. (2009). The *Barleria fulvostellata* (Acanthaceae) complex in east Africa. *Kew Bulletin* 64: 673 – 679.

Darbyshire, I. (2018). *Barleria setosa*. The IUCN Red List of Threatened Species 2018: e.T120940735A120980053. http://dx.doi.org/10.2305/IUCN.UK.2018-2.RLTS.T120940735A120980053.en

Darbyshire, I. & Rokni, S. (2019). *Vepris macedoi*. The IUCN Red List of Threatened Species 2019: e.T136536037A136538318. https://dx.doi.org/10.2305/IUCN.UK.2019-2.RLTS.T136536037A136538318.en

Darbyshire, I. & Rokni, S. (2020a). *Streptocarpus erubescens*. The IUCN Red List of Threatened Species 2020: e.T149256393A153685869. https://dx.doi.org/10.2305/IUCN.UK.2020-2.RLTS.T149256393A153685869.en.

Darbyshire, I. & Rokni, S. (2020b). *Scorodophloeus torrei*. The IUCN Red List of Threatened Species 2020: e.T149257100A153685894. https://dx.doi.org/10.2305/IUCN.UK.2020-2.RLTS.T149257100A153685894.en

Darbyshire, I., Vollesen, K. & Kelbessa, E. (2015). Acanthaceae (part 2). In: J.R. Timberlake & E.S. Martins (eds.) *Flora Zambesiaca*, Vol. 8(6). Royal Botanic Gardens, Kew.

Darbyshire, I., Anderson, S., Asatryan, A., Byfield, A., Cheek, M., Clubbe, C., Ghrabi, Z., Harris, T., Heatubun, C.D., Kalema, J., Magassouba, S., McCarthy, B., Milliken, W., Montmollin, B. de, Nic Lughadha, E., Onana, J.M., Saïdou, D., Sarbu, A., Shrestha, K. & Radford, E.A. (2017). Important Plant Areas: revised selection criteria for a global approach to plant conservation. *Biodiversity & Conservation* 26: 1767 – 1800. https://doi.org/10.1007/s10531-017-1336-6

Darbyshire, I., Matimele, H.A., Alves, M.T., Chelene, I., Cumbula, S., Datizua, C., De Sousa, C., Langa, C., Massingue, A.O., Mucaleque, P.A., Odorico, D., Osborne, J., Rokni, S., Timberlake, J., Viegas, A. & Vilanculos, A. (2018a). *Gladiolus zambesiacus*. The IUCN Red List of Threatened Species 2018: e.T108615648A108620157. https://dx.doi.org/10.2305/IUCN.UK.2018-2.RLTS.T108615648A108620157.en.

Darbyshire, I., Matimele, H.A., Alves, M.T., Chelene, I., Cumbula, S., Datizua, C., De Sousa, C., Langa, C., Massingue, A.O., Mucaleque, P.A., Odorico, D., Osborne, J., Rokni, S., Timberlake, J., Viegas, A. & Vilanculos, A. (2018b). *Faurea racemosa*. The IUCN Red List of Threatened Species 2018: e.T108615447A108620152. https://dx.doi.org/10.2305/IUCN.UK.2018-2.RLTS.T108615447A108620152.en

Darbyshire, I., Matimele, H.A., Alves, M.T., Baptista, O.J., Bezeng, S., Datizua, C., De Sousa, C., Langa, C., Massingue, A.O., Mtshali, H., Mucaleque, P.A., Odorico, D., Osborne, J., Raimondo, D., Rokni, S., Sitoe, P., Viegas, A. & Vilanculos, A. (2018c). *Guibourtia sousae*. The IUCN Red List of Threatened Species 2018: e.T34500A120980003. https://dx.doi.org/10.2305/IUCN.UK.2018-2.RLTS.T34500A120980003.en

Darbyshire, I., Matimele, H.A., Alves, M.T., Baptista, O.J., Bezeng, S., Datizua, C., De Sousa, C., Langa, C., Massingue, A.O., Mtshali, H., Mucaleque, P.A., Odorico, D., Osborne, J., Raimondo, D., Rokni, S., Sitoe, P., Timberlake, J., Viegas, A. & Vilanculos, A. (2018d). *Ecbolium hastatum*. The IUCN Red List of Threatened Species 2018: e.T120941569A120980108. https://dx.doi.org/10.2305/IUCN.UK.2018-2.RLTS.T120941569A120980108.en.

Darbyshire, I., Timberlake, J., Osborne, J., Rokni, S., Matimele, H., Langa, C., Datizua, C., de Sousa, C., Alves, T., Massingue, A., Hadj-Hammou, J., Dhanda, S., Shah, T. & Wursten, B. (2019a). The endemic plants of Mozambique: diversity and conservation status. *PhytoKeys* 136: 45 – 96. https://doi.org/10.3897/phytokeys.136.39020

Darbyshire, I., Martínez Richart, A.I., Rulkens, T. & Rokni, S. (2019b). *Aloe mossurilensis*. The IUCN Red List of Threatened Species 2019: e.T110760328A110760337. https://dx.doi.org/10.2305/IUCN.UK.2019-3.RLTS.T110760328A110760337.en.

Darbyshire, I., Rulkens. T. & Rokni, S. (2019c). *Eriolaena rulkensii*. The IUCN Red List of Threatened Species 2019: e.T134844673A134844770. https://dx.doi.org/10.2305/IUCN.UK.2019-2.RLTS.T134844673A134844770.en

Darbyshire, I., Burrows, J.E., Alves, M.T., Chelene, I., Datizua, C., De Sousa, C., Fijamo, V., Langa, C., Massingue, A.O., Massunde, J., Matimele, H.A., Mucaleque, P.A., Osborne, J., Rokni, S. & Sitoe, P. (2019d). *Allophylus torrei*. The IUCN Red List of Threatened Species 2019: e.T136536604A136538323. https://dx.doi.org/10.2305/IUCN.UK.2019-3.RLTS.T136536604A136538323.en

Darbyshire, I., Massingue, A.O., Osborne, J., De Sousa, C., Matimele, H.A., Alves, M.T., Burrows, J.E., Chelene, I., Datizua, C., Fijamo, V., Langa, C., Massunde, J., Mucaleque, P.A., Rokni, S. & Sitoe, P. (2019e). *Icuria dunensis*. The IUCN Red List of Threatened Species 2019: e.T136532836A136538183. https://dx.doi.org/10.2305/IUCN.UK.2019-2.RLTS.T136532836A136538183.en

Darbyshire, I., Alves, M.T., Burrows, J.E., Chelene, I., Datizua, C., De Sousa, C., Fijamo, V., Langa, C., Massingue, A.O., Massunde, J., Matimele, H.A., Mucaleque, P.A., Osborne, J., Rokni, S. & Sitoe, P. (2019f). *Blepharis dunensis*. The IUCN Red List of Threatened Species 2019: e.T120941013A120980068. https://dx.doi.org/10.2305/IUCN.UK.2019-3.RLTS.T120941013A120980068.en

Darbyshire, I., Burrows, J.E., Alves, M.T., Chelene, I., Datizua, C., De Sousa, C., Fijamo, V., Langa, C., Massingue, A.O., Massunde, J., Matimele, H.A., Mucaleque, P.A., Osborne, J., Rokni, S. & Sitoe, P. (2019g). *Rytigynia torrei*. The IUCN Red List of Threatened Species 2019: e.T136535757A136538308. https://dx.doi.org/10.2305/IUCN.UK.2019-2.RLTS.T136535757A136538308.en.

Darbyshire, I., Langa, C. & Romeiras, M.M. (2019h). A synopsis of *Polysphaeria* (Rubiaceae) in Mozambique, including two new species. *Phytotaxa* 414: 1 – 18. https://doi.org/10.11646/phytotaxa.414.1.1

Darbyshire, I., Wursten, B., Luke, Q. & Fischer, E. (2019i). A revision of the *Crepidorhopalon whytei* complex (Linderniaceae) in eastern Africa. *Blumea* 64: 165 – 176. https://doi.org/10.3767/blumea.2019.64.02.07

Darbyshire, I., Burrows, J.E., Alves, M.T., Chelene, I., Datizua, C., De Sousa, C., Fijamo, V., Langa, C., Massingue, A.O., Massunde, J., Matimele, H.A., Mucaleque, P.A., Osborne, J., Rokni, S. & Sitoe, P. (2019j). *Tarenna longipedicellata*. The IUCN Red List of Threatened Species 2019: e.T136535802A136538313. https://dx.doi.org/10.2305/IUCN.UK.2019-2.RLTS.T136535802A136538313.en.

Darbyshire, I., Wursten, B. & Rokni, S. (2019k). *Justicia* sp. nov. "B = Bester 11112". The IUCN Red List of Threatened Species 2019: e.T120941681A120980133. https://dx.doi.org/10.2305/IUCN.UK.2019-3.RLTS.T120941681A120980133.en

Darbyshire, I., Rokni, S., Alves, M.T., Burrows, J.E., Chelene, I., Datizua, C., De Sousa, C., Fijamo, V., Langa, C., Massingue, A.O., Massunde, J., Matimele, H.A., Mucaleque, P.A., Osborne, J. & Sitoe, P. (2019l). *Euphorbia graniticola*. The IUCN Red List of Threatened Species 2019: e.T136532350A136538178. https://dx.doi.org/10.2305/IUCN.UK.2019-2.RLTS.T136532350A136538178.en.

Darbyshire, I., Goyder, D.J., Wood, J.R.I., Banza, A. & Burrows, J.E. (2020a). Further new species and records from the coastal dry forests and woodlands of the Rovuma Centre of Endemism. *Plant Ecology and Evolution* 153: 427 – 445. https://doi.org/10.5091/plecevo.2020.1727

Darbyshire, I., Bandeira, S. & Rokni, S. (2020b). *Thalassodendron leptocaule*. The IUCN Red List of Threatened Species 2020: e.T149255832A149275898. https://dx.doi.org/10.2305/IUCN.UK.2020-3.RLTS.T149255832A149275898.en.

Darbyshire, I., Polhill, R.M., Magombo, Z. & Timberlake, J.R. (2021). Two new species from the mountains of southern Malawi and northern Mozambique. *Kew Bulletin* 76: 63 – 70. https://doi.org/10.1007/s12225-021-09926-7

Datizua, C. (2020). *Moraea niassensis*. The IUCN Red List of Threatened Species 2020: e.T149256396A153685874. https://dx.doi.org/10.2305/IUCN.UK.2020-3.RLTS.T149256396A153685874.en.

Deacon, A.R. (2014). Environmental Impact Assessment for Sasol PSA and LPG Project: Terrestrial Fauna Impact Assessment. Specialist Report 10. SASOL Petroleum Mozambique Limitada & Sasol Petroleum Temane Lda. Available at: https://www.biofund.org.mz/biblioteca_virtual/environmental-impact-assessment-for-sasol-psa-and-lpg-project-terrestrial-fauna-impact-assessment/

Degreef, J. (2006). Revision of continental African *Tarenna* (Rubiaceae-Pavetteae). *Opera Botanica Belgica* 14: 1 – 150.

Deroin, T. & Lotter, M. (2013). A new *Uvaria* L. species (Annonaceae) from northern Mozambique. *Adansonia* 35: 227 – 234. https://doi.org/10.5252/a2013n2a4

Díaz Pelegrín, I., Luís, L.D., Mafambissa, M., Uetimane, A.E., Madeira, P.D., Chambal, E.M., Gubudo, F.S., Zibane, J.B. & Liberato, N.V.F. (2016). Parque Nacional do Arquipélago de Bazaruto (PNAB). Plano de Maneio 2016 – 2025 de uma Área de Conservação Marinha, Província de Inhambane, Moçambique. EIA & Services, Lda. (Projectos, Consultoria e Auditoria Ambiental). ANAC, MITADER, Maputo.

Dludlu, M., Dlamini, P., Sibandze, G., Vilane, V. & Dlamini, C. (2017). Distribution and conservation status of the Endangered pepperbark tree *Warburgia salutaris* (Canellaceae) in Swaziland. Oryx 51: 451 – 454. https://doi.org/10.1017/S0030605316000302

Donaldson, J.S. (2010a). *Encephalartos gratus*. The IUCN Red List of Threatened Species 2010: e.T41916A10594309. https://dx.doi.org/10.2305/IUCN.UK.2010-3.RLTS.T41916A10594309.en

Donaldson, J.S. (2010b). *Encephalartos pterogonus*. The IUCN Red List of Threatened Species 2010: e.T41897A10574244. https://dx.doi.org/10.2305/IUCN.UK.2010-3.RLTS.T41897A10574244.en

Donaldson, J.S. (2010c). *Encephalartos manikensis*. The IUCN Red List of Threatened Species 2010: e.T41919A10596129. https://dx.doi.org/10.2305/IUCN.UK.2010-3.RLTS.T41919A10596129.en

Donaldson, J.S. (2010d). *Encephalartos munchii*. The IUCN Red List of Threatened Species 2010: e.T41895A10573291. https://dx.doi.org/10.2305/IUCN.UK.2010-3.RLTS.T41895A10573291.en

Donaldson, J.S. (2010e). *Encephalartos ferox*. The IUCN Red List of Threatened Species 2010: e.T41943A10607271. https://dx.doi.org/10.2305/IUCN.UK.2010-3.RLTS.T41943A10607271.en

Donaldson, J.S. (2010f). Encephalartos lebomboensis. The IUCN Red List of Threatened Species 2010: e.T41907A10589133. https://dx.doi.org/10.2305/IUCN.UK.2010-3.RLTS.T41907A10589133.en

Dondeyne, S., Ndunguru, E., Rafael, P. & Bannerman, J. (2009). Artisanal mining in central Mozambique: policy and environmental issues of concern. *Resources Policy* 34: 45 – 50. https://doi.org/10.1016/j.resourpol.2008.11.001

Dorr, L.J. & Wurdack, K.J. (2018). A new disjunct species of *Eriolaena* (Malvaceae, Dombeyoideae) from Continental Africa. *PhytoKeys* 111: 11 – 16. https://doi.org/10.3897/phytokeys.111.29303

Downes, E. & Darbyshire, I. (2018). *Coleus namuliensis* and *Coleus caudatus* (Lamiaceae): a new species and a new combination in the Afromontane flora of Mozambique and Zimbabwe. *Blumea* 62: 168 – 173. https://doi.org/10.3767/blumea.2017.62.03.02

Downs, C. T. & Wirminghaus, J. O. (1997). The terrestrial vertebrates of the Bazaruto Archipelago, Mozambique: a biogeographical perspective. *Journal of Biogeography* 24: 591 – 602. https://doi.org/10.1111/j.1365-2699.1997.tb00071.x

Dowsett-Lemaire, F. (1988). The forest vegetation of Mt Mulanje (Malawi): a floristic and chorological study along an altitudinal gradient (650 – 1950 m). *Bulletin du Jardin Botanique National de Belgique 58:* 77 – 107. https://doi.org/10.2307/3668402

Dowsett-Lemaire, F. (2008). Survey of birds on Namuli Mountain (Mozambique), November 2007, with notes on vegetation and mammals. Misc. Report 60, prepared for the Darwin Initiative. Royal Botanic Gardens, Kew, BirdLife International, Instituto de Investigação Agrária de Moçambique and Mount Mulanje Conservation Trust. Available at: http://citeseerx.ist.psu.edu/viewdoc/download?doi=10.1.1.552.7403&rep=rep1&type=pdf

Dowsett-Lemaire, F. & Dowsett, R.J. (2009). The avifauna and forest vegetation of Mt. Mabu, northern Mozambique, with notes on mammals. Available at: https://biofund.org.mz/wp-content/uploads/2019/01/1548769382-F0876.Dowsett-Lemaire_Mabu%20report,%20Oct%202009.doc.pdf

du Randt, F. (2018) The Sand Forest of Maputaland. South African National Biodiversity Institute. Pretoria, South Africa.

Duarte M.C., Bandeira S. & Romeiras M. (2014). *Thalassodendron leptocaule* – a new species of seagrass from rocky habitats. pp. 175 – 180, In: Bandiera, S. & Paula, J. (eds.). The Maputo Bay Ecosystem. WIOMSA, Zanzibar Town.

Dudley, N. (ed.) (2013). Guidelines for applying protected area management categories including IUCN WCPA best practice guidance on recognising protected areas and assigning management categories and governance types. IUCN, Gland, Switzerland. Available at: https://portals.iucn.org/library/node/30018

Dutton, T.P. (1990). Report to the Honourable Minister of Agriculture on a conservation master plan for sustainable development of the Bazaruto Archipelago. People's Republic of Mozambique. Oceanographic Research Institute, Durban.

Dutton, P. & Drummond, B. (2008). Terrestrial habitats and vegetation. In: Everett, B.I., van der Elst, R.P. & Schleyer, M.H. (eds.), A Natural History of the Bazaruto Archipelago, Mozambique. Oceanographic Research Institute, Special publication No. 8: 37 – 40, Durban. Available at: https://biofund.org.mz/wp-content/uploads/2015/03/Je02-275.pdf

EOH – Coastal and Environmental Services (CES) (2015a). Nhangonzo Coastal Stream Critical Habitat Biodiversity Assessment: Integrated Summary Report. Authors: Avis, T., Martin, T., Massingue, A. & Buque, L. Report Number: 1521646-13552-26. Volume 3, Report 1 of Golder, 2015c.

EOH – Coastal and Environmental Services (CES) (2015b). Nhangonzo Coastal Stream Critical Habitat Biodiversity Assessment: Vegetation and Floristic Baseline Survey. Avis, T., Martin, T., Massingue, A. & Buque, L. Report Number: 1521646-13550-24. Volume 3, Report 2 of Golder, 2015c.

ERDAS (2018). ERDAS Imagine 2018. Hexagon Geospatial, Peachtree Corners Circle Norcross.

ESRI (2019). ArcGIS Pro: Release 2.8. Redlands, CA: Environmental Systems Research Institute.

Everett, B.I., van der Elst, R.P. & Schleyer, M.H. (eds.) (2008). A Natural History of the Bazaruto Archipelago, Mozambique. Oceanographic Research Institute, Special publication No. 8, Durban. Available at: https://biofund.org.mz/wp-content/uploads/2015/03/Je02-275.pdf

Exell, M.A. (1937). Leguminosae From Mozambique, Collected by Gomes e Sousa. *Boletim Da Sociedade Broteriana* 12: 6 – 92.

Fernandes, A., de Sousa, C., Mafalacusser, J., Soares, M. & Alves, T. (2020). Relatório preliminar da Instalação e 1a Medição das Parcelas de Amostragem Permanentes: GB01 e GB02. Fundo Nacional de Desenvolvimento Sustentável. Ministério da Agricultura e Desenvolvimento Rural.

Filimão, E., Mansur, E. & Namanha, L. (1999). Tchuma Tchato: an evolving experience of community-based natural resource management in Mozambique. pp. 145 – 152 in: Proceedings of the International Workshop on Community Forestry in Africa. Participatory forest management: a strategy for sustainable forest management in Africa. 26 – 30 April 1999, Banjul, The Gambia. FAO.

Forbes, K. & Broadhead, J. (2013). Forests and landslides: the role of trees and forests in the prevention of landslides and rehabilitation of landslide-affected areas in Asia. Food and Agriculture Organization of the United Nations. Available at: http://www.fao.org/3/ba0126e/ba0126e.pdf.

Fourqurean, J.W., Duarte, C.M., Kennedy, H., Marba, N., Holmers, M., Mateo, M.A., Apostoloaki, E.T., Kendrick, G.A., Krause-Jensen, D., McGlathery, K.J. & Serrano, O. (2012). Seagrass ecosystems as a globally significant carbon stock. *Nature Goescience* 5: 505 – 509. https://doi.org/10.1038/ngeo1477

Friends of Vamizi (2020). Friends of Vamizi. Conservation and Community. Available at: http://www.vamizi.com/

Friis, I. & Holt, S. (2017). *Salsola* sp. A of Flora Zambesiaca from the coast of Mozambique is *Caroxylon littoralis* (Amaranthaceae subfam. Salsoloideae), hitherto only known from Madagascar. *Webbia* 72: 63 – 69. https://doi.org/10.1080/00837792.2016.1258788

Gaston, K.J. & Fuller, R.A. (2009). The sizes of species' geographic ranges. *Journal of Applied Ecology* 46: 1 – 9. https://doi.org/10.1111/j.1365-2664.2008.01596.x

GBIF.org (2021a). GBIF Occurrence Download: Mount Massangulo. https://doi.org/10.15468/dl.mdnyzj

GBIF.org (2021b). GBIF Occurrence Download. Mount Morrumbala. https://doi.org/10.15468/dl.ur2ssn

GBIF.org (2021c). GBIF Occurrence Download: Mount Muruwere. https://doi.org/10.15468/dl.z38bhw

Ghiurghi, A., Dondeyne, S. & Bannerman, J.H. (2010). Chimanimani National Reserve Management Plan (3 volumes). Report prepared by AgriConsulting for Ministry of Tourism, Mozambique. Available at: https://www.biofund.org.mz/wp-content/uploads/2019/01/1548244323-CHIMANIMANI%20MANAGEMENT%20PLAN%20VOLUME%201%20-%20Jan%208%202010_AF.pdf

Goldblatt, P. (1993). Iridaceae (Part 4). In: Pope, G.V. (ed.) *Flora Zambesiaca*, Vol. 12(4). Royal Botanic Gardens, Kew.

Goldblatt, P., Manning, J.C., Von Blittersdorff, R. & Weber, O. (2014). New species of *Gladiolus* L. and *Moraea* Mill. (Iridaceae) from Tanzania and Mozambique. *Kew Bulletin* 69: 1 – 8. https://doi.org/10.1007/S12225-014-9496-Y

Golder Associates (2014). PSA Development and LPG Project, Final Impact Assessment Report. Sasol Petroleum Mozambique Lda and Sasol Petroleum Temane Lda.

Gomes e Sousa, A. (1968). Reserva Florestal de Licuati. Instituto de Investigação Agrária de Moçambique Comunicações. Vol 18. IIAM, Maputo.

Google Earth (2021). Google Earth Pro. Available at: https://www.google.com/earth/

Gorelick, N., Hancher, M., Dixon, M., Ilyushchenko, S., Thau, D. & Moore, R. (2017). Google Earth Engine: Planetary-scale geospatial analysis for everyone. Remote Sensing of Environment 202: 18 – 27. https://doi.org/10.1016/j.rse.2017.06.031

Governo do Distrito de Inhassoro (2011). Plano Estratégico de Desenvolvimento Distrital – Pedd (2011 – 2015). Inhassoro.

Goyder, D.J., Gilbert, M.C. & Venter, H.J.T. (2020). Apocynaceae (Part 2). In: García, M.A. (ed.) *Flora Zambesiaca*, Vol. 7(3). Royal Botanic Gardens, Kew.

Guyton, J.A., Pansu, J., Hutchinson, M.C., Kartzinel, T.R., Potter, A.B., Coverdale, T.C., Daskin, J.H., da Conceição, A.G., Peel, M.J.S., Stalmans, M.E. & Pringle, R.M. (2020). Trophic rewilding revives biotic resistance to shrub invasion. *Nature Ecology and Evolution* 4: 712 – 724. https://doi.org/10.1038/s41559-019-1068-y

Hancox, J.P., Brandt, D. & Edwards, H. (2002). Sequence stratigraphic analysis of the Early Cretaceous Maconde Formation (Rovuma basin), northern Mozambique. *Journal of African Earth Sciences* 34: 291 – 297. https://doi.org/10.1016/S0899-5362(02)00028-3

Hansen, M.C., Potapov, P.V., Moore, R., Hancher, M, Turubanova, S.A., Tyukavina, A., Thau, D., Stehman, S.V., Goetz, S.J., Loveland, T.R., Kommareddy, A. Egorov, L. Chini, C.O. Justice & Townshend J.R.G. (2013). High-resolution global maps of 21st-century forest cover change. *Science* 342: 850 – 853. https://doi.org/10.1126/science.1244693

Harari, N. (2005). Literature Review on the Quirimbas National Park, Northern Mozambique. Report prepared for the Centre for Development and Environment, Department of Geography, University of Bern. https://doi.org/10.7892/boris.71799

Hardaker, T. & Sinclair, I. (2001). Sasol Birding Map of Southern Africa. Struik.

Harris, T., Darbyshire, I. & Polhill, R. (2011). New species and range extensions from Mt Namuli, Mt Mabu and Mt Chiperone in northern Mozambique. *Kew Bulletin* 66: 241 – 251. https://doi.org/10.1007/s12225-011-9277-9

Harrison, T. & Finnegan, K. (2021). Lighthouse Explorer Database: Ponta Zavora Light. *Lighthouse Digest*. Available at: http://www.lighthousedigest.com/digest/database/uniquelighthouse.cfm?value=5256

Hawthorne, W. (1998). *Khaya anthotheca*. The IUCN Red List of Threatened Species 1998: e.T32235A9690061. https://dx.doi.org/10.2305/IUCN.UK.1998.RLTS.T32235A9690061.en.

Hill, B.J., Blaber, S.J.M. & Boltt, R.E. (1975). The Limnology of Lagoa Poelela. *Transactions of the Royal Society of South Africa*, 41: 263 – 271. https://doi.org/10.1080/00359197509519442

Hills, R. (2019). *Afzelia quanzensis*. The IUCN Red List of Threatened Species 2019: e.T60757666A60757681. https://dx.doi.org/10.2305/IUCN.UK.2019-3.RLTS.T60757666A60757681.en

Hobday, D.K. (1977). Late Quaternary sedimentary history of Inhaca Island, Mozambique. *Transactions of the Geological Society of South Africa* 80: 183 – 191.

Howard G., Kamau P., Kindeketa W., Luke W.R.Q., Lyaruu H.V.M., Malombe I., Maunder M., Mwachala G., Njau E.-F., Peres Q., Schatz G.E., Siro Masinde P., Ssegawa P., Wabuyele E. & Wilkins V.L. (2020). *Celosia patentiloba*. The IUCN Red List of Threatened Species 2020: e.T157997A756253.

Hyde, M.A., Wursten, B.T., Ballings, P. & Coates Palgrave, M. (2021). Flora of Mozambique. Available at: https://www.mozambiqueflora.com

Impacto Lda. (2012a). Perfil Ambiental e Mapeamento do Uso Actual da Terra Nos Distritos da Zona Costeira de Moçambique: Distrito de Inharrime Província (Versão Preliminar). Available at: http://www.biofund.org.mz/wp-content/uploads/2019/01/1547461631-Perfil_Inharrime.pdf

Impacto Lda. (2012b). Perfil Ambiental e Mapeamento do Uso Actual da Terra nos Distritos da Zona Costeira De Moçambique: Distrito de Mandlakazi. Available at: https://www.biofund.org.mz/biblioteca_virtual/perfil-ambiental-e-mapeamento-do-uso-actual-da-terra-nos-distritos-da-zona-costeira-de-mocambique-distrito-de-mandlakazi/

Impacto Lda. (2012c). Perfil Ambiental e Mapeamento do Uso Actual da Terra nos Distritos da Zona Costeira de Moçambique: Distrito de Bilene. Available at: https://www.biofund.org.mz/biblioteca_virtual/perfil-ambiental-e-mapeamento-do-uso-actual-da-terra-nos-distritos-da-zona-costeira-de-mocambique-distrito-de-bilene/

Impacto Lda. (2012d). Perfil Ambiental e Mapeamento do Uso Actual da Terra nos Distritos da Zona Costeira de Moçambique (Versão Preliminar): Distrito de Manhiça Província de Maputo. Available at: https://www.biofund.org.mz/biblioteca_virtual/perfil-ambiental-e-mapeamento-do-uso-actual-da-terra-nos-distritos-da-zona-costeira-de-mocambique-distrito-de-manhica/

Impacto Lda. (2016). Plano de Maneio da Reserva Nacional de Pomene. Available at: http://www.biofund.org.mz/biblioteca_virtual/plano-de-maneio-da-reserva-nacional-de-pomene-volume-i-plano-de-maneio/

Impacto Lda. (2018). Sasol Petroleum Mozambique. Categorização da Área de Nhangonzo, Inhambane, Moçambique. Referência do Documento: MSSP1701-IMP180407 – Rev 01.

Inguaggiato, C., Navarra, C., Vailati, A. (2009) The Role of Rural Producers' Organizations within Development Processes: a Case Study on Morrumbala District. *Dynamics of Poverty and Patterns of Economic Accumulation in Mozambique Conference*. Maputo, 22 – 23 of April, 2009, IESE.

Instituto Nacional de Estatistica Moçambique (2021). Instituto Nacional de Estatistica - Moçambique. Available at: http://www.ine.gov.mz/

Instituto Nacional de Geológia (1987). Carta Geológica, scale 1: 1 million. Instituto Nacional de Geológia, Maputo.

Israel, P. (2006). Kummwangalela Guebuza. The Mozambican general elections of 2004 in Muidumbe and the roots of the loyalty of Makonde People to Frelimo. *Lusotopie* 13: 103 – 125. https://doi.org/10.1163/176830806778698150

IUCN (2012). IUCN Red List Categories and Criteria. Version 3.1, 2nd edition. IUCN Species Survival Commission, Gland, Switzerland. Available at: http://www.iucnredlist.org/technical-documents/categories-and-criteria/2001-categories-criteria

IUCN (2016). A global standard for the identification of Key Biodiversity Areas, Version 1.0. First edition. IUCN, Gland, Switzerland. Available at: https://portals.iucn.org/union/sites/union/files/doc/a_global_standard_for_the_identification_of_key_biodiversity_areas_final_web.pdf

IUCN SSC Amphibian Specialist Group (2019). *Nothophryne inagoensis*. The IUCN Red List of Threatened Species 2019: e.T149286395A149288435. https://dx.doi.org/10.2305/IUCN.UK.2019-3.RLTS.T149286395A149288435.en.

IUCN (2021). The IUCN Red List of Threatened Species. Version 2021-2. Available at: https://www.iucnredlist.org

Izidine, S.A. (2003). Licuáti forest reserve, Mozambique: Flora, utilization and conservation. MSc thesis. University of Pretoria. Available at: http://hdl.handle.net/2263/56038

Izidine, S. & Bandeira, S.O. (2002). Mozambique. pp. 43 – 60 in: Golding, J.S. (ed.) Southern African Plant Red Data Lists. Southern African Botanical Diversity Network Report No. 14. SABONET, Pretoria.

Izidine, S. & Cándido, A. (2004). Botanical Diversity & Endemism Areas in Mozambique. Proceedings of the Mozambique IPA Workshop. Maputo, Mozambique.

Izidine, S. & Siebert, S., Wyk, A.E. & Zobolo, A.M. (2009). Threats to Ronga custodianship of a sacred grove In Southern Mozambique. *Indilinga: African Journal of Indigenous Knowledge Systems*. 7: 182 – 197. https://doi.org/10.4314/indilinga.v7i2.26435

Jacobsen, N.H.G., Pietersen, E.W. & Pietersen, D.W. (2010). A preliminary herpetological survey of the Vilanculos Coastal Wildlife Sanctuary on the San Sebastian Peninsula, Vilankulo, Mozambique. *Herpetology Notes* 3: 181 – 193.

Jimu, L. (2011). Threats and conservation strategies for the African cherry (*Prunus africana*) in its natural range – a review. *Journal of Ecology and The Natural Environment*, 3: 118 – 130. https://doi.org/10.5897/jene.9000002

João, F.E. (2011). Análise da influência da prática de agricultura na regeneração e manutenção da espécie *Raphia australis* na Reserva Botânica de Bobole em Marracuene, província de Maputo. Universidade Eduardo Mondlane.

Joaquim, G.B. & Caravela, M.I. (2019). Caracterização de habitats na concessão de Taratibu, Parque Nacional das Quirimbas-PNQ, distrito de Ancuabe. Unpubl. report. Departamento de Botânica, Universidade Lúrio, Pemba.

Jones, S.E., Jamie, G.A., Sumbane, E., & Jocque, M. (2020). The avifauna, conservation and biogeography of the Njesi Highlands in northern Mozambique, with a review of the country's Afromontane birdlife. *Ostrich*: 45 – 56. https://doi.org/10.2989/00306525.2019.16757

Kabanza, A.K., Dondeyne, S., Kimaro, D.N., Kafiriti, E., Poesen, J. & Deckers, J.A. (2013). Effectiveness of soil conservation measures in two contrasting landscape units of South Eastern Tanzania. *Zeitschrift für Geomorphologie* 57: 269 – 288. https://doi.org/10.1127/0372-8854/2013/0102

Kassam, A.H., VanVelthuizen, H.T., Higgins, G.M., Christoforides, A., Voortman, R.L. & Spiers, B. (1981). Assessment of land resources for rainfed crops production in Mozambique. Climate data bank and length of growing period analysis. Project Moz/75/011. FAO

Kenmare Resources (2018). Kenmare Resources plc Annual Report and Accounts 2018. Available at: https://www.kenmareresources.com/application/files/8215/5420/0299/Kenmare_Resources_plc_Annual_Report__Accounts_2018.pdf

Key Biodiversity Areas Partnership (2020). *Key Biodiversity Areas factsheet: Pomene*. World Database of Key Biodiversity Areas. Available at: http://www.keybiodiversityareas.org

Knapp, S. (2021). *Solanum litoraneum*. The IUCN Red List of Threatened Species 2021: e.T101527720A101527747. https://dx.doi.org/10.2305/IUCN.UK.2021-3.RLTS.T101527720A101527747.en.

Kill, J. (2013). Carbon Discredited: Why the EU Should Steer Clear of Forest Carbon Offsets. Available at: https://www.fern.org/fileadmin/uploads/fern/Documents/Nhambita_internet.pdf

Lambrechts, A. (2003). Biodiversity Management Plan for Vilanculos Coastal Wildlife Sanctuary. Vol. 1, Condensed Plan, Mozambique. Vilanculos Coastal Wildlife Sanctuary (Pty) Ltd. & Global Environment Facility.

Langa, C., Datizua, C., Matimele, H.A., Rokni, S., Alves, M.T., Burrows, J.E., Chelene, I., Darbyshire, I., De Sousa, C., Fijamo, V., Massingue, A.O., Massunde, J., Mucaleque, P.A., Osborne, J. & Sitoe, P. (2019a). *Baphia ovata*. The IUCN Red List of Threatened Species 2019: e.T120960184A120980303. https://dx.doi.org/10.2305/IUCN.UK.2019-3.RLTS.T120960184A120980303.en.

Langa, C., Datizua, C., Rokni, S., Alves, M.T., Burrows, J.E., Chelene, I., Darbyshire, I., De Sousa, C., Fijamo, V., Massingue, A.O., Massunde, J., Matimele, H.A., Mucaleque, P.A., Osborne, J. & Sitoe, P. (2019b). *Tephrosia forbesii* subsp. *inhacensis*. The IUCN Red List of Threatened Species 2019: e.T120979692A120980463. https://dx.doi.org/10.2305/IUCN.UK.2019-3.RLTS.T120979692A120980463.en

Lawrence, P. & Cheek, M. (2019). *Cola discoglypremnophylla*. The IUCN Red List of Threatened Species 2019: e.T111391854A111449262. https://dx.doi.org/10.2305/IUCN.UK.2019-1.RLTS.T111391854A111449262.en

Leão, T.C.C., Fonseca, C.R., Peres, C.A. & Tabarelli, M. (2014). Predicting extinction risk of Brazilian Atlantic Forest angiosperms. *Conservation Biology* 28: 1349 – 1359. https://doi.org/10.1111/cobi.12286

Legado (2021). Legado: Namuli. https://www.legadoinitiative.org/legado-namuli/

Loffler, L. & Loffler, P. (2005). Swaziland Tree Atlas — including selected shrubs and climbers. Southern African Botanical Diversity Network Report No. 35. SABONET, Pretoria.

Lötter, M. & von Staden, L. (2018). *Adenium swazicum* Stapf. National Assessment: Red List of South African Plants version 2020.1. Available at: http://redlist.sanbi.org/species.php?species=997-7

Lötter, M., Burrows, J., McCleland, W., Stalmans, M., Schmidt, E., Soares, M., Grantham, H., Jones, K., Duarte, E., Matimele, H. & Costa, H.M. (In prep.). Historical vegetation map and red list of ecosystems assessment for Mozambique – Version 1.0 – Final report. USAID / SPEED+. Maputo.

Louro, C.M.M., Litulo, C., Pereira, M.A.M. & Pereira, T.I.F.C. (2017). Investigação e Monitoria de Espécies e Ecossistemas nas Áreas de Conservação Marinhas em Moçambique: Reserva Nacional do Pomene. https://doi.org/10.13140/RG.2.2.33152.56326

Lubke, R.A., Dold, A.D., Brink, E., Avis, A.M. & Wieringa, J.J. (2018). A new species of tree, *Icuria dunensis* (Icurri), of undescribed coastal forests in north-eastern Mozambique. *South African Journal of Botany* 115: 292 – 293. https://doi.org/10.1016/j.sajb.2018.02.063

Lucrezi, S., Milanese M., Markantonatou, V., Cerrano, C., Sara, A., Palma, M. & Saayman, M. (2017). Scuba diving tourism systems and sustainability: Perceptions by the scuba diving industry in two Marine Protected Areas. *Tourism Management* 59: 385 – 403. https://doi.org/10.1016/j.tourman.2016.09.004

Luke, Q., Bangirinama, F., Beentje, H.J., Darbyshire, I., Gereau, R., Kabuye, C., Kalema, J., Kelbessa, E., Kindeketa, W., Minani, V., Mwangoka, M. & Ndangalasi, H. (2015a). *Justicia attenuifolia*. The IUCN Red List of Threatened Species 2015: e.T48153888A48154789. https://dx.doi.org/10.2305/IUCN.UK.2015-2.RLTS.T48153888A48154789.en

Luke, Q., Bangirinama, F., Beentje, H.J., Darbyshire, I., Gereau, R., Kabuye, C., Kalema, J., Kelbessa, E., Minani, V., Mwangoka, M. & Ndangalasi, H. (2015b). *Barleria laceratiflora*. The IUCN Red List of Threatened Species 2015: e.T48153936A48154273. https://dx.doi.org/10.2305/IUCN.UK.2015-2.RLTS.T48153936A48154273.en

Luwire Wildlife Conservancy (2019). Saving the Luwire Wildlife Conservancy. Available at: https://luwire.org/wp-content/uploads/2019/03/Saving-the-Luwire-Conservancy.pdf

Macandza, V., Mamugy, F., Manjate, A.M. & Nacamo, E. (2015). Estudo das Condições Ecológicas e Socioeconómicas da Reserva Nacional de Pomene. Available at: http://www.biofund.org.mz/wp-content/uploads/2018/11/1543394499-F0887.ESTUDO DAS CONDIÇÕES ECOLÓGICAS E SOCIOECONÓMICAS DA RESERVA NACIONAL DE POMENE.pdf

Macauhub (2014). Mozambican government plans to build hydroelectric plant on Lúrio River. Available at: https://macauhub.com.mo/2014/04/01/mozambican-government-plans-to-build-hydroelectric-plant-on-lurio-river/

Macey, P.H., Thomas, R.J., Grantham, G.H., Ingram, B.A., Jacobs, J., Armstrong, R.A., Roberts, M.P., Bingen, B., Hollick, L., de Kock, G.S., Viola, G., Bauer, W., Gonzales, E., Bjerkgård, T., Henderson, I.H.C., Sandstad, J.S., Cronwright, M.S., Harley, S., Solli, A., Nordgulen, Ø., Motuza G., Daudi, E. & Manhiça, V. (2010). Mesoproterozoic geology of the Nampula Block, northern Mozambique: tracing fragments of Mesoproterozoic crust in the heart of Gondwana. *Precambrian Research* 182: 124 – 148. https://doi.org/10.1016/j.precamres.2010.07.005

Macnae, W. & Kalk, M. (1962). The Fauna and Flora of Sand Flats at Inhaca Island, Moçambique. *Journal of Animal Ecology* 31: 93 – 128. https://doi.org/10.2307/2334

Manhica, A.D.S.T. (2012). The geology of the Mozambique Belt and the Zimbabwe Craton around Manica, western Mozambique. Doctoral Thesis, University of Pretoria. Available at: https://repository.up.ac.za/handle/2263/28883

Manhice, A. (2010). Planta rara em risco de extinção em Moçambique. *Notícias*. Available at: https://arseniomanhice.wordpress.com/2014/07/05/planta-rara-em-risco-de-extincao-em-mocambique/

Manuel, I.R.V. (2007). Reduction and management of geo-hazards in Mozambique. *International Journal for Disaster Management & Risk Reduction* 1: 18 – 23. Available at: https://d1wqtxts1xzle7.cloudfront.net/44546832/International_Journal_of_Disaster_Management_and_Risk_Reduction_Vol.1_No.1_2007_1.pdf?1460141273=&response-content-disposition=inline%3B+filename%3DInternational_Journal_for_Disaster_Manag.pdf&Expires=1601551

Manzitto-Tripp, E.A., Darbyshire, I., Daniel, T.F., Kiel, C.A. & McDade, L.A. (2021). Revised classification of Acanthaceae and worldwide dichotomous keys. *Taxon* 71: 103 – 153. https://doi.org/10.1002/tax.12600

Martínez Richart, A.I., Darbyshire, I. & Rulkens, T. (2019). *Aloe argentifolia*. The IUCN Red List of Threatened Species 2019: e.T142844664A142844686. https://dx.doi.org/10.2305/IUCN.UK.2019-3.RLTS.T142844664A142844686.en

Massingue, A.O. (2019). Ecological Assessment and Biogeography of Coastal Vegetation and Flora in Southern Mozambique. Doctor of Philosophy Thesis. Department of Botany, Faculty of Science, Nelson Mandela University.

Massingue, A.O., Datizua, C., Alves, M.T., Burrows, J.E., Chelene, I., Darbyshire, I., De Sousa, C., Fijamo, V., Langa, C., Massunde, J., Matimele, H.A., Mucaleque, P.A., Osborne, J., Rokni, S. & Sitoe, P. (2019). *Ozoroa gomesiana*. The IUCN Red List of Threatened Species 2019: e.T120942095A120980153. https://dx.doi.org/10.2305/IUCN.UK.2019-3.RLTS.T120942095A120980153.en.

Massingue, A.O., Datizua, C. Langa, C. & Bruno, C. (2021). A Preliminary Botanical Survey to Provide a Base Knowledge for Biodiversity Conservation in the Vilanculos Coastal Wildlife Sanctuary, Mozambique. Unpubl. report. Royal Botanic Gardens, Kew and Instituto de Investigação Agrária de Moçambique.

Matimele, H. (2016). An Assessment of the Distribution and Conservation Status of Endemic and Near Endemic Plant Species in Maputaland. University of Cape Town. Available at: https://open.uct.ac.za/handle/11427/20995

Matimele, H. (2021). Mozambique Endemic and Near-Endemic Red Listed Plant Species. Version 1.8. Herbarium LMA: Agricultural Research Institute of Mozambique. Occurrence dataset. https://doi.org/10.15468/8enzjm

Matimele, H. & Timberlake, J. (2020). Maputaland World Heritage Application: Terrestrial Plants and Vegetation. Unpubl. report.

Matimele, H.A., Raimondo, D., Bandeira, S., Burrows, J.E., Darbyshire, I., Massingue, A.O. & Timberlake, J. (2016a). *Emicocarpus fissifolius*. The IUCN Red List of Threatened Species 2016: e.T85955108A85955412. https://dx.doi.org/10.2305/IUCN.UK.2016-3.RLTS.T85955108A85955412.en.

Matimele, H.A., Massingue, A.O., Raimondo, D., Bandeira, S., Burrows, J.E., Darbyshire, I. & Timberlake, J. (2016b). *Raphia australis*. The IUCN Red List of Threatened Species 2016: e.T30359A85955288. https://dx.doi.org/10.2305/IUCN.UK.2016-3.RLTS.T30359A85955288.en.

Matimele, H.A., Alves, M.T., Baptista, O.J., Bezeng, S., Darbyshire, I., Datizua, C., De Sousa, C., Langa, C., Massingue, A.O., Mtshali, H., Mucaleque, P.A. Odorico, D., Osborne, J., Raimondo, D., Rokni, S., Sitoe, P., Timberlake, J., Viegas, A. & Vilanculos, A. (2018a). *Euphorbia baylissii*. The IUCN Red List of Threatened Species 2018: e.T120955807A120980243.

Matimele, H.A., Raimondo, D., Bandeira, S., Burrows, J.E., Darbyshire, I., Massingue, A.O. & Timberlake, J. (2018b). *Memecylon incisilobum* (amended version of 2016 assessment). The IUCN Red List of Threatened Species 2018: e.T85955255A125331050. https://dx.doi.org/10.2305/IUCN.UK.2018-1.RLTS.T85955255A125331050.en.

Mbalaka, J.Y. (2016). Exploring the Migration Experiences of Muslim Yao Women in KwaZulu-Natal, 1994 – 2015. University of KwaZulu-Natal, Durban. Available at: https://researchspace.ukzn.ac.za/handle/10413/16351

McCleland, W. & Massingue, A. (2018). New populations and a conservation assessment of *Ecbolium hastatum* Vollesen. *Bothalia* 48: 1 – 3. https://doi.org/10.4102/abc.v48i1.2282

McCoy, T.A. & Baptista, O.J. (2016). A new species of cremnophytic *Aloe* from Mozambique. *Cactus and Succulent Journal* 88: 172 – 176. https://doi.org/10.2985/015.088.0402

McCoy, T.A., Rulkens, A.J.H. & Baptista, O.J. (2014). An extraordinary new species of *Aloe* from the Republic of Mozambique. *Cactus and Succulent Journal* 89: 214 – 218. https://doi.org/10.2985/015.089.0502

McCoy, T.A., Rulkens, A.J. & Baptista, O.J. (2017). A new species of *Aloe* from the Lúrio waterfalls in Mozambique. *Cactus and Succulent Journal* 89: 214 – 218. https://doi.org/10.2985/015.089.0502

Melezhik, V.A., Kuznetsov, A.B., Fallick, A.F., Smith, R.A., Gorokhov, I.M., Jamal, D. & Catuane, F. (2006). Depositional environments and an apparent age for the Geci meta-limestones: constraints on the geological history of northern Mozambique. *Precambrian Research* 148: 19 – 31. https://doi.org/10.1016/j.precamres.2006.03.003

MAE (Ministério da Administração Estatal) (2005a). Perfil do Distrito de Morrumbala: Província da Zambézia. Available at: www.portaldogoverno.gov.mz

MAE (Ministério da Administração Estatal) (2005b). Perfil do Distrito de Inhassoro, Província de Inhambane. Available at: www.portaldogoverno.gov.mz

MAE (Ministério da Administração Estatal) (2005c). Perfil do Distrito de Vilanculos, Província de Inhambane. Available at: www.portaldogoverno.gov.mz

MAE (Ministério da Administração Estatal) (2005d). Perfil do Distrito de Massinga, Província de Inhambane. Available at: www.portaldogoverno.gov.mz

MAE (Ministério da Administração Estatal) (2005e). Perfil do Distrito de Inharrime, Província de Inhambane. Available at: www.portaldogoverno.gov.mz

MAE (Ministério da Administração Estatal) (2005f). Perfil Do Distrito Do Bilene Macia Província De Gaza. Available at: www.portaldogoverno.gov.mz

MICOA (Ministério para a Coordenação da Acção Ambiental) (2012a). Perfil Ambiental e Mapeamento do uso Actual da Terra nos Distritos da Zona Costeira de Moçambique: Distrito de Inhassoro. Direcção Nacional de Gestão Ambiental, Maputo.

MICOA (Ministério para a Coordenação da Acção Ambiental) (2012b). Perfil Ambiental e Mapeamento do Uso Actual da Terra nos Distritos da Zona Costeira de Moçambique: Distrito de Vilankulos. Versão Preliminar.

MICOA (Ministério para a Coordenação da Acção Ambiental) (2012c). Perfil Ambiental e Mapeamento do Uso Actual da Terra nos Distritos da Zona Costeira de Moçambique: Distrito de Massinga. Versão Preliminar.

MITADER (Ministério da Terra, Ambiente d Desenvolvimento Rural) (2015). Estratégia e Plano de Acção Para a Conservação da Diversidade Biológica em Moçambique. MITADER, Maputo.

Mizuno, M., Wang, C., Gonda, Y., Marui, H., Nishikawa, D., Hirata, I., Sango, D. & Morita, Y. (2018). Landslide Survey and Scal Estimate by DInSAR, GNSS, and Airborne Laser Before Landslide Failure – Landslide Survey of Mt. Inago. Available at: http://www.interpraevent.at/palm-cms/upload_files/Publikationen/Tagungsbeitraege/2018_EA_176.pdf

Moat, J. & Bachman, S. (2020). rCAT: conservation assessment tools. R package version 0.1.6. Available at: https://CRAN.R-project.org/package=rCAT

Mogg, A.O.D. (1967). Comments on the flora of Inhaca Island, Moçambique. *South African Journal of Science* 63: 440.

Montfort, F. (2019). Land use and land cover map of Ribaue Mountains (Mount Ribaue and Mount M'paluwe). Nitidae. Available at: https://www.nitidae.org/files/0afa4c85/land_use_and_land_cover_map_of_ribaue_mountains_mount_ribaue_and_mount_m_paluwe_.pdf

Montfort, F. (2020). Historical and future deforestation analysis of Ribaue Mountains (Mount Ribaue and Mount M'paluwe). Nitidae. Available at: https://www.nitidae.org/files/4d43bf48/historical_and_future_deforestation_analysis_of_ribaue_mountains_mount_ribaue_and_mount_m_paluwe_.pdf

Mozambique News Agency (2016). Gorongosa National Park to expand. *AIM Reports*. Available at: http://www.poptel.org.uk/mozambique-news/newsletter/aim538.pdf

Muacanhia, T. (2004). Environmental changes on Inhaca Island, Moçambique: development versus degradation In: Momade, F. Achimo, M. Haldorsen, S. (eds.), The Impact of Sea-level Change, Past, Present, Future. *Boletim Geológica* 43: 28 – 33.

Mucaleque, P.A. (2020a). Mozambique TIPAs Fieldwork Report: Goa and Sena Islands, Mozambique Island District, Nampula Province, September 2020. Unpubl. report. Instituto de Investigação Agrária de Moçambique (IIAM).

Mucaleque, P.A. (2020b). *Ammannia moggii*. The IUCN Red List of Threatened Species 2020: e.T149257990A153685939. https://dx.doi.org/10.2305/IUCN.UK.2020-3.RLTS.T149257990A153685939.en

Müller, T., Sitoe, A. & Mabunda, R. (2005). Assessment of the Forest Reserve Network in Mozambique. WWF Mozambique, Maputo. Available at: http://cgcmc.gov.mz/attachments/article/100/548946e10cf2ef344790ae27.pdf

Müller, T., Mapaura, A., Wursten, B., Chapano, C., Ballings, P. & Wild, R. (2012). Vegetation Survey of Mount Gorongosa. Occasional Publications in Biodiversity No. 23, Biodiversity Foundation for Africa, Bulawayo. Available at: https://www.gorongosa.org/sites/default/files/research/041-bfa_no.23_gorongosa_vegetation_survey.pdf

Mynard, P. & Rokni, S. (2019). *Cordia megiae*. The IUCN Red List of Threatened Species 2019: e.T141800272A141800288. https://dx.doi.org/10.2305/IUCN.UK.2019-2.RLTS.T141800272A141800288.en. Accessed 15 June 2021.

Myre, M. (1971). As pastagens da regiao do Maputo. Memorias: 3. IIAM, Maputo.

Nagy, B. & Watters, B. (2019). *Nothobranchius niassa*. The IUCN Red List of Threatened Species 2019: e.T131471671A131471686. https://dx.doi.org/10.2305/IUCN.UK.2019-3.RLTS.T131471671A131471686.en. Accessed 24 March 2021.

NASA Shuttle Radar Topography Mission (SRTM) (2013). Shuttle Radar Topography Mission (SRTM) Global. Distributed by OpenTopography. https://doi.org/10.5069/G9445JDF

Nhanombe Lodge (2021). Activities at Nhanombe. Available at: www.nhanombelodge.com.

Nitidæ (2021). Namuli Sky Island – Creation of a new protected area around Mount Namuli. Available at: https://www.nitidae.org/en/actions/namuli-creation-d-une-nouvelle-aire-protegee-autour-du-mont-namuli

Njagi, D. (2019). 'A crisis situation': Extinctions loom as forests are erased in Mozambique. Mongabay Series: Forest Trackers. Available at: https://news.mongabay.com/2019/12/a-crisis-situation-extinctions-loom-as-forests-are-erased-in-mozambique/

O'Connor, M. (2006). After the war, eco construction. Financial Times. Available at: https://www.ft.com/content/3511f9ee-0206-11db-a141-0000779e2340

O'Sullivan, R. J. & Davis, A. (2017). *Coffea salvatrix*. The IUCN Red List of Threatened Species 2017: e.T18290408A18539335. https://doi.org/https://dx.doi.org/10.2305/IUCN.UK.2017-3.RLTS.T18290408A18539335.en.

Osborne, J. & Matimele, H. (2018). Mozambique TIPAs Fieldwork Summary Report. Manica Highlands: Garuzo Forest, Tsetserra and Serra Choa, June 2018. Unpubl. report. Royal Botanic Gardens, Kew and Instituto de Investigação Agrária de Moçambique (IIAM).

Osborne, J. & Rokni, S. (2020). *Barleria torrei*. The IUCN Red List of Threatened Species 2020: e.T120940515A120980028. https://dx.doi.org/10.2305/IUCN.UK.2020-2.RLTS.T120940515A120980028.en

Osborne, J., Rokni, S., Matimele, H., Langa, C., Zandamela, J., Macanzi, B., Tembe, E., Machuama, B., Zakueu Munwane, C. & Cumbane, I. (2018a). Lebombo Mountains reconnaissance expedition, 8–15 March 2018. Unpubl. report. Royal Botanic Gardens, Kew and Instituto de Investigação Agrária de Moçambique.

Osborne, J., Matimele, H. & Timberlake, J. (2018b). Zambezia Province: Mount Lico and Pico Muli, May 2018. Unpubl. botanical report prepared for the project "Scientific expedition to Mt. Lico and adjacent mountains".

Osborne, J., Langa, C., Datizua, C. & Darbyshire, I. (2019a). Mozambique TIPAs Fieldwork Report: Inhambane Province – Panda, Mabote and Lagoa Poelela, Jan–Feb 2019. Unpubl. report. Royal Botanic Gardens, Kew and Instituto de Investigação Agrária de Moçambique (IIAM).

Osborne, J., Datizua, C., Banze, A., Mamba, A., Mucaleque, P., & Rachide., T. (2019b). Mozambique TIPAs Fieldwork Summary Report. Niassa Province: Lago District mountains and Njesi. Royal Botanic Gardens, Kew and Instituto de Investigação Agrária de Moçambique (IIAM). https://doi.org/10.13140/RG.2.2.30330.72648

Osborne, J., Darbyshire, I., Matimele, H.A., Alves, M.T., Chelene, I., Datizua, C., De Sousa, C., Langa, C., Massingue, A.O., Mucaleque, P.A., Odorico, D., Rokni, S., Rulkens, A.J.H., Timberlake, J. & Viegas, A. (2019c). *Aloe ribauensis*. The IUCN Red List of Threatened Species 2019: e.T110780332A110780364. https://dx.doi.org/10.2305/IUCN.UK.2019-1.RLTS.T110780332A110780364.en

Osborne, J., Banze, A., Mtshali, H., Mucaleque, P. A., Rokni, S. & Vilanculos, A. (2019d). *Euphorbia decliviticola*. The IUCN Red List of Threatened Species 2019: e.T120955505A120980228. https://dx.doi.org/10.2305/IUCN.UK.2019-1.RLTS.T120955505A120980228.en

Osborne, J., Matimele, H.A., Alves, M.T., Chelene, I., Darbyshire, I., Datizua, C., De Sousa, C., Langa, C., Massingue, A.O., Mucaleque, P.A., Odorico, D., Rokni, S., Rulkens, A.J.H., Timberlake, J. & Viegas, A. (2019e). *Streptocarpus myoporoides*. The IUCN Red List of Threatened Species 2019: e.T120956335A120980268. https://dx.doi.org/10.2305/IUCN.UK.2019-1.RLTS.T120956335A120980268.en

Osborne, J., Matimele, H.A., Alves, M.T., Chelene, I., Darbyshire, I., Datizua, C., De Sousa, C., Langa, C., Massingue, A.O., Mucaleque, P.A., Odorico, D., Rokni, S., Rulkens, A.J.H., Timberlake, J. & Viegas, A. (2019f). *Euphorbia grandicornis* subsp. *sejuncta*. The IUCN Red List of Threatened Species 2019: e.T120955804A120980238. https://dx.doi.org/10.2305/IUCN.UK.2019-1.RLTS.T120955804A120980238.en

Osborne, J., Rulkens, T., Alves, M.T., Burrows, J.E., Chelene, I., Darbyshire, I., Datizua, C., De Sousa, C., Fijamo, V., Langa, C., Massingue, A.O., Massunde, J., Matimele, H.A., Mucaleque, P.A., Rokni, S. & Sitoe, P. (2019g). *Aloe decurva*. The IUCN Red List of Threatened Species 2019: e.T110713829A110713841. https://dx.doi.org/10.2305/IUCN.UK.2019-3.RLTS.T110713829A110713841.en

Osborne, J., Rokni, S., Alves, M.T., Burrows, J.E., Chelene, I., Darbyshire, I., Datizua, C., De Sousa, C., Fijamo, V., Langa, C., Massingue, A.O., Massunde, J., Matimele, H.A., Mucaleque, P.A. & Sitoe, P. (2019h). *Raphionacme pulchella*. The IUCN Red List of Threatened Species 2019: e.T136528489A136538103. https://dx.doi.org/10.2305/IUCN.UK.2019-3.RLTS.T136528489A136538103.en

Osborne, J., Rulkens, T., Alves, M.T., Burrows, J.E., Chelene, I., Darbyshire, I., Datizua, C., De Sousa, C., Fijamo, V., Langa, C., Massingue, A.O., Massunde, J., Matimele, H.A., Mucaleque, P.A., Rokni, S. & Sitoe, P. (2019i). *Aloe cannellii*. The IUCN Red List of Threatened Species 2019: e.T110697369A110697395. https://dx.doi.org/10.2305/IUCN.UK.2019-3.RLTS.T110697369A110697395.en

Osborne, J., Datizua, C., Mucaleque, P., Fischer, E. (2022). *Hartliella txitongensis* (Linderniaceae), a new species from Mozambique. *Kew Bulletin*. https://doi.org/10.1007/s12225-022-10034-3

Pais, A. de J.R. (2011). Estudo da ocorrência e estado de conservação da *Raphia australis* Oberm. Strey na Reserva Botânica de Bobole. Universidade Eduardo Mondlane.

Parker, V. (2001). Mozambique. pp. 627 – 638 in: Fishpool, L.D.C. & Evans, M.I. (eds.), Important Bird Areas in Africa and associated islands : priority sites for conservation. BirdLife Conservation Series, No. 11, Pisces Publications and BirdLife International, Newbury and Cambridge. Available at: https://www.biofund.org.mz/wp-content/uploads/2017/03/BirdLife-Intl-Important-Bird-Areas-in-Mozambique.pdf

Parque Nacional da Gorongosa (2016). Gorongosa Map of Life. Available at: https://gorongosa.org/map-of-life/

Parque Nacional da Gorongosa (2019). Our Gorongosa – A Park for the People. Available at: https://www.gorongosa.org/sites/default/files/research/2019_highlights_corrected.pdf

Parque Nacional da Gorongosa (2020). Our Gorongosa – Together we create real impact 2020. Available at: https://gorongosa.org/wp-content/uploads/2020/12/12-10-2020-Eng-Highlights-document-reduced-size.pdf

Paula J., Macamo C. & Bandeira S. (2014). Mangroves of Maputo Bay. pp. 109 – 146. in: Bandeira, S. & Paula, J. (eds). The Maputo Bay Ecosystem. WIOMSA, Zanzibar Town.

Paula, A., Litulo, C., Costa, H. *et al.* (2015). As maravilhas de Taratibu / The wonders of Taratibu. Biodinamica / Universidade Lúrio / Parque Nacional das Quirimbas / WWF Mozambique. Available at: https://biodinamica.co.mz/wp-content/uploads/2015/08/brochura_taratibu_20150605_v1.pdf

Plantlife International (2004). Identifying and protecting the world's most Important Plant Areas. Plantlife International, Salisbury. Available at: https://www.plantlife.org.uk/uk/our-work/publications/identifying-and-protecting-worlds-most-important-plant-areas

Plantlife International (2018). Identifying and conserving Important Plant Areas (IPAs) around the world: A guide for botanists, conservationists, site managers, community groups and policy makers. Plantlife, Salisbury, UK. Available at: https://www.plantlife.org.uk/uk/our-work/publications/identifying-and-conserving-important-plant-areas-ipas-around-the-world

Polhill, R.M. & Wiens, D. (1998). Mistletoes of Africa. Royal Botanic Gardens, Kew.

Portugal, S. & Matos, A. (eds.) (2018). Escalas e espaços: IX edição do congresso Ibérico de estudos Africanos. Vol. III. Centro de Estudos Sociais, Universidade de Coimbra, Portugal. Available at: https://estudogeral.sib.uc.pt/bitstream/10316/80924/1/cescontexto_debates_xx.pdf

POWO (2021). Plants of the World Online. Facilitated by the Royal Botanic Gardens, Kew. Available at: http://www.plantsoftheworldonline.org/

Premier African Minerals (2020). Catapu Limestone Project. Available at: https://www.premierafricanminerals.com/mozambique/catapu-limestone-project

Radford, E.A. & Odé, B. (eds) (2009). Conserving Important Plant Areas: investing in the green gold of South East Europe. Plantlife International, Salisbury. Available at: http://www.plantlife.org.uk/uploads/documents/IPAa_SEE_report_web.pdf

Raimondo, D. & Scott-Shaw, C.R. (2007). *Thesium jeanae* Brenan. National Assessment: Red List of South African Plants version 2020.1. Available at: http://redlist.sanbi.org/species.php?species=699-94

Rainforest Trust (2021). Safeguard the Highest Peaks of Mount Namuli. Available at: https://www.rainforesttrust.org/projects/safeguard-the-highest-peaks-of-mount-namuli/

Ramsar (2011). Lake Niassa Ramsar Site. Available at: https://rsis.ramsar.org/ris/1964

Read, M. (2020). São Sebastião Plant Species Checklist. Unpubl. report. Santuario Bravio de Vilanculos.

Remane, I.A.D. & Therrell, M.D. (2019). Tree-ring analysis for sustainable harvest of *Millettia stuhlmannii* in Mozambique. *South African Journal of Botany* 125: 120 – 125. https://doi.org/10.1016/j.sajb.2019.07.012

Richards, S.L. (2021a). *Streptocarpus leptopus*. The IUCN Red List of Threatened Species 2021: e.T184921539A184921757. https://dx.doi.org/10.2305/IUCN.UK.2021-2.RLTS.T184921539A184921757.en.

Richards, S.L. (2021b). *Gyrodoma hispida*. The IUCN Red List of Threatened Species 2021: e.T172305210A172352491. https://dx.doi.org/10.2305/IUCN.UK.2021-2.RLTS.T172305210A172352491.en.

Richards, S.L. (In press [a]). *Celosia pandurata*. IUCN Red List of Threatened Species.

Richards, S.L. (In press [b]). *Triceratella drummondii*. The IUCN Red List of Threatened Species.

Richards, S.L. (In press [c]). *Elaeodendron fruticosum*. The IUCN Red List of Threatened Species.

Richards, S.L. (In press [d]). *Millettia ebenifera*. IUCN Red List of Threatened Species.

Riddell, I., Lockwood, G., Marais, E., Davis, G., Parker, V., The Mutare Bird Club & BirdLife Zimbabwe. (n.d.). The Birds of Catapú. The Birds and Trees of Catapú and environs. Available at: https://static1.squarespace.com/static/54004981e4b0cd9fe3d19b85/t/55af7dbbe4b04fd6bca7d7c4/1437564347400/cataputreeandbirdsforweb.pdf

Rodrigues, C.J., Bettencourt, A.J. & Rijo, L. (1975). Races of the pathogen and resistance to coffee rust. *Annual Review of Phytopathology* 13: 49 – 70.

Røhnebæk Bjergene, L. (2015). Promised jobs that never materialised: Forestry investments in Niassa Province, Mozambique – benefits and challenges. Masters Thesis, Norwegian University of Life Sciences. Available at: http://hdl.handle.net/11250/2368469

Rokni, S., Wursten, B. & Darbyshire, I. (2019) *Synsepalum chimanimani* (Sapotaceae), a new species from the

Chimanimani Mountains of Mozambique and Zimbabwe, with notes on the botanical importance of this area. *PhytoKeys* 133: 115 – 132. https://doi.org/10.3897/phytokeys.133.38694

Rousseau, P., Vorster, P.J., Afonso, A.V. & Van Wyk, A. (2015). Taxonomic notes on *Encephalartos ferox* (Cycadales: Zamiaceae), with the description of a new subspecies from Mozambique. *Phytotaxa* 204: 99 – 115. http://dx.doi.org/10.11646/phytotaxa.204.2.1

Roux, F. & Hoffman, A. (2017). *Chetia brevis*. The IUCN Red List of Threatened Species 2017: e.T4626A99450207. https://dx.doi.org/10.2305/IUCN.UK.2017-3.RLTS.T4626A99450207.en.

Rulkens, A.J.H. & Baptista, O.J. (2009). Field observations and local uses of the poorly known *Sansevieria pedicellata* from Manica province in Mozambique. *Sansevieria* 20: 2 – 7.

Ryan, P.G., Bento, C., Cohen, C., Graham, J., Parker, V. & Spottiswoode, C. (1999). The avifauna and conservation status of the Namuli Massif, northern Mozambique. *Bird Conservation International* 9: 315 – 331. https://doi.org/10.1017/S0959270900003518

SBV (Santuario Bravio de Vilanculos Lda.) (2017a). A Review of Co-Management Models for Conservation Areas in Mozambique. Available at: https://biofund.org.mz/wp-content/uploads/2017/08/Cabo-Sao-Sebastiao--Santuario-Bravio-25-July.pdf

SBV (Santuario Bravio de Vilanculos Lda.) (2017b). The Sanctuary Brochure. Available at: https://mozsanctuary.com/wp-content/uploads/2017/07/The-Sanctuary-Brochure.pdf

Schaefer, H. (2009). *Momordica mossambica* sp. nov. (Cucurbitaceae) from miombo woodland in northern Mozambique. *Nordic Journal of Botany* 27: 359 – 361. https://doi.org/10.1111/j.1756-1051.2009.00515.x

Schipper, J. & Burgess N. (2015) Ecoregions: Southern-east Africa: Mozambique, Tanzania, Malawi and Zimbabwe. Available at: https://www.worldwildlife.org/ecoregions/at0128

Senkoro, A., Shackleton, C., Voeks, R. & Ribeiro, A. (2019). Uses, knowledge, and management of the threatened Pepper-bark tree (*Warburgia salutaris*) in southern Mozambique. *Economic Botany* 73: 304 – 324.

Senkoro, A., Talhinhas, P., Simões, F., BatistaSantos, P., Shackleton, C., Voeks, R., Marques, I. & RibeiroBarros, A. (2020). The genetic legacy of fragmentation and overexploitation in the threatened medicinal African pepperbark tree, *Warburgia salutaris*. *Scientific Reports* 10: 19725. https://doi.org/10.1038/s41598-020-76654-6 Downloaded on 25 June 2021.

Shah, T., Darbyshire, I. & Matimele, H. (2018). *Olinia chimanimani* (Penaeaceae), a new species endemic to the Chimanimani Mountains of Mozambique and Zimbabwe. *Kew Bulletin* 73: 36.. https://doi.org/10.1007/s12225-018-9757-2

Shapiro, A., Poursanidis, D., Traganos, D., Teixeira, L., Muaves, L. (2020). Mapping and Monitoring the Quirimbas National Park Seascape. WWF-Germany, Berlin. Available at: https://www.researchgate.net/publication/342626184

Short, F.T., Coles, R., Waycott, M., Bujang, J.S., Fortes, M., Prathep, A., Kamal, A.H.M., Jagtap, T.G., Bandeira, S., Freeman, A., Erftemeijer, P., La Nafie, Y.A., Vergara, S., Calumpong, H.P. & Makm, I. (2010). *Zostera capensis*. The IUCN Red List of Threatened Species 2010: e.T173370A7001305. https://dx.doi.org/10.2305/IUCN.UK.2010-3.RLTS.T173370A7001305.en

Siebert, S.J., Bandiera, S.O., Burrows, J.E. & Winter, P.J. (2002). SABONET southern Mozambique expedition 2001. *SABONET News* 7: 6 – 18.

Silveira, P. & Paiva, J. (2009) Second report on the floristic survey conducted at Vamizi and Rongui Islands, Cabo Delgado, Mozambique. Unpubl. report. Universidade de Aveiro.

Smith, T. J. (2005). Important plant areas (IPAs) in southern Africa. Combined proceedings of workshops held in Mozambique, Namibia and South Africa. Southern African Botanical Diversity Network Report No. 39. SABONET, Pretoria.

Smith, R. J., Easton, J., Nhancale, B. A., Armstrong, A. J., Culverwell, J., Dlamini, S.D., Goodman, P.S., Loffler, L., Matthews, W. S., Monadjem, A., Mulqueeny, C.M., Ngwenya, P., Ntumi, C.P., Soto, B. & Leader-Williams, N. (2008). Designing a transfrontier conservation landscape for the Maputaland centre of endemism using biodiversity, economic and threat data. *Biological Conservation* 141: 2127 – 2138.

Sörbom, J. & Gasim, A. (2018). Solid Waste Management at Inhaca Island. School of Architecture and the Built Environment. KTH Royal Institute of Technology, Stockholm.

South Africa Travel Online (2021). Cruises to Pomene from Durban 2021/2022. Available at: https://www.southafrica.to/transport/cruises/Durban/pomene/pomene.php

Spottiswoode, C.N., Patel, I.H., Herrmann, E., Timberlake, J. & Bayliss, J. (2008). Threatened bird species on two little-known mountains (Chiperone and Mabu) in northern Mozambique. *Ostrich* 79: 1 – 7. https://doi.org/10.2989/OSTRICH.2008.79.1.1.359

Spottiswoode, C.N., Fishpool, L.D.C. & Bayliss, J.L. (2016). Birds and biogeography of Mount Mecula in Mozambique's Niassa National Reserve. *Ostrich* 87: 281 – 284. https://doi.org/10.2989/00306525.2016.1206041

Stahl, M. (2020). Pyric Herbivory: Understanding Fire-Herbivore Interactions in Gorongosa National Park. Department of Ecology and Evolutionary Biology. Princeton University.

Stalmans, M. & Beilfuss, R. (2008). Landscapes of the Gorongosa National Park. Gorongosa Research Center. Available at: https://www.researchgate.net/publication/314878798

Stalmans, M., Davies, G.B.P., Trollip, J. & Poole, G. (2014). A major waterbird breeding colony at Lake Urema, Gorongosa National Park, Moçambique. *Durban Natural Science Museum Novitates* 37: 54 – 57.

Stalmans, M.E., Massad, T.J., Peel, M.J.S., Tarnita, C.E. & Pringle, R.M. (2019). War-induced collapse and asymmetric recovery of large-mammal populations in Gorongosa National Park, Mozambique. *PLoS ONE* 14: e0212864. https://doi.org/10.1371/journal.pone.0212864

Steinbruch, F. (2010). Geology and geomorphology of the Urema Graben with emphasis on the evolution of Lake Urema. *Journal of African Earth Sciences* 58: 272 – 284.

Strugnell, A.M. (2002). Endemics of Mt. Mulanje. The Endemic Spermatophytes of Mt. Mulanje, Malawi. *Systematics and Geography of Plants* 72: 11 – 26. Available at: http://www.jstor.org/stable/3668760

Symes, C. (2012). Mangrove Kingfishers (*Halcyon senegaloides*; Aves: Alcedinidae) nesting in arboreal Nasutitermes (Isoptera: Termitidae Nasutitermitinae) termitaria in central Mozambique. *Annals of the Ditsong National Museum of Natural History* 2: 146 – 152.

TCT Dalmann (2020). *Catapu*. Available at: https://www.dalmann.com/

TEEB (2010). The Economics of Ecosystems and Biodiversity: Mainstreaming the Economics of Nature: A Synthesis of the Approach, Conclusions and Recommendations of TEEB. Available at: http://teebweb.org/publications/teeb-for/synthesis/

Thiers, B. [continuously updated]. Index Herbariorum: A global Directory of Public Herbaria and Associated Staff. New York Botanical Garden's Virtual Herbarium. Available at: http://sweetgum.nybg.org/science/ih/

Timberlake, J. (2017). Mt Namuli – a conservation update. Unpubl. report for Legado, Mozambique. Sussex, UK.

Timberlake, J. (2019). *Erythrococca zambesiaca*. The IUCN Red List of Threatened Species 2019: e.T146427908A146819180. https://dx.doi.org/10.2305/IUCN.UK.2019-3.RLTS.T146427908A146819180.en.

Timberlake, J. (2020). *Pavetta chapmanii*. The IUCN Red List of Threatened Species 2020: e.T146652565A146819426. https://doi.org/https://dx.doi.org/10.2305/IUCN.UK.2020-2.RLTS.T146652565A146819426.en

Timberlake, J. (2021a). A first plant checklist for Mt. Namuli, northern Mozambique. *Kirkia* 19: 191 – 225.

Timberlake, J.R. (2021b). *Vepris myrei*. The IUCN Red List of Threatened Species 2021: e.T146722255A146819491. https://dx.doi.org/10.2305/IUCN.UK.2021-3.RLTS.T146722255A146819491.en.

Timberlake, J. & Chidumayo, E. (2011). Miombo Ecoregion Vision Report. *Occasional Publications in Biodiversity* 20. https://doi.org/10.1109/mcs.1983.1104758

Timberlake, J., Golding, J. & Clarke, P. (2004). Niassa Botanical Expedition. *Occasional Publications in Biodiversity* 12. Available at: http://www.biodiversityfoundation.org/documents/BFA No.12_Niassa Botany.pdf

Timberlake, J., Bayliss, J., Alves, T., Baena, S., Harris, T. & Sousa, C. da. (2007). Biodiversity and Conservation of Mount Chiperone, Mozambique. Report for Darwin Initiative Award 15/036: Monitoring and Managing Biodiversity Loss in South-east Africa's Montane Ecosystems. Available at: https://biofund.org.mz/wp-content/uploads/2018/12/1544778472-F2339.Darwin%20Initiative%20Award%2015%20036%20Monitoring%20and%20Managing%20Biodiversity%20Loss%20in%20Sout_2007_Timberlake_Et_Al_Chiperone.Pdf

Timberlake, J., Dowsett-Lemaire, F., Bayliss, J., Alves, T., Baena, S., Bento, C., Cook, K., Francisco, J., Harris, T., Smith, P. & de Sousa, C. (2009). Mt Namuli, Mozambique: Biodiversity and Conservation. Report produced under Darwin Initiative Award 15/036. Royal Botanic Gardens, Kew. Available at: http://www.biofund.org.mz/wp-content/uploads/2019/09/1568639660-F1232.2009-Timberlake-Et-Al-Namuli.Pdf

Timberlake, J., Goyder, D., Crawford, F. & Pascal, O. (2010). Coastal dry forests in Cabo Delgado Province, northern Mozambique: Botany and vegetation. Report for ProNatura International. Royal Botanic Gardens, Kew.

Timberlake, J., Goyder, D., Crawford, F., Burrows, J.E., Clarke, G.P., Luke, Q., Matimele, H., Müller, T., Pascal, O., de Sousa, C. & Alves T. (2011). Coastal dry forests in northern Mozambique. *Plant Ecology and Evolution* 144: 126 – 137. https://doi.org/10.5091/plecevo.2011.549

Timberlake, J., Bayliss, J., Dowsett-Lemaire, F., Congdon, C., Branch, B., Collins, S., Curran, M., Dowsett, R.J., Fishpool, L., Francisco, J., Harris, T., Kopp, M. & Sousa, C. de (2012). Mt Mabu, Mozambique: Biodiversity and Conservation. Report for Darwin Initiative Award 15/036: Monitoring and Managing Biodiversity Loss in South-East Africa's Montane Ecosystems. Royal Botanic Gardens, Kew. https://www.kew.org/sites/default/files/Mabu%20report_Final%202012_0.pdf

Timberlake, J., Matimele, H. & Massingue, A. (2014). Environmental Assessment of Proposed Road Alignment – Pemba to Mocimboa da Praia, Northern Mozambique: Plants and Vegetation. Unpubl. report prepared for ERM (Southern Africa).

Timberlake, J.R., Darbyshire, I., Wursten, B., Hadj-Hammou, J., Ballings, P., Mapaura, A., Matimele, H., Banze, A., Chipanga, H., Muassinar, D., Massunde, M., Chelene, I., Osborne, J. & Shah, T. (2016a). Chimanimani Mountains: Botany and Conservation. Report produced under CEPF Grant 63512. Royal Botanic Gardens, Kew. Available at: https://www.birdlife.org/sites/default/files/attachments/kew_chimanimani_cepf_report_revised-lr.pdf

Timberlake, J.R., Darbyshire, I., Cheek, M., Banze, A., Fijamo, V., Massunde, J., Chipanga, H. & Muassinar, D. (2016b). Plant conservation in communities on the Chimanimani footslopes, Mozambique. Report for Darwin Initiative Award 2380: Balancing Conservation and Livelihoods in the Chimanimani Forest Belt, Mozambique. Royal Botanic Gardens, Kew. Available at: https://www.kew.org/sites/default/files/Chimanimani%20Darwin%20report%2C%20FINAL.pdf

Timberlake, J., Matimele, H.A., Alves, M.T., Banze, A., Chelene, I., Darbyshire, I., Datizua, C., De Sousa, C., Langa, C., Mtshali, H., Mucaleque, P.A., Odorico, D., Osborne, J., Rokni, S., Viegas, A. & Vilanculos, A. (2018). *Maranthes goetzeniana*. The IUCN Red List of Threatened Species 2018: e.T120955453A120980208. https://dx.doi.org/10.2305/IUCN.UK.2018-2.RLTS.T120955453A120980208.en

Timberlake, J., Ballings, P., de Deus Vidal Jr, J., Wursten, B., Hyde, M., Mapaura, A., Childes, S., Palgrave, M.C. & Clark, V.R. (2020). Mountains of the Mist: a first plant checklist for the Bvumba Mountains, Manica Highlands (Zimbabwe-Mozambique). *PhytoKeys* 145: 93 – 129. https://doi.org/10.3897/phytokeys.145.49257

Tokura, W., Matimele, H., Smit, J. & Hoffman, M. (2020). Long-term changes in forest cover in a global biodiversity hotspot in southern Mozambique. *Bothalia* 50: 95 – 97. https://doi.org/10.38201/btha.abc.v50.i1.1.

Tolley, K. (2017). Hidden Under the Clouds: Species Discovery in the Unexplored Montane Forests of Mozambique to Support New Key Biodiversity Areas. Report for CEPF Small Grant Project. Available at: https://www.cepf.net/grants/grantee-projects/identify-new-eastern-afromontane-key-biodiversity-areas-ribaue-and-inago-and

Tolley, K. (2018). Into the Clouds: Surveying the Sky Islands of Mozambique (Part 1). South African Biodiversity Institute. Available at: https://www.sanbi.org/news/into-the-clouds-surveying-the-sky-islands-of-mozambique-part-1/

Tolley, K.A., Farooq, H., Verburgt, L., Alexander, G.J., Conradie, W., Raimundo, A., & Sardinha, C.I.V. (2019a). *Cordylus meculae*. The IUCN Red List of Threatened Species 2019: e.T177561A120594696. https://dx.doi.org/10.2305/IUCN.UK.2019-2.RLTS.T141800272A141800288.en

Tolley, K.A., Verburgt, L., Alexander, G.J., Conradie, W., Farooq, H., Raimundo, A., Sardinha, C.I.V. & Bayliss, J. (2019b). *Rhampholeon bruessoworum*. The IUCN Red List of Threatened Species 2019: e.T61366030A149766721. https://dx.doi.org/10.2305/IUCN.UK.2019-3.RLTS.T61366030A149766721.en.

Tolley, K., Farooq, H., Verburgt, L., Alexander, G.J., Conradie, W., Raimundo, A., Sardinha, C.I.V. & Bayliss, J. (2019c). *Rhampholeon nebulauctor*. The IUCN Red List of Threatened Species 2019: e.T61365784A149767278.

Üllenberg, A., Buchberger, C., Meindl, K., Rupp, L., Springsguth, M. & Straube, B. (2014). Evaluating Cross-borders Natural Resource Management Projects: Mhlumeni Goba Community Tourism and Conservation initiative Lubombo Conservancy – Goba TFCA. Berlin, Germany. Unpubl. report. https://tfcaportal.org/system/files/resources/Evaluationreport_part_LCG.pdf

Üllenberg, A., Buchberger, C., Meindl, K., Rupp, L., Springsguth, M. & Straube, B. (2015). Evaluating Cross-Borders Natural Resource Management Projects: Community-based Tourism Development and Fire Management in Conservation Areas of the SADC Region. Berlin, Germany. Unpubl. report.

UNEP (2021). The Species+ Website. Nairobi, Kenya. UNEP-WCMC, Cambridge, UK. Available at: www.speciesplus.net

UNEP-WCMC (2021). Protected Area Profile for Mozambique from the World Database of Protected Areas, November 2021. Available at: www.protectedplanet.net

UNESCO (2020). UNESCO World Heritage Sites: Island of Mozambique. Available at: https://whc.unesco.org/en/list/599/multiple=1&unique_number=709

URS/Scott Wilson (2011). Scoping Study Report on the Moebase and Naburi Mineral Sands Deposits, Mozambique. Report prepared for Pathfinder Minerals plc. URS/Scott Wilson, Chesterfield. Available at: http://www.pathfinderminerals.com/~/media/Files/P/Pathfinders-ECW/Attachments/pdf/pathfinder-Minerals-Scoping-Study-Report.pdf

van Berkel, T., Sumbane, E., Jones, S.E. & Jocque, M. (2019). A mammal survey of the Serra Jeci Mountain Range, Mozambique, with a review of records from northern Mozambique's inselbergs. *African Zoology* 54: 31 – 42. https://doi.org/10.1080/15627020.2019.1583081

van der Weijden, W., Leewis, R. & Bol, P. (2004). 100 of the World's Worst Invasive Alien Species: a selection from the Global Invasive Species Database. *Aliens* 12. https://doi.org/10.1163/9789004278110_019

van Velzen, R., Collins, S.C., Brattstrom, O. & Congdon, C.E. (2016). Description of a new *Cymothoe* Hübner, 1819 from northern Mozambique (Lepidoptera: Nymphalidae: Limenitidinae). *Metamorphosis* 27: 34 – 41. Available at: https://www.researchgate.net/publication/304526494

van Wyk, A. (1996). Biodiversity of Maputaland Centre. pp. 198 – 207. in: van der Maesen, L., van der Burgt, X., van Medenbach, R. (eds). The Biodiversity of African Plants: Proceedings XIVth AETFAT congress 22 – 27 August 1994, Wageningen, The Netherlands. Springer Netherlands, Dordrecht.

van Wyk, A.E. & Smith, G.F. (2001). Regions of Floristic Endemism in Southern Africa. A Review With Emphasis on Succulents. Umdaus Press, Hatfield, South Africa.

Vaz, K., Norton, P., Avaloi, R., Chambal, H., Afonso, P.S., Falcão, M.P., Pereira, M. & Videira, E. (2008). Plano de Maneio do Parque Nacional do Arquipélago do Bazaruto 2008 – 2012. Ministério do Turismo Direcção Nacional das Áreas de Conservação, Maputo. Available at: https://www.biofund.org.mz/wp-content/uploads/2019/01/1548237006-VOL%201%20-%20PNAB%20PM.pdf

Verdcourt, B. (2000). Leguminosae (part 6). In: Pope, G.V. (ed.), *Flora Zambesiaca*, Vol. 3(6). Royal Botanic Gardens, Kew.

Virtanen, P. (2002). The role of customary institutions in the conservation of biodiversity: sacred forests in Mozambique. *Environmental Values* 11: 227 – 241.

von Staden, L. & Lötter, M. (2018). *Barleria oxyphylla* Lindau. National Assessment: Red List of South African Plants version 2020.1. Available at: http://redlist.sanbi.org/species.php?species=3909-58

Wabuyele E., Sitoni D., Njau E.-F., Mboya E.I., Lyaruu H.V.M., Kindeketa W., Kalema J., Kabuye C., Kamau P., Luke W.R.Q., Malombe I., Mollel N., Schatz G.E. & Ssegawa P. (2020). *Hugonia grandiflora*. The IUCN Red List of Threatened Species 2020: e.T158188A765731.

Warren, M. (2019). Why Cyclone Idai is one of the Southern Hemisphere's most devastating storms. *Nature News*. https://doi.org/10.1038/d41586-019-00981-6

WCS, Government of Mozambique & USAID (2021). Key Biodiversity Areas (KBAs) identified in Mozambique: Factsheets VOL. II. USAID / SPEED+, Maputo. Available at: https://www.biofund.org.mz/wp-content/uploads/2021/05/1622195386-2021_KBAs_Moz_vol_ii_Factsheets_EN.pdf

White, F. (1983a). Vegetation of Africa. A Descriptive Memoir to Accompany the UNESCO/AETFAT/UNSO Vegetation Map of Africa. Natural Resources Research 20. UNESCO, Paris.

White, F. (1983b). Ebenaceae. pp. 248 – 300. In: Launert, E. (ed.), *Flora Zambesiaca*, Vol. 7(1). Flora Zambesiaca Managing Committee, London.

Wieringa, J.J. (1999). Monopetalanthus exit. A systematic study of *Aphanocalyx, Bikinia, Icuria, Michelsonia* and *Tetraberlinia* (Leguminosae, Caesalpinioideae). *Wageningen Agricultural University Papers* 99: 1 – 320. Available at: https://edepot.wur.nl/162697

Wild, H. & Barbosa, L.A.G. (1968). Vegetation map of the Flora Zambesiaca area (1: 250,000 scale). Supplement to *Flora Zambesiaca*. M.O. Collins, Salisbury [Harare], Zimbabwe.

Wildlife Conservation Society Mozambique (2021). Niassa Special Reserve. Available at: https://mozambique.wcs.org/Wild-Places/Niassa-National-Reserve

Williams, V.L., Raimondo, D., Crouch, N.R., Cunningham, A.B., Scott-Shaw, C.R., Lötter, M. & Ngwenya, A.M. (2008). *Dioscorea sylvatica* Eckl. National Assessment: Red List of South African Plants version 2020.1. Available at: http://redlist.sanbi.org/species.php?species=1777-4002

Willis, K.J. (ed.) (2017). State of the World's Plants 2017. Report. Royal Botanic Gardens, Kew.

Wisborg, P. & Jumbe, C.B.L. (2010). Mulanje Mountain Biodiversity Conservation Project: Mid-Term Review for the Norwegian Government. Noragric Report No. 57. Norwegian University of Life Science. Available at: https://hdl.handle.net/11250/2646182

Woodcock, C.E., Allen, A.A., Anderson, M., Belward, A.S., Bindschadler, R., Cohen, W.B., Gao, F., Goward, S.N., Helder, D., Helmer, E., Nemani, R., Oreapoulos, L., Schott, J., Thenkabail, P.S., Vermote, E.F., Vogelmann, J., Wulder, M.A. & Wynne, R. (2008). Free Access to Landsat Imagery. *Science* 320: 1011. https://doi.org/10.1126/science.320.5879.1011a

Woolley, A.R. (1987). Alkaline Rocks and Carbonatites of the World: Africa. Geological Society of London.

World Bank (2018). Mozambique Country Forest Note. Report No: AUS0000336. Available at: http://documents.worldbank.org/curated/en/693491530168545091/Mozambique-Country-forest-note

World Bank (2019). Disaster Risk Profile: Mozambique. Available at: https://www.gfdrr.org/en/publication/disaster-risk-profile-mozambique

World Bank (2020). Poverty and Shared Prosperity 2020: Reversals of Fortune. https://doi.org/10.1596/978-1-4648-1602-4.

World Bank (2021). World Bank Open Data. Available at: https://data.worldbank.org/

World Resources Institute (2020 – 2021). Global Forest Watch. Available at: www.globalforestwatch.org

World Weather Online (2021). https://www.worldweatheronline.com

Wursten, B., Timberlake, J. & Darbyshire, I. (2017). The Chimanimani Mountains: An updated checklist. *Kirkia* 19: 70 – 100.

Wursten, B., Bridson, D., Janssens, S.B. & De Block, P. (2020). A new species of *Sericanthe* (Coffeeae, Rubiaceae) from Chimanimani Mountains, Mozambique-Zimbabwe border. *Phytotaxa* 430: 109 – 118. https://doi.org/10.11646/phytotaxa.430.2.3

WWF (2011). Lake Niassa Declared a Reserve. Available at: https://www.worldwildlife.org/stories/lake-niassa-declared-a-reserve

WWF Mozambique (2016). A triste história do massacre de elefantes na Reserva de Taratibu. Available at: https://www.wwf.org.mz/noticias/?2500/A-triste-histria-do-massacre-de-elefantes-na-Reserva-de-Taratibu

Wyse, S.V. & Dickie, J.B. (2018). Taxonomic affinity, habitat and seed mass strongly predict seed desiccation response: a boosted regression trees analysis based on 17,539 species. *Annals of Botany* 121: 71 – 83. https://doi.org/10.1093/aob/mcx128

MAPA DE REFERÊNCIA

MAPAS DE IMAGENS

Mapa base: World Imagery. (2021). Esri, Maxar, GeoEye, Earthstar Geographics, CNES/Airbus DS, USDA, USGS, AeroGRID, IGN and the GIS User Community.

MAPAS DE REFERÊNCIA

Fronteiras do País e limites das Províncias : Global Administrative Areas. (2021). Base de dados do GADM Global Administrative Areas, versão 2.8. Disponível em: www.gadm.org.

Sombreamento: Williams J.J. (Unpublished). 90m hillshade DEM. Royal Botanic Gardens Kew. Made with NASA Shuttle Radar Topography Mission (SRTM) (2013). Shuttle Radar Topography Mission (SRTM) Global. Distribuído por OpenTopography.

Localizações: National Geospatial-Intelligence Agency. (2021). Files completos dos Nomes Geográficos e Áreas Geográficas: Moçambique. Disponíveis em: https://geonames.nga.mil/gns/html/namefiles.html.

Localizações Principais: Natural Earth. (2021). Populated Places: Large scale data 1:10m, Versão 4.1.0.Disponivel em: naturalearth.com.

Áreas Protegidas: UNEP-WCMC and IUCN. (2021). Protected Planet: The World Database on Protected Areas (WDPA), September 2021. Cambridge, UK. Disponível em: www.protectedplanet.net.

Estradas: Roads and Defense Mapping Agency (DMA). (1992). Digital Chart of the World. Defense Mapping Agency, Fairfax, Virginia.

Natural Earth. (2021). Roads: Large scale data 1:10m. Disponível em: naturalearth.com

Cobertura de copas: Williams J.J. (Unpublished). Mozambique Tree Cover WTL1. Royal Botanic Gardens, Kew. Realizado com o arquivo Landsat, cortesia de U.S. Geological Survey in Google Earth Engine.

Corpos de água-Lagos: Natural Earth. (2021). Lakes and Reservoirs: Large scale data 1:50m. Disponível em: naturalearth.com

Corpos de água- Rios: Natural Earth. (2021). Rivers and Lake Centrelines: Large scale data 1:50m. Disponível em : naturalearth.com

APÊNDICE: LISTA DE TAXA DE PLANTAS A(i) E B(ii) DE MOÇAMBIQUE

A tabela abaixo lista todos os taxa moçambicanos que podem despoletar o sub-critério A(i) ou contribuir para despoletar B(ii) dos critérios da IPA (ver capítulo "Identificação de Áreas Importantes de Plantas de Moçambique: Métodos & Recursos" para detalhes completos sobre cada sub-critério). A(i) Taxa qualificados são aqueles avaliados como ameaçados na Lista Vermelha de Espécies Ameaçadas da UICN, embora certos limites devam ser satisfeitos em cada local para que ele se qualifique como uma IPA sob A(i). Os Taxa listados em B(ii) são endémicos nacionais ou têm uma distribuição inferior a 10.000 km². No total, existem 507 taxa que podem contribuir para despoletar o B(ii) num local.

As seguintes espécies foram removidas da tabela abaixo:

- *Cola discoglypremnophylla* (EN), embora esta espécie provavelmente ocorra em Moçambique, não há material fértil para confirmar a sua presença;

- *Grevea eggelingii* var. *echinocarpa* (EN), possivelmente sinónimo da espécie Quase Ameaçada *Grevea eggelingii* var. *eggelingii*; e

- *Ixora scheffleri* subsp. *scheffleri* (VU), uma vez que esta sub-espécie tem uma distribuição mais ampla da que foi considerada na avaliação da Lista Vermelha.

Familia	Táxon	A(i) Avaliação da Lista Vermelha de Espécies da UICN	B(ii) Estatuto de Endemismo	IPAs
Acanthaceae	*Asystasia malawiana* Brummitt & Chisumpa	VU B2ab(iii)		Monte Mabu, Monte Namuli
Acanthaceae	*Barleria fissimuroides* I.Darbysh.	EN B2ab(iii)	<10k km²	
Acanthaceae	*Barleria fulvostellata* C.B.Clarke subsp. *mangochiensis* I.Darbysh.	EN B1ab(iii)	<10k km²	
Acanthaceae	*Barleria laceratiflora* Lindau	EN B2ab(iii)	<10k km²	Ilhas de Goa e Sena
Acanthaceae	*Barleria oxyphylla* Lindau	VU B1ab(ii,iii) +2ab(ii,iii)	<10k km²	Namaacha
Acanthaceae	*Barleria rhynchocarpa* Klotzsch	VU B2ab(ii,iii,iv)		Arquipélago das Quirimbas
Acanthaceae	*Barleria setosa* (Klotzsch) I.Darbysh.	EN B1ab(i,ii,iii,iv) +2ab(i,ii,iii,iv)	Endémica	Ilhas de Goa e Sena
Acanthaceae	*Barleria torrei* I.Darbysh.	EN B1ab(iii)+2ab(iii)	Endémica	Planalto de Njesi
Acanthaceae	*Barleria vollesenii* I.Darbysh.	EN B2ab(iii)	<10k km²	
Acanthaceae	*Barleria whytei* S.Moore	EN B2ab(iii)		Ilha de Vamizi
Acanthaceae	*Blepharis dunensis* Vollesen	EN B1ab(iii)+2ab(iii)	Endémica	Quinga
Acanthaceae	*Blepharis gazensis* Vollesen		Endémica	
Acanthaceae	*Blepharis swaziensis* Vollesen		<10k km²	
Acanthaceae	*Blepharis torrei* Vollesen		<10k km²	
Acanthaceae	*Cephalophis lukei* Vollesen	EN B2ab(iii)		Floresta de Inhamitanga

Familia	Táxon	A(i) Avaliação da Lista Vermelha de Espécies da UICN	B(ii) Estatuto de Endemismo	IPAs
Acanthaceae	*Dicliptera quintasii* Lindau	VU B1ab(ii,iii,iv,v) +2ab(ii,iii,iv,v)	<10k km²	
Acanthaceae	*Dicliptera* sp. B of F.Z.		Endémica	Floresta de Inhamitanga
Acanthaceae	*Duosperma dichotomum* Vollesen	VU D2	Endémica	Rio Muàgámula
Acanthaceae	*Ecbolium hastatum* Vollesen	EN B2ab(iii)	Endémica	Chidenguele, Inhassoro-Vilanculos, Ilha da Inhaca Peninsula de São Sebastião
Acanthaceae	*Isoglossa namuliensis* I.Darbysh. & T.Harris	CR B1ab(iii)+2ab(iii)	Endémica	Monte Namuli
Acanthaceae	*Justicia attenuifolia* Vollesen	VU D2		Serra Mecula e Mbatamila
Acanthaceae	*Justicia gorongozana* Vollesen		Endémica	Catapú, Desfiladeiros de calcário de Cheringoma
Acanthaceae	*Justicia niassensis* Vollesen	EN B1ab(ii,iii) +2ab(ii,iii)	Endémica	Pemba?
Acanthaceae	*Justicia* sp. A of F.Z.	EN B2ab(ii,iii,v)	Endémica	Serra da Gorongosa
Acanthaceae	*Justicia* sp. B of F.Z.		Endémica	Desfiladeiros de calcário de Cheringoma
Acanthaceae	*Justicia subcordatifolia* Vollesen & I.Darbysh.		<10k km²	
Acanthaceae	*Lepidagathis plantaginea* Mildbr.	EN B2ab(iii)		
Acanthaceae	*Rhinacanthus submontanus* T.Harris & I.Darbysh.	VU B2ab(iii)		Serra da Gorongosa
Acanthaceae	*Sclerochiton apiculatus* Vollesen	VU B1ab(i,ii,iii,v) + 2ab(i,ii,iii,v)	<10k km²	Floresta de Licuáti
Acanthaceae	*Sclerochiton hirsutus* Vollesen	VU D2	Endémica	Monte Mabu, Monte Namuli
Aizoaceae	*Trianthema mozambiquensis* H.E.K.Hartmann & Liede		Endémica	
Amaranthaceae	*Caroxylon littoralis* (Moq.) Akhani & Roalson		<10k km²	
Amaranthaceae	*Celosia nervosa* C.C.Towns.		Endémica	Panda-Manjacaze
Amaranthaceae	*Celosia pandurata* Baker	VU B1ab(iii)+2ab(iii)	Endémica	Floresta de Inhamitanga, Monte Morrumbala, Vale Urema e Floresta de Sangrassa
Amaranthaceae	*Celosia patentiloba* C.C.Towns.	CR B2ab(iii), D	<10k km²	Planalto e Escarpas de Mueda
Amaranthaceae	*Salicornia mossambicensis* (Brenan) Piirainen & G.Kadereit		Endémica	Pomene
Amaryllidaceae	*Tulbaghia friesii* Suess.		<10k km²	

Familia	Táxon	A(i) Avaliação da Lista Vermelha de Espécies da UICN	B(ii) Estatuto de Endemismo	IPAs
Anacardiaceae	*Lannea welwitschii* (Hiern) Engl. var. *ciliolata* Engl.	EN B2ab(iii)		Planalto e Escarpas de Mueda
Anacardiaceae	*Ozoroa gomesiana* R.Fern. & A.Fern.	VU B1ab(iii)+2ab(iii)	Endémica	Inhassoro-Vilanculos, Mapinhane, Temane
Annonaceae	*Hexalobus mossambicensis* N.Robson	VU B2ab(iii)	Endémica	Escarpas do Baixo Rovuma, Floresta de Matibane, Quiterajo
Annonaceae	*Huberantha mossambicensis* (Vollesen) Chaowasku	CR B2ab(iii)	Endémica	
Annonaceae	*Monanthotaxis suffruticosa* P.H.Hoekstra	VU B2ab(iii)		Escarpas do Baixo Rovuma
Annonaceae	*Monanthotaxis trichantha* (Diels) Verdc.	VU B2ab(ii,iii,v)		Escarpas do Baixo Rovuma, Floresta de Matibane, Quiterajo
Annonaceae	*Monodora carolinae* Couvreur	EN B1ab(iii)+2ab(iii)	<10k km^2	Planalto e Escarpas de Mueda
Annonaceae	*Monodora stenopetala* Oliv.	VU B2ab(i,ii,iii,iv)		Catapú, Floresta de Inhamitanga
Annonaceae	*Uvaria rovumae* Deroin & Lötter	CR B1ab(iii)+2ab(iii); D	Endémica	Planalto e Escarpas de Mueda
Annonaceae	*Xylopia lukei* D.M.Johnson & Goyder	EN B1ab(ii,iii) +2ab(ii,iii)	<10k km^2	Escarpas do Baixo Rovuma
Annonaceae	*Xylopia tenuipetala* D.M.Johnson & Goyder	EN B1ab(ii,iii) +2ab(ii,iii)	Endémica	Quiterajo
Annonaceae	*Xylopia torrei* N.Robson	EN B2ab(ii,iii,iv,v)	Endémica	Floresta de Licuáti, Panda-Manjacaze
Apiaceae	*Afrosciadium rhodesicum* (Cannon) P.J.D.Winter	VU B1ab(iii)+2ab(iii)	<10k km^2	
Apiaceae	*Centella obtriangularis* Cannon	VU D2	Endémica	Montanhas de Chimanimani
Apiaceae	*Pimpinella mulanjensis* C.C.Towns.		<10k km^2	Monte Namuli
Apocynaceae	*Asclepias cucullata* (Schltr.) Schltr. subsp. *scabrifolia* (S.Moore) Goyder		<10k km^2	Montanhas de Chimanimani, Tsetserra
Apocynaceae	*Asclepias graminifolia* (Wild) Goyder		<10k km^2	Montanhas de Chimanimani
Apocynaceae	*Aspidoglossum glabellum* Kupicha	EN B1ab(iii)+2ab(iii)	<10k km^2	Montanhas de Chimanimani
Apocynaceae	*Aspidoglossum hirundo* Kupicha	VU B2ab(iii)		
Apocynaceae	*Ceropegia aloicola* M.G.Gilbert	EN B1ab(iii)	Endémica	Namaacha
Apocynaceae	*Ceropegia chimanimaniensis* M.G.Gilbert		<10k km^2	Montanhas de Chimanimani
Apocynaceae	*Ceropegia cyperifolia* Bruyns		Endémica	Monte Massangulo
Apocynaceae	*Ceropegia gracilidens* Bruyns		Endémica	

Familia	Táxon	A(i) Avaliação da Lista Vermelha de Espécies da UICN	B(ii) Estatuto de Endemismo	IPAs
Apocynaceae	Ceropegia muchevensis M.G.Gilbert	CR B1ab(i,ii,iii)	Endémica	
Apocynaceae	Ceropegia nutans (Bruyns) Bruyns	VU D1+D2	Endémica	Monte Namuli
Apocynaceae	Ceropegia vahrmeijeri (R.A.Dyer) Bruyns		<10k km²	
Apocynaceae	Cynanchum oresbium (Bruyns) Goyder	VU D2	Endémica	Monte Inago e Serra Merripa, Ribáuè-M'paluwe
Apocynaceae	Emicocarpus fissifolius K.Schum.& Schltr.	CR D	Endémica	
Apocynaceae	Huernia erectiloba L.C.Leach & Lavranos		Endémica	Monte Inago e Serra Merripa, Ribáuè-M'paluwe
Apocynaceae	Huernia leachii Lavranos		<10k km²	
Apocynaceae	Huernia verekeri Stent subsp. pauciflora (L.C.Leach) Bruyns		Endémica	
Apocynaceae	Landolphia watsoniana Rombouts	VU B2ab(iii)		Escarpas do Baixo Rovuma
Apocynaceae	Marsdenia gazensis S.Moore		<10k km²	
Apocynaceae	Orbea halipedicola L.C.Leach		Endémica	Vale de Urema e Floresta Sangrassa
Apocynaceae	Pachycarpus concolor E.Mey. subsp. arenicola Goyder		<10k km²	
Apocynaceae	Pleioceras orientale Vollesen	VU D2		Floresta de Inhamitanga
Apocynaceae	Raphionacme pulchella Venter & R.L.Verh.	EN B2ab(iii)		Montanhas de Chimanimani, Serra Mocuta
Apocynaceae	Stapelia unicornis C.A.Luckh.		<10k km²	
Apocynaceae	Stomatostemma pendulina Venter & D.V.Field	VU D2	Endémica	Ribáuè-M'paluwe
Apocynaceae	Strophanthus hypoleucos Stapf.	VU B2ab(iii)		Inselbergues das Quirimbas, Ribáuè-M'paluwe
Apocynaceae	Vincetoxicum monticola Goyder		<10k km²	Serra da Gorongosa, Tsetserra
Araceae	Gonatopus petiolulatus (Peter) Bogner	VU B2ab(iii)		Escarpas do Baixo Rovuma
Araceae	Stylochaeton euryphyllus Mildbr.	VU B2ab(iii)		Quiterajo
Araceae	Stylochaeton tortispathus Bogner & Haigh	VU D2	Endémica	Quiterajo
Araliaceae	Polyscias albersiana Harms	EN B1ab(iii)		
Arecaceae	Raphia australis Oberm. & Strey	VU A3c+4c; B1ab(iii,v)+2ab(iii,v); C1		Bilene-Calanga, Bobole, Chidenguele
Asparagaceae	Asparagus chimanimanensis Sebsebe		<10k km²	Montanhas de Chimanimani

Familia	Táxon	A(i) Avaliação da Lista Vermelha de Espécies da UICN	B(ii) Estatuto de Endemismo	IPAs
Asparagaceae	*Asparagus humilis* Engl.	EN B2ab(iii)		
Asparagaceae	*Asparagus radiatus* Sebsebe		<10k km²	Goba, Namaacha
Asparagaceae	*Chlorophytum pygmaeum* (Weim.) Kativu subsp. *rhodesianum* (Rendle) Kativu		<10k km²	Montanhas de Chimanimani
Asparagaceae	*Dracaena subspicata* (Baker) Byng & Christenh. (*Sansevieria subspicata* Baker)		Endémica	Desfiladeiros de calcário de Cheringoma, Ilha da Inhaca Pomene, Vale de Urema e Floresta Sangrassa
Asparagaceae	*Eriospermum mackenii* (Hook.f.) Baker subsp. *phippsii* (Wild) P.L.Perry		<10k km²	Montanhas de Chimanimani
Asphodelaceae	*Aloe argentifolia* T.A.McCoy, Rulkens & O.J.Baptista	VU D1	Endémica	Quedas de Água do Rio Lúrio, Chiúre
Asphodelaceae	*Aloe cannellii* L.C.Leach		Endémica	Serra Mocuta
Asphodelaceae	*Aloe decurva* Reynolds	CR B1ab(iii,v) +2ab(iii,v)	Endémica	Monte Zembe
Asphodelaceae	*Aloe menyharthii* Baker subsp. *ensifolia* S.Carter		Endémica	Monte Inago e Serra Merripa
Asphodelaceae	*Aloe mossurilensis* Elert	CR B2ab(iii)	Endémica	
Asphodelaceae	*Aloe ribauensis* T.A.McCoy, Rulkens & O.J.Baptista	EN B1ab(iii,v) +2ab(iii,v)	Endémica	Planalto e Escarpas de Mueda, Ribáuè-M'paluwe
Asphodelaceae	*Aloe rulkensii* T.A.McCoy & O.J.Baptista	CR B1ab(iii)+2ab(iii); D	Endémica	Ribáuè-M'paluwe
Asphodelaceae	*Aloe torrei* I.Verd. & Christian		Endémica	Monte Namuli
Asphodelaceae	*Aloe ballii* Reynolds var. *makurupiniensis* Ellert	VU D2	<10k km²	Terras baixas de Chimanimani
Asphodelaceae	*Aloe excelsa* A.Berger var. *breviflora* L.C.Leach		<10k km²	
Asphodelaceae	*Aloe hazeliana* Reynolds var. *hazeliana*		<10k km²	Montanhas de Chimanimani
Asphodelaceae	*Aloe hazeliana* Reynolds var. *howmanii* (Reynolds) S.Carter		<10k km²	Montanhas de Chimanimani
Asphodelaceae	*Aloe inyangensis* Christian var. *kimberleyana* S.Carter		<10k km²	Tsetserra
Asphodelaceae	*Aloe munchii* Christian		<10k km²	Montanhas de Chimanimani
Asphodelaceae	*Aloe plowesii* Reynolds	VU D2	<10k km²	Montanhas de Chimanimani
Asphodelaceae	*Aloe rhodesiana* Rendle	VU B1ab(iii)+2ab(iii)		Montanhas de Chimanimani, Serra da Gorongosa
Asphodelaceae	*Aloe wildii* (Reynolds) Reynolds		<10k km²	Montanhas de Chimanimani
Asteraceae	*Adelostigma athrixioides* Steetz [uncertain species]		Endémica	Montanhas de Chimanimani

Familia	Táxon	A(i) Avaliação da Lista Vermelha de Espécies da UICN	B(ii) Estatuto de Endemismo	IPAs
Asteraceae	*Anisopappus paucidentatus* Wild		<10k km²	Montanhas de Chimanimani
Asteraceae	*Aster chimanimaniensis* Lippert		<10k km²	Montanhas de Chimanimani
Asteraceae	*Blepharispermum brachycarpum* T.Erikss.	EN B1ab(iii)+2ab(iii)		
Asteraceae	*Bothriocline glomerata* (O.Hoffm. & Muschl.) C.Jeffrey	EN B2ab(i,ii,iii,iv,v)		
Asteraceae	*Bothriocline moramballae* (Oliv.& Hiern) O.Hoffm.		Endémica	Monte Morrumbala, Monte Nállume, Monte Namuli, Ribáuè-M'paluwe
Asteraceae	*Bothriocline steetziana* Wild & G.V.Pope		Endémica	Monte Inago e Serra Merripa
Asteraceae	*Cineraria pulchra* Cron		<10k km²	Montanhas de Chimanimani, Serra da Gorongosa, Tsetserra
Asteraceae	*Gutenbergia westii* (Wild) Wild & G.V.Pope	VU B1ab(iii)+2ab(iii)	<10k km²	Terras Baixas de Chimanimani, Montanhas de Chimanimani, Serra Mocuta
Asteraceae	*Gyrodoma hispida* (Vatke) Wild		Endémica	Vale de Urema e Floresta Sangrassa
Asteraceae	*Helichrysum acervatum* S.Moore		<10k km²	Tsetserra
Asteraceae	*Helichrysum africanum* (S.Moore) Wild		<10k km²	Montanhas de Chimanimani
Asteraceae	*Helichrysum chasei* Wild		<10k km²	Tsetserra
Asteraceae	*Helichrysum lastii* Engl.		<10k km²	Monte Namuli
Asteraceae	*Helichrysum moggii* Wild		Endémica	Ilha da Inhaca
Asteraceae	*Helichrysum moorei* Staner		<10k km²	Montanhs de Chimanimani
Asteraceae	*Helichrysum rhodellum* Wild		<10k km²	Montanhas de Chimanimani
Asteraceae	*Kleinia chimanimaniensis* van Jaarsv.		<10k km²	Terras baixas de Chimanimani, Montanhas de Chimanimani
Asteraceae	*Lopholaena brickellioides* S.Moore		<10k km²	Montanhas de Chimanimani, Tsetserra
Asteraceae	*Schistostephium oxylobum* S.Moore	VU B1ab(iii)+2ab(iii)	<10k km²	Montanhas de Chimanimani, Tsetserra
Asteraceae	*Senecio aetfatensis* B.Nord.		<10k km²	Montanhas de Chimanimani
Asteraceae	*Senecio forbesii* Oliv. & Hiern [uncertain species]		Endémica	
Asteraceae	*Senecio peltophorus* Brenan		<10k km²	Monte Mabu, Monte Namuli
Asteraceae	*Vernonia calvoana* (Hook.f.) Hook.f. subsp. *meridionalis* (Wild) C.Jeffrey (*Baccharoides calvoana* (Hook.f.) Isawumi subsp. *meridionalis* (Wild) Isuwami, El-Ghazaly & B.Nord.)		<10k km²	Serra da Gorongosa

Familia	Táxon	A(i) Avaliação da Lista Vermelha de Espécies da UICN	B(ii) Estatuto de Endemismo	IPAs
Asteraceae	*Vernonia muelleri* Wild subsp. *muelleri*		<10k km²	Terras baixas de Chimanimani, Montanhas de Chimanimani
Asteraceae	*Vernonia nepetifolia* Wild		<10k km²	Montanhas de Chimanimani
Balsaminaceae	*Impatiens psychadelphoides* Launert	VU B2ab(iii)		Monte Namuli
Balsaminaceae	*Impatiens salpinx* Schulze & Launert		<10k km²	Montanhas de Chimanimani
Balsaminaceae	*Impatiens wuerstenii* S.B.Janssens & Dessein	VU D2	Endémica	Serra da Gorongosa
Bignoniaceae	*Dolichandrone alba* (Sim) Sprague		Endémica	Mapinhane, Panda-Manjacaze, Temane
Boraginaceae	*Cordia mandimbana* E.S.Martins		Endémica	
Boraginaceae	*Cordia megiae* J.E.Burrows	VU D2	Endémica	Catapú, Floresta de Inhamitanga
Boraginaceae	*Cordia stuhlmannii* Gürke	VU B2ab(iii)	Endémica	Catapú, Floresta de Inhamitanga
Boraginaceae	*Cordia torrei* E.S.Martins	EN B2ab(iii)		Catapú
Burseraceae	*Canarium madagascariense* Engl.	EN B1ab(i,ii,iii,iv)+2ab(i,ii,iii,iv)		
Campanulaceae	*Lobelia blantyrensis* E. Wimm.		<10k km²	Monte Namuli
Campanulaceae	*Lobelia cobaltica* S.Moore		<10k km²	Montanhas de Chimanimani
Campanulaceae	*Wahlenbergia subaphylla* (Baker) Thulin subsp. *scoparia* (Wild) Thulin		<10k km²	Montanhas de Chimanimani
Canellaceae	*Warburgia salutaris* (G.Bertol.) Chiov.	EN A1acd		Goba, Floresta de Licuáti, Namaacha
Capparaceae	*Capparis viminea* Hook.f. & Thomson ex Oliv. var. *orthacantha* (Gilg & Gilg-Ben.) DeWolf		<10k km²	
Capparaceae	*Maerua andradae* Wild		Endémica	Rio Muàgámula, Planalto e Escarpas de Mueda
Capparaceae	*Maerua brunnescens* Wild		Endémica	Catapú, Floresta de Inhamitanga, Vale de Urema e Floresta Sangrassa
Capparaceae	*Maerua scandens* (Klotzsch) Gilg		Endémica	
Caprifoliaceae	*Pterocephalus centennii* M.J.Cannon	CR B1ab(iii)+B2ab(iii)	Endémica	Tsetserra
Caryophyllaceae	*Dianthus chimanimaniensis* S.S.Hooper	VU D2	Endémica	Montanhas de Chimanimani
Celastraceae	*Crossopetalum mossambicense* I.Darbysh.	EN B1ab(iii)+2ab(iii)	<10k km²	Escarpas do Baixo Rovuma

Familia	Táxon	A(i) Avaliação da Lista Vermelha de Espécies da UICN	B(ii) Estatuto de Endemismo	IPAs
Celastraceae	*Elaeodendron fruticosum* N.Robson	VU B2ab(ii,iii)	Endémica	Chidenguele, Inharrime-Závora, Inhassoro-Vilanculos, Pomene, Península de São Sebastião
Celastraceae	*Gymnosporia gurueensis* (N.Robson) Jordaan	EN B1ab(iii)+2ab(iii)	Endémica	Monte Namuli
Celastraceae	*Gymnosporia oxycarpa* (N.Robson) Jordaan		<10k km²	
Celastraceae	*Salacia orientalis* N.Robson	VU B2ab(iii)		Escarpas do Baixo Rovuma, Planalto e Escarpas de Mueda
Clusiaceae	*Garcinia acutifolia* N.Robson	VU B1+2c		Escarpas do Baixo Rovuma
Combretaceae	*Combretum caudatisepalum* Exell & J.G.García	VU D2	Endémica	Rio Muàgámula, Pemba
Combretaceae	*Combretum lasiocarpum* Engl.& Diels		Endémica	
Combretaceae	*Combretum lindense* Exell & Mildbr.	CR B2ab(iii)	<10k km²	Escarpas do Baixo Rovuma
Combretaceae	*Combretum stocksii* Sprague		Endémica	Escarpas do Baixo Rovuma, Planalto e Escarpas de Mueda, Quiterajo
Combretaceae	*Terminalia barbosae* (Exell) Gere & Boatwr. (*Pteleopsis barbosae* Exell)	VU B1ab(iii)	Endémica	Rio Muàgámula
Commelinaceae	*Aneilema arenicola* Faden		<10k km²	
Commelinaceae	*Aneilema mossambicense* (Faden) Faden		Endémica	Floresta de Matibane
Commelinaceae	*Cyanotis chimanimaniensis* Faden ined.		<10k km²	Terras baixas de Chimanimani, Montanhas de Chimanimani
Commelinaceae	*Cyanotis namuliensis* Faden ined.		Endémica	Monte Namuli
Commelinaceae	*Triceratella drummondii* Brenan	CR B1ab(iii)+2ab(iii)	Endémica	Moebase
Connaraceae	*Vismianthus punctatus* Mildbr.	VU B1ab(iii)+2ab(iii)	<10k km²	Escarpas do Baixo Rovuma, Planalto e Escarpas de Mueda, Quiterajo
Convolvulaceae	*Convolvulus goyderi* J.R.I.Wood	EN B1ab(iii)	Endémica	Escarpas do Baixo Rovuma
Convolvulaceae	*Ipomoea ephemera* Verdc.		Endémica	
Convolvulaceae	*Ipomoea venosa* (Desr.) Roem. & Schult. subsp. *stellaris* (Baker) Verdc. var. *obtusifolia* Verdc.		Endémica	
Convolvulaceae	*Turbina longiflora* Verdc.		Endémica	
Crassulaceae	*Crassula leachii* R.Fern.		Endémica	
Crassulaceae	*Crassula morrumbalensis* R.Fern.	CR B1ab(iii)+2ab(iii)	Endémica	Monte Morrumbala

Familia	Táxon	A(i) Avaliação da Lista Vermelha de Espécies da UICN	B(ii) Estatuto de Endemismo	IPAs
Crassulaceae	*Crassula zombensis* Baker f.		<10k km²	Monte Namuli
Crassulaceae	*Kalanchoe fernandesii* Raym.-Hamet		Endémica	
Crassulaceae	*Kalanchoe hametiorum* Raym.-Hamet		Endémica	Monte Inago e Serra Merripa, Ribáuè-M'paluwe
Crassulaceae	*Kalanchoe velutina* Welw. ex Britten subsp. *chimanimaniensis* (R.Fern.) R.Fern.		<10k km²	Montanhas de Chimanimani
Cucurbitaceae	*Diplocyclos tenuis* (Klotzsch) C.Jeffrey	VU B2ab(ii,iii,v)		
Cucurbitaceae	*Momordica henriquesii* Cogn.	EN B2ab(iii)		Planalto e Escarpas de Mueda
Cucurbitaceae	*Momordica mosambica* H.Schaef.		Endémica	Eráti
Cucurbitaceae	*Peponium leucanthum* (Gilg) Cogn.	VU B1ab(iii)+2ab(iii)		Escarpas do Baixo Rovuma
Cyperaceae	*Scleria pachyrrhyncha* Nelmes	EN B2ab(iii)		Terras baixas de Chimanimani
Dioscoreaceae	*Dioscorea sylvatica* Eckl.	VU A2d		Ilha da Inhaca, Serra da Gorongosa
Droseraceae	*Aldrovanda vesiculosa* L.	EN B2ab(iii,iv,v)		
Ebenaceae	*Diospyros magogoana* F.White	CR D		Escarpas do Baixo Rovuma
Ebenaceae	*Diospyros shimbaensis* F.White	VU B2ab(iii)		Escarpas do Baixo Rovuma
Ericaceae	*Erica lanceolifera* S.Moore	VU B1ab(iii)+2ab(iii)	<10k km²	Montanhas de Chimanimani
Ericaceae	*Erica pleiotricha* S.Moore var. *blaerioides* (Wild) R.Ross		<10k km²	Montanhas de Chimanimani
Ericaceae	*Erica pleiotricha* S.Moore var. *pleiotricha*	VU D2	<10k km²	Montanhas de Chimanimani
Ericaceae	*Erica wildii* Brenan		<10k km²	Montanhas de Chimanimani
Eriocaulaceae	*Eriocaulon infaustum* N.E.Br.		Endémica	
Eriocaulaceae	*Mesanthemum africanum* Moldenke		<10k km²	Terras Baixas de Chimanimani, Montanhas de Chimanimani
Erythroxylaceae	*Nectaropetalum carvalhoi* Engl.	VU B1ab(iii)+2ab(iii)	<10k km²	Arquipélago das Quirimbas, Quiterajo
Euphorbiaceae	*Croton aceroides* Radcl.-Sm.	EN B2ab(iii)	Endémica	Temane
Euphorbiaceae	*Croton inhambanensis* Radcl.-Sm.	VU B1ab(ii,iii,iv) +2ab(ii,iii,iv)	Endémica	Mapinhane, Temane
Euphorbiaceae	*Croton kilwae* Radcl.-Sm.	EN B2ab(iii)		Eráti, Quiterajo
Euphorbiaceae	*Croton leuconeurus* Pax subsp. *mossambicensis* Radcl.-Sm.		Endémica	
Euphorbiaceae	*Croton megalocarpoides* Friis & M.G.Gilbert	VU B2ab(iii)		

Familia	Táxon	A(i) Avaliação da Lista Vermelha de Espécies da UICN	B(ii) Estatuto de Endemismo	IPAs
Euphorbiaceae	*Crotonogynopsis australis* Kenfack & Gereau		<10k km²	Monte Mabu
Euphorbiaceae	*Erythrococca zambesiaca* Prain	VU D2	<10k km²	Vale de Urema e Floresta Sangrassa
Euphorbiaceae	*Euphorbia ambroseae* L.C.Leach var. *ambrosae*		Endémica	Desfiladeiros de calcário de Cheringoma, Vale de Urema e Floresta Sangrassa
Euphorbiaceae	*Euphorbia angularis* Klotzsch	VU D2	Endémica	Ilhas de Goa e Sena
Euphorbiaceae	*Euphorbia baylissii* L.C.Leach	VU B2ab(iii)	Endémica	Goba, Inharrime-Závora, Panda-Manjacaze, Pomene
Euphorbiaceae	*Euphorbia bougheyi* L.C.Leach		Endémica	Desfiladeiros de calcário de Cheringoma
Euphorbiaceae	*Euphorbia citrina* S.Carter		<10k km²	Serra da Gorongosa, Tsetserra
Euphorbiaceae	*Euphorbia contorta* L.C.Leach		Endémica	
Euphorbiaceae	*Euphorbia corniculata* R.A.Dyer		Endémica	Monte Inago e Serra Merripa, Inselbergues das Quirimbas
Euphorbiaceae	*Euphorbia crebrifolia* S.Carter		<10k km²	Montanhas de Chimanimani
Euphorbiaceae	*Euphorbia crenata* (N.E.Br.) Bruyns		Endémica	
Euphorbiaceae	*Euphorbia decliviticola* L.C.Leach		<10k km²	Monte Inago e Serra Merripa, Ribáuè-M'paluwe
Euphorbiaceae	*Euphorbia depauperata* A.Rich. var. *tsetserrensis* S.Carter		<10k km²	Tsetserra
Euphorbiaceae	*Euphorbia grandicornis* N.E.Br. subsp. *sejuncta* L.C.Leach	EN B1ab(iii,v) +2ab(iii,v)	Endémica	Monte Nállume
Euphorbiaceae	*Euphorbia graniticola* L.C.Leach		Endémica	Monte Muruwere-Bossa, Monte Zembe
Euphorbiaceae	*Euphorbia keithii* R.A.Dyer		<10k km²	Goba
Euphorbiaceae	*Euphorbia knuthii* Pax subsp. *johnsonii* (N.E.Br.) L.C.Leach		Endémica	
Euphorbiaceae	*Euphorbia marrupana* Bruyns	EN B1ab(iii)+2ab(iii)	Endémica	
Euphorbiaceae	*Euphorbia namuliensis* Bruyns		Endémica	Monte Namuli
Euphorbiaceae	*Euphorbia neohalipedicola* Bruyns		Endémica	
Euphorbiaceae	*Euphorbia neorugosa* Bruyns		<10k km²	
Euphorbiaceae	*Euphorbia plenispina* S.Carter		Endémica	
Euphorbiaceae	*Euphorbia ramulosa* L.C.Leach		Endémica	
Euphorbiaceae	*Euphorbia schlechteri* Pax		Endémica	
Euphorbiaceae	*Euphorbia stenocaulis* Bruyns	EN B2ab(iii)	Endémica	

Familia	Táxon	A(i) Avaliação da Lista Vermelha de Espécies da UICN	B(ii) Estatuto de Endemismo	IPAs
Euphorbiaceae	*Euphorbia unicornis* R.A.Dyer	EN B1ab(iii)+2ab(iii)	Endémica	Inselbergues das Quirimbas
Euphorbiaceae	*Jatropha latifolia* Pax var. *subeglandulosa* Radcl.-Sm.		Endémica	Namaacha
Euphorbiaceae	*Jatropha scaposa* Radcl.-Sm.		Endémica	Vale de Urema e Floresta Sangrassa
Euphorbiaceae	*Jatropha subaequiloba* Radcl.-Sm.	VU D2	Endémica	Arquipélago de Bazaruto, Península de São Sebastião
Euphorbiaceae	*Mallotus oppositifolius* (Geiseler) Müll.Arg. var. *lindicus* (Radcl.-Sm.) Radcl.-Sm.	VU B1+2b		
Euphorbiaceae	*Micrococca scariosa* Prain	VU B2ab(iii)		
Euphorbiaceae	*Omphalea mansfeldiana* Mildbr.	EN B2ab(iii)		Quiterajo
Euphorbiaceae	*Paranecepsia alchorneifolia* Radcl.-Sm.	VU B1+2b		
Euphorbiaceae	*Mildbraedia carpinifolia* (Pax) Hutch. (*Plesiatropha carpinifolia* (Pax) Breteler)	VU B1+2b		Floresta de Inhamitanga, Escarpas do Baixo Rovuma, Quiterajo
Euphorbiaceae	*Ricinodendron heudelotii* (Baill.) Pierre ex Heckel var. *tomentellum* (Hutch. & E.A. Bruce) Radcl.-Sm.	VU B1+2b		
Euphorbiaceae	*Tannodia swynnertonii* (S.Moore) Prain	VU B1+2bc, D2		Serra da Gorongosa, Serra Garuzo
Euphorbiaceae	*Tragia glabrata* (Müll.Arg.) Pax & K.Hoffm. var. *hispida* Radcl.-Sm.		Endémica	Ilha da Inhaca, Namaacha
Euphorbiaceae	*Tragia shirensis* Prain var. *glabriuscula* Radcl.-Sm.		Endémica	
Fabaceae	*Acacia latispina* J.E.Burrows & S.M.Burrows (*Vachellia latispina* (J.E.Burrows & S.M.Burrows) Kyal. & Boatwr.)	VU B1ab(ii,iii)	Endémica	Rio Muàgámula, Pemba, Quiterajo
Fabaceae	*Acacia latistipulata* Harms (*Senegalia latistipulata* (Harms) Kyal. & Boatwr.)	VU B2ab(iii)		Escarpas do Baixo Rovuma, Rio Muàgámula, Planalto e Escarpas de Mueda, Quiterajo
Fabaceae	*Acacia quiterajoensis* Timberlake & Lötter		Endémica	Rio Muàgámula, , Quiterajo, Ilha de Vamizi
Fabaceae	*Acacia torrei* Brenan (*Vachellia torrei* (Brenan) Kyal. & Boatwr.)		Endémica	Vale de Urema e Floresta Sangrassa
Fabaceae	*Adenopodia schlechteri* (Harms) Brenan	VU B1ab(ii,iii,iv) +2ab(ii,iii,iv)	Endémica	Ilha da Inhaca
Fabaceae	*Aeschynomene aphylla* Wild	VU D2	<10k km^2	Montanhas de Chimanimani

Familia	Táxon	A(i) Avaliação da Lista Vermelha de Espécies da UICN	B(ii) Estatuto de Endemismo	IPAs
Fabaceae	*Aeschynomene chimanimaniensis* Verdc.		<10k km²	Montanhas de Chimanimani
Fabaceae	*Aeschynomene grandistipulata* Harms		<10k km²	Montanhas de Chimanimani
Fabaceae	*Aeschynomene inyangensis* Wild		<10k km²	Montanhas de Chimanimani
Fabaceae	*Aeschynomene minutiflora* Taub. subsp. *grandiflora* Verdc.		Endémica	
Fabaceae	*Aeschynomene mossambicensis* Verdc. subsp. *mossambicensis*		Endémica	
Fabaceae	*Aeschynomene pawekiae* Verdc.		<10k km²	
Fabaceae	*Baphia macrocalyx* Harms	VU B1ab(i,ii,iii,iv,v)+2ab(i,ii,iii,iv,v)		Escarpas do Baixo Rovuma, Planalto e Escarpas de Mueda
Fabaceae	*Baphia massaiensis* Taub. subsp. *gomesii* (Baker f.) Brummitt		Endémica	Mapinhane, Ribáuè-M'paluwe, Serra Mecula e Mbatamila
Fabaceae	*Baphia ovata* Sim		Endémica	Chidenguele
Fabaceae	*Baphia punctulata* Harms subsp. *palmensis* Soladoye		Endémica	
Fabaceae	*Bauhinia burrowsii* E.J.D.Schmidt	EN B1ab(iii)+2ab(iii)	Endémica	Mapinhane, Temane
Fabaceae	*Berlinia orientalis* Brenan	VU B1ab(iii)+2ab(iii)		Escarpas do Baixo Rovuma, Quiterajo
Fabaceae	*Brachystegia oblonga* Sim	CR A2acd; B1ab(ii,iii,v)+2ab(ii,iii,v)	Endémica	Floresta de Mulimone
Fabaceae	*Bussea xylocarpa* (Sprague) Sprague & Craib	VU D2	Endémica	
Fabaceae	*Chamaecrista paralias* (Brenan) Lock		Endémica	Arquipélago de Bazaruto, Inhassoro-Vilanculos, Mapinhane, Panda-Manjacaze, Pomene, Península de São Sebastião
Fabaceae	*Craibia brevicaudata* (Vatke) Dunn subsp. *schliebenii* (Harms) J.B.Gillett	VU B1+2b		
Fabaceae	*Crotalaria insignis* Polhill	VU B1ab(iii)+2ab(iii)	<10k km²	Tsetserra
Fabaceae	*Crotalaria misella* Polhill		Endémica	
Fabaceae	*Crotalaria mocubensis* Polhill		Endémica	
Fabaceae	*Crotalaria namuliensis* Polhill & T.Harris		Endémica	Monte Namuli
Fabaceae	*Crotalaria paraspartea* Polhill	EN B2ab(ii,iii)	Endémica	
Fabaceae	*Crotalaria phylicoides* Wild		<10k km²	Montanhas de Chimanimani

Familia	Táxon	A(i) Avaliação da Lista Vermelha de Espécies da UICN	B(ii) Estatuto de Endemismo	IPAs
Fabaceae	*Crotalaria schliebenii* Polhill	VU D2	<10k km^2	
Fabaceae	*Crotalaria torrei* Polhill		Endémica	Monte Namuli
Fabaceae	*Entada mossambicensis* Torre	VU D2	Endémica	
Fabaceae	*Erythrina haerdii* Verdc.	VU B1ab(iii)+2ab(iii)		
Fabaceae	*Gelrebia rostrata* (N.E.Br.) Gagnon & G.P.Lewis (*Caesalpinia rostrata* N.E.Br.)		<10k km^2	
Fabaceae	*Guibourtia schliebenii* (Harms) J.Leonard	VU B2ab(iii)		Escarpas do Baixo Rovuma, Quiterajo
Fabaceae	*Guibourtia sousae* J.Leonard	CR B2ab(iii)	Endémica	Panda-Manjacaze
Fabaceae	*Icuria dunensis* Wieringa	EN B2ab(i,ii,iii,iv,v)	Endémica	Floresta de Matibane, Moebase, Mogincual, Floresta de Mulimone, Quinga
Fabaceae	*Indigofera emarginella* A.Rich. var. *marrupaënsis* Schrire		Endémica	
Fabaceae	*Indigofera gobensis* Schrire	CR B2ab(iii)	Endémica	Goba
Fabaceae	*Indigofera graniticola* J.B.Gillett		<10k km^2	
Fabaceae	*Indigofera mendoncae* J.B.Gillett		Endémica	Panda-Manjacaze
Fabaceae	*Indigofera namuliensis* Schrire		Endémica	Monte Namuli
Fabaceae	*Indigofera pseudomoniliformis* Schrire	VU B2ab(ii,iii,v)	Endémica	Eráti
Fabaceae	*Indigofera torrei* J.B.Gillett	VU B1ab(ii,iii,iv) +2ab(ii,iii,iv)	Endémica	
Fabaceae	*Indigofera vicioides* Jaub. & Spach subsp. *excelsa* Schrire		<10k km^2	Tsetserra
Fabaceae	*Lotus wildii* J.B.Gillett		<10k km^2	Serra da Gorongosa
Fabaceae	*Macrotyloma decipiens* Verdc.		Endémica	
Fabaceae	*Micklethwaitia carvalhoi* (Harms) G.P.Lewis & Schrire	VU B1ab(i,iii,iv,v)	Endémica	Península de Lupangua, Floresta de Matibane, Pemba, Quiterajo
Fabaceae	*Millettia ebenifera* (Bertol.) J.E.Burrows & Lötter	VU B2ab(ii,iii)	Endémica	Bilene-Calanga, Península de São Sebastião
Fabaceae	*Millettia impressa* Harms subsp. *goetzeana* (Harms) J.B.Gillett	VU B2ab(iii)		Escarpas do Baixo Rovuma, Quiterajo
Fabaceae	*Millettia makondensis* Harms	VU B2ab(iii)		Escarpas do Baixo Rovuma, Rio Muàgámula
Fabaceae	*Millettia mossambicensis* J.B.Gillett		Endémica	Catapú, Floresta de Inhamitanga, Floresta de Matibane, Vale de Urema e Floresta Sangrassa

Familia	Táxon	A(i) Avaliação da Lista Vermelha de Espécies da UICN	B(ii) Estatuto de Endemismo	IPAs
Fabaceae	*Ormocarpum sennoides* subsp. *zanzibaricum* Brenan & J.B.Gillett	VU B1+2b		Escarpas do Baixo Rovuma
Fabaceae	*Otholobium foliosum* (Oliv.) C.H.Stirt. subsp. *gazense* (Baker f.) Verdc.		<10k km²	Montanhas de Chimanimani
Fabaceae	*Pearsonia mesopontica* Polhill		<10k km²	Montanhas de Chimanimani
Fabaceae	*Platysepalum inopinatum* Harms	VU B2ab(iii)		Escarpas do Baixo Rovuma
Fabaceae	*Rhynchosia chimanimaniensis* Verdc.	EN B1ab(iii)+2ab(iii)	<10k km²	Montanhas de Chimanimani
Fabaceae	*Rhynchosia clivorum* S.Moore subsp. *gurueensis* Verdc.		Endémica	Monte Namuli
Fabaceae	*Rhynchosia genistoides* Burtt Davy		<10k km²	
Fabaceae	*Rhynchosia stipata* Meikle		<10k km²	Montanhas de Chimanimani
Fabaceae	*Rhynchosia swynnertonii* Baker f.		<10k km²	Montanhas de Chimanimani
Fabaceae	*Rhynchosia torrei* Verdc.		Endémica	Monte Namuli
Fabaceae	*Rhynchosia velutina* Wight & Arn. var. *discolor* (Baker) Verdc.	VU B2ab(iii)		
Fabaceae	*Scorodophloeus torrei* Lock	EN B2ab(iii,v)	Endémica	Mogincual, Floresta de Mulimone
Fabaceae	*Sesbania speciosa* Taub.	VU B2ab(iii)		
Fabaceae	*Tephrosia chimanimaniana* Brummitt		<10k km²	Montanhas de Chimanimani, Serra Mocuta
Fabaceae	*Tephrosia faulknerae* Brummitt	EN B2ab(ii,iii,v)	Endémica	
Fabaceae	*Tephrosia forbesii* Baker subsp. *forbesii*	VU B1ab(ii,iii)+2ab(ii,iii)		Ilha da Inhaca, Floresta do Licuáti
Fabaceae	*Tephrosia forbesii* Baker subsp. *inhacensis* Brummitt	VU D2	Endémica	Ilha da Inhaca
Fabaceae	*Tephrosia gobensis* Brummitt		<10k km²	Goba
Fabaceae	*Tephrosia longipes* Meisn. var. *drummondii* (Brummitt) Brummitt		<10k km²	Montanhas de Chimanimani
Fabaceae	*Tephrosia longipes* Meisn. var. *swynnertonii* (Baker f.) Brummitt		<10k km²	Terras Baixas de Chimanimani
Fabaceae	*Tephrosia miranda* Brummitt		Endémica	
Fabaceae	*Tephrosia montana* Brummitt		<10k km²	Serra da Gorongosa
Fabaceae	*Tephrosia praecana* Brummitt	VU B1ab(iii)+2ab(iii)	<10k km²	Tsetserra
Fabaceae	*Tephrosia reptans* Baker var. *microfoliata* (Pires da Lima) Brummitt		Endémica	Escarpas do Baixo Rovuma

Familia	Táxon	A(i) Avaliação da Lista Vermelha de Espécies da UICN	B(ii) Estatuto de Endemismo	IPAs
Fabaceae	*Tephrosia whyteana* Baker f. subsp. *gemina* Brummitt	CR B1ab(iii)+2ab(iii)	Endémica	Monte Namuli
Fabaceae	*Xylia africana* Harms	EN B2ab(iii)		Escarpas do Baixo Rovuma
Fabaceae	*Xylia mendoncae* Torre	VU B1ab(iii)+2ab(iii)	Endémica	Inhassoro-Vilanculos, Mapinhane
Gentianaceae	*Faroa involucrata* (Klotzsch) Knobl.		Endémica	
Geraniaceae	*Geranium exellii* J.R.Laundon	EN B1ab(iii)+2ab(iii)	<10k km^2	Tsetserra
Geraniaceae	*Pelargonium mossambicense* Engl.		<10k km^2	Serra da Gorongosa, Tsetserra
Gesneriaceae	*Streptocarpus acicularis* I.Darbysh. & Massingue	CR B2ab(iii)	Endémica	Terras Baixas de Chimanimani
Gesneriaceae	*Streptocarpus brachynema* Hilliard & B.L.Burtt	EN B1ab(iii,v)+2ab(iii,v)	Endémica	Serra da Gorongosa
Gesneriaceae	*Streptocarpus erubescens* Hilliard & B.L.Burtt	EN B1ab(i,ii,iii,iv,v)+2ab(i,ii,iii,iv,v)	<10k km^2	Monte Massangulo
Gesneriaceae	*Streptocarpus grandis* N.E.Br. subsp. *septentrionalis* Hilliard & B.L.Burtt		<10k km^2	Montanhas de Chimanimani
Gesneriaceae	*Streptocarpus hirticapsa* B.L.Burtt	VU D2	<10k km^2	Montanhas de Chimanimani
Gesneriaceae	*Streptocarpus leptopus* Hilliard & B.L.Burtt	EN B1ab(iii)+2ab(iii)	<10k km^2	Serra Tumbine
Gesneriaceae	*Streptocarpus michelmorei* B.L.Burtt		<10k km^2	Serra Mocuta, Tsetserra
Gesneriaceae	*Streptocarpus milanjianus* Hilliard & B.L.Burtt	VU D2	<10k km^2	Monte Mabu
Gesneriaceae	*Streptocarpus montis-bingae* Hilliard & B.L.Burtt		Endémica	Montanhas de Chimanimani
Gesneriaceae	*Streptocarpus myoporoides* Hilliard & B.L.Burtt	EN B1ab(iii)+2ab(iii)	Endémica	Monte Nállume, Ribáuè-M'paluwe
Gesneriaceae	*Streptocarpus umtaliensis* B.L.Burtt		<10k km^2	Tsetserra
Hydrocharitaceae	*Halophila ovalis* (R.Br.) Hook.f. subsp. *linearis* (Hartog) Hartog		Endémica	Ilha da Inhaca
Hypericaceae	*Vismia pauciflora* Milne-Redh.	EN B2ab(iii)		Escarpas do Baixo Rovuma, Quiterajo
Iridaceae	*Dierama inyangense* Hilliard	EN B1ab(iii)+2ab(iii)	<10k km^2	Tsetserra
Iridaceae	*Dierama plowesii* Hilliard	VU B1(iii)+2ab(iii)	<10k km^2	Montanhas de Chimanimani
Iridaceae	*Freesia grandiflora* (Baker) Klatt subsp. *occulta* J.C.Manning & Goldblatt		Endémica	Monte Mabu
Iridaceae	*Gladiolus brachyphyllus* F.Bolus		<10k km^2	Goba

Familia	Táxon	A(i) Avaliação da Lista Vermelha de Espécies da UICN	B(ii) Estatuto de Endemismo	IPAs
Iridaceae	Gladiolus zambesiacus Baker	VU B2ab(i,ii,iii,iv)		Monte Inago e Serra Merripa, Monte Namuli
Iridaceae	Gladiolus zimbabweensis Goldblatt	VU B1ab(iii)+2ab(iii)	<10k km²	Montanhas de Chimanimani, Tsetserra
Iridaceae	Hesperantha ballii Wild		<10k km²	Montanhas de Chimanimani
Iridaceae	Moraea niassensis Goldblatt & J.C.Manning	VU D1+2	Endémica	Monte Yao
Iridaceae	Tritonia moggii Oberm.		Endémica	Bilene-Calanga, Ilha da Inhaca, Península de São Sebastião
Lamiaceae	Acrotome mozambiquensis G.Taylor		Endémica	
Lamiaceae	Aeollanthus viscosus Ryding		<10k km²	Montanhas de Chimanimani
Lamiaceae	Clerodendrum abilioi R.Fern.		Endémica	
Lamiaceae	Clerodendrum cephalanthum Oliv. subsp. cephalanthum var. torrei R.Fern.		Endémica	
Lamiaceae	Clerodendrum lutambense Verdc.	VU B1ab(iii)		Escarpas do Baixo Rovuma
Lamiaceae	Clerodendrum robustum Klotzsch var. macrocalyx R.Fern.		Endémica	
Lamiaceae	Coleus caudatus (S.Moore) E.Downes & I.Darbysh.		<10k km²	Montanhas de Chimanimani
Lamiaceae	Coleus cucullatus (A.J.Paton) A.J.Paton	VU D2	Endémica	Ribáuè-M'paluwe
Lamiaceae	Coleus namuliensis E.Downes & I.Darbysh.		Endémica	Monte Namuli
Lamiaceae	Coleus sessilifolius (A.J.Paton) A.J.Paton		<10k km²	Montanhas de Chimanimani, Tsetserra
Lamiaceae	Leucas nyassae Gürke var. velutina (C.H.Wright ex Baker) Sebald		Endémica	
Lamiaceae	Ocimum natalense Ayob. ex A.J. Paton		<10k km²	
Lamiaceae	Ocimum reclinatum (S.D.Will. & K.Balkwill) A.J.Paton		<10k km²	
Lamiaceae	Orthosiphon scedastophyllus A.J.Paton	CR(PE) B2ab(iii)	<10k km²	Quiterajo
Lamiaceae	Plectranthus guruensis A.J.Paton	EN B1ab(iii)+2ab(iii)	Endémica	Monte Namuli
Lamiaceae	Plectranthus mandalensis Baker	VU B1ab(iii)+2ab(iii)	<10k km²	Monte Namuli, Ribáuè-M'paluwe
Lamiaceae	Premna hans-joachimii Verdc.	VU B1ab(iii)+2ab(iii)	<10k km²	Escarpas do Baixo Rovuma

Familia	Táxon	A(i) Avaliação da Lista Vermelha de Espécies da UICN	B(ii) Estatuto de Endemismo	IPAs
Lamiaceae	*Premna schliebenii* Werderm.	VU B1+2b		Península de Lupangua, Rio Muàgámula, Quiterajo
Lamiaceae	*Premna tanganyikensis* Moldenke	VU B1ab(iii)+2ab(iii)		Escarpas do Baixo Rovuma, Floresta de Matibane
Lamiaceae	*Rotheca luembensis* (De Wild.) R.Fern. subsp. *niassensis* (R.Fern.) R.Fern.		Endémica	Serra Mecula e Mbatamila
Lamiaceae	*Rotheca sansibarensis* (Gürke) Steane & Mabb. subsp. *sansibarensis* var. *eratensis* (R.Fern.) R.Fern.		Endémica	Eráti
Lamiaceae	*Rotheca teaguei* (Hutch.) R.Fern.		<10k km²	
Lamiaceae	*Rotheca verdcourtii* (R.Fern.) R.Fern.		<10k km²	
Lamiaceae	*Stachys didymantha* Brenan		<10k km²	Montanhas de Chimanimani, Monte Namuli
Lamiaceae	*Syncolostemon flabellifolius* (S.Moore) A.J.Paton		<10k km²	Terras baixas de Chimanimani, Montanhas de Chimanimani
Lamiaceae	*Syncolostemon namapaensis* D.F.Otieno		<10k km²	
Lamiaceae	*Syncolostemon oritrephes* (Wild) D.F.Otieno	VU D2	<10k km²	Montanhas de Chimanimani
Lamiaceae	*Vitex carvalhi* Gürke	VU B2ab(iii)		Escarpas do Baixo Rovuma, Floresta de Matibane, Pemba, Quiterajo
Lamiaceae	*Vitex francesiana* I.Darbysh. & Goyder	EN B1ab(iii)+2ab(iii)	Endémica	Escarpas do Baixo Rovuma
Lamiaceae	*Vitex mossambicensis* Gürke	VU B2ab(iii)		Pemba, Quiterajo
Lauraceae	*Ocotea kenyensis* (Chiov.) Robyns & R.Wilczek	VU A1cd		Serra da Gorongosa
Lentibulariaceae	*Utricularia podadena* P.Taylor		<10k km²	
Linaceae	*Hugonia elliptica* N.Robson		Endémica	
Linaceae	*Hugonia grandiflora* N.Robson	EN B2ab(iii)		Planalto e Escarpas de Mueda
Linderniaceae	*Crepidorhopalon flavus* (S.Moore) I.Darbysh. & Eb.Fisch.	VU B1ab(iii)+2ab(iii)	<10k km²	Terras Baixas de Chimanimani
Linderniaceae	*Crepidorhopalon namuliensis* I.Darbysh. & Eb.Fisch.		Endémica	Monte Namuli
Linderniaceae	*Hartliella txitongensis* Osborne & Eb.Fisch.		Endémica	Montanhas de Txitonga
Loganiaceace	*Strychnos xylophylla* Gilg	EN B2ab(iii)		Escarpas do Baixo Rovuma, Quiterajo
Loranthaceae	*Agelanthus deltae* (Baker & Sprague) Polhill & Wiens		Endémica	

Família	Táxon	A(i) Avaliação da Lista Vermelha de Espécies da UICN	B(ii) Estatuto de Endemismo	IPAs
Loranthaceae	*Agelanthus igneus* (Danser) Polhill & Wiens	EN B2ab(iii)		
Loranthaceae	*Agelanthus longipes* (Baker & Sprague) Polhill & Wiens	VU B2ab(iii)		Floresta de Matibane
Loranthaceae	*Agelanthus patelii* Polhill & Timberlake	EN B1ab(iii)+2ab(iii)	<10k km^2	Monte Namuli
Loranthaceae	*Englerina oedostemon* (Danser) Polhill & Wiens		<10k km^2	Tsetserra
Loranthaceae	*Englerina schlechteri* (Engl.) Polhill & Wiens		Endémica	Mapinhane
Loranthaceae	*Englerina swynnertonii* (Sprague) Polhill & Wiens		<10k km^2	Terras baixas de Chimanimani
Loranthaceae	*Englerina triplinervia* (Baker & Sprague) Polhill & Wiens	VU B2ab(iii)		Inselbergues das Quirimbas
Loranthaceae	*Erianthemum lindense* (Sprague) Danser	VU B2ab(iii)		Escarpas do Baixo Rovuma, Planalto e Escarpas de Mueda
Loranthaceae	*Helixanthera schizocalyx* T.Harris, I.Darbysh. & Polhill	EN B1ab(iii)+2ab(iii)	Endémica	Monte Mabu, Monte Namuli
Loranthaceae	*Oncella curviramea* (Engl.) Danser	VU B2ab(iii)		Monte Massangulo, Pemba
Lythraceae	*Ammannia elata* R.Fern.		Endémica	
Lythraceae	*Ammannia fernandesiana* S.A.Graham & Gandhi		Endémica	Inhassoro-Vilanculos
Lythraceae	*Ammannia gazensis* (A.Fern.) S.A.Graham & Gandhi	VU D2	Endémica	
Lythraceae	*Ammannia moggii* (A.Fern.) S.A.Graham & Gandhi	CR B2ab(iii)	Endémica	
Lythraceae	*Ammannia parvula* S.A.Graham & Gandhi	VU D2	Endémica	Monte Inago e Serra Merripa
Lythraceae	*Ammannia pedroi* (A.Fern. & Diniz) S.A.Graham & Gandhi	VU D2	Endémica	
Lythraceae	*Ammannia polycephala* (Peter ex A.Fern.) S.A.Graham & Gandhi		Endémica	
Lythraceae	*Ammannia ramosissima* (A.Fern.& Diniz) S.A.Graham & Gandhi		Endémica	
Lythraceae	*Ammannia spathulata* (A.Fern.) S.A.Graham & Gandhi		Endémica	
Malpighiaceae	*Acridocarpus natalitius* A.Juss. var. *linearifolius* Launert	VU A4cd; C1		Floresta de Licuáti, Panda-Manjacaze
Malpighiaceae	*Triaspis hypericoides* (DC.) Burch. subsp. *canescens* (Engl.) Immelman		<10k km^2	

Familia	Táxon	A(i) Avaliação da Lista Vermelha de Espécies da UICN	B(ii) Estatuto de Endemismo	IPAs
Malpighiaceae	*Triaspis suffulta* Launert	EN B2ab(iii)	Endémica	Inhassoro-Vilanculos, Temane
Malvaceae	*Cola cheringoma* Cheek	EN B1ab(iii)+2ab(iii)	Endémica	Desfiladeiros de calcário de Cheringoma
Malvaceae	*Cola clavata* Mast.	EN B1ab(iii,v) +2ab(iii,v)	Endémica	Catapú, Floresta de Inhamitanga
Malvaceae	*Cola dorrii* Cheek	EN B2ab(i,ii,iii,iv,v)		Panda-Manjacaze
Malvaceae	*Eriolaena rulkensii* Dorr	EN B1ab(iii,v) +2ab(iii,v)	Endémica	Pemba
Malvaceae	*Grewia filipes* Burret	EN B2ab(iii)	<10k km²	
Malvaceae	*Grewia limae* Wild	EN B1ab(ii,iii)	Endémica	Escarpas do Baixo Rovuma, Quiterajo
Malvaceae	*Hibiscus rupicola* Exell		Endémica	
Malvaceae	*Hibiscus torrei* Baker f.	EN B2ab(iii)	Endémica	
Malvaceae	*Hildegardia migeodii* (Exell) Kosterm.	EN B2ab(i,ii,iii,iv,v)		Península de Lupangua, Pemba
Malvaceae	*Sterculia schliebenii* Mildbr.	VU D2		Escarpas do Baixo Rovuma, Planalto e Escarpas de Mueda, Quiterajo
Malvaceae	*Thespesia mossambicensis* (Exell & Hillc.) Fryxell		Endémica	Rio Muàgámula, Pemba, Quiterajo
Malvaceae	*Dombeya lastii* K.Schum.	EN B1ab(iii)+2ab(iii)	Endémica	Monte Namuli
Malvaceae	*Dombeya leachii* Wild	EN B1ab(iii)+2ab(iii)	Endémica	Ribáuè-M'paluwe
Malvaceae	*Grewia occidentalis* L. var. *littoralis* Wild		Endémica	Chidenguele, Inharrime-Závora, Pomene
Malvaceae	*Grewia transzambesica* Wild		Endémica	Vale de Urema e Floresta Sangrassa
Malvaceae	*Hermannia torrei* Wild	CR B2ab(ii,iii,iv)	Endémica	
Melastomataceae	*Antherotoma angustifolia* (A.Fern. & R.Fern.) Jacq.-Fél.		Endémica	
Melastomataceae	*Dissotis johnstoniana* Baker f. var. *johnstoniana*		<10k km²	Monte Namuli
Melastomataceae	*Dissotis pulchra* A.Fern. & R.Fern.	VU D2	<10k km²	Montanhas de Chimanimani
Melastomataceae	*Dissotis swynnertonii* (Baker f.) A.Fern. & R.Fern.	VU D2	<10k km²	Montanhas de Chimanimani
Melastomataceae	*Memecylon aenigmaticum* R.D.Stone	CR B2ab(iii)	Endémica	Quiterajo
Melastomataceae	*Memecylon incisilobum* R.D.Stone & I.G.Mona	CR A3c; B1ab(ii,iii,v) +2ab(ii,iii,v); C2a(ii)	Endémica	Bilene-Calanga
Melastomataceae	*Memecylon insulare* A.Fern. & R.Fern.	CR B1ab(iii)+2ab(iii)	Endémica	Arquipélago de Bazaruto

Familia	Táxon	A(i) Avaliação da Lista Vermelha de Espécies da UICN	B(ii) Estatuto de Endemismo	IPAs
Melastomataceae	*Memecylon nubigenum* R.D.Stone & I.G.Mona	EN B1ab(iii)+B2ab(iii)	<10k km²	Monte Namuli, Ribáuè-M'paluwe
Melastomataceae	*Memecylon rovumense* R.D.Stone & I.G.Mona	EN B2ab(iii)	<10k km²	Quiterajo
Melastomataceae	*Memecylon torrei* A.Fern. & R.Fern.	EN B2ab(iii)	Endémica	Escarpas do Baixo Rovuma, Quiterajo
Melastomataceae	*Warneckea albiflora* R.D.Stone & N.P.Tenza	CR B1ab(iii)	Endémica	Quiterajo
Melastomataceae	*Warneckea cordiformis* R.D.Stone	CR B1ab(i,ii,iii,iv,v)	Endémica	Quiterajo
Melastomataceae	*Warneckea parvifolia* R.D.Stone & Ntetha	EN A3c+4c; B1ab(ii,iii,v)+2ab(ii,iii,v)	<10k km²	Floresta de Licuáti
Melastomataceae	*Warneckea sessilicarpa* (A.Fern. & R.Fern.) Jacq.-Fel.	CR B1ab(iii,v)	Endémica	Moebase, Quinga
Meliaceae	*Khaya anthotheca* (Welw.) C.DC.	VU A1cd		Catapú, Desfiladeiros de Calcário de Cheringoma, Floresta de Inhamitanga, Serra da Gorongosa, Monte Inago e Serra Merripa
Melianthaceae	*Bersama swynnertonii* Baker f.		<10k km²	Montanhas de Chimanimani
Moraceae	*Dorstenia zambesiaca* Hijman	VU D2	Endémica	Catapú, Floresta de Inhamitanga
Moraceae	*Ficus muelleriana* C.C.Berg	EN B1ab(iii)+2ab(iii)	Endémica	Terras Baixas de Chimanimani
Myricaceae	*Myrica chimanimaniana* (Verdc. & Polhill) Christenh. & Byng	EN B1ab(iii,v)+2ab(iii,v)	<10k km²	Montanhas de Chimanimani, Tsetserra
Myrtaceae	*Eugenia* sp. A of T.S.M.		Endémica	Bilene-Calanga, Chidenguele, Inharrime-Závora
Myrtaceae	*Syzygium komatiense* Byng & Pahlad.		<10k km²	
Ochnaceae	*Ochna angustata* N.Robson		Endémica	Floresta de Inhamitanga, Quirimbas Islands
Ochnaceae	*Ochna beirensis* N.Robson	EN B2ab(iii)	Endémica	Arquipélago de Bazaruto
Ochnaceae	*Ochna dolicharthros* F.M.Crawford & I.Darbysh.	VU D2	Endémica	Escarpas do Baixo Rovuma
Oleaceae	*Olea chimanimani* Kupicha		<10k km²	Montanhas de Chimanimani
Oleaceae	*Olea woodiana* Knobl. subsp. *disjuncta* P.S.Green	EN B1ab(iii)+2ab(iii)		Ilha de Vamizi
Orchidaceae	*Ansellia africana* Lindl.	VU A2cd+3cd+4cd		
Orchidaceae	*Cynorkis anisoloba* Summerh.		<10k km²	Serra da Gorongosa
Orchidaceae	*Cyrtorchis glaucifolia* Summerh.	EN B2ab(iii)	Endémica	
Orchidaceae	*Disa chimanimaniensis* (H.P.Linder) H.P.Linder		<10k km²	Montanhas de Chimanimani

Família	Táxon	A(i) Avaliação da Lista Vermelha de Espécies da UICN	B(ii) Estatuto de Endemismo	IPAs
Orchidaceae	*Disa zimbabweensis* H.P.Linder	VU B1ab(iii)+2ab(iii)	<10k km²	Tsetserra
Orchidaceae	*Disperis mozambicensis* Schltr.	CR B2ab(iii)	Endémica	
Orchidaceae	*Eulophia biloba* Schltr.		Endémica	
Orchidaceae	*Eulophia bisaccata* Kraenzl.		Endémica	
Orchidaceae	*Habenaria hirsutissima* Summerh.	VU D2	Endémica	
Orchidaceae	*Habenaria mosambicensis* Schltr.		Endémica	
Orchidaceae	*Habenaria stylites* Rchb.f. & S.Moore	VU B2ab(iii)		Catapú
Orchidaceae	*Habenaria stylites* Rchb.f. & S.Moore subsp. *johnsonii* (Rolfe) Summerh.		<10k km²	
Orchidaceae	*Liparis hemipilioides* Schltr.		Endémica	
Orchidaceae	*Neobolusia ciliata* Summerh.	EN B1ab(ii,iii,v) +2ab(ii,iii,v)	<10k km²	Montanhas de Chimanimani
Orchidaceae	*Oligophyton drummondii* H.P.Linder & G.Will.		<10k km²	
Orchidaceae	*Polystachya songaniensis* G.Will.		<10k km²	Monte Mabu, Ribáuè-M'paluwe
Orchidaceae	*Polystachya subumbellata* P.J.Cribb & Podz.		<10k km²	Montanhas de Chimanimani, Serra da Gorongosa
Orchidaceae	*Satyrium flavum* la Croix		<10k km²	
Orchidaceae	*Schizochilus lepidus* Summerh.	VU D2	<10k km²	Montanhas de Chimanimani, Tsetserra
Orobanchaceae	*Buchnera chimanimaniensis* Philcox		<10k km²	Montanhas de Chimanimani
Orobanchaceae	*Buchnera namuliensis* Skan		Endémica	Monte Namuli
Orobanchaceae	*Buchnera subglabra* Philcox	VU D2	<10k km²	Monhas de Chimanimani
Orobanchaceae	*Buchnera wildii* Philcox		<10k km²	
Orobanchaceae	*Striga diversifolia* Pires de Lima		Endémica	
Passifloraceae	*Adenia dolichosiphon* Harms	EN B2ab(iii)		
Passifloraceae	*Adenia mossambicensis* W.J.de Wilde		Endémica	
Passifloraceae	*Adenia schliebenii* Harms	EN B2ab(iii)		
Passifloraceae	*Adenia zambesiensis* R.Fern. & A.Fern.		Endémica	
Passifloraceae	*Paropsia grewioides* Mast. var. *orientalis* Sleumer	EN B2ab(iii)		Planalto e Escarpas de Mueda

Familia	Táxon	A(i) Avaliação da Lista Vermelha de Espécies da UICN	B(ii) Estatuto de Endemismo	IPAs
Passifloraceae	*Tricliceras auriculatum* (A.Fern. & R.Fern.) R.Fern.		Endémica	
Passifloraceae	*Tricliceras elatum* (A.Fern. & R.Fern.) R.Fern.	EN B1ab(ii,iii) +2ab(ii,iii)	Endémica	
Passifloraceae	*Tricliceras lanceolatum* (A.Fern. & R.Fern.) R.Fern.	VU D2	Endémica	
Passifloraceae	*Tricliceras longepedunculatum* (Mast.) R.Fern. var. *eratense* R.Fern.		Endémica	
Pedaliaceae	*Dicerocaryum forbesii* (Decne.) A.E. van Wyk		<10k km^2	Floresta de Licuáti
Penaeaceae	*Olinia chimanimani* T.Shah & I.Darbysh.	EN B1ab(iii,v) +2ab(iii,v)	<10k km^2	Montanhas de Chimanimani
Peraceae	*Clutia sessilifolia* Radcl.-Sm.		<10k km^2	Montanhas de Chimanimani
Phyllanthaceae	*Phyllanthus bernierianus* Müll. Arg. var. *glaber* Radcl.-Sm.		<10k km^2	Terras Baixas de Chimanimani, Montanhas de Chimanimani
Phyllanthaceae	*Phyllanthus manicaensis* Brunel ex Radcl.-Sm.	VU D2	Endémica	Tsetserra
Phyllanthaceae	*Phyllanthus reticulatus* Poir. var. *orae-solis* Radcl.-Sm.		Endémica	
Phyllanthaceae	*Phyllanthus tsetserrae* Brunel ex Radcl.-Sm.	CR B2ab(iii)	Endémica	Tsetserra
Poaceae	*Alloeochaete namuliensis* Chippind.	VU D2	Endémica	Monte Namuli
Poaceae	*Baptorhachis foliacea* (Clayton) Clayton		Endémica	Ribáuè-M'paluwe
Poaceae	*Brachychloa fragilis* S.M.Phillips		<10k km^2	
Poaceae	*Danthoniopsis chimanimaniensis* (J.B.Phipps) Clayton	EN B1ab(iii)+2ab(iii)	<10k km^2	Terras Baixas de Chimanimani, Montanhas de Chimanimani
Poaceae	*Digitaria appropinquata* Goetgh.		Endémica	Monte Namuli
Poaceae	*Digitaria fuscopilosa* Goetgh.		Endémica	Tsetserra
Poaceae	*Digitaria megasthenes* Goetgh.	EN B1ab(iii)+2ab(iii)	Endémica	Monte Namuli
Poaceae	*Eragrostis desolata* Launert		<10k km^2	Montanhas de Chimanimani
Poaceae	*Eragrostis sericata* Cope		Endémica	
Podostemaceae	*Inversodicraea torrei* (C.Cusset) Cheek	VU D2	Endémica	Monte Namuli
Polygalaceae	*Carpolobia suaveolens* Meikle		Endémica	Catapú, Península de São Sebastião, Vale de Urema e Floresta Sangrassa
Polygalaceae	*Polygala adamsonii* Exell		<10k km^2	Monte Namuli, Ribáuè-M'paluwe

Familia	Táxon	A(i) Avaliação da Lista Vermelha de Espécies da UICN	B(ii) Estatuto de Endemismo	IPAs
Polygalaceae	*Polygala franciscii* Exell	VU B1ab(iii)	Endémica	Floresta de Licuáti
Polygalaceae	*Polygala limae* Exell		Endémica	
Polygalaceae	*Polygala torrei* Exell		Endémica	
Polygalaceae	*Polygala zambesiaca* Paiva	VU B1ab(iii)+2ab(iii)	<10k km²	Montanhas de Chimanimani, Tsetserra
Primulaceae	*Lysimachia gracilipes* (P.Taylor) U.Manns & Anderb.		<10k km²	Serra da Gorongosa
Proteaceae	*Faurea racemosa* Farmar	EN B2ab(iii,v)		Monte Mabu, Monte Namuli
Proteaceae	*Faurea rubriflora* Marner		<10k km²	Montanhas de Chimanimani, Tsetserra
Proteaceae	*Protea caffra* Meisn. subsp. *gazensis* (Beard) Chisumpa & Brummitt		<10k km²	Montanhas de Chimanimani, Monte Gorongosa
Proteaceae	*Protea enervis* Wild	VU D2	<10k km²	Montanhas de Chimanimani
Putranjivaceae	*Drypetes gerrardii* Hutch. var. *angustifolia* Radcl.-Sm.		Endémica	
Putranjivaceae	*Drypetes sclerophylla* Mildbr.	VU B1+B2		Quiterajo
Restionaceae	*Platycaulos quartziticola* (H.P.Linder) H.P.Linder & C.R.Hardy		<10k km²	Montanhas de Chimanimani
Rosaceae	*Prunus africana* (Hook.f.) Kalkman	VU A1cd		Monte Chiperone, Monte Mabu, Monte Namuli, Tsetserra
Rubiaceae	*Afrocanthium ngonii* (Bridson) Lantz	VU B1ab(iii)+2ab(iii)	<10k km²	Terras baixas de Chimanimani
Rubiaceae	*Afrocanthium racemulosum* (S.Moore) Lantz var. *nanguanum* (Tennant) Bridson	VU B1+2b		
Rubiaceae	*Afrocanthium vollesenii* (Bridson) Lantz	VU B2ab(iii)		Pemba
Rubiaceae	*Anthospermum zimbabwense* Puff		<10k km²	Tsetserra
Rubiaceae	*Chassalia colorata* J.E.Burrows	EN B1ab(i,iii,v); C2a(i)	<10k km²	Escarpas do Baixo Rovuma, Quiterajo
Rubiaceae	*Coffea salvatrix* Swynn. & Phillipson	EN B2ab(i,ii,iii)		Terras baixas de Chimanimani, Monte Chiperone, Monte Zembe
Rubiaceae	*Coffea schliebenii* Bridson	VU B1ab(i,ii,iii)+2ab(i,ii,iii)	<10k km²	Escarpas do Baixo Rovuma
Rubiaceae	*Coffea zanguebariae* Lour.	VU B2ab(iii)		Eráti, Inselbergues das Quirimbas
Rubiaceae	*Conostomium gazense* Verdc.		Endémica	
Rubiaceae	*Cuviera schliebenii* Verdc.	EN B2ab(iii)		Planalto e Escarpas de Mueda

Familia	Táxon	A(i) Avaliação da Lista Vermelha de Espécies da UICN	B(ii) Estatuto de Endemismo	IPAs
Rubiaceae	*Cuviera tomentosa* Verdc.	EN B2ab(iii)		Planalto e Escarpas de Mueda
Rubiaceae	*Didymosalpinx callianthus* J.E.Burrows & S.M.Burrows	EN B1ab(ii,iii) +2ab(ii,iii)	<10k km²	Escarpas do Baixo Rovuma
Rubiaceae	*Empogona jenniferae* Cheek	EN B1ab(iii)+2ab(iii)	<10k km²	Montanhas de Chimanimani
Rubiaceae	*Empogona maputensis* (Bridson & A.E.van Wyk) J.Tosh & Robbr.	EN B1ab(i,ii,iii, v) +2ab(i,ii,iii,v)	<10k km²	Floresta de Licuáti
Rubiaceae	*Heinsia mozambicensis* (Verdc.) J.E.Burrows & S.M.Burrows	EN C2a(i)	Endémica	Rio Muàgámula
Rubiaceae	*Hymenodictyon austro-africanum* J.E.Burrows & S.M.Burrows		<10k km²	
Rubiaceae	*Leptactina papyrophloea* Verdc.	EN B2ab(iii)		Escarpas do Baixo Rovuma, Quiterajo
Rubiaceae	*Oldenlandia cana* Bremek.		<10k km²	Montanhas de Chimanimani
Rubiaceae	*Oldenlandia verrucitesta* Verdc.		Endémica	
Rubiaceae	*Otiophora inyangana* N.E.Br. subsp. *inyangana*		<10k km²	Montanhas de Chimanimani, Tsetserra
Rubiaceae	*Otiophora inyangana* N.E.Br. subsp. *parvifolia* (Verdc.) Puff		<10k km²	Montanhas de Chimanimani
Rubiaceae	*Otiophora lanceolata* Verdc.	VU B1ab(iii)+2ab(iii)	<10k km²	Terras Baixas de Chimanimani
Rubiaceae	*Oxyanthus biflorus* J.E.Burrows & S.M.Burrows	EN B2ab(ii,iii)	<10k km²	Escarpas do Baixo Rovuma, Planalto e Escarpas de Mueda
Rubiaceae	*Oxyanthus strigosus* Bridson & J.E.Burrows	EN C2a(i)	<10k km²	Escarpas do Baixo Rovuma, Rio Muàgámula, Quiterajo
Rubiaceae	*Pachystigma* sp. A of F.Z.		Endémica	Bilene-Calanga
Rubiaceae	*Paracephaelis trichantha* (Baker) De Block	VU B2ab(iii)		Floresta de Matibane
Rubiaceae	*Pavetta chapmanii* Bridson	VU B1ab(iii)	<10k km²	
Rubiaceae	*Pavetta comostyla* S.Moore subsp. *comostyla* var. *inyangensis* (Bremek.) Bridson		<10k km²	Serra da Gorongosa, Serra Garuzo, Tsetserra
Rubiaceae	*Pavetta curalicola* J.E.Burrows		Endémica	Floresta de Matibane
Rubiaceae	*Pavetta dianeae* J.E.Burrows & S.M.Burrows	EN B2ab(iii)	Endémica	Floresta de Matibane
Rubiaceae	*Pavetta gardeniifolia* A.Rich. var. *appendiculata* (De Wild.) Bridson		Endémica	Monte Massangulo, Monte Morrumbala
Rubiaceae	*Pavetta gurueensis* Bridson	VU D2	Endémica	Monte Mabu, Monte Namuli
Rubiaceae	*Pavetta incana* Klotzsch		Endémica	

Familia	Táxon	A(i) Avaliação da Lista Vermelha de Espécies da UICN	B(ii) Estatuto de Endemismo	IPAs
Rubiaceae	*Pavetta lindina* Bremek.	EN C2a(i)	<10k km²	Quiterajo
Rubiaceae	*Pavetta macrosepala* Hiern var. *macrosepala*	VU B1+2b		Escarpas do Baixo Rovuma
Rubiaceae	*Pavetta micropunctata* Bridson		<10k km²	Eráti
Rubiaceae	*Pavetta mocambicensis* Bremek.	EN B2ab(i,ii,iii)	Endémica	Floresta de Matibane, Pemba, Arquipélago das Quirimbas
Rubiaceae	*Pavetta pumila* N.E.Br.	VU B1ab(ii,iii)+2ab(ii,iii)	Endémica	
Rubiaceae	*Pavetta umtalensis* Bremek.		<10k km²	Montanha de Chimanimani, Tsetserra
Rubiaceae	*Pavetta vanwykiana* Bridson		<10k km²	Floresta de Licuáti
Rubiaceae	*Polysphaeria harrisii* I.Darbysh. & C.Langa	EN B1ab(iii)+2ab(iii)	Endémica	Monte Mabu
Rubiaceae	*Polysphaeria ribauensis* I. Darbysh. & C.Langa	EN B1ab(iii)+2ab(iii)	Endémica	Ribáuè-M'paluwe
Rubiaceae	*Psychotria amboniana* K.Schum. subsp. *mosambicensis* (E.M.A.Petit) Verdc.	VU B2ab(ii,iii,iv,v)	Endémica	Bilene-Calanga, Inhassoro-Vilanculos, Ilha da Inhaca, Floresta de Licuáti
Rubiaceae	*Psydrax micans* (Bullock) Bridson	VU B1+2b		Escarpas do Baixo Rovuma, Floresta de Matibane, Quiterajo
Rubiaceae	*Psydrax moggii* Bridson		Endémica	Arquipélago de Bazaruto, Bilene-Calanga, Chidenguele, Ilha da Inhaca, Panda-Manjacaze, Pomene, Vale de Urema e Floresta Sangrassa
Rubiaceae	*Pyrostria chapmanii* Bridson	EN B1ab(iii)+2ab(iii)	<10k km²	Monte Namuli, Ribáuè-M'paluwe
Rubiaceae	*Pyrostria* sp. D. of F.T.E.A. "*makovui*" ined.	EN B1ab(iii)+2ab(iii)	<10k km²	Escarpas do Baixo Rovuma
Rubiaceae	*Rothmannia macrosiphon* (K.Schum.) Bridson	VU B1+2b		Escarpas do Baixo Rovuma Planalto e Escarpas de Mueda
Rubiaceae	*Rytigynia adenodonta* (K.Schum.) Robyns var. *reticulata* (Robyns) Verdc.	VU B1+2b		
Rubiaceae	*Rytigynia celastroides* (Baill.) Verdc. var *australis* Verdc.	VU B1ab(ii,iii,v)+B2ab(ii,iii,v)		Floresta de Licuáti
Rubiaceae	*Rytigynia* sp. C of F.Z.	CR B2ab(iii)	Endémica	Ribáuè-M'paluwe
Rubiaceae	*Rytigynia torrei* Verdc.	EN B2ab(iii)	Endémica	Monte Inago e Serra Merripa, Inselbergues das Quirimbas
Rubiaceae	*Sericanthe chimanimaniensis* Wursten & De Block	VU B1ab(iii)+2ab(iii)	<10k km²	Terras baixas de Chimanimani, Montanhas de Chimanimani

Familia	Táxon	A(i) Avaliação da Lista Vermelha de Espécies da UICN	B(ii) Estatuto de Endemismo	IPAs
Rubiaceae	*Spermacoce kirkii* (Hiern.) Verdc.		Endémica	Arquipélago de Bazaruto, Pomene
Rubiaceae	*Spermacoce schlechteri* K.Schum. ex Verdc.		Endémica	
Rubiaceae	*Tarenna drummondii* Bridson	VU B1+2b		
Rubiaceae	*Tarenna longipedicellata* (J.G.García) Bridson	VU B1ab(iii)+2ab(iii)	Endémica	Catapú, Floresta de Inhamitanga
Rubiaceae	*Tarenna pembensis* J.E.Burrows	EN B1ab(ii,iii,v); C2a(i)	Endémica	Floresta de Matibane, Rio Muàgámula, Pemba
Rubiaceae	*Tarenna* sp. 53 of Degreef (= *Cladoceras rovumense* I.Darbysh., J.E.Burrows & Q.Luke)		<10k km²	Planalto e Escarpas de Mueda, Quiterajo
Rubiaceae	*Triainolepis sancta* Verdc.		Endémica	Arquipélago de Bazaruto, Inhassoro-Vilanculos, Pomene, Península de São Sebastião
Rubiaceae	*Tricalysia ignota* Bridson		<10k km²	Tsetserra
Rubiaceae	*Tricalysia jasminiflora* (Klotzsch) Benth. & Hook.f. ex Hiern var. *hypotephros* Brenan		Endémica	
Rubiaceae	*Tricalysia schliebenii* Robbr.	VU B1+2b		Escarpas do Baixo Rovuma, Quiterajo
Rubiaceae	*Tricalysia semidecidua* Bridson	VU B1ab(iii)+2ab(iii)		Escarpas do Baixo Rovuma, Planalto e Escarpas de Mueda, Quiterajo
Rubiaceae	*Vangueria domatiosa* J.E.Burrows	EN B1ab(iii)+2ab(iii)	Endémica	Escarpas do Baixo Rovuma
Rutaceae	*Teclea crenulata* (Engl.) Engl.		Endémica	
Rutaceae	*Vepris allenii* I.Verd.	EN B1ab(i,ii,iii,iv,v) +2ab(i,ii,iii,iv,v)	Endémica	Escarpas do Baixo Rovuma
Rutaceae	*Vepris drummondii* Mendonça	VU B1ab(iii)+2ab(iii)	<10k km²	Terras Baixas de Chimanimani
Rutaceae	*Vepris macedoi* (Exell & Mendonça) Mziray	EN B1ab(iii)+2ab(iii)	Endémica	Monte Nállume, Ribáuè-M'paluwe
Rutaceae	*Vepris myrei* (Exell & Mendonça) Mziray	EN B2ab(iii)		Catapú, Vale de Urema e Floresta Sangrassa
Rutaceae	*Vepris sansibarensis* (Engl.) Mziray	VU B1+B2		Quiterajo
Rutaceae	*Vepris* sp. nov. (Monte Mabu)		Endémica	Monte Mabu
Rutaceae	*Zanthoxylum delagoense* P.G.Waterman		Endémica	Arquipélago de Bazaruto, Inhassoro-Vilanculos, Ilha da Inhaca, Floresta de Licuáti, Pomene, Península de São Sebastião
Rutaceae	*Zanthoxylum holtzianum* (Engl.)	VU B1+2d		

Familia	Táxon	A(i) Avaliação da Lista Vermelha de Espécies da UICN	B(ii) Estatuto de Endemismo	IPAs
Rutaceae	Zanthoxylum lindense (Engl.) Kokwaro	VU B1+B2		Escarpas do Baixo Rovuma, Quiterajo, Ilha de Vamizi
Rutaceae	Zanthoxylum tenuipedicellatum (Kokwaro) Vollesen	EN B2ab(ii)	<10k km^2	Floresta de Matibane
Salicaceae	Casearia rovumensis I.Darbysh. & J.E.Burrows	EN B1ab(iii)+2ab(iii)	Endémica	Escarpas do Baixo Rovuma
Salicaceae	Dovyalis sp. A of T.S.M.		Endémica	Catapú
Santalaceae	Thesium chimanimaniense Brenan		<10k km^2	Montanhas de Chimanimani
Santalaceae	Thesium dolichomeres Brenan		<10k km^2	Montanhas de Chimanimani
Santalaceae	Thesium inhambanense Hilliard	CR B1ab(ii,iii,v)+2ab(ii,iii,v)	Endémica	
Santalaceae	Thesium jeaniae Brenan		<10k km^2	Goba
Santalaceae	Thesium pygmeum Hilliard		<10k km^2	Montanhas de Chimanimani
Santalaceae	Viscum littorum Polhill & Wiens		Endémica	Pemba, Arquipélago das Quirimbas
Sapindaceae	Allophylus chirindensis Baker f.	VU D2		Serra da Gorongosa, Tsetserra
Sapindaceae	Allophylus mossambicensis Exell	VU B1ab(iii)+2ab(iii)	Endémica	Inharrime-Závora
Sapindaceae	Allophylus torrei Exell & Mend.	EN B1ab(iii)+2ab(iii)	Endémica	Eráti
Sapotaceae	Pouteria pseudoracemosa (J.H.Hemsl.) L.Gaut.	VU B1+2b, D2		Inselbergues das Quirimbas
Sapotaceae	Synsepalum chimanimani Rokni & I.Darbysh.	EN B1ab(iii)+2ab(iii)	<10k km^2	Terras baixas de Chimanimani
Sapotaceae	Vitellariopsis kirkii (Baker) Dubard	VU B1+2b		Escarpas do Baixo Rovuma, Floresta de Matibane
Scrophulariaceae	Jamesbrittenia carvalhoi (Engl.) Hilliard		<10k km^2	Serra da Gorongosa, Tsetserra
Scrophulariaceae	Selago anatrichota Hilliard		<10k km^2	Montanhas de Chimanimani
Scrophulariaceae	Selago swynnertonii (S.Moore) Eyles var. leiophylla (Brenan) Hilliard		<10k km^2	
Solanaceae	Solanum litoraneum A.E.Gonç.	EN B2ab(iii)	Endémica	Ilha da Inhaca, Inhassoro-Vilanculos, Pomene
Stangeriaceae	Stangeria eriopus (Kunze) Baill.	VU A2acd+4acd		
Thymelaeaceae	Gnidia chapmanii B.Peterson		<10k km^2	Monte Namuli
Thymelaeaceae	Struthiola montana B.Peterson		<10k km^2	Montanhas de Chimanimani
Vahliaceae	Vahlia capensis (L.f.) Thunb. subsp. macrantha (Klotzsch) Bridson		Endémica	

Familia	Táxon	A(i) Avaliação da Lista Vermelha de Espécies da UICN	B(ii) Estatuto de Endemismo	IPAs
Velloziaceae	*Xerophyta argentea* (Wild) L.B.Smith & Ayensu		<10k km²	Montanhas de Chimanimani
Velloziaceae	*Xerophyta splendens* (Rendle) N.L.Menezes		<10k km²	Monte Namuli
Verbenaceae	*Chascanum angolense* Moldenke subsp. *zambesiacum* (R.Fern.) R.Fern.		<10k km²	
Verbenaceae	*Chascanum schlechteri* (Gürke) Moldenke var. *torrei* Moldenke		Endémica	
Vitaceae	*Cissus aristolochiifolia* Planch.	VU B1ab(iii)+2ab(iii)		Monte Namuli, Ribáuè-M'paluwe
Xyridaceae	*Xyris asterotricha* Lock	VU D2	<10k km²	Montanhas de Chimanimani
Xyridaceae	*Xyris makuensis* N.E.Br.		<10k km²	Monte Namuli
Zamiaceae	*Encephalartos aplanatus* Vorster	VU A2acd; B1ab(i,ii,iii,iv,v)+2ab(i,ii,iii,iv,v); C1	<10k km²	Goba
Zamiaceae	*Encephalartos chimanimaniensis* R.A.Dyer & I.Verd.	EN B1ab(i,ii,iv,v)+2ab(i,ii,iv,v); C1	<10k km²	Terras Baixas de Chimanimani
Zamiaceae	*Encephalartos ferox* G.Bertol subsp. *emersus* P.Rousseau, Vorster & A.E.van Wyk		Endémica	Inhassoro-Vilanculos
Zamiaceae	*Encephalartos gratus* Prain	EN A4cd		Monte Inago e Serra Merripa, Monte Namuli, Serra Tumbine
Zamiaceae	*Encephalartos lebomboensis* I.Verd.	EN A2acd; B1ab(ii,iii,iv,v)+2ab(ii,iii,iv,v)		Goba
Zamiaceae	*Encephalartos manikensis* (Gilliland) Gilliland	VU A2acd		Serra Garuzo
Zamiaceae	*Encephalartos munchii* R.A.Dyer & I.Verd.	CR B1ab(ii,iv,v)+2ab(ii,iv,v); C2a(ii)	Endémica	Monte Zembe
Zamiaceae	*Encephalartos ngoyanus* I.Verd.	VU A4cd	<10k km²	
Zamiaceae	*Encephalartos pterogonus* R.A.Dyer & I.Verd.	CR B1ab(ii,iv,v)+2ab(ii,iv,v); C1+2a(ii)	Endémica	Monte Muruwere-Bossa
Zamiaceae	*Encephalartos senticosus* Vorster	VU A2acd; C1	<10k km²	Goba
Zamiaceae	*Encephalartos turneri* Lavranos & D.L.Goode		Endémica	Monte Inago e Serra Merripa, Monte Nállume, Ribáuè-M'paluwe
Zamiaceae	*Encephalartos umbeluziensis* R.A.Dyer	EN B1ab(i,ii,iii,iv,v)+2ab(i,ii,iii,iv,v); C1	<10k km²	Goba, Namaacha
Zingiberaceae	*Siphonochilus kilimanensis* (Gagnep.) B.L.Burtt	VU B2ab(ii,iii)	Endémica	
Zosteraceae	*Zostera capensis* Setch.	VU B2ab(ii,iii)		Arquipélago de Bazaruto, Ilha da Inhaca